为中国而设计

第八届全国环境艺术设计大展入选论文集

中国美术家协会 编

徐 里　　苏 丹 主编

中国美术家协会 主办
中国美术家协会环境设计艺术委员会、广州美术学院 承办

中国建筑工业出版社

图书在版编目（CIP）数据

为中国而设计．第八届全国环境艺术设计大展入选论文集／中国美术家协会编；徐里，苏丹主编．—北京：中国建筑工业出版社，2018.10

ISBN 978-7-112-22723-5

Ⅰ．①为… Ⅱ．①中… ②徐… ③苏… Ⅲ．①环境设计—中国—学术会议—文集 Ⅳ．①TU-856

中国版本图书馆CIP数据核字（2018）第217880号

本论文集汇集了全国多所高等院校环境艺术设计专业的学术论文，论文分为人居环境艺术设计、城乡既有空间更新与改造、室内陈设空间设计、可持续发展建筑与环境设计、数字技术与空间创新设计、环境艺术设计教育六个板块，从不同的视角和专业方向展示了环境艺术设计当下的理论研究基础和实践经验，为该专业的发展提供了丰富的经验。本书适用于环境设计及相关学科从业者及在校师生阅读。

责任编辑：唐　旭　李东禧　张　华　贺　伟
责任校对：芦欣甜

为中国而设计
第八届全国环境艺术设计大展入选论文集

中国美术家协会　编
徐　里　苏　丹　主编
＊
中国建筑工业出版社出版、发行（北京海淀三里河路9号）
各地新华书店、建筑书店经销
北京锋尚制版有限公司制版
大厂回族自治县正兴印务有限公司印刷
＊
开本：880×1230毫米　1/16　印张：27　字数：1031千字
2018年10月第一版　2018年10月第一次印刷
定价：98.00元
ISBN 978 - 7 - 112 - 22723 - 5
（32831）

2018 年是中国改革开放 40 周年，伴随着 40 年来中国经济的飞速发展，中国设计也经历了从传统到现代，从吸收外来经验到自主发展的过程，从早期的实用美术、工艺美术发展扩大为今天的大美术、大设计范畴，设计艺术的分支越来越多，仅环境艺术设计专业就包括着环境规划、景观艺术、室内空间设计、展陈设计、家具设计等多个方向，且与建筑艺术有着密切的关系。专业方向的不断细化、从业人员的日益扩大、高等教育学科建设的日趋完善，这些都反映了中国设计蓬勃发展的态势。当然，繁荣景象的背后也存在着许多突出问题，许多城市环境规划千篇一律，抄袭模仿设计样式，照搬西方设计模式等现象，折射出我们的设计艺术还没有完全实现吸收借鉴中华文化思想精髓。

为了增强文化自信，提升文化自觉，中国美术家协会 2003 年成立环境艺术设计委员会，持续举办全国环境艺术设计大展暨学术论坛，并提出了"为中国而设计"的主张，努力践行这一理念，为促进中国环境艺术设计事业发展进步，不断树立中国气派，彰显民族精神做出了巨大努力。我们欣慰地看到，现今的中国设计越来越多地立足于中国现实，研究中国问题，从模仿西方到借鉴、吸收国外优秀经验，从传统文化中汲取营养，倡导民族的、科学的、大众的设计，古为今用、洋为中用的设计，"为中国而设计"依然是我们一直在坚守的文化底色。

今年，我们即将在有着"设计之都"美誉的广州举办"第八届全国环境艺术设计大展暨学术论坛"，这不仅是中国设计艺术的一次盛会，也是对"为中国而设计"这一主张十五年成果的印证和检验，更是对习近平新时代中国特色社会主义思想和党的十九大精神的贯彻践行。本届大展主题为"新时代·新设计"，将探讨环境艺术设计应如何倾听时代的声音，紧跟时代的步伐；同时应如何面对新时代、新任务与新发展的责任与挑战，勇于设计创新、技术创新、领域创新。

本届大展自启动以来，得到了全国各大、中专院校的学生、教师、企事业单位以及独立设计师等广大设计从业者的关注，共征集到投稿作品 867 件（包括专业组 306 件，学生组 561 件），投稿论文 173 篇。经过环境设计艺委会专家组成的评委会和监审委员会的公开、公平和公正的严格评选，共评出 241 件入选作品和 79 篇入选论文。这些作品和论文在此集结出版，将为本届大展留下珍贵的学术成果和优秀的时代经验。

新时代呼唤新设计，新设计需要文化自信，坚定文化自信就要坚持"为中国而设计"，期待本届大展暨论坛的成功举办，并启示我们不断思考如何在新时代让中国设计注入人文艺术的内涵和情怀，坚守中华文化立场，传承中华文化基因，展现中华审美风范，不断提升中国设计行业的国际影响力和竞争力。

最后，预祝"为中国而设计"第八届全国环境艺术设计大展暨学术论坛圆满成功！感谢中国美术家协会环境设计艺委会对本次展览的学术策划，对展览作品和研究论文的学术把关，感谢广州美术学院对本次展览活动的大力支持。

中国美术家协会分党组书记、驻会副主席、秘书长

2018 年 10 月

前言

两年一次的"为中国而设计"环境艺术设计大展方案遴选工作结束了，又一次集结成册出版发行。这种周而复始的工作究竟有怎样的价值？我们应该对之给予认真的思考。因为做一件事情必定有它的目标，持续做一件事情更有它的意义。"为中国而设计"只是一个口号，表达了一个心愿，或者陈述着一个事实。但这是远远不够的，我想无论展览也好图书也罢，重要的是展示"为中国怎样设计"。

环境艺术设计专业建立 30 年以来，经过无数人的探索与努力，已构建出一套相对完整的学科体系与研究方法。从本次大赛征集到的 820 余份作品中可以发现，职业组在设计的理性、科学性以及工程性方面比之以往都有了很大的进步；学生组则在设计理念上继续展现出年轻人活跃的思维能力，不断拓展着环境设计的边界，使之充满无限可能。从中，我们欣喜地看到中国环境艺术设计人才队伍的日渐壮大、专业手法的日趋成熟以及学科领域的日渐扩展。这些变化都是积极的，值得肯定。

但是，随着社会环境的变化与行业形态的发展，环境艺术设计体系与相关要素是需要不断地更新，使之符合历史发展的潮流，"为中国而设计"就是为中国环境艺术设计专业体系的持续完善与提升搭建的一个平台。借由这个平台，我们得以有机会检验前期理论与实践研究成果，发掘并展示好的思想概念与实践方法，树立优秀榜样，为学科与行业未来的发展提供正确的导向。

集册出书则是具有文献意义的一项工作，它除了用于展示优秀的设计作品与思想成果之外，更是从侧面记录当前历史阶段内中国社会已经发生和正在发生的事实。本次大赛提交的作品中，乡村建设与城市复兴项目占比约 60%，这与城市化进程中，中国社会正面临的两个最重要的问题是相匹配的。由之揭示了当前中国环境战略的发展意图，以及国家在完善环境建设问题上的阶段性目标，为记录当前中国社会的发展状态与政策导向具有重要意义。

未来中国环境艺术设计的发展，需要基于当代背景对"环境"本身进行不断地重新解读。这个当代背景囊括了今天我们所面对的、必须去思考的一切问题，包括自然的、社会的、人性的诸多要素。每一种要素又可能表现出无数具体的、各异的形式，它们皆应成为我们考量探讨的目标。当代社会问题的复杂性要求我们更加系统地看待当前人类所处的环境。因此，过去我们常常只强调一个核心、一个主题，现在我们则应更加提倡整体与均衡。

其次是关于"艺术"的问题。环境艺术设计中的"艺术"究竟是一种境界还是一种方法？是需要我们认真思考的问题。如果将由于设计的精妙自然而然所获得的愉悦感看作环境艺术设计中的"艺术"的话，这个艺术性就完全可以不用去强调，只需依附于设计行为即可。然而，既然我们将"艺术"嵌入环境艺术设计的概念组合中，它就应该是具备自身独立性的。因此，与其说环境艺术设计中的艺术可以在设计结果中得以确认，我更加认同作品艺术性的表达是隐藏于设计师的思维方式与价值观之中的。它可能是一种个体精神性的表达，也可能是对设计方法反逻辑性的实验诉求，抑或是对于设计或环境美学价值的探寻。它是内在的、丰富的，告诫我们环境艺术设计不止于设计，当有更深远的意义。

苏丹

中国美术家协会环境设计艺术委员会主任、清华大学美术学院教授

2018 年 10 月

目录

城乡既有空间更新与改造

室内陈设空间设计

可持续发展建筑与环境设计

数字技术与空间创新设计

环境艺术设计教育

人居环境
艺术设计

展览空间中应对"博物馆疲劳"的休憩空间设计策略

王星航

天津美术学院

摘　要：体验经济影响下，当代博览建筑的空间功能和参观者之间的关系发生转变，本文用图示法分析当代博览建筑休憩空间设计的策略，通过改善博览建筑展览空间的参观体验感受，以降低参观者因"博物馆疲劳"产生的不适感。

关键词：展览空间　休憩空间　博物馆疲劳

当代博览建筑是对公众展示人类文明和交流文化的重要场所和手段。随着当今社会进入体验经济时代，促进了建筑空间以体验为特征的功能拓展，人的身体、情感等体验的满意度成为使用者对当代建筑使用空间的新要求。相应地，博览建筑历经发展，从原初的收藏与展示为中心演变为展示、收藏、休闲等多功能为一体的复合模式；人的作用也从参观者的角色演变为人与展品之间的互动关系，更强调人的主观能动性和体验感。可以说，当代博览建筑是由各个展览空间构成的以展示为目的、以人为核心的并且为人服务的建筑空间；其职能从以物为中心转向以体验为中心，强调参观者与展览的关系，进入以"有助于人的发展和愉悦"为首要任务的新时期。

作为主体的参观者，随着参观时间的增加，会逐渐出现精力耗竭、注意力涣散、认识活动机能衰退、产生疲劳，即"博物馆疲劳"。此时，人感觉腿沉脑昏，这既是生理现象，也是心理因素。"博物馆疲劳"是影响参观者参观过程中体验感受的重要因素。如何在当代博览建筑设计过程中，有效避免博物馆疲劳的产生，是对参观者的积极关注。

1 "博物馆疲劳"的避免与展览空间布局方式的转变

导致博物馆疲劳的原因不仅仅是由于体力上的疲倦，更主要的是由于长时间保持高度集中的注意力，心理上产生饱和、厌倦，再加上身体上的疲劳而造成的。这种状态使得参观者朝出口方向移动越来越快，对展品的注意力越来越差，有的参观者甚至直接中途退出参观过程。南开大学历史系博物馆专业师生对京津地区博物馆观众的抽样调查，得出博物馆疲劳与参观者在博览建筑中停留的时间长短有关。那么，参观者参观展品的理想时间是多少呢？日本的一些博物馆职员认为2小时是比较理想的参观时间。而通过统计研究，一般参观者每小时大约可以看完150~200米长的陈列，看完500米展线的展品需要花费2.5小时左右，此时，参观者应该感到相当疲劳。英国莱斯特大学博物馆学硕士陆天又通过研究表明，参观者在集中注意力参观展品1.5小时后，会产生疲劳感。由此，我们可以得出一个结论：在连续进行展览参观一段时间后，参观者需要在过程中获得休息，以缓解博物馆疲劳，更好地进行以下参观过程。一般来说，展线长度不宜超过300米，参观时间不超多1.5小时，参观者需要进行休息以避免博物馆疲劳症的产生。

当代博览建筑的主体是参观者，要重视参观者在参观过程中的体验感。而博览建筑空间与参观者的关系最为密切的是展览空间：参观者在这里完成参观、休息等各种活动。从建筑设计的角度来考虑，有效避免"博物馆疲劳"的方式是处理好展览空间和休憩空间的关系。参观者成为空间的主体，在参观过程中产生"博物馆疲劳"，在博览建筑规模、面积等定量化的前提下，通过功能布局的改变，将参观者的参观路线控制在合理范围，在设计中结合展览空间布置休憩空间，这种空间布置方式，使参观者在参观的过程中可以得到适当的休息，可以有效避免"博物馆疲劳"的产生。

2 结合休憩空间的展览空间布置方式

本着"以人为本"的原则，从"人"的角度去考量展览路线的设计。一方面，力求以最合理的方法，使参观者在流动中完整地、有效地参观展览，尽可能不走或少走重复的路线。另一方面，通过展览空间和休憩空间的有机结合，使空间处理抑扬顿挫、分明有致，让参观者在不断变换的节奏中欣赏整个展览，并使参观者感到舒适、惬意。

博物馆疲劳的产生是由于长时间保留高度集中的注意力而产生的。可采取"中断性参观"：在整个参观路线上，可通过设置休憩空间的方式，让观众在参观过程中，体力和脑力得到适当的休息。传统的展览空间布局方式有串联式、放射式、走道式、大厅式等，可以在此基础上，在展厅与展厅之间穿插一些景观因素，可起到调节的作用，有助于减轻博物馆疲劳，即"认知休息"。通过"展厅－休息厅－展厅"的转换，使参观者的注意力放在不同事物上，使长时间集中的精神得以放松，有利于缓解疲劳感。

串联式展览空间的布置方式，表现出首尾衔接、相互穿套的特点。参观者可以按照一定的参观路线通过各个展览空间。这种串联式展厅的布局方式，使参观者从始到终都在参观的过程中，长时间的精神集中极易产生疲劳感。因而可以适当扩大展厅与展厅的间隙，并在其中插入休息区或景观区，用以集中精神的转换，提升参观状态（图1）。

放射式展览空间的布置方式，围绕一个交通枢纽进行展览空间的组合，参观者在参观完一个展览空间之后，返回中心交通枢纽空间，再进入另一个展览空间。我们可以将交通枢纽空间结合休息区、景观区进行设计布局，当参观者在各个展览空间与交通枢纽空间之间灵活转换的过程中，可以根据参观者个体的参观疲劳程度进行随机的身心调整（图2）。另外，在放射式展览空间布置方式的基础上，可以将展厅直接贯穿起来，在展览空间之间插入小体量景观节点，参观者可以从交通枢纽空间通往各个展览空间，也可以直接穿过展览空间，获得短时间的视觉转换和身心放松，这种方式也称为串联放射式（图3）。

走道式展览空间的布置方式，利用交通走道联系各个展览空间，参观流线明确。此时，可以加大交通走道的宽度并布置休憩空间，或者在交通走道一侧开敞大面积落地窗使室外景观引入室内，使参观者在展览空间与交通走道之间转换的过程中，获得短时身心放松（图4）。在进行较长时间内部展览空间的参观时，参观者的视觉和精神都处于高度的紧张状态，视野被禁锢在一个光线暗淡的空间之中，而一旦接触到

室外的自然景观，会使参观者顿觉豁然开朗，带来一种轻松感，这对消除参观者的疲劳感是非常有益处的。另外，从室内向室外的转换过程，也会让参观者产生兴奋感，可以继续进行参观活动。

大厅式展览空间的布置方式，利用大厅综合展览或灵活分隔为小空间，可以在大厅中心位置集中布置休息区或者在大厅分散布置休息区，使参观者在参观展览的过程中转换精神（图5）。

以上四种方式亦可灵活结合考虑，其最终的目标都是创造有层次而富于变化的展览空间。在"展览空间－休憩空间"的穿插、渗透之下，使参观者获得良好的观赏质量。

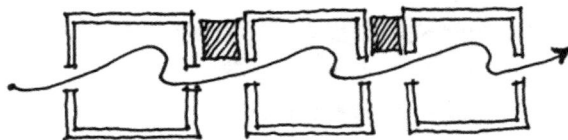

图1 结合休憩空间的串联式展览空间布置示意

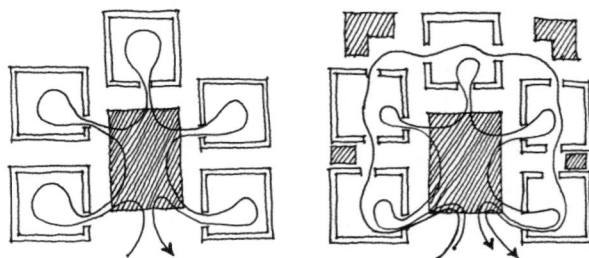

图2 结合休憩空间的放射式展览空间布置示意　图3 结合休憩空间的串联放射式展览空间布置示意

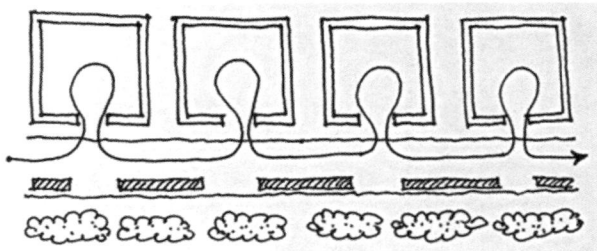

图4 结合休憩空间的走道式展览空间布置示意

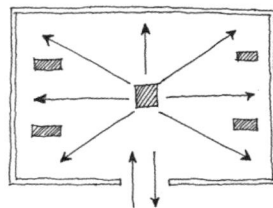

图5 结合休憩空间的大厅式展览空间布置示意

3　结合展览空间的休憩空间设计内容

结合展览空间布置的休憩空间，其目的是为了缓解"博物馆疲劳"的产生，使参观者能以最好的状态欣赏完全部的展览内容。因而，休憩空间的设计要以休息、娱乐、视觉放松为主要目的。

室内的休憩空间，需要通过造景形成良好的景观效果。如美国华盛顿美术馆东馆的三角形休憩中庭的设计，阳光洒满、花木馥郁、饰物浮动，通过楼梯、廊桥将中庭和各个展览空间联系在一起，给参观者带来迷离神往的感受。结合展览空间布置的休憩空间，可以在展览空间对应景观的位置，设置休息设施如座椅等以缓解参观者的疲劳感；也可以设置独立的休憩空间，功能适当多样化，并布置良好的景观。

处于室外的景观空间，参观者通过和一系列自然元素的接触，例如和煦的阳光、新鲜的空气、自然的植物等，这些具有鲜明大自然生命力的东西带给了参观者，使他们因此而增加了活力，可以起到调节生理和心理的作用，提高参观者的参观兴趣。如加拿大文明博物馆的设计，建筑沿河岸呈扇面形状展开，河对岸是一系列著名的建筑，参观者在参观展览的过程中可欣赏到周边优美壮丽的景色。

另外，在博览建筑的休憩空间中，可以适当布置一些展品。进行休息的参观者，在享受放松身心的愉悦过程中，还可以同时面对展品发生沉思和凝视，符合博览建筑的整体空间气氛。正如日本本世田谷美术馆的设计者认为，"美术馆的每一个角都应该变成展览空间，美术馆的回廊、休息厅、室外庭院和广场都是能布置展品的场所，使参观者在休息的同时也能得到艺术的享受"。

4　结语

结合休憩空间设计的展览空间，目的是为了满足参观者在参观过程中缓解疲劳的需求，因此在展览空间设计中不能喧宾夺主，一般需设计在各个展览空间之间的过渡区域，使参观者在参观完一个展览空间之后经过短暂的休息驱除疲劳而已。另外，在展览空间的设计中，不能处处强调休憩空间的结合，那样反而会适得其反，使整个空间设计变得杂乱无章。

参考文献

[1] 王宏钧. 中国博物馆基础 [M]. 上海古籍出版社，2011.
[2] 梁鸿义，朱纯华. 博览建筑 [M]. 中国建筑工业出版社，1981.
[3] 韩宝山. 观众行为心理与"博物馆疲劳" [J]. 新建筑，1990（2）.

从"天宫楼阁"看建筑空间中的设计造境

卢 涛

中国美术学院

摘 要："天宫楼阁"初见记载于北宋《营造法式》，在历史发展过程中逐渐形成佛寺建筑中一种独特的装饰形式，集实用之需及象征境界为一体。本文试图从晋北两处"天宫楼阁"的源流考据、类型样式、宗教含义与造境美学等多个方面，勾勒出其在中国传统建筑中的艺术蕴涵并引发当代思考。

关键词：天宫楼阁 壁藏 藻井 以"物"造"境" 情境化综合营造

1 源流与考据

"天宫楼阁"的文字记载初见于北宋年间李诫所撰的《营造法式》[①]。《法式》记载中分别详细列述了属于佛道帐[②]、转轮经藏[③]、壁藏[④]类的天宫楼阁小木作制度规格与功限定额，后附绘制带有此造作形式的多幅图样（图1）。

在古代，天宫是中华神话传说中天帝、神仙居住的宫殿，以阙作为天宫的形式大致在汉代已经出现，而"天宫"一词可以追溯到北朝许多碑刻题记中。从初唐敦煌石窟中我们可以发现天宫与楼阁结合的经变画画面，如莫高窟341窟、329窟（图2）已有散落楼宇组群的探索描绘。到盛唐时期，经变画着重表现天宫院落为主的听法场面，如148窟（图3）、172窟、217窟对于佛国建筑群的描绘呈现出恢宏的布局和壮丽的空间

组合。但从严格意义上说，敦煌壁画中的景象并非是真正符合梁柱结构体系的建筑表现，也未见文字记载。萧默在《敦煌建筑研究》中认为："我们也不能把那些画面看成是现实佛寺的完全真实的写生，首先，它们受到佛经的制约，或者说，它们都带有理想化的成分……并不反映各代佛寺发展的真实情况"[⑤]。雷德侯（Lothar Ledderose）在《万物》中也持同样看法[⑥]。综上来看，实物天宫楼阁疑似"展现了一种类似西方净土变中佛国世界的构图组织模式"[⑦]，但却不能与唐代壁画直接对应。

直至宋辽，源于北宋翰林图画院的"界画"（图4）产生，绘画作品中"其斗拱逐铺作为之，向背分明，不失绳墨"[⑧]的风格与工匠们细腻精道的技艺相互借鉴影响，形成这一时期精美工巧的审美大趋势。同时，由于木作框锯及锛子、线角刨等平木工具的出现带来加工技术的进步，故"唐及以后，建筑的

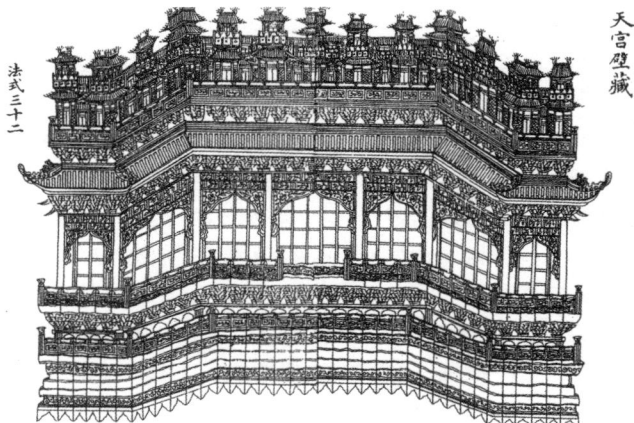

图1 天宫壁藏（引自李诫《营造法式》第342页）

图2 莫高窟329窟（引自《敦煌石窟全集建筑画卷》第78页）

图3 莫高窟148窟（引自《敦煌石窟全集建筑画卷》第132页）

图4 北宋郭忠恕楼台仕女图（引自《宋画全集》）

风格逐渐向宋代纤秀的方向发展……关键在于材料的破大为小"[9]，也因此不同于前代"宋代则多在零部作上加以装饰，表明雕刻与小木作的分工更为明确"[10]。至此从大木作中派生出小木作工种，专事以两三厘米为材制作如藻井、壁阁等部位的精细装饰类别，并渐成体系规制，使空间质感走向细腻工巧，弥补了唐代结构豪劲雄壮却不事雕琢的缺憾，从而使传统建筑的装饰水平跃上新的台阶。

近代学者对"天宫楼阁"比较准确的定义是建筑史学家潘谷西在《中国建筑史》中的叙述："用小比例尺制作宫殿楼阁木模型，置于藻井、经柜（转轮藏、壁藏）及佛龛（佛道帐）之上，以象征神佛之居，多见于宋、辽、金、明的佛殿中"[11]。就目前所知，山西发现年代较为久远的宋辽金时期的实物有三处，即大同华严寺薄伽教藏殿壁藏、应县净土寺大雄宝殿藻井和晋城泽州县东南村二仙庙正殿的"天宫寰桥"。除此之外，陕西、四川、北京等地也有宋、明遗存。

天宫楼阁基本上是一座缩小尺度的建筑模型，历史文献中相关论述所见较少。从本次重点研究的山西辽金两处遗留中我们是否能梳理出其构造类型的识别？古人是在追求实用之需还是精神之美？其背后蕴藏着怎样的宗教含义与意境象征？以今天设计的观念来看，天宫楼阁这种形制在艺术创作中具有的作用，蕴含的美学价值以及思想意义，仍是需要探讨研究的内容。

2 类型与类比

通过将《营造法式》所记载的文字著述与辽金遗留壁藏、藻井两处实物进行比较判断，可以发现天宫楼阁的外在形象因置于不同的空间形态之中而具有不同的类型和功用，从而形成与自身建筑物契合的构造体系以及多样化的空间层次，也因此反映出它们在内在逻辑上所特有的相互映照、彼此迥异的关系。以下是对天宫楼阁主要类型的分析与对比。

类型一，天宫壁藏。壁藏为沿着建筑墙壁而建造的木柜，多用于寺院典藏经书之用。《营造法式》卷十一记载壁藏之天宫楼阁的规制："天宫楼阁：高五尺，深一尺。用殿身、茶楼、角楼、龟头、殿挟屋、行廊等造"[12]。典型代表即为大同华严寺的薄伽教藏殿天宫壁藏。下华严薄伽教藏殿建于辽重熙七年（公元1038年），殿内环绕坐西朝东双层天宫楼阁壁藏共计38间，上层佛龛供奉佛像和功德主像，下层壁藏存放经书卷宗，是现今国内唯一的实物壁藏（图5）。

多达17种的斗拱类型构成壁藏的特色，其中具有代表性的双超下昂七铺作斗拱由40多个部件组成，环绕大殿一周的勾栏华板，图案有37种之多，全部以镂空雕刻，各不雷同。在各壁藏间还设计有6组对称式的重檐大屋顶，层层叠叠的上扬飞檐被簇拥成一体，可谓"如鸟斯革，如翚斯飞"。由于殿后壁间轴心为了采光和通风开有明窗，致使两边的壁藏经橱断开[13]，一架虹桥将壁藏两端连接为一体，如同"琼楼飞渡"般气势恢宏（图6）。这座壁藏如此实用，造作精致浩繁并能忠实符合宋制梁柱木构体系，相较同时期其他遗构更能真正体现辽代建筑艺术的原真性和历史价值，堪称"海内孤品"。正如梁思成先生在《中国建筑史》中写道"全部佛龛之建筑部分，为当时建筑之真实小模型，即《营造法式》所谓天宫楼阁壁藏者，足为研究当时建筑形制之借鉴"[14]。

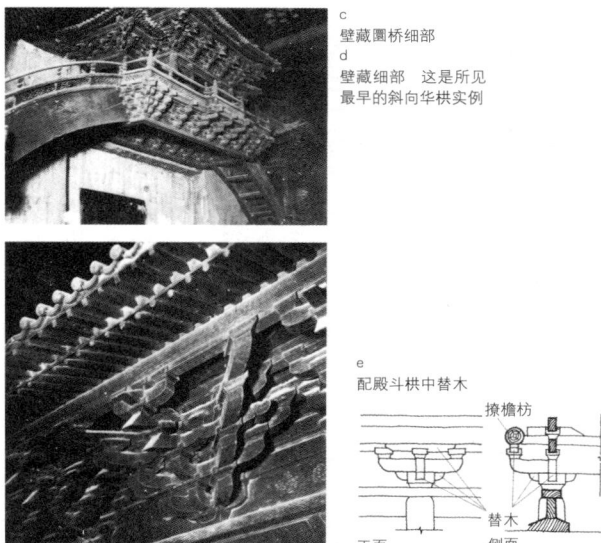

c
壁藏圈桥细部
d
壁藏细部　这是所见
最早的斜向华栱实例

e
配殿斗栱中替木

撩檐枋

替木

正面　　　侧面

图5　壁藏细部（引自梁思成《图像中国建筑史》第60页）

图6　壁藏圈桥细部（引自《中国精致建筑100——大同华严寺》第50页）

图7　净土寺藻井（作者摄）

图8　净土寺藻井（作者摄）

类型二，藻井。藻井是室内天花的一种装饰。天宫楼阁置于藻井的代表性建筑为应县净土寺。据清《应州志》记载："净土寺金代天会二年（公元1124年）僧善祥奉敕创建"，最为精彩的无疑是金代原物的大雄宝殿屋顶藻井。根据柴泽俊在《山西古建筑文化综论》中详细描述⑥，大殿整体天顶由重叠的斗栱阵列形成神秘的多重纵深空间，装饰中呈现九种不同式样的藻井，中间最大的方角形用斗栱与八角形相结合，藻井四边向中央聚起重檐歇山楼宇，并逐层图形相搓地向上推进，最终烘托出中心八角井中的双龙戏珠浮雕，即"八门九星天宫楼阁"（图7）。天宫创作手法皆为小木作，从戗脊鸱吻、斗栱榫卯到柱式勾栏、角梁套兽，均遵照同时期建筑物的比例尺度微缩而成，工艺智巧，意境深远。藻井造型将天宫楼阁置入其中，使有情信众感到天宇外殿阁重重、金碧辉煌，从而突出天界佛域的至高无上与净土世界的神圣美好（图8）。

从文献比较来看，壁藏化繁为简，相较记载更为简炼实用又有创新。《营造法式》中所列举的壁藏外观自下而上由帐座、

帐身、腰檐、平座、天宫楼阁五个部分组成，天宫楼阁的尺寸比例较小，犹如一组孤立的建筑模型放在帐身顶部，难免给人以上下脱节之感（图9）。而华严寺薄伽教藏殿天宫壁藏更接近真实的大木作建筑，须弥座上仅设两层，腰檐以下为帐身并设对开橱门，平座上的龛阁柱列与经橱对齐且相通至履顶，形态更加注重空间体量组织关系，摆脱了装饰构件的束缚使壁藏整体形成天宫楼阁之概观（图10）。另外，西壁中运用拱券力学原理搭建的圈桥子在《营造法式》中未见有类同者，此种悬浮拱式创造性地形成辽代小木作新颖独特的设计技术类型。

从风格演进来看，假设辽代豪放粗犷的民族特质因崇尚和汲取大量唐文化的浑朴而风格简约，那么金代少数民族反映在建筑中追求富丽奢华的审美情趣则比宋代更加繁琐绚丽。辽金大量使用汉族工匠并糅合吸收宋的定式和制度，在此大体系下发展出多种多样的创作手法，并与建筑诸要素同构形成北方繁复装饰风格的前驱，直至影响清代。故此，今天不能只是简单的把此小木作技艺视为装饰点缀品，还应该看到其背后暗

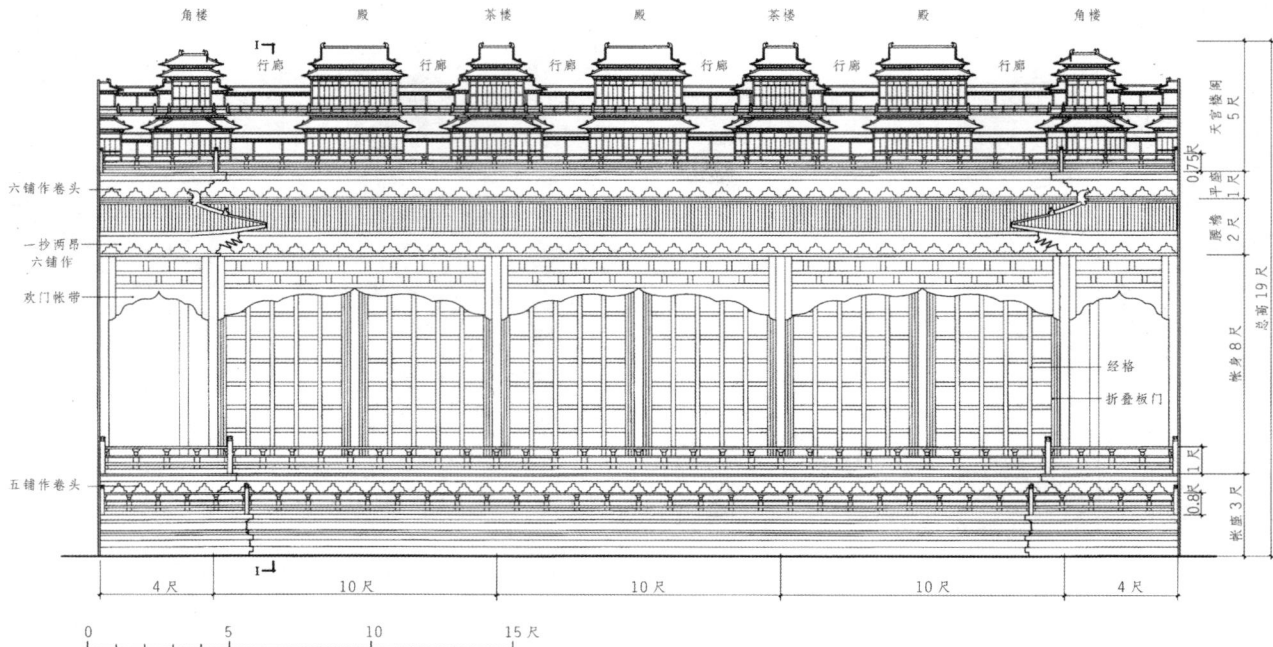

图9 天宫楼阁壁藏立面图 (引自《〈营造法式〉解读》第152页)

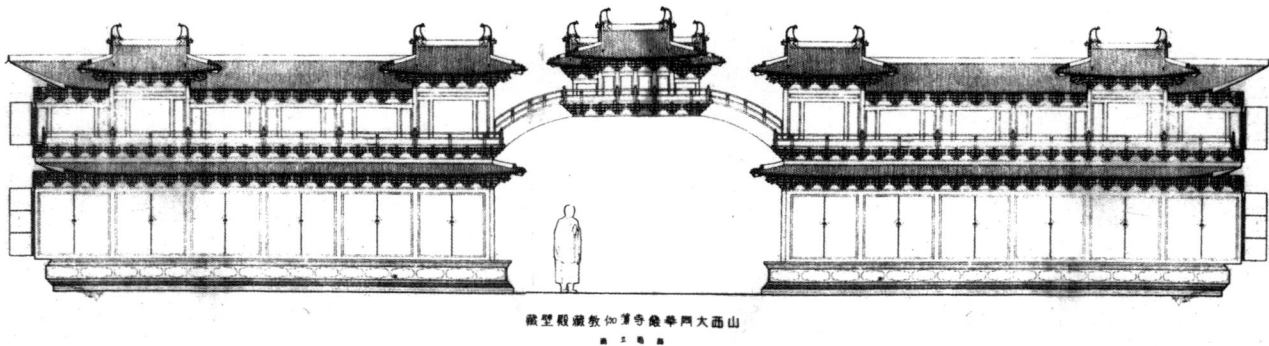

图10 山西大同华严寺薄伽教藏殿壁藏 (引自梁思成《图像中国建筑史》第59页)

含的少数民族文化寓意以及时代属性。在政权并存纷争的历史时期，每一次领属更迭均需新立审美范式和视觉感化力量；也就是说，新政权需要勾勒出对于神权、皇权、人和物之间感受关系的新认识和新看法，并展现出主动吸收高程度文化实践的成果。天宫楼阁这种类型及变体充分满足这一追求，在壁画的二维表现、辽藏的三维呈现的基础上，金代藻井更进一步把礼佛空间的仪式感推向空间多维立体的境界。由此可见，辽承唐风，金随宋制，游牧民族与中原文化的交融碰撞进而导致类型风格的不断推陈出新。

总体来说，大部分天宫楼阁没有实用功能，重要的是与建筑形制共同组成"极乐世界"的观想意象。虽然两种类型均借天宫楼阁之名，也都同样追求着审美与象征的高度统一，但是

分别代表着不同的意匠与功用。

3 内涵与外延

"当营造的想象展开，另一种世界出现了"[15]。中国传统建筑在长期的发展过程中形成了隐喻、象征、联想等一系列的艺术手法和表达体系，小木作造物做为建筑与人最密切的界面往往充当"氛围营造"及"感知生成"的媒介。辽金两处实例恰好反映出古人通过"以物造境"、"情境交融"手法营构出特定的语境及抽象义理的具象性传达。《华严经·入法界品》曰："见其楼阁广博无量同于虚空……自见其身遍在一切诸楼阁中，具见种种不可思议自在境界……"[17]，经中言说了一处无

尽博大的概念，楼阁重影在其中循环叠化而观者自身又无处不在，有如置身千万个镜子反射中，这样的景象《华严经》称之为"了知境界，如梦如幻"⑱。问题在于，在现实生活中如何将佛经中所描述的场景一一呈现？今天来看，古人恰似舞台剧的导演，他们在真实世界模拟如同"大型情景体验剧"般的空间场，造境者在建筑中以佛造像群为主体，综合调动造作系统中穹顶藻井、斗拱排列、图案彩绘等一切形式语言来实现对理想境界的时空穿越。精微的天宫楼阁在其中无疑扮演着幻化成那无穷量级建筑的重要角色，它们是空间和时间概念上无限裂变的"影像符号"，演绎剧中"于中悉见三千世界百亿四天下、百亿兜率陀天，一一皆有弥勒菩萨降神诞生……"⑲等等奇幻境象的剧情。于是，"人"这一客体才能忘我而入境，"自见其身，在彼一切诸如来所；亦见于彼一切众会、一切佛事，忆持不忘，通达无碍……"⑳，最终实现"诸天宫殿，近处虚空，人天交接，两得相见"㉑的信号联通；身临其境体悟到佛法世界的真实感知。

"境"由佛语而来，一方面表明物质界面特属的场域，另一方面提供精神界面浸染化育的工具。潘谷西在《中国建筑史》中认为"作为中央、地方以至乡村的最重要的建筑活动，是创造与天及与从属于天的下一个等级的若干神灵对话的场所"㉒。从情境象征的角度，两处遗存均象喻着佛国华严的曼妙神圣，但大华严寺既是参禅礼拜贮存经藏的寺院，又带有辽朝宗室祖庙的性质，在构思壁藏为代表的"礼制建筑"功用则应包含更深层的内涵：首先，包含其代表社会教化一统的供祀暗示。辽兴宗敕建并将寄喻佛法的579帙契丹大藏经放置于象征佛境的壁藏之内，所以理所当然代表佛的意识安排和主宰凡间社会的秩序，象征着"建筑作为礼器"所构成的统治合法性思想。其次，包含其做为精神支撑载体的属性，辽皇族对宗教的狂热来自笃信佛教赋予武装与安邦的强大力量㉓，以及深受佛教东传中救世主思想和功德转让的思想㉔的影响，认为弘ศ隆教积蓄"功德"才能震慑敌军及惠泽臣民使社会平定。庙堂承载国家意志体现在薄伽教藏殿以其藏经礼拜的"精神场所"为构筑动机，而非平常禅修阅读实用之处，更印证其做为象征精神庇护境域之目的。

《周易》言："立象以尽意"㉕，即以"心"寓于"物"中，物为形与神的统一，心为情与理的统一。虚实结合、气韵生动的"心境"借助"物境"来抒发创者无法阐说的思想或义理，同时又超越镜像无意识的将自性的内心世界与叫做"环境"的外部世界相连通，重构成体内聚合的场所以获得无限延伸之"意境"想象，这一整套的艺术化创造即成"造境"。建筑艺术中的情感因素如含蓄、节奏、韵律等，无不由人的理性实践与审美需求出发，投射出普通大众都能欣赏和理解的美好境界，从而使得空间造境和心理造梦进行重叠，达到审美性与思想性

的高度统一。在此系统中，"沉浸境"类作品的张力无疑塑造出一种难以言表的感染力，其通过空间艺术的处理渲染出的表意境域使观众浸浴其中，完成"物境"与"心境"的合一，产生与心灵的对话而萌发触动，从而获得一种哲理性的妙悟与人伦依归。正如宗白华先生所说："一切艺术的境界，可以说不外乎是写实，传神，造境；从自然的抚摹，生命的传达，到意境的创造"㉖。如此造境即是承载精神世界的容器，也是现实世界与理想世界时空转换的法门。恰由于这种"综合环境形态系统"的创造力，愈发突出空间主题的精神气质和文化内核，从而唤起被感染者的情感认同，完成作品对生命之美和心灵庇护的终极关怀。

4 结语

并没有足够的证据表明古人通过天宫楼阁"造物"所构成的"造境"即是现代设计中"情境化综合营造（create comprehensive scenario）"的概念，但是它无疑包括为"物"之层面的形体、质感、构成方式等，以及为"境"之层面的边界、场景、体验、感受等，这一切又牵系围绕"人"和"事"的需求而展开，最终寻求找到与其本质相合的对策方案。于是，这种思维引导我们的关注回到当下，在以用户体验为核心的时代，随着单一创意的失效，"叙事性空间（narrative space）"和"虚拟性现实（virtual reality）"等新空间形态的出现促使设计导向和模式发生更新。设计从用户的情感需求延伸，通过可感可触的连续性界面编织而形成全套抽象的情境场域，唤起受众的某种情感回忆，从而获得"想象的认同"。故而，用今天的视角去重返历史现场，立体的再认识古代东方智慧与当代设计的契合关系，从中得到的启发仍值得借鉴和应用：一方面，超越"物"的范式，如何建构情境述事新的空间语义；另一方面，在面向未来的设计逻辑思维下，解码"物与境"之间所构成的权衡与策略。这都是要站在更高的维度来探讨的问题。因此，研究与讨论的目的并不在于对古代经典范本的模仿或者对早期样式细节的追溯，更重要的是从传统中发现、分析其所引发的当代问题，在更广阔的视野中开启新的可能与新的维度。

（原题目为《从"天宫楼阁"看建筑空间中的造境艺术》，发表于《新美术》2018年7月刊，刊号：CN33-1068/J）

注释

① [宋] 李诫.《营造法式》. 邹其昌点校. 北京：人民出版社，2011：73.
② 同上，第73页。
③ 同上，第91页。

④ 同上，第171页。

⑤ 萧默.《敦煌建筑研究》.北京：文物出版社，1989：62.

⑥ "我们仍能从当时描绘西方极乐世界的图画中形成对唐代建筑群的基本印象，因为佛国胜境曾经被想象为人间的皇宫御苑。在敦煌壁画中就有大量此类场景。画家不必担心建筑师最头疼的两个问题：重力定律和建筑造价。绘画中的建筑可以描绘得极其华丽奇瑰，像没有重力似地升上云端。即便是如此理想化的敦煌壁画，也仍在建筑设计构造节点上给建筑史学家提供了有价值证据。面对画中的天上宫阙，我们恍若目睹唐代建筑曾经拥有的辉煌"；[德]雷德侯著，张总等译，《万物》，读书·生活·新知三联书店，2012年，第169页。

⑦ 刘翔宇.大同华严寺及薄伽教藏殿建筑研究[D].天津大学，2015：321.

⑧ [宋]郭若虚.国画见闻志（卷一）[M]."叙制作楷模"条.

⑨ 李浈.中国传统建筑木作工具[M].上海：同济大学出版社，2015：104.

⑩ 同上。

⑪ 潘谷西.中国建筑史[M].北京：中国建筑工业出版社，2015：543.

⑫ [宋]李诚.《营造法式》[M].邹其昌点校.北京：人民出版社，2011：91.

⑬ 小田鼠.李尔山先生之天宫楼阁中的薄伽贝叶——该说道的契丹藏.新浪博客.互联网文档资源（http://blog.sina.com.cn/s/blog_4c840b3c0100jeo3.html）.

⑭ 梁思成.中国建筑史[M].上海：读书·生活·新知三联书店，2011：155.

⑮ 柴泽俊.山西古建筑文化综论[M].北京：文物出版社，2013.

⑯ 王澍.造房子[M].长沙：湖南美术出版社，2016：75.

⑰ 参见〈入法界品第三十九之二十〉，《大方广佛华严经》，第七十九卷。

⑱ 同上。

⑲ 同上。

⑳ 同上。

㉑ "其佛，以恒河沙等三千大千世界，为一佛土，七宝为地，地平如掌，无有山陵溪涧沟壑，七宝台观，充满其中，诸天宫殿，近处虚空，人天交接，两得相见。"《妙法莲华经会义》摘要卷四。

㉒ 潘谷西.中国建筑史[M].北京：中国建筑工业出版社，2015：229.

㉓ [美]葛雾莲.独乐寺雕像和建筑空间的神圣意义[J].辽金史论集.2001（6）：83—85.

㉔ 季羡林.季羡林全集（第十六卷）[M].学术论著八〈佛教与佛教文化（二）〉，北京：外语教学与研究出版社，2010：264.

㉕ 朱熹.《周易本义》[M].苏勇校注.北京：北京大学出版社，1992：149.

㉖ 宗白华.宗白华全集[M].合肥：安徽教育出版社，1994：325.

中国古代关于物的哲学在造物与造境中的运用研究

代　锋

江苏科技大学

摘　要： 目的为基于中国古代关于物的哲学，探究关于"物"的设计。方法为对中国古代哲学文化观念进行解读，进而分析古代造物观念之有无的关系，并以本人关于"物"的设计为例，阐释"物"的设计观念，最终上升到对"境"的感悟。结论为造物应具有文化取向，关注个体生存与精神需求，人应该役物，而不应该被物所役。

关键词： 物　造物　哲学

哲学所研究的问题被称为是"形而上"的，针对于具体的"物"的设计被称为是"形而下"的。然而"形而上"的理论却是指导"形而下"的设计思想，特别是在当下这个以消费为主导的时代，从中国的古代哲学中吸取营养，并关注个体生存与精神需求的建构，成为当下设计的一种文化趋向，也成为当代设计研究的一条路径。

1　中国古代关于物的哲学

"'物'指世界万物，是派生物，为世人所用，是人们生活所需要的各种实体的总称。"[1]物分为自然形成之物和人工制造之物。自然形成之物是大自然经时间流变、自然而然形成的；人工制造之物是指使用不同的材料及与之相适应的工艺，为不同的使用目的而制成的"物"。在中国古代的造物哲学观念中存有圣人创物论与百工开物论。圣人创物论基于神话传说，把人神化，深刻地诠释了世俗政权对人的影响远远超过宗教。百工开物论，开物指对物的改造与利用。物本身所蕴含的功用往往不能满足现实中人的生活需求，这就要求对物进行制造与加工，因此大量的开物需要百工来完成。由物转化成"器"，再由"器"上升为"道"，这是一个衍化、升腾的过程。道家认为道生万物。老子在其著作《道德经》第四十二章中论述："道生一，一生二，二生三，三生万物。"[2]王夫之说："物之所创造者，气也。……物者，气之凝滞者。"气乃是物的本原，气聚和为物，物散去为气。从气到物的过程，常被解释为"化"，庄子有时候会把"造物"说成"造化"。[3]

中国著名的哲学家宗白华先生说："在中国的传统文化里，从社会底层的物质器皿，穿越过礼乐生活，直至天地境界，是一片浑然无间、灵肉不二的大秩序、大节奏。"[4]也就是说日常的普通之物经礼乐的洗礼会迸发出艺术的光辉，成为日常之用与精神凝聚的典范。

2　造物之有与无的关系

中国古代先哲老子在其著作《道德经》第十一章中论述："三十辐，共一毂，当其无，有车之用。埏埴以为器，当其无，有器之用。凿户牖以为室，当其无，有室之用。故有之以为利，无之以为用。"[5]这是老子对于其造物观念有与无关系的论述，三十根辐条汇集在一个车毂上，正因为有了中间空的部分，才有了车的作用；以黏土制造的器具，正因为有了中空的部分，才有器具的作用；开了窗户的房屋，因为有了室内空间才有房子的作用。一切造物正因为有了"空"的部分才有用。常人常常看到的是"有"，而却忽略了"无"，有与无存在于一"物"间，对于有与无的思辨，能更好地审视物用，物尽其用，一切基于日常（图1）。王弼《道德真经注》："妙者，微之极也。世间万物始于微才能后成，始于无才可后生。故常无欲空虚，可以观其始物之妙。"观看物之"妙"，须懂得"无"的意义，"无"并不是没有，而是为"空"，"空"即是无限，也最充实。正如老子所云："大盈若冲，其用不穷。"[6]

3　造物与造境

宗白华先生在其文章《中国艺术意境之诞生》中分析"意

图1　幽明桌、幽明椅、幽明灯正视图

图2　幽明桌、幽明椅、幽明灯侧视图

境"时讲："什么是意境？人与世间万物接触关系的层次不同，可有五种境界：①为满足人生理的物质需要，而有的功利境界；②因人们共存互爱的关系，而有的伦理境界；③因人们组合互制的关系，而有的政治境界；④因为穷研物理，追求精神，而有的学术境界；⑤因欲返璞归真，冥合天人，而有的宗教境界。因功利所生的境界主于利，因伦理所生的境界主于爱，因政治所生的境界主于权，因学术所生的境界主于真，因宗教所生的境界主于神。但是在两者之间，以世界人生的具体为研究对象，审视它的色相、秩序、节奏、和谐，喻以窥见自我的内心深处的反映；化实景为虚境，创外在形象以为象征，使人的内在心灵具体化、肉身化，这便是'艺术境界'。艺术境界主于美。"⑦

王澍曾在他的文章中提及"幽明"一词，王澍用"幽明"来形容自己所设计的空间，概念成为先导，空间也异于常人。石上纯也设计薄桌子的起因是空间。我所设计的幽明桌、幽明椅与幽明灯起因同样也是空间（图2）。"中国的设计思想却更重视虚空、充分利用虚空——注重虚和空间。"⑧因此，空间中的"物"如何才能与空间"对话"，以呈现物的本质与空间的真实，进而达到一种虚无之境，这是我在设计中力求呈现的。"老、庄认为虚比真实更真实，是一切真实的原因，没有虚空存在，万物就不能生长，就没有生命的活跃……孔、孟也并不停留于实，而是从实到虚，发展到神妙的意境。"⑨如果说石上纯也设计的长桌是基于距离感，使就餐成为一种仪式文化。那么我的设计只是基于对个人精神空间需求的一种探讨。"审美精神的内涵和独立品格在于其神圣的精神性和文化性，即通常人们所说的：美的价值在于'愉悦精神'。"⑩

物是空间的一部分，物本身的边界与尺度、物质与消融及其在空间中相互转换的关系，并以此来叩问存在的意义。对于一个以消费主义为主导的时代，作为一个生存的个体很容易被消费的商业浪潮所淹没，在欲望的吞噬下迷失自我，没有目的的人生虚无空缺。日本设计师原研哉说："我认为所谓世界性的设计是没有的，我的设计是日本的。"⑪一个人在实现自我的时候不是趋同而是求异，是相对的独立并适时的审视自我。一个相对自我的精神空间是自己与自己的独处与对话，是净化心灵之地。因此，在设计的过程中我思考的是如何让"物"消失，对物的占有使人丧失本性，人性的丑恶显露无遗。"物"在设计上有"无"的取向，但又隐有"文化"的痕迹，不过度设计。"传统人为'文化'的'文'就是在某物上做记号，留痕迹；'化'则是生成，造化之意，指事物的形态或性质发生改变，就是基于物的内涵表现。"⑫

4　结语

荀子曾深刻地论述了物与人及社会的关系，人天生存有物欲，并且物欲无度，不容易满足，这是社会与生活不安定的根源。中国古代关于物的哲学精髓在于重己役物，在人与物的关系上，人应该役物，而不应该被物所役。既制物、用物、爱物，又能不被物所支配。庄子在《庄子·山水》中说："物物而不物于物。"我的设计是使"物"消失趋于无但又能反映物的介质，人似在其中又不在其中，在有与无之间思考自己的存在，体现精神的自觉（图3）。"基于哲学思考的角度，精神与物质相连，又与物质相对。"⑬每个人面对自己的人生时都会有困惑："我是谁？我为什么而活？"在一次次追问与自

图3 幽明桌、幽明椅、幽明灯场景图

解式的对答中反省，解惑于己。"物"的设计及其情境的营造就像是一面镜子，真实地反应人的存在，纯粹而没有杂念，人在与物的相处之下显露无遗、映照自己。在人与物、物与物、物与空间交织的日常中，因时间的变化与光的介入会呈现令人愉悦的场景。

注释

① 林德宏．中国古代关于物的哲学 [J]．江海学刊，2009（2）：12．
② 向维稻．论老子《道德经》的四对哲学范畴 [J]．高等函授学报（哲学社会科学版），2004（5）：7．
③ 林德宏．中国古代关于物的哲学 [J]．江海学刊，2009（2）：12．
④ 李立新．日用作为设计的"原道"——兼谈"小道致远论" [J]．装饰，2011，214（2）：24．
⑤ 向维稻．论老子《道德经》的四对哲学范畴 [J]．高等函授学报（哲学社会科学版），2004（5）：7．
⑥ 李倍雷．试论中国传统造物观念 [J]．设计艺术，2005（4）：21．
⑦ 宗白华．美学散步 [M]．上海：上海人民出版社，1981：59．
⑧ 魏妍妍，朱玥．"法象天地"与"以人为本"哲学和美学设计思想探析 [J]．东北师大学报（哲学社会科学版），2013（1）：143．
⑨ 倪建林．中国古代礼制与造物设计 [J]．创意与设计，2011（6）：4—9．
⑩ 王行，刘雨．当代审美精神的失落及其复归策略思考 [J]．东北师大学报（哲学社会科学版），2016（1）：28．
⑪ 陆珂琦，潘荣．基于中国精神的产品再设计 [J]．包装工程，2016（18）：121．
⑫ 何彤．中国传统人文精神在包装设计中的运用研究 [J]．包装工程，2016（12）：13．
⑬ 陆珂琦，潘荣．基于中国精神的产品再设计 [J]．包装工程，2016（18）：121．

注：本文为"教育部人文社会科学研究青年基金项目"（项目批准号：15YJCZH022）阶段性成果之一；本文发表于《包装工程》（中文核心），2017年第24期，独撰。

基于供给创造需求的乡村景观设计探析

冯越峰

中南大学

摘　要： 本文从"创造需求"角度分析乡村设计中的如何挖掘消费者的潜在需求，从创造需求的起因、层级定位、外部性，以及如何利用大数据创造有价值需求，并将其转换为设计等进行了深入地探析。

关键词： 创造需求　乡村设计　外部性　需求体验

乡村景观设计肩负着对传统农耕文明的抢救性保护和乡村振兴发展双重责任，意义非凡。当下，田园设计、旅游民宿开发、传统村落的保护、新农村建设等方兴未艾，渐成为新时期社会主义建设的重要特色。但伴随这一现象，也出现了大量平庸的、重复性的、甚至是失败的设计。为此，打造优良的乡村设计成为我们刻不容缓的重要使命。我们在研究中发现，有效供给"创造需求"，将使乡村设计焕发强大的生命力。

1　缘起

供给创造需求理论源自萨伊定律，它的提出意在解决需求不足，解决办法就是削长补短，增加稀缺一方，过剩自然消除。乡村设计是伴随着新农村建设、城镇化建设等新的社会现象而产生的。与当下的政治、经济、文化常态和现代化建设步伐密不可分，成功的乡村设计所关照的不仅是集体消费模式下的政治需求，也不仅是用户个体的衣、食、住、行为特点的基本需求，而应是激发"人人意中所有"的潜在创造需求。

1.1　社会空间变迁引发的新需求

新马克思主义代表之一卡斯泰尔斯认为：现代背景下的社会越来越依赖国家提供的城市物品和服务，即"集体消费"，它包括住宅、交通、医疗、基础设施等。他还认为：由于信息技术带来了传统制造业的衰落，使相当一部分劳动力失去了往昔的社会地位、收入来源、甚至是谋生的机会。因

此，城市中阶级关系出现了新的紧张形势。在我国现阶段，乡村的城镇化就是一种集体消费，实质是乡村空间与社会的变迁。城镇化进程中，规划建设为房地产的发展逐步注入社会主义内涵，将人民群众的空间需求作为一切空间规划、建设、生产和分配的出发点和归宿。设计走向乡村，可以很好地弥合这一矛盾，一方面在政策的引领下完成现代化改革；另一方面最大限度地满足人们的潜在需求，振兴乡村经济，实现可持续性地发展。

1.2　由适应需求到创造需求

"创造需求"概念是与"适应需求"相对应的，是市场由卖方市场转入买方市场之后，最为有效的经营策略，"创造需求"的出现有其内在动因。需求问题是市场经济中最核心的问题，之前，我们在文化创意领域都毫不犹豫地坚持"内容为王"，享受优质的文化内容乃是客户最大的需求，优质的内容将会主导产业链，并形成"长尾效应"[①]。目前，随着碎片化时代的发展，"去中心化"趋势越来越明显，人们有更多的选择权利，需求也更多样化。为适应人们的多样化、个性化的需求，体验、互动等成为新型的文化产品，设计正由"内容为王"转向"体验为王"或者其他，服务重心已经倾向于为消费者的新需求开辟便利化的通道。在这种需求转向的倒逼下，设计就不仅仅是应对当下人们的实际存在的需求，而是破坏性创造、颠覆性创新，激发人们的消费欲望，使得潜在需求显化，其本质是引导消费者产生新的消费欲望和动机，进而转化为消费行动，形成新的价值。在乡村设计规划的成功案例中，最早开展的"农家乐"饮食、"采摘"旅游、民宿旅游等项目都是供给"创造需求"的典型。

2 创造需求的层级定位

根据设计的范围、性质、效益、需求定位等不同，我们把设计分为三个层级，而创造需求属于最高层级的设计的需求（表1）。

"技术型设计"属于基础性设计，是按照客户的既定需求为目标的。这类设计的创意空间较小，重复性工作较多，大多是成熟性技术的随机性创造，同质性明显，机会收益[②]较低。应对型设计的需求定位是适应需求，属于契约性质的设

需求的层级定位　　　　　　　　　　　　　　　　　　　　　表1

层级	设计范围	设计性质	机会收益	需求定位
技术型设计	技术改良与产品再造	程式化的设计，重复性的工作较多	低	既定需求（满足基本需求）
应对型设计	在商家的要求框架内创造性的设计	契约性质，以满足商家和消费者的需求为目标	中	适应需求（满足期望的需求）
创造型设计	整体地进行设计、策划、营销，包含品牌的创建与打造	开创性的、引领性的，以扩大需求、抢占市场为目标	高	创造需求（超出预期）

计，相对机会收益趋中，设计者要在框架内发挥创造力，尽可能地满足客户需求。创造型设计是供给创造需求，其使命是引领消费者的需求方向，从而获得更大的机会收益。如同乔布斯所说："消费者并不知道自己需要什么，直到我们拿出自己的产品，他们就发现，这是我要的东西"。也就是说，创造需求就是创造"无中生有"，创造消费者"喜出望外"的产品。突尼斯城北的蓝白小镇为我们提供了一个创造需求的成功的案例：小镇坐落在地中海边的峭壁上，清一色的白墙蓝窗、鹅卵石小路、神圣的清真寺、文艺的咖啡馆、鲜花掩映的门窗，所有一切打造出一种单纯浪漫的风格。正因如此，创造出了世界上最知名的爱情圣地，无数的情侣在此感受浪漫与甜蜜，这也吸引无数艺术家慕名而来并以绘画的形式将一幕幕浪漫的情景凝结（图1）。

目前，乡村设计的重心正逐步上移，逐渐由技术型、应对型设计向创造型的设计转化，而在需求定位上逐渐由既定需求、适应需求向创造需求过渡。

图1　蓝白小镇

3 创意需求的"外部性"分析

为什么说"青山绿山就是金山银山"？ 显然，优良的乡村生态环境会形成积极的"外部性"（Externality）效应，形成良性循环。外部性是指某一事物在进行运作时，附带产生的积极的或消极的因素。积极因素产生正外部性，表现为正能量或者是社会福利，而消极的因素就是负外部性，是对社会产生的不良影响。创造需求挖掘的是隐藏在人们内心深处的欲望或需求，那么这种需求是否合乎正外部性的特质，需要放在伦理学的功利主义（Utilitarianism）中论证。

根据功利主义学说，合乎道德的行为或制度应当能够促进"最大多数人的最大幸福"，并衍生出"公众幸福"、"社会功利"、"社会繁荣"概念，以及"帕累托最优"等经济学话语。边沁把功利主义用于政治和立法理论，穆勒则认为："理智的快乐、感情和想象的快乐以及道德情感的快乐所具有的价值要远高于单纯感官的快乐"。甚至说出"做一个不满足的人胜过一只满足的猪"这样的经典话语。乡村设计所挖掘的人性潜在需求也应该是符合"最大多数人的最大幸福"的定律，"青山绿山"的良好生态使乡村有别于喧嚣的大城市，成为人们赖以生存的乐园，它造福了一方水土的居民，同时也为更大多数的人们提供了旅游度假的最好去处，在经济上形成了积极的正外部效应。这种需求引导下的生态民宿等设计必定是可持续性的。相反，人的内心深处也埋藏着很多消极的需求，诸如暴力、性、赌等心理取向，这些是不该过度挖掘的，一定要弄清楚底线在哪里。有些乡村设计掺杂了涉赌、相亲等娱乐内容，注定会走向非法和低俗，最终将接受被取缔的后果，带给社会的是负外部性效应，它满足的只是穆勒所说的"猪一样的满足"，不是惠及大多数人的最大多数的幸福，是有悖于功利主义的。所以，乡村设计中的创造需求要契合"理智的快乐、感情和想象的快乐以及道德情感的快乐"。

4 利用大数据创造有价值需求

精确地创造有价值的需求不能依靠凭空想象，要进行广泛而深入地调研，依托大数据才能真正实现，大数据可以发现潜在的巨大需求。

4.1 需求数据获取

获取需求数据，不仅要获取用户潜在的基本需求，更重要的是要获取用户隐性的期望和兴奋新需求，需求数据获取的常规方法一般包括：体验产品、小组讨论、调查问卷、访问等。数据内容包括：（1）目标消费群体的分析，包括性别、年龄、职业、风格等；（2）用户的行为习惯，包括衣、食、住、行等各种行为习惯；（3）客户的心理分析。

4.2 需求数据分析与挖掘

需求数据分析的技术手段有多种，包括鱼骨分析、故障树分析、Kano分析等。鱼骨分析是一种透过现象看本质的分析方法；故障树分析采用逻辑的方法，具有准确性和预测性，较适合用于产品的需求分析；而Kano分析工具则有助于设计者更好地理解用户的需求，它能准确地分析出用户对某产品的基本需求、期望需求、兴奋需求和负需求。其中的兴奋需求，指用户意想不到的产品特性需求，使其产生额外的惊喜，这是挖掘创造需求的重要数据。比如：在旅游民宿的设计中，通过Kano分析，我们可以测度出潜在客户对当地自然环境、民俗风情、历史文脉等的需求兴奋度，并以此挖掘潜在的有价值需求（图2）。

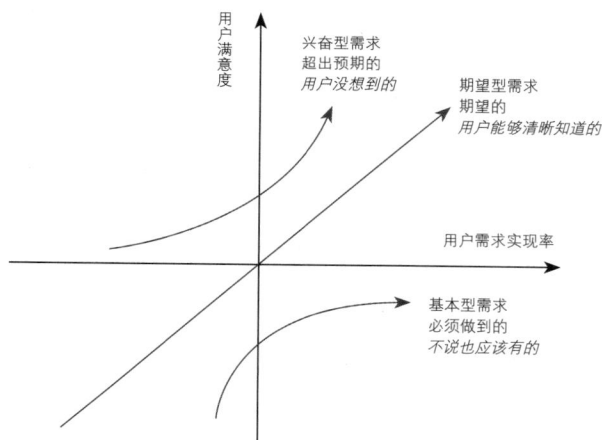

图2

5 创造需求转换为设计

5.1 需求转换的四个步骤

设计师在完成客户定位和需求分析之后，一般需要四个步骤完成需求向设计的转换：依次是准备期、酝酿期、顿悟期、验证期。

在酝酿期，设计师可以运用头脑风暴等方法，高度的自由联想与创意。在顿悟期，设计者由于对问题经过周密地甚至是长时间地思考，创造性的设计思维很可能突然出现，思考者会有豁然开朗的感觉。此时，新的设计方案基本已经成型。最后是验证期，新设计方案的操作价值，只有通过检验、鉴定、评价才能确定，在验证过程中我们可以采用"VRIO"框架进行分析。

"VRIO"框架对创意产业的资源分析尤其有效，由杰恩·巴尼提出，它包括价值（Value）、稀缺性（Rarity）、难模仿性（Inimitability）和组织（Organization）四个方面。首先需要考查项目的价值和稀缺性，这需要大数据作分析，必须注意的是，有价值的事物未必是稀有的，比如汽车作为一种昂贵的交通工具，有其高价值性，但是如果区域内大多数人都拥有的话，它就不属于稀缺资源了。是否具有"难模仿性"需要重点测度，如万仙山的挂壁村庄、乌镇的旅游民宿，这些成功案例都是很难被有效复制的，所以它就符合"难模仿性"（图3、图4）。假如一个好的设计方案，短时间内能产生可观的效益，但是它很快就会被竞争对手模仿，那这个方案就是失败的方案。再就是"组织"，很好的设计如果承办方无能力完成，那一切工作将是徒劳，有效的组织能力也是成败的关键。

5.2 客户体验与规模增长

当乡村景观设计已经转换为产品或服务的创造需求与市场相契合后，需要确定并巩固一个高壁垒的竞争优势，并在客户体验中得到验证，最后就可大胆投入，实现规模增长，这就是著名企业家肖恩·埃利斯提出的创业增长金字塔模型。

使用这一框架的最大问题在于，如何确定产品或需求已经达到与市场的契合并取得竞争优势？肖恩制作了一个面向客户的简单问卷，问卷中有个核心的问题："如果你不能再使用这个产品和服务，你的感受是什么？"在肖恩的实验中，如果有40%的人说"非常失望"，就说明你可以放心踩油门了。

另外，设计并非一成不变的，需要根据客户的需求不断创新和改进，成为动态设计的过程，这也是可持续设计的内在需求。甚至群众也可以参与设计，并可尝试边建设边设计，循环提升，客户体验反馈信息是进一步挖掘"创造需求"的重要环节。

图3 挂壁村庄

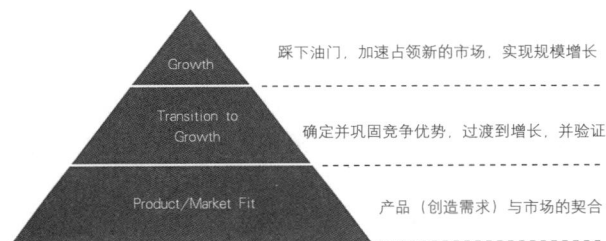

图4 "VIRO"框架

6 结语

"创造需求"将是今后乡村景观设计关注的重点，是乡村建设和发展的突破口，这需要大量地调研、开创性的思维和深入地剖析和评估，毕竟，真正的成功者属于少数。总之，基于创造需求的乡村设计将是最优的设计。

注释

① "长尾效应"是传播学概念，从需求来看，大部分需求集中在头部，而个性化、零散的需求形成长长的尾巴，此处指衍生产品的开发。

② "机会收益"对应的是"机会成本"，经济学概念，此处指放弃某些项目选择当前项目时所产生的收益，这种收益有正值也有负值，带有博弈的性质。

参考文献

[1] 武廷海，张能，徐斌. 空间共享——新马克思主义与中国城镇化 [M]. 上海：商务印书馆，2014，2.

[2] 穆勒. 徐大建. 功利主义 [M]. 上海：商务印书馆，2016，11.

[3] 周元. 创造创新方法链 [M]. 北京：科学出版社，2015.

[4] 萨伊. 政治经济学概论 [M]. 北京：商务印书馆，1963：59.

[5] 李军. 实战大数据 [M]. 北京：清华大学出版社，2015.

[6] 克罗尔，尤科维奇，韩知白，王鹤达. 精益数据分析 [M]. 北京：人民邮电出版社，2015.

[7] 孙杰，吕梦月. 重新认识"供给创造需求" [J]. 经济论坛，2017（10）：151—152.

乡村环境设计批评：一种陈述的偏见

朱 力　张嘉欣

中南大学建筑与美术学院

近年来乡村的发展与建设引起了全社会的高度重视，随着乡村振兴战略的大力推进，各类"艺术乡建"、"民宿乡建"、"旅游乡建"等纷纷上山下乡。但在如火如荼的建设大潮中，在甚嚣尘上的"乡村建设设计先行"口号中，也暴露出了一系列有关"乡村环境设计"的问题，开始引发人们的冷静反思。

从乡村环境设计的价值陈述来看，设计界对我国城乡价值差异的认知还处于探索的阶段，乡村环境设计依然陈述着城市设计的价值取向，缺乏独立的价值判断。乡村变得越来越像城市，设计同质化倾向暴露了设计师们对乡村独特价值的陈述尚未明晰。同时，设计师们还不自觉地以城市精英主义的视角去俯瞰乡村，甚至只为取悦游客的"匆匆一瞥"，而把乡村建设理解为"穿衣戴帽"工程，把乡村环境设计理解为单一的旅游开发设计。目前，我国的乡村正成为法国学者德波曾批评的"都市异化空间布展"的乡村版，没有意识到乡村是与城市等值、互补、共生的不可替代的价值体系。

从乡村环境设计的技术陈述上来看，乡村环境设计在营造伦理、工作方法与程序、设计内容、时空维度、服务对象、营建方式等方面迥异于城市设计。但目前这种差异被选择性地抹平，设计师用现代工业技术轻率地取代在地营造方式；用规划设计、建筑设计、园林设计、室内设计等分项设计的模式去冒失地替换传统的乡村整体营造智慧；或用西方建筑风格来陈述乡村的现代化与富裕……此番做法不仅造成了地域技艺的式微、原本系统的营造逻辑的紊乱更是破坏了乡村的文化多样性。在西方现代设计范式主导下，乡村的自然演进不再是一种完整而平顺的延续。

目前，千篇一律的模式化设计陈述手段往往无法解决乡村环境建设面临的各种复杂困境。乡村环境设计因其滞后性，极大受制于先入为主的现代城市设计的理念与手段，不可避免地在设计陈述的实质与形式上产生偏见。

乡村环境设计陈述的实质偏见：设计的实质偏见表现在设计的社会态度与心理态度中的直觉偏见。我国长期以来，在以城市为中心优先发展的不平衡结构中，人们往往从心理与态度上轻视乡村的价值。设计师借各种缘由，如：落伍的村民观念、缺乏的基础设施、松散的乡村组织、低效的农业等，将乡村命定为"差一点的低等级城市"，且以"救赎心态"萌生出新的不公与布迪厄"区隔"般的偏见。这类虚假的主张带有不自知的优越感，导致设计极易以一种傲慢姿态介入乡村，并破坏掉乡村在空间结构中原本所具有的乡土人伦意识。在这种设计伦理缺位的情形下，乡村环境设计往往越过对乡土社会维度的深层分析，所传达出的设计策略不可避免带有一种单一观念的烙印：单一旅游开发模式。让乡村甚至村民自身也成为被消费的对象，设计仅为了"表演"乡村生活，而对日渐凋敝的乡村文化、生态、经济等更为紧迫实质的危机却缺乏建设性。乡村环境设计应是社会研究与协助，是一种"社会设计"。

同时，乡村在现代化浪潮中面对强势的城市主义、理性主义的盛行，自身主体性意识逐渐瓦解，乡村的自我文化身份认同与景观原真性被消解。乡村环境设计成为满足城市人趣味的游戏，村民往往置身事外。乡村建设到底是为世世代代居于斯的村民还是为"到此一游"的旅客？乡村振兴应是村民群体素质与乡村文化的全面提升！但目前的设计将村民当"他者"，甚至出现了设计师为了游客夜晚"看星星"的效果而婉拒给村民装路灯的现象。有时还为获取乡村恢弘统一的景观风貌，拆传统民居另建宏大尺度的标志性仿古建筑、填塘废溪造大公园广场、推平菜地改大草坪来烘托水泥假山、毁风水林另栽观赏性植物等，以"审美态度"代替"生成逻辑"。乡村原有物序中的伦理生态结构在强势话语中逐渐消失，设计陈述传递出更多的是对乡村主体性的漠视态度。

这类偏见在于人们标签化理解城市工业文明与乡村生态文明，缺乏对乡村价值体系的认知。乡村是独特而完整的社会文化系统，不是低等级的低密度"城市"。乡村环境设计是关乎乡村价值再发现与认同的"系统设计"。乡村环境设计应敬畏地域文化价值、应尊重农民与农业的主体地位。否则所带来的只能是设计偏见在乡村中不可遏制的蔓延和乡土社会无法阻挡的摧毁过程。

乡村环境设计陈述的形式偏见：形式偏见集中表现在乡村环境设计语言的理性陈述方式上，源于乡村环境设计理论体系的缺失和忽视设计陈述语境的多样性。这类偏见在乡村环境设计中往往赋予形式语言以先验的地位，难以摆脱对教科书中建筑、园林、室内等设计语言的文本语法分析，而被困在各种乡土文化符号元素的"形式本体"中难以自拔。设计师略显狭隘的陈述方式忽视了乡村诸多事物自身的话语性，以及通过情境化而实现的那些乡村价值。

例如，乡村中两类最普遍的环境设计陈述方向：一味修旧如旧与盲目拆旧布新。前者在迎合城市人对乡村虚设的审美想象时，偏执地拒绝了村民对现代健康生活方式的合理诉求；后者却忽视了乡村景观空间格局与传统伦理文化、绿色生活方式、循环农业、乡村自治组织结构等的紧密关联与不可分割性，所设计出的场景被认为是脱离地域文脉的失范。两类陈述都丢了传统又没理解现代新观念，成为设计师孤芳自赏的呓语。这两类陈述无疑在提醒：乡村环境设计不是非此即彼的选择，而应是促进乡村多元文化的发展，让乡村成为祛除浮躁与追求本真生活的福祉。

在现实语境中，设计师局限于西方现代主义设计理念，处处用一种"合理的"技术手段取代乡土营造的在地智慧，而过去的乡村营建往往依靠的是本土匠人常年劳作中产生的经验与技术，挖掘了材料内在的物感，赋予了乡土营造温和的气质，这绝不是现代设计能够轻易取代的。反观当下的乡村环境设计，过于依赖现代技术与过于追求建设效率，导致设计一次次被混淆为肤浅的形式符号的拼贴，落入山寨与模仿的"剧场效应"。

现有的设计由于片面地重有形的物体的建构，轻无形的乡村精神价值的塑造与地方知识体系的学习，将乡村环境设计的所有陈述都归类到一种宽泛、折中的范畴，甚至刻意对乡土营造中的精神符号等显现与潜在层面的表达进行选择性压制，这些范畴如宗族意识、传统观念、布局、结构、装饰等被当成主要的经验材料被简化。同时，设计师罔顾特定语境，懵懂地对乡土文化符号随意提取、对乡村地域语言不加甄别地断章取义的利用，没有精确表达乡土元素自身的意义与物感，造成了设计形式在意义层面的频繁失误。此番陈述不仅暴露出设计形式的模糊性与浅表性取向，遮蔽了乡村原本生产生活性景观的丰富精微的内涵，也进一步加剧了乡村中"假古董"的盛行。

上述设计的实质与形式偏见暴露了城乡在融合过程中的诸多问题，提醒人们：设计介入乡村，不应从设计态度上轻视乡土多元价值，也不应在设计手段中陷入象征性的语义层次无法自拔。设计师应正视乡村社会中真实的需求，重建地方景色的多样性、弥合已然断裂的文脉、织补乡村日渐冷漠的邻里关系、激活乡村公共生活、促进产业模式更新、修复乡村生态伦理空间、存续乡村自治组织、催生乡村内生动力、避免因单纯依赖现代工业技术手段而导致对乡村独特价值内涵的陈述偏见。

乡村环境设计不仅仅是塑造审美形态和承载功能体系，重要的是它持续在无意识层面上给乡村社会形态带来的知觉变化。在面临现代与传统碎片化拼贴和复制的场景交织中，设计师应找到清晰的表达乡村价值立场的独特话语，诉诸伦理的价值判断、创设文化遗产的生产性保护机制，让乡村人、事、物交集所产生的淳厚经验回归日常生活本身。让乡村文化得以延续、让村民生活健康舒适，让乡村在沿着社会进步的轨迹中不断更新。

环境艺术设计专业材料设计方法论研究

朱亚丽

湖北美术学院环境艺术设计系

摘　要： 环境艺术设计专业的材料设计在目前有很多相关的论文，有强调生态性、风格化、文化自信、地域性、经济性、搭配技巧等各方面。论点涵盖材料自身的科学技术知识、构筑物的时代精神、民族文化心理、历史情境等多方面"知识"。涉及面繁多，但分析起来仍未有明确的方法论。本文试图从本专业教学目标出发，结合知识社会学的理论，阐述本专业材料设计的方法论。

关键词： 材料隐喻性　材工型构　构筑物的"知识"　材料设计技巧

1　环境艺术设计专业材料设计方法论总则

环境艺术设计是指对于建筑室内外的空间环境，通过艺术设计的方式进行整合设计的一门实用艺术。通过一定的组织、围合手段、对空间界面进行艺术处理，来满足人们的功能使用及视觉审美上的需要。其设计是一项极其综合的系统性行为，包含着与之相关的若干子系统。它集功能、艺术与技术于一体，涉及艺术和科学两大领域的许多学科内容，具有多学科交叉、渗透、融合的特点。

环境艺术设计专业的材料设计在目前有很多相关的论文，有强调生态性、风格化、文化自信、地域性、经济性、搭配技巧等各方面。论点涵盖材料自身的科学技术知识、最终构筑物的时代精神、民族文化心理、历史情境等多方面社会文化。虽然涉及面繁多，但分析起来我们仍能发现明确的方法论。本文试图从本专业目的性出发，结合知识社会学的理论，阐述本专业材料设计的方法论。

认识论宣称自己是所有学科的基础，但事实上它受到任何特定时期的科学状况的决定，同时用于批判知识的那些原则，本身就受到社会和历史条件的制约。因此知识社会学的中心思想是社会环境决定论，即每一个历史阶段均会有一个主导的方法论，这种方法论即是主观的也是客观的，个人很难脱离这个方法论的宏观逻辑，人们可以对同一种问题有不同的观点，但方法论却很难脱离主时代。即知识社会学认为，思想或者"知识"终究是由思想者及其所处的社会环境和社会状况决定的。

中国正逐渐步入"知识经济"时代，知识开始在社会中占据中心地位，各种知识的交流频率更快，交融更深入。事物是普遍联系的，每一个知识现象的点均会追溯到一个最终的主体意识。目前技术的变革引发了一些系列变化，带来了全球的战略紧缩，高科技的壁垒加强，规模化、集成化、产业链的发展又受到战略紧缩和保护主义的阻挡。因此不同主体意识下的"知识"也加强了对抗，各自丰富、完善、推广、巩固自己"知识"，以便在下一个周期展现其强大的生命力。

在此大背景下，我国的环境艺术设计专业也应调整自身"知识"以应对未来的发展。表现在材料设计方法论上有以下几个特征：①构筑物的"知识"具有明确的主体意识；②面向未来的材料设计；③材料设计的多学科交叉、渗透、融合。

2　材料设计的决定性因素

2.1　构筑物背后的"知识"

艾略特说："通过艺术形式表现情感的唯一办法，就是找到'客观对应物'。"所谓客观对应物，即指能够触发某种特定情感的、直达感官经验的一系列实物。反映在我们专业上，就是通过材料形成的构筑物对"知识"赋形。例如，我国传统构筑物审美中材料设计追求"瘦、皱、漏、透"，希望通过这种材料设计营造的构筑物指向一种自律、苦行、细致、丰富、内敛等为特征的"知识"。这种构筑物"自我关照"的姿态，即使不清楚它代表什么，也会懂得它具有宗教内容，一种精神性的追求在鼓动着，并感染给观者，更多的是一种对抗的姿态。因此，不同的构筑物展现的神态也会指向不同的"知识"，表达明确的主体意识。

如何理解并定位构筑物背后的"知识"是设计成功的关键。比如可把构筑物展现的神态简略分为瘦、胖、轻扩三个大类别。例如我国传统构筑物神态总体较瘦，骨架清晰、形态挺拔、质量沉重、有金石之意，如清风道骨之人；欧美、地中海区域传统构筑物神态总体较胖，形态包裹性较强，给人温暖、拥抱、接纳、放纵之感；日本传统构筑物结合东西方特点形成了自身轻扩的特征，较之我国传统构筑物，日本的总体偏轻，特别是脚的部分，较之西方，日本的发散性更强，向外扩张。这些构筑物特征均是不同区域"知识"中的组成部分，代表着自身明确的主体意识。人们在不同的主体意识下构建、丰富、发展自己的"知识"，不同的主体意识也会有自己偏好的客观对应物。评价这些客观对应物的好坏也是依据其是否能更好地体现主体意识，而在本专业中，更好地体现主体意识就必须依赖最恰当的材料设计。

2.1.1　最恰当的材料设计

扎哈·哈迪德（Zaha Hadid）作为一位著名的建筑师，其设计作品具有未来感，但却并非脱离地域的未来感，而是提醒人注意当地地域本身原野如何越过山丘，洞穴如何开展，河流如何蜿蜒，山峰如何指引方向，作品始终与地域、景观、人文密切结合，变现其适应的姿态。在她的项目中有很多不同的主体材料，如混凝土、玻璃纤维增强石膏复合材料简称GRG、钛锌板等。但不管材料如何变化，其构筑物的未来感、流线性、指引性均未发生改变。一个成熟的设计师不论项目的意图、材料技术的限制、地域的不同均会表现出自身稳定的"知识"。所谓最恰当的材料设计并非有固定制式，而是依据不同情况、时代技术的发展、流行性等做出的最符合"知识"的选择。

2.1.2　材料自身具有隐喻性

设计师在进行材料设计的时候会有自己偏好的材料，这是因为材料本身具有隐喻性。例如，钛锌板大多以沉稳的蓝灰色为主，辅以几种质硬幽冷的金属颜色，其具有清晰的金属拉丝，使用在建筑上会呈现强烈而深沉的金属质感，巴黎80%的屋顶是由这种材料制成，增添了这座城市的厚重感。黄铜由某种"怀旧的舒适"的特质，用久了出现的铜绿更是能展现出美丽的沧桑感。许多艺术家和设计师发现玻璃具有哲学的禅意，它存在，也不存在；它强壮，也脆弱。可见材料本身的隐喻性会成为设计师表达自我"知识"时一种很重要的选择依据。

2.1.3　材料设计最终目的

在本专业中，构筑物作为一种主体意识的客观对应物，通过材料实现最终的目的，因此材料设计原则上是最大限度表现主体意识的深刻、正确、完整；符合构筑物总体神态；引导观者体会构筑物的"知识"。

2.2　面向未来的材料设计

作为设计师在进行材料设计时也应考虑"知识"中的社会责任和行业发展的前沿性，因此材料设计还需考虑以下选材原则：

（1）材料的总碳排放量低：即在材料的生产工艺、装卸、运输、施工、回收各环节的碳排放量总和要低。在总和低的情况下，还可在各环节上进一步发展其科技性，如在工艺上开发材料的生物性、集成化、智能化；方便运输的拆装形式；在施工中多使用装配式等。

（2）注重材料物化性特点：强度高、耐久性好、绝热、隔声、节能性能良好、广泛的环境适应性、复合性等，以便构筑物降低自身的能源消耗。

随着科技、未来需求、资源结构等因素的调整，复合材料的应用将更加广泛。

2.3　材料设计的多学科交叉、渗透、融合

材料设计包含有很多方面，在工艺、装卸、运输、施工、回收等各个或者几个环节均可以进行材料设计，如高度分化的穿孔皮革兼具强度和硬度，无需任何特定的结构支撑，就可以站立起来；丝瓜络是理想的声学绝缘体，丝瓜可以将有毒的牛仔布印染工业废水再吸收利用，成为漂亮而无害的室内墙面装饰，也是很好的墙面吸音材料。因此材料设计的未来会由多领域、多元化的不同专业相互交叉、渗透、纵横联系在一起。

3　材料设计应遵循的原则

在明确了材料设计的确定性因素后，接下来是分析材料设计的基本原则。本专业中涉及的材料众多，基本可以按以下性质分类。

①结构材料包括木材、竹材、石材、水泥、混凝土、金属、砖瓦、陶瓷、玻璃、工程塑料、复合材料等。②装饰材料

包括各种涂料、油漆、镀层、贴面、各色瓷砖、具有特殊效果的玻璃等。③专用材料指用于防水、防潮、防腐、防火、阻燃、隔音、隔热、保温、密封等。可供选择的材料纷繁复杂，用处也各有不同，结构材料通常也直接作为装饰材料使用。如何对其进行有效地组织呢？

其中核心原则即遵循"材、工、型、构"四者间相互制约、相互促进的原则。材料的选择首先要符合结构要求，如不能用抗拉不抗压的材料作为承重材料。材料与结构的关系是材料设计的核心，如碳纤维增强复合材料（CFRP）是以添加碳纤维为增强纤维的复合材料，材料将质轻高强发挥到了极致。CFRP的强度是钢材的20~50倍，因此采用FRP材料，将会大大减轻结构自重增加跨度。例如，位于加州库比提诺的苹果公司总部建筑顶部巨大的"HOME"键，由44块长约21.3m、宽约3.35m的面板组成，总共重达80吨，这个重量的屋盖完全可以采用整体吊装式施工，如果换成钢板大约会变成320~480吨的"大胖子"。正是因为CFRP轻质高强才经受得住周围玻璃结构的支撑，也才有了这"漂浮"的屋顶，从而更切合构筑物想表达的"知识"。其次，材料的工艺要符合材料自身的特点，比如竹子易劈裂，工艺上就不能多用钻孔工艺，石材易碎工艺上就要避免尖角等。由于材料本身具有隐喻性，材料的选择、搭配会很大程度上决定构筑物的神态。同理，工艺、造型、结构也分别受其他三者的制约，当在任意一方取得突破时，也会带动其他三方的飞跃。

4 材料设计的技巧

材料如此之多，在明确决定因素和设计原则后，是否有快速的选材技巧呢？根据实例归纳，可分为以下几个方面，但总体均可概括为静是为了动，动是核心。即空间虽为静态，静观，但应利用材料，使空间充满光影、虚实、凹凸等变化来达到静观其动。

①与材料本身的隐喻性相冲突，刚以柔出、柔以刚现。比如混凝土材料自身具有冰冷、疏远的特质，而安藤忠雄的混凝土材料的应用却使混凝土给人木材般的温暖。②材料的过渡是设计气韵是否流畅的关键。不同材料间的衔接，相似材料间的转化等，衔接处也限定了形态。③小空间材料质感取通透，大

空间取密闭，片、块化。④利用物理、化学等方式使材料具有独特的隐喻性。随着资源、人工、环境的变化，未来材料的使用会更倾向于复合材料的使用，但人们对天然材料自身独特的唯一性的肌理、特征的喜好却很难改变，因此，开发复合材料能兼具自然材料的特性具有广阔的前景。⑤利用拼、叠等方式更大限度地发挥材料的特点。不同材料间的拼接，如木和树脂，可以使构筑物呈现金石般的效果，模块化材料的叠砌方式的变化，不同材质的模块材料的相互叠砌均可带来鲜明的视觉效果，如砖自身，砖与玻璃砖结合等。⑥材料与构筑物形体的关系更多元。传统的建筑会明确地区分屋顶、支撑、门窗等不同建筑构件的材料，很多优秀案例的材料应用并不区分这些构件，而是一体化的，构筑物用同一种材料包裹，使其神态更具未来感，工业感。⑦加强跨专业的合作开发更能体现独特文化的材料，由多领域、多元化的不同专业相互交叉、渗透、纵横联系在一起的材料开发，如地暖木地板的集成性、厨房台面材料的智能化、混凝土材料能自愈的生物性等。这些技巧均体现出材料设计的广阔空间。

5 结论

材料设计的发展会相应地对设计提出更高的要求，给设计带来新的飞跃，出现新的形态，而不断发展、完善的"知识"也要有相应的材料和工艺来实现，他们相互促进了材料科学的发展和工艺技术的进步与创新。在本专业的本科教学中应重视材料设计相关课程的建设，加强多学科的交流、融合，为本专业的良性发展奠定未来的基础。

参考文献

[1] 张东荪. 思想言语与文化 [J]. 当代修辞学，2013 (05).
[2] 王沪宁. 政治的人生 [Z]. 上海：上海人民出版社，1995.
[3] 柳冠中. 设计方法论 [M]. 北京：高等教育出版社，2011.
[4] 喜仁龙. Chinese Sculpture from the Fifth to the Fourteenth Century [M]. New York：Charles Scribner\'s Sons，1925.

注：本文内容为湖北美术学院《环境艺术设计专业材料艺术化应用教学研究》课题【201613】的研究成果。

体验式景观

——山水画对中国景观设计创新的启示

孙 贝

北京工业大学

1 引言

文化是一个国家、一个民族的灵魂。新时代，习近平主席提出：筑就中华民族伟大复兴时代的文艺高峰，首先必须坚定中国文化自信，才能创作出具有中国特色的优秀作品。在景观设计领域，我们肩负着传承与创新的历史重任。

中国景观设计面临的现状：一方面，模仿西方的现代设计，同时又失去了中国的地域性特征；另一方面，对中国传统园林进行形式简化或符号模仿，导致了有式无法、千篇一律的印象。随着社会的发展和环境的变迁，中国传统园林与现代人对生活环境的要求无疑存在着巨大的时空落差，新时代，中国的景观创新之路何去何从？

当今，学科的彼此独立发展，产生了各学科之间的诸多盲区。而在古代，园林景观与山水画艺术密不可分。文人画家往往不是园林的主人就是设计者，拙政园（图1）便是以文徵明的画作为蓝本而营造。

彭一刚说过"绘画是园林的先导。"[1] 吴家骅先生在《景观形态学》中提出："从古至今，艺术家总能通过绘画实践开创出新的思维方式、观察方式。风景画与园林景观设计这对孪生姐妹，很多世纪以来一直体现着世界园林景观美学的新观念。开展一次从绘画艺术领域到园林景观设计领域的讨论对我们理解景观将大有裨益"。[2]

本文通过学科交叉的视角，从山水画的表象原型入手分析

图1　文徵明《拙政园三十一景图》

中国内在的景观空间特征，提出体验式景观，为中国景观设计创新提供一种途径。

2 中国山水画的景观空间特征

2.1 文人画家作为空间的体验者

中国山水画大多出自于文人画家，他们既是空间的讲述者又是空间的体验者。在道家天人合一思想的影响下，画家对自然极为崇尚，他们大多隐居在自然山林中。长期的生活体验影响着他们的情感、思想与绘画，因而，山水画是建立在画家长期的生活体验基础上。

画家通过叙事体验的方式，在画面中安排山水景物，将自身的感受通过艺术手法表达出来，使观者一同体验其过程，体会其文化语义及场所精神并产生共鸣。

在东西方绘画中，建筑与自然的布局关系也体现了不同的主客体关系。在景观中，亭作为建筑的代表，是人的象征。它的布局更加表现了东西方画家不同的自然观。画中西方营造手法的黄花阵以亭为中心（图2），规则式迷宫环绕其布置，自然景观外部围合，亭的中心性表现出人对自然是以外部观望、主宰自然的自然观；而山水画中亭掩映在水岸边（图3），既融入自然成为一景，又是观赏自然的驻足点。因此，中国山水画的主体不仅是空间的观望者，更重要的是空间的体验者。

2.2 空间意象——中国山水画与西方风景画的比较

2.2.1 透视与三远法

东西方的风景绘画——以中国山水画和西方风景画为代表，很早便呈现出截然不同的观察视角和表现形式，分别形成了西方的理性主义和中国的浪漫主义两种风格。西方艺术家注重以科学为依据的理性研究，在绘画中运用真实再现空间的焦点透视，写实地表现空间环境（图4）；而中国文人注重感性和形象思维，形成了更加主观的山水画构图手法——三远法。

三远法又称散点透视，即多个视角在画面的组合方式，这与西方的客观表达景物的单一视角不同，具有很强的主观性。郭熙在《林泉高致》中将三远阐释为高远、深远、平远，即仰视、俯视、平视的视角。山水画将三种不同视角同时布局在画面中，使观者"鸟瞰"整个空间结构，体验空间路径、重要节点和事件、前后关系。在复杂的空间结构中，空间事件隐藏其

中，以令人惊讶的顺序变化逐渐揭开空间的高潮，让人意犹未尽。

三远透视的主观表达使空间具有完整的情节内容、逻辑性和体验感。正如范宽的《溪山行旅图》（图5）所示，景观空间从近景的平远推向虚无的深远，再到高耸山峰所呈现的高远。这种空间由近至深推向高潮正是表达了古人体味自然、敬畏自然、天人合一的自然观。

2.2.2 时间的片段性与连续性

如果说西方风景画是对景物的形、色、光的二维再现，那么中国山水画则如同人在画中游的三维再创作。用现代影像手段比喻两者，西方风景画像是照片，具有片段性，中国山水画更像一部小电影，具有起承转合的连续性、整体性。风景画是由外而内的静态观赏，而山水画是由内而外的动态体

图2 圆明园黄花阵

图3 沈周《溪山行旅图》

图4 希什金风景画

验。正如郭熙提炼的："可行、可望、可游、可居"是中国山水画的重要特征，连续的感官传达到心灵，直至天人合一境界的审美升华。

戈登·卡伦先生认为，"视觉连续"可以将无序的关系组织成引发情感的多层次的环境。其本质在于激发人的情感。山水画中多视角景物在画面中的同时存在，使人们犹如身临其境，感受到在画中的一系列的连续性体验，道路的峰回路转，水系、沟壑掩映在山峦叠嶂中，穿过虚无的空间，仰望高山的挺拔俊秀，将人的体验推向高潮，对自然的敬畏之心油然而生。画面中的每个部分成为整个体验过程中必不可少的一部分，空间起承转合、抑扬顿挫、连贯而又整体。

2.2.3　体量空间与线性空间

东西方风景绘画具有不同空间特征：封闭的线型空间与开放的体量空间。

山水画的画面结构中，有一条或多条贯穿空间的路径，它像一条重要的线索串联起空间的所有景物和情节。因此，山水画中景观空间具有线形空间模式，是交通性空间、动态性空间，在线性空间中景观空间开合变化、景物远近、不同的内容、质感、景深、气势都在这一路径上展开。这种空间特征本身就具有极强的体验感，可以说是一种具有体验性的景观空间。而西方风景画，画面景物浑厚（图6），但无法产生更多的情节和体验感。

2.3　意境体验

意境是指一种能令人感受领悟、意味无穷却又难以言表的意蕴和境界。它是山水画的最高境界，表现为：形神统一，虚实相生，既生于意外，又蕴于象内。

中国山水画意境的形成是文人画家触景生情，以景写情，情寓于景，从风景到意境的情感升华，是人与自然、物与人、情与景的统一。诗人王昌龄提出"三境"即物境、情境、意境的递进，使空间产生了"象外之象、景外之景"。

2.3.1　留白

留白，白即虚境，构图中水、天为虚，虚实相映。山水画中甚至虚境大于实境，因为虚境会产生无限的空间感和联想。

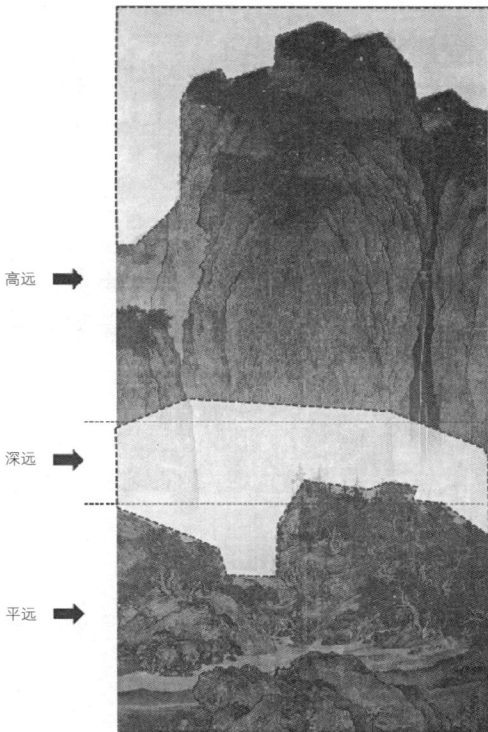

高远

深远

平远

图5　范宽《溪山行旅图》

具象的感受

图6　西方风景画

中国画讲究"疏能跑马，密不透风"，极端的空间节奏变化使人产生具有情节变化的体验感。

2.3.2 模糊性空间

山水画讲究意在笔先，神余言外。空间表现为模糊性，景物相互掩映、若隐若现，步移景异增加空间的未知感，产生意境。这种模糊性带有一种暗示，依赖于体验者自身的文化积累和空间体验。

2.3.3 时空对话

山水画的空间是动态的、连续的。它给观者以时间的带入感，如身临其境，在现代与古代之间形成跨时空的对话。对于体验者，画中的留白不仅在空间上，也在时间上产生隔空对话的时间交错感。

通过图表（图7）分析，我们可以得出结论：山水画的景观空间是具有明显的体验性，它是动态连续的具有情节的空间，是虚实相生情景交融的意境传达，是创作主体的主客观统一，情与景的交融。

3 体验式景观——一种中国景观设计的创新途径

3.1 体验式景观的概念

西蒙兹认为："人们规划的不是场所、不是空间、不是形体，人们规划的是一种体验。"[3]

体验，指通过人的感官得到的直观的、非理性的一种方式。从词义上看，它带有主观和感性特征。亚里士多德认为体验是"由感情产生的多次串联的记忆"。在现代词典中"体验"被解释为"为了获得某种知识、能力尝试并获得的一种亲身经历"。通过上述，体验具有双重含义：感受和经历。正如画家的感受来源于生活经历，体验来源于经历，人们在经历中体验并获得经验。因此，设计师需要换位思考、感受空间，才能真正地设计出体验性。

由此，体验式景观设计概括为"以设计对象作为体验者，利用多样化的手段设计出引起好奇心的景观空间，并最终使体验者获得共鸣"的一种设计方法。

3.2 体验式景观的创新性特征

（1）具有中国特色的空间本质：作为中国艺术的山水画，体现出的体验性、叙事性是中国传统空间的内在特征，反映了情景合一、天人合一。体验作为中国特色成为新时代的创新点。

（2）体验的连贯性：极致的空间节奏和情节变化，使人的体验由被动变为主动。

（3）有情节的空间营造：情感空间的回归，营造空间的情节有助于构建独特的空间秩序，激发设计师的创造力。

（4）作为体验者的主体：设计师从体验开始，关注情节及其发展轨迹。

（5）体验的多样性与个性化：多种现代手段相结合。

4 构建体验式景观

4.1 主题叙事

构建体验式景观首先要构思一套主题概念。

主题，即有意味的概念。它往往具有诱惑力、联想的可能性。有意味的概念的成功关键在于领悟到真正令人遐想、动人心魄的内在情感，寻找有深度的、有内在本质的（历史文化及社会层面）的内容。

主题来源于生活，生活具有空间维度和时间维度。它既包含各种自然现象：日月星辰、昼夜、四季等，以及人、植物、水、城市具体场景道具等生活内容或经历，又包括在时间维度上历史、现在、未来所产生的记忆。

叙事即讲故事，强调情节性和逻辑性。江南园林中主题往

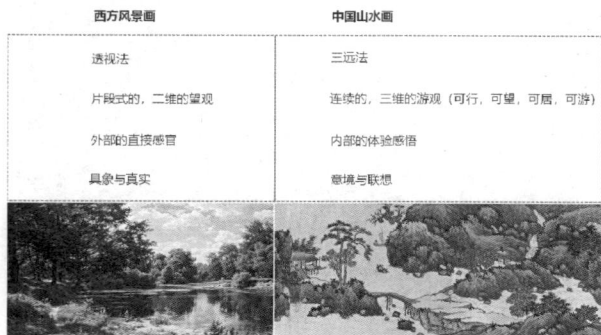

西方风景画	中国山水画
透视法	三远法
片段式的，二维的望观	连续的，三维的游观（可行，可望，可居，可游）
外部的直接感官	内部的体验感悟
具象与真实	意境与联想

图7 中西方风景画的景观空间分析

往反映了造园主的个性化内容。退思园,从园的名称便可感受主人退而思过之意。空间强调隐退,景观建筑牌匾提拔"菰雨生凉"、"岁寒居"等暗喻构成了主题下的情节。

主题概念与叙事系统就像文学的中心思想和目录,是体验性空间的主旨框架,它使空间具有逻辑性、情节性,并使空间具有特色和创新点。

北京奥林匹克下沉花园就是主题叙事的景观设计。它以开放的紫禁城为主题,7个分主题来叙事描述北京皇城根的城市记忆片段:御路宫门、礼乐重门(图8)、穿越瀛洲(图9)等,通过现代的设计手法与材料表达场景,唤醒了当代人对于北京历史的记忆,创造出一种古今交融的开放新景象。礼乐重门的主题院落,中国鼓以整面墙的形式震慑人心,带有声孔的"铜箫"矗立在侧,使人仿佛进入了鼓随萧吟的悠扬意境。

4.2 时空体验

梅格·庞蒂的《知觉现象学》中提到,身体、被感知的世界、空间性和时间性是空间体验的4个重要因素。在令人难忘的空间体验中,时间、空间、物体在一个有机整体中融合。

体验源于经历,经历是一种记忆,可以唤起共鸣。罗西认为,场所不仅由空间决定,同时也由其历史和现实事件不断发生在同一地点所决定。每个活动都带有对过去的记忆和未来潜在的记忆。空间的体验需要共鸣,共鸣来源于主题内容的认知和时间记忆。

在设计中利用时间维度的变化可以使空间的时间碎片化,将时间的三个维度:过去、现在、未来进行叠加,会产生新奇感、时空交错的幻觉。

记忆片段的挖掘与重构。人的记忆是综合的,与生活相关的环境、道具、事件,与文化相关的景物、故事等,这些记忆通过艺术的再现,让人一见如故,产生心灵共鸣。成都宽窄巷子(图10)运用现代艺术化手法在多处场景复原了当地居民原有的生活场景,使人们仿佛回到了岁月的记忆中。

万科时代广场以"时间"作为概念,通过LED变化的水景、地面文字雕刻,互动表达了可以反映季节变化的叙事内容。融入了极光、二十四节气、时间刻度等可以被感知的自然现象及原理,设计出充满互动体验感与现在感的景观空间(图11)。

图8 礼乐重门

图9 穿越瀛洲

4.3 动线

空间的体验以线性交通空间为路径展开,因而动线设计与人的体验感关系密切。从动态体验的角度构思动线,强调主题性与参与性。动线作为空间叙事表达的线索来设计。

动线设计强调人的内在体验,不以外在的平面形式美观为标准。这一点在日本景观设计(图12)中表现得尤为明显。从图面上看,很多平面图远远不如人视点的真实空间美观动人,这是因为设计是以人在动线交通的内在体验为标准,人视角的空间关系和心理感受是动线设计的重点。

动线是连贯的,整体的,需要考虑叙事内容起承转合的前后关系,形式服从内容。所有的节奏是以主题与叙事逻辑为前提的形式表达。它像一条线索串联多个情节。鲁能钓鱼台美高梅展示区的动线设计通过起承转合的变化贯穿起多个分主题空间以及记忆的片段(图13)。

图10　宽窄巷子

图11　万科时代广场

图12　枡野俊明设计　海信天玺居住区

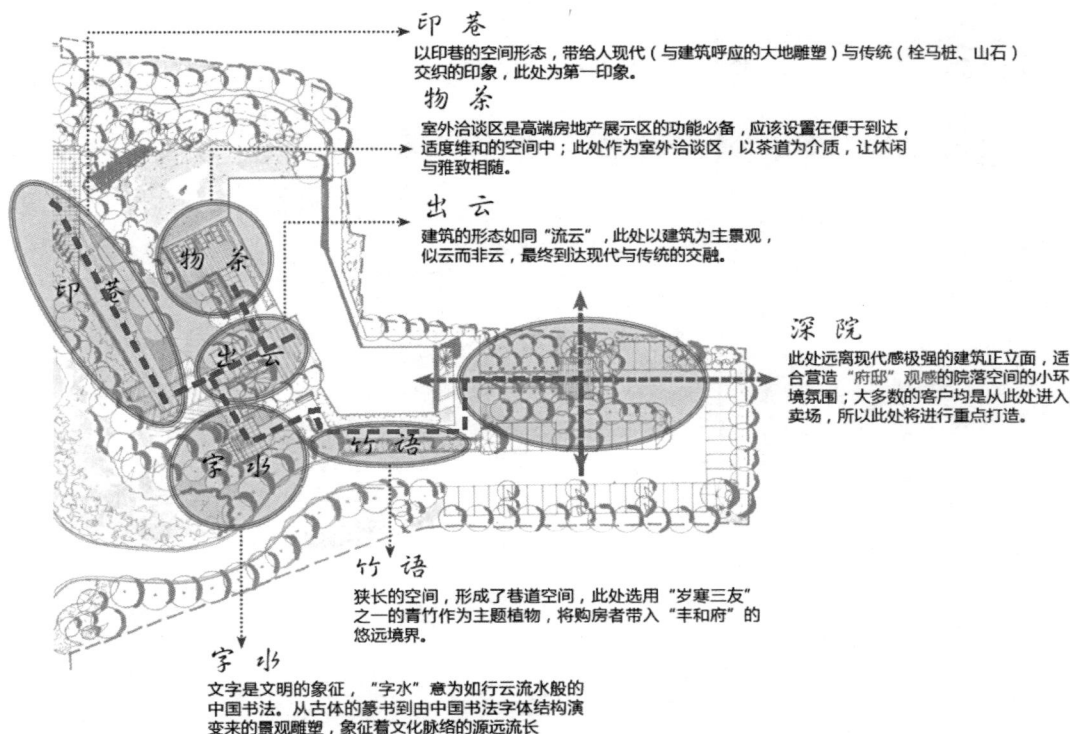

印 巷
以印巷的空间形态，带给人现代（与建筑呼应的大地雕塑）与传统（栓马桩、山石）交织的印象，此处为第一印象。

物 茶
室外洽谈区是高端房地产展示区的功能必备，应该设置在便于到达，适度维和的空间中；此处作为室外洽谈区，以茶道为介质，让休闲与雅致相随。

出 云
建筑的形态如同"流云"，此处以建筑为主景观，似云而非云，最终到达现代与传统的交融。

深 院
此处远离现代感极强的建筑正立面，适合营造"府邸"观感的院落空间的小环境氛围；大多数的客户均是从此处进入卖场，所以此处将进行重点打造。

竹 语
狭长的空间，形成了巷道空间，此处选用"岁寒三友"之一的青竹作为主题植物，将购房者带入"丰和府"的悠远境界。

字 水
文字是文明的象征，"字水"意为如行云流水般的中国书法。从古体的篆书到由中国书法字体结构演变来的景观雕塑，象征着文化脉络的源远流长

图13 丰和府钓鱼台 美高梅展示区

5 结论

立足传统，走向多元。在新时代，设计的创新需要多元思维方式的综合运用。本文从传统山水画艺术的空间图解入手，探索发现出体验式景观作为一种更具中国特色、更具艺术感染力的空间设计创新途径，为中国景观设计领域提供一种创新方法、创新视野。

自古以来中国的景观是体验性的，现在，我们在新科技，新视野，新技能（数字化、人工智能、认知叙事、影视）的时代背景下，景观设计必将有新时代的体验感。当然，必须以尊重使用者话语权的设计思维而创作，这样才可能创作出引起共鸣的设计作品。

参考文献

[1] 彭一刚. 中国古典园林分析 [M]. 北京：中国建筑工业出版社，1986.

[2] 吴家骅. 景观形态学 [M]. 北京：中国建筑工业出版社，2003.

[3] 约翰·O·西蒙兹. 景观设计学——场地规划与设计手册 [M]. 北京：中国建筑工业出版社.

中国式建构

——实验性设计的解读与启示

孙文鑫

南京艺术学院设计学院

摘　要： 本文以"建构学"的学习和讨论为主线，通过分析"轮子上的房子"、"闵约楼"两者的建构表现，以及各自达成诗意建造的差异途径，来讨论"中国式建构理论"对于我国传统文化的研究、转译以及变造。最后，通过对侗族风雨桥的研究进行一次中国式建构的实验性设计。

关键词： 建构　建构学　中国式建构　传统文化　转译

引言

眼下，"中国式建构"正在走向"有本体，无意义，有技术，没文化"的物质狂欢，与弗兰姆普敦所希望投奔的"生活世界"渐行渐远。显然在弗兰姆普敦看来，建筑绝非仅仅是物质性的，建筑的材料也绝非仅仅是物质性的，对于建构的完整性来说，"身体的隐喻"有不可替代的重要性。[2]

1 "建构学"和"中国式建构理论"概念阐述

1.1 "建构学"的定义及特征

建构（Tectonic）是基于建造的艺术，是诗意的建造。自1894年施马索夫提出的空间理论逐步取代了森佩尔的建构理论，到当前建构又渐渐成为世界建筑学界关注的焦点，建构经历了一个轮回。这是螺旋式的上升过程，也是人类文明发展的必然。

在笔者看来，弗兰姆普敦的策略与其说是用词典惯常使用的方法寻求"建构"的本质定义，不如说是对建筑的思考过程中呈现、或者说是更为准确地赋予"建构"以意义。那么，正如晚期维特根施坦哲学所认为的，"想象一种语言就是想象一种生活方式"的话，呼吁一种在技术时代更具有人文价值的生活方式正是作者《建构文化研究》的任务。首先，建构与技术建造息息相关，关于这点，弗兰姆普敦在1990年的那篇论述建构问题的短文中曾明确指出："建构"一词是无法与技术问题分离的。但是

除了建造的物质性劳作以外，作者同样关注的是建造的意义性即诗性指涉，在文中称之"建造的诗性"。在"走向批判地域主义——抵抗建筑学六要点"一文中，弗兰姆普敦曾经引用建筑史学家斯坦福·安德森的话："'建构'一词不是指造成物质上必须的建造活动……而是指使此种建造上升为一种艺术形式的活动。"[1] 同样在《建构文化研究》的绪论中写道："无需声明我在本书里关注并不仅仅只是建构的技术问题，而更多的是建构技术潜在的表现可能性。如果把建构视为结构的诗篇的话，那么建构就是一门艺术，一门既非具象，又非抽象的艺术。"[1]

1.2 "中国式建构理论"的定义及特征

周榕教授提出"自20世纪90年代《建构文化研究》一书的观点陆续被介绍进我国，自此中国界的若干先知先觉者直奔主题，直取第二部分的物质本体和技术内核，迅速把"建构文化"改造为一套简化、纯化、浅化的'中国式建构理论'话语体系。其中缘由因人而异，其中掺杂了对建筑的物质本体信仰、自治组织崇拜、材料肌理迷恋、力学关系和建造逻辑的视觉合理性执念……"[2]

这些逻辑大都是为了快速将理论结合实际，其中体系大都未经批判性思考就立即被冠以"建构理论"或"建构学"之名在中国的建筑界进行大量传播。在诞生之初也不断伴随着质疑和反对，具体体现在"建构"一词所承载的文化是否可以被技术化、格式化、理论化，以及是否可以对建筑学学子进行传教，过程又将如何传教。而作为一门新系统性理论，必须拥有

自己的设计策略与体系。

在这不得不提到王骏阳，作为建筑学理论家，他对"建构文化"的贡献不仅在于翻译了弗兰姆普敦的巨作，更在于他用抽丝剥茧的方式让读者对建构的"迷思"转变成清晰的知识框架，完成了对作者巨作思想的转译。他提出："对建筑前沿理论与思潮的理解是需要我们在这个飞速变化发展的漩涡之中通过较长的历史视野找到反思的空间和可能。[3] 因为在一定意义上，反思就是批判性思考，对于建筑学来说反思需要全方位的考虑，既有人文的，也有技术的。在中国现代建筑学的发展中，人文包括艺术、美学、形式、空间、文化等方面，而对技术发展以及相关理论一直是相对发展缓慢的。'建构文化'的提出不仅提供全新建筑视野，同时也将现代主义建筑可视化。而在一个环境危机和可持续发展成为人类共同议题的时代，对于技术的关注绝不仅局限在对非线性参数化的施工方面，更需要关注的是对能源可持续利用的问题以及节点的合理性上。"[3]

2 "轮子上的房子"的建造表现

2.1 "轮子上的房子"的物质化与去物质化属性

"轮子上的房子"作为建构，首先必须靠考虑的三个问题：造型、结构、工艺，这是建构绕不开的三要素。其背后要考虑的便是建筑材料、物质形态、受力和形式逻辑。

设计自诞生之初就带有明确的目的性，对于设计的评价也是针对目的的契合程度而定。"轮子上的房子"即便是作为一个观赏性为主的景观设计，同时也持续影响着人们对于建构文化的审美。建构文化并非特指某一种或几种属性，其伟大之处在于其包容一切可以理解或不能理解的因素，其中非理性因素在此也占有一席之位。从设计美学的角度出发，"轮子上的房子"这种形式美优先。伴随着材料美与技术美，被弱化的功能美，反而使其凸显了去物质化的设计目标。当深入了解到南京艺术学院的校训"闳约深美"，便慢慢能理解实验性设计的缘由。

这样的设计往往违背很多建筑学学生一直信仰的几项原则和几种工程学，因为从设计的诞生之初带有不一样目的的作品便已经去除了对于物质属性的追求。

2.2 "轮子上的房子"达成诗意的途径

"轮子上的房子"提取了传统建筑群落中错落的坡屋顶的形制特征，以解构的手法重组梁柱结构，使其与有机玻璃组合，以现代木结构中精致而有秩序感的细部构造来体现建筑的形

态，以对称双剪螺栓连接和钉连接的方式实现建造，同时裸露的金属件也体现着建构的构造感。同时，可以使作品在展览时按需求变化呈现不同的组合形态，观者行走其间，可以景随步移，一步一景，契合中国古典园林的造园要旨，也为作品增加了趣味性。当人们穿行其中，便给观者以强烈的亲切之感和丰富的视觉享受。

3 "闳约楼"的建造表现

3.1 昆曲与古戏台的意象设计

在时代的发展变迁中，一些优秀的传统文化正面临悄然消亡。因此，以现代的材料、技术和构造语法重新转译和再现这些优秀的传统文化的精髓显得尤为重要。作品以中国"昆曲"文化和"古戏台建筑"的形制特征为研究对象，设计灵感来源于中国昆曲博物馆的镇馆之宝——晚清宝和堂的昆曲堂名灯担。

"闳约楼"抽取了古戏台建筑中斗栱、木雕、藻井等典型元素，以钢木复合结构为主要支承结构，结合夹胶玻璃和钢材等具有现代意味的材料来描述作品，并以传统的木雕和钢板激光雕刻两种方式雕刻戏台的装饰纹样，并将这两种纹样以蒙太奇的手法错叠和并置，试图实现时光的穿越和重叠。

图1 轮子上的房子

图2 轮子上的房子细节构造

"阅约楼"最终以等比例建造实现,是一座具有实际演出功能的戏楼,试图描述一种"是我非我,装谁像谁"的古戏楼意象。

3.2 "阅约楼"传统文化的现代转译

昆曲,又称昆剧、昆腔,是我国最古老的剧种之一,也是我国传统文化艺术中的精华。2011年,昆曲被联合国教科文组织列为"人类口述和非物质文化遗产代表作"。"阅约楼"是以昆曲戏台为主题的戏台建筑装置。其设计提取了堂名灯担的形制特征,其外型为楼阁,以紫檀、黄杨镂雕而成,镶玉坠宝,富丽精美,灯彩辉煌,以江南传统戏台的装饰手法,设计了一座具有传统戏台意象和功能的装置作品。以木材、钢材和夹胶玻璃等材料等比例建造,在构造方式上结合了传统木构中穿斗式的节点构造,同时运用了对称双剪螺栓连接的现代木构构造方式,以期达到对中国传统文化的继承和再现。以"大木作"和钢材的"激光数控雕刻"的技术的综合运用,实现"传统"与"现代"的相对凝视。同时,"阅约楼"是一次建筑装置的先锋实验,也是对我国非遗的传承。

图3 晚清宝和堂的昆曲堂名灯担

图4 阅约楼正视图

图5 阅约楼轴测图

图6 阅约楼夜景效果

结构分析

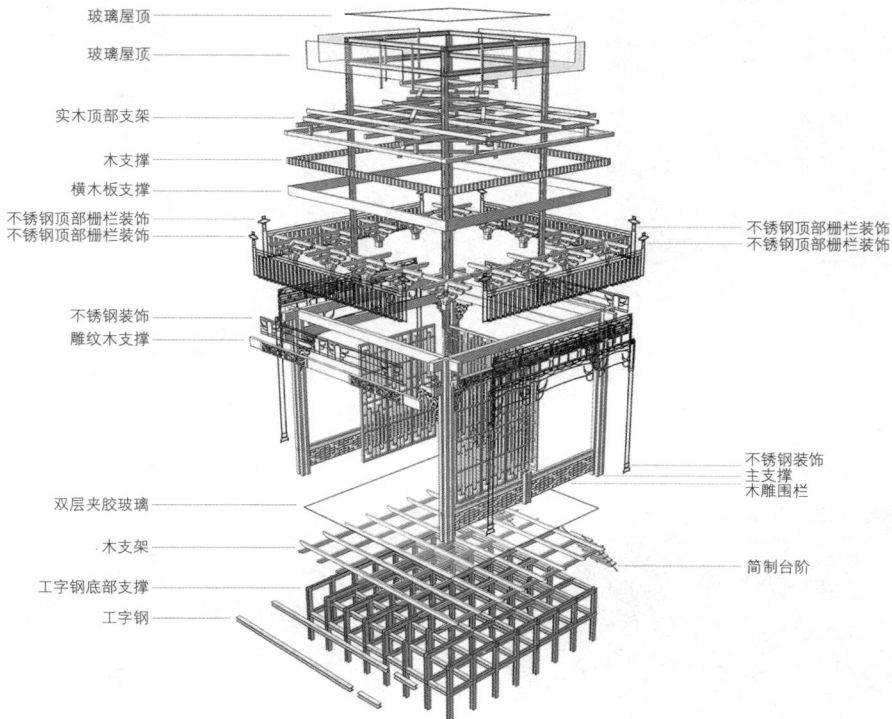

- 玻璃屋顶
- 玻璃屋顶
- 实木顶部支架
- 木支撑
- 横木板支撑
- 不锈钢顶部栅栏装饰
- 不锈钢顶部栅栏装饰
- 不锈钢装饰
- 雕纹木支撑
- 双层夹胶玻璃
- 木支架
- 工字钢底部支撑
- 工字钢

- 不锈钢顶部栅栏装饰
- 不锈钢顶部栅栏装饰
- 不锈钢装饰
- 主支撑
- 木雕围栏
- 简制台阶

图7　闳约楼爆炸分析

图8　闳约楼实际效果

4 "木廊桥"的实验性设计

4.1 "木廊桥"基于侗族风雨桥为文化线索的建构实践

课题以侗族风雨桥为文化线索，它是侗族建筑艺术上的精华，也是我国桥梁建筑的佼佼者，有"廊桥"之称，它是一种集桥、廊、亭三者为一体的独具风韵的桥梁建筑。侗族人喜欢依山傍水而居，正是因为侗族人世世代代生活在水边的

缘故，侗族人乃至整个侗族社会都和桥结下了不解的生命之缘。在侗乡，无论是寨子里，还是寨子外，无论是有河的地方，还是没有河的地方，侗乡处处都建有造型美丽、气韵非凡的风雨桥。

风雨桥的结构有三部分，下部是用长方形大块青石围砌，料石填心的墩台，桥墩为石面柱体，上下游均为锐角，以减少洪水的冲击力。中部为桥面，采用密布式悬臂托架简支梁体系，全部为木结构。上部为桥面的亭廊，采用榫卯结合的梁柱体系联成整体，亭廊的柱间设有坐凳栏杆。栏外挑出一层风雨檐，起到保护桥面又增强桥的整体美感。整座桥架置放在桥墩之上，而桥墩起架空的承台作用。

在设计的过程中作品借鉴廊桥之乡浙江泰顺县和贵州黔东南侗族的几座经典廊桥，提取重檐、飞檐、辅廊、斗栱、雕花等元素。并以现代木结构与传统木结构的构造形式相结合，试图在作品中融入电影《廊桥遗梦》经典桥段，将电影叙事与建构文化相结合，产生中西文化的对撞，为青春洋溢的南京艺术学院校园提供一座供大家休憩、祈福、静思、眺望……的风雨桥。

图9　南花桥实景图

图10　廊桥内部藻井

图11　风雨桥翘檐下的斗栱

图12　雕花梁

图13　侗族风雨桥重檐

图14　木栱廊桥

图15 方案1传统木廊桥

图16 方案2木灯笼

图17 方案3廊屋

图18 方案4罗曼斯桥

4.2 "木廊桥"的诗兴指涉与"迷思"叙事

从起初对建构的迷思着手，笔者分析研究调研过程中富有代表性的个例并阐述其诗性指涉和建造表现。接着通过前期的设计，呈现出五组不同风格的木廊桥，最后从"在场性"与"实验性"的角度选择一组进行深化以及施工搭建。以现代木结构的方式实现建造，同时采用了纹理美观、质地均匀细致、力学性能最好的两种原木针叶材（欧洲赤松和北美南方松）为主要建材，其力学性能可以满足高层木作的要求。另外，松木可以散发出浓郁的芳香气味，当人们置身于这样的气氛中时精神可以得到放松，通过嗅觉感官的感知进而形成心理体验的途径来建构生态建筑。最后，笔者收录晨间鸟语虫鸣的声音，在生态建筑

图19 方案5实际搭建木廊桥

中植入声景，从多感官的角度丰富观者的体验。

5 结语

论文从理论研究到案例分析，最后进入实践操作。在此过程中，笔者希望能得出能被大众化接受理解的设计策略，从而服务于中国设计共同体，加强中国在国际上的设计话语体系。此设计策略简而言之，要求设计师从我国优秀文化入手，通过材料与技术形成文化转译，在此过程中要不断考虑"身体的隐喻"，以人为本的核心观念。在时代的变迁中，我们应该将一些优秀的传统文化以更有生命力的方式再现在我们的生活之中。

最后，以周榕教授的格言与大家共勉，"当'迷思'像深海怪物一样一点一点舒展开他周身黑暗的褶皱，失踪已久的诗意便不期而至。"[2]

参考文献

[1]（美）肯尼思·弗兰姆普敦. 建构文化研究：论19世纪和20世纪建筑中的建造诗学（修订版）[M]. 王骏阳译. 北京：中国建筑工业出版社：1—65.

[2]周榕. 三亭建构迷思与弱建构—非建构—反建构的诗意建造[J]. 时代建筑，2016（3）：34—41.

[3]王骏阳. 王骏阳自述[J]. 世界建筑，2016（5）：81.

城市周边旅游民宿体验空间布局特征及设计研究

孙剑仪

北京服装学院艺术设计学院

摘　要： 民宿给游客提供深入了解当地文化和民俗民风的机会，满足游客求新求异分享的心理，因此可将民宿作为城市周边旅游休闲度假的一种探索形式。通过对城市周边旅游民宿体验空间布局特征及设计手法的再研究，期望设计者能设计出游客满意度更高的民宿，使游客能够更加积极地选择民宿，深入地了解民宿并爱上民宿。

关键词： 城市周边　旅游民宿　体验空间　布局特征　设计研究

引言

民宿是指"利用自用住宅空闲房间，结合当地人文、自然景观、生态、环境资源及农林渔牧生产活动，以家庭副业方式经营，提供旅客乡野生活之住宿处所。"笔者调查发现，城市周边旅游民宿体验空间必须在满足功能要求前提下，还要满足人们的审美，需满足3个方面的规定性：量方面，具有合适大小的空间容量；形方面，具有适宜的空间形状；质方面，适当的元素来呈现空间，这就需要我们对城市周边旅游民宿体验空间布局特征及设计再进行深入的研究。结合其空间布局形式，概括起来有4个方面：民宿体验空间的内部空间、旅游民宿体验空间的外部形体、旅游民宿体验空间的外部空间、体验空间群体组合中的统一问题。

1　旅游民宿体验空间的内部空间

内部空间是人们采用一定的材料及技术手段从自然空间中围隔出来以满足人们某种目的而产生的空间。除了极个别民宿外，绝大多数民宿都是由几个、几十个房间组合而成。人们在民宿空间中活动，不可能把自己仅局限于一个空间范围而不参与其他空间。空间与空间之间是相互联系，不是孤立存在的。有机地将所有的空间按照功能联系在一起时，这个空间的存在才是合理的，我们必须依据空间的特定功能特点来选择与之相匹配的空间组合形式。对于多空间的组合形式，有以下5种方式（表1）。

城市周边旅游民宿内部空间的布局关系　　　　　　　　　　　　　　　　　表1

空间组合形式	走道连接	单元式	公共空间连接	空间相互串联	大空间为中心连接小空间	多种组合式综合运用
图示						

（资料来源：作者根据整理自绘）

2 旅游民宿体验空间的外部形体

外部体形一般是内部空间的外部表象，各种室外的院落、街道、广场、庭院等都是借由建筑物的体形而形成的。对于城市周边旅游民宿的建筑形体，不应当将其当作目标来追求，而是要体现整个民宿空间的内部逻辑。把握每个建筑的功能特点并与形式完美的贴合，这样才能完美地展现建筑的个性，建筑就是其性格特征的表现。每个建筑都有其强烈的个性，它的体现根植于建筑功能也涉及设计师的设计意图。现在大量民宿因其功能的一致性而产生雷同，所以需要设计师在此基础上以民宿空间的色彩、材质、装饰、纹样、雕刻等细部处理来强调不同民宿的区别。

3 旅游民宿体验空间的外部空间

人的活动不能仅限于民宿内部，必然要贯穿于整个室内外空间。我们研究民宿外部空间时，首先要考虑到的是如何界定它的内外边界以及它的形状与范围。外部空间以及外部形体两者非此即彼，呈现出一种互补、互逆的关系。从这种意义上讲，他和建筑的外部体形一样，都具有明确、肯定的界面。从另一方面看，民宿外部空间结合了广阔无垠的自然空间，此时他们之间的形状和范围是很难界定的。

外部空间具有两种典型的形式，一种为开敞式的外部空间，其特点是以空间包围建筑物；另一种是以建筑实体围合而成，形体相对清晰的外部空间。封闭空间的程度要取决于其对空间的界定情况，我们必须通过建筑空间之间的组合关系来获得明确的建筑形体，并推导相应的外部空间，在实践中，若干个民宿空间群的组合并不局限于上述两种形式，会比我们想象的要复杂，还会介乎于开敞与封闭之外的半开敞、半封闭空间形式。如果我们处理适宜，我们可以利用他们之间的分割与联系既可以借助对比以求变化，又可以借渗透而增加空间的层次感，将空间按层次形成一个有机统一的空间序列。

3.1 外部空间的变化

外部空间同样可以参考内部空间的处理方法，利用空间的高低、大小、开敞与封闭等显著差异来求得形式上的变化。大乐之野二号楼于2014年正式建成，该建筑位于一棵百年红豆杉后边，为了保留原生植物，建筑面积有所减小。民宿的整个空间以一种"小中见大"的手法层层递进，利用强烈的大小空间的对比来获得外部空间变化上的效果，院内各空间不仅大小不同，开敞与封闭程度不同，气氛上也不相同，室内空间相对安

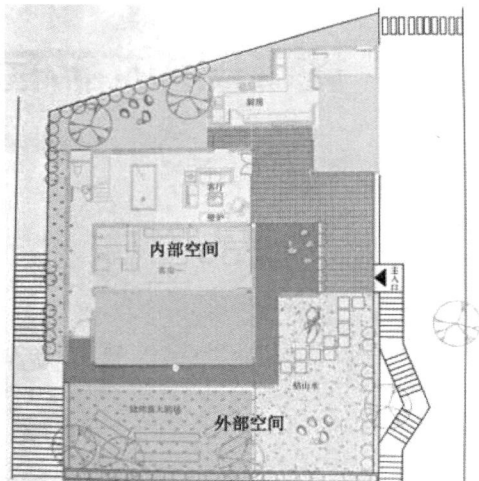

图1

静，室外活动空间相对热烈，从一个空间进入另一处空间，整个空间借上述因素的对比都充满变化（图1）。

3.2 外部空间的渗透

外部空间相互之间的渗透和内部空间在表现方法上是雷同的，区别在于表达元素上的差异性。民宿室内主要是借由隔断、楼梯、夹层、家具分割来增强内部空间的层次变化。在民宿外部空间的处理中，是通过门洞、空廊、柱墩相邻建筑物、植物配置、雕塑等元素来丰富空间的层次变化。我国古典园林往往借助门洞或者窗口，通过两个相邻的空间内的景物相互渗透，营造从一个空间看向另一个空间来获得空间的层次变化以吸引人的注意力，这种手法一般称为"借景"或"对景"。在民宿的群体组合中，采用自由式布局的形式通常可以借用建筑形体的交错、转折，以及由于它拥有独特的地理位置的普遍性，尤其是采用"借景"来获得空间的渗透和层次上的变化。

3.3 外部空间的组织

外部空间的组织关乎于群体组合的整体布局，民宿外部空间的组织与人流活动的关系十分密切，不仅要考虑到主要人流的必经路线，还要考虑到各种人流活动的可能性。结合民宿的功能、人流、地形，我们可以将民宿外部空间组织大致概括为以下4种形式：①沿一条轴线向纵深方向逐一展开；②沿纵向主轴线与横向副轴线展开；③沿纵向主轴线与斜向副轴线展开；④循环式展开（表2）。

民宿因其功能较为复杂很少采用轴线布局形式，大多采用循环式、展开式来布局整个空间，它的布局特点既不对称，又

城市周边旅游民宿外部空间的布局形式　　　　　　表2

外部空间	沿一条轴线向纵深方向逐一展开	沿纵向主轴线与横向副轴线展开	沿纵向主轴线与斜向副轴线展开	循环式展开
布局形式	↑	↑↔	↑↗	∞

（资料来源：作者根据整理自绘）

没有明确的轴线指引关系，而单凭空间的巧妙组织安排来完成整个空间的组合。这种空间组合、人流线路是较为灵活多变的。此空间序列在人流线路的方向上较为清晰，这种空间序列的安排可以由开始段、引导过渡段、高潮前准备段、结尾段组成，再配合人们对这些大小不同、开场程度不同等空间的变化可以形成强烈的律动感。

4　体验空间群体组合中的统一问题

建筑和环境相互依存，任何建筑，只有它与周围环境共同组合成一个有机整体时，才能更好地体现出其影响力，环境的好坏对于建筑也有一定的影响。"相地"对于民宿来说十分重要，设计师千方百计地挑选远离嘈杂拥挤的大城市而选择其周边安静、风景秀美的景区，是有其原因的。民宿地段的选择并不总是符合理想的，必然会受到现实中各种条件的限制。民宿的功能和所处地形可以赋予群体组合之千变万化的个性，使其各具特色，达到组合之间的统一，便是群体组合最终的标准（表3）。

我们已总结出设计民宿空间需要考虑以下几个大的方面：民宿的内部空间、外部形体、外部空间、群体空间组合、材质、体验空间配置、设计亮点六大方面，在此基础上再根据每个大方向涉及的小问题层层递进的展开分析（表4）。

体验空间的群体组合统一问题布局关系　　　　　　表3

群体组合	对称	向心	轴线引导与转折	结合地形	建筑形式与风格
图示					

（资料来源：作者根据整理自绘）

设计民宿空间需要考虑的方面　　　　　　表4

民宿空间	内部空间	外部形体	外部空间	群体空间组合
材质				
体验空间配置				
设计亮点				

（资料来源：作者根据整理自绘）

5 构建新民宿体验空间

5.1 民俗性体验空间

"原真性"一词出现在1994年的《关于原真性的奈良文件》，并成为之后文化遗产保护界公认的基本原则。对于城市周边来说，其经济的发展是推动旅游业必不可少的要素。游客之所以会选择城市周边去旅行，最重要的是要离开自己所生存的自然环境和文化圈进入到其他的地理环境。文化需要去接触和去体会，只有我们经历此地曾经发生过的事件，我们才能更好地领略当地的风土人情。民俗体验是民宿的灵魂所在，真正地体验地方的文化，不仅需要游客置身于当地的自然环境和建筑当中，不仅只停留于抽象的概念，更需要游客走入当地的文化内场来接触原住居民的生活，直观性地传递感官体验。游客需要走进这种感受，而设计者需要为他们创造这种机会。但过程中，我们要时刻保持地方与旅游业的发展均衡，兼顾地区的建设与地方文化的涵养。设计师需对资源分配方面具有更广阔的视野，结合地方民俗开展一些适合游客参与的事件、情节予以催生整个民宿的社会文化活动力。

5.2 变革性体验理念

在对游客的长期吸引这个层面来讲，与营造一种单一的体验相比，营造多种体验更加有力，民宿多元化的"民宿1+体验空间N+"模式，便是民宿未来的发展方向。如表5所示，想要实现对民宿的变革，就要以初级体验的简单提取、中级体验的制造标准、深度体验的营造个性为引导体验空间多元化。

我们可以加一些轻资产的元素以满足不同主题的多功能民宿。类如：民宿+体验餐饮空间+手作空间+有机农业空间+……

遇花园民宿位于北京市怀柔区九渡河镇，此民宿主题为忆童年，入住者大部分为带有孩子的家庭。墙上的涂鸦为我们小时候所经历所玩耍过的场景，支持民宿主体的道具是我们童年时玩的游戏机、推钢环、跳方格等。设计均采用可以引起游客共鸣的元素来打造整个民宿环境。粗略地观察，我们会发现民宿空间中有很多相似的东西，不仅建筑本身有其基本的模式，花园、材质、铺装、道具等也不例外。它们向人们传达了设计

民宿变革性空间进化   **表5**

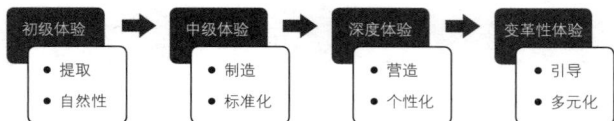

初级体验	中级体验	深度体验	变革性体验
• 提取	• 制造	• 营造	• 引导
• 自然性	• 标准化	• 个性化	• 多元化

（资料来源：作者根据整理自绘）

者的思想，所有的这些心情，通过建筑空间以及环境的打造都很容易被今天的人们解读出来。在这个小小的民宿中，它涵盖了很多体验项目，如爬山、逛花园、爬长城、采摘、看电影等。该民宿设置了结合折纸等活动的手作空间，达到教育、满足游客的感官之效，从而丰富其住宿及旅游行程。蔬食餐厅内的主菜与主食均由民宿主人亲自掌厨，强调养生，以慢食为主餐。食材均取自园区菜园，常年供应养生药膳锅底。该民宿以"住宿空间+手作空间+特色餐饮空间+有机农业空间"多元体验空间手法进行设计，经笔者采访，游客在这里可以待足足两天，因为该民宿与当地景区联合，拓宽了自己的体验区，增加了游客的体验活动（图2~图4）。

遇花园实景
（图片来源：作者自摄）

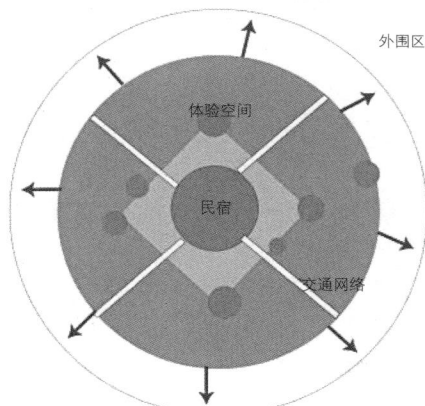

城市周边旅游民宿空间重组模式
图5

（资料来源：作者根据整理自绘）

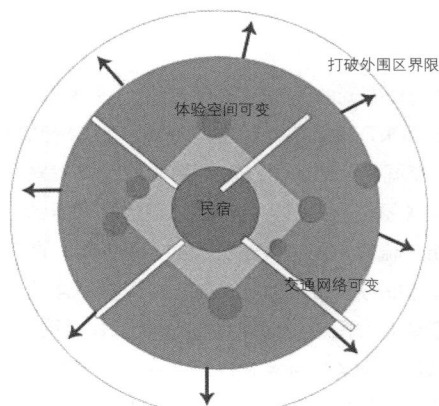

城市周边旅游民宿空间重组模式
图6

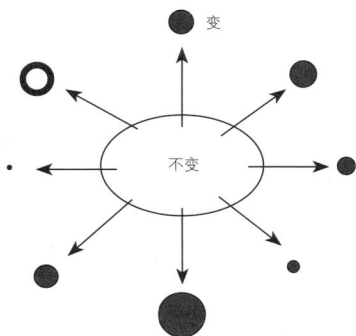

图7

（资料来源：作者根据整理自绘）

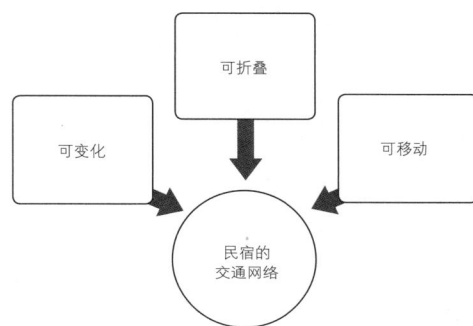

图8

5.3 重组式体验空间

（1）为加强民宿土地利用强度，应赋予边界一定的灵活性，在需要的时候，可以对民宿的体验空间进行调整（图5）。

（2）民宿的体验空间根据其功能的发展会有"显性和非显性功能区"的出现，我们要能明确地区分强弱功能区并且合理的设置，以保证民宿有良好的体验空间（图6）。

（3）打造以住宿为核心，各个功能区根据实际情况可切换的发展模式（图7）。

（4）民宿内部的交通网络能有效地支撑住宿区域与其他各体验空间的连接，因此交通方式的可移动、可折叠、可变化也是设计者需要考虑的重点（图8）。

（5）对于城市周边旅游民宿来讲，保留功能在一定程度上

的相对独立以及相对完善的基础上，要与外围区域与自然资源保持良好有机的联系，维持其"原真性"。

城市周边旅游民宿空间组织必须从更高一层的系统出发，整合与之相关各要素求得一种平衡，是民宿向更好的态势发展的必要条件（图9）。

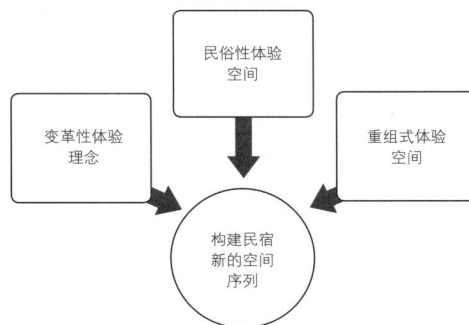

图9

（资料来源：作者根据整理自绘）

6 结语

本文首先就功能对空间的3个方面的规定性：量的方面、形的方面、质的方面来证实民宿建筑空间形式必须适于功能要求。其次从内部空间、外部形体、外部空间这3个角度对民宿体验空间的组织关系进行探讨，并对民宿群体空间组合的统一问题进行分析，梳理出民宿体验空间的布局特点。最后通过4个层面的空间布局形式处理方式与实际案例的详细探究，构建出新民宿体验空间的设计要点与布局方式，期望为游客提供更加适宜的民宿体验环境，使游客在入住过程中获得愉悦舒适的感官和心理体验，并为民宿开发者及设计者提供思路。

参考文献

[1] 原广司. 空间—从功能到形态 [M]. 南京：江苏凤凰科学技术出版社，2017.

[2] 林玉莲，胡正凡. 环境心理学 [M]. 北京：中国建筑工业出版社，2016.

[3] 唐文跃. 地方感——旅游规划的新视角 [J]. 旅游学刊，2008 (08)：11-12.

[4] 余昌斌. 体验设计唤醒乡土中国 [M]. 北京：机械工业出版社，2017.

[5] B·约瑟夫·派恩，詹姆斯·H·吉尔摩. 体验经济 [M]. 北京：机械工业出版社，2016.

[6] 詹育雯. Airbnb带你住进全世界人的家 [M]. 南京：江苏凤凰科学技术出版社，2017.

旅游景区公共设施工艺小品创新设计研究

——以广西南宁市青秀山景区为例

严 康

广西科技大学

摘 要： 公共设施工艺小品作为旅游景区整体环境中不可分割的一环，不仅具有明确的使用功能，而且还能传达出场所品质和环境的文化内涵。文章以广西南宁市青秀山景区公共设施工艺小品的整体设计为研究对象，提出新的系统设计策略，从而提升和改进景区环境的整体品质。

关键词： 旅游景区 公共设施工艺小品 创新设计研究

南宁市青秀山旅游景区是国家5A级风景旅游景区，景区内部公共设施工艺小品的整体创新升级对于提升景区的文化格调和视觉，从而加快城市往更健康、更美观、更人文方向发展有着重要意义。面对全国各地不断对新旅游景区的开发以及对现有旅游景区的升级，如何把看似不起眼的景区配套公共服务设施纳入到景区整体开发升级的战略格局体系中，也是值得研究的一个方向。

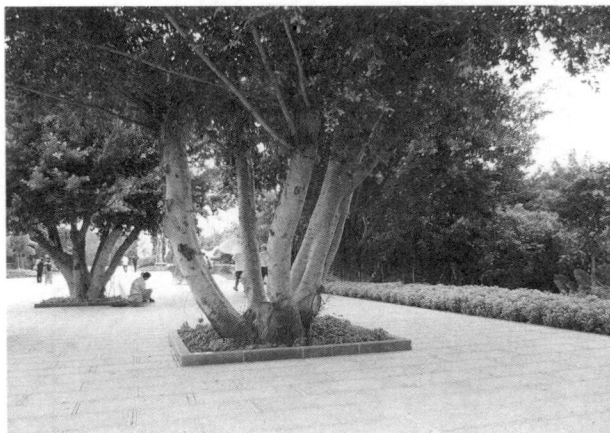

图1 人们坐在树池的牙道上

1 设计研究的目的

本案例以公共设施工艺小品的功能、美学、材料、质感、技术、视觉特征和风格等诸多方面为重点，提取广西少数民族地域文化符号和景区环境元素，进行艺术创新和工艺制作，直观地从时代、地域、文化等角度表达当地景区的风貌特质，从而有利于青秀山景区的环境整体协调，并富有当地独特的艺术特色和视觉效果。希望通过这个案例能够对其他城市（特别是国际性频繁交流的城市）的景区在突出地域文化特征方面提供一定的参考价值。

2 青秀山旅游景区公共设施系统设计的现状

2.1 基础设施不尽完善

景区内由于有些工程项目分阶性进行建设，导致基础设施

这个环节没能及时跟进。在一个大的公共活动区域如果找不到一个垃圾桶，这必然间接导致公共环境的不良反应。在青秀山景区，由于上述原因某些地方缺少可供休息的椅子，人们被迫不自觉地坐在树池的牙道上（图1）。

2.2 功能设施缺乏人性化

青秀山景区快速化建设过程中往往容易忽视对弱势群体的关怀，这样造成了无障碍设施的设计不足。合理设计的公共设施能够使游客体会到建设者及管理者无微不至的人文关怀，具有人性化的公共设施能给景区甚至城市带来与众不同的魅力（图2、图3）。

图2 踏步缺少缓坡

图3 台阶无残疾人坡道

图4 景区介绍及导引设施缺失

2.3 辅助服务设施滞后

游客进入景区后，作为设计者和管理者自然要为其提供方便快捷的服务。以青秀山景区内的信息辅助设施为例来说，如果道路标识、交通指示、问询指示、景区介绍等信息设施设置不全或设置不当，这必然会带来游客在场所里的诸多不便。因此，作为最基本的这些辅助性服务设施的设计还是应予以一定重视的（图4）。

图5 缺乏个性的"通用标准件"

2.4 公共设施系统过于程式化

风景旅游景区公共设施系统设计的另一大误区就是千篇一律，过于程式化，甚至有时被开发者和管理者忽视了这一点。景区提供游客休闲和身心放松的同时，其实也在很大程度上体现着所处城市的个性。然而青秀山景区内现有的一些公共设施缺乏对景区自身特色的认识与价值的肯定，使得公共设施成为缺乏个性的"通用标准件"（图5）。

3 创新设计研究

3.1 艺术特色及工艺创新

设计提取能直观体现广西少数民族地域特色文化的传统元素，例如铜鼓、花山壁画人物形象（2016年7月15日入选《世界遗产名录》）等，此外还有和青秀山景区环境相协调的元素，例如朱槿花、景区的传统小建筑等，并把这些元素进行创意再造，通过模块化设计的方法形成风格统一的系列设计作品（图6）。

作品的主体部分、基座部分、连接构件均采用模块化的制作方法。模块化的方法在很多领域都有所应用，采用这种方法也便于在局部有所损坏时，能够及时进行快速更换（高效、经济）。公共设施采用模块化设计后，可以实现在工厂制作，现场安装的办法，在实际配送过程中能降低装运难度，方便装配与运输，同时也可以大大节省室外施工的费用。此外，模块化设计可以在"有限"的模块条件下创造出"无限"符合基本功能的造型，既能保持其形态上的统一性，又能很好地突出设施所代表环境的地域文化的个性。

在景区公共设施的系统分类以及公共设施系统内部各个组成部分的基础之上，首先初步确定功能模块的基本需求：在这

图6　花山壁画中生动的人物形象

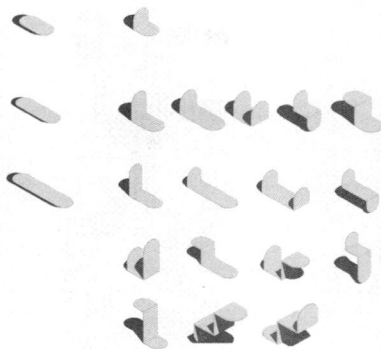

图7　模块形体的基本演化

图8　鸟巢下沉广场

个阶段可以依据对公共设施系统各个子系统内部具体公共设施的基本尺度，结合人体工程学的原理，基本确立模块的尺度模数系统。经过系统的统计后基本确定300毫米与450毫米为最低模数，然后依次为这两套系数的倍数（图7）。

3.2　材料创新

作品的主材料（主体部分）采用绿色环保的生态木。由于生态木材料具有可再生、可循环使用性，所以生态木是一种极具发展前途的"低碳、绿色、可循环"材料。生态木应用于户外的设计作品使人感觉更贴近自然，具有加工方便的特点，因此只需简易地拼装便可以创造出各式各样的拼装效果，根据资料调查，现阶段对于大量公共设施系统的户外工艺小品已经基本可以实现，例如北京鸟巢下沉广场的公共设施工艺小品设计就采用了户外生态板材，在经济美观的同时也体现了绿色环保的理念（图8）。

作品的辅助材料（基座部分）和连接部位（榫卯旋转式构件）均采用由广西钦州坭兴陶烧制（2008年6月7日，国务院批准广西钦州坭兴陶烧制技艺为国家级非物质文化遗产）。通过统一连接构件的规格，以便适用于系列作品的各个主体构件的连接，也便于灵活更换。

4　系统性创作构思

4.1　公共信息系统设施

对于像南宁这样具有少数民族文化特色的地域，公共信息设施独特的色彩、造型能帮助人们在特定的空间中识别环境，明确自己所处的位置。对于公共设施系统而言，首当其冲的莫过于关于信息传播的场地和媒介给予受众潜移默化的影响。设计中通过模块构件的相互拼合形成以代表广西特有的地域文化的花山小人的形象，在展现生动活泼的基础上又满足了道路指示的功能需求。这样分门别类的设计也在一定程度上有助于日后的管理及维护工作（图9）。

4.2　公共卫生系统设施

一般情况下，景区不同地段应有与场所相适应的垃圾箱，应按一定时间内垃圾投放的多少和清除垃圾的次数来设计其类型和确定安放的数量及位置。因此设计时，把垃圾桶的盛放桶的上部做了带有略微倾斜环形面的广口，使人们在距离垃圾箱30～50厘米处便能轻易地将垃圾投入其内。另外，垃圾桶的下方也是悬空的，方便清洁工人对垃圾箱进行清理。从外形的考虑上采用具有广西少数民族文化特色的铜鼓元素，使垃圾箱除了在使用功能上方便垃圾的投放和回收，又能使游客感受到带有地域特色的设计（图10）。

4.3　公共休息系统设施

从考察过程中发现，青秀山景区现有的椅凳还存在着部分缺失的情况，即在可能需要休息的地点没有设置公共椅凳。为了使坐具功能和形态更加具备多样性，方案设计了不同种类和形态的椅凳。例如，可供成人和儿童共同使用的椅子，同时还兼具一定的照明功能（向上照明）；可供四人使用的椅子，同样具备夜间照明功能（向下照明）；提供小憩的坐具（可以扩展为供多人使用）（图11）。

4.4　公共交通系统设施

风景旅游景区对自行车停放设施的设计一直都不太重视，没有将其当作景区公共设施中的有机组成部分加以考虑。大部分人认为随着其他交通工具的发展，自行车会自然消失，其

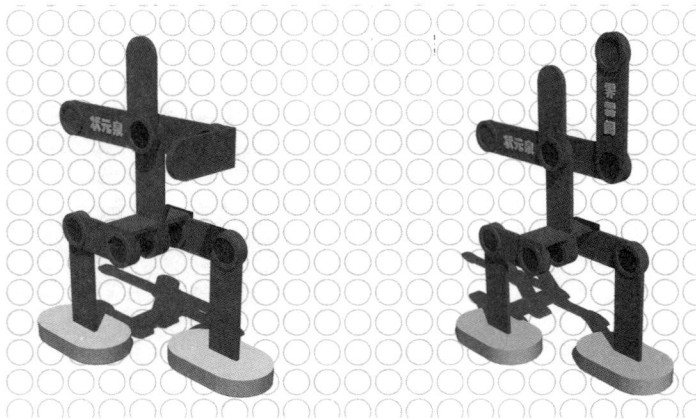

图9 花山小人指路牌

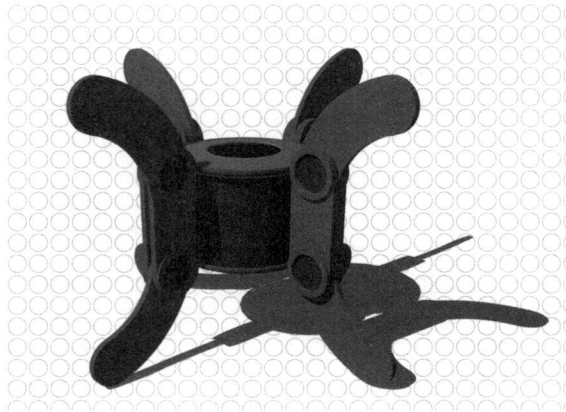

图10 由铜鼓联想到的垃圾桶

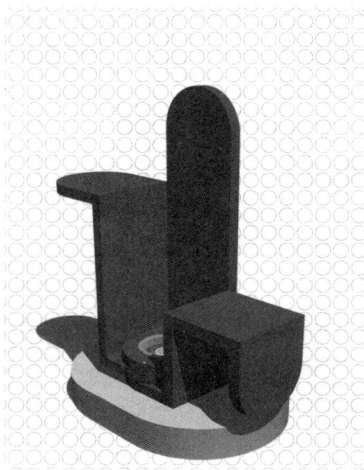

图11 可供大人和儿童共同使用的椅子（兼具照明功能）

图12 自行车停放设施（实物模型照片）

实，作为一种历史悠久的交通代步工具，自行车的便捷、环保与健体的作用，特别是目前提倡的低碳旅游和共享单车，使得自行车在现阶段不仅不可能消失，还可能有所发展。

设计中采用了简易单元体的停车设施。设施放在较为开阔的场地，如景区入口的地方，可同时停放8辆自行车，并且可以随时移动，根据需要灵活地应付各个停放点的需要；在形态上考虑到的设计原型是南宁的市花——朱槿花，表现出优美的地域性形态特征（图12）。

4.5 公共照明系统设施

青秀山景区入口处的小广场具有广西少数民族浓厚的地域特色。在设计时采用了中杆柱照明，这样就能够照射到广场周围的环境；同时在设计造型上以朱槿花为设计原型，这样也与自行车停放设施的形式感得到了统一。

此外，在青秀山景区中，经过考察发现某些区域可以设置一些带有休闲气息的照明设施，特别是一些类似小径两旁草坪的环境照明。造型上主要结合材料的特性，并借鉴了仿生的一些自然形态，形成优雅美观的灯具形态，给游客以清新放松的精神享受（图13）。

4.6 公共管理系统设施

旅游景区的管理设施相比之下虽然不及城市系统复杂，但同样对于景区的日常管理有着重要意义。只有在设计时考虑到环境管理的各个环节，进行优化设计与管理，才能体现真正意义上的景区管理系统，才能给人们提供安全、卫生、便利、舒适及优美的环境。

以青秀山山水长廊为例，山水长廊在建设过程或建设完成后，其周边的配套设施有些还没来得及跟进，有的则可能确实

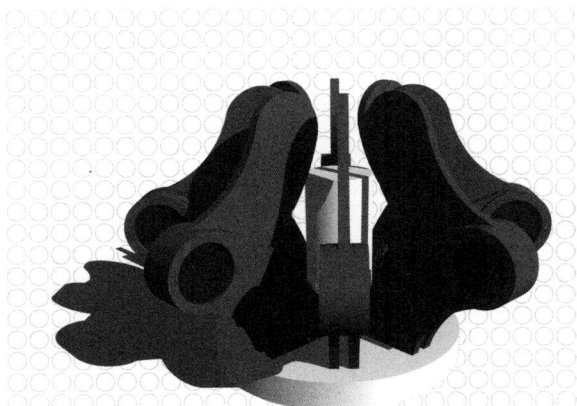

图13 景区休闲环境照明

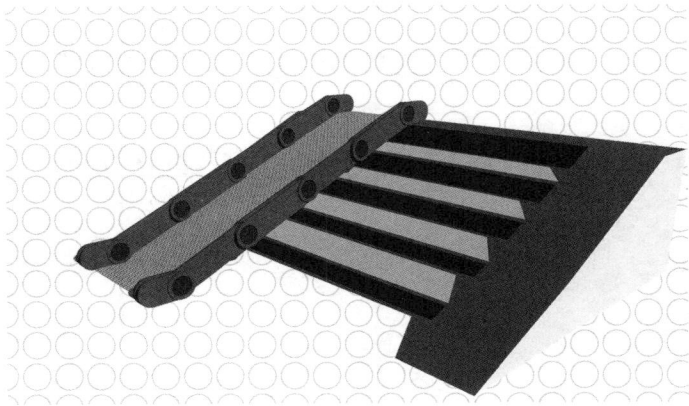

图14 无障碍设施

是缺少无障碍设计的考虑。由于长廊有下坡的台阶，但是有台阶的地方并未合理地设置供腿脚不方便的残障人士上下的坡道，因此，设计时以可拼接带防滑凹凸纹样的钢板作为坡道的主要材料，两侧配合标准化的模块构件。虽然看似是很普通的设计，但往往就是这些不出奇的人文关怀才能更好地体现出一个优秀旅游景区的整体服务品质（图14）。

5 结语

风景旅游景区公共设施设计涉及系统研究方法的方方面面，而这篇论文主要从设计方法上进行分析研究。在此基础上，选取了具有浓郁地域特色的南宁青秀山风景旅游景区的公共设施系统作为研究的对象，并通过每个具体的系统设施的设计进行论述。

风景旅游景区的公共设施设计有着自己独有的特点，从大的方面说可以作为一个系统去设计，它属于特定或广泛的环境之中。设计通过景区内公共设施的设计达到提升景区整体旅游品质，使公共设施真正方便地服务于人，达到公共设施之间、公共设施以及使用人群之间的互动关系。

参考文献

[1] 郭敏敏. 谈城市公共空间设计 [J]. 设计探索，2008，55（6）：51.

[2] 沈冠龙. 浅谈新型环保材料生态木的应用前景 [J]. 建筑材料，2013，(09) 111.

[3] 曹瑞忻. 城市公共环境设计：公共信息系统设计 [M]. 新疆：新疆科学技术出版社，2004：6.

[4] 汤重熹. 城市公共环境设计：公共卫生与休息服务设施 [M]. 乌鲁木齐：新疆科学技术出版社，2004：6.

[5] 汤重熹，熊应军. 城市公共环境设计：公共交通、照明及管理设施 [M]. 乌鲁木齐：新疆科学技术出版社，2004：6.

注：本文为国家艺术基金2017年度青年艺术创作人才资助项目《公共设施工艺小品》（项目编号：20040220161219403752）相关论文。

竹结构连接方式的研究

——以柳州皇娘山社区为例

严 康

广西科技大学艺术与文化传播学院

摘 要： 本方案以竹子和丝瓜瓤为主要的设计材料，设计了一套系统。这套系统是来应对现在城市化飞速发展的今天，城市规划和建成区对山体和山体边缘住宅区进行蚕食，自然生态环境逐步恶化，形成了城市景观中一道惨不忍睹的"伤疤"，这样问题的出现已然对城市环境安全和生态景观产生了较大的影响，给周围社区居民带来了生活、工作等方面的不便和问题，甚至是改变周围居民原有的一些生活状态。希望通过本次的设计能改善他们的生活，让他们的生活更美好。

关键词： 竹结构 连接方式 丝瓜瓤 应用

在科技飞速发展的今天，环境设计在很大程度上都是围绕着可持续发展，在解决任何问题时候都是希望能往长远考虑，这个问题是刻不容缓的。基于此，本案例的结构设计是围绕着以竹子、丝瓜瓤等环保、可再生强的材料来设计，而不是用冷冰冰的钢铁、石头或者是各种高科技材料。之所以采用可再生能力较强的竹材料，而不是木材，原因是相同面积的竹林比树林产生的氧气多30%，从砍伐到加工生产出成品又可比木材的碳排量低30%。竹子从草根建材进阶到了低碳环保材料，集高强度、高韧、高弯曲延展性、适当的刚性于一身，从力学的角度堪称完美[1]。丝瓜瓤在人们传统的印象中只有食用和药用价值，而忽视了它其实还有对建筑方面的作用，此案例尝试将二者在结构连接方式上，通过应用于社区进行探讨。

1 竹结构应用于社区的设计原则

山体是宝贵的生态资源，也是我国的重要不可再生资源之一，在美化环境、丰富城市自然生活、净化空气、为人们提供良好的生存环境等方面起到了不可或缺的作用，但是在发展经济的同时，也牺牲了环境。在城市建筑群内部的山体被城市逐渐淹没，不停地改建、扩建，蚕食着为数不多的山体区。同时在城市边缘地带，一些自然山群也遭到了威胁。政府修建了一部分的"城郊村"，为了安抚补偿周围原始居民，但是并没有对环境的破坏做出有效的解决方案[2]。

本次项目皇娘山庄社区目前就正在遭受这个问题，由于山体的不断开采，给周围社区居民造成了不同程度的负面影响，包括生活习惯、行为习惯、人与人之间的交流方式等，甚至不同程度地改变了他们的生活状态（图1）。

图1 皇娘山被开采后裸露的矿山（图片来源：作者拍摄）

图2 竹结构连接（图片来源：作者创作）

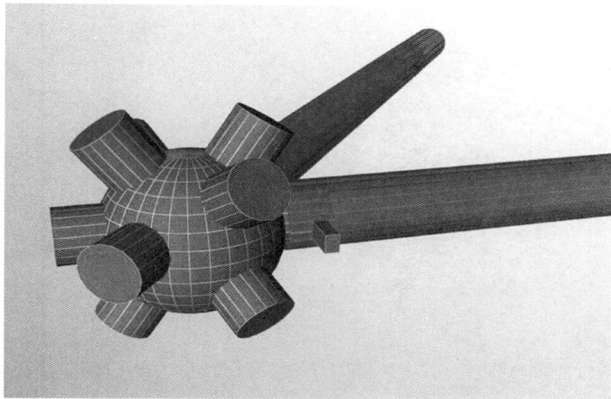

图3 竹结构连接（图片来源：作者创作）

环境的问题是刻不容缓的，解决问题必须遵循可持续发展的原则以保证对已经遭受破坏的环境不会再受到二次破坏[③]。本方案的设计以竹子为主要材料，山体与社区的交点为切入点，放射性的向周围蔓延。整体策略是采用低技术、低碳、环保的微景观系统，最终以地衣（苔藓）的形式来愈合被破坏的山体，并改善山体边缘居住区的生活环境，像流水一般从山体蔓延到社区甚至到周边城市环境，实现人与自然、人与人的和谐共处，最终让山体、社区以及周边城市的环境发展得更美好。

竹结构设计的原则要以人为本，从人的角度出发，做到以功能为主，观赏为辅。整个设计要符合人的行为习惯和审美，当然也不能一味地为好看而忽略了本来功能的合理性，也不能只为了人们日常生活的需求而舍弃了景观的美，两者应该相辅相成，做到和谐并融。社区的人群又分为儿童、成人、老人，通过结构的设计，满足于小孩游玩的功能，要考虑到小孩的安全问题与娱乐性，而成人需要一个聚集聊天的场所，老年人则需要一个安静休闲的休息区等。

以上是从人本身出发进行考虑，此外还有周边环境设施的合理设置，最典型的就是道路旁的汽车泊位与人们日常步行（在考察过程中不难发现车辆停在人行道上）。让这两者合理地结合在一起，比如通过设计让道路白天给人通行，晚上兼备停车功能，设计的整体理念是在不破坏原来已有的习惯行为上加以设计，让人们出行更加合理舒适。

2 竹结构连接方式研究

竹结构连接方式的设计是一个不断改进、反复的过程，最终目的是实现通过连接方式使构造功能和整体效果达到最优的效果。经过研究，设计方案由所有空间形状中稳定性较强的三角形来确定单体结构的基本形态，设计构件的基本尺寸、三边

长度的设定、三边夹角的角度、社区居民是否能够在短时间内上手操作并用较短时间拼装完成等，这些因素均要考虑，并付诸实践。理想化的结果是基于单体三角形结构，达到长度不限，角度不限，根据人的行为所需实现构件彼此灵活自由的拼装，由基本单体形态最终组合成为竹结构系统，以此来解决采石场和由此引发的皇娘山社区存在的一系列问题。

由于确定的材料是竹子，必须强化竹子的优点，避开竹子的缺点。从竹子的特性入手，总结了竹子的基本特性：具备一定的刚性，但由于竹子的纤维结构呈竖向，所以刚性只限于横向，顺着纤维的方向，竹子较为脆弱，因此，对于竹结构的加工制作应充分利用竹纤维和竹材料力学的基本特性[④]。根据所需要解决的问题的实际情况，首先对竹连接构件的单体设计进行了草图分析。

2.1 基于竹材料的基本特性，以及竹子两端横截面无法改变的刚性，必须设计出一个能够灵活连接竹子两端的连接构件，从而激活整套结构系统，这是整套结构系统的核心所在（图2）。

2.2 想要满足结构足够的灵活性，并且尽量实现结构能360°的自由拼装，最容易实现的就是球体，但是通过计算机模拟后发现，实际制作上很难以竹子原始物理形态实现体积较小的万向球体，如果替换成其他材料，则会增加制作成本，并有二次污染的可能性（在控制造价的前提下很大程度上会用到非可降解材料）（图3）。

2.3 基于上述分析，进一步联想到广西特有的民族器物——绣球。如果从竹子本身的材料出发，将竹子的物理形态加以改变，将其削成薄片，然后绑成绣球状，预留出一些足够将竹竿插入的孔洞。但是通过研究后缺点马上暴露出来，由于竹子的表面是光滑的，所以即便看似竹竿被固定住了，还是有滑出的情况，更不用说后续的整体结构的连接了（图4）。

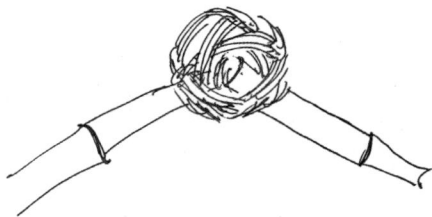

图4 连接构件研究——竹"绣球"（图片来源：作者创作）　图5 连接构件研究——捆绑结构（图片来源：作者创作）　图6 连接构件研究——模拟竹椅结构（图片来源：作者创作）

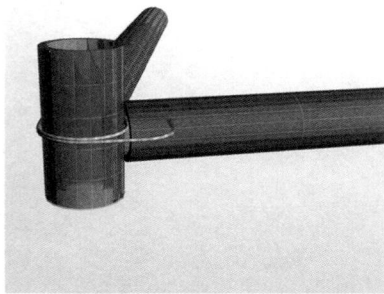

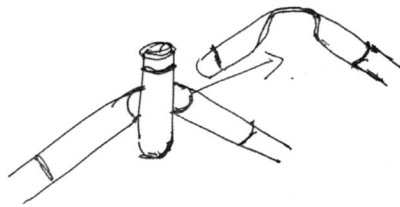

2.4 捆绑结构：在两个需要连接的竹子的末端穿孔，用麻绳将其穿过，一起绑在一个准备好的小竹竿上，这样满足结构所需的稳固性，但是由于竹子的横截面是呈刚性的，并没有顺应竹子本身的材料特性，所以此方法灵活性非常的差（图5）。

2.5 模仿竹椅制作：将竹杆处理成如图6中所示，穿洞，然后用小竹签固定在竹杆上，这样满足了构件的稳定性。根据中间去掉竹子的面积大小来控制单体三角形的角度，由于三角形的特殊形式，角度和三边长度是相互影响的，此方法看似能够基本解决问题，但这种灵活性仅能满足平面需求，无法实现三维空间上的灵活性，特别是对单体构件的拓展就显得捉襟见肘了。

根据前期不断的头脑风暴和动手实践，前期的连接构件被逐一否定，最终确定的方案是充分利用竹材料固有的特性，根据竹结构确定连接方式，采取部分切削、有限的钻孔、插入竹楔固定的方式进行连接构件的设计。如图7所示，此方法加工便捷，用低技术手段降低了制作成本，并在一定程度上避免了其他材料的二次污染。

制作的具体方法如下所述：将需要连接竹竿的两头用工具凿出U字形的槽，依次卡进开口大小合适的竹竿，然后调整好所需要的角度再打长约1厘米宽0.5厘米的洞，用加工好与洞大小合适的竹签将其穿过固定。

U字形的槽是改变了竹杆原有横截面的原生形态，这样便于卡入开口大小合适的竹竿，并且每一个竹竿的边能够纵向的灵活调整角度。由于中间的竹竿呈圆柱体形态，所以又满足水平面的灵活调整，从而达到了整个单体构件在拼装的过程中能够灵活调整所有所需的角度（图8）。

固定的孔洞选择了矩形，因为虽然圆形的孔洞也能固定，

图7 单体竹结构连接方式（图片来源：作者创作）

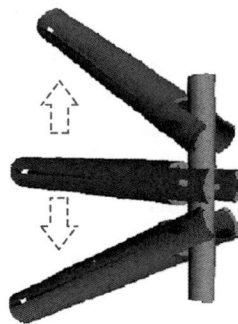

图8 连接构件的空间灵活性（图片来源：作者创作）

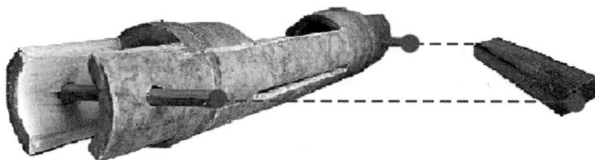

图9 孔洞形态研究（图片来源：作者创作）

并且只需用电钻几秒钟钻出一个洞，方便快捷，但是圆形的洞和相应大小的竹楔相结合几乎没有摩擦力，这样就无法让竹竿调整到想要的角度之后再固定牢固。而三角形虽然固定效果是最好的，但是与竹签相结合后，由于洞是人工打的，无法使三角形孔洞和竹楔在短时间内能完全匹配，有可能打的孔是等边三角形，但竹签又有了一点偏差，就造成了无法匹配等类似的原因，因此需要一定的技术，这样就无法满足前期此构件快速组装的需求。所以最终选择的是矩形，矩形每个角都是直角而且与其他角度相比直角是最容易控制的，这样就能更好地将构件固定，从而满足最大的稳定性（图9）。

构件最终是要投入到社区中使用的，所以还有一个要考虑

图10 强化竹结构内壁（图片来源：作者自制）

的问题就是构件本身是否耐用，虽然设计出的构件具备灵活性，经过风吹日晒后能自然降解，但是从使用的角度上还是希望此结构使用时间能够最大化的延长，从而省去更换的周期。

通过加强竹子内壁，能在不破坏环境、保留结构本身优点、不造成二次污染的情况下加强竹子本身的使用寿命。具体方法是在竹子的内壁涂上1~2毫米的PU树脂颗粒涂层，这样能够使竹子达到很好的防水效果，只要解决了竹子的防水问题就能解决如竹子被虫啃食、发霉的系列问题，从而延长竹子的使用寿命（图10）。

3　竹结构的拓展应用

3.1　照明系统

竹结构既然应用于山体和周边社区，就存在着提供夜晚照明的功能性问题。提到照明首先要解决的就是电源，在社区电源比较好解决，但是应用在山体部分就比较困难，所以显然用电源让其发光是不可行的，而太阳能是自然界中最易获得的能源，于是方案就设法在结构连接处的竹竿内部做文章，如图11。

照明系统是由一个太阳能板和下方的软性圆柱PVC透明材料，以及里面简易的发光电路板所组成。操作也是十分简单，实用的时候只需向里面吹大约100g的气，就能让其膨胀成圆柱状，将底座塞进竹竿横截面中间的中空处，由于底座是比竹竿直径大一点的，所以能塞进去起到很好的固定效果。能源是太阳能，白天吸收太阳能，晚上发光，不需要的时候只需取出放气，就变成一个片状的物体，便于存放。

3.2　丝瓜瓤材料分析及应用

由于整体方案的初衷是解决山体开采和社区居民不合理用地的问题，必然涉及植物，因此方案在竹结构基础上置入一个可供植物生长的载体——丝瓜瓤。丝瓜瓤是待丝瓜成熟后，晒干去掉外层表皮，内部的丝状物部分。丝瓜瓤是类似海绵体的物质，具备较强的储水功能，并且丝瓜瓤内部有纵横交错的网状丝，在很大程度上能起到固定土壤的作用。方案设计将丝瓜瓤加入竹结构中，与之结合构成能提供植物生长的微生态系统（图12）。

在竹子两竹节之间凿开宽度约三分之一的槽，将营养土和相对易存活的植物种子放入其中，进行培育试验，实践后充分证明竹结构和丝瓜瓤这种形式的结合能够满足植物生长的基本条件。为了将丝瓜瓤可以充当植物生长的介质这个特点充分发挥，并且更好地结合我们设计本身要解决山体和社区的问题，我们又在三角形结构中间空出来的三角形部分将丝瓜瓤用细竹篾（竹篾是竹子最外层青色的部分，用刀具将其削下，再通过不断地旋转，让其成一条竹绳，十分的结实有韧

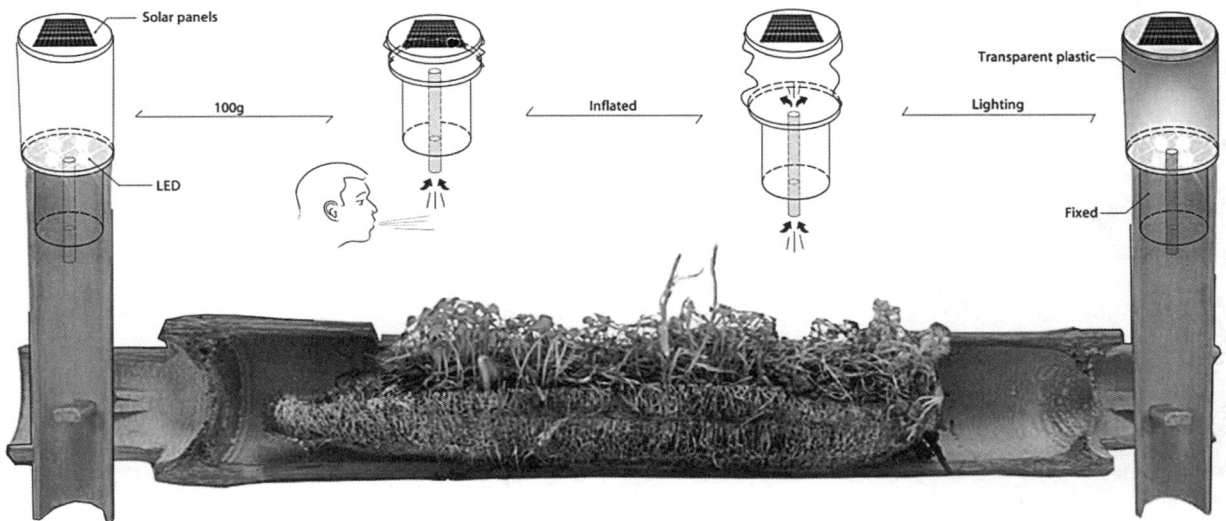

图11 竹结构照明系统（图片来源：作者自制）

性）有序地逐一穿过，与竹杆部分和竹杆内部的丝瓜瓤相固定。这样做的目的是在社区设计部分，将结构与社区基本设施相结合，充当休息坐垫来使用。而在山体设计部分，能使丝瓜瓤里面的攀岩植物长大到可以冲破丝瓜瓤，第一时间触碰到所需要修复的岩层，从而更加优化了结构的多样性。在

放置丝瓜瓤的竹竿侧边开一长条的槽，其目的有三：第一是为了让里面丝瓜瓤多余的水能自然地排除；第二是为了丝瓜瓤里面的植物长到后期，植物的根系能够顺利地附着在裸露的岩层上，达到修复山体的目的；第三是为了给竹篾一个能穿过的孔洞（图13）。

图12 在丝瓜瓤内种植植物（图片来源：作者自制）

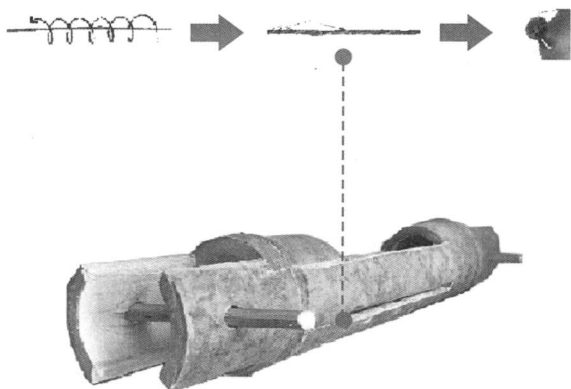

图13 竹结构与中间部分丝瓜瓤的连接媒介（图片来源：作者自制）

4 竹结构的整体应用及后期维护

4.1 竹结构在矿山修复及社区中的应用

竹结构与植物景观设计的搭配要考虑地质的情况、植物生长环境，还有植物与人的关系。皇娘山社区位于典型的喀斯特地貌的岩石山下，其地形剖面图呈现为一个斜坡形状，大致分为山体、社区两个大板块，随着山体向上的趋势，泥土的含量也会越来越少，所以在应用过程中多以爬藤类植物为主，随着植物的不断生长，最终攀附到裸露山体岩面上，覆盖被开采破坏的山体（图14）。

在社区里，以搭建的方式，增加经济作物的种植面积，使空间的利用达到最大。在社区中，观赏类的植物种植在护栏或者小庭院里，常见的有兰花、水仙、月季等，可以根据自己想要的形状，运用主结构搭建，达到理想状态。在公共场合需要休息和聊天的地方可以种植藤类植物，比如葡萄、爬山虎、大豆等植物，起到遮阴的效果。

用竹子构件增加社区居民的种植面积，并加强隔离危险的区域。使用竹子构建加强空间的合理运用，使功能最大化。比如在街道，以竹子构建停车位进行有效的空间分配；在人行道上，让过路人与摆摊生意不冲突；在社区，隔离墙用竹子构建

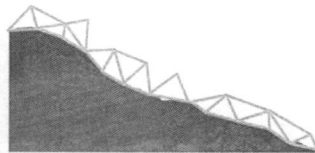

Bamboo building repair way from the destruction of the mountain to the community surrounding rock sp-read, form of lichen covered.Bamboo building as a carrier of the plant growth, plant natural clings on the bare rock, make the environment improved.

图14 竹结构在矿山修复的应用（图片来源：作者创作）

来改变坚硬墙体的概念，使社区与周边加强联系，方便出行（图15）。

此外，通过竹结构对于社区内部公共活动区域进行有效地连接，使社区居民，尤其是儿童有休闲玩耍的共享空间。随着竹结构的灵活改变，所形成的区域空间也能随之产生相应的变化，增加了社区公共空间的灵活性，从而丰富了有限的社区公共空间（图16~图18）。

4.2 竹结构的后期维护

由于山体的部分没有人为破坏的因素，只有自然气候能对结构进行损坏，因此，对于山体部分的后期维护，可分为两种情况：第一种，在植物没有完成从结构内生长到岩层上的时候，属于非正常使用时间内损坏，我们将进行人工的更换，以保证生长能顺利进行，由于结构是分布在山脚和山的边缘地带，所以也相应减少了人工维护带来的危险；第二种，在植物已经完成从结构内生长到岩层上的过程后，竹结构才开始自然损坏，这属于结构自然脱落、自然降解达到预期的效果，不用进行更换。

对于社区而言，竹结构虽然在竹壁内部用PU树脂颗粒涂层，延长了使用寿命，但还是有一定的使用期限，尤其是在户外风吹日晒。那么维护也可分为两种情况：第一种就是正常使用时间内的损坏，因为竹结构的长度可控，是可以直接批量更换的；第二种是非正常损坏，也就是由于外界因素造成结构的损坏，因为我们的结构是相互穿插的，所以要是出现在这种情况只需将损坏的部分进行局部更换即可，不影响其他构件的使用。

5 结语

本文希望能够通过竹结构设计试着解决开矿带来的一系列环境破坏问题，最后想要达到的效果是修复被开矿破坏的山体，解决山体植被、落石、粉尘等诸多自然性问题，并试图让附近社区诸如停车、人行道、公共活动场地得到有效处理，加

图15　竹结构在社区的应用（社区边界）（图片来源：作者创作）

图16　竹结构在社区的应用（社区内部）（图片来源：作者创作）

图17　竹结构在社区的应用（夜晚整体效果图）（图片来源：作者创作）

强社区内部居民彼此间的交流，合理划分种植区域，丰富夜晚照明。也希望以此设计探索抛砖引玉，通过设计解决实际性的环境问题。

图18　竹结构在社区的应用（夜晚局部效果图）（图片来源：作者创作）

注释

① 安晓静．竹子的多尺度拉伸力学行为及其强韧机制 [D]．北京：中国林业科学研究院，2003：66．

② 刘海龙．采矿废弃地的生态恢复与可持续景观设计 [J]．生态学报，2004（02）：23～29．

③ 高黑，倪琪．当代景观设计中的生态理念与手法初探 [J]．华中建筑，2005（04）：27．

④ 武秀明，崔乐，孙正军等．毛竹维管束的形态及分布规律 [J]．林业机械与木工设备，2014（11）：58．

注：本文为国家艺术基金2017年度艺术人才培养资助项目——清华大学"新型城镇化建设创意设计人才培养"项目相关论文。

岭南夜景照明的公共艺术设计策略

李 光 陈博粤

广州美术学院

1 背景

十九大以来，国家不断强调发挥传统文化作用，营建宜居生活城市是当今我国的重要任务。夜景照明设计是城市彰显区域特色、塑造城市形象不可忽视的要素。对夜景照明设计的探讨与研究，能更明确如何在当代中国人居环境规划、设计与营造中进一步突出地域特色、民俗传统与历史沿革。另外，还将对城市区域文化及传统文化在当代化运用拓展道路，具有独特的人文发展意义。但在实际的城市夜景照明建设中，却存在一定程度的同质化问题，

同一轮明月下的古楼灯光辉煌，难以辨别是西安鼓楼还是开封古阁；看着护城河两岸七彩椰树形灯柱，也不知道河中画舫游人是梦回秦淮岸还是欲往大明湖？而太刺眼的灯带与古建筑的搭配并不一定都适合，高智能城市也不是简单地换灯泡就能实现的。古迹照明尚且难以做到鲜明区分，突出区域特点，各类现代化区域更是特色泯然。花花绿绿的商业区，同样有着缤纷炫目的音乐喷泉的市民广场，都稍微有点昏暗的绿道等，很难在现代化系统化的照明设计中，感受到不同城市间的文化区别。当不同城市都运用了相仿的照明设计，那就不能通过照明设计来区分、塑造不同城市的区域文化特色。这些照亮了城市，满足了当代人功能性需求的照明设计，反而成为磨灭城市形象、影响区域特色塑造的一个盲区。

如何实现公共照明与塑造城市形象，凸显区域特色的统一，为照明设计增加更深的文化含义；如何营造城市特色文化，彰显城市内涵就成为当今城市亟待解决的问题。将特定的文化作用到空间生产的媒介与动力，实现区域文化的活化是行之有效的方法。

2 公共艺术介入夜景照明设计的策略前提

在切实认识到区域特色建设的迫切性与不足的基础上，针对性地将公共艺术运用到夜景照明建设中就成为一种可行策略。将公共艺术几个重要理念——公众参与、宏大叙述与营造文化氛围[1]等运用到夜景照明设计中，实现满足功能与文化的双重需求即公共艺术照明设计理念的出发点。而这也实现了"公共艺术不能停留在制作技术和艺术风格层面，而应当是参与区域建设、重塑地方文化和解决现实问题的一种运作机制，地方重塑正是这种机制的核心要义。"[2]实际上，公共艺术是实现国家公共文化福利、营造大众共享的艺术环境。创造宜居的现代化城市环境，起到现代生活润滑剂作用，更加突出当代文明蕴含的人文关怀，这是学界的共识，也是众多学者、艺术家、城市建设者实践的出发点。

公共艺术能有效地重塑地方特色与群体意识，增强地方人群的认同感，这是众多艺术家实践与理论研究得出的共识。而这种突出的文化精神效果，是建立在公共艺术必须吻合地域民俗传统的基础上的。"每一地域都有独特的民俗传统，民俗传统是长时间地域历史演变积淀的产物，综合体现了当地大众文化的发展状况。作为一种以大众性为显著特征的物质文化，地域公共艺术应反映民俗传统，使其更具地方特色，更易被民众所理解与接受。"[3]已有众多学者对公共艺术与地域民俗传统关系进行了系统化研究，因非本文探讨重点故不赘述。而公共艺术照明设计作为公共艺术的范畴，且以营造区域特色为目的，更需要遵守地域民俗传统的原则。

而随着科学技术的发展，以LED灯、激光、三维全息投影、激光水幕电影、音乐灯光喷泉以及焰火等为代表的各种新手段、新方法、新技术层出不穷，为创造各种新的夜景照明提供了无限的可能。国内外的各类照明设计的前沿运用，展现了能运用到公共照明设计中潜在的新载体与新形式、新技术，这对拓展公共照明设计的整体设计思路与呈现平台，有着极大的参考价值。

城市建设要时刻把握国内外照明设计的前沿动态，在继承发展优秀传统照明设计理念与技术的基础上，积极学习优秀的、先进的照明设计理念，同时坚持自我创新，创造更加美好的人居环境与景观。法国里昂灯光节（图1）、澳大利

图1 里昂灯光节一幕（图片来源：http://m.lightingchina.com/news/55100.html）

图2 岭南水乡（图片来源：http://bbs.zol.com.cn/dcbbs/d34024_1209.html#picIndex12）

亚悉尼灯光节、日本札幌灯光节等一系列具有国际影响力的灯光艺术秀，以及世界各地灯光艺术家们的先锋性灯光艺术创作，都让我们看到了公共艺术在夜景照明设计运用的可能性。如果结合现今国际一流的灯光艺术，将其运用到我国岭南地区，结合水乡传统特色，一定能创造出一种令人耳目一新的夜景照明效果。

3 夜景照明公共艺术设计的策略方法

将区域传统民俗文化中浓缩的、积极的文化符号，运用到夜景照明中。文化符号作为最直观的视觉记忆，强化积极的文化符号在公共环境照明中的运用，能产生有利而深远的影响。例如，在街道照明装饰中，以鱼篓、虾笼、桑葚、水田为符号，展现昔日岭南水乡的渔耕生活。既是对岭南先民辛劳开拓的追思，也是对岭南自然地理的叙述，能直观展现岭南自然环境与社会生活形态；又或者以粤剧脸谱、名人先贤事迹为符号，运用在建筑照明或公共灯光表演中，能有力地表现出岭南文化与中华文化的一脉相承，又另辟蹊径，具有独特的文化风采。将岭南儿女在对推动中国历史发展发挥的巨大作用广而告之，反复地呈现积极文化符号，能促使地域人群去了解和学习符号的含义与背景，从而对地域的特色文化产生认同感。积极的传统文化符号在环境照明中的作用，一方面能引发区域原居住人群的记忆情感共鸣，另一方面又能给新移居人群创造印象深刻的符号记忆，并对区域的历史地理等文化知识得到进一步认识，从而提高区域认同感，实现居民的融洽共处。

将整个区域作为一个整体来考虑，运用灯光装置、射灯、灯带等不同照明手段，以适合区域中的具体环境为设计基础，将整个区域从平面到立体都容纳到一个相协调的照明系统中，既因地制宜又互相关联。例如，里昂、悉尼灯光节，将整个城市中的街道、墙面乃至邮箱电线杆都纳入艺术节的范围，让各个艺术家根据不同位置、不同条件设计与环境相适应的灯光艺术，让每位行走在城市中的人感觉到城市的公共艺术设计使城市各部分联系更密切，整体感更突出。不但可以实现局部特色照明形式与整体区域照明效果的统一，又使整体照明效果具有可调节性，同时还能配合不同主题进行调整。只有这样才能有效营造特色文化氛围，且不断为区域居民带来新鲜感。又例如日本的表参道，作为一条著名的购物街，沿着街道能一路到明治神宫，街道上设置了半透明灯笼形灯柱，两边的日本榆树上也采用了自然且可调节的光源。所有光源都可由多功能计算机照明程序控制，LED灯能完美模拟烛光等光效，显现出神道静穆平和的特质。而随着特定节日的临近，每天的灯光都在逐渐发生变化，能使得街道上的行人更沉浸在节日氛围中。而区域完整覆盖的公共艺术照明设计，既让居民更完整地认识所在区域，明晰城市规划导向，也能让更多的居民参与到其中，产生更强的认同感。

岭南水乡多水道、多桥梁，水道旁常有祠堂庙宇，可通过步道与绿带、小型广场相间的环境特点来进行照明布置（图2）。法国摄影师Briend运用投影技术，将各种形态的佛教造像与石狮形象投射到城市中的行道树上，巧妙地运用树冠与光影营造出强烈的体积感与对比度，使得整体艺术效果呈现非凡的宗教感与肃穆感（图3）。如果将这个理念与技术运用到祠堂建筑及四周行道树上，想必会带来更纯粹的情感冲击。

水道池塘里，或营造倒影或制造激流飞溅，或凌空悬挂一条如波浪起伏的网状灯带，与水面相呼应。类似的例子还有荷兰艺术家珍妮特·艾克曼曾横跨阿姆斯特尔河，悬挂起的一件巨大的空中网状雕塑，在独特的灯效映衬与装点中，整个空中雕塑形成此起彼伏的灵活视觉，五彩缤纷的灯光照射产生鲜明的色彩对比，在阿姆斯特尔河面上掩映出若隐若现的朦胧倒影，在昼夜交替间营造出空灵般迷人的都市景致，尤其在夜空中，更将无形的"飘缈"之感演绎得惟妙惟肖。

图3 法国摄影师Briend艺术作品（图片来源：http://bbs.zhulong.com/101020_group_201878/detail10062203）

图4 《place du moland》（图片来源：张浩光．光合作用"——作为公共艺术媒材的灯光装置艺术．《中国美术学院》．2012．）

而沿桥面，可以投射游鱼曳莲，营造水乡氛围，河道两岸行道树可活用于投射飞禽走兽。至于古建筑、小广场、广阔水面等较大面积的区域，可以考虑设置体量更大或者范围纵深更广的艺术灯光效果。无人机灯光秀是当下方兴未艾的一种新型灯光艺术，运用电脑编程实现灯光艺术的三维空间化发展。目前在我国多个城市已有过精彩演出，如果将无人机灯光表演与市民广场的喷泉装置，或水面灯光装置相结合，能为居民带来声、光、体等多体感体验，产生的艺术沉浸效果更加明显。另外，随着投射技术与编程技术的发展，互动灯光技术已逐渐可实现普及化，过去在各艺术展、技术展才能一窥的互动灯光艺术，现在已走进了街头巷尾的各类文化宫乃至大型商店，这种互动类技术进一步发展，必然能成为公共艺术照明设计的优秀载体。在居民较集中的休息区域，既可以结合现今相对普及的智能手机，设置一些喜闻乐见的互动灯光装置，也可以投射些本地历史科普小故事，寓教于乐。日内瓦湖湖畔的一座老广场上，艺术家设计的一件名为《place du moland》的作品。嵌入装饰尺寸一致的发光玻璃砖，不规则地散落在地面上，越接近水面排列越密集。白天不显眼，但晚上点点光芒，与水面融合呼应，让人仿佛置身水中，产生强烈的氛围感染力。整个区域公共照明中，除去必要的街道照明外，建筑照明、园林照明、雕塑照明的亮度与色彩都利用电子计算机编程构建起关联性，每逢特殊时节，可以调整整个区域的照明效果，在不影响基本照明功能的前提下，营造更强烈的氛围，调动整个区域居民的积极性（图4）。

4 夜景照明公共艺术设计的策略意义

将公共艺术理念运用到夜景照明设计，将夜景照明设计以公共艺术形式呈现，为塑造区域特色、打造城市鲜明形象提供了一个新思路。岭南水乡的自然人文环境，在今天高速发展的城市文化中受到极大冲击，通过公共艺术创新夜景照明设计，

将消逝或改变的水乡风光、民俗风情再次呈现在岭南人民生活中，将引发激烈的情感反应。一方面引起岭南人民对水乡生活的共鸣，从而诱发对水乡生活的追求及对现存水乡环境的保护意识；另一方面会加深到访岭南地区的人对岭南民俗风光的印象，提高岭南地区形象等。而对于优秀的岭南传统文化而言，公共艺术创新照明设计提供了一个更贴近当代人生活的展示平台，对于文化的传承和宣传有着更便利的途径，实现了创新科技与传统文化的融合。同时，实现了传统文化的继承，促进了社区和谐，顺应了人民群众对美好生活的向往，为区域生活提供了丰富的文化活动内容；有利于区域居民对区域文化形成鲜明的认知意向，理解区域特色本质内容，从而提高居民对区域的归属感和认同感；对于营造富有人文内涵与文化意味的空间区域，提升城市空间场所感，打造城市观光名片，创造优质城市旅游资源，树立城市良好形象，推动区域文化、经济发展有可预见的正面影响。

注释

① 闫城．公共艺术的几个特征 [J]．大艺术2005（02）：63．
② 潘力．"地方重塑"：国际公共艺术的启示 [J]．艺术观察2014（1）：135．
③ 林蓝．公共艺术与地域民俗传统的关系——广东地域公共艺术研究 [J]．装饰：42．

参考文献

[1] 邱坚珍、吴硕贤．光景学与建筑中的光景 [J]．建筑学报，2017（9）：115-118．
[2] 吴硕贤．光景学发凡 [J]．南方建筑2017（3）：4-6．
[3] 翁剑青．城市公共艺术 [M]．南京：东南大学出版社，2004．
[4] 汪大伟．地方重塑——公共艺术的永恒主题 [J]．装饰，2013，9：16-21．

商业空间的博物馆化

李佳蓉

北京工业大学

摘　要： 在休闲经济的时代背景下，人们在满足了物质需求后，更多地关注精神需求，人们对商业空间有了新的要求。本文以商业空间为研究对象，以商业空间的博物馆化这一新的视角，注重营造令人们满意的消费体验空间，强调文化对空间的注入，从而刺激人们的消费行为。商业空间的博物馆化是将商业空间和博物馆二者相联系的展示窗口，一方面商业空间博物馆化的卖点是文化附加值，本质是让商家更好获利；另一方面是为了让文化"走"出去，让人们找到心灵的归属。

关键词： 博物馆化　商业空间　体验经济

1　现有商业空间的弊病解析

人们消费水平的提高促使人们从温饱型消费过渡到注重体验型的文化休闲消费。目前，人们对于商业空间的要求越来越高，人们收入的增长、消费水平的提高促进了商业空间的空前繁荣。尽管商业空间发展迅速，但国内商业空间仍然存在一些弊病，分析如下：

1.1　商业空间同质化严重

"千店一面"是当下国内商业空间存在的普遍现象。其典型表现在内外两方面：一方面商业空间在外观形象设计上雷同；另一方面商业空间在其内在经营上雷同（图1）。商业空间同质

图1　国内同质化商业空间（资料来源：网络）

化现象造成了消费者对之识别弱、消费欲低等问题。商业综合体存在"遍地开花"现象，综合体扎堆、定位不明确、同质化竞争现象严重，成为其"致命伤"。靠同质化竞争获取效益，互相恶性踩价，这样做的后果会造成商家获利减少。如何破解同质化的怪圈、在同质化现象中脱颖而出已成为当下商业空间面临的使命和挑战。

1.2　商业空间氛围营造单调

氛围营造会非常直接地影响到群众的消费心理以及消费行为，氛围营造单调是一些商业空间存在的弊病；"无特色"、"缺乏人文关怀"、"庸俗"是大众对一些商业空间的评价。大多商业空间氛围营造缺乏艺术性，展示手法单一，与人们对艺术的追求相悖。商业空间不以顾客为主导、不考虑顾客需求、文化展示的单调造成商业空间给人们的体验感不好，最终导致商家的利益损失。

1.3　网购冲击实体店

网购时代的来临，淘宝、京东等电商形成了绝对的优势，对线下商业实体店的打击巨大。当下中国商业空间中呈现出一片惨淡的情境：国贸、双子大厦等处的商铺纷纷倒闭。业内将2016年这一年称为实体店"倒闭年"，国内的各种百货店接二连三地关闭或出租转让。电子商务的快速发展的确改变了大部分人们的消费行为，商业空间实体店体验感不佳和实体店营销模式差也是商业空间经营不善的原因，国内商业

实体店没有做好转型，依然依靠传统的售卖模式（图2）也是倒闭的关键因素。

针对以上问题，笔者提出商业空间的博物馆化这一崭新视角。商业空间的博物馆化是将商业空间和博物馆二者相联系展示的窗口，它是现今时代的呼唤。它所承载的空间情节唤起人们的情感体验，构成了商品的卖点。商业空间的博物馆化可以借鉴博物馆中的多种陈列手法和营造主题空间的艺术手段，从而使人和"物"之间产生精神共鸣，进而增加文化附加值。博物馆化能有效解决商业空间同质化、顾客消费欲低下、商业空间文化缺失、电商冲击等问题。其主要表现在丰富文化展示、多手法展示商品背后的故事和沉浸式的实体空间体验等方面。

2 以不同文化为切入点解决商业空间同质化的问题

丰富文化展示能有效解决商业空间同质化严重的问题，文化的多样性和差异性能使商业空间脱离同质化的怪圈，商业空间的博物馆化中以文化为切入点的服务意识使得人们愿意为之买单。商业空间的博物馆化让处在场所空间的人们知道了有关商品背后的"故事"，有趣的空间情节和人文精神的结合使人

们体验到高品质的空间场所的特质和其承载的生活品味。

2.1 增加地域文化

地域文化是靠人们的生活习惯和民间风俗传承下来的。每个城市的民俗文化一方面能使当地的人们找到归属感，另一方面能使其他地方的人们来体验不同的风俗文化，这种差异性文化能破除同质化业态，进而能增加文化附加值。例如：产品的工艺精湛是爱马仕誉满全球的主要原因，paramodel团队在橱窗展示中结合当地大量工厂的工具，营造当年的"虚拟车间"，伴随着工具产生的和声，秉着优雅之极的传统，宣传爱马仕的匠人精神和向爱马仕家族的不懈努力致敬。这种以文化为切入点的"博物馆化"手法能为商家增加效益，其生产的包具、香水、领带、皮革等因此热卖。

2.2 突出历史文化

悠久的历史文化能展示商业空间的独特的魅力，历史文化在商业空间中的注入能够使商业空间中的"物"的故事更加丰富。驴肉火烧利用"天上龙肉、地上驴肉"的历史故事的导入，让人们知道了驴肉驴汤的养生故事；"延年益寿"的故事引入增

图2　传统营销模式（资料来源：网络）

图3　驴肉火烧的历史文化（资料来源：网络）

图4 侨福芳草地（资料来源：网络）

加了人们对驴肉火烧的认同感（图3）。同时，在驴肉火烧店内结合非线性的展示手法，打破传统路线的空间构成，人们在享用美食的同时了解到了驴肉火烧的相关文化。驴肉火烧这种趣味的历史文化情节更好地满足了人们的消费体验，"博物馆化"的体验感使得人们愿意为美食之外的"情节"——历史文化买单。

2.3 强调艺术文化

艺术文化在商业空间的注入能使之从众多雷同空间中脱颖而出，给商业空间赋予一种特有的艺术感染力，进而增加商家获利。

北京朝阳区侨福芳草地的商业综合体充满了艺术气息，人们在不同的商业空间中游走，也成为了我们看到风景的一部分。该设计在空间营造上融入了大量的街区元素，使之成为商业空间中的道具，各种趣味的展品让人们仿佛置身于荒诞的虚拟世界（图4）。芳草地内这样特定的主题道具结合了戏剧化的展示手法让人们感觉芳草地商业空间就是艺术的殿堂。芳草地把"商业空间的博物馆化"运用得淋漓尽致，注重商业空间的艺术性是芳草地的重要特征。"博物馆化"的营销手段——艺术文化的注入给人们营造了充满愉悦的消费氛围，真正做到了品牌差异化。外观形象有特色，内在经营差异化，增加了商业空间的文化附加值。

2.4 注入主题文化

主题文化注入商业空间是商业空间博物馆化的另一手法，以虚拟或者现实的中的场景、情节、道具错构于商业空间中。主题文化也是商业空间的又一卖点，是体验设计的关键。例如图5是以"爱马仕"品牌文化为主题的橱窗设计，"田园自然"、"在眼睛的透视下"、"空间模块"等主题营造出很好空间氛围，独特的展示窗口对人们有精神引导，刺激人们的消费欲望。

3 多种博物馆化的展示手段塑造空间、叙述文化故事以解决氛围营造单调的问题

针对商业空间氛围营造单调的问题，设计师应考虑商业空间中艺术的不可复制性，增强商业空间的个性化和感染力，多种博物馆化的展示手段以丰富的形式语言塑造空间，带给人们的愉悦和趣味的情感体验。博物馆化的叙事性能引发人们的情感共鸣进而刺激人们的消费行为。多种博物馆化的展示手段包括大纲叙事法和VR展示法等。

3.1 大纲了解商品背后的故事

大纲故事法能使人们了解商品背后的故事，能给商业空

图5 爱马仕橱窗展示（资料来源：网络）

图6 局气餐厅（资料来源：网络）

图7 佐藤大爱马仕AR橱窗设计（资料来源：网络）

间营造良好的氛围。老北京局气餐厅介绍店内大米、酒水从哪来，有什么故事，将20世纪70、80年代的胡同文化融入其中。大纲故事法满足了人们怀旧的心理（图6）。在局气就餐是一种温暖惬意的体验。局气中的老北京朱漆木制大门、大大小小的胡同门牌号、铜饰物、鸟笼、八仙桌、唱戏班的台子等细节的处理，将老北京的历史文化再现于消费者面前，同时也让人们体验到人们对北京过去某些胡同场景的记忆，这也正是人们曾经对北京的记忆。大纲叙事的展陈手段体现出了浓厚的北京味道，人们愿意在一个讲究、有故事的环境中为文化消费。

3.2 VR、AR等手段增加文化附加值

VR、AR等手段能使人们在虚拟和现实、碎片和整体中感受时空的穿越，能使人们在五彩斑斓的幻境中了解到商品背后的故事及创意，并能有效解决商业空间中氛围营造单调的问题。各式各样的商品也因数码手段而诠释地更加完美。新技术的介入使商品以更加多元化的面貌呈现在人们面前，给人们带来了全新的感官刺激和全身沉浸（图7）。商品在这种"博物馆化"的手段中超越了传统和现代的界定，真正使人们置于梦幻多彩的空间，和商品"对话"，带给人们以商

品不同角度的视觉惊喜，感受"商品的不平凡"，继而增加商业效益。

4 带给人们沉浸式的实体空间体验以解决电商冲击实体店的问题

带给人们沉浸式的实体空间体验能有效解决电商冲击实体店的问题，因为沉浸感大多只能在实体空间中体会，这是电子商务很难给人们带来的。沉浸式的实体空间使人们在空间中与产品产生共鸣，从而增加其商业附加值。实体沉浸和多媒体沉浸是沉浸式空间的两个具体表现。

4.1 实体沉浸

实体沉浸是不少品牌成功的关键，强化实体沉浸是不仅是"卖空间"、为品牌打广告，更是商业空间对人们生活方式的无声"浸入式"教育。体验营造的最高境界正是人们由心底发出的自然而然的愉悦感。当商业空间变成一种生活方式中心，在其中体验的人们就愿意为空间体验和其中的文化买单。星巴克和无印良品就是在带领人们领略沉浸式购物（图8）。星巴克使人们处于一种"非家、非办公"的状态，让人们在休闲放松的空间中感受其文化，唤起人们的潜意识共鸣，在卖出产品的同时卖出其空间体验感和生活方式。

无印良品向人们展现的不单单是其产品，更是展现一种绿色环保、简单自然的生活方式（图9）。无印良品从人们的日用杂品切入，让人们身临其境地感受到理想的家近在眼前。小清新温暖的家的氛围、治愈性的配色和良好的氛围是实体沉浸的要素，极大了刺激了人们的消费行为，在实体店中所得到的体验能增加人们对产品的认同感，人们在场所空间中有意识或无意识地从产品中寻找自己的回声，在沉浸的空间中，当人们看到商品后与大脑中存储的知识形成映射，人们就能在这个商品中找到属于自己的快乐，也就是通感，进而进行对产品的消费。

图8　星巴克商业空间（资料来源：网络）

图9　MUJI实体店（资料来源：网络）

图10　Teamlab团体在东京银座设计的沉浸式3D光影秀餐厅（资料来源：网络）

4.2　多媒体沉浸

商业空间中的多媒体沉浸能给人们相当震撼的沉浸感，这种博物馆化的展示手段带给人们全方位的感官体验。新媒介沉浸式购物环境能触动置身场景中的人们的情感，有效地提高商品的成交率，这种虚拟世界中沉浸体验"博物馆化"的手法增加了商品的经济效益。多媒体沉浸式的多线索性、事件性、开放性赋予了商业空间以艺术感染力，商业空间的博物馆化运用多媒体沉浸式的手法能刺激人们的视觉感知系统，使人们"视"丰富的商业表象、解读光影、材质、色彩；然后"知"空间营造，从而能"觉"其趣味，多媒体沉浸式手段是感官和精神方面的情感外化，有效地强化了消费者的体验深度。Teamlab团体在东京银座设计了沉浸式3D光影秀餐厅，该餐厅将精致的美食、传统陶瓷艺术和数码投影相结合，给人们带来了包围式的光影沉浸，营造了美轮美奂的商业消费环境，这些都是网店所不能给人们带来的（图10）。

5　结语

商业空间的博物馆化是通过文化对商业空间的精神营造，是休闲经济时代发展的必然需求。商业空间的博物馆化通过同质化业态的不同文化切入点、多种博物馆化的展示手段塑造空间、叙述文化故事、沉浸感的实体空间体验等方面解决商业空间同质化严重、氛围营造单调、网购冲击实体店等问题。商业空间的博物馆化让处在场所空间的人们知道了商品背后的故事。同时，博物馆化强化了商业空间的秩序，打出温情的"感情牌"，注重感官体验，有趣的空间情节和人文精神的结合让商家将"卖产品"、"卖空间体验"、"卖生活方式"三者有效结合，引起人们的情感共鸣，从而最终达到人们为商品背后的文化买单的目的。博物馆化的手段为时代赋予商业空间的新要求提供了一定的理论依据，促进了商业空间的进步。

参考文献

[1] 李峻. 商业空间形象研究——以上海康湖商业中心的设计为例 [D]. 北京：中央美术学院，2014.

[2] 谢开. 国内外"博物馆化"表征评述 [J]. 博物馆研究，2014（4）.

[3] 单霁翔. 从"馆舍天地"走向"大千世界"——关于广义博物馆的思考 [J]. 国际博物馆，2010（3）.

多角度的景观设计方法研究

杨 娟

河南艺术职业学院

摘 要： 应对当今城市建设和发展的需求，从社会背景和景观价值方面分析城市景观中存在的问题，并提出空间角度、人文角度、使用主体角度、生态角度四位一体的景观设计方法框架。

关键词： 景观 设计 角度 方法

1 研究背景

景观作为城市建设整体规划中不可或缺的一部分，也是长期以来有关城市建设各学科的重要研究对象，人文景观对于城市的重要性在于其多角度、多层次的价值。人文景观是整个社会空间形态和文化内涵的重要体现者，也是人们感受城市意象，形成地域文脉和场所认知的重要空间对象。作为社会空间的重要组成要素，它是城市文化展示的窗口，是人们社会生活和公众交流的平台，不可避免地承担着超越于物质实体之上的社会价值。因此，景观无论对城市居民、对整个社会还是对城市本身都起着十分重要的作用，而承担景观设计这一重要任务的景观设计者也面临着更艰巨的任务和挑战。

1.1 国内外景观的现状

西方早期对景观的营造和研究从模仿自然的美学理念出发，将其人工化，以设计或观察者的主观审美取向为标准，较少涉及其他诸如文化、社会、政治、经济等方面的因素。20世纪后半叶以来，人们开始认识到单纯强调从视觉美感来评判环境，割裂了环境背后的精神因素，容易导致对城市空间只停留在表面的形式主义的追求，从而开始了多层次、多维度的人文景观研究，尤其在注重环保的基础上极力追求个性化、多元化、人性化。

目前，国内的景观建设和发展速度呈现不断上升趋势，对景观本身的表现大多停留在物质属性的研究与实践上，有少部分引入了人文主义的价值取向，如将心理学、行为学、社会学等人文科学研究成果的融入，但也只是在传统的景观设计基础上点缀着一些社会科学。而大多数新建的人文景观呈现形式化、同质化、空洞化的特征，追求速度、追求形式、追求当下的经济价值，忽略了超越其物质实体之上的功能、文化、生态价值。

1.2 存在问题

自改革开放以来，以"经济建设为中心"的发展目标促进了中国城市的快速发展，城市规模急速膨胀，城市公共空间不断增加，广场、街道、公共绿地的景观兴建成为许多城市提升城市形象的重点工程，但数量的增加掩盖不了存在的问题。各地城市当中的景观面貌雷同，呈现模式化；大规模的城市建设对环境带来了巨大压力，兴建的景观不仅没有起到改善环境的作用，反而给城市环境带来更大的负担。

与旺盛的建设规模相比，国内对景观建设的理论研究相对匮乏，而且研究内容大多还停留于物质属性上，包括形态、色彩、材质、风格等外在表象方面，而忽视其更多角度的内涵，形成了当前景观行业极速发展却理论支撑不足的矛盾，对景观的发展及城市建设造成不良影响。

2 提出问题

"我们的城市公共空间太少关注普通人。"这是同济大学研究生院副院长蔡永洁教授对于我国城市建设问题发表的最有感触的一句话。这句话一针见血地指出了我国城市公共空间及景观设计当中存在的问题。这也表明了我国目前多数的景观还停留在外在形式的表现上，没有真正做到为普通大众服务，出发点和研究角度都存在问题。

3 提出设计方法

基于以上我国景观设计的现状和存在的问题，对于景观设计的方法提出了三个新的研究角度。在景观设计中，针对不同的问题从不同的角度和层面出发去分析、解决问题。空间的划分、文化的体现及对主体的关注都应从其相应的角度出发，提出相应的方法和对策。

3.1 空间角度——加强现场空间体验

设计景观园区的一般方法通常是从平面地形空间考虑，将各功能分区、交通流线组织起来，规划出大致空间分布平面图，进而再规划出细节内容及竖向空间的设计。然而景观并不是平面的东西，而是处于空间中的立体形态，如果从平面出发而忽略现场的空间体验，那么出发点就错了。

设计景观应该从真实的空间出发，到现场去考察场地状况，感受现场的蓝天白云、流水山石、地形起伏变化甚至是体验现场空气中的味道，这都会带给我们不同的身心感受，这与坐在电脑前凭空想象出来的东西是截然不同的。设计者在现场也会迸发出更多的灵感，用自己的真实感受去引导实际的创作，经过这样一个历练的过程，设计出的作品会与周边环境更加协调，视觉效果更加引人入胜，从而获得意想不到的效果。

合适的比例尺度是一个景观作品成功的要素之一。对于园林景观中植物和其他构筑物的尺寸把握和设定也可以在这一环节中初步完成，在设计者的第一视角和各个感官的指挥引导下，能够得到最适宜、最科学的比例尺度，从而进行整个景观园林尺度空间的大致安排和构思。这样能够使得各景观元素更加紧凑连贯，并且符合游客的游览视角，在视觉上和功能上达到最大程度的统一。

3.2 人文角度——感受当地文化

当一个人生活在自己熟悉的环境里就会产生心理归属感与认同感。这种"熟悉的环境"与每个人心中的"故土情结"紧紧相连，其物相表征就是各地独具特色的地域文化。要传承和发展这种地域文化，首先必须要透彻地了解当地的文化内涵。

首先，设计者在进行设计之前，有必要在当地生活一段时间，切身实地地体会当地的民俗、民风，在有限的时间内找到心理归属感和认同感。通过在日常生活和集体活动中对当地居民生活习惯的观察以及与他们的接触交流的过程中，获取第一线的信息。较之阅读分析"调查问卷"所获得的信息更加有效和直接。调查问卷经过层层环节到达设计者的手中，已然失去

时效性，而真实性也大打折扣。因此，想要从基层了解一个地区的地域文化，必须融入当地生活，切身感受生活场合中的文化氛围。其次，设计者可以通过当地历史博物馆、档案馆等官方机构全面地搜集整理该地的历史背景和文化信息，也可以通过民间藏家收藏整理的文物资源及文献资料获取更加"接地气儿"的鲜活信息。掌握这些一手资源，能够更深入地了解当地文化，为景观设计奠定文化基础。在设计的过程中将这些文化元素经过艺术化提炼运用到具体的景观表现当中，将其赋予特殊的文化内涵，使其具有鲜明的地域特征，成为当地文化传承和展示的平台，充分发挥它的文化职能，以激发人的主动性和创造性，完成更高层次上的意义。

3.3 使用主体的角度——关注普通人

以景观的使用主体的身份去审视和思考问题才能做到现实意义上的人文关怀。而设计者在当地的参与性也就显得非常关键。设计者在当地居住的时间里，要将自己视作当地居民中的一员，与他们同吃、同住、同玩，这样能最大限度获得与他们近似的心理感受和最真实的当地生活体验。这与作为一个旁观者去现场调查现状、搜集资料或者做问卷调查的结果是大不相同的。通过与当地居民的交往尽快融入当地生活中，让自己全身心地去体会真实的感受，并听取不同年龄阶段和不同工作性质人群的不同意见，充分尊重人的主体地位和差异，让这个"主体"的需求引导整个设计方案的方向，从而使设计作品能够真正表达人的情感，更充分地服务于人。

在这个过程中设计者能快速发现一些设计中常被忽略的细节问题，可以了解到当地居民最真实的生活习惯、对未来生活环境的期望和憧憬以及各种不同人群的不同需求。综合整理这些信息，从关注基层普通人群的角度出发进行景观设计活动，才能创作出具有当地特色、体现地域文化并且最大限度地满足居民精神需求和功能需求的景观作品。

3.4 生态角度——维护和改善

城市的快速发展和大规模的建设必然会破坏原有生态环境，因此在当今社会背景下景观在改善生态美化环境方面的作用则显得尤为重要。将区域环境的生态问题作为景观规划的前提和考虑的重要角度是十分必要的。

新的景观规划所带来的生态价值应是大于区域内原有生态价值，否则其在环境方面所做的工作是毫无意义的。在规划工作入手之前，设计者需对场地原有土地进行细致入微分析，得出科学数据为后期景观规划设计方案提供详细依据和参考。可以从以下方面进行分析：

（1）分析区域内土地的用地性质，绿化、建筑、水体等占地面积比例及其状况；

（2）统计区域内原有动植物种类及生存现状；

（3）检测区域内整体环境质量及局部地区环境质量及气候。

4 结语

城市景观及其所包含的深层含义是城市文化传承和改善生态环境的有机力量，它是人们日常生活、交往的平台和重要空间媒介，具有维系社会文化意识，促进社会和谐的意义。

景观对于一个城市的成长和发展具有多角度、多层次的价值，要使我们的城市景观建设发挥更大的意义，首先就应该多角度地剖析景观的深层内涵，研究景观的地域性、文化性、生态性等；其次应转换研究视角，从多角度入手研究景观设计的方法策略，从城市规划的宏观角度、地域环境的约束及服务区域的使用者的角度全方位衡量研究；最后在实际设计的过程中还要从不同角度去分析问题、解决问题，更加尊重人文景观及生态环境本身，从关注普通人的角度尊重人的主体地位和个性差异，建立多角度全方位的人文景观设计策略。

参考文献

[1] 屈湘玲．蔡永洁·人文关怀城市空间 [J]．中外建筑，2008 (12)：30–35．

[2] 邓毅，黄金玲，龚兆先．以生态可持续性为导向的城市景观规划设计方法研究 [J]．建筑科学，2010 (5)．

[3] 胡仁禄，胡京．当代城市景观特色化整合规划与设计 [M]．北京：中国建筑工业出版社，2016．

建设上海设计博物馆的思考

杨 璐 程雪松

上海大学上海美术学院

摘 要： 本文通过对西方设计博物馆、中国新建的设计博物馆和上海专类设计博物馆的分析和梳理，探讨博物馆建设的目标、内容、方法和空间载体等相关议题，思考上海作为"设计之都"，如何建设符合城市历史、定位与发展的上海设计博物馆。

关键词： 上海设计博物馆 西方设计博物馆 中国新建的设计博物馆 上海专类设计博物馆

引言

2010年5月20日上海被授予"设计之都"称号，成为继深圳后第二个加入联合国教科文组织"创意城市网络"的城市。2016年5月，上海市政府印发了《关于促进本市展览业改革发展的实施意见》（沪府发〔2016〕34号文），明确了加快上海"会展之都"建设的重要目标。上海肩负着促进城市设计发展的重担，需要努力探索城市设计发展的新道路。

上海作为"设计之都"，建设符合城市定位、文化与发展的上海设计博物馆至关重要。设计博物馆建设存在的意义不仅在于它能够回溯过去，扎根于设计遗产的保护和研究，同时还能直面当下、窥见未来，从当代社会中发掘出设计相关的新兴力量。我们希望，通过设计博物馆了解城市设计的历史，探索未来并且改变人、生活及设计之间的关系。

本文通过对西方设计博物馆、中国新建的设计博物馆和专类设计博物馆的分析和梳理，对博物馆建设的目标、内容、方法及特点等进行探讨，从中吸取博物馆建设之精髓，为更好地建设符合上海设计史、城市定位及未来发展的上海设计博物馆提供有益的借鉴和建议。

1 西方设计博物馆简述

设计博物馆距今已有百年历史，是源自工业革命后的一项社会文化事业。英国维多利亚和阿尔伯特博物馆（简称V&A博物馆）是目前公认的世界第一座设计博物馆，因1851年英国召开的首届万国博览会建造而成。V&A博物馆关注于工业与设计、科学与装置艺术等，展览面向人们的生活与社会

热点，并在2003年被评为欧洲最佳博物馆。随着欧洲博物馆发展的如火如荼，美国率先开始借鉴其发展模式。1897年库珀·休伊特国家设计博物馆成立，是美国第一座也是唯一一座专业性的设计博物馆。起先库珀·休伊特国家设计博物馆主要展览传统的工艺美术，但并未吸引很多的游客，保罗·汤普森[①]担任馆长后将博物馆的建设偏向于传统与现代的设计，策划了一系列高质量、关注当下文化社会热点的展览，让博物馆重新焕发了生机，同时库珀·休伊特国家设计博物馆也成为美国设计周、设计展的主展馆。[②]随后西方还涌现出一批优秀的设计博物馆，例如：英国伦敦设计博物馆、米兰三年展设计博物馆、维特拉设计博物馆、德国埃森红点设计博物馆、芬兰赫尔辛基设计博物馆等，都具有较完善的管理经营模式，是世界顶尖的设计博物馆。西方设计博物馆以造物为主旨，以现实为准绳，以参观者为核心，塑造了一种生活的、日常的、务实的却又唯美的展览之道。西方设计博物馆将设计与城市建设、美学构建和教化育人都紧密相连，对我国建设展览城市和设计之都提供了有益的借鉴和参照。

2 中国新建的设计博物馆简述

2017年深圳蛇口V&A设计博物馆成为中国首个设计博物馆，位于深圳海上世界文化艺术中心内，是V&A在全球的首个国际展馆。"设计的价值"是深圳蛇口V&A博物馆的常设开幕展，这个开幕展精选了来自31个国家的250件来自V&A的代表性永久馆藏，上可追溯至公元900年，下可延伸至当代，涵盖时尚、摄影、家具、戏剧以及表演等众多领域。以设计精品展示的方式从多个角度探讨了设计与价值两者之间的关系，以及设计在日常生活中的角色和地位（图1）。

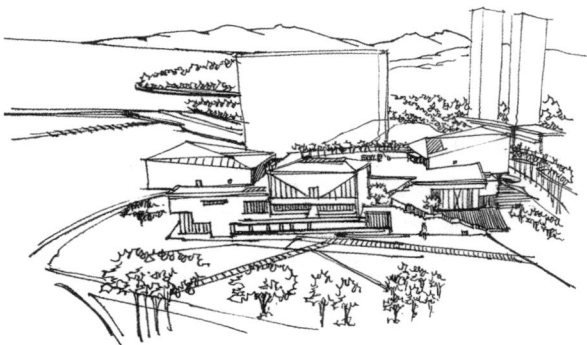

图1 深圳蛇口V&A设计博物馆

图2 中国国际设计博物馆

2018年中国国际设计博物馆在杭州中国美院象山校区开展，由葡萄牙建筑师阿尔瓦罗·西扎设计而成（图2）。"致力于近现代设计作品的展示和研究，激发本土制造的创造力"是中国国际设计博物馆建立的初衷。目前，中国国际设计博物馆不仅拥有以"包豪斯为核心的西方现代设计系列收藏"7010件（套），还拥有3万余件意大利男装收藏、700余件美国电影海报收藏等。在未来，设计博物馆还将面向国内外更多地征集优质的设计作品，逐步形成现代设计系统收藏，并通过组织策划现当代重要设计作品展览，探索设计思想发展，关注设计前沿变革，以促进中外设计和设计教育交流。③

中国设计博物馆较西方设计博物馆而言整体不够完善，在聚焦城市文明和时代魅力方面也有所欠缺。但中国设计博物馆的出现是一个良好的开始，设计与绘画、当代艺术是不一样

的，它关注的是人们的生活，设计就是很理性地梳理生活发生了什么改变，改变来自于哪里。

3 上海专类设计博物馆概述

3.1 上海工艺美术博物馆

上海工艺美术博物馆位于汾阳路79号，于2002年10月开馆。博物馆建筑为典型的法国后期文艺复兴住宅，被称为"海上小白宫"，它将西方古典建筑形式与中国园林造景手法相结合，是一座融合中西方文化的"海派花园"（图3）。上海开埠以来，海派文化迅速崛起与发展，在海派文化新浪潮的影响下，上海的工艺美术具有鲜明的地域特色，以开放包容的姿态吸纳各家所长，形成独特的"海派"工艺美术。上海工艺美术博物馆展现了上海工艺美术的发展脉络及技艺的传承，基本涵盖了上海工艺美术各大类的历史沿革、风格风貌及技艺特点。④

上海工艺美术博物馆设立了雕刻、织绣和民间工艺三大主展厅，展出作品三百余件，同时涵盖了竹刻、木雕、刺绣等各类传统手工艺品种。上海工艺美术博物馆不仅关注作品这种有形的文化遗产的保护，更加注重向参观者展示手工艺的制作过程，让大家了解各类技艺传承关系的这种无形遗产，将人作为展示的主导代替传统仅以物为主导的展览模式。

如果说上海工艺美术博物馆更多地是展示上海人过去的生活方式，那上海设计博物馆建设在这个基础上，则是关注今天及未来人们的生活方式。笔者去参观博物馆时正值双休日，但参观的人数并不多，上海工艺美术博物馆未能在回顾历史优秀手工艺作品的基础上有所突破，以常设展为主，展览方式较为

图3 上海工艺美术博物馆

守旧，互动单一，吸引的人群多为专业方面的参观者而不是大众。上海工艺美术博物馆开馆距今已有16年，展览模式略显老旧，但其是上海工艺美术发展的见证，向我们展示了工艺美术的传承。上海设计博物馆的建设应以上海设计史为基础，直面当下并且窥见未来，让大众了解设计，让设计融入生活，未来的上海设计博物馆将会有无限可能。

3.2 中国工业设计博物馆

中国工业设计博物馆位于宝山区的上海国际工业设计中心内，于2009年9月开馆，主要展出中华人民共和国成立以来各个历史时期批量生产的最具有代表性的工业设计产品，挑选的藏品都能代表产业的发展与文化的传承。中国工业设计博物馆是中国首个以设计命名的博物馆，也是首个以展出优秀设计产品为内容的博物馆。中国工业设计博物馆对中国的工业设计史做了系统的梳理，这是具有突破性的。以往我们总是对国际工业设计史比较了解，资料较为全面丰富，但是对中国工业的历史发展的认知是一种割裂、模糊的状态，所以研究中国的工业设计史是十分必要且势在必行的。今天中国工业设计博物馆的建立让我们对国际工业设计史和中国工业设计史能够进行双重阅读，通过横向的比较才能有所发现。中国工业设计博物馆通过展示工业设计的发展脉络来增强公众对于工业设计的认知，从传统的本土工业设计中汲取养分探寻未来工业设计的发展方向。今天，我们重新审视百年来中国工业设计，旧技术、旧产品总会被新技术、新产品所代替，但中国工业设计的文化是值得我们保留的，我们注重的不是结果而是中国设计文化对未来的创造力。⑤

中国工业设计博物馆中大多数是关于上海工业设计的产品，因为上海生产了中国70%的轻工业产品。我们在展陈中可以看到老上海人记忆中的上海牌手表、上海牌轿车、凤凰牌自行车、三五牌台钟、蝴蝶牌缝纫机、海鸥牌照相机、红灯牌收音机等。中国工业设计博物馆的展览方式较为简单，将产品辅以相关的设计轶事、文献、影像等。博物馆的建设有效地推进了上海工业设计的发展同时推动上海"设计之都"的建设。

3.3 上海玻璃博物馆

上海玻璃博物馆位于宝山区上海玻璃博物馆园区内，其前身是玻璃仪器一厂，承载着上海玻璃工业发展的百年历史遗产。⑥改造后的上海玻璃博物馆带着浓厚的工业设计色彩，建筑外立面使用U形玻璃幕墙，墙面用多种国家语言描述了玻璃的原材料、工艺、类型等与玻璃息息相关的方面。这些语言文字都来自与玻璃发展、应用关系紧密的国家，如中国、英国、法国、德国等。夜晚黑色的玻璃幕墙配上白色LED灯照亮的语言文字，带有强烈的视觉冲击力，酷炫十足。⑦主馆的常设展

包括了四个部分：什么是玻璃、技术与工艺的发展、从日常生活到科技前沿、艺术创造力的证明，包含了从古至今国内外各类优秀的玻璃作品，内容丰富多彩，展览将传统陈列方式结合互动装置，增加了游客的参与感。

2011年上海玻璃博物馆开馆至今，从一开始只有主馆、热玻璃演示区与古玻璃珍藏馆，到后来不断扩展增加了设计新馆、儿童玻璃博物馆、玻璃迷宫等17个主题展馆和体验区。如今，上海玻璃博物馆在不断地丰富展项，开拓创新，营造出了一个丰满立体的博物馆空间。上海玻璃博物馆里的儿童玻璃博物馆是中国唯一一个针对儿童设立的博物馆，儿童可以在里面探索玻璃艺术的无限可能，以游戏互动的方式帮助孩子了解玻璃，馆方希望所有的孩子都能在其中找到自己的兴趣，能在博物馆中感受到归属感。⑧上海玻璃博物馆在2013年举办首届"keep it Glassy 国际创意玻璃设计展"，吸引了20多个国家的50多名设计师参与，这是上海第一次举办国际玻璃设计展，推动了上海玻璃设计的发展与国际影响力。

上海玻璃博物馆在探索一种新型的以互动体验与社区化为主的博物馆模式，被美国CNNGO评为中国最不容错过的三个博物馆之一。上海玻璃博物馆的地理位置并不优越，它以丰富的展览、多样的娱乐活动吸引游客能够花更多的时间参观展览。上海玻璃馆馆长张琳总是说："一个博物馆可以成就一个城市"，未来上海设计博物馆的建设也应以人为本，增加参观者的互动体验，关注人与设计的关系。设计博物馆不是冷冰冰的收藏展示机构，应该围绕历史、生活与审美策划多元的展项彰显优秀的设计、促进设计的发展。设计来源于生活，设计博物馆要让参观者真正融入其中，只有大家都能在博物馆中找到兴趣点与归属感，才能更好地推动博物馆的发展。设计从未停止，博物馆建设也应不断进步。

4 建议与总结

通过对西方设计博物馆、中国新建设计博物馆和专类设计博物馆的分析与梳理，对上海设计博物馆建设有一些思考：（1）在策展模式上可参照西方设计博物馆的策展人制度，邀请设计师、学者、企业家从不同视角策展，通过不断变换的高水平展览演绎不同的设计价值观；（2）上海设计博物馆可与"上海双年展"、"上海设计展"、"设计上海"等大型设计展会携手，作为分展场，设计展会作为最新前沿设计的展示载体对上海设计博物馆的发展有相互促进的作用；（3）挖掘和打造上海设计博物馆的镇馆之宝，塑造上海设计博物馆的形象名片；（4）保持建筑空间的弹性和适应性，便于调整展览模式；（5）研究策展合理的展览大纲，从而基本确定展线和展览空间

模式；（6）上海设计博物馆与上海制造业企业多方合作，保持积极的社会网络；（7）上海设计博物馆可与设计类院校合作，作为高校设计教育的补充，联合推进设计教育的发展。

设计与城市发展紧密相连，设计博物馆的建设促进了城市振兴、梳理了城市文化，当代城市的创新发展离不开设计。"鼓舞人心并有着社会责任感，设计博物馆淋漓极致地展现了人类的创造力如何使得物品熠熠发光"。[9]设计博物馆建设的主旨是回顾历史、影响未来，上海作为"设计之都"，拥有较完善的设计创新、服务及传播系统，奠定了上海设计博物馆建设的基础。同时，上海十分强调文创产业的发展，上海设计博物馆的建设也是推动上海文创产业发展的一个重要抓手。上海因吸收西方设计博物馆、中国新建设计博物馆和上海专题类设计博物馆的设计精髓上根据自身城市历史、定位及发展建设独一无二的上海设计博物馆。

注释
① 保罗·汤普森，博士，皇家艺术学院，工程硕士，博物馆馆长。
② 李敏敏. 博物馆作为主角——记库珀-休伊特博物馆与美国国家设计周、美国设计三年展 [J]. 装饰，2011（06）：24—27.
③ 周向力. 设计博物馆概念及发展研究 [D]. 中国美术学院，2016.
④ 龚世俊. 海派文化影响下上海工艺美术的传承与创新 [J]. 装饰，2016（04）：40—45.
⑤ 田君，王翔宇，曹盛盛. 让历史告诉未来——走进中国工业设计博物馆 [J]. 装饰，2013（12）：14—18
⑥ 庄小蔚. 一次多元文化的实践——上海玻璃博物馆设计过程 [J]. 公共艺术，2011（05）：74—79.
⑦ 上海玻璃博物馆 [J]. 城市建筑，2011（10）：55—60.
⑧ 林莹. 上海玻璃博物馆：博物馆的造血之道——对话上海玻璃博物馆馆长张琳 [J]. 中国广告，2018（01）：25—30.
⑨ 吴岱未. 中国设计博物馆发展现状研究 [D]. 中国艺术研究院，2016.

参考文献
[1] 李敏敏. 博物馆作为主角——记库珀-休伊特博物馆与美国国家设计周、美国设计三年展 [J]. 装饰，2011（06）：24—27.
[2] 周向力. 设计博物馆概念及发展研究 [D]. 杭州：中国美术学院，2016.
[3] 龚世俊. 海派文化影响下上海工艺美术的传承与创新 [J]. 装饰，2016（04）：40—45.
[4] 田君，王翔宇，曹盛盛. 让历史告诉未来——走进中国工业设计博物馆 [J]. 装饰，2013（12）：14—18.
[5] 庄小蔚. 一次多元文化的实践——上海玻璃博物馆设计过程 [J]. 公共艺术，2011（05）：74—79.
[6] 上海玻璃博物馆 [J]. 城市建筑，2011（10）：55—60.
[7] 林莹. 上海玻璃博物馆：博物馆的造血之道——对话上海玻璃博物馆馆长张琳 [J]. 中国广告，2018（01）：25—30.
[8] 吴岱未. 中国设计博物馆发展现状研究 [D]. 北京：中国艺术研究院，2016.

佤族建筑元素融入当代环境艺术设计的探索

怀 康

山东理工大学美术学院

摘 要： 佤族社会形态是从原始社会直接过渡到社会主义社会，在其文化基因中蕴含了诸多原始文化因子，形成了独特的审美理念。佤族建筑延续了原始的、传统的干栏式建筑，建筑材料虽然简陋，但具有建造方便、适宜居住、经久耐用等特点，享有建筑界的"活化石"的美誉。佤族建筑呈现出质朴、粗犷之美，更易接近自然，展示人与自然的亲近、和谐，研究佤族建筑元素，从中汲取营养，融入到当代环境艺术设计中，这将有助于提升环境艺术设计文化底蕴。

关键词： 佤族 建筑元素 当代环境艺术设计 措施

佤族主要分布在云南省阿佤山区，这里地处亚热带，气候湿润、雨水丰富、林木茂密、山区海拔变化较大、土壤肥沃，适宜作物生长。同时，阿佤山区山脉交错、河流密集，形成了相对封闭的地理环境，生活在此处的佤族人创造了独特的民族文化，建筑文化就是佤族文化的重要分支之一。由于佤族社会发展呈现出直过型特点，完成了从原始社会直接过渡到社会主义社会，因此在建筑文化方面，展现出原始性特点，是最质朴的建筑文化代表。当前，在全球一体化进程中，在应对西方强势环境艺术设计冲击下，需要我们挖掘民族建筑文化元素要义，实现建筑文化元素的当代转型，提升民族环境艺术设计全球竞争力，而探索佤族建筑元素融入到当代环境艺术设计中的举措，正是应对这一挑战的积极探索[1]。

1 独具特色的佤族建筑元素

佤族建筑是混同的干阑式，是符合当地环境的建筑样式，这一样式因搭建方式粗犷，并且房屋内墙壁空隙相对较大，能方便室内湿热空气扩散。佤族这一干阑式建筑样式，其建筑元素重点体现在以下几个方面。

1.1 半圆屋顶空间形态

佤族建筑房屋最明显的特点是半圆形屋顶空间形态。在设计时，由两个坡面与此坡面两端半圆形屋顶组合形成，这显示了功能和形态的有序衔接。佤族房屋屋顶檐口和悬挂的地板是对齐，不高，这使屋顶半圆侧让原来略显低矮的空间得以扩展。因此，佤族干阑房屋设计成入户平台并安装楼梯，这样做能确保入户平台和屋顶间有充足的高度，确保不易被碰到以及入户楼梯在屋顶遮挡下不容易受外界环境影响，这样楼梯平台成了房屋扩展的空间，自然延伸了室内空间。半圆屋顶空间形态设计，从建造的视角来看，圆弧形曲线屋面技术难度大，但是勤劳智慧的佤族群众，使用独特的工艺赋予圆弧屋顶造型以内涵[2]。

1.2 源自大山的建筑素材

佤族居住在植物资源丰富的阿佤山区，建筑素材都是来自大山。一般来讲，佤族的建筑素材主要有白树、红毛树、茅草、竹子、水冬瓜树等。佤族的干阑式建筑使用木柱作为房子骨架，地板用龙竹竹条编制而成，为了能更好地承重，便在地板下面放置圆木，房屋的墙也是用竹子编制而成，发挥了较好的遮挡作用。佤族房屋从外观看，其最突出的特点是茅草屋顶的设计，屋顶全部用茅草铺成，屋檐离地面很低，这样屋顶看上去极为厚重，这是佤族先民适应当地环境的结果，该设计能很好地防晒、防雨。考虑到房屋木结构易失火的情况，佤族群众每家都建有蓄水池，并让不同人家的房屋之间有一定间隔空间。

1.3 展现材料原生态的肌理

肌理是指材料的表面由内部组织结构形成的纹理。佤族建筑因为缺少相应的装饰，所以其肌理和材料有着直接关系，在佤族建筑中，材料所产生的构件都不经修饰，保留了材料原始的肌理，展示了朴素的建筑审美理念。在佤族建筑素材中，使用最多的是竹子、木材，其中竹子的运用最广泛，主要是竹子构件肌理丰富，且方便制作成各式各样的构件。从佤族建筑的外表来看，两种竹子构件肌理极为突出：一是竹墙。将竹青制作成条状，然后根据竹子的纹理与图案来编制，这样不仅能编织出精美的图案，也能有良好的透气性。还有的则是对竹条先进行粗加工，再按照一定规律编织，容易让竹墙形成有规律的纹理。二是竹地板。佤族建筑中的竹地板是将竹子剖成两半之后再压扁，便于制作竹地板。在对竹子进行压扁的过程中会出现自然裂缝，但是裂缝并不会完全断裂，这样自然就形成了一块整体，只需将竹片直接铺于板梁上就行，正是因为竹子天然的裂缝，让地板材质具有更好的通风与散热性，再加上裂缝本身的自然肌理，让地板本身显得更和谐自然[3]。

2 佤族建筑蕴含着浓重的山地文化

佤族世代居住在海拔1000米的低热山地，这些地区分布着原始森林、次生林，很少有平地，佤族群众要实现生存，需要适应这里的生态环境，而佤族建筑正是佤族群众在不断的探索中，所创造出来的山地环境建筑样式，展示了浓厚的山地文化特色。具体来讲，主要体现在以下三个方面：一是适应山地气候。佤族建筑适应了阿佤山区的气候，当地常年气候温和，平均温度在17摄氏度，干阑式建筑不仅能科学防止雨季湿热的气候，避免野兽的侵袭，尤其是陡峭的屋面还能防水与遮阳。二是适应山地地形。佤族的干阑式建筑，除具有散湿、散热、通风、防洪等方面的作用外，还和阿佤山区的地形相适应。佤族群众在建设房屋时，并没有使用建筑的架空将建筑建设在坡地上，而是将坡地整成台地后，再建设房屋，并在建筑周围设置排水沟来解决排水问题。佤族建筑虽然从地面到地板梁下面的高度较高，但是并不将其作为干活地点来使用，而将其作为放养鸡的棚子，或者是盛放农具的地方。从这里可以看出，佤族建筑下面不作为干活地点和生活产生直接联系，这是从佤族祖先那里继承下来的。不将地板下面纳入生活范围，这符合山岳部族的一般特点。为了不让佤族建筑周围的雨水流入，沿着屋檐前端的茅草正投影线，围起对雨水进行处理的侧沟，形成土围坎。在屋檐前端对雨水处理的方式是，先进行挖沟，沟深40～50厘米，之后将挖出的土堆填置在沟的内侧。这时候，需要将平整地板下的地面时多余出来的土堆起来。这样堆起来的土形成土堆，流入沟中的雨水便不再流到地板下面。由于佤族建筑使用的柱子直接埋到土中，这能很好保护房屋。三是佤族建筑的底层基本是架空的，这进一步扩大建筑功能空间，通过完善相关的排水系统，让佤族建筑充分使用了山地地形，按照

山势错落有致的分布，充分利用了山地资源，体现了浓郁的山地文化。

3 佤族建筑元素与当代环境艺术设计结合顺应设计趋势

当代环境艺术设计和人们的生活密切相关，并且与环境有机结合，因此，当代环境艺术设计既要做到满足人们和大自然亲近的需求，还要适宜环境的基本发展要求。具体来讲，当代环境艺术设计发展，需要重点做好以下两个方面的工作：一方面，符合人们亲近自然的基本需求。由钢筋混凝土铸就的城市，是当代建筑科技不断发展的产物，但是其人为隔开了人和自然之间的联系，将人们束缚在人工化了的城市环境中。与大自然亲近是人的本性，优美的自然景观、清新的空气更易让人们放松身心。当代环境艺术设计是满足人们身心需要的自然环境艺术[4]。另一方面，满足环境发展的基本要求。生活在当代的人们都在追求高品质的生活，因此改造自然环境，并创造适合人居住的环境，科学地使用自然资源来满足生产所需。大量的历史实践也充分说明，当代对环境的改造应从环境发展的实际出发。如果采用破坏式的发展方式是直接行不通的，只会破坏环境，这是当代环境艺术设计需要进行充分考虑的。做好当代环境艺术设计工作，建立人工环境，需要从整体方面来考虑对自然环境造成的影响，并实现人与自然环境间的和谐。

同时，强调当代环境艺术设计要实现和佤族建筑元素的结合，这符合生态文明发展的诉求，主要是因为佤族建筑元素中所包含的生态理念和当代环境艺术设计发展的要求相符。佤族传统的生态理念存在于民俗文化、原始宗教中，体现在原始崇拜中，将自然作为生命个体，对建筑自然的利用、对自然的敬畏等都展示了质朴的生态理念。从当前生态环境发展角度来看，佤族的生态理念具备一定的借鉴意义。佤族在房屋建筑中所展示的一些设计理念，展示了质朴的生态观。我国传统文化强调生态平衡，强调保护并科学利用自然资源，对自然环境的珍视和行为自觉意识在我国传统文化中是源远流长的。我们还应看到佤族的建筑设计理念，符合生态环境发展的现实诉求，将佤族生态理念融入到当代环境艺术设计中，取代人类传统的设计思维，更容易找到人工环境和生态环境保护设计的契合点。佤族在对待人和自然环境的关系方面，对当代环境艺术设计中科学处置人工环境和自然环境关系方面，具有重要的指导价值。因此，当代环境艺术设计需要从全局的理念来进行统筹考虑，将个体的发展和自然环境都能放到平等的位置来考量，并做好环境艺术设计方面的工作，提高当代环境艺术设计的水平。

4 佤族建筑元素与当代环境艺术设计结合的举措

4.1 佤族建筑元素与当代环境艺术设计结合的原则

将佤族建筑元素运用到当代环境艺术设计中，实现两者的密切结合，需要满足设计的基本原则。具体来讲，主要包含以下几个方面：一是适用适度原则。提取佤族建筑元素之后，需要充分了解佤族建筑元素的文化内涵，在不出现文化冲突的前提下，适当运用文化元素。同时，还要注意在使用文化元素时，对其不能使用过度甚至是泛滥，如果是过度使用就容易造成对佤族建筑元素的简单堆砌，不能充分体现设计的理念。二是自然合理原则。当代环境艺术设计强调保持自然性，是说在借鉴佤族建筑元素时，需要充分尊重佤族的自然、地域特点，对室外环境艺术设计需要尊重景观的自然特点，对室内环境设计来讲，要展示材料的特点与文化元素的特征，展示地方文化。同时，也要坚持合理性原则。合理强调要符合事物发展的一般规律，时代的进步，也自然推动了当代环境艺术技术的进步，假如为了单独追求佤族建筑元素的文化特点，而与当代的设计理念相抵触，就不会取得好的设计效果。比如在佤族民居建筑内一般放置火塘，若单一追求佤族建筑文化而简单套用，不去考虑火塘产生的烟熏问题，就会让设计走样[5]。

4.2 佤族建筑文化与当代文化的特征表达

当将佤族建筑元素运用到当代环境艺术设计中去，人们看到建筑的单体或是整体布局时，都能感受到浓郁的佤族建筑元素，这样的设计才能起到很好的效果，这就需要将佤族建筑文化和当代文化实现结合。以公共环境设施的设计为例，一般来讲，公共环境设施在人们的生活环境中处于重要位置，是人们生活的有机组成部分，不管是景观园林，还是城市发展空间，环境设施都发挥了重要的作用，特别是随着近几年来当代环境艺术设计的发展，公共环境设施在赋予其使用功能的同时，也发挥了文化传承的重要作用。公共环境设施包含较多的类型，比如信息、休息、通信、卫生、娱乐以及照明等多个方面，正因为环境设施的种类相对较多，佤族建筑元素在这方面自然表现出了更多的灵活性，需要将佤族建筑元素充分打乱之后，再对其进行重新组合，让环境展示出独有的佤族风情。比如，云南民族村的佤族广场，就是将佤族建筑元素充分打乱之后，结合民族村整体发展情况，对建筑元素进行重新整合设计，展示了传统与现代结合的文化气息。

4.3 佤族建筑元素的精准化演绎

佤族传统建筑和佤族文化发达程度是紧密结合在一起的。

佤族的干阑式建筑属于古老的建筑样式，特别是在建造的技术上与当代建筑相比，是明显落后的，但是这些建筑元素和当代环境设计艺术相结合后，使得佤族传统建筑元素通过装饰性和精致的形式表现出来了，这样更容易让人们所认可。以当代建筑室内外装饰为例，对建筑室内外进行装饰是当代环境艺术的有机组成部分，从一定程度上来讲，室内外的装饰能影响人们对建筑环境的直观性感受，将佤族建筑元素运用到室内外环境装饰中，将特色鲜明的佤族特征的建筑元素进行科学提取，用在建筑室内外特定部位装饰上，进而使建筑环境能从整体上展示民族特点[6]。建筑的室内外装饰主体建筑不能出现较多的变化，所以，对佤族建筑元素的使用要结合建筑的主体方向来展开，因此，一般会将佤族建筑元素进行提炼之后，再进行变形，这样就更加凸显了建筑元素的装饰性，淡化了其原有属性。将佤族建筑元素运用到室内外装饰，是将佤族建筑屋顶、竹墙等展示佤族特色的元素加以运用，使其展示佤族建筑文化特点。比如，将佤族建筑元素运用到旅游度假村屋顶的装饰，不仅展示了佤族建筑的独有屋顶特色，也让人能感受到质朴佤族文化的历史回响。

4.4 景观设计彰显自然主题

当代环境艺术设计需要从整体环境来进行全面考虑，尤其是度假村的建筑，展示的都是相对原始的建筑表现形式，不管是在建筑材料的选用上，还是建筑的形式上，都不能让人看后联想到自己身处于钢筋混凝土之中，而是亲近于大自然。基于这一点考虑，在进行环境艺术设计中，需要注意保留自然景致，尽量减少人为雕琢的痕迹，减少草坪等景观因素，将展示质朴的佤族建筑元素得以提炼，展示佤族建筑文化的韵味。具体来讲，需要从以下几个方面出发：一是在传承佤族传统建筑文化基础上，展示佤族民族特色。比如，前面提到的云南民族村的佤族文化广场，就全面展示了佤族建筑文化艺术。二是使用当代设计手法对传统图案纹样加以整合。佤族传统文化涉及的范围广，传统建筑图样使用当代设计手法、材料与审美理念和其加以整合，传承佤族传统文化精神[7]。比如，佤族独有的屋角图腾、崇拜装饰纹样等，可以运用到当代环境艺术设计中，展示传统的佤族神韵。三是在景观设计中强调"天人合一"。佤族传统建筑体现了"天人合一"的文化理念，在景观设计中，借助景观空间展示诗情画意，进而让景观意境更能激发人的遐思。可以充分利用佤族建筑中的空间对比、渗透、层次、引导和暗示等艺术展示手法，打造景观空间意蕴，将传统的佤族意境融合到景观设计中，提升景观的境界，满足人们的精神追求。

总之，佤族人因其生存环境、发展历史以及生活习俗等多个方面因素的制约，佤族建筑呈现出独有的建筑元素，重点体现在三个方面：半圆屋顶空间形态、取自大山的建筑素材、展现材料原生态的肌理，同时，佤族建筑蕴含着浓重的山地文化，这不仅能适应山地气候与地形的特点，建筑底层的架空，也进一步扩大了建筑功能空间。再者，佤族建筑元素与当代环境艺术设计结合顺应了设计趋势，不仅符合人们亲近自然的基本需求，也满足了环境发展的基本要求，因此，要强调当代环境艺术设计和佤族建筑元素的结合。所以，要实现佤族建筑元素与当代环境艺术设计的结合，不仅要坚持建筑元素与环境艺术设计结合的基本原则，坚守佤族建筑文化与当代文化的特征表达，也要确保佤族建筑元素的精准化演绎，同时在景观设计上彰显自然主题，提升佤族建筑文化元素在当代环境设计中的运用水平。

参考文献

[1] 陆泓，王筱春，朱彤. 云南西盟大马撒佤族传统观建筑文化地理研究 [J]. 云南师范大学学报，2004 (3)：13-17.

[2] 张雯. 翁丁佤族原始村落文化对建筑的影响 [J]. 价值工程，2015 (2)：96-98.

[3] 孙彦亮. 佤山生产方式与佤族民居建筑 [D]. 昆明：昆明理工大学，2008 (4)：56-61.

[4] 赵昆. 少数民族建筑元素在现代环境艺术设计中的应用探索——以佤族为例 [D]. 昆明：昆明理工大学，2013 (5)：56-57.

[5] 施维林. 居住建筑的活化石——佤族的建筑文化 [J]. 云南工业大学学报，1997 (1)：47-50.

[6] 杨宝康. 佤族传统聚落的背景与功能研究 [J]. 文山师范高等专科学校学报，2005 (4)：309-310, 336.

[7] 李仰松. 民族考古学论文集 [M]. 北京：科学出版社，1998：34-38.

注：本文发表于《贵州民族研究》2016年第11期。

传统村落中的景观图式

——对从化钟楼古村的思考

张莎玮　陆琦　陶金

华南理工大学建筑学院

摘　要： 传统村落是一种蕴含着丰富历史信息的文化景观。本文以广东省从化钟楼村为例，借助图式理论，分别从区域环境、传统格局、建筑特征、历史环境要素四个层面，剖析景观系统中具有稳定性、普遍性、传承性和文化性的景观图式信息，揭示其背后隐藏的文化精神。

关键词： 传统村落　景观图式　文化精神　钟楼村

传统村落是伴随着人们长期的文化活动而形成的物质积累，是一种包含人文精神和生活方式的文化景观[1]。村落中的景观要素，例如河流、拱桥、榕树、宗祠等等，都是村落不能分割的组成部分。一方面，它们具有强烈的辨识性，构成了村落形态的特殊符号系统；另一方面，它们又折射出人们祈求风调雨顺、期盼人才辈出、彰显家族实力等一系列精神需求，蕴含着丰富的文化内涵。所以，村落景观要素本质上是一种便于认同、便于审视、便于继承的文化图式。因此，下文以图式的理论与方法，对传统村落景观要素进行分析，以期为传统村落研究与保护提供新的视角和方法。

1　传统村落景观与图式的连通性

在图式这个词组中，"图"有图载和图画的含义。"式"，法也[2]，有符号的意义，可以理解为图像的样式以及范式。图式具有直观性和可识别性的特点，其传播简单而且有效[3]。在某种程度上，图式反映出了趋于稳定的结构模式[4]。图式研究是对规律性和稳定性特质的提炼过程[5]，而传统村落是历史塑造出的具有地域性和延续性的文化景观，两者在形成机制上具有连通性[6]。因此，本文通过提取传统村落中具有规律性和稳定性的景观图式，找到解读传统村落中文化和结构的钥匙，最终归纳出典型的景观空间。

本文从宏观到微观层面将传统村落中的景观要素分成四大类：区域环境、传统格局、建筑特征、历史环境要素。①区域

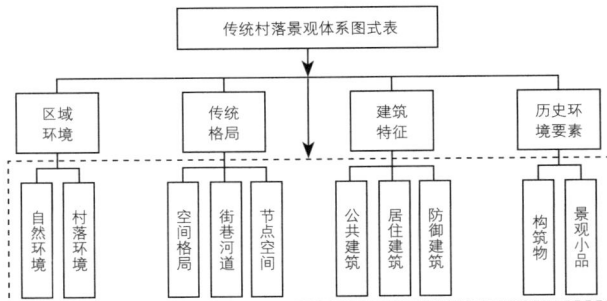

图1　传统村落景观体系图式表

环境，包括自然环境、村落环境两方面。②传统格局，包括空间格局、街巷河道、节点空间等因素。③建筑特征，包括公共建筑、居住建筑、防御建筑等因素。④历史环境要素，包括构筑物、景观小品等因素（图1）。下文将以此为框架研究广府传统村落的景观图式。

2　钟楼村景观的基本图式意向

钟楼村位于从化太平镇，始建于清朝咸丰八年（公元1858年），《钟楼记》记载建村者为欧阳修的后裔，为纪念父亲建欧阳仁山公祠，门口对联颂：庐陵世泽，渤海家声，后在两侧建造民居（图2）。以下从区域环境、传统格局、建筑特征、历史环境要素四个层面剖析景观系统中的基本图式并对各类要素的提取进行示范。

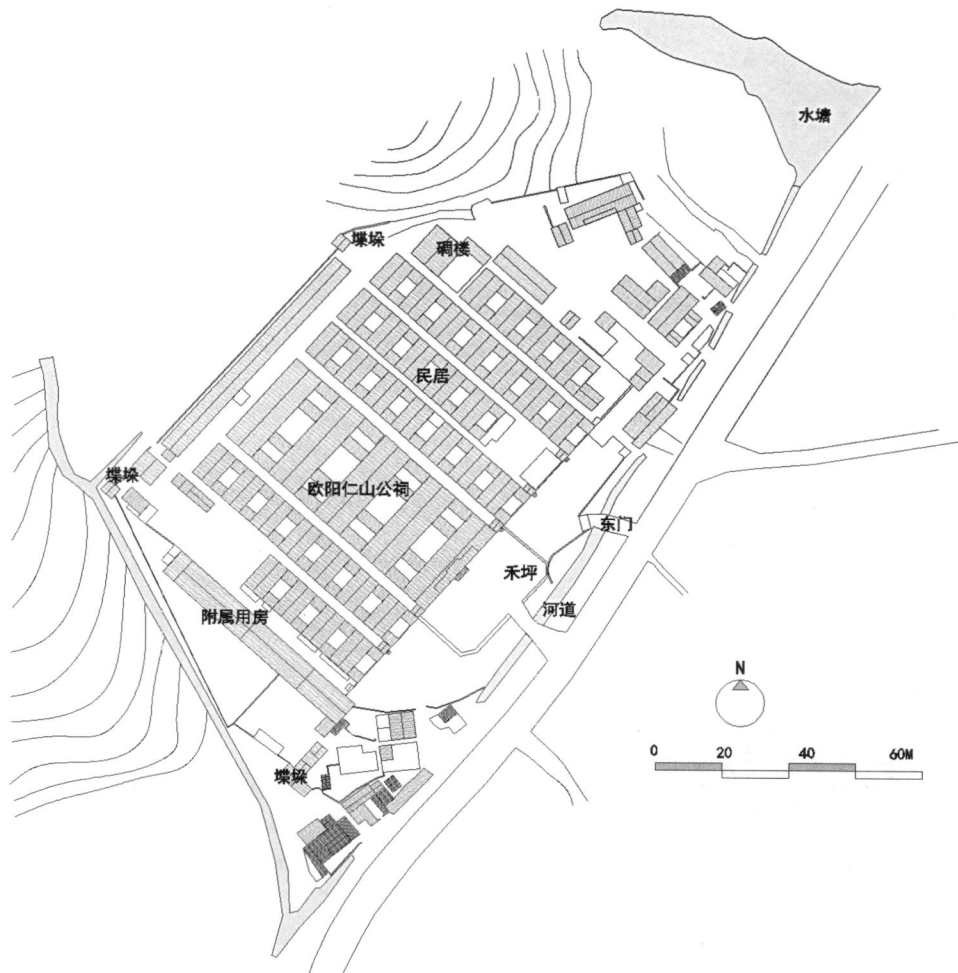

图2 钟楼村平面图

2.1 区域环境

村落居民的繁衍生息，与其所处的自然环境息息相关，其中山、水、耕地是最为重要的影响因素，它们互相交织构成了村落环境的大背景，共同影响着村落的发展。钟楼村背靠金钟岭，南朝流溪河，农田果林繁茂，视野开阔，与风水学说强调的后有依靠，前面开敞的格局一致，所谓"内乘生气，外接堂气"如是也[7]。

山——北部山脉自东北向西南逶迤而来，东西护山挺拔葱郁；沿村落肌理东南方向可见案山，南面案山平缓舒展，形成典型的左青龙右白虎，前朱雀后玄武的"聚气"格局。

水——流溪河从南面蜿蜒而过，古村"依山向水"，其中一条主要支流流经村落，形成了秀拔之龙，重重沙卫，朝迎之水，处处归源的格局，是良好的景观与生活资源。远处水流交汇，去势蜿蜒，近处溪流绕村，犹如玉带环腰，是藏风纳气之所。

田——在金钟山与流溪河之间，田地和林地遍布钟楼村周围，果木覆盖率达到七成，林丰水绕，生态环境优越，农耕生活与生产资源十分丰富。总体来说，钟楼村的选址符合堪舆学说的要求，树林环绕，背山望水，形成了水乳交融的环境特征和结构关系，构成十分典型的村落景致。其图式及推导过程如图3所示。

2.2 传统格局

2.2.1 空间格局

钟楼村的空间格局属于广府地区传统的"梳式布局"，总体上体现出两方面的特征，其一为"宗族核心布局"特征，古村共七列建筑，欧阳仁山公祠居中，民居围绕祠堂分列两侧，村落巷道如梳齿般纵向排列，俗称为梳式布局，这种血缘村落的团块式结构便是宗族本身结构的体现；其二为"顺应自然气候布局"，古村核心区有七条纵向的街道和一条横向的

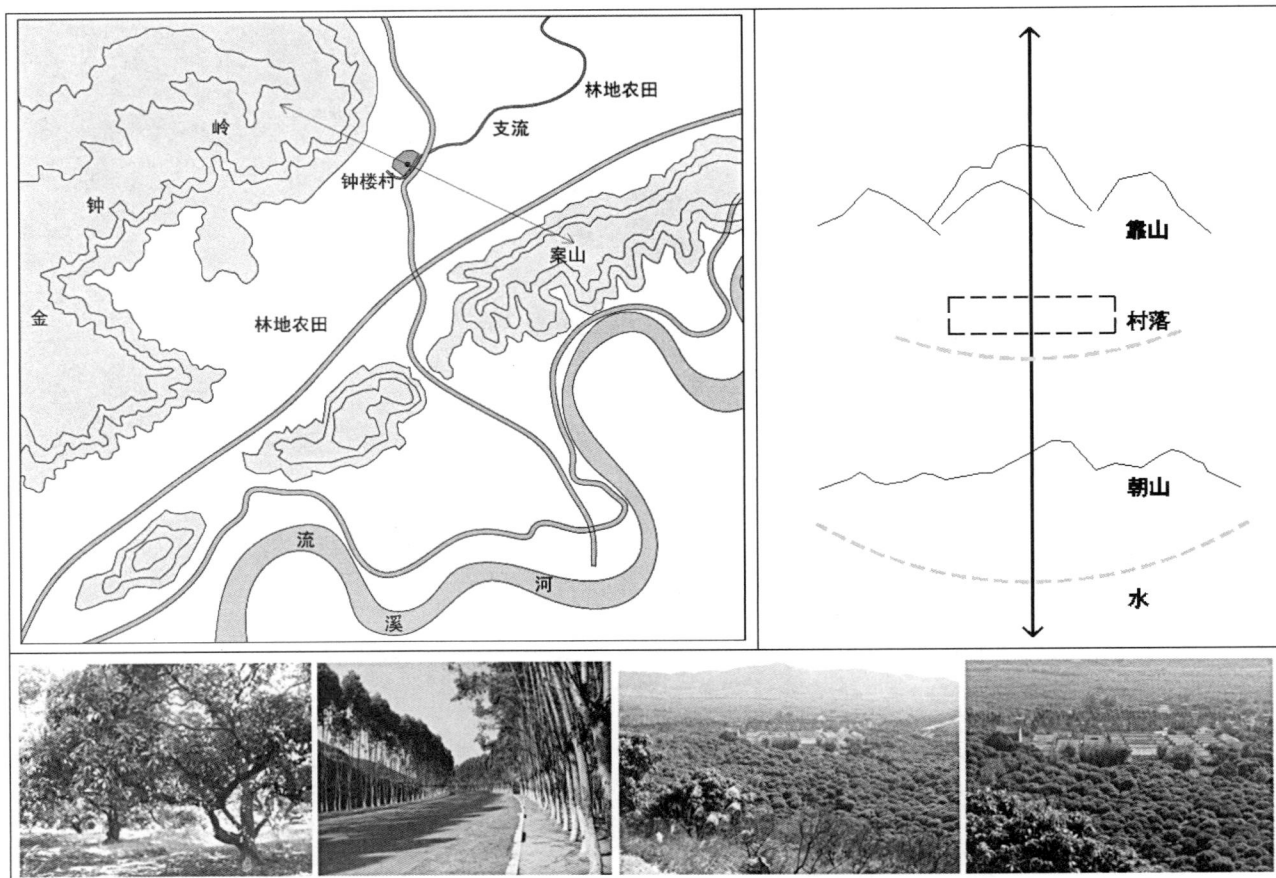

图3 大岭村的区域环境景观图式

街道，将院落空间清晰地组织起来，不仅通达性好，也是一种较好的适应了岭南炎热潮湿气候的空间组织形态。其图式及推导过程如图4所示。

2.2.2 街巷河道

村落随地势高差渐变，东南低西北高，沿巷道中间设置排水明沟，利用高差自然排水，形成规整而韵律鲜明的空间脉络。由于村落采用梳式布局，七条纵向巷道相互平行，且与一条横向巷道垂直，最短的巷道为45.3米，最长的巷道为110米左右。居民可通过巷道互相对望、互相照应，一家有难，众人相帮，即"守望相助"的街巷布局。另有池塘与溪流组成的水系"护村排洪"，通过鱼塘与河道，可以辨认昔日的水系走向与规模。

2.2.3 节点空间

传统村落的节点空间往往反映了当地的风俗习惯和生活场景，一般可分为三种类型：交通空间、集会空间、休憩空间。钟楼村的交通节点空间主要有以下两种："村门空间"和"巷门

空间"。位于晒坪旁的村门（东门），是联系村内与村外的主要节点空间。村民进入村门后，便进入了由血缘关系组成的社会空间之中，因而具有一种特殊的"归属感"；而村门作为边界标志物更具有"识别性"。巷门则是连接巷道和禾坪的节点空间，只有进入巷门才能进入民宅，走出巷门才能到达禾坪聚会空间。巷门是村民日常生活中出入最为频繁的节点空间，同时也凝聚着当年为"防卫"而费煞的苦心和智慧[8]。钟楼村的集会空间与休憩空间由祠堂、禾坪与河道共同组合而成，具有明显公众性与开放性，是广府地区的传统村落中典型的识别图式。其图式及推导过程如图5、图6所示。

2.3 建筑特征

传统村落中的建筑物，扎根于特定的环境之中，在一定时期内营造工艺、建筑形制相对稳定，是最易提取的一类图式。钟楼村的建筑类型主要有公共建筑、民居建筑以及防御建筑[9]。位于村落中部的欧阳仁山公祠属于"五进合院式双侧加单跨院"建筑类型，占地面积2500多平方米，是从化现存最大的祠堂。该建筑为砖木石结构，硬山顶式，共有99个门口，取"九九归一"之意。围绕祠堂而建的民居主要有两种形式，"单

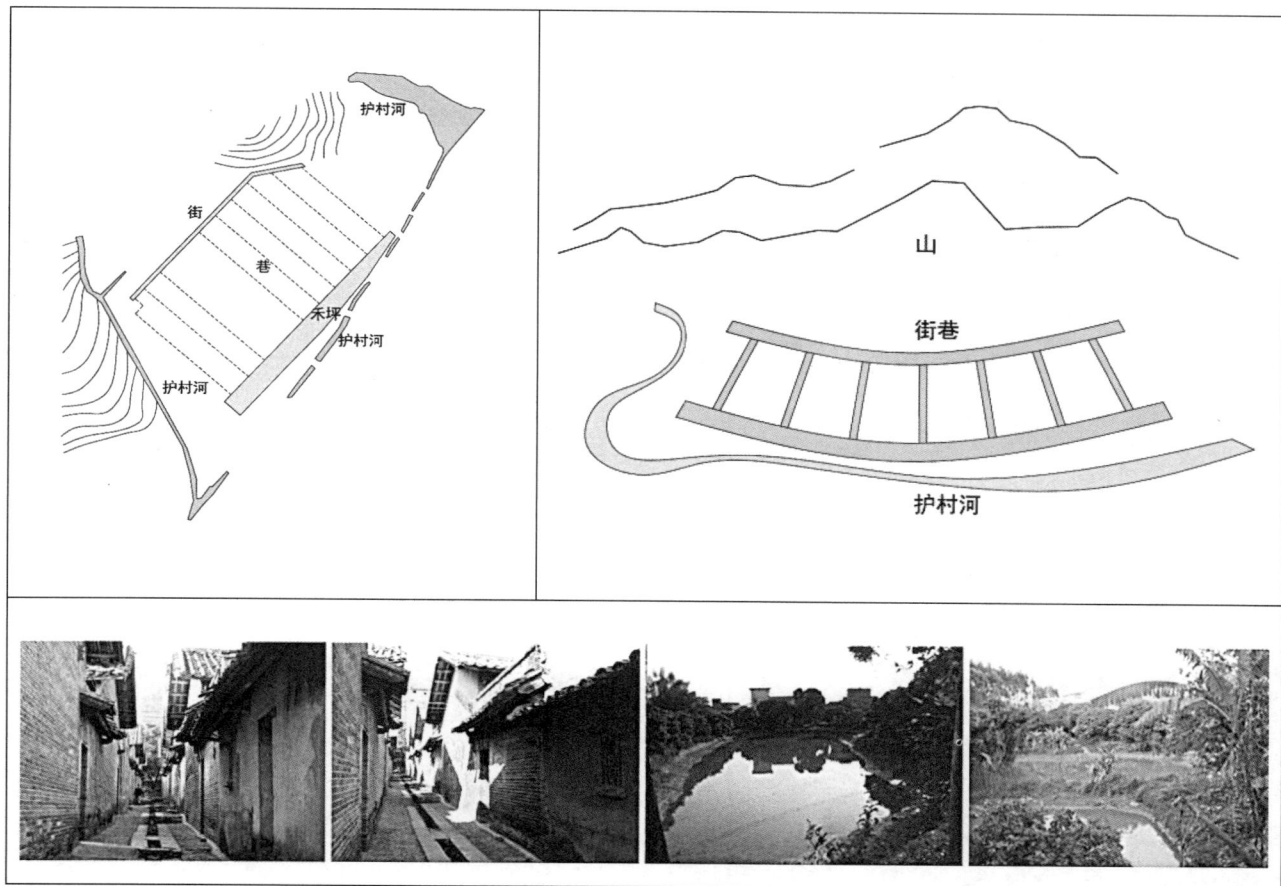

图4 整体形态与街巷河道景观图式

行排屋式民居"、"三间两廊式民居",其中90%的建筑都属于三间两廊式,小型住宅一般都是三合院形式,这也符合广府村落的典型建筑类型。另外村落的南、西、北三角依然保留了用于瞭望防护的堞垛,在村落北角保留了四层高的碉楼,这些壁垒森严的城墙、护城河、炮楼,在动乱岁月可保证全村避免土匪的袭击。其图式提取如图7所示。

2.4 历史环境要素

历史环境要素,是指传统村落中除建筑物以外,与村落环境或村民生产生活密切相关的构筑物,主要包括构筑物与景观小品。在亭子纳凉的老人、在桥上嬉闹的孩童、在栈道洗衣的妇女,这些场景都是传统村落中非常重要的组成部分,蕴含了丰富的生活经验与智慧。钟楼村中的构筑物有村门(拱门)、村庄围墙等等。其中,东面保留的村门是钟楼村五个村门中仅剩的一个,由拱门与镬耳山墙装饰。景观小品有满足生活需要的水井,表彰人才功名的旗杆石等,这些都是广府村落中代表性的景观小品。其图式提取如图8所示。

3 结论与讨论

传统村落中的文化,在时间的洗礼下凝固成了特殊的景观符号——宗祠、禾坪、护村河、镬耳山墙、冷巷等,构成了内涵丰富的景观图式。这些景图式不仅仅包含丰富的美学思想,更蕴藏着信仰、规范、仪式等人文精神,折射出地域文化的特性,景观图式与文化互为"表里",研究其形式与形成机制有利于文化的传承与发扬。

对钟楼村的研究发现,村落的景观图式地域性鲜明,其生成与地形地貌、气候等自然因素以及社会、政治、经济、文化、防御等人文因素密切相关。钟楼村整体形态呈现出"后面有靠、前面开敞,玉带环腰、朝迎之水,处处归源"的山水意向;布局上属于血缘派生的"聚族而居"的空间关系;另外村落布局整齐划一,如梳齿一般,形成"守望相助"的街巷布局。这些特殊的景观图式构成了广府传统村落背后的文化意义,体现了空间的感知和精神的追求。同时,景观图式也是村落中容易触发仪式性和存在感的场所,如牌坊、风水塘、古树这些组合图式都会唤起对乡愁的记忆。它们一旦遭到破坏,历史的记载也将被遣散,因此对其进行整体保护是十分必要的。

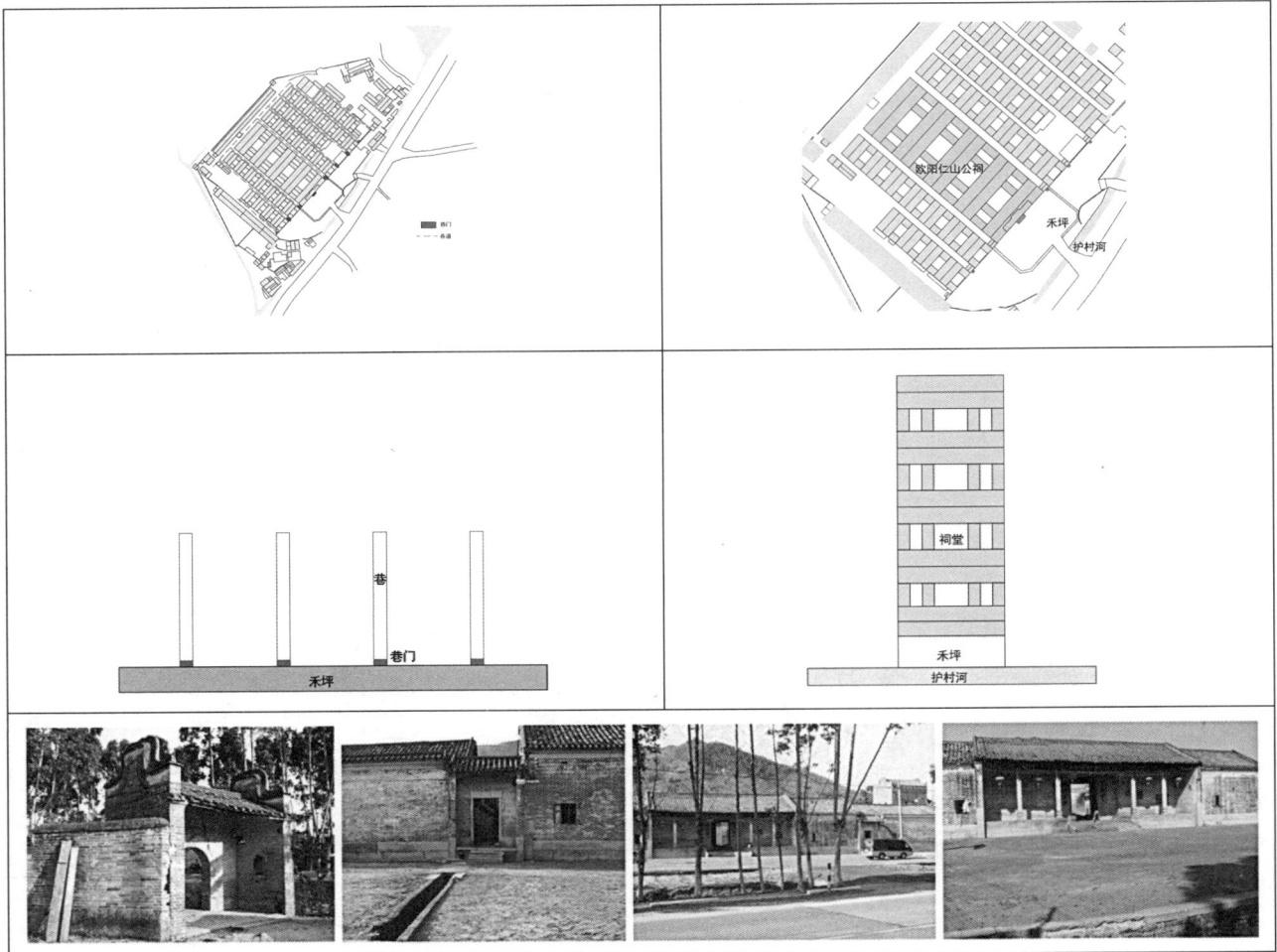

图5 巷门与巷道节点景观图式　　　　　　　　　　　图6 祠堂禾坪护村河景观图式

图7 建筑物景观图式

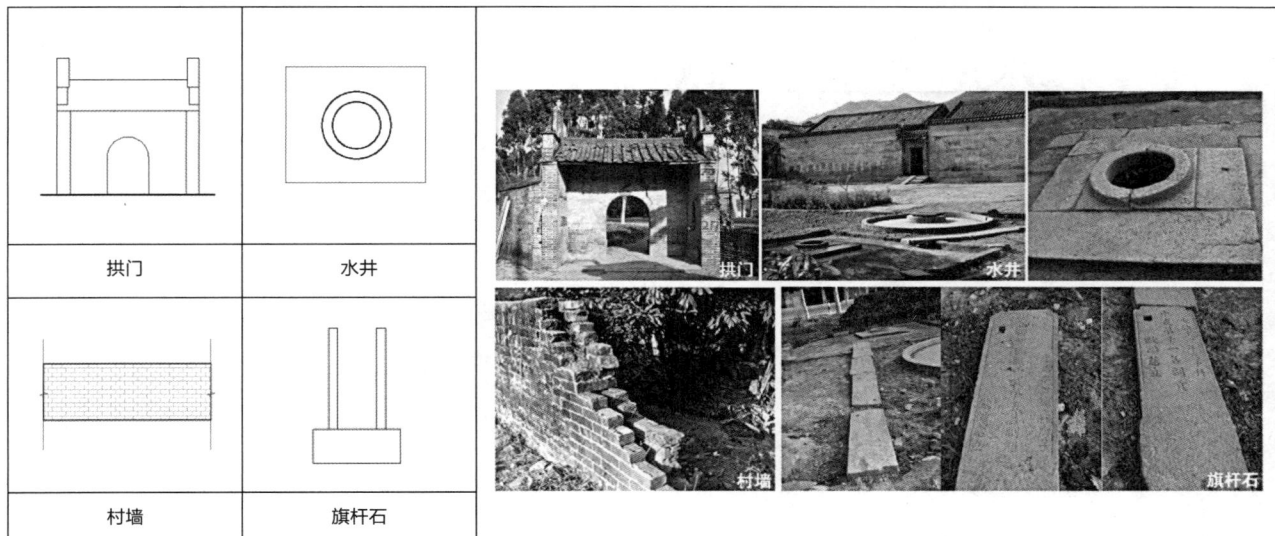

图8　历史环境要素景观图式

图表来源

图、表均为作者绘制和拍摄。

参考文献

[1] 白聪霞，陈晓键. 传统村落保护的研究回顾与展望 [J]. 华中建筑，2016（12）：15—18.

[2]《说文解字》. 是古代汉族文字学著作. 东汉许慎撰，中国第一部系统地分析汉字字形和考究字源的字书，成于安帝建光元年（公元121年）.

[3] 李泽厚. 美的历程 [M]. 天津：天津社会科学院出版社，2001.

[4] 王云才. 传统地域文化景观的图式语言及其传承 [J]. 中国园林，2009（10）：73 - 73.

[5] Sylvia D C. The Pattern of Landscape [M]. Chichester：Packard Publising Limited，1998.

[6] Bell，Simon. Landscape：Pattern，Perception and Process [M]. London：E & FN Spon，1999：26—39.

[7] 陶金，张淇，肖大威. 自然环境对梅州传统聚落空间布局的影响 [J]. 南方建筑，2013（06）：60—62.

[8] 张健. 传统村落公共空间的更新与重构——以番禺大岭村为例 [J]. 华中建筑，2012（07）：144—148.

[9] 陆元鼎. 民居建筑学科的形成与今后发展 [J]. 南方建筑，2011（06）：4—6.

注：本文为亚热带建筑科学国家重点实验室课题"传统人居环境下的中国理景艺术研究"基金项目（项目编号：2017KB06）；国家自然科学基金青年基金项目：基于文化地理学的广东乡土民居形态及其演进机制研究（项目编号：51408231）；中国博士后科学基金项目：基于文化地理学的广东省乡土民居形态及其演进机制研究（项目编号：2016M592489）。

　　本文已发表，张莎玮，陆琦，陶金. 传统村落中的景观图式——对从化钟楼古村的思考 [J]. 华中建筑，2018，36（01）：101—104。

滨水理想与城市宜居之道

陈六汀

北京服装学院艺术设计学院

摘　要： 城市化的进程以不可逆的惯性将人类生存环境拖入不断的危机之中，对于宜居环境的要求，已成为人们生存的最高愿望和理想，优美的城市水域和城市滨水空间是形成宜居之都的最根本前提和保障。本文就滨水空间特定范围讨论与城市宜居的相关话题。

关键词： 滨水空间　城市宜居　生态效应　城市形象

关于宜居，并不是什么新鲜话题了，在环境问题日益严峻，生存条件改善和生存延续成为越来越棘手难题的今天讨论它，仍然显得意义非凡。几乎每年都有由不同的国家、不同的机构和组织，展开对于全球各个国家和地区进行关于"宜居城市"的调查和评选，形成相应的宜居城市排行榜。对于这种排行榜的科学性、权威性，人们众说纷纭，褒贬各异。但是有一点可以肯定的是：全球的人们早已不停地在为我们的生存环境焦虑，在寻找出路。宜居城市成为所有人的理想，应该是具有良好的生态与自然环境、高效节能的生产环境、宜人的居住地和空间环境、人文社会环境以及经济环境等。宜居城市作为21世纪新的城市观，在世界各地都得到共识，联合国人类居住委员会（UNCHS）也相继成立。相关理念在"联合国人居环境奖"等机构的实践中得以逐步体现。中国的"中国人居环境奖"也于2000年在住房和城乡建设部主持下设立，《北京城市总体规划2004-2040年》和其中的"宜居城市"概念[①]，早就经由2005国务院的批复首次提出。在由英国《经济学人》The Economist杂志对全球140个宜居城市进行调查后列出的2017全球十大最宜居城市排行中，以连续七年荣登榜首的澳大利亚墨尔本在内等十座城市都与水域有着密不可分的关系。作为宜居环境第一要素的自然环境，水资源和水环境则是其中重要前提和根本保障，滨水空间的良好品质，可以有效提升城市的宜居价值。因此滨水理想与城市宜居的关系就值得去探讨，我们不妨重温一下十分熟悉和了解的两个古城镇水系。

1 再探丽江古城与周庄水系

1.1 古城丽江水为魂

丽江古城，作为一座宜居之城早已举世公认。水系网络丰富并密布全城，"家家门前有流水、条条街道见水流"，是对位于海拔2400米滇西北高原上的丽江古城十分切贴的描述。来自玉龙雪山的水流到古城边，分成西、中、东三条线路，蜿蜒穿城而又分成若干支流，形成以东、中、西三大主河道与无数小支流相结合的蜘蛛网似的水经纬，将古城自然分割。古城沿河道依水依势结街立房，层层叠叠，大街小巷错落排列，格局不求对称方正，一切顺应自然地理之势，各种大小不一的开敞空间穿插于街巷之间，既为市民的贸易提供了场地，又为生栖于其间的居民建造了极好的交际娱乐的休闲场所，使古城布局上有足够的呼吸空间。城在水中，水在城中。民居院宅临水而建，流水绕镇越街，入注院落。旱不扬尘、雨不飞泥、滋润天然。水系环绕的城中心四方街，这个古城居民集会、舞蹈、商贸的核心区，每天集市结束之后，用河水冲洗集市及街道，真是绝无仅有的宜居古城。由于河流大小变幻，纵横交错，桥梁自然就成了环境中极为重要的角色，千余座形态不同、尺度各异的桥，既是特殊的桥市景观及桥文化，又是居民交往的重要场所，自在而舒服。1997年12月4日在意大利那不勒斯举行的联合国教科文组织世界遗产委员会通过表决，将丽江古城列入《世界文化遗产名录》，更成为越来越重要的宜居古城典范[②]（图1）。

1.2 水上睡莲——周庄

作为人类聚落形式之一的江南水乡周庄，清秀和安宁。周庄因水而兴、而盛，因水而名满天下。周庄四面环水，犹如"浮在水上的一朵睡莲"。周庄的河道以两横有竖即南北市河和中河框了古镇格局，因河成街，绕水筑屋，河道两旁都用条石砌筑了驳岸，岸壁陡直，外面条石排砌，里面用块石填实，水下都有木桩直打入泥底，以防塌陷。驳岸设有被当地人叫做"水桥头"的河埠，它成为水乡人家取水、泊船、洗涤、交易的重要地方，因此家家户户必设有自己独用的河埠，有一

图1　丽江水系（图片来源：陈六汀摄）

图2　德国莱茵河畔小镇（图片来源：陈六汀摄）

面下水的，二面下水的等多种形式，如不临河住户，则使用公共河埠，这样水乡的姑嫂大娘们聚集在水埠上做事聊天，评说时事，水埠成为水乡最引人注目的特色风光之一③。真所谓"家家踏度入水，河埠揭衣声脆"。河埠成为水乡人民传统生活与交往形式的一种情感归宿之地，水道承载着水乡人们永远的亲水之梦。历经900多年的沧桑，其建筑格局仍完整地保存着原有的水乡集镇特色，全镇60%以上的民居为明清建筑。虽然近年的回归热已将这座历史古镇推向旅游的中心，但周庄的水乡之美则魅力无穷。给现代的城市宜居建设提供了诸多启示。

2　城市宜居的滨水空间诉求

滨水环境对于城市宜居的作用，从人类远祖的聚落选择到今天世界最适合人类居住的城市所在地域中，都会找到一致肯定的答案。普遍意义上讲，"宜居城市"的一个共同原则是："生活在那里的居民认为这是最适合自己居住和生活的城市④"。满足"宜居城市"第一条件即自然和生态环境条件，其次是人文环境条件。城市自然环境、人工环境、城市设施环境三个子系统构成了宜居城市的自然物质环境。其中自然环境系统里的海域、河流和湖泊，控制和决定着城市的宜居程度，成为城市宜居要素之首。滨水空间洁净的空气、适宜的气温、繁茂的植物、丰富的生物多样化，以及滨水环境系统中的码头、驳岸、人造喷泉等人文水域，有力地促进了城市的宜居深度。历史悠久的水域环境系统，还可以协调完善和保障生活的舒适

便捷，经济持续繁荣等方面（图2）。滨水空间系统作为宜居城市最为直接，也是最为敏感的系统部分，无论从视觉、听觉，还是触觉到嗅觉，都是人们构成城市印象，对其产生记忆和评价的前提条件。

从历史角度看，北京的城市发展曾经可谓是一部逐水而居的历史。如今，却成为极度缺水和水污染严重并存的一个现实之城。在仅有的温榆河、通州运河、昆玉河三条主要水系的沿岸已经变为所谓北京上风上水的高档豪华别墅居住区。针对整体北京对于滨水空间的渴求，这只是杯水车薪。在被评为世界宜居的城市中，几乎无一例外是滨海、滨河还是滨湖之城。如多次被联合国评为最适宜人类居住的城市加拿大温哥华市，就是地处加拿大西岸第一大港口，地理位置背靠海岸山脉，面向乔治亚海峡。自然资源和环境条件得天独厚，气候怡人。由于暖流的经过，这个纬度较高的城市港口水域却不结冰，世界各国的移民可以在这里常年享受优美的海滨生活，使它成为享乐主义者的天堂（图3）。再有如维也纳、赫尔辛基、日内瓦、墨尔本、悉尼、苏黎世等都具备了丰富的水域条件。在2007年美刊评出的全球十大宜居城市之首的斯德哥尔摩，因其特殊的滨水环境而实至名归。这座位于辽阔的波罗的海西岸，梅拉伦湖入海处的城市，市内水道纵横密布，整座城市分别由14座岛屿和一个半岛构成，形态各异的70余座大小桥梁将它们连接成一个有机体，有着"北方威尼斯"美誉，同时也被称作世界最美丽的首都之一。毫无疑问，优美的水域环境和自然资源决定了世界宜居城市的形成和走向。

图3 新加坡金沙酒店（图片来源：陈六汀摄）

3 滨水空间与城市宜居效应

3.1 滨水空间的生态效应

滨水空间在城市宜居环境中所扮演的角色首先体现在生态效应方面。城市滨水区常常是由水域、陆域、水际线三者形成的。除自然滨水区域外，人工滨水区域普遍可再分为城市滨水区域和乡村滨水区域。濒临滨海与江河城市不仅有水、有湿地、有陆地，还有与之相联系的生态链，这种围绕城市的复合生态系统包含两大类：水域生态系统和陆地生态系统。在水域生态系统中有海洋生态系统，陆地生态系统有如平原、丘陵、草原、森林以及山地生态系统等。滨水城市的形成具有以水生态系统为主，并与其他系统共同存在的边缘化特征。通常生物群落结构复杂，某些物种特别活跃，出现不同生态环境的生物种类共生的现象。在流域文化史中，人类社会及城市文明在以水域生态系统为主的水际交界的江河、海洋与湖泊这些边缘地带孕育、产生与昌盛起来。"几乎所有最繁荣、最有生命力的城市都坐落在水陆边缘，尤其以河流入海的口岸（河流、陆地、海洋三种生态系统交接重合的边缘地带）是建立和发展城市优越的地方"[5]。滨水空间包括城市湿地在内的生物、植物多样性，水域对于空气的净化，保持空气应有的湿地，帮助一切生命体新陈代谢不断循环，以及平衡城市的整体生态关系都是决定性的，如西溪湿地对于杭州及周边地区的生态意义，府南河整治后对于成都城市复兴的意义等（图4）。

3.2 城市审美及亲水空间效应

滨水环境系统在改善城市生态环境的同时，也极大地丰富了人们对于城市的审美内容。作为生命之源的水所具有的生命属性、浪漫属性、空灵特征、晶莹而神秘等特征，加之水所具有的"水善利万物而不争，处众人之所恶[6]"品质，由水构成的海洋景观、江河及湖泊景观，还有瀑布、溪流、泉水等形态各异的水景，都有效激活了人们对于滨水城市的爱慕之情。另外，结合传统和历史创造新型的市民亲水空间功能区，包括如与市民生活紧密联系的滨水公园、文化与艺术交流场所、音乐广场、水岸运动区、滨水步道、酒吧咖啡区、个性化餐饮空间等，使得滨水区域的功能变得更为方便舒适、人性化程度更高。还有建立亲水平台、亲水驳岸以及亲水沙滩等亲水设施，建设如水岸林荫步道、绿茵休憩场地、儿童娱乐区、游艇码头、观景赏鱼区等，满足人们需要的各种滨水区活动空间，成为人们与这座城市亲密接触的最佳环境和生活细节，从而感到城市宜居的真实所在（图5）。与此同时，城市亲水空间还能吸引城市之外的游人，参与到丰富多彩的亲水活动中去，增进对于所在城市的深度了解，对于该城市的形象树立以及传播都有着不可估量的效应。

3.3 城市形象提升及商业效应

滨水空间将提升城市整体形象和创造宜人的滨水商业环境。通过城市设计的多层面、多方位的关照，尤其是通过城市滨水区域历史街区景观、原有的水运港口码头景观、传统建筑

图4 自然河流与住居环境（图片来源：陈六汀摄）

图5 亲水空间（图片来源：《优秀城市景观精选》同济大学出版社出版）

和建筑群落景观的适应性再利用、再开发，给滨水城市注入新鲜血液，重新唤醒人们对于城市的历史记忆和对未来的憧憬。随着滨水区域的生态优势，文化含量的不断加强，旅游业和商业类型的交叉融合，加上现代滨水居住环境的开发，使得城市的整体形象与品格得到更大的提升（图6）。在新的上海外滩滨水区景观规划国际招标目标中，外滩将被打造成为上海最经典的滨水景观区域和公共活动中心，成为上海具有标志性的重要景观岸线。规划以最大限度地体现外滩地区的历史文化风貌特色，最大限度地为市民提供优美舒适的公共活动空间。包括文化休闲、商业服务、运营管理等公共服务功能和适当的停车设施。为了实现深圳滨水城市理想，深圳将整体设计滨海（深圳河）岸线。深圳市规划局早在2008年3月31日推出了"深圳滨海（深圳河）岸线整体城市设计研究"方案，长度约233.7公里、研究范围约440平方公里的滨水岸线，即深圳东西部海岸线和深圳河沿岸，包括大亚湾、大鹏湾、深圳湾和珠江口东岸滨海岸线等。其目标是永续和高标准利用滨海（河）自然和人文岸线资源，创造城市特色场所和滨水生活方式[7]，塑造新型滨水宜居城市形象。

4 滨水理想与城市宜居可持续发展

城市的宜居与理想的生活将一直延续，滨水空间作为发展城市宜居一种有效而完善的模式，还将面对永续的水资源短缺、水污染严峻、城市生态环境恶化等一系列危机。对于有限水资源及水环境的呵护则成为城市宜居，乃至人类的基本生存的核心所在。城市化的推进不仅仅是扩大城市的人口容量，最实质和最核心的是要建立有效的对于水资源保护及污染防治的机制，形成如对水资源及水环境的保护、水资源非合理使用的控制、水资源再利用、水资源再生循环等具体实施的手段和途径，促进城市继续朝着适合人类宜居的方向发展。尊重和全力维护城市水域的自然生态属性和可持续性，依靠对于城市滨水区及其滨水空间的良性规划，从而实现城市的可持续宜居理想。

注释

①张文忠等. 中国宜居城市研究报告（北京）[M]. 北京：社会科学文献出版社，2006：33-34.

②陈六汀. 艺术之水——水环境艺术文化论 [M]. 重庆：重庆大学出版社，2003：127.

③阮仪三. 周庄 [M]. 北京：百花文艺出版社 2000：24.

④陈敏豪. 生态文化与文明前景 [M]. 武汉：武汉大学出版社，1995：193.

⑤老子. 道德经.

⑥深圳新闻网，2008.3.31.

图6 香港维多利亚海湾（图片来源：陈六汀摄）

探析地域资源制约下的古聚落水文化遗产景观

陈 红

新疆师范大学

摘 要： 文化遗产是在历史时期为人类社会的发展进步提供了具有突出的普遍价值的有形或无形的遗存。本文将新疆地域背景下形成的水文化理念，延伸至当下的艺术设计学科理论展开研究，通过探析新疆绿洲古聚落水景观遗存的各种特征，重新认识干旱区域水文化与水艺术的哲学思辨，并运用到具体的区域城市特色水景观的营造设计之中。

关键词： 绿洲聚落 干旱区 水文化遗产

1 新疆南疆古聚落遗址水的空间形态

"水"是人们日常生产与生活的重要组成部分，并自古以来辅助着人类文明不断演进。聚落的营造需要规划出给水、排污、防洪等系统设施部分，因此聚落成为水文化遗产最富集的地带，是历史时期人们利用水生存，产生的认知所留下的文化遗存。这些遗存体现了古人对自然的认知和实践的探索，探析地域资源制约下的古聚落水文化遗产景观，对城市特色水景观的营造以及对区域水利事业建设具有推动意义。

1.1 喀什地区的莫尔古院落

水文化遗产景观由古代水利工程及相关景观的工程遗存与历史时期国家水利管理有关的知识、技术体系等非工程的文化遗产两部分组成。在地域资源匮乏的南疆地区，坎儿井是绿洲聚落极具代表性的水文化遗产。距离喀什市40公里的疏附县伯什克然木乡的冲积扇古河道阶地上，陈迹在莫尔古院落西南、东北和古玛塔格山北面的坎儿井群，这三处地点遗留有三道陈迹的坎儿井（图1）①。

在莫尔古院落西南方向陈迹的坎儿井有竖井口47个，每个井口之间间距十余米，井口圆锥形的堆土半径约5米、高1米左右，周围附满盐碱白色结晶体的田埂交错，陈迹尚存。在莫尔古院落东北方向现存陈迹的竖井有61口，井深10余米，竖井之间相距约10米，井口锥形的堆土半径约10米、高1米左右，明渠段的出水口因年久无人为维护已被周围盐碱土层掩埋，明渠和涝坝池子附近可以看到有废弃的灌渠、田埂和高含盐碱量的荒弃耕地。

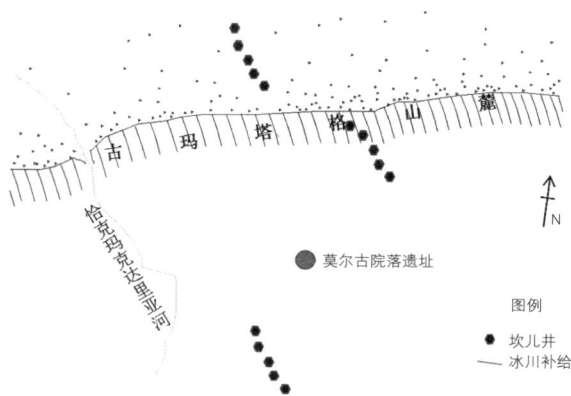

图1 莫尔古院落坎儿井遗址分布分布图

1.2 吐鲁番的交河故城

位于吐鲁番雅尔乃孜沟村的交河故城遗址是1961年国务院公布的第一批全国重点文物保护单位。交河，始见于《史记》，公元3~6世纪所建，汉代为车师前王庭治所[1]，汉、唐时期的交河故城是"丝绸之路"上的节点聚落，在东西方的文化交流中发挥着政治经济和文化中心的重要作用。

交河故城由雅尔乃孜沟河水分流冲刷形成了一个自北向南的船形岛，河水的来源是东天山博格达峰春夏季的冰雪融水形成的径流。崖岸与牙尔乃孜沟形成了高差约30米深的天然屏障。交河故城城池南北方向长1.6公里，东西向最宽处约0.3公里，四周崖岸壁立。由南向北的中央大街联结着6个区域的34条街巷道路。坚硬黄土层中掏挖垒砌的洞室居所之间，有通向河谷底部的古井遗迹316处[2]，取河谷中的冰雪

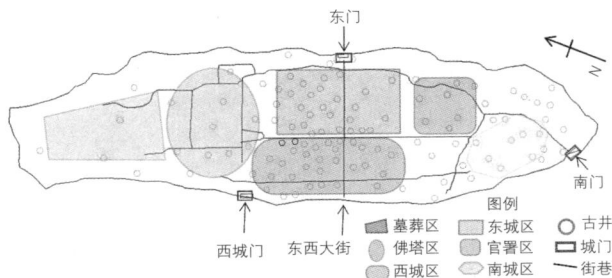

图2 交河故城古井分布图

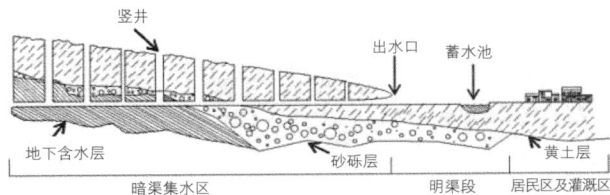

图3 莫尔古院落坎儿井剖面

融水来从事生活与生活产活动。故城中古井的使用区域分布广泛：中段官署区、居民区和寺院区内的古井数量最密，南端的作坊区的古井数量次之，北端虽然是墓葬区但也有少量古井分布（图2）。

绿洲居民围绕"水"这一限制因素，探索设计出了一套充分利用水资源的知识技术体系和工程体系，也因此为我们保留下来了众多的、珍贵的水文化遗产，这些遗存反映了古人对自然认知和实践的探索。

2 古聚落遗址的用水营建方式

2.1 莫尔古院落

绿洲形成的重要前提是水，绿洲的规模、形态是由水量多少、水质好坏、水资源在干旱地域的分布形态决定的[2]。"莫尔古院落废弃年限之下限，就是坎儿井年代的上限"，莫尔古院落遗址的东南方向，周围的地面是无任何河流流经的沙漠，尚未形成沙漠的地方阡陌之迹虽可辨，但是因恰克玛克河南支流是降水后在地面上形成的季节性水流，干旱地区降水时间有限，由于蒸发量远大于降水量，因失水而变干燥弃之的盐碱古耕地难以利用，坎儿井是在地表水源缺乏的情况之后开始开凿的。

坎儿井利用地形的坡度和地下水水力的坡度，通过地下暗渠、经明渠通过重力自流将地下水引到地面，进行生产灌溉和生活引用的无动力汲水工程（图3）。竖井是开挖暗渠时，供工匠定位、上下、出土和通风的部分[4]，也是用来检查维修坎儿井的必要设施部分。暗渠是坎儿井的主体，暗渠的首部为集水段，之后中部为暗渠的输水部分，接着是明渠和蓄水的"涝坝"，主要用于旱涝调蓄。实现干旱条件下水资源自给自足，成为标志性、传统的地域文化符号。

莫尔古院落遗址中坎儿井在一定历史时期代表当时先进的技术，对人的生产、生活起到促进作用。因水资源短缺，历朝历代对水资源问题都颇为重视，因此，坎儿井在文化角度的深层次意义是：它处在丝绸之路上，作为文化技术交流的一种方式，是商贸交往的一个见证。从营建方式角度讲，这种技术交流条件下形成的水文化景观，本身所具有繁衍生息的意义。以水为载体的绿洲聚落实践活动产生了特定内涵的水文化。

2.2 交河故城

交河故城利用冰川融水营建聚落，其聚落内的古井分布与形制结构是这座具有独特风貌聚落的历史积淀和文化凝结的作用。处于高台之上的交河取水方式是自地表向生土中垂直向下开挖的水井。依托西城和东城区的区位优势，以及手工业作坊和贸易中心作为故城中的特殊地位，所需水井数量随之增加。

由于是在坚硬的黄土层中采挖，所以井壁上没有用石砌或陶质等其他材质的井圈来防止塌方。水井在地面上的部分为一个高约1米的井台，圆筒形井口下是空间相对较宽敞的井壁（图4），一般井身的直径约1～1.5米，垂直的井壁上错落分布着两排供修整和清理水井的人上下用的脚窝。2米及以上的井身由于直径大无法用背部与脚交替完成攀登，所以是使用软

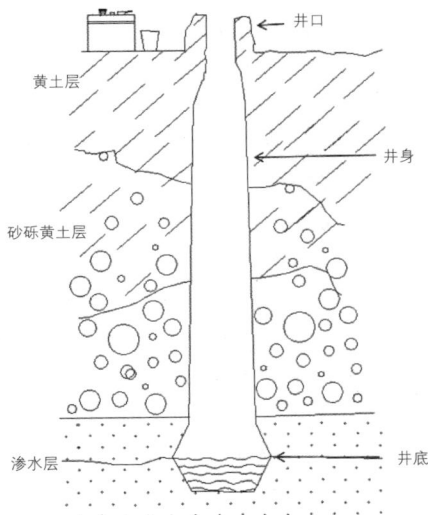

图4 古井剖面图

梯或绳索进行作业。在井壁接近水面的位置，由于河水的渗透作用，坚硬的土层变得潮湿，呈黄泥状，使井壁接近河水层的地方有小范围的塌方，覆钵状的井壁直到与河水层相齐平时形成漏斗状的井底，高台上古井依此形制形成"程式化"营造模式。

交河故城是高台生土建筑遗址，古井遗迹代表了干旱地区水利工程的精华，构成了绿洲高台聚落特殊的水利化遗产景观。通过分析传统古聚落中水景观的艺术形态及内涵，汲取其中水井遗迹的营建手法，并运用到具体的区域城市特色水景观的营造设计之中，使古城遗存的水文化依然能在现今的丝绸之路上焕发生机。

3 地域资源约束下的水文化内涵

随着西部大开发与丝绸之路经济带等经济活动的开展，对新疆的绿洲城市中水文化景观的"双刃效应"正日益显现。这就意味着聚落水文化景观艺术设计，必须在全球性城市这个巨大的系统参照下进行艺术设计的定位与建设。

3.1 人文脉

新疆处在西北内陆，与东部沿海等地区的经济、文化和社会发展存在差异，在一定时内的发展梯度存在较大距离，这就形成了聚落水文化景观建设中巨大的发展空间和广阔前景。所以，地域资源制约下的聚落水文化景观建设应引入文化理念和艺术设计方法的内容。

如今的喀什市是丝绸之路经济带上的重要节点城市，东湖作为市内最大面积的水体景观区。以水文化为载体的营造手法上阐释着人对自然的谦逊态：人文——湖岸边边有东湖公园，漫游步道上散置的座椅、滨湖市集和地景草坡、大小乔木灌木鳞次栉比；居苑——湖周围的社区建筑呈圈层样式由低至高排列，依托生态本底，整合开敞空间，营造社区文化及休闲娱乐功能；景观——以桥"隔"水的艺术手法使东湖水与岸增添一份清兮之感（图5），虽依湖而造却似浮于湖面，营造出虚实结合、层次分明的景观。聚落环境是水体、动植物等自然生态与人文生态复合系统，城市生态环境系统具有高度的敏感性[5]。作为水文化遗产的河湖水系是塑造聚落环境的重要环节，塔里木河源头城市阿拉尔利用塔河水营建绿洲城市滨水景观、孔雀河在库尔勒中心蜿蜒穿过等案例，体现出域资源制约下的绿洲聚落因"水"而营造景观、生态、社区多元复合的聚落环境，为市民提供公共休闲区域的同时不经意间起到了联络感情的作用，这份"感情"不仅是聚落空

图5 喀什东湖

间内人与人之间的感情，还"联结"着我们与祖辈世代"依水而兴"的人文场所精神。

以地域资源制约下的南疆绿洲为背景，将绿洲内的古聚落水文化遗存景观为对象，运用艺术设计方法来研究、解析水资源制约下的聚落水文化景观、设计水资源制约下的聚落水文化景观，体现人与水互动共融的和谐状态，推动绿洲聚落水文化景观的建设进程。

3.2 生态脉

人的生存发展是与水这一自然资源是息息相关的，坎儿井作为水文化遗产对当下的城市布局起到促进、借鉴作用，把艺术设计理念引入以水为载体艺术实践活动中，从而营造具有特定内涵的水文化，使干旱地区城市艺术水景观形成一个有地域特色且科学有序的系统。

依托坎儿井旧址，吐鲁番利用坎儿井营造形制，打造出避暑观光、以葡萄闻名的旅游胜地——葡萄沟景区。以水为脉营造出的绿洲生态游憩地：生态——冰雪融水是沟内用水的主要来源，整合绿洲聚落现有水资源，域养禽兽、种植果木，凸显生态功能；旅游——葡萄沟的生态绿带长廊：三月杏花儿开、四月葡叶发满园、五月六月采桑葚等，构造出绚丽多彩的活力水岸；景观——坎儿井贯穿区域聚落内的生态廊道，最大限度地进行旱涝调蓄，同时增加聚落自然景观，联结绿地斑块，形成绿色景观走廊，将一个西北干旱地区中的聚落营造出颇具江南水乡神韵的城市。营造出独特的记忆场所，体现着延绵不断的生态活力（图6、图7）。

特点各异的城市面貌是城市历史的积淀和文化的凝结，是城市外在形态与精神内质的有机统一。城镇聚落的水利发

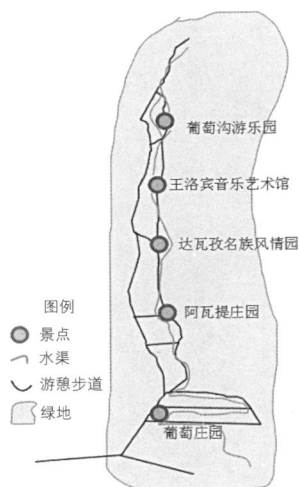

图6　葡萄沟片面图

图7　葡萄沟内景观

展是与特殊的自然地理条件相适应的，坎儿井的开凿、孔雀河与塔里木河园林水利建设和城市供水等，形成的众多水文化景观与水文化遗产，构成今日新疆独特城市风貌的重要内容，破坏了这些水文化遗产，干旱地域下的绿洲聚落风貌也就荡然无存。

4　结语

　　一个人文历史积淀深厚的城市，其水文化遗产是构成这座独特城市风貌的重要内容，习近平总书记视察北京时强调："城市的灵魂在于文化，要像爱惜自己的生命一样保护好城市历史文化遗存"。水文化是干旱地区绿洲聚落文化的重要组成部分。为了能让我们的后代都能触摸到这延续生命的"未来心跳"，不仅要保护好祖辈留下的水文化遗存，更要珍惜有限的水资源，怀着一颗对自然敬畏的心，延续绿洲聚落水文化。为建设好地域资源制约下的聚落水文化景观艺术，把我们生活的每一座城市，不仅设计成为"能用、好用、耐用"的水文化景观艺术，而且还要把它们建设成为"能看、好看、耐看"的城市水景观艺术[3]。

注释

①斯坦因（A．Steiu）考察喀什一带及其测地图等见《内陆亚洲》（Inner Asia）喀什章及所附实物图录与《新肃地图》（喀什幅）。

②图1～图4、图6来源：作者自绘；图5、图7来源：新华网。

③清华大学美术学院教授赵宏认为：城市"雷同化"已成为全球和中国城市发展中普遍存在和关注的问题之一，城市特色是国家文化重要资源，是国家文化竞争力重要标志之一，城市特色"雷同化"无疑是城市文化资源和竞争力的萎缩。赵宏．北京城市艺术设计品质的优化与提升[J]．北京规划建设，2012．

参考文献

[1] 解耀华．交河故城保护与研究[M]．乌鲁木齐：新疆人民出版社，1999，11．

[2] 解耀华．交河故城保护与研究[M]．乌鲁木齐：新疆人民出版社，1999：126．

[3] 黄盛璋．再论新疆坎儿井的来源与传播[J]．乌鲁木齐：西域研究，1994，1．

[4] 阿达莱提·塔依尔．新疆坎儿井研究综述[J]．乌鲁木齐：西域研究，2007，1．

[5] 万金红．用千年水文化助力文化中心建设[J]．"四个中心"功能建设，2018，5．

光线与空间组织的探究

——以油茶体验空间设计为例

罗作滔

广州美术学院

摘　要： 光与建筑空间的关系一直是很多建筑师以及空间设计师所热衷研究的对象，因为对于一个空间体验的好坏，光起着至关重要的作用。光离开了空间，它的各种美丽状态无法得以呈现；空间离开了光，就相当于失去了灵魂。作者前期通过对部分建筑大师作品的用光手法进行分析，结合需要系统归纳总结出一套运用在体验空间的用光手法，并以一个具体的空间作为实践研究的对象。本文根据光在空间中的意义，从不同出发点探究光如何作为一种要素辅助空间构成，如利用光营造空间序列、用光引导方向、用光划分空间私密性等；并探究空间如何作为一种容器表现光。然后总结出一些空间中的用光手法，最后利用这些手法辅助油茶体验空间中流线、空间形式、空间氛围的生成。

关键词： 光影表现手法　空间序列　情景体验空间

1　绪论

本文的设计研究基于提取自荷塘村的关于光影的知觉体验，作者希望通过具体的设计对当地的这种体验进行某种程度的加强或者完善。

2　设计研究缘由——从荷塘村提取的抽象知觉体验

2.1　项目背景

荷塘村位于广西贺州市钟山县，距桂林178公里。荷塘作为周边村落共享的且最大的自然景观，结合当地建筑，为本案提供了一个丰富的体验空间设计基地（图1）。

2.2　当地建筑空间的光影感受认知

2.2.1　对建筑室内空间的感受

回忆场地，大部分建筑的光环境感受都是采光不足导致空间偏暗，但荷塘村里不少建筑都设有天井，这类空间则成为每个建筑引进自然光的重要途径，它满足了人们不用到室外也能享受自然光的需求（图2）。

2.2.2　对过渡空间的感受

建筑内外的廊道、不同建筑之间的巷道等过渡空间也是产生强烈明暗体验的场所之一。笔者印象最深刻的就是村内有很多"柳暗花明又一村"的空间感受，如推开一道木门，顺着幽暗的廊道走进去会发现一个十分明亮的菜园；走过狭窄的巷子之后会发现到达了视野开阔的荷塘。正是这种空间为接下来的场所做铺垫，才大大地增加了人们的惊喜。

2.3　当地体验空间设计中讨论光影介入的意义

光在建筑空间中一直起着重要作用，可以说光给了空间灵魂，它是人们产生丰富知觉体验的来源。在当地的建筑中，这种感受是本来就存在的，光影营造的空间序列随处可见，而本题所研究的目的，就是通过设计的手段，强化这种感官体验，让人们在空间中除了满足基本的功能需求外，也能满足精神上的诉求。

图1　荷塘村周边环境

图2　荷塘村建筑概况

① ② ③ ④ ⑤

图3　本福寺水御堂中的光线变化

3　光与空间之关系初探

3.1　利用光营造空间序列

以安藤忠雄的本福寺水御堂为例，对其在空间中用光营造空间序列的手法进行分析。

人在体验此空间流线序列的过程时，每到达不同的空间的节点所对应的空间明暗程度、光色、引起的心理情绪等时刻在变化，同步的变化如图3、图4所示。

其中建筑里用一面弧墙和一面直墙构成的这个空间，从一开始相对狭长到逐渐宽敞，光可进入空间的量逐渐增加，给

人越来越明亮的感觉，而且弧形墙吸引着人们顺着它的弧形光影到达下个空间。安藤没有在弧形墙上直接开洞，为的就是让人们体验光影效果带来的深层次体验，体现了空间的序列性（图5）。

如果将左边的墙变成直墙，将失去指引人探索下个空间的趣味性，光影带来的空间序列感就会减弱。如果两面都是弧形墙，那么就得不到一个逐渐明亮的过程体验，人们的心情起伏也会有所削弱（图6）。

3.2　产生不同光影效果的空间形式

以安藤忠雄的部分早期作品为例，对其在空间用引入光

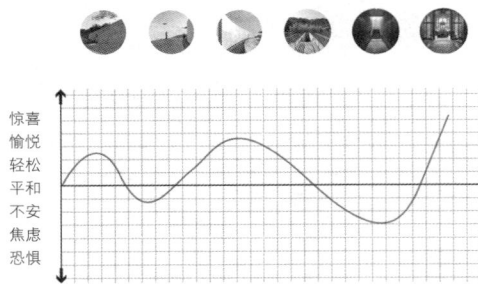

图4 本福寺水御堂中情绪与光线的对应关系

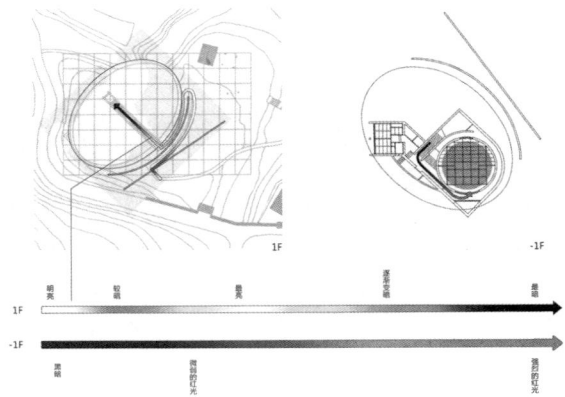

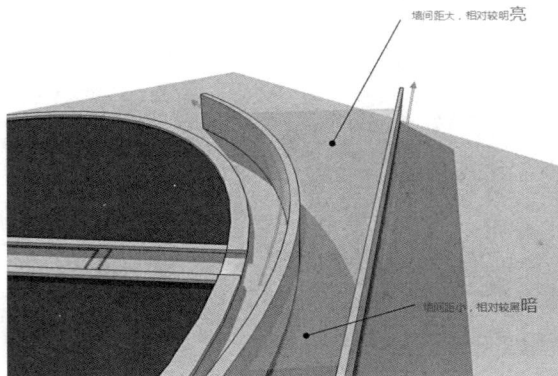

图5 弧形光影的引导性

图6 失去光影变化的空间索然无味

线、变现光影等手法进行简略分析。

3.2.1 住吉的长屋

住吉的长屋在用光的手法上把建筑做成一个封闭的盒子，而且外立面没有设置一面用来采光的窗，光线全靠中庭空间引入，把建筑三分之一的空间作为"光的容器"，甚至舍弃部

分功能换取更多自然光与建筑发生关系，这样做的意义就是能让空间产生戏剧性的变化，为使用者带来更深层次的体验（图7）。

3.2.2 光之教堂

教堂内部用厚实混凝土墙包围，创造出完全黑暗的空间，

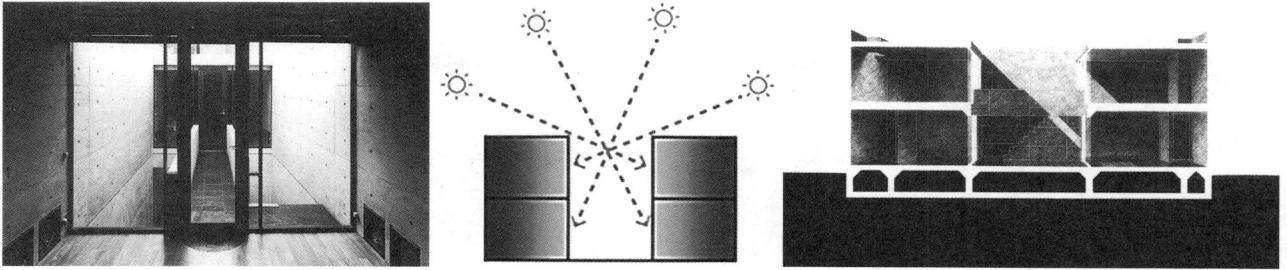

图7　住吉长屋的采光

图8　光之教堂的采光

| 院落
courtyard | 窗口
window | 墙体关系
Wall relationship | 材质
Texture of material |

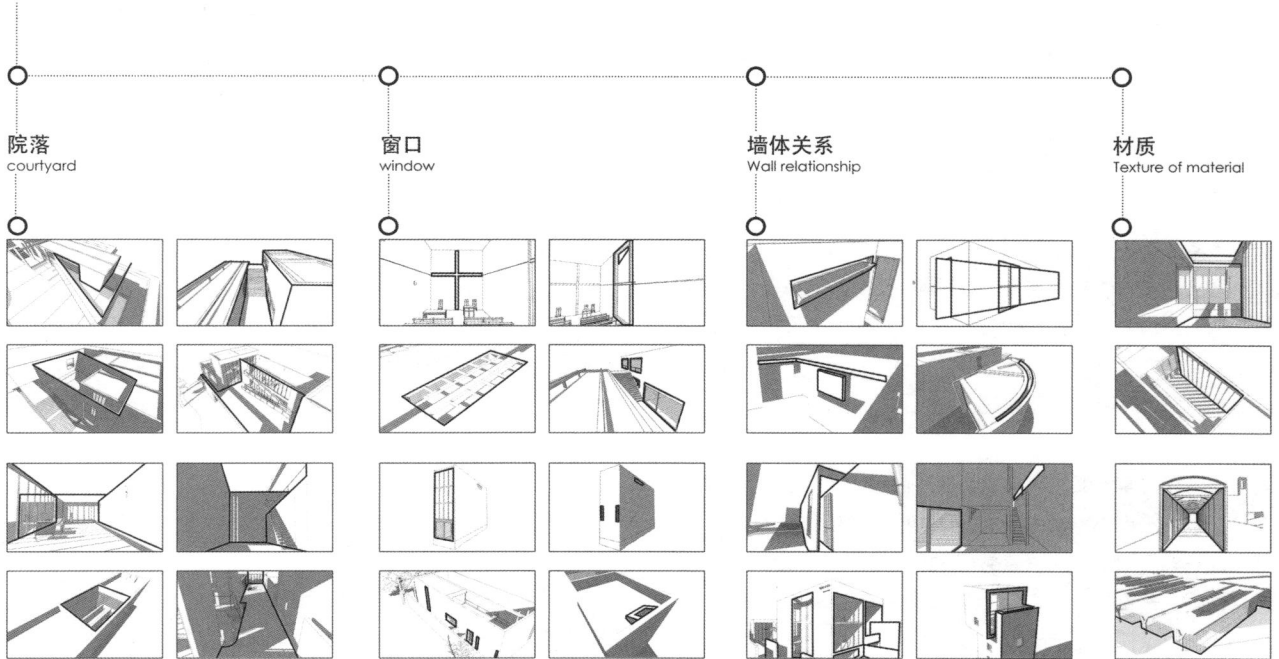

图9　安藤忠雄部分作品用光手法归纳

光即成了人的视线指引。教堂中央巧妙地运用光来呈现"十字架"（图8）。在这种教堂空间，光不再用于照明，而是具有了神圣的象征意义。

通过对安藤忠雄部分作品的分析，并梳理其用光手法、对应的空间形式，按建筑的院落、窗口、墙体关系、界面分类归纳，如图9所示。

4　光作为一种要素的建筑空间设计方法探究

4.1　光与空间的相互服务关系

在两者的关系中，如果光作为主导因素，空间则是作为一个容器，空间的形式就是为了表现各种各样的光而生，此时的光具有艺术性；当空间作为主导因素，光则是辅助空间构成的

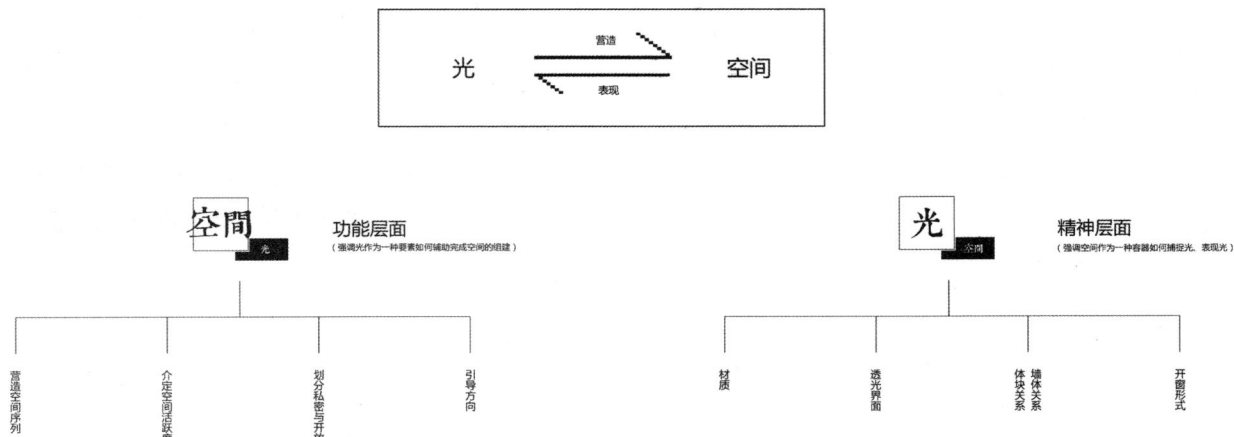

图10 光与空间的相互关系

元素，此时的光则偏功能性（图10）。

4.2 光作为一种辅助要素完成空间的构建

4.2.1 光营造空间序列

通过对安藤的水御堂、水之教堂、风之教堂、光之教堂四个宗教建筑进行分析，归纳出它们的流线、入口、节点空间形式，发现这类建筑空间整体体验过程中明暗变化、光色变化不一，从而引起丰富的情绪起伏，精神得到升华（图11）。

4.2.2 光介定空间活跃度

在光作为唯一变量时，它会直接影响一个空间的活跃度，整体明度、进光亮、光线与人的互动程度都是影响因素。一个空间越明朗通透，安全感越高，人就越愿意与之发生互动；空间越幽暗，就越神秘，空间就越难活跃起来（图12）。

4.2.3 光划分空间私密与开放

在空间中，一般光不能直接介定空间的私密性，但是通过不同的空间形式产生不同的光，则能划分私密与开放的空间。如改变同一空间的围合形式，控制光线的进入方式，则能得出不同私密性的空间，如图13所示。

4.2.4 光引导方向

在空间里，光指引人们的方向，按方式分类可以分为直接

引导与间接引导。直接引导是在人所处的空间直接看到下个空间的光源或者漫射出来的光，而间接引导则是人不能直接看到下个空间的光，但是会有其他形式的光作为空间的线索指引你前进，如图14所示。

4.3 空间作为容器表现光

4.3.1 材质

空间中影响光呈现的其中一个要素是材质，不同材质对光的反射、折射有不同的效果，导致给人的质感也会不一样。下面是涂料、混凝土、木材、石材、金属、砖对光的呈现效果（图15）。

4.3.2 墙体结构关系

同样，光进入空间的方式也有无数种，光可以直射进入到建筑室内，也可以通过某些结构二次反射到室内，不同的墙体、结构关系决定光是如何进入空间的（图16）。

4.3.3 开窗方式

开窗方式决定产生怎样的光影。几何形、孔洞形、不规则形等以及由它们延伸开的开窗方式都会产生不一样的光影效果。如图17所示，从左到右是矩形、圆形、落地窗、条形、不规则形的开窗以及它们的延伸形式，每一个开窗的结果随着时间的推移，光透过其中都能产生丰富的变化，影响室内的光环境氛围。

流线　　　　　　入口　　　　　　　　　　　　　　　流线序列中对应的节点空间形式

水御堂

水之教堂

风之教堂

光之教堂

图11　对安藤作品中流线、入口、节点的分析

图12　光线强弱影响人的行为活动

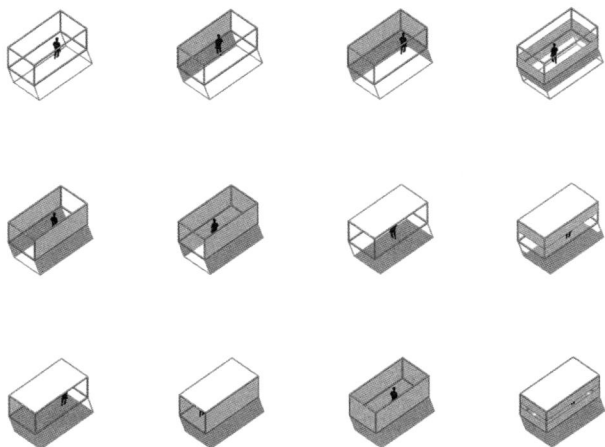

图14　光对方向的引导

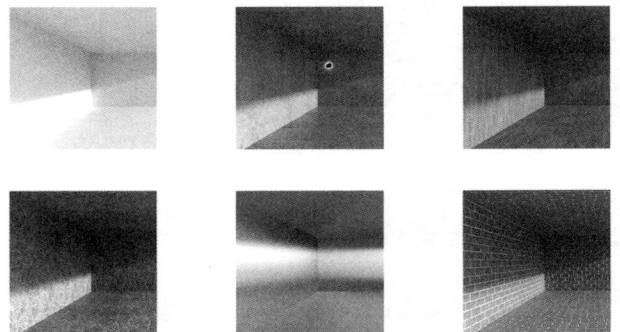

图13　光线与空间的私密性

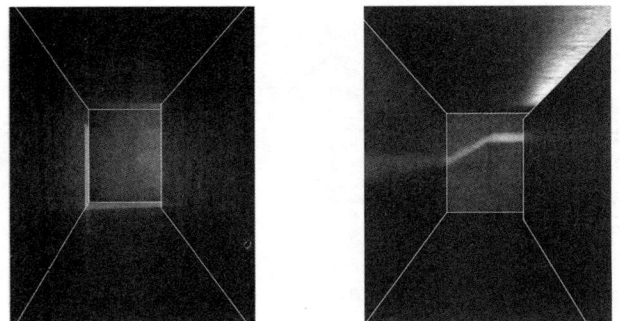

图15　不同材质对光的表现

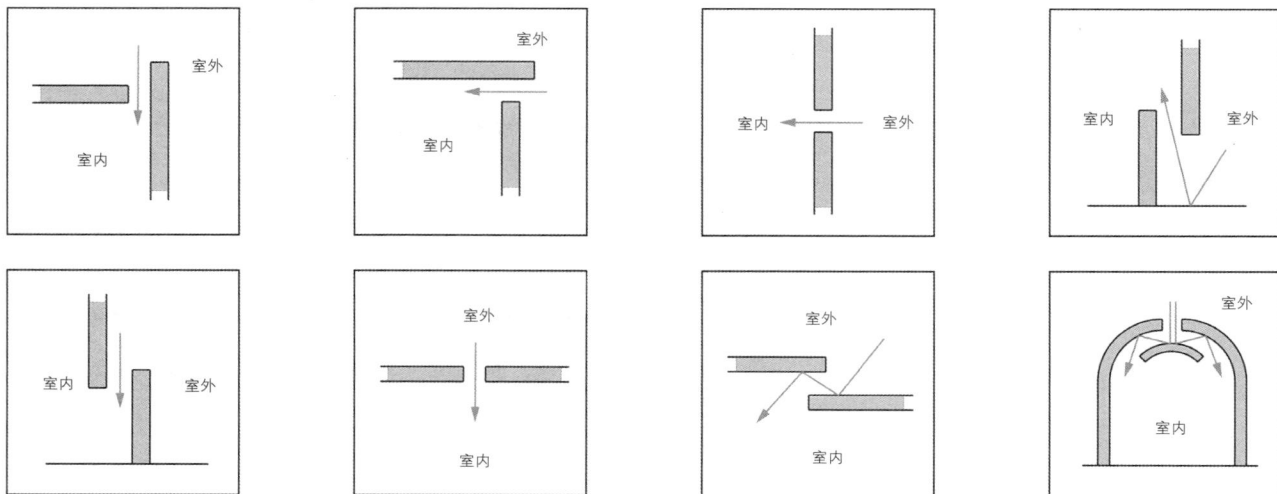

图16 光线与墙体的关系

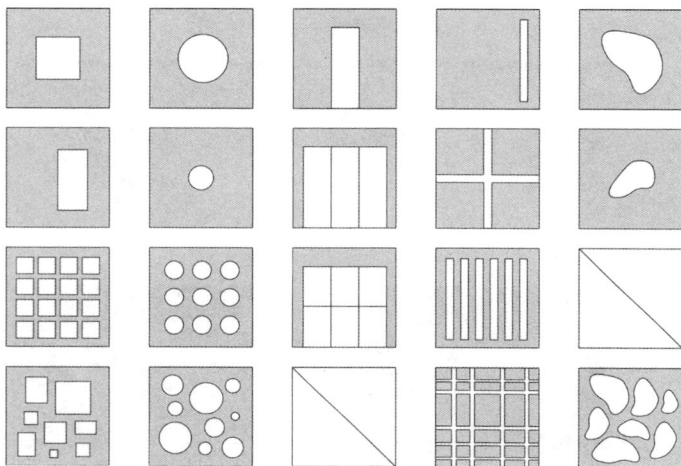

图17 不同形态的光影效果

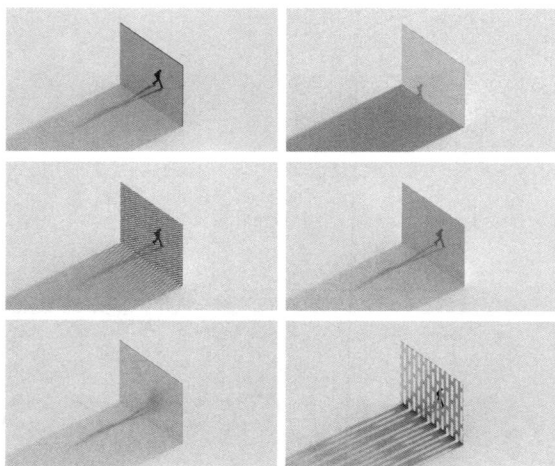

图18 不同材质的透光介面

4.3.4 透光界面

透光界面的不同改变的是光进入到室内的质感，普通玻璃、磨砂玻璃、网、纱、膜、纸等界面都会给人们不同感觉的光，而且透过界面观察到的人的行为活动也会体现出不一样的场景感（图18）。

5 以钟山县荷塘村的油茶体验空间作为研究实践

5.1 对油茶体验需求的梳理

本文所提及的油茶文化以广西地区为主。喝油茶是他们一

种饮食习惯，也相当于第二主食。油茶制作一般有四道工序:选茶、选料、煮茶、配茶（图19）。

5.1.1 油茶体验的模式

从使用者的角度，油茶相关体验有"观"、"品"和"做"三个主要方面。观指的是观赏油茶的制作过程；品则是指品尝油茶的成品等美食；而做就是客人们亲自体验油茶制作的过程。而空间中的体验模式则是这三种要素根据不同比重的组合（图20）。

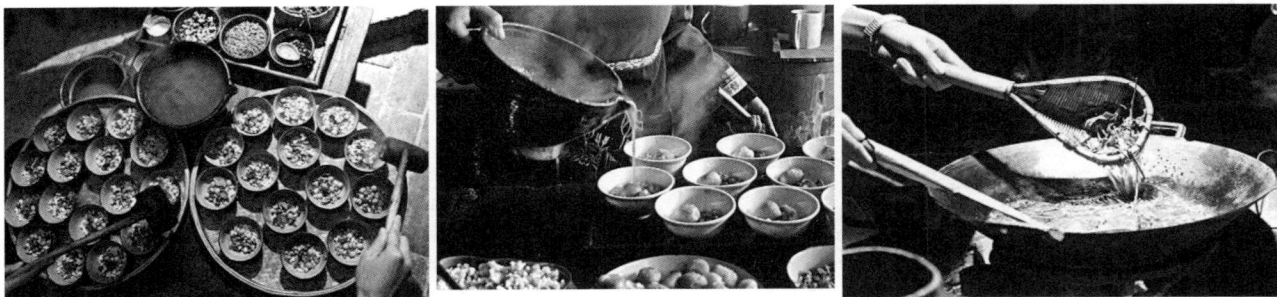

图19 油茶制作

5.1.2 油茶体验与光的联系（表1）

5.2 空间选址以及建筑形体布局的重置

5.2.1 空间的选址与光影感受的联系

基地的选址在前面所提及的过渡空间中选取，目的就是通过设计来放大或者进一步完善这种存在与原有空间的光影体验感受（图21）。

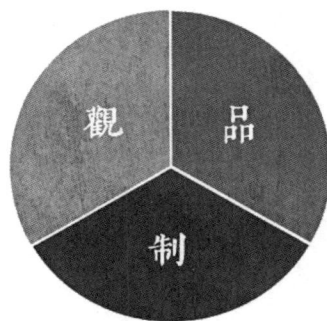

图20 油茶空间体验要素

油茶体验与光的联系				表1
油茶体验的因素	人数	私密性	时长	体验种类的数量
对应空间中光的感受	喝油茶的人如果越多，空间应该越活跃，对应的光的感受是活泼的，而且光线强度不会过暗也不会过亮。	私密性越高，对应的光线强度应该越低，并且应该利用微弱的光适当营造暧昧的氛围。	体验的时长决定人们对光影感受的时长，人在空间中逗留越久就越能感受光影随时长的丰富变化。	人如果在空间中感受不止一种油茶体验，那么这时的光应该具有层次，并和不同的体验种类相对应。

5.2.2 建筑群初步形体推导

选址附近原建筑群布局如图22，可以发现建筑相对密集，而且部分建筑与荷塘的距离过近，没有过渡空间，建筑与建筑之间的距离也不够，不能形成公共空间。总的来说原布局存在较多不合理的因素。

移除部分老旧、使用价值与合理性都不高的建筑，腾出的

荷塘与村落的位置关系　　　　村落到荷塘的行径方向　　　　基地选址

图21 空间选址

选址原建筑群布局　　　　　　　拆除部分建筑增加公共空间

图22 选址附近原建筑群布局

新增建筑单体　　　　　　　将原建筑进行空间整合

图23 建筑单体的置换

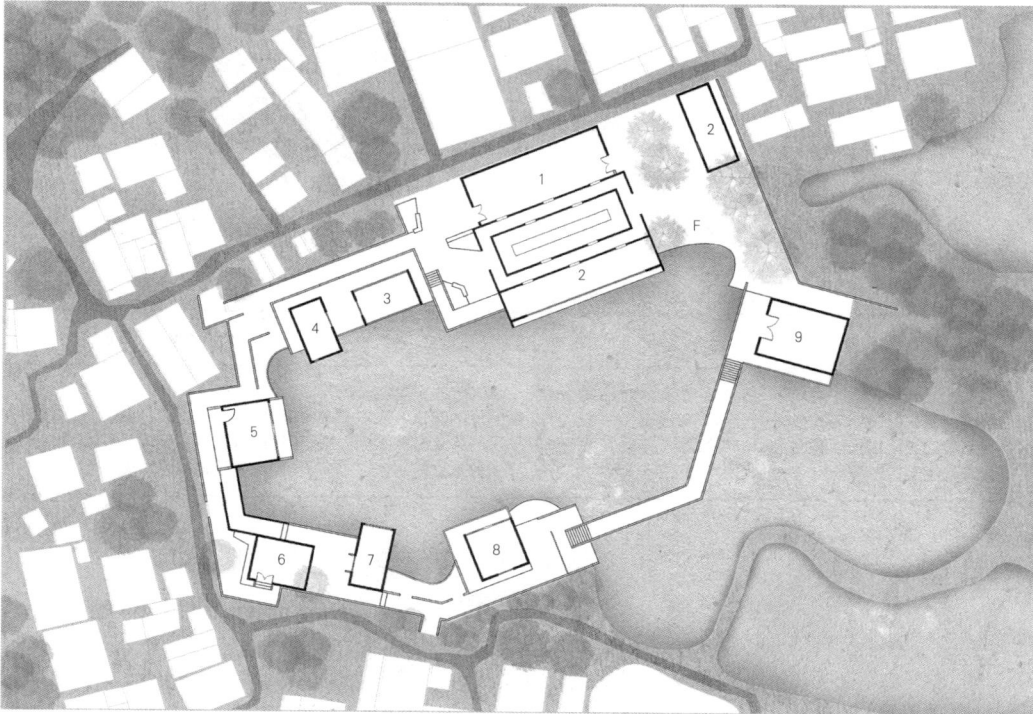

图24 总体平面布局

空间可以作为公共空间、观荷空间等（图23）。

　　为了保持整个体验空间的连续性以及达到功能的完整性，在原建筑基础上加建几个单体，再而将原建筑群的部分空间进行整合，得出最终的建筑布局。每个单体承载不同的功能，也是不同知觉体验的场所。影响布局的因素包括：村落与荷塘的位置关系、视野、体验连续性、功能完整性等。具体逻辑会在下面设计部分有所补充。

5.2.3 空间深化

（1）平面布局

　　整个空间总共有十个独立的建筑单体，其中建筑单体1、2组成一个大的群组，它们之间的A是作为过渡的公共空间；建筑单体3、4、5、6、7、8是独立的单体，作为私密性相对较高的独立油茶室，B、C、D是穿插在其中的节点观景空间；单体9、10是其他功能空间，E是穿越荷塘的通道（图24）。

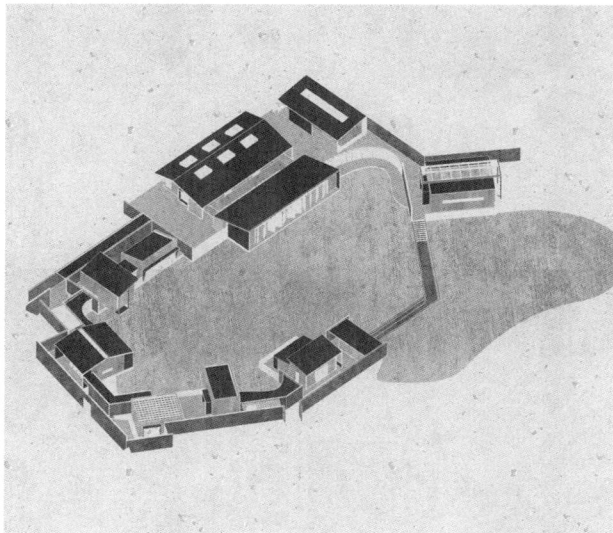

图25　建筑形体分析

图26　空间中光的流线

（2）建筑形体深入

建筑形体的生成取决于建筑对光的表现，建筑单体中主要在墙与屋顶的关系、开窗的形式、窗的透光界面等进行细化。在过渡空间中主要在墙与墙之间的关系、高差等进行细化（图25）。

5.3　空间流线

根据所需光影的序列体验生成整体流线。从光影序列感出发，整个空间的流线需要两个流线：第一个是从村落建筑群到荷塘的光影体验流线（纵向），第二个是空间内部独立的体验流线（横向），空间内部独立的体验流线还包括建筑单体之间的流线（图26）。

从村落建筑群到荷塘的体验流线序列是人们从外界进入到这个空间，再通过进一步行径感受荷塘景色的一类流线，这类流线体验是为了让人们不用参与里面的油茶功能，也可以进入到里面享受丰富的光影体验以及荷塘景色。

空间内部独立的体验流线是人们进入到此空间后的一条环形的流线，人们可以在这条流线进行顺时针或者逆时针的行走。流线总共分为四大部分，每一部分有着不同的体验内容，对应不同的光影序列感，每一部分的空间明暗变化也各不相同。在建筑单体内也存在着体验序列，不同于整体的长时间行径过程，单体内的体验序列也是一种感受（图27、图28）。

5.4　空间单体

5.4.1　各个建筑单体的形式

（1）开窗与界面

每个建筑单体要营造不同的光影氛围，因此每个单体会有不同的开窗方式，主要运用落地窗、天窗、条形窗等形式，而透光的界面大部分采用透明玻璃，小部分运用磨砂玻璃或其他界面（图29）。

（2）墙体关系

建筑单体内的空间和连接建筑单体的过渡空间有不同的墙体关系以及墙与屋顶的关系，他们这种关系也是产生不同光影效果的来源（图30）。

（3）材质表现（图31）

5.4.2　建筑单体内的光影（图32）

5.5　维系建筑单体的过渡空间

在设计中，联系各个独立单体的过渡空间也是光影知觉体验的重要场所，这些空间为人进入下一个空间做铺垫，在设计过程中应考虑如何利用这类空间尽可能削弱人们之前所处空间的印象，并且营造出适当的神秘感，提供适当的空间线索，让人们顺应线索去找寻到下一个空间。在两个氛围截然不同环境中，过渡空间的设计应该起到承前启后的作用（图33）。

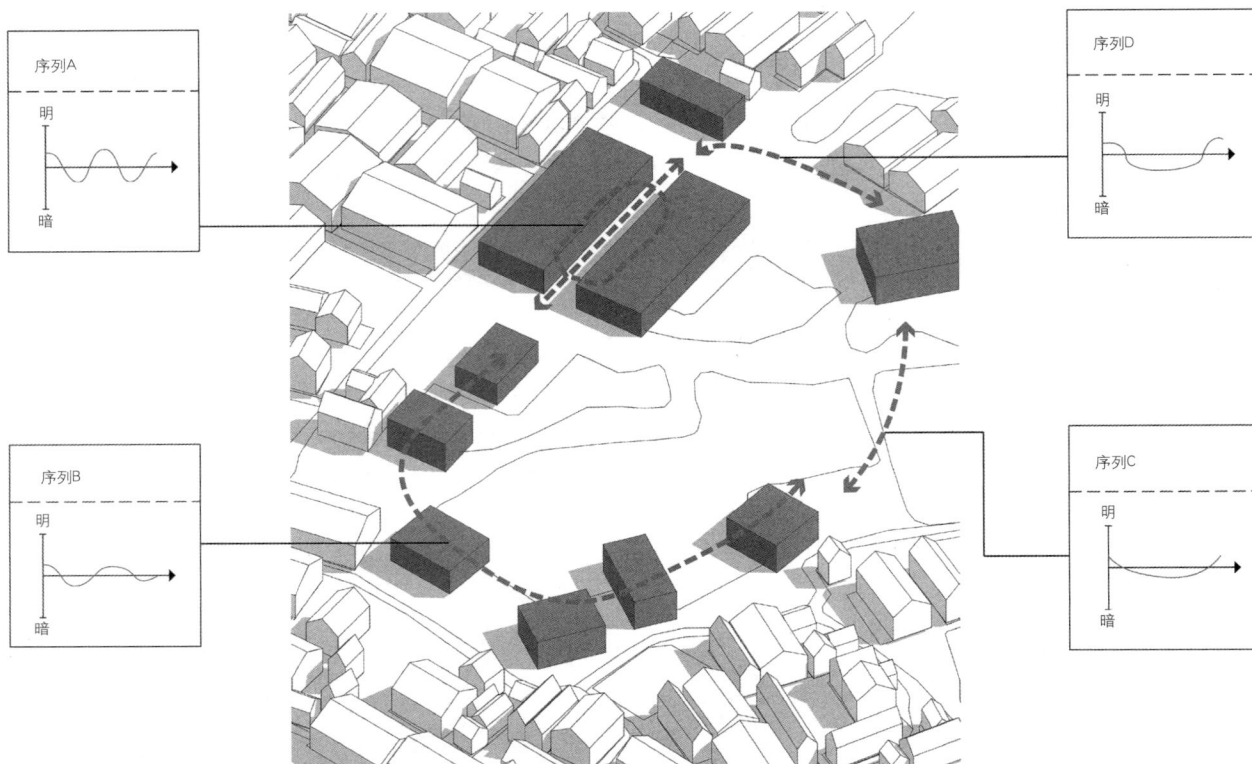

图27 行进序列

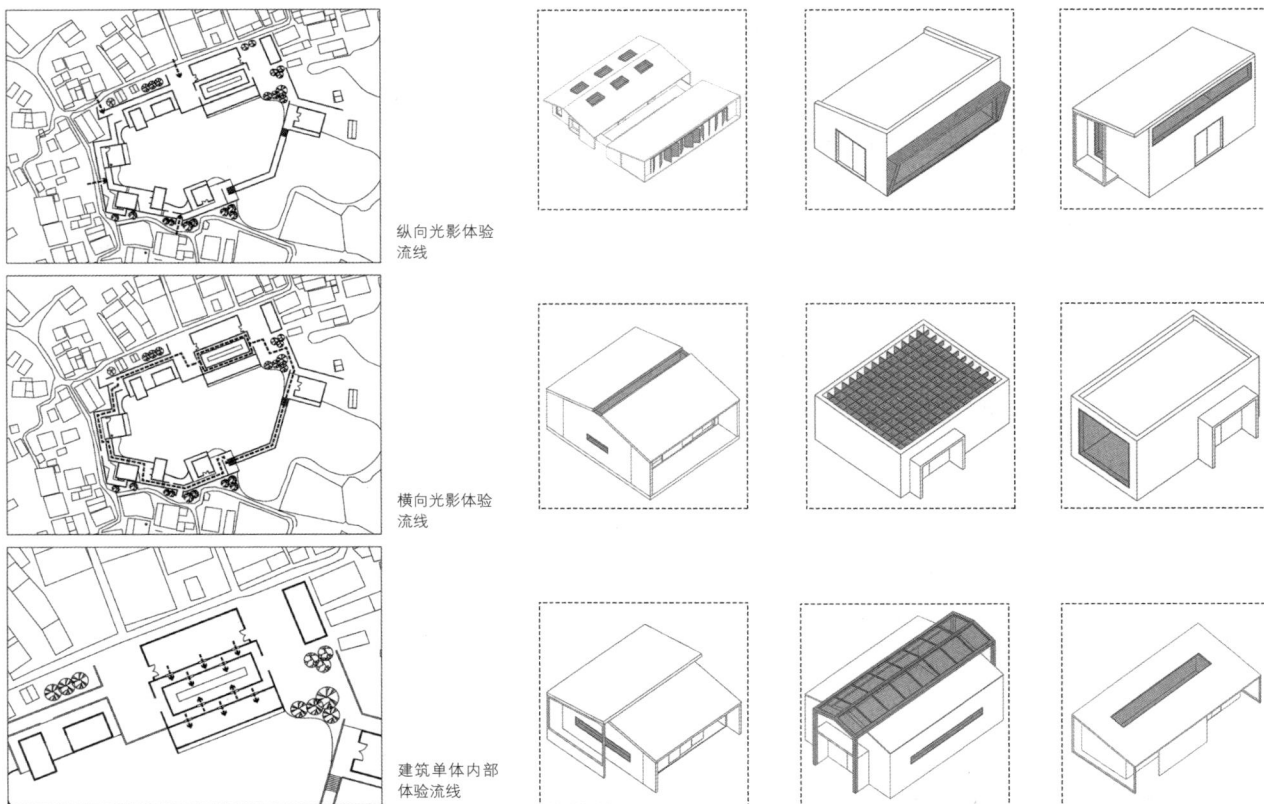

纵向光影体验流线

横向光影体验流线

建筑单体内部体验流线

图28 不同的体验流线

图29 不同开窗与界面

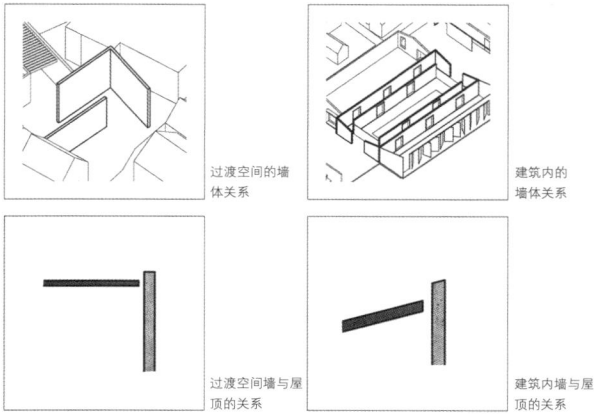

图30　墙体关系分析

过渡空间的墙体关系

建筑内的墙体关系

过渡空间墙与屋顶的关系

建筑内墙与屋顶的关系

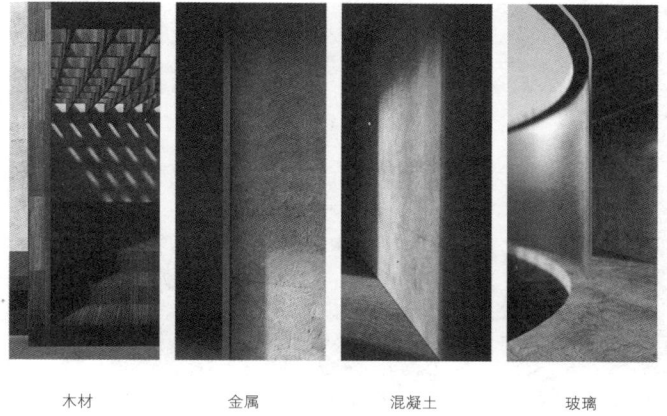

图31　材质表现

木材　　　　金属　　　　混凝土　　　　玻璃

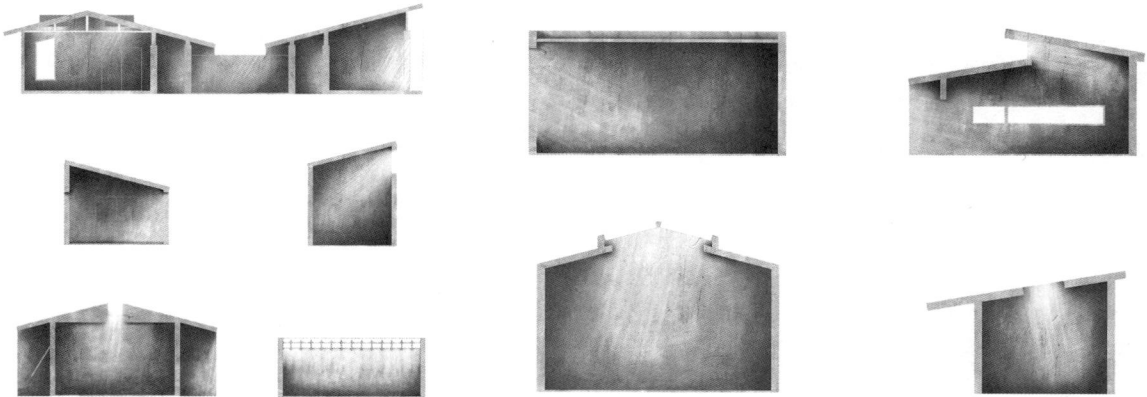

图32　建筑单体内的光影

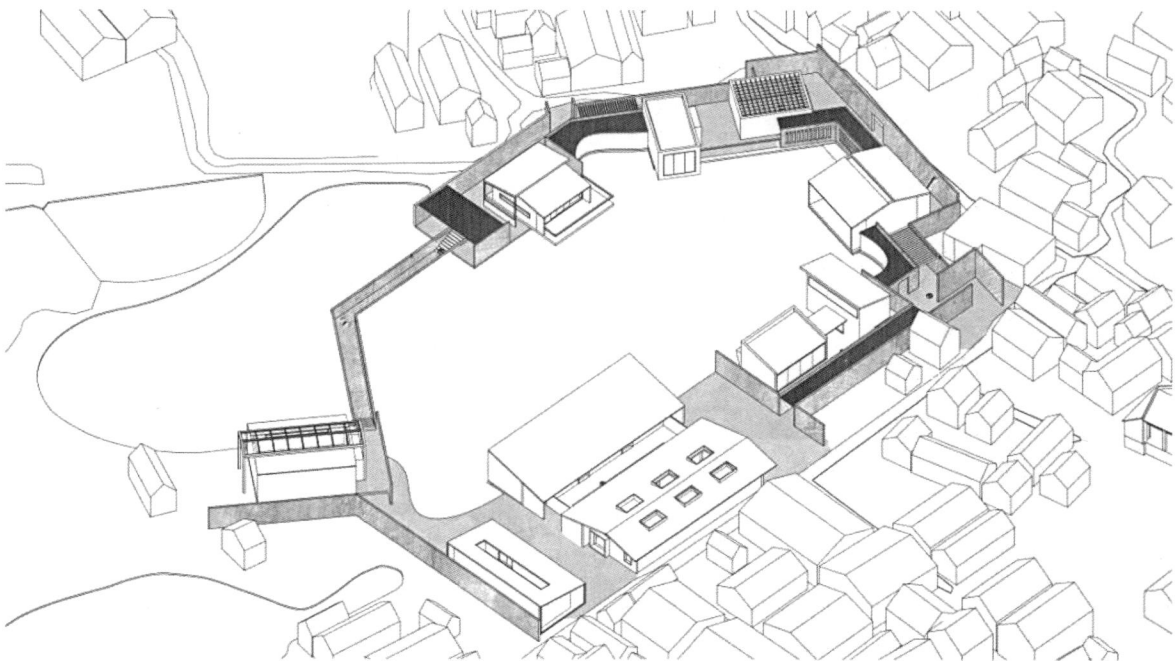

图33　过渡空间

5.6　空间效果展示（图34）

图34　空间整体效果

参考文献

[1] 王建国. 光、空间与形式——析安藤忠雄建筑作品中光环境的创造 [J]. 建筑学报. 2000 (2).

[2] 安东尼奥·埃斯珀斯托.《安藤忠雄》[M]. 冀媛译. 大连: 大连理工大学出版社, 2008.

[3] 张威, 姚刚. 建筑创作中的空间情节——水御堂空间情节与电影创作的关联性思考 [J]. 华中建筑. 2009 (8).

[4] 王沁冰. 浅谈光在建筑空间中的设计手法 [J]. 福建建筑, 2011 (03): 33-34.

[5] 安藤忠雄. 追寻光与影的原点 [M]. 安宁译. 北京: 科星出版社, 2014.

[6] 尹海鹰, 凌陵, 李异. 安藤忠雄的用光之道——浅析安藤用光之心路历程与手法 [J]. 四川建筑, 2007 (01): 40-42.

新时代传承

——大运河非遗、龙门石窟、河图洛书对接当代环艺创新

季云博

洛阳师范学院艺术设计学院

摘　要： 中华文明的起源在河洛，这里有河图洛书、龙门石窟、十三朝古都汉魏遗址、隋唐大运河。还有高浮雕木板刀刻、龙门石窟木版年画、唐三彩等非遗技艺，传承至今经久不衰。本文尝试将大运河洛汴段非遗技艺、龙门石窟、汉魏古城、河图洛书和现代家居家饰、公共陈设、景观雕塑等设计结合，深入探讨同质文化之间的碰撞，尝试解决保持本土古代艺术在全球化与文化传承之间的张力协调问题。

关键词： 大运河　河图洛书　龙门石窟　非遗　家居家饰　景观设计

1　前言

一个是跨越1600年的世界文化遗产龙门石窟，一个是用非遗技艺制作出来的现代家具家饰用品。

开凿于公元493年北魏孝文帝时期的河南洛阳龙门石窟，与甘肃敦煌莫高窟、山西大同云冈石窟并称为中国三大石窟。设计师将石窟里姿态多样、体态轻盈、长裙飘曳、彩带飞舞、流云飘飞、落花飞旋的飞天与龙门石窟木版年画古非遗技艺结合，制作出"龙门飞天公共陈设立体剪纸"，创意出悠久灿烂的活化石。

对于大运河古技艺传承要以开放兼容的胸襟进行创新与发扬，让这些优秀的民间非遗艺术无缝融入到灯饰、家居、窗饰、门饰、墙饰、公共艺术、雕塑、景观等设计的创意中来，大胆运用"AI云智慧"建立"互联网+非遗+环艺设计"的平台，培植剪纸、皮影、龙门年画、豫绣、扎染、木雕、汝瓷、唐三彩、面人、泥塑、洛阳宫灯等优秀文化的基因，这既是对大运河文化视角的一次积极回应，也是将中国古代文化基因融入全球化艺术进程的一次具有重要意义的尝试。

2　大运河非遗与河图洛书文化植入到现代环艺设计

2.1　大运河洛汴段非遗在中原建筑设计中的启迪和影响

隋唐大运河是隋开凿的一条人工河，现今遗产共58处，在河洛地区有嘉仓、回洛仓、通济渠和夏邑段等7处。其中洛阳和开封（汴梁）段附近保留有大量的民间美术（如河洛大鼓、唐三彩烧制、宫灯、龙门石窟木板刀刻等非遗），从古至今经久不衰，见证了盛极一时的景象。

纵观大运河文化的脉络，大致有三条：第一条是汉魏古建筑群；第二条是龙门石窟、河图洛书、儒释道文化；第三条就是非物质文化遗产民间技艺。其中第三条脉络在大运河文化体系中一直处于较为尴尬的境地，很少有人去研究，濒临绝迹，令人感到酸楚。

三条脉络对现代设计，尤其是建筑创意、新概念家居创新、文化植入型家具的构思，具有积极意义。

2.2　大运河古都——汉魏古城的建筑工艺构成了现代中国建筑设计的思维框架

2.2.1　基于礼仪来进行汉魏古城复原，并运用到现代城市标志性建筑设计中去

以大运河洛阳段的西汉、东汉和魏晋南北朝时期的礼制为框架，采用"轮廓提炼法"来推导并描绘这个时期建筑的特点，从原汉代平城县一直到北魏孝文帝迁都洛阳的古建筑发展史中，逐渐提炼出汉魏古城的艺术精华。以详实的文献记载和现场遗址勘察作为依据，进行数字化3D复原，呈现出古代工匠们从用一整块原木开始打造，到手工磨制出一个拱顶，一直到建好整座木质构架建筑的全过程（图1）。

图1　大运河汉魏古城3D复原研究

2.2.2　基于黄老哲学的道家学说，来设计现代公共文化展示建筑

大运河汉魏古城分布在十三朝古都洛阳的周围，那时汉代的法制礼仪、推崇的黄老哲学都集中反映在建筑艺术上。其中具有坐标性的建筑——明堂，则是举行朝会、祭祀、考试等重大典礼的场所，因此其地位非常重要。

2.3　挖掘、复原和保护"河图洛书"的传统图腾纹样，设计现代风水家具

（1）抢救性发掘和保护"河图洛书"传承人，倡导用田野考古法（发掘测量与拓印）对商周龟壳星象珠线的濒危文化进行抢救，复原保留古代工艺，将其图腾、纹样和岩画运用在家具、装饰品和建筑外观设计中，唤起大家的重视，避免其逐渐消失。

（2）积极开发"大中华风水"文创家具产品，用实实在在的室内产品和室外景观创意来完美对接现代生活，真正接地气的走入千家万户。

（3）建立一座大运河洛汴段"河图洛书"非遗基因库，运用云智慧、大数据、AI等手段展示"河图洛书"在剪纸、皮影、年画、豫绣、扎染、木雕、汝瓷、唐三彩、面人、泥塑、宫灯等多方面的影响力，再大胆想象，开发出河图洛书文化种子催生的灯具、家具、壁挂、车载品等极富美感的现代家居品。

3　融合—吸收现有非遗成果，力图在建筑设计和文创上创造出新视角

3.1　在文创创新上，注重传承性、时代性，突出"多彩非遗，活态大运河"的特点，进一步把大运河非遗和旅游支柱产业结合，支撑非遗家具到非遗建筑景观强区的目标，进行新时代"一实二建三结合"的框架设计：

（1）一实：实地考察收集整理。通过对大运河非遗技艺作为突破口，实地考察收集一手资料，对当地传统非遗传承人进行专访梳理、跟踪调查。结合当地图书馆相关书籍进行编辑。

（2）二建：建设"互联网+世界文化遗产之龙门石窟、敦煌家居创意平台"；建设"互联网+世界文化遗产之大运河汉魏古城风格的家具平台"。

（3）三结合：结合"活态文化遗产的传承、传播和普及"；结合"大运河非遗等民俗对城市景观设计的影响"；结合"本专院校成熟的产学研一体机制在传承中的科学进程"（图2）。

3.2 大运河洛阳段之非遗传承6项代表在家居设计中的应用

（1）河洛大鼓——窗户家居品设计：偃师县的非遗，起源于琴书艺人段湾村，主唱者左手打钢板，右手敲击平鼓，另有乐师坠胡伴奏，融合了河洛曲调、坠子、琴书曲调等民间艺术的说唱。设计创意出以宫为主音的宫调式色彩明亮的窗户窗框设计，融合多种音调曲艺的节奏感，具有浓郁的豫西风格。窗帘设计的自然淳朴，显示出中原雅音独有的艺术魅力。

（2）唐三彩——公共艺术展示设计：大运河洛阳段孟津地区的非遗，是唐代色彩釉陶传统手工技艺，伴随着隋朝大运河的开凿一同诞生，已有1000多年的历史。该设计为一种低温釉陶器摆设展示品，以黄绿白三色为主，结合丝路图案和古画设计出生动传神、浓艳瑰丽的陶瓷雕塑饰品，显示出璀璨的东方艺术魅力。

（3）龙马负图之河图洛书——河洛风水家具设计：大运河孟津地区的非遗。孟津地区是华夏文化之源头，中国古代文明起源，《易·系辞上》记载："河出图，洛出书，圣人则之。"相传伏羲时，有龙马从黄河背负河图，有神龟从洛水背负洛书，书画成八卦，后来周文王又依据伏羲研究成文王六十四卦，并写了卦辞。根据五行的图案纹样，取金、木、水、火、土五种不同文化元素设计5种家具，体现出河洛文化的滥觞。

（4）洛阳宫灯——文化植入型灯饰设计：洛阳段老城区非遗，是大运河畔最具浓郁皇家特色的一种宫廷手工艺，创自于东汉，久传不衰。至隋炀帝大业三年，迁都洛阳后的第一个元宵夜，他在宫殿内外陈设百戏、遍饰宫灯。创意设计出元宵佳节的盏盏宫灯现代家居灯饰（壁灯、台灯、吸顶灯等）。

（5）龙门石窟木版年画——家居装饰和室内雕塑设计：起源于高浮雕拓印术（北魏），发展于活字印刷（北宋）前身的雕版印刷（隋），利用"活字雕版法"在木板上雕出石雕佛像、菩萨、飞天力士等线刻的一门技艺。隋初，洛阳丽景门街坊里流行着木板雕刻再用水墨印染的版印法，从丝路和大运河上驶来的西域使者、僧人，除用宣纸进行高浮雕拓印外，还将佛经图文沿用木板雕法印，后至新罗、东瀛，流传甚广，史

称雕版拓印术，记载在洛阳志中。后来至北宋，传入东京汴梁城，内容扩大到了年画皮影戏，就连宫廷也主持开办雕坊印年画，盛况空前；毕昇改良活字印刷术时还沿用此法刻印石窟碑文。到了南宋，艺人流落江南，此法后来失传，在清道光年间被老北京季氏复原。

高浮雕转缩手工雕刻拓印术，据考证普及在唐。其做法是将宣纸覆在碑刻、青铜器、画像石、石雕等物件上面，采用墨拓按原大等比例缩小印，以其原貌性、无可替代性承传至今。此非遗能将不可移动的文物按照10:1比例转化为可移动文物，在平整木板上缩小临摹石窟原貌，让坚硬石刻表现出柔软流动感，能把石雕裂痕记录下来，是活化石。拓印的对象是凹凸不平的立体石雕，湿透宣纸必须以正投影直压各部位，拓完揭取之后，需后期再一一粘接，粘接后的图案表现了浓淡相间墨色，随风飘动衣袖、体态轻柔回眸而笑的飞天、古阳洞佛像、药方洞地藏菩萨、老龙洞、惠简洞、看经寺、香山寺佛像菩萨、东汉石辟邪、河图洛书、洛神赋等形象都曾用此法拓印。

用此技艺结合家居墙面装饰和室内雕塑设计，雕刻出龙门、敦煌飞天、巩义石窟、嵩山石刻、水泉石窟等遗址，不仅是考古文献真实重现，还是可移动的活化石（图3）。

（6）龙门石窟壁画修复——飞天家居电视墙绘设计：起源于清道光年间，由季氏传承修复残损壁画。古代龙门石窟是彩色的，历经千年洗礼风化，彩色壁画几无存现。此技艺复原出卷轴唐卡岩彩绘法（初唐）和织麻丝绸油岩彩绘法（晚唐），通过对奉先寺、宾阳洞等石壁石雕进行彩绘，修复出高浮雕岩彩壁画，呈现出像敦煌莫高窟一样斑斓美丽的彩色龙门石窟。

若用此技艺给黑白无色的石雕进行涂绘、色彩修复，需先用研磨岩石色、水墨颜料，配合白描、晕染绘法，将轮廓白描出来。用此法描绘的北魏石窟线描的动态夸张，以劲细线条勾勒并晕染，用赭红加散花图案衬底，将中原和域外风格相融；西魏线描以遒劲潇洒明快赋色结合，皆以白壁为底，略作立体晕染，流畅勾勒出线，尚存中原绘画遗风；隋代线描，出现了行走、吹笛子、跳舞飞翔姿态的飞天，头戴宝冠、项饰璎珞、手带环镯、腰系长裙、肩绕彩带、双手合十、手持莲花、扬手散花，朝着一个方向绕窟飞翔。其次，上色使用岩石磨制岩油彩，工笔罩染工艺，在织布上勾出轮廓，绘前秦北朝、隋唐五代、西夏的佛像、菩萨、天王飞天。正因为是古色古香的原貌重现，所以当看到这些复原后的彩色壁画时，犹如看到了栩栩如生的飞天舞蹈、众佛念经场面，让人浮想联翩，仿佛身临其境（图4、图5）。

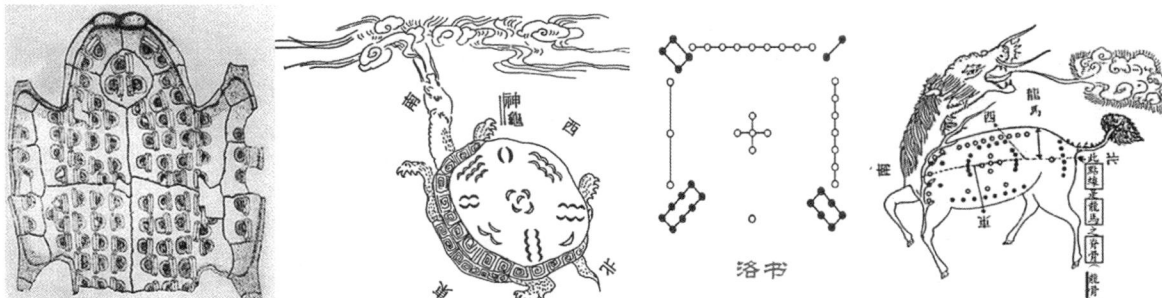

龙马负图之河图洛书传说（大运河洛阳段孟津地区的非遗）

新郑高浮雕传拓技艺（大运河开封段郑州地区的非遗）

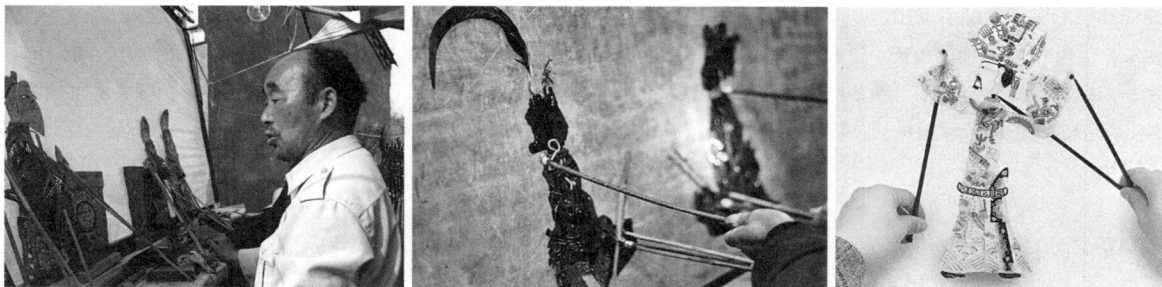

信阳罗山皮影戏（大运河开封南段信阳地区的非遗）

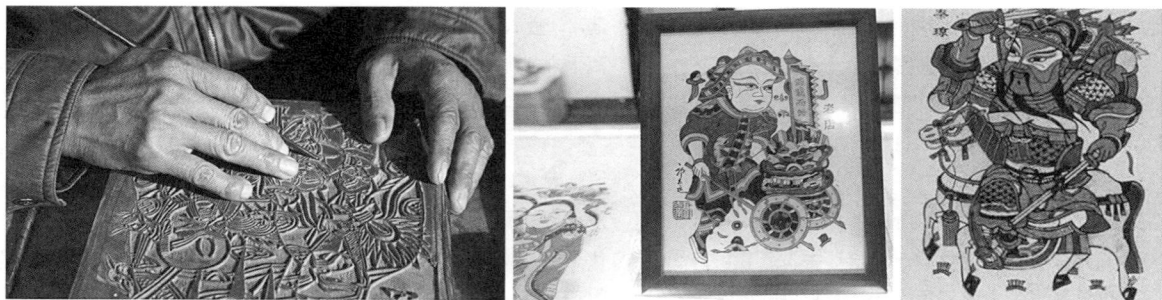

开封朱仙镇木板年画（大运河开封朱仙镇地区的非遗）

龙门石窟木板刀刻和壁画修复技艺（大运河洛阳段龙门石窟伊河两岸的非遗）

图2 大运河部分非遗项目

图3 龙门石窟飞天公共展示摆设设计

图4 河图洛书学校大门设计

图5 木板刀刻飞天版雕和拓印图

3.3 大运河开封段之非遗传承3项技艺在公共陈设壁画设计上的应用

（1）新郑高浮雕传拓——现代传拓壁画：大运河开封段郑州地区的非遗，传拓技艺是我国古代发明之一，据考证唐已广泛普及，即将宣纸覆在碑刻、甲骨、青铜器、画像石、石雕上面，采用墨拓手段原大拓印复制，以其原貌性、无可替代性承传至今。高浮雕传拓能将不可移动的文物按照1：1比例转化为可移动文物，连石雕上的裂痕也记录了下来，在坚硬的石刻上表现出柔软流动感，是历史的活化石。所拓印的对象经常是凹凸不平的立体石雕，湿透的宣纸必须以正投影切成碎片直压到各个部位，现场拓完揭取之后，需要后期再一一粘接。粘接后的图案表现了浓淡相间的墨色、石窟佛像的衣袖随风飘动、飞天体态轻柔，回眸而笑（图6）。以古代传拓术传拓出的水墨壁画，留存有嵩山石刻、黄河小浪底古栈道、巩义石窟、安阳灵泉寺等石窟线刻艺术的痕迹，不仅是考古重现，还是古艺术的再创造。

（2）开封朱仙镇木版年画——室内年画壁挂艺术：由汉"桃符"演变而来的朱仙镇木版年画是中国最古老的传统工艺之一，内容有门神、财神、灶神、神话故事等，是古版年画中的精品。用此工艺设计室内年画壁挂毯墙饰，采用手工水色套印，构图饱满、线条简练粗犷、造型夸张古朴，色彩艳丽，久不褪色。

（3）信阳罗山皮影戏——景观园林户外皮影镂空雕塑设计：信阳地区的非遗，起源于公元六世纪初隋炀帝四年的洛阳宫城布影子戏，是中国皮影戏的始祖，后到大唐，慢慢流入民间，源远流长。唐太宗时，京城有了梨园之戏，民艺人把布影改成皮影，就此诞生皮影戏，后传承至信阳罗山继续发展。罗山皮影戏蕴含着大运河深厚的民俗情，根据此设计出的园林景观户外皮影镂空雕塑，造型质朴、泼辣，体现了

图6 已经传拓好的高浮雕龙门石窟潜溪寺画卷

豫剧的豫西风情。风格上根据故事情节显得紧密有序，原汁原味的传承着丝路风情。

4 大运河非遗、河图洛书、龙门石窟结合建筑设计的创新意义和应用价值

4.1 新艺术与技术首次跨时空的将历史和现代紧紧结合

（1）第一次系统的以"大运河洛汴段"非遗技艺来结合当代环艺设计理念进行考察研究，并在打造文化崛起和非遗结合上进行实用化的积极探索，进行一系列实践性的家具产品设计研发（包括传承人、濒危情况、文化创新、手工加工等）。

（2）第一次立足非遗建筑设计的理论研究，建立"产学研一体"的创意一条龙，在参与大运河非遗传承的同时，力求形成一套具有可示范持续性的"大运河+非遗传承+环艺创新"型建筑设计研究实践模型体系，力求服务社会。

（3）第一次创造性的将"互联网+非遗+环艺"融入到大运河平台的建立上来，打造"云智慧洛汴非遗建筑传承"、"龙门云石窟家居产品"等具有AI互联网智慧的现代家居家饰创新推

广新模式。

（4）第一次创造性的将大运河洛阳段"河图洛书"文化和现代风水家具设计结合，设计了一系列的吉祥家具、祈福灯饰、门神财神窗帘、门饰、十二生肖主题的公共雕塑等作品。还有充满奇思妙想的河图洛书影视动画、风水网络自媒体等文创产品，力求让河图洛书这个国学文化接地气，以老百姓喜闻乐见的方式走入千家万户。

（5）首次为龙门石窟残损石雕进行数字化修复。历经千年风吹雨淋，很多石雕破损，如今利用非遗技艺呈现的线稿、雕版和壁画，配合三维建模来修复石窟里的残损石雕，如奉先寺中间卢舍那大佛的手臂复原，真实的复原出石雕原貌，这对于世界文化遗产也是一个很好的艺术探索延伸（图7）。

4.2 大运河非遗、河图洛书、龙门石窟艺术的建筑设计创新在高校中的应用

（1）编写中原的新概念建筑图书——《大运河遗址—汉魏建筑设计创意》。

（2）应用于本科大专的高校公共选修课，中专和高中的艺术鉴赏课程。

（3）应用于"互联网+大运河洛汴非遗家具"、"云智慧+龙门石窟雕塑"等平台。

（4）应用于中原地区大旅游景区、博物馆建筑设计、园林规划、展示设计。

（5）应用于大运河非遗艺术创意的城市市徽吉祥物形象设计、家居、灯饰、雕塑、吉祥物福娃、门贴、窗饰、服装设计、手机APP、旅游纪念品等极具想象力和民族风俗的文创产品的研发与地方品牌建设（图8）。

图7 龙门石窟的3D残损石雕修复

应用于大运河非遗艺术创意的文创家具"罗山皮影皮影家居灯饰设计"

应用于大运河非遗艺术创意的文创产品"隋唐洛阳城人文景象—影视动漫动画片造型设计"

应用于大运河非遗艺术创意的文创家饰"隋唐大运河大型古代航运帆船、货运槽船木质家饰品"

应用于大运河非遗艺术创意的文创"洛阳河洛娃吉祥物设计"

图8 大运河非遗项目在设计中的应用

5 后记

    大运河非遗技艺、汉魏古城、龙门石窟、河图洛书的传承和创新，对洛伊河两岸遗迹文化的发扬光大起到重要作用。本项目通过和室内、室外，景观雕塑绿化的融合性再创造，大胆创新，以"大运河洛汴段非遗群"为引领，构建"历史+环艺"的传承创新模式，贯彻"传承人+活态文化+建筑设计"的活动，不断汲取、继承与创新华夏丝路文化，发扬非遗工匠精神，唤起人们对代代相传的民艺产生认同感，增强自信自豪感，实现新时代河洛本土文化的"新传播、新传承、新发扬"的目标。

地铁文化廊道与城市景观的整体构建

孟 彤

北京交通大学建筑与艺术学院

摘 要： 许多当代城市理论主张在城市建立系统性连接，对碎片化的资源进行整合。借助廊道整合空间、资源和信息的做法可以使城市交通和信息传播具有更强的贯通性。利用地铁系统与地面文化遗产资源的垂直对应关系，建立包括节点、链接、命题和层次在内的完整信息网络，连通地下空间与城市各个关键节点，整合地下与地面文化资源，使地铁成为文化的廊道，就可以把城市连接为易于理解的、有内在精神的整体。

关键词： 城市 意象 地铁 廊道 景观

1 地铁与城市意象的整合

凯文·林奇（Kevin A. Lynch）提出过一个设想："地铁线路是一个缺乏联系的地下世界，如果可能用一种方法将地铁与城市的总体结构结合起来，将会是一个十分有趣的问题。"[1] 林奇看到的这种可能性并非无稽之谈，事实上，地铁与城市本来就不是完全隔绝的，只是二者的关联度总的来说还不够紧密，其关联方式也不够直接。除了出入口和一些在地面行驶的路段，地铁站内空间处于相对封闭状态，能够与地面直接关联的节点很有限，寻找地铁与城市整体关联的途径确实是一个值得探究的问题。

根据凯文·林奇关于城市意象的理论，人们惯常依靠五种形式要素组织其城市意象，这些要素是道路、边界、区域、节点和标志物。林奇认为，道路是五种要素中的绝对主导元素，它为城市意象的形成提供了基本框架，很多城市的规划就是从道路规划开始的。道路的作用就好比坐标轴，道路的交叉点以及道路上的节点都因为依附于道路而获得明确的定位。如果没有道路构成的框架作支撑，这些节点就很容易会被认知为一些散乱而缺乏联系的点，无法有效地促成城市的可意象性。在组织城市意象方面，地铁与地面道路具有类似的作用，并且，地铁站点，甚至一些地铁线路在垂直方向上与地面道路、标志物和节点相呼应，强化了地面道路的结构关系。以北京市的地铁系统为例，1号线与北京东西向主轴线长安街重合，8号线与北京南北向主轴线部分重合，2号线与二环路北半部分重合，其他线路与城市主要街道也有很清晰的对应关系。

地铁站点的设置与地面空间节点的垂直对应更为明确，最直接地反映在地铁站的命名上。乘坐地铁经过某个站点的时候，乘客往往会不自觉地联想到地面上相应的地名、节点或标志物。地名是一种信息的载体，一些地名因为历史悠久或者与某些重大事件相关，会负载大量的历史文化信息。在命名一个站点的时候，或者当乘客说出一个站名的时候，这个名称所指绝不仅限于有限的地铁空间，甚至也不限于其对应的地面城市空间，它使物质性的空间和精神性的"场所"得以存在和显现，使富含历史文化与当代社会生活信息的城市意象得以开启。通过地铁把地面上的一些关键点加以串联，就可以使之参与城市意象的整体构建，突显城市的文化价值。

2 建构地铁文化线路的途径

令人遗憾的是，在很多历史名城，一些地方只剩下了过去沿用下来的地名，原有街道格局、地面建筑和文物早就无影无踪。一些遗存下来的文物也失去完整性，而且其空间分布呈碎片化状态，不利于形成整体性的历史文化名城意象。以世界著名古都和国家级历史文化名城北京为例，从国家级、市级到区级，北京市的各级文物保护单位有800余个。由于历史原因，也因为长期面临巨大的城市发展和旅游开发压力，很多地名已经找不到对应的物质载体，地名几乎成为仅存的历史信息，人们关于古城的意象支离破碎。许多当代城市理论强调在城市建立系统性连接，对碎片化的资源进行整合。其中，遗产廊道（heritage corridor）理论就很有代表性。引入遗产廊道理论，可以有效地强化城市意象，激活城市记忆，强化城市文化特质，提升城市文化价值，打造城市名片，延续城市文脉，创新文化遗产区域保护和开发途径，建立集生态和文化保护、休闲游憩、审美启智、旅游开发等多种功能于一体的区域与城市开放空间系统。

"遗产廊道是集合了富有特色的文化资源的线性景观。"[2] "遗产廊道"概念1950年代源于美国，是绿线公园、国家保护区、绿道等概念演化的结果。国外遗产廊道研究起步较早，且已有一定的规划体系、法律制度和管理机构。遗产廊道的方法摒弃了规划中单一要素的、静态的、点状遗产保护模式，引入联系多要素的、动态的、线性的保护思路。

遗产廊道的核心理念是在节点之间建立连接。1960年代，连接理论在城市设计界盛行一时。该理论主张城市应连接为一个整体，如槙文彦（Fumihiko Maki）所言："城市设计一直关心的问题就是在孤立的事物间建立可以理解的联系。作为一个必然的结果，它致力于通过接合城市各个部分来创造出一个易于理解的极端巨大的整体。"[3] 作为重要的城市基础设施，地铁系统及其站内空间自然应该纳入城市整体，而且，地铁本身就起着重要的连接作用。从物理空间和物质实体的角度看，因功能上的要求，地铁空间具有很强的封闭性，其连接作用主要体现在水平维度上。除了空间方位上的垂直对应关系，要想通过有形的空间设计在地上和地下建立更直接的联系没有太多可操作的余地，把地铁纳入遗产廊道似乎也不具备可行性。

不过，根据马托雷尔（Martorell Carreño Alberto）的归纳，在文化线路中起连接作用的途径有两种，除了物理路径（physical paths），还有一类无形的路线（intangible routes），二者分别具有物理连接性和精神关联性。物理连接为不同地域间人员的迁徙、商品的交换等提供方便，精神关联则不限于人之间的接触，它还为意义、无形的价值和无形的遗产建立连接。而且，精神关联性在某些方面比实质性的物理连接性更具优势。"至少从理论上说，一条已经废弃不用的路线的历史意义更容易确定。"[4] 精神关联依靠的主要是信息流的传输。借助线性的通道整合空间、文化资源和信息的做法由来已久。学术界有绿道、线性空间、线性文化遗产、文化遗产廊道、文化线路等不同概念，各概念的关注点虽然不同，但是其思路是一致的，即通过线性空间对信息和资源进行整合。依靠无形的精神关联性把地铁纳入遗产廊道不但是可能的，而且是简捷有效的，比起物理连接，它受到物质条件的强制性约束更少。通过无形的信息联系上下空间也符合乘客的日常经验。当到达某个站点的时候，乘客会很自然地把站名及其附加的信息投射到地面相应的区域。当听到"天安门东"的报站时，乘客

不但会想到天安门，还可能想到本站点与天安门的空间关系，甚至附近区域的整体意象。如果能够通过适度的设计对公众的空间感知加以引导，强化地铁站内空间与地面信息节点的精神关联性，那么，让地铁系统作为文化线路参与城市遗产廊道与城市意象的构建，使地下城市空间纳入整体城市设计之中就有了切实的可行性。

3 地铁信息廊道结构与构成要素分析

目前，我国很多城市正在进行大规模地铁建设，其中以北京最具代表性。北京地铁文化建设开展较早，也更成熟，这体现在地铁站点命名与地面文化信息的关联上，也体现在公共艺术的建设上。不过，从整体上看，站内空间的艺术品数量还不算多，一些线路未能体现系统化设计的整体思路，仍存在"填空式"设计的现象。同样问题也存在于地面空间。与一些发达国家相比，我国的遗产廊道建设仍未真正起步，不论从全国范围还是北京市域范围来看，地面遗产的保护模式仍以散点式为主，尚未形成有足够关联度的网络。之所以出现这样的问题，除了历史原因和一些复杂的客观因素，城市规划方法上结构化思维的缺失也是一个重要原因。要把地铁系统纳入城市并"创造出一个易于理解的极端巨大的整体"，就需要对地铁系统与城市之间水平与垂直关联的方式进行结构性分析，以这个整体结构为依据，从物理连接性和精神关联性两个方面入手建立系统内部的有效"接合"。

地铁是个相对封闭的廊道，只是在地铁站点借助出入口、通道、扶梯、台阶联系上下空间。这个廊道在水平方向上具有很强的物理连接性和较弱的精神关联性，封闭的空间更强化了其水平向的连贯性；而在垂直方向上，地铁与地面城市空间的物理连接性较弱，却具有较强的精神关联性，当地面区域具有丰富信息资源的时候，这种垂直关联就会得到强化。这种水平与垂直交织而成的三维网络不但可以用于人流的输送，也为信息流的传输提供了通道。如果把信息因素考虑在内的话，这个网络就不再是纯粹的物理性构造，这种附加了意义的结构可解析为四个构成要素，即节点、链接、命题和层次。其中，地铁站点及其附属站内空间是节点；对于信息流来说，链接的实质是信息的廊道，隧道和列车提供水平向链接，扶梯、台阶则提供垂直向链接；命题即地铁线路或站内空间所承载信息的主题，它应反映相关区域文化遗产的核心价值；信息是有层次的，各层次信息服从于命题可以有效避免信息的碎片化。作为站点的节点和作为链接的廊道是信息流动的物质基础，相当于信息网络的硬件，主要提供物理连接性。地铁在水平方向上的物理连接还有助于提高地面文化遗产的可达性，促进文化遗产资源的整合与信息的传

播。命题和层次是流动的、结构化的信息，相当于信息网络的软件，主要提供精神关联性。从节点、链接、命题和层次这四个要素入手，才能构建完整的地铁文化廊道并与城市建立精神关联，使地铁空间系统性地参与到城市文化遗产廊道的建设中，扭转城市文化遗产破碎化的趋势。

4　西雅图巴士隧道案例

利用地铁线路构建文化廊道的做法在国外有许多成功的案例，美国西雅图的巴士隧道就很有代表性。该隧道为轻轨与公交车共用，是两种交通工具在市区中转接驳的枢纽。隧道全长1.3英里（约合2.092公里），目前只有5个站点，但是，其规划设计竟历时5年，施工又历时3年。各站点及其附属空间共设置了30多个公共艺术作品，这些作品的创作与遴选遵从统一规划，反映了各站点所服务区域的历史文化。从设计与施工的过程就能看出这个项目对于艺术与文化的高度重视。与常见的建筑完成之后再添加艺术品的"填空式"设计不同，从一开始，每一个站点都由一个建筑师和一位艺术家合作主持，因此很难说出是先有的建筑还是先有的艺术作品。各站点被建筑师和艺术家看作其辐射区域的切片，他们希望乘客在隧道中看到其设计就能知道自己正置身于城市哪个地点的下方。为此，设计师们对地面的城市文化进行了研究，其设计以或显或隐、直接或间接的方式建立了上下空间的精神关联。[5]

尽管隧道不长，却已具备节点、链接、命题和层次四个要素。由地铁线路的性质和结构所决定，站点和廊道天然地成为节点和链接，而真正让隧道成为连接地下空间与地面空间的是信息的命题和层次，这两个要素提供了隧道与地面城市区域的精神关联。

西雅图巴士隧道的5个站点都有明确的命题，它们分别是：集会广场站（Convention Place Station）——相会的地方；西湖站（Westlake Station）——购物停靠站；大学街站（University Street Station）——触摸高技术；先锋广场（Pioneer Square）——先锋精神；国际区／唐人街站（International District/Chinatown Station）——文化交流。这些命题的依据是站点所在区域的历史文化特色，地上地下的呼应确立了明确的精神关联性。地铁空间的公共艺术作品也各具特色，传达着丰富的文化信息，体现了信息的层次感，并且，一些作品使站点的命题更明确，起到了画龙点睛的作用。作品以不同方式唤起人们对城市的历史记忆，表达了艺术家对西部开拓者先锋精神的敬意。如同触媒，公共艺术激活了城市的记忆，使地铁空间成为城市文化的一部分（图1、图2）。

图1　先锋广场地铁隧道中的大时钟
（图片来源：作者自摄）

图2　先锋广场地铁入口处的瓷砖壁画
（图片来源：作者自摄）

5　整体的城市

只要不把目光限于物理连接性，凯文·林奇设想的"将地铁与城市的总体结构结合起来"就有了切实的可行性。城市不是没有灵魂的机器，它是市民生活的容器，承载着物质生活，也容纳着精神生活。利用地铁系统与地面文化遗产资源的垂直对应关系，建立包括节点、链接、命题和层次在内的完整的信息网络，连通地下空间与城市各个关键节点，整合地下与地面文化资源，使地铁成为文化的廊道，就可以把城市连接为易于理解的、有内在精神的整体。

参考文献

[1]（美）凯文·林奇. 城市意象 [M]. 方益萍，何晓军，译. 北京：华夏出版社，2001.

[2]（美）洛林·LAB·施瓦茨编.（美）查尔斯·A·弗林克，罗伯特·M·西恩斯. 绿道规划·设计·开发 [M]. 余青，柳晓霞，陈琳琳，译. 北京：中国建筑工业出版社，2009.

[3] MAKI F. Investigations in Collective Form [G] //A Special Publication，No.2. St. Louuis：Washington University School of Architecture，1964：29.

[4] MARTORELL CARRENO A. The Transmision of the Spirit of the Place in the Living Cultural Routes：the Route of Santiago de Compostela as Case Study [C] //16th ICOMOS General Assembly and International Symposium：《Finding the spirit of place — between the tangible and the intangible》. Quebec，Canada：2008.

[5] Take time to experience the art of bus riding [EB/OL].（2015）http：//metro.kingcounty.gov/tops/tunnel/tunnel-stationart.html.

注：本文获2015教育部人文社会科学研究规划基金（项目批准号：15YJA760026）；本文曾以《城市的下划线：地铁文化廊道与城市的整体构建》为题发表于《世界建筑》2015年第11期109-111页。有删节。

基于"弹性营造"理念的乡村聚落景观节约型设计策略探索

胡青宇

河北北方学院

摘　要： 面对日渐凋敝的传统乡村聚落景观，在对其特性与设计现状分析的基础上，提出"弹性营造"的设计理念，从弹性缓冲、适宜契合、柔性配置三个导向入手，建议以"层级整合的空间结构"、"节制适度的营造方言"及"过程培育的绿植范式"三方面为维度来实现乡村聚落景观的节约型设计，最终实现乡村聚落景观的"生产生活共生重构"，以期推动景观设计实践向着可持续发展的方向演进。

关键词： 弹性理念　乡村聚落　节约型景观设计

引言

当前，随着我国建设"节约型社会"发展战略的持续推进，关于"节约型设计"的理论思辨及方法构建研究也在逐步深入。然而，从社会现状来看，节约型设计作为概念大多停留在口号上，建设过程中大多存在着浪费资源和能源的情况。近些年，我国各地掀起的美丽乡村建设浪潮，也印证了这一点。其中，在乡村聚落景观建设方面就存在着空间利用不合理、材料资源浪费、绿植违背生态规律等一系列问题。一直以来，我国学者主要从节能、节水、节材、节地等技术层面研究乡村聚落景观的节约型设计，以期通过固定、静态要素的充分"整合"来寻求设计节约化，但对节约型设计的动态实践路径却关注不够。另外，加上各层面所涉及的专业不同、介入先后不一致以及整体建设过程的失控错位，导致乡村聚落景观节约型设计效果并没有达到预期目标。总而言之，我国的节约型景观设计才刚起步，如何面对乡村景观建设的诸多问题？与此相关的"节约型设计"是否能够存续？正是目前乡村建设必须要面对的难题。在此背景下，笔者在分析乡村聚落景观特性及已建设现状的基础上，尝试从"弹性营造"理念出发，对乡村聚落景观的节约型设计策略进行了初步探索，以期获得有益启示。

1　乡村聚落景观特性与设计现状分析

1.1　节约型景观设计现状

从乡村景观建设可控性的角度来看，由于水电能耗的节约主要在设备阶段解决，景观节约型设计主要包括场地空间、材料资源和植物绿化三个方面。虽然，目前的景观节约型设计已经成为设计领域普遍的价值取向，但基本停留在概念思辨的理论研究层面或是广泛的大设计范畴，实践过程则一直存在令人担忧的材料、资源过度消耗现象，甚至与节约本身相悖，并主要呈现出两种状态，即"伪节约"与"浅节约"。伪节约表现为绝对控制成本概念的设计，认为只要因陋就简或减少投入，就是节约型设计；而浅节约在于解决了景观系统单一环节的设计问题，虽然选用了低价资源或材料，然而从规划到维护的全生命周期来看，带有一定的刻意与被动色彩，依然难以做到有意识的、主动的节约行动与过程。目前，真正符合生态环境、良性循环基本原则的节约型设计手段还处于实验阶段。究其原因是多方面的，其最主要制约因素表现在设计自身存在误区，设计自身对乡村聚落景观特性理解不够准确。

1.2　乡村聚落景观特性分析

首先，乡村聚落作为我国最基础的生活社区，量大面广，发展阶段和水平各异，呈现出高度的复杂性。目前，我国现有自然村360多万个，行政村约57万个，虽然政府的投资力度不断加大，相比于基数庞大的乡村建设所需的巨额资金，不免显得捉襟见肘。其次，聚落的类型分级特性。依据《美丽乡村建设指南》的国家标准以及各地相关建设导则，一般可将乡村聚落基本分为拆迁新建、旧村整治、改造扩建和特色保护四种类型，应根据建设类型来具体确定景观设计的广度和深度，并按照各地各村差异和特点分类推进，特殊性要求"一刀切"的固态节约型设计理论与方法对其难以适用，而应呈现出多时空尺度下不同类型特征的动态适应过程。再者，聚落的多元空间特性。乡村聚落空间从大类上分存量和增量两类，存量指的是旧空间改造利用，增量特指新建。如何对其规划和利用，都会涉及庭院、节点、街巷等不同空间尺度的空间层级网络。最后是聚落的生产生活特性。乡村环境吸引力与活力持续降低，原有文化特色和生活形态日渐凋敝。乡村聚落美好景观的营造需要激发广大村民在生产生活中主动积极介入，置入新的生活片段和人景关系，修复现有被破坏的景观结构并提升乡村活力。

2 "弹性营造"理念取向

乡村聚落景观是一个以空间尺度层面为基础的复杂演变过程，存在着很大的不确定性和不可预见性。基于目前乡村聚落景观营造表现出的设计现状与聚落本体具备的差异性，在设计实践过程中必然会遭遇到诸多限制而难以完全实现设计初衷，因而导致乡村景观营造长期处于一种中间或可修正的状态，"一蹴而就"式的短期规划设计并不适合当前的建设发展。因此，决定了乡村节约型景观设计亟待需要打开思路，具备灵活但有约束力的弹性特征，预见可能发展变化的可能性。

近年来，引入景观规划领域中的"弹性"理念或许可以给予我们启示[1]，只不过现有的弹性逻辑研究大多集中于城市层面。针对乡村景观利用的弹性设计研究和实践才刚刚起步，但"弹性"理念代表着一种在景观设计与实施过程中的可扩展和伸缩性，通过对景观具体乡村现状与特性的分析评价，确定介入深度和广度，实现景观系统的生成、扩展或平衡，甚至是可逆性与重构。正如马克思所指出的："只有在问题之解决所需要的物质条件已经存在，或至少正在形成中，问题本身才出现"[2]。景观设计"弹性"营造理念和纯粹性优化有着本质区别，它表达的不是直接结果，而是一种对可持续培育过程的思考以及更多的发展可能性，既可分步介入、层层递进，亦可保持平衡，自成一体。从而，为节约型设计提供一个积极的、动态成长的渐建平台。

弹性理念指向是一种营造策略而非规范性概念，试图建立一种可持续发展的延伸、运行、反馈应对方式和多维度平衡，从而打破传统静态优化的束缚，强调以变化为前提来解释稳定。而在乡村聚落景观具体的设计途径层面，也不指向大而全的共性发展模式，而是强调融入弹性理念的个性发展和多样性培育，探索具有动态情景的针对性、过程性的优化设计方法。节约型"弹性营造"作为一个由生态、生产、生活等多情境构成的兼顾短期与长远、现实与可能、潜力与恢复力等方面的开放式体系，不仅是高性能、低成本和可维护性等诸多因素的综合考量和平衡，同时也必然会带来侧重点和约束的选择。这就

从实质上指向了"度"的把握，传达出一种基于节约型景观营造之"度"的弹性取向和系统化，讲究分寸、节制、平衡与适度，坚持具有预见性、多角度、循环利用的营造思路和控制方案，注重设计项目全周期的预案判断以及综合优化，形成人与自然过程的共生与合作关系。

3 乡村聚落景观节约型设计的弹性营造

依据目前乡村景观营造在场地空间、材料资源和植物绿化方面存在的问题，在尊重地方经济条件及差异性、科学合理保护现有资源的同时，基于弹性缓冲、柔性配置、适宜契合的介入方式，提出"弹性营造"的设计方法，从"层级整合的空间结构"、"节制适度的营造方言"及"过程培育的绿植范式"三个营造维度进行综合把控，最终达到聚落景观的"生产生活共生重构"。

3.1 层级整合的空间结构

弹性理念认为网络结构是一种能够迅速适应外部变化、抵抗不确定性的空间组织形式。[3]通过提升土地利用的相容性来提高弹性，为乡村聚落提供多样化的空间结构体系，通过道路和中心把环境组织成空间领域。并在空间尺度上，将聚落尺度与人的栖居行为关联起来，作为共时整体细化成不同尺度级别的景观单元，强调乡村景观空间结构从宏观到微观的尺度层级性，以便达到多种尺度下景观空间整体提升的目标。同时，考虑场地的未来功用和功能可变性，根据具体条件，呈现出一种"弹性化"空间设计状态。必然涉及多种复杂因素，乡村重塑需运用弹性理念，兼顾多重目标，提出兼顾全局、适当平衡的"整合性思考"方案。其一，微空间的挖掘：通过见缝插针"针灸式"寻找和挖掘潜在空间进行改造设计，增补公共空间的存量空间，如古井、碾房、坝场、菜畦等乡土文化景观要素。其二，弹性节点的多功能集约设计：根据空间的不同尺度，采用功能模块化集约化方式，将功能单一的节点转化为集交通服务、休憩交往甚至文化娱乐活动于一体。[4]其三，私属空间的借用和开放——借用私属平房杂院或村内闲置公共空间场地，增加公共空间可共享的数量和效率，可弥补景观展示和休闲空间不足的问题。其四，公共空间的网络化连通——从微空间出发到整条街巷或河道到其他公共空间进行网络连通提升，逐步形成网络化景观结构，增强空间层次与容量，充分拓展开放的绿色立体空间。[5]其中，建立弹性"缓冲"区是弹性规划过程中最显著的特征，即利用具备转化能力的"活性用地"，面对景观营造中可能出现的多重目标灵活应对。如国家级历史文化名村——开阳堡，村民没有采用通常的固态景观介入，通过整理场地，基于堡内用来堆积柴草或沤肥的小场地与闲置空间种

植蔬菜或农作物,点缀于民居街坊组团之间,使得乡村景观的空间建构开始逐步明确,变得可视与富有韵律,营造出自然而然的"寻常景观",引起众多摄影师、游人、学生来此采风。当然,该区域可以转换为建设用地,形成未来保护和建设之前的"空白"时段的积极过渡,实现农民自我设计与景观文化协调发展的最优化。

3.2 节制适度的营造"方言"

乡村聚落景观材料与营建应从地方普适性来考量,将乡土性材料与现代乡村景观功能相结合,结合以现代与乡土整合的适宜技术,在经济条件、技术水准和景观艺术之间找寻平衡点,凸显出设计理念与营造技艺的"方言"性。

3.2.1 营造技艺

其一,营造技艺既不能直接提供形式答案,也不是设计的模板。从方法层面来看,原有的乡土材料、乡土器具和设施作为造景要素被回收利用,对场地介入程度由小到大进行梳理,参与到景观重生的过程中。而建造层面虽然讲求一种地方最"适宜"性技术的整合状态,实际上除了关注特定要求以外,更为注重过程与阶段,不强调材料技术的永久性,除了保留的旧元素继续发挥作用外,更新不适应的旧元素,代之以适应当前功能的新元素,从而形成循序渐进的发展态势。在积极主动接纳先进技术的同时,继承和发展地方性技术,以乡村自然条件、文化传统和经济状况的需求为出发点,进行灵活动态的比较、选择和优化。营造技艺弹性结合并没有所谓的标准,也不必拘泥于共性方法以及乡村更新的确定性,只是注重在施工过程中解决具体出现的各种问题,营造技艺提升的关键不可避免地指向了新旧要素的结合方式和共生关系。成都西村大院就是落实弹性营造技艺的典范,设计中将大孔砖的孔朝上用于屋面种植,将小孔砖孔朝侧面用于垂直绿化;将多孔砖的孔朝侧面作为展廊墙面用于展品固定,在满足环保低价的同时,均是对基础性材料弹性化应用的具体表现。

3.2.2 乡土材料

在乡村聚落景观营造过程中,除了选用天然原生材料以外,同时应根据设计深度与现状条件,采用"低材高用"与现代转译的方式挖掘新的适用性,在选材量化比较的过程中注意建造的可实施性、材料的可循环性以及多语言的尝试。天然原生材料呈现出的真实材料属性,特定情况下远非矫揉造作的新式材料能够相比,如王澍在浙江富阳文村设计的公共雨廊,以当地夯土材料墙体和抽象卯榫构件结合,改变传统的用材理念,重新整理、设计和提炼,赋予了乡土材料新的生命力的同

时也与当地民居建筑相协调。基于节约资源、保护环境的深层考虑,农村废弃的乡土生活器具——磨盘、水车、石槽、陶制器皿等本土景观元素则被"低材高用"为小品构筑、艺术装置、盆栽、汀步等。这些带有浓厚乡土气息的元素被加以保留、整合和再创造,是"以旧代新"、"以退为进"弹性策略的具体体现。而基于性能挖掘提升的现代转译材料在外观质感上与传统材料保持接近,有效地满足了大众追求简单、返璞归真的情感需求。如甘肃省会宁县马岔村村民活动中心的新夯土技术墙面、轻质的金属瓦保温屋面,环保而可持续的现代材料使得既有当地风格的延续亦有新风格的创新。

3.2.3 过程培育的绿植范式

乡村聚落景观语境中的绿植形成,不是一蹴而就,而是需要时间沉淀的,是在旧有景观基础上添加其他形式与含义的过程,递进关系的景观结构是绿植低成本控制的重要实现方法,从而较大程度地影响景观培育范式的合理性与乡土性。首先是预留生长空间,充分考虑植物在生长过程中所需要的空间,以植物密度控制提出更符合景观特征的"层模型"。乡土植物(或称本地植物)品种繁多,应最大限度地利用现场原生植物品种,并在设计过程中从整体上按照乔、灌、草本地被层构成的复层式混交群落景观模式,经过长期演化,逐步添加其他观赏植物形成层间植物。其次是轻微介入设计。优选耐旱与乡土植物资源,进行习性互补配置,充分借鉴和模拟乡土优势植物群落结构,形成核心物种群,具有更强的景观植物多样性和生态阶段稳定性,最大限度地反映地方植物景观特色,提高景观辨识度。同时,引入果蔬种植、播撒耐性高的观赏性植物等农民自家院落常见的乡村种植业景观利用方式,为村民、游客提供可参与的种植和观赏体验。尤为注重的是过程性培育,通过"柔性绿植配置"进行弹性引导,它表达的不是一种结果,随着时间维度上重视历史、现状和未来规划融合的历时性变迁,找到一种适宜的阶段平衡和优化,开启自然的自组织或自我设计过程,借用自然的力量让自然做功,新旧绿植有机地融为一体。意大利的基安蒂和荷兰的瓦尔赫伦岛尽管分属不同国度,但两者之间具有内在的一致性,即强调这些物种对保护乡土景观需要的一体化,适应于当地的经济发展模式并体现地域特色,也减少了景观日常的维护费用。

3.2.4 聚落景观的生产生活共生重构

特定的自然环境造就了特定的生产、生活方式,乡土聚落景观也可以理解为自然、生产与生活系统层状叠加的微观复合系统,生产、生活行为的创造以及行为本身在提升景观内需求的同时,也对"弹性"理念提出了更高的要求。因而,新时期的乡村聚落景观营造需要以生态、生产与生活景观互动共生唤

醒乡土文化的记忆。

（1）利用自然农业种植方式。生产性景观作为一种兼具农业生产功能和景观审美效应的独特景观模式，建设和维护管理投入低廉。在乡村聚落景观营建过程中，引入适应节律的地产农业作物、瓜果菜蔬作为绿化设计利用素材，农业种植景观具有的见效快、四季动态生长的特点被作为乡村聚落景观设计的主要内容。同时，再将景观设计与场所空间、民居界面、小品构筑等相结合进行相应的艺术化处理。当然，在聚落内部进行大规模种植的可能性不大，但可以预见的是在乡村失落场地、闲置设施出发进行小型自养型生态圈的组织修复，实现野生动物、乡土鸟类、访花昆虫栖息地重建及其与植物互利共生，实现人、动物、植物的生活空间的群体关怀。使农民成为乡村景观营造的主体、受用与养护的基本人群。意大利托斯卡纳地区的乡村聚落间插以葡萄种植和橄榄树林，历史遗存与新近种植并置，从而形成农业生产景观与聚落田园生活的持久共生。

（2）文化与生活的积极介入。如何积极介入是乡村聚落景观设计的关键，通过提高景观的经济、文化价值，倡议民众积极参与不失为一种有效的途径，凸显公平性和共享性。弹性规划应针对不同目标预判多种发展情景，除村民日常生活外，还将承载周边城镇居民的休闲游憩需求，用农业生产种植作为景观基础素材，让村民成为景观新生的拥有者，设置市民"准土地所有"的"领养项目"形成城乡共同经营的关系，可以诱发新的活动和生活片段的置入，丰富了景观的层次和本质意义，为乡村旅游及经济效益的实现注入新的活力。而传统文化因子的积极复兴和新事件的发生在基址上建立的新人地景观关系，则蕴含着无限的文化记忆与复兴潜能，演绎出关于土地、人民、文化的乡土故事与图景。江苏省昆山市西浜村的昆曲学社就是一个很好的例子，项目基于4套原有的荒废院落空间，利用有限的资金以肌理修复的方式加以重建和改造，创造出适合传统昆曲传播的文化氛围，文化景观的复兴强化了村民的凝聚力，也为形成多维宜居、极具活力的乡村社区提供了发展的基础。

4 结语

乡村聚落节约型景观设计中的"弹性营造"需要贯穿于乡村建设的各个阶段和层面，是一个长期而持续的渐进式生长过程。弹性理念虽然无法给中国乡村景观营建提供标准的公式和答案，但能够凸显和启发一种新的方法和思路，希望本文尚不成熟的思考，能够引起更多的人对于乡村聚落景观节约型设计策略的探索。

参考文献

[1] 尼尔．G．科克伍德．弹性景观——未来风景园林实践的走向 [J]．刘晓明，何璐，译．中国园林，2010，7（26）：10–14．

[2] 马克思，恩格斯．马克思恩格斯选集（第二卷）[M]．北京：人民出版社，1972：83．

[3] 丁金华，胡中慧，纪越．弹性理念下的水网乡村景观更新规划 [J]．规划师，2016，6（32）：79–85．

[4] 侯晓蕾，郭巍．北京旧城公共空间的景观再生策略研究 [J]．风景园林，2017（6）：42–48．

[5] 张倩，王川．论节约型景观设计的原则与方法 [J]．生态经济，2014（2）：135–139．

注：本文系河北省高校百名优秀创新人才支持计划（项目编号：SLRC2017001）、河北省社会科学基金项目（项目编号：HB15YS074）的资助成果。

天台农场设计艺术研究

——以王评设计办公室为例

夏 彬

肇庆学院

摘 要： 天台作为建筑空间所必须的一部分，有效和有趣地利用是非常具有现实意义的。天台农场的耕种方式近些年在国内外屡见不鲜，其发展趋势是在提倡可循环、可持续的生态系统的同时，营造富有情趣和设计感的场所精神。天台农场的设计也需要结合农业、设计、艺术、建筑等多学科的跨界研究。

关键词： 天台农场 可循环设计 场所精神

引言

天台农场又有屋顶农场、垂直农场、空中农场等叫法，顾名思义此类型的农业种植场所一般位于天台、屋顶等区域，它区别于一般农业直接耕种于地面的方式，但在种植方法上与传统农业种植方式有异曲同工之妙。天台农场的兴起、发展与传播既是社会发展的必然产物，也是新农耕文化的体现，同时也是现代人一种新的生活方式。在国内外，很多人提出了相关概念方案或已将其实践，比如美国的"推进达拉斯"垂直农场方案，将建成集农业生产、能源自给、生活居住等多种功能为一体的综合城市社区；荷兰鹿特丹的"城市仙人掌"项目为每一位住户增加了一个向外伸出的绿色户外空间；①日本东京涩谷区的一些高层建筑的天台也被一些关心喜爱农业的上班族们打造成了私人小农场；德国柏林也预想于2013年在7000平方米的麦芽厂屋顶上建造世界上最大的屋顶农场。而在国内，屋顶农业早已实践运用，但是将天台农场与现代设计艺术相结合的案例却相对稀缺。2014年深港建筑双年展中香港中文大学的钟宏亮教授打造的"蛇口三亩地"价值农场项目也是对天台农场的研究；2009年东莞王评设计公司的楼顶就被设计师王评设计成了现实版的"三亩地"天台农场，该农场集种植、养殖、观赏于一体，形成了一个可循环的系统农业工程，本论文将以此案为例，从设计之初的偶然构想、设计过程、日常维护、价值推广等方面进行论述。希望通过记录与研究，对新兴农业景观设计有一定借鉴价值。

1 农耕文化的时空转化

传统农耕文化是人类社会几千年以来形成的一种关于生活、生存的基本意识形态。据相关考古研究发现，距今一万二三千年到七八千年左右，有意识的农业生产活动已经在中国形成，黄河流域种植粟类和长江流域种植稻类的生产生活方式已经基本定型，以栽培为主的农业生产已经成为人们赖以生存的基本方式。

随着社会的发展，传统的农业生产方式逐步被现代化的设备技术所取代，同时社会发展中城市化的进程也使得社会结构发生了重大转变，越来越多的农民来到城市工作与生活。城市虽然日益扩大，却还是满足不了日益聚集的人口，建筑形式与技术也发生了翻天覆地的变化。而以耕种为主的传统农耕文化，也随着农业技术的发展，有了它的新面貌。新农耕文化的第一要素是对土地的尊重，这是法国在20世纪90年代提出来的一个新概念；第二要素是对环境的尊重，这里所说的环境应该包括两部分内容：一是自然环境，二是人文环境。第三个要素是现代生产生活观念。②

天台农场的诞生正是基于传统农耕文化的一种现代农耕文化的表现形式之一，它体现出人们对于天台，屋顶，阳台等闲置空间的再利用，同时提倡了一种新的生产生活方式。天台上的耕种延续了传统的种植方法，也满足一定程度自给自足的生活方式，但同时它也是当今社会的产物，随着高层聚集型居住空间的普遍发展趋势，加之人们对于食品安全的不信任，城市工作环境紧张、压力剧增，通过农耕种植也可以达到放松身心，锻炼身体的效果。

2 构想与现实——天台农场的设计

本章节将以东莞王评设计公司的办公室天台为例，从概念、规划、设计过程、细节以及可循环的系统对天台农场的设计进行阐述。

2.1 偶然的设想

设计概念的提出，往往是设计的核心和亮点之处，设计过程中的不可预测性也对设计师充满挑战，设计的魅力正是源于其不可预测性。设计之初设计师王评并未设想建造如此规模的空中农场，只是表示对食品安全的担忧以及自己对有机食品的向往，所以在2009年他买下新办公室之后便在2000平方米的天台和阳台建造了简单的菜园来满足自己一直以来的"农夫梦"。在菜园耕种的过程中，肥料、剩余产物等方面的问题随之出现，所以后续又建造了鱼池、猪圈、鸡舍等，逐渐形成了一个可循环的生态系统（图1）。

2.2 规划与实施

整个农场分布在该办公室天台的两块独立的屋顶上（图2），北面朝向的屋顶约三百平方米，主要种植各种蔬菜、葡萄、辣椒、香蕉、荷花、石榴、黄皮等，养殖了乌龟、甲鱼、泥鳅。未开发南面区域时，在此还盖了鸡舍，但是由于养殖所需的肥料越来越多，而鸡的肥料远远不够，所以就在原鸡

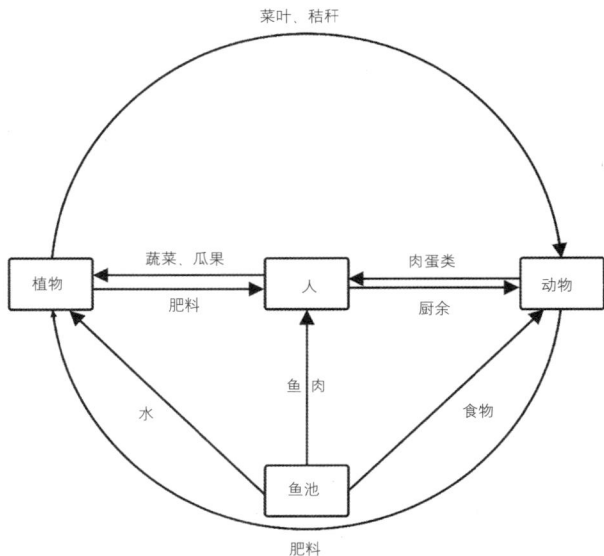

图1 有机农场循环示意图

舍的位置养殖了两头猪（图3），利用猪的粪便作为有机肥料。鸡舍也被移到了南面天台约2米深的下沉空间（原用于放置空调主机），利用空间特点建立了一个立体养殖区域，养殖有鸽子、兔子、鸡。新的鸡舍屋顶用了一种耐久性很好的塑性材料瓦，阳光照在瓦上，瓦的温度升高，导致鸡舍内气流自动形成压力，最终形成一个天然的排气循环系统（图4）。南面区域的天台农场为了立体化地利用空间，还设计了几何形结构的南瓜架，主体骨架用了40毫米×40毫米的镀锌角铁加固，但是考虑到隔热和节省角铁，所以在骨架上绑定了竹子作为瓜架（图5）。

整个天台农场利用原有承重柱的位置种植了果树，既满足了荷载的要求，也增添了农场的多样性和丰富性。农场上每一个种植的地块都以红砖加以分隔，地块与地块的间距也是严格根据人体工学的相关数据设定，在种植的地块里还装有喷灌系

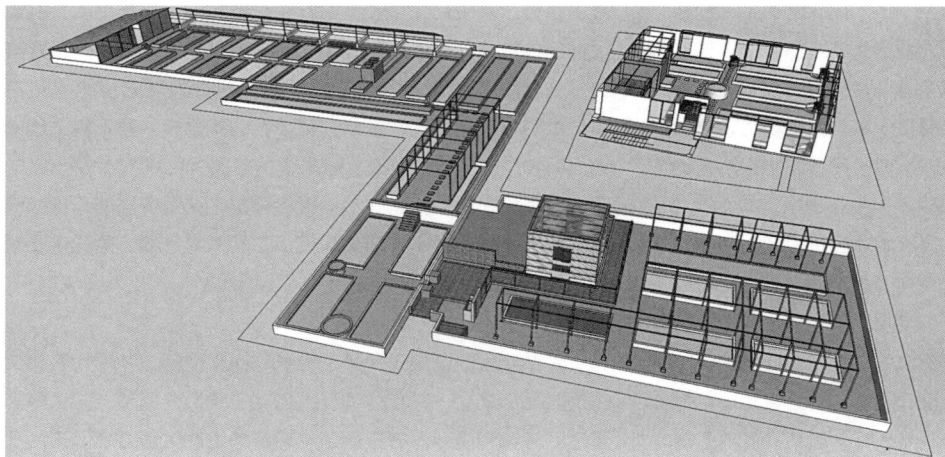

图2 王评设计天台农场草图模型

图3 "地"位很高的猪

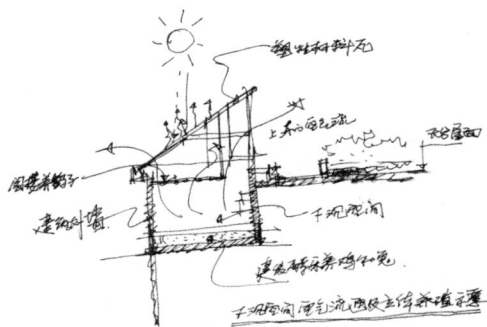

图4 排气循环系统示意草图

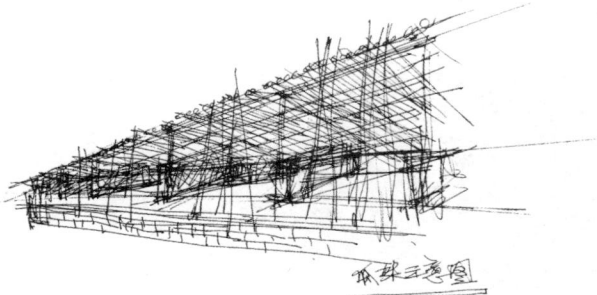

图5 南瓜架示意草图

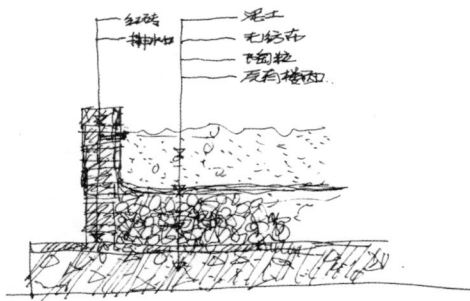

图6 排水结构图

图7 天台农场全景图

统或滴灌系统方便耕种。同时，为了选择完全无污染的土，设计师专门从几十公里外的山上选择了一栋清朝旧屋倒塌后留下的土，一开始用人力搬运到天台，但由于需要量太大，所以运用了起重设备将土运送上去。

天台农场设计中最关键的技术问题就是防水与排水。因为屋顶楼面本身就有保护层，保护层下面就是隔热层，然后再是防水层，防水层下面就是楼面，所以无需再多做一层防水来增加楼面荷载。每一地块中要留有排水孔，先直接放入陶粒，再铺上无纺布，再放入泥土，无纺布可以防止土壤经过灌溉或者雨水堵塞排气孔，并且保护植物根部（图6）。

为了丰富天台农场的观赏性和参与性，设计师设计了一个凉亭。凉亭使用竹子编制而成，精致中也蕴含着田园的朴实。凉亭周围设计了小水池，养殖了金鱼和乌龟使空间更为灵动，生动的景观元素也唤起了人们精神上的返璞归真，此时空间中所有的体验变得更加真实与单纯（图7、图8）。

2.3 可循环系统

整个天台农场具有很强的生态可循环性。除了鸡舍的屋顶设计形成了天然排气循环系统，还有雨水收集系统。该办公室的二楼阳台就设计了鱼池，既可观赏垂钓，又是雨水收集系统，同时又是水的净化系统。养鱼的水利用一个水循环装置抽到天台农场进行灌溉，就可以实现一个养耕共生系统。鸡舍里的发酵床能够产生益生菌，养猪的粪便又是天然的肥料，吃不完的菜可以喂猪，秸秆和藤蔓用来喂兔子，如此形成了一个低碳环保的生态循环系统。

2.4 废旧物的再利用

本案天台农场的设计始终贯穿着绿色环保"再设计"概念。天台上的各种雕塑是附近建筑场所遗弃的，经过精心设计这些雕塑放在不同位置提升了菜园的艺术感，也增添了空间的趣味性（图9）；装修用的废弃马桶，也被巧妙的用来种植韭菜，功能性

图8　以"红砖"为设计语言的荷花池

图9　"飞奔"的废旧雕塑

图10　马桶的新功能

发生了变化（图10）；工地废弃的大铁桶，也被改造成很有质感的种树容器；进入天台的门也是用废弃的铁栏杆改造而成。

3　价值与推广

3.1　共生关系

共生关系在这里实际上指的是一种生态的价值。本案中的农业本身，既是一种养耕共生的关系，也是从传统到现代农耕文化上的共生。天台农场设计合理地利用了建筑物的闲置空间，形成了立体农业绿化，也是偿还绿化的方式之一，它几乎能以相等面积偿还支撑建筑物所占地面的绿化。人与自然的和谐，建筑与环境的协调，室内与室外的对话都是一种

共生关系。

3.2　经济价值

天台农场与屋顶绿化和屋顶花园最大的区别在于其经济价值，耕种收获蔬菜、水果、肉类、禽类，除了可以满足员工的需求，还可以将这种有机天然的绿色食品进行出售，弥补种植所需的人工和材料成本（图11）。

3.3　场所体验

经过规划与设计的天台农场是极具体验性的农业新景观。空中菜园是一个光线畅游的领域，人们从一个地方走到另一个地方，周围建筑外观和景致也发生改变，人们从中体验到的是

图11　空中玉米地

图12　天台凉亭

同自然的对话，在这样的场所中，人们可以充分发挥想象力，在潜意识中寻找游离状态的心灵感受。种植的葡萄到了夏天既可以食用、酿酒，又可以遮阴，极具观赏性；农场中穿插的雕塑品也给空间增加了趣味性。凉亭的设计（图12）可供人参观，游憩之余闲坐于此，品尝有机食品和自种自酿的葡萄酒，体验都市农夫的乐趣，极具参与性。本案的天台农场位于办公空间之上，不同空间特性相互转换之间的时空体验也给设计师们不同的艺术灵感，能很好的提高员工的工作效率。

4　结语

　　天台农场的设计对于屋顶农业科学化、生态化、景观化的发展是至关重要的，如果仅仅只是从品种、耕种方式等方面进行研究往往只是简单的从地面耕种移植到楼顶。如何打造系统而富有创意的场所精神，应该集农业、设计、艺术、建筑等多学科的跨界研究，同时对于屋顶这一公共空间如何分配、利用也给大家提供了参考的价值，同时创造、引导一种集体参与的方法也是值得大家关注的。

注释

① 王艳，许先升. 城市空中农场种植设计 [J]. 安徽农业科学，2011，39（13）.

② 张丛军. 新农耕文化浅议 [J]. 山东社会科学，2011，3（187）.

厝语·新叙

——以叙事性景观在平潭石头厝村落景观改造中的应用为例

高 体 郑 凯

四川美术学院

摘 要： 在平潭现代化的开发建设过程中，处理好新时代下的现代化发展与平潭传统人文特色保护的问题，平潭传统特色村落——石头厝村落的研究与改造已经成为了一个不可回避的社会问题。本文的主要内容，即探讨和研究平潭石头厝村落景观的改造方法。论文主要分为三个部分，第一部分，首先介绍了研究背景及研究对象，研究对象是处于海西经济区大规划背景下的平潭岛石头厝村落；阐述了研究目的和研究意义，希望通过研究石头厝村的景观改造，有效改善部分设施落后的石头厝村落的环境，修复物态空间遭受破坏的现状。如何在尊重当地的独特历史和文脉的情况下，对石头厝村落的景观进行改造，成为本文的研究难点。第二部分主要介绍了本文对石头厝村落改造所使用的设计理念：叙事性景观，能最大限度地尊重地域文化，从而有效地提升当地景观的人文价值与社会价值。在该章节的后半部分，通过收集平潭当地独特的叙事性设计要素，探讨了平潭石头厝村落叙事性景观改造设计的基本策略和设计方向。在论文的第三部分，得出结论：在新时代背景下，以时间为轴线，叙事性景观的设计理念，能有效地提取平潭当地的特色叙事元素，将平潭的独特文化与历史故事传达给当地居民和外来游客，在完成石头厝村落的景观保护与更新的同时，展现平潭特色地域文化。

关键词： 石头厝 新时代 叙事性景观 平潭君山村落

1 绪论

1.1 研究背景

1.1.1 海西经济开发区给平潭岛带来的发展机遇

我国有着将近300万平方公里的海洋面积，海洋的发展一直是国家战略的重要问题。在正式确立了海峡西岸经济开发区的战略部署之后，作为福建省东部第一大岛，并且是我国距离台湾最近的海岛，众多的政策和举措，在平潭综合实验区新政策的引领下，迎来了前所未有的发展机遇。

1.1.2 城市开发过程中平潭岛传统村落的改造问题

在平潭国际旅游岛的开发建设过程中，处理好现代化发展与平潭传统人文特色保护的问题，探索在石头厝村落保护的基础上进行村落更新和再利用的方案。在新时代的平潭，综合实

验区保护好当地特色的海洋文化与石厝文化，石头厝村落的保护与更新，能有效地激发平潭人民的文化自豪感和传统认可感，对于平潭综合实验区的发展具有重要的现实意义（图1）。

1.2 研究对象

本文的村落景观研究对象，是平潭岛上的石头厝村落景观，其包含着海岛平潭在长久历史发展过程中所积累的特色海洋自然景观和石头厝人文景观（图2）。

平潭，又称为"岚"，从地理位置上看，平潭岛位于福建省东南部沿海，东面与台湾隔着台湾海峡，距台湾新竹县为68海里，是大陆距离台湾最近的县级行政区。

厝，在福建闽南方言中是"房子"的意思，而石头厝，即石头做成的房子。福建闽东沿海地区的村落自古以来由于受海风影响，为了防止建筑受海风侵蚀和破坏，选择较为结实的石

图1 平潭综合实验区总体规划布局

图2 平潭石头厝村落

材作为建筑材料，因而石头厝就成为福建沿海一带的特色建筑，是闽东南沿海地区重要的传统建筑样本，其凝聚着平潭人民千百年来在海岛上从事生产活动所得的智慧结晶（图3）。

在之前近数十年的历史中，平潭的青壮年劳动力，去往大陆寻求谋生的机会，平潭的石头厝村落逐渐成为平潭老一辈人的回忆。如今，在平潭综合实验区现代化大规模建设背景下，石头厝村落的保护与更新问题成为平潭本土居民和众多建筑师以及乡村旅游爱好者的关注点。

1.3 研究目的

本文从平潭君山村石头厝叙事性景观设计实例出发，探讨叙事性景观在石头厝村落改造与更新中的运用，并结合具体设计项目探索叙事性景观在石头厝村落景观改造设计中的理论研究，为石头厝村落景观的更新提供参考，使石头厝村落的现状得以改善，增强石头厝村落的地域性、文化性、可读性，对石头厝村落进行保护与更新的设计。

1.4 研究意义

研究福建平潭石头厝村落的保护和改造，对于当下中国景

图3 平潭行政划分

观界来说，提供了一个研究沿海地区村落景观新的实例和样本，而从叙事性景观理论和实践更新的角度来说，石头厝村落作为一个独特的地域文化聚落代表，亦是为叙事性景观的理论更新与运用提供了一个新的参考案例。

1.5　研究现状

石头厝村落的改造现状主要有两方面的特征：（1）石头厝村落改造的理论研究和设计案例较少，文献与案例两方面都极为匮乏，这缘于平潭岛在综合实验区成立前受关注度并不高。因此，在基础理论较为匮乏的情况下，如何选取角度对石头厝村落进行改造，成为本文的难点。（2）目前为止并没有专门针对石头厝村落景观进行改造的完整案例，对于平潭石头厝村落改造的研究，多是基于风貌保护、建筑更新等方面的研究。因此，笔者认为从景观方面切入石头厝村落的改造，是从一个崭新的角度去了解石头厝村落的改造设计。石头厝村落景观是由其独特的环境和人文所造就的重要景观资源，保护和改造具有平潭海洋文化和石厝文化特色的石头厝村落景观，对于地域性景观设计的研究具有重大意义。

尽管国内村落景观改造的选题对象已经多元化，在村落景观改造的设计理论上却大同小异。因此，如何在石头厝村落景观改造中，运用一个核心的设计理论来指导设计实践，成了文本要探讨的问题。

1.6　研究方法

1.6.1　文献研读法

了解课题相关理论是做学术研究必备的功课，首先在知网、维普、万方等常用的知识平台上，查阅和分析国内外已有的石头厝村落研究、保护和改造的相关资料。研读方向主要是平潭的地域文化、石头厝和村落景观三个方面展开。

1.6.2　实地调研法

对平潭现存的代表性石头厝村落调研，以及对本文研究的样本对象——平潭君山村进行系统性的实地调研。通过数据收集、走访及问卷调查等方法，较为真实客观地总结场地现状，征求当地居民的意愿，寻找反映场地文脉的设计要素，从而得出景观改造设计的初步方向。

1.6.3　实例例证法

在收集石头厝村落现状的基础上，考察已有的石头厝村落

改造案例，将理论与实际相结合，做到前呼后应，对石头厝村落景观改造设计的准备做好基础。

本节主要介绍了平潭岛在平潭综合实验区成立的大背景下，传统村落改造面临的困境，以及石头厝村落的基本概况，梳理了目前国内村落景观改造的本论文研究的难点在于目前石头厝村落研究的专著和改造的案例都十分匮乏。因此，如何在尊重石头厝村落现有环境和文脉的情况下，对石头厝村落的景观进行系统性的改造与更新是需要探索的一个问题。

2　君山村叙事性景观改造设计的探索

2.1　叙事性景观和石头厝村落景观改造的有机结合

2.1.1　选用叙事性景观对石头厝村落进行改造的原因

根据前文总结，叙事性景观的设计手法和设计原则，在景观的人文角度上，能最大限度地尊重地域文化；在景观的文脉角度上，能尽可能地挖掘场地内在的故事；在景观的互动性上，能大幅度增加景观的观众参与度，从而有效地提升当地景观的人文价值与社会价值。在石头厝村落的改造中运用叙事性景观，从物质层面上看，能有效地改善部分设施落后的石头厝村落的环境，修复物态空间遭受破坏的现状，解决当地居民活动空间不足的问题，为前来旅游的游客提供一个更好的服务环境；从精神层面上看，对于唤醒当地居民的文化使命感，保护平潭当地文脉，以及让游客感受到平潭独特的文化氛围方面，具有重大意义。

因而，笔者选择了从叙事性景观设计的角度去切入平潭石头厝村落的改造。这个方法能有效地尊重平潭独特的海岛文化和石厝文化，挖掘平潭特色的历史故事和文脉，转化为设计元素，运用到平潭石头厝村落景观改造中。

2.1.2　叙事性景观在平潭石头厝村落改造中的创新性

从叙事性景观设计手法更新的角度去理解，作者尝试从人物及事件纪念、历史遗迹、神话传说这三类常见的叙事性景观题材的基础上，针对海岛居民生活和环境的特殊性，把主要着眼点放在了平潭岛当地人民过去以及当下日常生活题材的叙事上。这种日常生活题材的叙事性景观，一方面能表达平潭海岛独特的海洋文化以及海岛文明熏陶下的平潭居民在长久的历史中所形成的生活习性，以及在海岛的独特环境下所积累的历史文化；另一方面能让慕名而来的游客以最直观的方式去感受和体验平潭当地居民独特的生活体验与特色景观。

图4 石牌洋

2.2 平潭石头厝村落叙事性要素的提取

笔者把平潭石头厝村落的叙事元素分为两个类型，这两个类型的叙事元素分别与平潭当地历史的进程和平潭独特的海岛文化紧密相联系。

2.2.1 代表平潭历史故事的叙事元素

代表平潭当地历史的叙事要素的选取，通常与平潭历史上的重要事件和平潭人民过去的生活习性相关。这些故事凝聚着平潭人创造历史及改善生活环境的精神与记忆。

木麻黄在平潭居民改善居住环境的历史中扮演了重要角色。将木麻黄作为一个设计元素，进行叙事性景观的造景。风力发电设施的出现，使笔者认为可以在石头厝村落中设计与风力发电有关的文创工坊，同时创作风力发电设施的周边产品，让向游客在游玩中感受到平潭人民御风而行的历史成就。

可以尝试将君山村当地建筑的"留码头"部分作为设计元素，提取其形式并强化作为景观造景。从历史性意义上看，作为反映当地村民自建历史的特定建筑现象"留码头"得以保存。在景观的层面上，"留码头"所占用的空间通过景观进行改造，既改善了当地居民活动空间不足的问题，又能让"留码头"成为外来游客了解平潭过去历史故事的景观节点。

2.2.2 代表平潭海洋文化的叙事元素

这类叙事元素的提取，来自于平潭特色海洋环境所赋予的特色景观，其中既有自然景观也有人工景观，在石头厝村落景观改造时，通过人工手段表达当地特色海洋景观，能向观众传达平潭在长久的历史进程中从海洋所受到的恩惠。

（1）石牌洋

平潭当地不乏自然生成的奇山怪石景观，平潭南寨山更是

以石景众多而出名，石牌洋是当地自然形成的岩石景观代表，其位于平潭县西北海域中，"半洋石帆"，它是平潭历史的见证者，在平潭石头厝村落中，模拟石牌洋的造型进行景观造景，可以让许多慕名前来却因为天气原因难以一睹石牌洋真容的游客领略到平潭海洋作为大自然设计师的鬼斧神工技艺（图4）。

（2）"蓝眼泪"

"蓝眼泪"是平潭的特色海洋景观，是由当地海洋浮游生物"希氏弯喉海萤"在海滩上聚集时而产生的即时性景观，只有在一年极少数的时候才能看见。笔者认为，可以在石头厝村落中，使用夜光型的景观材料进行"蓝眼泪"的模拟造景，并用景观手段对蓝眼泪的生成原理进行科普，并了解到平潭沙滩环境的治理对于平潭海洋生态的重要性（图5）。

（3）沙雕

沙雕亦是平潭当地特色的人文景观，在平潭的龙凤头度假村有着当地最大的沙雕园，沙雕的取材便是当地特有的沙土，是平潭人民利用当地特色景观材料进行文艺创作的成果，作为故事载体出现的沙雕，使其在具有良好观众参与性的同时，又成了向游客传达平潭历史故事和文化的重要景观，是平潭传统村落景观改造中向外来游客传达当地文化可运用的设计手法（图6）。

2.3 君山村叙事性景观设计

2.3.1 叙事性修辞手法的运用

（1）隐喻

带有隐喻意义的景观在君山村叙事性景观改造中的应用是最多的。比如，将君山村废弃石头厝建筑的留码头部分保留下来用作造景，隐喻着过去平潭石头厝的自建史，当游客经过留码头改造而成的景观时便能感同身受地体会到石头厝作为"没

图5　"蓝眼泪"

图6　沙雕

有建筑师的建筑"其形成之不易。通过木麻黄造景，隐喻着过去平潭人民对抗风沙的历史，诸如此类。

（2）典故

在商业—文化展示区和村落风貌保护区都设有对过去平潭君山村历史故事进行刻画的景墙，通过较为直观地叙述典故的形式，让游客以及当地的新生代居民较为直观了解到平潭过去发生的历史事件，如抗击倭寇、抵御外敌等。

（3）悖论

悖论手法在君山村景观的改造主要是对石头厝建筑立面进行肌理改造和废墟化景观手法的处理，并将两种不同的新式石头厝形态安置于同一地点，从而形成类似于悖论式的对比，石头厝的立面改造能有效地统一石头厝村落的立面肌理，向人们传达过去风沙肆虐时期平潭所遭受的挫折的历史。

2.3.2　叙事主题景观排序

（1）顺序叙事式故事轴

该部分的景观叙事轴主要位于君山村的村落风貌保护区域，以"未起之厝"—"风过残垣"—"风语者"—"风之力"—"御风而行"的顺序进行故事轴的主题进行，象征着平潭人民过去在海岛上，面对困难重重的环境建设家园的情节，观众在体验其不同的故事情节变化时，如同感受平潭过去的历史情节正在村落中进行一般。

（2）插叙叙事式故事轴

该部分的景观叙事轴，主要从村落南面的君山半山腰地带开始，一直延续到北面的民宿服务区，"守望者"—"石之海"—"岚岛鲸波"—"蓝眼泪"—"沧海一桥"该部分的景观排序运用了插叙的手法，在讲述平潭海洋文化景观节点的同时，所插入的特定历史事件则是表达了平潭居民在与大海相伴的历史进程中所遭遇的不测风波如外敌入侵，但平潭人并未就此惧怕历史给予平潭的使命的故事情节。

3 结语与展望

石头厝村落是闽东南沿海地区重要的传统文化载体，石头厝村落景观的改造，对于平潭地域文化的保护以及当地特色旅游产业的发展具有重要意义。同时，石头厝村落景观的改造，又是中国特色村落景观改造的一个研究范例。

3.1 研究结论

本论文通过探讨叙事性景观的设计手法的应用，研究平潭石头厝村落景观改造的可能性方向，选取了叙事性景观设计中隐喻、典故和悖论三个修辞手法。通过空间的排序，在自然共生和主体互动式的设计引导下，从平潭石厝文化、君山文化、海洋文化三个视角进行切入，对君山村石头厝村落进行了概念性景观改造设计，叙事性景观的设计理念，能有效地提取平潭当地的特色叙事元素，通过景观手段，传达给当地居民和外来游客，在完成石头厝村落的景观保护与更新的同时，展现平潭特色地域文化。

3.2 不足与展望

本文对于叙事景观设计的手法的探讨有待深入，笔者自身对于叙事性景观理论的理解亦需要跟进。在论文前期准备工作时，由于石头厝文献的不足，资料的收集多少会有所局限，论文的深度也有待提高，希望之后的设计师们，能在笔者的基础上，更深层次地去挖掘平潭当地的故事，并通过景观来向社会展现平潭特有的地域文化。

参考文献

[1] 费孝通. 乡土中国 [M]. 上海：生活·读书·新知三联书店，1984.

[2] 戴志坚. 闽台民居建筑的渊源与形态 [M]. 福建：福建人民出版社，2003.

[3] 戴志坚. 福建民居 [M]. 北京：中国建筑工业出版社，2009.

[4] 李道增. 环境行为学概论 [M]. 北京：清华大学出版社，1999，3

[5] 沈克宁. 建筑现象学 [M]. 中国建筑工业出版社，2008.

[6] 平潭县地方志编纂委员会. 平潭县志 [M]. 北京：方志出版社，2000.

[7] 郑颖娜. 平潭传统聚落保护与更新研究 [D]. 厦门：华侨大学，2013.

[8] 陈衡民. 海坛风景名胜区周边社区营造研究 [D]. 厦门：华侨大学，2016.

[9] 李培鋆. 乡村村落景观改造实例与研究 [D]. 合肥：安徽农业大学，2016.

[10] 贺勇. 作为整体系统的景观的含义与实践策略 [J]. 华中建筑，2008（09）.

[11] 金晓莹，陆邵明. 空间线索的编排及其体验的艺术性——以上海松江方塔园为例 [J]. 华中建筑，2006.

[12] 靳凤华. 福建古民居建筑色彩归纳探究 [J]. 文学研究，2013（03）.

[13] 王执华. 福建平潭海洋文化的内涵与发展研究 [D]. 武汉：华中师范大学，2013.

[14] 蒋枫忠. 闽东建筑文化的地域性表达研究 [D]. 广州：华南理工大学，2015.

[15] 陈剑，陈志宏. 平潭传统民居类型调查 [J]. 福建建筑. 2011（06）.

[16] 孔祥伟. 宣言与叙事——关于当代景观设计学的思考 [J]. 城市建筑，2008（05）.

[17] 沈华玲. 景观叙事的方法研究 [D]. 长沙：中南大学，2008.

[18] 王婧. 风景名胜区村落景观的特色与整合 [D]. 南京：南京林业大学，2007.

[19] 施洁. 武陵源风景名胜区村落景观保护更新研究 [D]. 武汉：华中农业大学，2012.

[20] 陈冬晓. 旅游发展背景下里耶村落景观资源保护及利用研究 [D]. 武汉：华中农业大学，2014.

[21] 姜树人. 基于传统村落景观营造思想的现代农村景观设计研究 [D]. 北京：北京理工大学，2015.

[22] 李沁峰. 面向旅游开发的村落公共空间景观设计初探 [D]. 北京：北京林业大学，2016.

[23] 李培鋆. 乡村村落景观改造实例与研究 [D]. 合肥：安徽农业大学，2016.

[24] 刘立攀. 基于山地传统村落保护模式的南弄村旅游景观规划设计研究 [D]. 西安：西安建筑科技大学，2017.

治愈系公共空间的人文影响力研究

梁小洋

北京工业大学艺术设计学院

摘　要：在国家第十二个五年规划里明确提出"要以科学态度，加强心理疏导，侧重人文关怀，培养有进取心、心态平和、具有包容兼具开放的社会心态"的大背景下，环境空间设计进入到一个需要反省的时代，新的设计需要弥补时代快速发展所造成的心里缺失。环境设计将满足人们在社会环境压力下，寻求心灵治愈感的重要诉求。治愈系空间设计手法是通过提高材质亲和力、营造情感诉求的治愈场所和利用文化空间的精神属性，通过空间引导，从而达到环境的人文影响。

关键词：治愈系　人文影响　知觉互动　角落营造　精神空间

精神分析学家卡伦·霍尼认为环境是人格形成的根本原因。中有孟母三迁，西有警察与赞美诗[①]，无一不说明了环境的人文作用对人的巨大影响，但现代环境公共空间设计往往忽略到这一点。当前，世界卫生组织对全球的调查表明达到健康状态的人只占人群总数的5%，处于亚健康状态的占75%以上。经济的飞速发展，加快的不仅仅是经济发展的速度，还有人们生活的节奏。人们对于环境的空间体验不再是以物理满足为唯一标准，而是转向空间的附加价值，即空间的人文关怀。看似是审美标准从"物理功能"到"精神滋养"的转变，实则是当代社会快速发展向环境设计提出的挑战。

1　当代环境设计的弊病解析

1.1　环境知感的缺失削减了公共空间的人文影响

在我国当前环境建设中，存在一个误区即公共空间设计以视觉审美为单一感官体验，而缺乏对于观者"五感互通"的关注。环境设计容易以设计师的主观审美标准作为空间评判标准，过度追求形式追随功能的现代主义信条，从而忽视了环境设计的终极目的——服务于在其中生活的人。柏拉图说："美在于观者"。"触景生情"就是指环境的感知体验。知觉更好地描述了人们对世界的最终体验。而公共空间设计往往忽略人对

于环境的"第五感觉（知感）"。

1.2　缺乏对个体的关注降低了公共空间的治愈功能

不同的活动需要不同的环境和场所，但不是所有的人都具有相同的功能。不能以分析的、科学的概念来对待具有整体特质而又十分复杂的场所[②]。英国著名的医学博士汉弗莱·奥斯蒙德（Humphry Osmond）把鼓励社会交往的环境称为社会向心（Sociopetal）的环境，反之则称为社会离心（Sociofugal）的环境。人们长期生活在社会离心的环境（工作空间）导致封闭式的行为模式，容易诱导心理疾病和情感缺失，而公共空间同质化的功能缺乏对于个体情感诉求的关注。环境对于人的心理疏导具有重大作用，所以公共空间设计肩负了更大的责任。

1.3　技术审美和娱乐特征消解了公共空间的文化归属

公共空间形态容易走入技术审美的误区，而功能上娱乐商业化严重，呈平质化状态。"网红店"的出现应运而生，快餐式文化消解了公共空间的文化属性。随着社会的高压态势，人们需要具有文化归属的精神空间，在这个类似教堂属性的场所中形成自我内心世界的思考与对话，为人们提供一个与现实社会短暂隔离的神圣精神空间。

2 "治愈系"——空间的人文影响力传达

2.1 "治愈系"是发挥环境的人文关怀的理论突破

传统公共空间中浮华做作的装饰，五光十色的材料和表现财富的浮躁心态逐渐被人们摒弃。环境设计的方向由标新立异转向人文关怀。将抽象的心理需求转化为可感知的心里治愈成为击破现阶段环境空间设计的痛点。"治愈系"空间正是针对现代社会发展下人"情绪化"心理需要被解脱的一种"治愈性"的产物。治愈系设计是美学和心理学的交叉和融合，利用设计管理情绪，转变人们的生活态度。对关注和改善人类心理、生理健康具有重要的意义。治愈系空间设计的导入是解决当前环境弊病，发挥环境人文影响的理论突破口。

2.2 "治愈系"是发挥环境的人文影响的创新途径

环境治愈的现有方法是提倡在自然环境中"物理治愈"，通过自然空间促进新陈代谢，摆脱城市的喧嚣和工作的烦闷，得到身心放松治愈。而本文提到的环境治愈首先是关注人的五感需求，由视感带动其他感官系统，让使用者的知觉与环境产生互动；再者是关注人的情感需求，通过在公共空间中提供"停顿"的场所，来满足高压人群的心理诉求；最后是关注人的精神归属，夜以继日的生活容易使人变得漠然，对于无信仰的人来说，需要通过公共空间营造文化归属感，使人与空间产生"神圣邂逅"，从而真正达到环境设计的人文影响。

3 "治愈系"空间设计的方法要素

3.1 "五感互通"的友好环境是治愈系空间人文关怀的基础

奥地利学者恩斯特·马赫（Ernst Mach）在其《感觉的分析》一书中提出："全部科学的基础——特别是物理学的基础，需等待生物学，尤其是用感觉的分析来做进一步阐明"。他用科学的方法阐述了人的视觉、触觉、知觉与环境空间之间的联系。人的大脑是一套认知世界的感觉系统。眼睛、耳朵、鼻子、皮肤都可称之为接收器，通过接收器使大脑萌发出无限无形的感觉触须来探索世界。也就是环境设计通过感官传达到大脑，以达到刺激或唤醒的目的，从而达到环境对人的"五感互通"。以梅田医院标识系统为例（图1）。传统审美标准下的标识设计干净、醒目，仿佛可以闻到消毒液的味道。设计师在视觉表达上考虑医院主体受众为妇婴人群，摒弃了传统的金属、木材、塑料等制作标识的材料，选取白棉布这样易脏的材料并一直保持清洁，一是由视觉引发的触觉感知柔软了整个空间；

图1　梅田医院标识（图片来源：https://www.duitang.com/blog/?id=240925620）

二是向来访者和病人展示了最高级别的卫生，给使用者带来了极大的安全感和信任感。创新不等于标新立异，所有关怀人的需求的空间设计都可称之为创新。因此环境空间除了满足基本的功能外，更要体现出对使用人群全方位的关爱。

3.2 "角落"的营造是治愈系空间人文关怀的手段

快节奏和高压力的都市生活，使人们在公共空间中，不仅是对吃饭、品茶或听音乐的物理需求，还有一种是对心灵、对精神安慰的心理需求。使用者需要在这样的环境空间中产生放松和愉悦的感悟……人们需要这样的"角落"来恢复自信，凝聚经历的场所[3]。无论是从社会心理还是从物质文化的角度上讲，这种角落对于人来说都是至关重要的。人有时需要躲避喧闹和嘈杂，与世间进行短暂的空间隔离。治愈系空间正是新时代人的情感诉求，在公共空间中提供一个"停顿"的场所，让人们体会价值和意义。通过创造一种共生的空间秩序和一种有感染力的场所达到空间对人的治愈作用。目前公共空间中，书店和咖啡馆都有类似"角落"的属性。以

图2 无人咖啡馆（图片来源：https://www.sohu.com/a/231336593_481537）

韩国济州岛一家无人咖啡馆为例（图2）。空间设计围绕"无人"展开，行为的转变导致其区别于传统咖啡厅的平面布局方式。店主的出发点在于公共空间除了物理属性，还可以给消费者带来什么。由于人长期生活在社会关系束缚的压力下，"无人"正是反其道行之的一种新的设计思维。顾客在这里很舒服，因为没有人打扰，可以静静地喝着咖啡，回忆着他们心里的故事。这并不是鼓励所有的公共空间都应该无人管理，而鼓励的是一种新的设计思路，一种重视人的情感诉求并把人文关怀作为空间的营造标准。

3.3 "精神文化"性是治愈系空间人文关怀的表现

人类采用两种方法进行环境设计，一种是几何手法，一种是从"未开化的"环境中区分出"神话的"环境。而对于公共空间因子的考量，不单单是关注空间中的形态、尺度等可量度的物理因子，还应该是一种超越形式与功能，但又与形式和功能捆绑在一起的加权因子，这个加权因子与空间的场所精神紧密关联[4]。公共空间需要具备文化归属和精神归属的场所功能。博物馆是具备这两种功能的现代教堂。博物馆的意义不止在于收藏展品，更重要的是建立起与观者的联系，使观者被某些藏品激起超凡感受并与公共空间产生神圣邂逅，从而激起观者的文化归属和心灵归属，在某种程度上说是更深层的心灵治愈。以南京大屠杀纪念实展为例（图3），展馆属性为红色纪念型博物馆，此厅主要陈列的展品为英烈的照片及生前事迹。序厅采用光影倒叙手法，昏暗的暖光将观众带入历史。全馆展厅的空间营造抛弃传统的沿墙展物的形式，观者进入展厅首先感受到的是这个场所所要传达出的纪念精神，强大的氛围感染使观者除了单纯的科普教育之外，还多了一重与空间的神圣邂逅。当观者走在空间里，在强大的气氛感召下，他眼前会联想起一幕幕战士誓死卫国的场景，知古而鉴今，从而感受到自己渺小的幸福也是一种深层次的心灵治愈。

图3 南京大屠杀史实展（图片来源：http://news.jstv.com/a/20171213/1513134264710.shtml）

4 总结

针对公共空间缺乏人文关怀的现象，治愈系公共空间设计方法，更加注重环境空间的知感互通；更加关注使用者的情感需求；更加注重公共文化空间对于人精神的引领。给人带来心里治愈来缓解亚健康状态就是治愈系空间的意义所在。但治愈系也存在标签化现象，这个标签可能不会改变公共空间现有的风格或者格局。但作为设计师必须清楚地认识到，对于治愈系的研究是基于现代人共有的一种共同基础价值观之上的，满足人类物质和精神生活需要的设计，是设计未来发展的一个重要方向。在这个飞速发展的时代，把人的精神愉悦作为己任，才是设计进步的意义。

注释

①欧亨利. 警察与赞美诗 [M]. 吉林：吉林出版集团有限责任公司，2010.

②C．Norberg—Schulz．Genious Loci：Toward A Phenomenology of Architecture [M]．New York：Rizzoli，1980：6—7．
③陆邵明．建筑体验 [M]．北京：中国建筑工业出版社，2007．
④沈克宁．建筑现象学（第二版）[M]．北京：中国建筑工业出版社，2016．

参考文献
[1]（日）原研哉．设计中的设计 [M]．济南：山东人民出版社，2006．
[2] 陆邵明．建筑体验 [M]．北京：中国建筑工业出版社，2007．
[3] 韩思齐．2010 日本"治愈系"的文化分析 [J]．南昌教育学院学报，2010（2）：48—50．
[4] 赵晓龙．室内空间环境设计思维与表达 [M]．哈尔滨：哈尔滨工业大学出版社，1900．
[5] 沈克宁．建筑现象学（第二版）[M]．北京：中国建筑工业出版社，2016．
[6] 李丹，陈新生．基于治愈系的公司休闲区设计 [J]．合肥工业大学学报，2016，30（3）．
[7] 程大锦．形式空间和秩序 [M]．天津：天津大学出版社，2008．

材料与空间的双重渗透与浸润

——作为设计手段的透明形式组织可能性研究

韩娱婷

南京艺术学院

摘　要： 20世纪50年代，柯林·罗和罗伯特·斯拉茨基共同发表的《透明性：物理层面和现象层面》一文中，结合了早期的立体主义绘画和现代主义建筑提出了其研究的透明性理论，基于其物理透明性和现象透明性及基础诠释透明性的特征。透明性，作为一种形式——组织元素中的关系，可以被看作一种形式组织的手段作用于实践应用中。本文从建筑的现象透明性特征出发，试图归纳透明性作为设计手段对实践应用的理论总结。

关键词： 透明　物理　现象　隐匿

1　概念综述

1.1　透明性

20世纪50 年代，柯林·罗和罗伯特·斯拉茨基共同发表的《透明性：物理层面和现象层面》一文中，结合了早期的立体主义绘画和现代主义建筑提出了其研究的透明性理论。基于其物理透明性和现象透明性及基础诠释透明性的特征，该文由于时代、技术、材料等原因对于透明性的概念定义受到时代的局限性，且其透明性理论最早源于立体主义绘画。

随着时代技术的发展，对于透明性的概念定义可大概分为两种：一种是物体透过可见光并散射较少的所散发的状态。且透明性所呈现的效果与物体的材料和自身的颜色有关。另一种是在建筑学中，作为一种视觉语言，起源于现代绘画并上升到理论应用。其中，戈尔杰·凯普斯在自己的著作《视觉语言》中对透明性这样描述："如果人们看见两个或更多个图形彼此重叠，他们中的每一个图形都因这个公共的重叠部分而完整，这便是人们陷入一个矛盾的空间维度，人们必须设想一种新的光学特性，才能解决这个矛盾。这些图形具有了一种透明性，他们是互相贯通的，彼此间没有视线的遮挡。然而，透明性不仅仅暗示着图形的一种光学特性，它还暗示着一种更宽广的空间秩序。透明性暗示着人们对不同空间位置的同时感知。"可以看出，人在视知觉上，可以感受到不同位置的空间同时存在。

1.2　透明性：物理层面与现象层面

在柯林·罗和罗伯特·斯拉茨基看来，透明性可分为两种，即物理透明性和现象透明性。前者顾名思义是指是物质物理属性的表达。物质在物理层面对于人的视觉呈现的光学效果；后者是一种结合人们的心理，通过交叠、渗透或暗示来引导人们感知的多层空间。而相对于物理透明性来说，现象透明性具有更多的可研究深化的内容及丰富空间的可能性，其手段主要归纳为：（1）多层次的空间相互交叠、渗透；（2）通过设计手段，不同的空间在视觉上能够并存并被感知；（3）空间的层次性随观察视点的连续运动而发生变化，具有多重解读性。

柯林·罗他们试图通过《透明性：物理层面和现象层面》将人们对叠合的这种视觉、直觉感触解释为维度的矛盾。将体验感和视知觉信息与自我想象力进行结合延展出更多的信息对所看到的进行解读。透明性解脱了空间的限定，超脱了单一空间有限的信息传达。

1.3　广义透明性

在这个概念上面戈尔杰·凯普斯在《视觉语言》中进行阐释：如果一个人看到两个或更多的图像叠合在一起，每一个图像都试图把公共的部分据为己有，那这个人就遭遇到一种空间维度上的两难。戈尔杰·凯普斯认为这些图形能够互相渗透，并且使观察视点能够清晰地感受到其明确的层次性空间。除了给予视觉上的透明性，它还拓展了空间的秩序并使观察者感知层次性不同的空间位置。

而在柯林·罗和斯拉茨基的研究基础上，伯纳德·霍伊斯里提出了"广义透明性"的概念，伯纳德·霍伊斯里试图将现象透明性发展为一种超越透明的物理层面本身的建筑设计方法论。通过大量对建筑案例以及实践分析的解读，霍伊斯里将建筑现象透明性的特征大概定位三类：（1）图底交叠。在二维平面坐标上结合三维的空间物象，使两者相互融合交叠，以期摆脱定点透视下物体空间位置确定的局限性，尝试创造新的空间组织系统；（2）空间维度的模糊性。多层次的空间交叠穿插导致从视知觉上出现模糊性的交叉区域，从而产生更多的可能性意味。（3）表现空间的层化现象。通过一定的组合方式从而打破空间的形体结构进而产生更多样的空间并互相作用，从而加深视觉深度。

2　作为设计手段的透明形式组织

现象透明性的最初起源是立体主义绘画，但当它由"透明"转为"透明性"的同时。它作为一种设计思想和设计策略可以对实践应用产生实践价值。表现混沌多维及丰富的空间组织关系及形态在如今科技发达和先锋哲学思想普遍的当下这已是建筑发展的趋势。对可能性进行理论性研究并应用于实践，在运用图底交叠、空间互渗、复杂形变的表现手法，摆脱单一空间的限定，极大地丰富了当代建筑的空间内涵和形式语汇。

2.1　底图交叠

霍伊斯里将平面绘画中不同系统和层次的相互交叠相互穿插于网格系统中，进而产生通透的意象，并将二维平面图的"底"与"图"交叠穿插在关系的处理上。这种形式可作为一种建筑设计手法，也可以应用到建筑内部空间的平面分割布局中。在设计的过程中，将场地等原有的格局网格作为底图，将不同类别及方向的新格局"交叠"至原有的格局网格上，构成底与图两套网格交叠穿插的透明性。

其中，扎哈·哈迪德在设计辛辛那提当代艺术中心侧立面的设计过程中，便使用了这种底图交叠的设计手段。首先，确定基面的面积及形状，然后在基面内以混凝土和玻璃两种材质确定图形与其背景的位置关系，进行层次性的交叠，产生其视觉深度感。

2.2　空间通透

在普遍追求复杂多样以及混融的当代建筑领域，空间互渗的设计手法能够使空间具有现象透明性特征。通过建筑与周围的环境、建筑的内部与外部的共通点在人与建筑之间产生对话。在层叠的视觉信息下使空间表现层次产生丰富通透的感觉。

其中，在柯林·罗的《透明性：物理层面和现象层面》关于物理透明性和现象透明性的论述中，墙要形成通透的往往可以有两种方式：第一种是界面材质本身的透明，第二种是通过墙体的灵活错动达到透明。密斯所设计的巴塞罗那德国馆（图1）就将这两种透明方式完全呈现了。如弗兰普顿在《建构文化研究》中写道："从厚重的不透明材料到轻盈的透明材料，密斯的建筑展现出了建构和美学的双重含义"。

从平面图看平板玻璃在对空间进行分割的同时也起了引导的作用，通过绿色镜面玻璃可以将视线延伸到封闭的水池，并以酸蚀玻璃作为室内与开放水池的分隔。这些不透明、半透明、透明的墙体在作分隔作用的同时引导着路线及视线。使观者在空间内的任何一点都不止能看到一个空间，无论从物理空

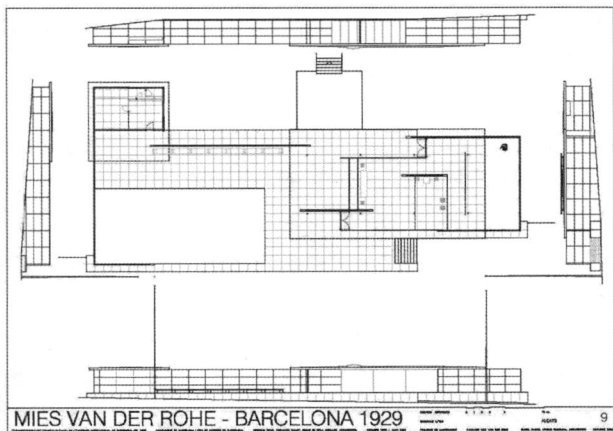

图1　巴塞罗那德国馆通透错位的墙体（图片来源：互联网）

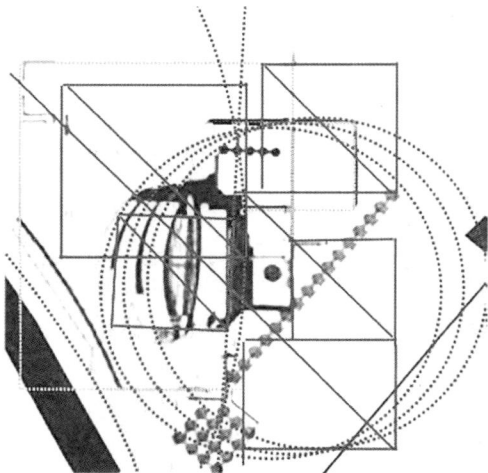

图2 基地图

图3 室内空间

图4 夹缝空间

图5 光与影的结合

间的分割还是视觉的空间层次都做到了通过设计手段将简洁物质达到丰富的视觉效果。

2.3 空间组合

在普遍追求复杂多样以及混融的当代建筑领域的当下，越来越多的复杂性科学理论兴起以及先锋哲学的渗透，这种现象已然成了一种风气。因此，设计师设计空间时，将现象透明性空间作为设计手段成为一种普遍的现象。表现复杂多维的形态以及丰富的多层次空间成为当代一些前沿建筑师的设计重点。

美国建筑师理查德·迈耶在迈耶设计的罗马千禧教堂也反映了其一贯的设计思维与空间操作特征。迈耶以其独特的设计手法比如旋转、叠加、错位、拉伸、穿插、变形等多种手法不同的操作组合造就了迈耶不同的项目。其中平滑曲线形态是最易使人感知到动态、连续、多维的建筑空间特征，并且能够丰富空间，拓展空间秩序。通过观察迈耶所设计的千禧教堂基地不难发现，场地轮廓几近于三角形，查德·迈耶利用双向旋转的原形和层层叠叠的矩形进行叠加、分解、重新组合，形成了基本的基地关系（图2）。方向的秩序矛盾，此起彼伏，引发了无穷的动态解读（图3、图4）。

3 不透明性——光影

建筑既然存在透明性，就存在不透明性。事物的两面性，不能忽略其中任意一方，不透明性与透明性是属于矛盾又肯定同时存在的。英国建筑师罗杰斯曾经说过："建筑是捕捉光的容器，就如同乐器如何捕捉音乐一样，光需要可使其展示的建筑"。其中，美国著名的建筑师路易斯·康（LouisIsadore Kahn）和日本著名建筑师安藤忠雄在建筑的光影艺术中有非常多的实践及理论。在他们的设计中充分利用了建筑界面的透明性和不透明性之间的对比和呼应，这种光影的叠加不仅丰富了空间，带来的还有视知觉的盛宴。

3.1 不透明性的负形

界面的透明是指让光从界面的一边进入到界面的另一边，那么相对地，不透明性则是让光的负面——阴影，进入到界面的另一边（图5）。而透明和不透明所导致的结果就是——光影的形成。

3.2 光影的退晕融合

当光通过几层的透明性介质，光明与黑暗的融合交叠会产生一种"退晕"的效果。这种"退晕"的设计手段往往可以营造建筑宁静的气氛。日本建筑师妹岛和世在设计的过程中便运用了这种处理手法。在妹岛和世的鬼石町多功能设施建筑中，采用了两种玻璃材质作为内部空间的分隔及引导作用，这两种玻璃材质不同的交叠方式以及与光线结合所形成的阴影大概可以分为两种：一种是光影的单独退晕，另一种是光影的混合退晕。随着玻璃材料的曲线进行变化，不同的光线效果相互融合形成了新的光影效果，营造出空间安静而迷离的状态。在妹岛和世的建筑案例中，可以发现妹岛和世在开敞的大空间内往往只设置少量的隔断。通过简单的玻璃以及薄墙，结合运用营造现象透明性的设计手法削弱建筑内部的封闭感，这种单独退晕的效果与混合退晕呈现出来的是一种光影秩序上丰富的混杂秩序。往往给予感观者安静而"暧昧"的空间氛围体验。

4 结语

透明从物理的角度出发，其实是一个非常明确的概念，但当它一旦被改造成"透明性"的描述词，它所表达的含义便远远超越了该词本身所描述的内容。在吉迪翁的《时间、空间与建筑》一书中，他对格罗皮乌斯的科隆展览会办公楼作了这方面关于透明提梯塔里的螺旋楼梯的分析。他认为："看起来像是空间中被捉住和凝固的一个运动的动作"。并且在此基础上，吉迪翁将格罗皮乌斯的作品与毕加索的立体主义绘画进行对照以及比较，他认为空间与时间具有相互参考作用，互相呼应并融合，从而形成了其有机的关联。

透明性形式——组织的优点是可以被多重解读、统一中的复杂性、模糊与清晰、使用者通过选择和参与的介入来对空间进行深一步的设计。关于这一点，在《透明性：物理层面和现象层面》一书中，柯林罗和斯路斯基开篇就以吉奥吉凯佩斯的双重定义来解释"透明性"，如果你看到两个或者两个以上的人形叠加在一起，这些人形具有透明性，然而透明性还不局限于视觉，而是有更广泛的空间次序。随着时代科技的更新，新观点相互碰撞使透明性依然有着巨大的发掘和研究价值。

参考文献

[1]（法）亨利·柏格森. 材料与记忆 [M]. 肖聿译. 南京：译林出版社，2011.

[2]（美）柯林·罗，罗伯特·斯拉茨基. 透明性：物理层面和现象层面 [M]. 金秋野，王又佳译. 北京：中国建筑工业出版社，2008：24—25.

[3]（美）彼得·埃森曼. 图解日志 [M]. 陈欣欣. 何捷译. 北京：中国建筑工业出版社，2005：21.

[4]（法）贝尔纳·斯蒂格勒. 技术与时间 [M]. 方尔平译. 南京：译林出版社，2012：14，42.

[5] 妹岛和世建筑创作的时代适应性研究 [M]. 方尔平译. 南京：译林出版社，2012：14，42.

[6] 何亚琴. 日本因素对现代主义建筑大师赖特和密斯的影响 [D]. 北京：中央美术学院，2016.

[7] 杨惠芳. 基于现象透明性的建筑空间、形式操作研究 [D]. 天津大学，2013.

[8] 汪渝. 现象透明性在当代建筑设计中的表现手法. [J]. 吉林建筑大学学报，2017（5）.

注：本文为"江苏省研究生科研与实践创新计划项目"（项目编号SJCX17_0427）的中期成果。

试论记忆性空间的基本特质

曾 煜

中央美术学院城市设计学院

摘 要： 记忆性空间，是承载记忆表达情境的物理性空间环境。将空间作为记忆的载体，用情境化的语言来营造空间。本文将从主观与客观、内在与外在、个体与集体、情节与事件等方面去探讨记忆性空间中的基本特质，为记忆性空间提供佐证，验证空间因记忆而存在，并在情境的作用中延续。

关键词： 记忆 空间 集体 个体 情境

当前对记忆性空间的研究是非常多元化的，存在着不同的呈现方式，大致可归纳为三个主要方面：一是因历史遗存而保留的文化遗产，表现在物质遗迹上；二是因社会事件而形成的场域环境，体现在纪念性场景中；三是因情节叙事而生成的围合空间，表现在情节性空间里。三个方面都反映了记忆性空间以不同形式存在的现象，并为记忆空间的理论研究提供了现实依据。

记忆性空间是以空间为载体，以记忆为内容的物理性空间，存在于不同类型的场域环境中，并在多元化的表达中延续，在连续性的信息加工中建构。空间会在情境化的作用下再现记忆，营造出个体与集体的情境体验，也将通过情境化的空间营造来唤醒人们深层的记忆认同。[1]

1 记忆性空间的情境特质

记忆性空间中的情境，是营造空间环境的关键所在，体现在集体记忆的场域环境中，存在于个体情感的情景交融中。不同形式的记忆性空间会形成不同维度的空间情境，并构成差异化的情境特质。空间因记忆而存在，并因情境而鲜活。

1.1 情境与碎片

在社会环境与个人情节所构成的空间记忆中，情境是记忆性空间的内在显像，表现于空间的外在形态上，作用于个人内在感受中。记忆性空间中的情境，从主观上看是个人对环境空间的内在营造，空间环境会被主观意志所解构，重新建构出符合个人情感与记忆的空间环境。个体在对外空间环境反应的同时，也能被个体内在情节所作用，并会随个体的情感倾向，产生出内在情绪的波动或变化。从客观上看，外在空间环境的物质现象能对个人情感与记忆产生内在的影响，即所谓的触景生情；同时随着空间景致的变化，在一定的空间与时间中，会生成不同层次的内在境界，并会因变化而造成不同的空间感受，产生多样的情境差异。

构成这些差异化的情境状态，源于碎片化的个体与集体的记忆片段，空间随着记忆的碎片而建构，并在连续性的组合中生成。如同罗西（Aldo rossi）认为城市的各个片段在市民的潜意识中构成的"瞬时整合"。[2]而由见闻觉知所形成的内在情境，是具有间接性的特点，需要在稳定的状态中连续性建构，才能产生长效性的空间情境。同时，记忆中的情节碎片，在起作用时，会再次因为不同维度的信息被干扰，然后解构直至重组，形成自成逻辑的情境记忆结构。

1.2 多义与变量

情境因多义而丰富，因变量而复杂。空间中的情境是因人、因地、因时而生成的，并会随个体情节与集体记忆的因素而发生空间情境上的变化，从而为空间的多义性提供多种可能，情境也会在多义中变得更为丰富。会因多义性而生成多样的情境语言，构成复合的情境格局，并在多义性的空间形态上发生情境变化。

情境变量是存在于不确定并变化的情境空间中的，因为有变量的存在，空间寻觅中的情趣才会油然而生。在记忆性的空间中，以记忆为主线，寻觅情境中的人文与情节，在行进的过程中感知信息的存在，在路径的变化中体悟空间的精神，是个人在情境变量中产生的证量。在这种状态下形成的空间形式语言是变化的更是复杂的，这源于记忆性空间环境中的多义与复杂的变量情境。G·尼奇凯（G·Nitsche）：这个空间有个中心，就是知觉它的人。因此在这个空间里具有随人体活动而变化的方向体系，这个空间，绝不是中性的……非均质、被主观知觉所决定的。[3]

2 记忆性空间的信息媒介

当材料作为信息媒介时，他拥有多种语言，具备多维度的涵义。一方面，材料作为一种传播工具，可以用材料媒介来传递信息，也可以通过材料语言，来表达物质的精神内涵与环境的空间气质；另一方面，材料作为一种记忆载体，被看作承载了社会记忆与个人情结的记忆。这种材料可以是物质形态的，也可以是非物质形态的，浓缩记忆也传承着记忆。用记忆性材料营建出情境化的空间，将延续个体情结与集体记忆。

2.1 信息与空间

在记忆性的空间特征中，信息传达与空间媒介是构成记忆性空间的基本要素，有着直接性的关联。空间因信息而存在，因传达而被连续记忆，是信息作用于空间中的感知而生成记忆性空间的逻辑关系。如同叔本华的"建筑存在主要依靠人的空间感知"的观念。因而，建筑空间的生成是感知、思维的结果，而非简单的建筑实体构建所赋予的。在这个层面上，空间是为知觉的结果。[3]

从信息加工理论来看，空间中的信息是在传达过程中被提炼加工[4]而形成的记忆性信息空间，因此空间是信息作用于空间而产生的媒介形态，更是在传达的过程中形成的媒介空间。如建筑师畏研吾在设计村井美术馆的过程中提到，所有的物质中都存储着更大密度和更多真实感的各种各样的信息。而建筑师的工作就是将这信息巧妙地提取出来。[5]

每件历史材料都有着不同的人文故事，都在清晰地表达着自我，传递着不可替代的信息编码。王澍先生在他设计的宁波历史博物馆项目中，通过回收因城市拆迁剩下的"城市记忆的碎片"来"重组构成"记忆性空间的物质形态，就是实践用记忆性的信息素材来营造记忆性空间环境的经典案例。

2.2 物质与媒介

将物质与非物质作为空间中的媒介语言来表达，可以是在实体围合空间中，通过材料语言来表达；可以是在场域空间中，通过情景氛围来营造；也可以是在虚拟空间中，通过影像音声来传达；还可以是在装置空间中，通过对情节元素的建构来表达。记忆会在媒介的空间中生成，也会随周遭的环境而弥散，更会在时空的交错中再现。

在建筑师畏研吾看来建筑就是以物质为媒介，用来连接人与世界的装置。并强调以物作为媒介，关键是在"物"，不是房屋形状，也不是房屋的平面构图，而是构成房屋的"物"酿出了那种不可思议的气味。[5]

艺术家徐冰先生用"9·11"废墟的粉尘材料作为物质最原本的状态来表达，创作出《何处惹尘埃》的作品。在徐先生看来，它们包含着关于生命、关于一个事件的信息。作品不仅承载着个体与集体因事件而遗留下的情节性记忆，还是一种超出空间与时间界限的情节性表达，更能够超越文化界限。在Artes Mundi展出过程中，徐先生收集的"9·11"粉尘吹散到展厅中，在经过数小时的落地后，地面上呈现出两行灰白色的禅宗六祖偈语："本来无一物，何处惹尘埃"。这种空间情境给人一种寂静与沉思之感。在物质与非物质的相互作用中，空间情节的表达方式将被重新定义，正如徐先生所言："其实这座纪念碑早已在那里：就是那些尘埃本身。"[6]

3 记忆性空间的叙事格局

构成记忆性空间结构的关键是叙事性的空间格局，是个体与集体的情节与事件的叙述中形成的，具有鲜明的情感记忆特征。以事件为空间的内容，来表述个体与集体记忆，空间会因事件而凝聚，格局会在情节性的叙事中生成。但情节性还具有片段化、不连续的特点，这种片段化的情节记忆会在间接性的遗忘中被碎片化和模糊化，但可以通过叙事性的信息加工来强化并使其延续，从而构建并生成情境化的记忆性空间格局。

3.1 情节与事件

在建筑师和学者伯纳德·屈米看来，空间不是实在、确定的，而是随着建筑空间物质属性以外的事件所发生变化的。[3]因事件而形成的空间，是将事件中的情节信息内容提炼后来建构空间并在表述中营造情境的；而空间中的格局也是由事件解构后的片段性情节所组成，并用事件线索来串联空间的，在叙述情节与事件的过程中形成情境化的空间场域。而在个人与集体对事件的不同反应中，会产生不同的空间情节效应。一方面可以是用个体情结来反应集体性的事件，凸显在群体事件中的个体境遇；另一方面可以用集体意识下的群体性事件来反应社会性的现象，表现在集体意识中的群体性情节。以差异化的视角，将个体与集体的情节线索，解构成一体两面的空间格局，并通过事件性的情节点，来强化个人情绪与集体感知，是记忆性空间格局的重要构成要素。

3.2　叙事与格局

在叙事性的空间格局中，由叙事结构而生成的空间格局，是能表达空间中的情境与感知的，能传达个体与集体的情节性记忆的。将空间结构本身作为对象来表达，则是记忆信息溶解在空间叙事中来表现，也是内容与形式的高度统一的结果，从中生成记忆性的空间格局。在德国柏林犹太人博物馆建筑空间中，建筑师丹尼尔·里伯斯金（Daniel Libeskind），用三条主题叙事线索，形成三条不同命运主轴，构成三条不同叙事性空间，表达出犹太人被屠杀、驱逐、延续的不同个体与集体命运，并且在入馆岔口处的选择上，也隐喻了当时犹太人的艰难抉择与未知命运。在三条叙事性的命运主线中凝结了空间中的记忆情节，表达了作为个体与集体之间的共同命运。

4　记忆性空间的永恒纪念

纪念中的永恒性，表现在记忆性空间的情境效应中。当集体事件与个人情节发生在同一时空场域时，情绪会在当下被凝结，空间会瞬间被定格，而记忆也会在情景交融中被延续。让消失所遗留下的痕迹在场域环境中重组再现，使记忆的信息在物理性空间环境中得以永恒。

4.1　个人与集体

情节中的个人与事件中的集体，反应在个人内心与群体性参与上，是个人在经历特定社会环境因素时产生的内心深层记忆，并因集体参与而形成集体性事件。同时集体事件也在影响着个人的情节记忆，并作用于个人对情境场域的感受。无论是个人与集体，还是情节与事件始终在相互交融，就个人情节与集体事件的关系而言，华裔建筑师、美国越战纪念碑的设计者林璎，其作品最能反映空间情境中的内在关联性。

在美国华盛顿的越战纪念碑上，林璎把亡者的个体名字当作纪念的主体，将群体性参与的纪念转换成为对个体的情节记忆，是出于人性对于个体生命的尊重。将个人的名字及其所蕴含的所有信息，一并溶解在对越战事件的建筑场域中，是其形成永恒纪念的一种空间情感表达。在林璎看来，集体性的事件由多个个体所组成，对集体性的战争纪念并不是对政治的歌颂，也不是为战争的称赞来凸显设计的主题，而是

关注为战争所付出代价的生命个体。为此，她给参观者营造一种静默和沉思的空间感受，并使其成为纪念场所空间的组成部分。或许正是因这种沉浸式的纪念方式，使得林璎的方案至今仍然感人至深。

4.2　消逝与痕迹

在特定环境下，遗址现场是营造记忆性空间情境的最佳场域，是生成空间情境中永恒性的首要选择。因事因地而生成的空间语言，是有现场性特点的，也是其他环境场地所不能替代的，更不同于其他空间的形式。场域空间中所遗留的痕迹传达着历史发生的相关信息，这种痕迹可以以多种形式而存在，是物质的也可是非物质的，都是构成空间情境的重要因素。在美国"9·11"遗址纪念中保留原有世贸大楼下沉时产生的空洞，这种状态正好反映了在消失的痕迹中延续着曾经的记忆，在场域情境的空间中纪念永恒性的主题。

美国"9·11"世贸遗址因恐怖事件而产生，2004年建筑师迈克·阿拉德（Michael Arad）的"倒映缺失"（Reflecting Absence）作品，保留了在双子塔下沉时产生的六米深大坑遗址，并将其作为永久性开放式的纪念场地。把两个占地4000平方米的遗址大坑，设计成瀑布状的巨型水池，而在水池四周围合处，将遇难者的名字镂空在青铜板上，来怀念逝者的一切。巨型水池中心的黑洞仿佛一直是空的，从来没被填满过，始终有种空洞的感觉。正如他介绍自己作品时说："人们对'9·11'纪念馆会做出不同的反应，我想要做的是明确地表现那一天给我们留下的缺失，以及这种缺失的永恒存在，时间不会抹去或治愈任何伤痕，但会改变我们对伤痕的感受。"[7]"9·11"遗址保留的空洞是对历史性事件的尊重，是在追思逝者的同时也在反思。除双子塔原址的瀑布水池外，在遗址东侧的下沉式"9·11"纪念博物馆的入口大厅处还放置着"遗留的支柱"，是曾经用来支撑双子塔的构造柱。保留因事件遗留下来的所有痕迹，是激活记忆性空间的关键因素。这类记忆性空间，因历史性事件或情节而发生，在遗留的痕迹中得以永存。

5　结语

分析记忆性空间中的基本特质是为了尝试在物质与非物质之间找寻建筑空间设计的转化语言与逻辑关系，并从中探寻出构成记忆性空间的决定性要素。在物质与精神所构成的记忆性空间中，其空间之所以不同于其他类型的空间，是因为空间中多种特质的存在。空间会因情境差异而被连续性记忆，并在个体与群体的情境碎片中重新建构；还会在情境变量的空间环境

中生成多义而复杂的空间形态；会在信息媒介的传播中形成不同类型的空间表达；也会在事件与情节的凝聚中生成叙事性空间格局；更会在消逝的痕迹中延续个人与集体的永恒记忆。

注释

① 记忆性空间：是承载记忆表达情境的物理性空间环境。曾煜．记忆性空间中的情境化 [D]．中央美术学院，2014.

② 信息加工理论：按照信息加工的观点，记忆是一个"三级加工"的过程：通过"注意"将信息从"感觉记忆"状态转送到"短时记忆"加工，并经过"复述"再将信息储存到"长时记忆"库中以备需要时提取。杨治良．记忆心理学 [M]．上海：华东师范大学出版社，2012，7.

参考文献

[1] 曾煜．记忆性空间中的情境化 [D]．中央美术学院，2014.

[2] 朱文一．空间·符号·城市——一种城市设计理论 [M]．北京：中国建筑工业出版社，2010，10.

[3] 颜隽．再造空间——当代建筑空间的多元解读 [M]．上海：同济大学出版社，2012，5.

[4] 杨治良．记忆心理学 [M]．上海：华东师范大学出版社，2012，7.

[5]（日）畏研吾．反造型与自然相连接的建筑 [M]．朱锷译．桂林：广西师范大学出版社，2011，2.

[6] 徐冰．"9·11从今天起，世界变了"，http://www.cafa.edu.cn/info/?c=901&N=4875.

[7]"人性化设计——美国911国家纪念馆"，http://www.chla.com.cn/htm/2012/0828/138285_3.html.

当代建筑外观形式价值的释放

雷锋钰

晋中职业技术学院

摘 要：由于受文字文化、表层知觉、风格流派的影响，以往建筑外观形式的表现受到不同程度的限制，但随着时代与文化的发展，人们对建筑外观的表现有了不同的思考。作者通过图像文化、深层知觉及表现性的追求等内容指出当代建筑外观形式价值应在不同的限制中得到释放，从而在更大的范围内获得表现力。使观者能够随时、深层、整体的与建筑建立对话。

关键词：建筑外观　形式价值　图像文化　深层知觉　表现力

前言

建筑的外观形式一直以来被人们重视，其在社会中的功能往往体现在一种对权利、阶层、文化、观念的象征作用方面，甚至在功能至上的现代主义时期密斯也不惜重金在西格拉姆大厦中把钢材包在混凝土之内，然后再把铜色宽缘钢梁贴在混凝土的外面，这一做法是为了体现"少即是多"的纯粹性设计理念。

除功能体验之外，形式外观是人类认识并评价建筑美丑的重要方面，这从媒体中对类似年度"最丑"建筑的评论便能看出来。因此我们对形式价值的当代动向给予更多的关注也就理所应当。随着时代与文化的发展，当代建筑的形式价值开始逐渐从以往的文化背景中得到释放，人们有了更多着眼的内容，其倾向表现为三点：①对建筑审美体验过程中随时性的重视；②深层知觉中对整体构成因素的重视；③建筑情境体验的塑造中对表现力的重视。具体由以下内容得出。

1　图像文化

自文字出现之后，人类便开始受到文字文化的影响，文字是人类创造出来用以表达事物的抽象符号，我们将所有的事物归纳为文字化的概念，并习惯性地问"是什么、为什么"，文字文化是一种"读的文化"[①]，但自机械复制技术到现在的多媒体应用技术以来，图像大量充斥在人类的身边，我们可以从手机、交通符号等许多社会现象中看出。图像在人类认识世界的方式中逐渐重要，一种感性、直观的信息传达正逐渐取代文字文化所代表的理性与概念。

麦克卢汉曾说："媒介即信息"，即有什么样的传播手段便承载什么样的信息[②]。图像文化的到来对建筑的影响体现在人们对建筑审美感知的方式中，人们不再像之前那样问"它表达了什么主旨"，而是以随时、感性的方式来体验建筑的形式构造与色彩表现。因此，建筑的外观形式从以往的概念式创作中释放出来，形式构造不再以概念的表现为重要的目标，而更加注重形式本身魅力的展现。设计师可以将精力放在形式、色彩、材料等共同构成的视觉张力上，不必因为文字化释义的概念而大伤脑筋，实际上这种倾向也是符合当前社会背景的，由于经济的快速发展，人们的压力普遍加大，我们在对艺术现象进行审美时相比较理性分析的审美，一种直观的、感性的、随时的审美快感要更加使人喜欢。

这种倾向不是要反对有概念主旨化的创作，但也必须指出这类作品在解释上的苍白，如"上海博物馆"被解释为天圆地方，"深证证券交易所"被解释为连接新世纪，类似这样的作品需要观者在审美的过程中以瞬间的领悟来感受其文字性的表达，同时由于此类建筑将所有形式的价值都集中在概念主旨中，且需要特定的视觉观看角度才能感受，因此便忽视了作为观者而言站在任意角度时对局部的视觉感受。形式价值在此的释放就是要去除特定角度的形式构造，而强化观者行走时对建筑外观形式随时性局部表现的体验。

图像文化作为一种时代的呼声已经融入到我们的生活，其在视觉认知中所表现出来的特点一方面给予了形式构造更大的空间，另一方面也使建筑在视觉呈现上具有了普及化、大众化的社会意义。

2 深层知觉

由于生产技术能力及社会审美水平的限制，以往对建筑外观形式的审美大都被表层知觉所控制，但由于人类表现的欲望，我们逐渐地发现了更多值得关注的内容，对于深层知觉的追求受到人们的重视。表层知觉受到两个原则的支配，一是抽象完形原则，该原则把我们对建筑的外观形式构造引向良好的完形，在此过程中，视觉会被有规律的形式所吸引，而忽略其材料、阴影及细节特征，这也是格式塔心理学研究的方向之一。我们在视觉上对于有规律性的东西会有敏锐的捕捉能力，并且随着规律性的高低而相应变化，在强规律性下表现出对规律的强捕捉以及其构成因素的强忽略，因此在当代建筑外观形式中就表现出对此特点的反抗，因为人类的审美随时代的发展而得到提升，我们逐渐认识到了类似阴影、材料、细节以及结构关系等的美感。

如宁波博物馆的建筑外观设计，王澍先生将窗户设计为不规则的排列布置，改变常规无变化的方法，这样观者才会注意到每一个窗户不同的形式构造，而如果是以往常规无变化的排列方式，我们并不会注意到它的美感，甚至不会注意到它的存在。在其建筑表皮的材料运用方面也体现出同样的特点，一种相对比较弱的规律性更加吸引人的关注（图1）。

另一原则是与生物关联的物体形状，在人类的审美知觉中，相比较完形而言，物体知觉会更加的强烈，贡布里希曾说"一个物体的生物学意义越大，在自然与艺术中表现它所需要的形式体验就越少"[③]，即如果在纯形式构造中加入物体语

图1　宁波博物馆

义，那么这些形式构造会因为物体语义的存在而黯然失色甚至被人们忽视。其强烈的知觉觉甚至不会因为玥影、透视的存在而影响该物体在人们头脑中的印象，我们会本能地识别出它们，并且明确它们本来应有的形状，即物体恒常性的概念，这样也就忽视了它本来应有的形式价值。因此，当代建筑外观形式就需要避免物体知觉原则的影响，设计师往往将门、窗、墙柱等有明确物体语义的形式进行变形处理，融入到建筑整体的设计当中，而不会单独表现这些有明显物体语义的形式，从而使观者的审美知觉不受物体语义的控制，进而影响对其本身及其他构成因素的审美。因此，相应的形式价值也得到了释放。

对于深层知觉的重视目的在于通过反抗表层知觉的影响而释放更多的形式价值，在设计过程中考虑更多的因素如阴影、材料、图底、造型关系、细节表现以及情境等内容，形式构造中也避免以往火柴盒式的简单方式，因为此类外观形式便是受表层知觉控制的视觉呈现，当代设计师倾向于形式构造之间的穿插、叠压等手法，使观者的视觉焦点可以集中在建筑物的任何局部当中。这一点与图像文化中所呈现的特点是类似的，观看的局部、随时性取代了整体、瞬间性。与形式相关的其他因素开始进入人们的视野，使我们能够综合、全面地考虑建筑现象。

与顺从表层知觉所呈现的精确、简单、单义的特征相比，深层知觉表现出模糊、混合、多义的倾向，对于深层知觉的追求除了以上表现的内容之外还有便是通过形式的构造与观者的深层心理产生对话，这也是追求深层心理最重要的目的，但怎样产生及产生什么内容却无关形式价值的释放，是另一个话题。

3 表现性的追求

文章所论的当代建筑外观形式价值释放的内涵还有一方面来自对风格化倾向的规避，在今天信息化快速传播的时代背景下，往往在出现一些新型的艺术表现手法之后便会招来大量的尾随者，原本有表现性的形式创造被大批量的复制而逐渐失去表现力，随后便会被理论家划分为风格类型，这是行业发展中的常态，但对于不断追求表现力的设计师来说却是不可取的，无论是安藤忠雄充满诗意的清水混凝土、高技派精致的外观呈现还是扎哈的疯狂曲面造型都完全或逐渐被当作"通货"而流行于社会之中，从而也逐渐失去原有的视觉表现力。

在现实生活中，建筑设计不免落入追求风格的创作中，就

图2 阿卜杜拉国王石油研究中心

好像20世纪中期，欧洲的现代主义建筑风靡世界，但我们却容易忽视现代主义背后所隐藏的浓厚的社会主义思想，其是设计师对欧洲忧国忧民的情感缩影[④]，因此在现代主义洁白的墙面上也就体现出强烈的表现性特征。如此的形式构造并不适合所有的场所，失去对建筑场所的思考而盲目地顺从风格流派只会失去建筑应有的表现力。

在当代社会，设计师也盲目地追随解构主义、后现代主义却不结合地域环境、人文背景、社会状况等因素。建筑外观形式应从风格化的外衣下释放出来，而不受风格化的控制，在设计过程中将建筑作为情境体验场，融入对生命、情感、社会等的感受，通过形式的构造变为可感知的形象。时代发展背景下的风格化倾向不是不可触碰的，只是要以场所情境的思考为前提，这样风格化特征就不再是规范我们形式创作的紧箍咒，而成为工具。设计师所追求的应是使建筑有强烈的表现性，使观者能通过形式因素在心理深层与建筑形成对话，在这里，历史、文化、环境、时代、科技、社会、自然等因素均是形式构造因素考虑的问题。这样，建筑的外观形式便融入到更宽泛的思考中，获得了更广的呈现可能性。

对于表现性的追求使我们能从建筑本身的存在价值思考，美、丑、风格流派不再是主要的考虑对象，设计师的目的在于

通过形式构造来表现建筑场所的视觉表现力，使观者通过设计师所营造的情境来体验建筑的表现力。

图2是扎哈哈迪德事务所设计的阿卜杜拉国王石油研究中心，整个建筑外观形式像晶体、像分裂的细胞、像外星人的基地、像扭曲的蜂巢，没有统一的文字化概念，不需要观者经过理性的分析而得出具体文字概念结果，设计师将该建筑的设计魅力融入到每一个视角的细节当中，观者可以随时性地获取形式美感，而不需要我们在固定的角度去欣赏。在具体的操作中，设计师将入口、窗户、墙面等具有明显物体语义的形式均进行了变形处理，从而使其不受物体语义的控制，每一处的形式构造都可以相比物体语义控制下释放出更多自身形式构造的价值，进行更加有弹性的设计创作。同时，我们可以观察到该建筑每一部分的结构框架、形式关系、窗户、入口、天窗以及墙面装饰等也都没有规律性的控制，这样便破除了完形原则，我们不会因为强规律性的吸引而忽视对其他构成因素的审美。观者的视觉焦点可以随意的游走在建筑外观形式中，而与之相应的视知觉反应也可以自由的自我感受。

扎哈哈迪德在生前曾透漏此建筑的灵感来源于晶胞的一种压缩形态，建筑整体形式构造表现出一种通过晶胞的压缩而进

行生命繁衍的感觉，与该建筑特殊的研究性是相符的；其次，由于该建筑地处中东沙漠，人们对于生命的向往要更加的强烈，而该建筑所表现出的一种生命繁衍视觉感也就更加地贴近地域情境。中东地区日照强烈，该建筑屋顶的斜面处理结合太阳能光伏技术使得其发电量为5000兆瓦/年，而北侧与西侧为开放体，能使风快速流动而给庭园带来凉意。扎哈综合地考虑了建筑功能、社会背景及人文地理等内容，使该建筑的外观形式构造充满表现力。

4　结语

文章通过对文字概念控制的释放、表层知觉主导的释放以及风格流派趋向的释放三方面的阐述，谈到当代建筑外观形式价值的发展应在更广阔的范围内被考虑，但时代仍在发展，新的动向也将出现，因此保持我们敏锐的感知能力就显得很宝贵。

设计师不仅是建筑作品的创造者，更应该是建筑作品审美感知的指引者。在设计当中，理想的状态本身应该是忘掉形式，只讲内容。只是因为这样做不太现实才需要我们在具体的设计过程中敏锐地感知设计内容、社会背景、人文地理等的变化而做出改变，从而不受形式俗套的影响与控制。如此，当代建筑外观形式也将会在逐步释放的过程中产生出更加感人的作品。

注释

① 理查德·豪尔斯. 视觉文化 [M]. 葛红兵，译. 桂林：广西师范大学出版社，2007：24.

② 麦克卢汉. 理解媒介 [M]. 南京：译林出版社，2011：89.

③ 贡布里希. 秩序感 [M]. 南宁：广西美术出版社，2015：168.

④ 王受之. 世界现代设计史 [M]. 北京：中国青年出版社，2013：112.

参考文献

[1] 贡布里希. 木马沉思录 [M]. 徐一维，译. 北京：北京大学出版社，1991.

[2] 约瑟夫·里克沃特. 亚当之家 [M]. 李保，译. 北京：中国建筑工业出版社，2006.

[3] 阿摩斯·拉普卜特. 文化特性与建筑设计 [M]. 常青，译. 北京：中国建筑工业出版社，2007.

[4] 维特鲁威. 建筑十书 [M]. 罗兰，英译，陈平，中译. 北京：北京大学出版社，2013.

[5] 韦斯顿. 材料、形式和建筑 [M]. 范肃宁，译. 北京：中国水利水电出版社，2005.

[6] 王受之. 世界现代设计史 [M]. 北京：中国青年出版社，2013.

[7] 鲁道夫·阿恩海姆. 艺术与视知觉 [M]. 成都：四川人民出版社，2006.

[8] 赵巍岩. 潜藏的建筑意义：从现代到当代 [M]. 上海：同济大学出版社，2012.

山水绘画与诗意人居空间营造

魏　秦　牛浚邦

上海大学上海美术学院建筑系

摘　要： 本文通过剖析绘画对空间的表达，以及中国山水绘画美学对建筑空间营造的影响。并通过对比中西方绘画与建筑空间建构的价值与作用，提出在中国山水绘画美学思想与意境营造下，如何传承中国山水绘画的意境，建构与自然融合的诗意人居环境。

关键词： 山水绘画　抽象绘画　建筑空间营造　诗意人居

长久以来，绘画与建筑都属于艺术的范畴，科技与技术的进步仿佛拉开了两者之间的关联，但也使人们的需求得到了极大的满足。而人们越来越渴望得到精神上的满足。绘画作为人精神世界的表现，表达出人们内心对生活的向往与需求。通过研究绘画的语言与形式，作用到建筑设计中，使建筑更具人文色彩，更贴近服务于人的本质。

1　山水绘画视角下的建筑空间营造

山水绘画作为我国文化的瑰宝，自魏晋时期传承千年，生生不息，其原因在于人们对画面中传递出山水意境的渴望。

1.1　山水绘画中的空间意境表达

中国山水绘画中，空间意境营造依托于"意象"对场景的塑造与表现。

"意象"由刘勰在《文心雕龙·神思》[1]里首次提出："故思理为妙，神与物游，神居胸臆，而志气统其关键；物沿耳目，而辞令管其枢机。枢机方通，则物无隐貌；关键将塞，则神有遁心。……寻声律而定墨；独照之匠，窥意象而运斤……"①这表明了在文艺创作动力源泉在于"意象"，"意象"的产生在于创作者对于"物象"的主观化的结果，也就是外物世界的形象与内心世界相互碰撞，物体本身引起创作者、物体的观察者的臆想、联想，是客观世界与主观印象之间产生共情的结果。

山水绘画中常常将视线所接触过的景物，按着思维意识的认知和身体所感知的空间顺序进行排列。所谓"山以水为血脉，草木为毛发，以烟云为神采。故山得水而活，得草木而华，得烟云而秀媚"说的是山、水、树、石、泉、云、烟等物象成为空间组成元素。"至于布局将欲作结密郁塞，必先之以疏落点缀，将欲作平衍纤徐，必先之以峭拔陡绝……"②说的是画面中的空间序列，表示的是物与物之间的关系。这些元素出现在画面中的形象，不止于表现自然界中出现的形象本身，更多的是绘画者借助一些空间经营的手段，将这些元素进行加工，使其服务于绘画者想要表达的意境。

这些元素在画面中不但完成了自然形象再现的表象作用，还发挥了表示"物"与"物"关系的表意作用，使"物象"成为"意象"，场景成为"意境"。

实景中出现的山水林泉这样的元素构架出不受时空界限束缚且情景交融的思维疆域，即"意境"。意境是从真实的体验中获取于此之外的想象，抒发胸外，是承载"我"的感受的新世界，使有共鸣的人得以精神寄托的空间呈现。

1.2　山水绘画视角下的建筑空间营造

国内研究山水绘画在建筑设计之中的应用早在20世先90年代钱学森就提出"山水城市"的相关理论，并有著作《钱学森论山水城市》[3]，以及吴良镛院士也提出了"山水城市是提倡人工环境与自然环境相协调发展的，其最终目的在于建立'人工环境'（以城市为代表）与'自然环境'相融合的人类聚居环境"③的观点等。

近年来又有一些更具体的研究理论围绕山水绘画与建筑之间在空间构成的方式、场景构成的元素等共通性进行展开，如表1。

国内研究山水绘画视角下建筑空间特征的文献整理　　　　　　　　　　　　　　　　　　**表1**

作者	论文	时间（年）	研究方法	研究对象	观点
陈磊	《屋木山水——中国古代建筑与山水绘画研究》	2011	1. 比较研究 2. 文献梳理	屋木山水	"屋木"作为"第二自然"对自然万物有独特的观照方式
王欣	《建筑需要如画观法》	2013	1. 比较研究 2. 文献梳理 3. 类型学	建筑与绘画	从建筑与绘画的关系，论述建筑用能力演绎自然山水关系
金秋野	《凝视与一瞥》	2014	1. 比较研究 2. 文献梳理 3. 类型学 4. 案例实证	绘画与建筑设计语言	建筑可以是由个体构成模件之间的相似关系构成整体
刘启明 董雅	《"留白"思想在当代建筑创作中的隐现》	2014	1. 文献梳理 2. 案例实证	"留白"与建筑设计	从"空间留白"、"表皮留白"、"功能留白"的角度来介绍"留白"在建筑设计中的运用
童明	《作为异托邦的江南园林》	2017	1. 文献梳理 2. 比较研究	江南园林	江南园林是抽象的空间围合、是过去园林生活的图景与意境、是"再现化的自然"
刘晨晨	《山水人居》	2017	1. 文献梳理 2. 比较研究	山水画中的建筑	山水绘画明确划分了自然空间营造的方法

山水绘画视角下建筑空间营造总体而言分成两个方面来说：（1）外物之间的关系；（2）外物与"我"之间的关系。

1.2.1　外物之间的关系

关系有两种：凭借（借势）、边界。外物指的是人以外的周遭环境，放在中国传统文化中的空间认知或者山水绘画的语境而言，更多的是指自然环境及建筑物。所以，外物之间的关系指的就是物质空间的关系。这些物质看作单体的物象，会按着外向特征予以分类，因此物象就分为不同的属性。

凭借关系用来描述物象之间的位置关系。属性相反对仗的物象相会之间可以相互借势，营造适宜的场景、意境。其评判标准是相反的物象具有"互成性"，其效果是看似不同的物象搭配在一起在特定方面展现一致性。荆浩在《笔法记》[4]中所言"山水之象，气势相生。故尖日峰，平日顶，圆日峦，相连日岭……其上峰峦虽异，其下岗岭相连。"④以达成计成所说"精而合宜"⑤。

边界关系是用来描述被组织的物象与为被组织的周围环境之间的界限关系，也就是对所用场域范围的描述。在范围内的物象的组织不同于在范围外的物象的组织，既限定了在范围内物象经营位置的范围，又限制了在范围内物象经营位置的方式。同时，通过物象融合表明区域统一的关系。使限定范围内与周遭环境呈现局部统独立，整体统一的风貌。

1.2.2　人与外物之间的关系是映射关系

映射关系是指人与物象的亲近关系。物象向人展示自己的"象"，就是外象，包括外象展现的形式，人在接受"象"的同时会将自己的感受映射在物象上，使物象成为意象。外象组成的场景会勾连人某种情感认知，场景在人的意识中成为情景。在人与物的映射关系中，一静一动形成了空间营造的动态平衡中完成"得体适宜"山水的动态营造的方法。

外物之间的关系是讨论在设计过程中出现的所运用的元素与元素之间的关系；人与外物之间的关系是讨论人与元素以及人在元素所构成的场景之间的关系。在山水绘画视角下建筑空间总体特征呈现不确定性，具体表现在万物转化动态。第一种是发生在元素层面的"不确定"，被描述对象的不确定，即元素之间的表述关系，疏密、掩映等是确定的，而表述关系的承载体是不确定的。如荆浩在《笔法记》提及；"笔法布置，更在临时"，同一元素在同样的位置，观察角度、使用角度发生转变，元素发挥的作用就会发生转变。第二种不确定性发生是由于人参与到场景中，是人与场景互动的方式变化导致的。人参与到场景的方式确定了人在场景中的认知、感受。因而，在总结山水绘画视角下建筑空间特征时，得出的结论是外物之间的关系和人与外物之间的关系。

2　西方抽象绘画与建筑空间营造

2.1　西方抽象绘画流派与建筑流派

由于历史遗留原因导致近代西方文明较与中方文明更具有连续性、延展性。绘画对建筑在造型、建筑理论的影响以更为成熟的姿态展现在世人眼前。选取抽象主义绘画作为主要参考对象是因为其特征明显，影响显著。

以蒙德里安为代表，由新造型主义艺术发展而来的"冷抽象主义"，其作品风格以从寻求各个元素间之间的相互平衡中完成画面的视觉表现，以相互交错纵横线作为画面支撑的主要元素以及画面构成的主要元素，其绘画艺术理念和艺术语言对后来的许多建筑师都产生了重大的影响。里特维尔德设计的施罗德住宅就体现出受到蒙德里安绘画精神的影响，柯布西耶的苏黎世艺术家住宅和工作室也体现了"冷抽象主义"的表现方式（表2、图1）。

绘画风格与建筑流派比对[⑥]　　　　　　　　　　　　　　　　　　　　　　　　　　　　　表2

画派及代表人物	建筑流派代表人物及相关作品
立体抽象主义毕加索， 几何抽象蒙德里安， 构成主义康定斯基、马列维奇等	里特维尔德设计的施罗德住宅； 柯布西耶设计的苏黎世艺术家住宅和工作室
立体主义毕加索、博拉克等	汉斯·夏隆设计的柏林爱乐音乐厅；史代纳尔设计的瑞士人类学哲学学院；弗兰克·盖里设计的毕尔巴鄂、古根海姆博物馆；门德尔松和波尔齐格的表现主义也受其影响
未来主义波普艺术理查德·汉密尔顿、安迪·沃霍尔、劳申伯格等	盖里设计的圣莫妮卡的自用住宅； 查尔斯·摩尔设计的美国新奥尔良的意大利广场
极少主义罗伯特·曼戈尔德等	赫尔佐格和德梅隆设计的戈兹美术收藏馆；丹尼尔·里伯斯金设计的柏林犹太人博物馆；德纳里、劳申伯格也受其影响

2.2　抽象绘画视角下的建筑形态

从元素构成上讲，西方抽象主义绘画的构成要素与建筑造型的构成要素天然的契合度，抽象主义绘画消除自然界所具有的形象，概括抽象为颜色和点线面等元素以及构成形式，这与建筑平面中的表达有异曲同工之妙，两者都以元素构成空间内在逻辑。抽象主义绘画与建筑而言如同不可实现的空间实验。点线面的在平面中的排布是抽象绘画对世界外部的表现，也可以是空间内部的构建。任康丽在文章《抽象绘画与解

构理念演绎的一种空间形式——以丹佛艺术博物馆建筑及内部展示设计为例》[⑦]中通过分析丹佛艺术博物馆的设计过程，并对比抽象主义绘画与解构主义建筑的视觉特征也证明了这一点（图2）。

空间组织上而言，抽象绘画空间组织与建筑空间组织之间的关联来源于格式塔图底关系的扁平空间的讨论范畴。对于绘画来说，即表达画面的平面空间；对建筑来说，即表达以透视为基础的深度空间。顾大庆在《空间组织的策略——基于抽象

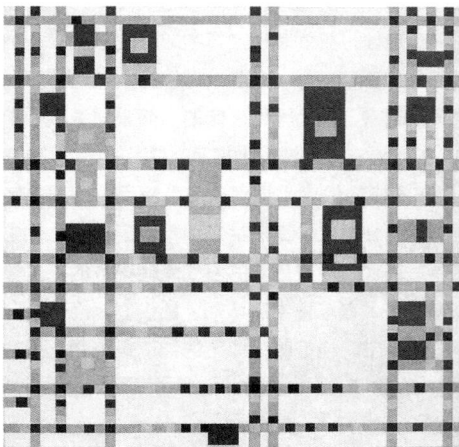

图1　蒙德里安的"百老汇爵士乐"（图片来源：https://zh.wikipedia.org/）

图2　丹佛艺术博物馆（图片来源：HTTP://baike.baidu.com/pic）

绘画的讨论》[8]也提到"在立体主义出现之前，画家对外部世界的再现是通过透视的深度空间来实现的，这包括焦点透视和空气透视，还有平行透视。这些都是单一视点的再现方式。而立体主义开始探索多视点的画面表达以再现对象的整体特征。这一任务需要有一种新的画面空间组织方法，比如将画面空间分隔成若干个区域，将对象的不同侧面的图像放在不同的格子里，或将不同的图像相互重叠"（图3）。

这些研究表明，抽象绘画对建筑的影响存在于三个方面：（1）对于绘画元素的把控，例如对点线面等元素的组织；（2）空间的组织策略。例如，立体主义绘画对单个物体的审视是多维多向的，这样的方法影响到了柯布西耶，他在《走向新建筑》[4]一书中曾提到"建筑即是对光线下形体正确和卓越的

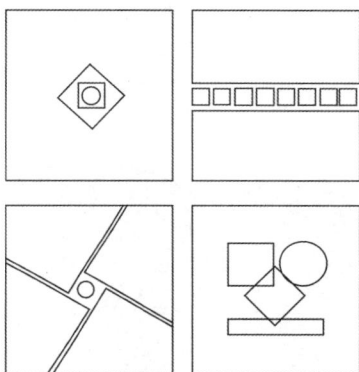

图3 程大锦《建筑：形式、空间与秩序》中的空间和形式组织（图片来源：《建筑：形式、空间与秩序》）

处理，而研究的目的就是为了看到这些形体，它们是造型艺术之本"；（3）建筑与环境的关联。绘画是对整体环境的描绘，最终结果就是形成以独立的语境来表达绘画者的内心。而建筑在一定程度上以建筑本体作为营造对象，与环境的交流不深切。

3 从山水画到诗意人居的营造

3.1 中西方绘画对建筑空间营造的影响差异

通过这些研究对比可以发现中西绘画对建筑设计、建筑理论的影响不同，但是研究其影响产生原因的着手点相同，如表3。元素是空间构建的基础单位，空间的组织策略是人在空间中体验的方式与体验的结果。建筑"画境"是指建筑与周遭环境的关系。

两种绘画对空间处理的态度不一样，导致在其影响下建筑对空间处理的策略不一样。抽象绘画中几何元素的形成或者说点线面的运用是来源于自然形象的判断，是对自然形象的消除。判断自然形象的形状，并概括自然形象的形状，从而消除自然形象。几何形本身的性质与对自然判断的定性，这两者决定了"稳固"的特性。这是一个对自然形象概括的过程，整体而言是对自然形象做减法。因而在抽象绘画视角下的建筑空间组织策略是"几何不变形"的稳固。在海达克设计的钻石美术

西方抽象绘画与建筑造型的理论文献整理 　　　　　　　　　　　　表3

代表人物	作品	发表时间（年）	研究方法	研究对象	观点
兰棋	《抽象绘画与建筑形态和空间设计的关系研究——以扎哈哈迪德作品为例》	2014	1. 比较研究；2. 文献梳理；3. 多学科交叉研究方法	1. 抽象绘画；2. 建筑形态	抽象绘画对点线面元素的处理方式可以嫁接到建筑设计中，成为空间的手法
傅立宪	《建筑与绘画的关联——以建筑艺术的画境为例》	2013	1. 文献梳理；2. 比较研究	1. 建筑形式；2. "画境"	1. "画境"建筑融合与自然的理想蓝图；2. 是绘画与建筑密切联系的表现
周靓郭线庐	《论绘画美学思想与建筑艺术形态之同构性》	2017	1. 文献梳理；2. 比较研究	绘画与建筑之间的同构性	1. 美学思想会对建筑形态产生影响；2. 同构性是研究两者跨界的基础
顾大庆	《从绘画到建筑——个空间设计方法》	2013	1. 文献梳理；2. 比较研究；3. 类型学	1. 绘画感知；2. 设计方法	1. 绘画与建筑的感知方式可以协同工作；2. 既定空间组织策略的潜能挖掘
李佳刘品轩	《论柯布西耶建筑形态与绘画的内在联系》	2017	1. 比较研究；2. 案例实证；3. 文献梳理	柯布西耶的设计历程	绘画是画家个人意识的映射，建筑则是反映建筑是世界观的具体呈现
顾大庆	《空间组织的策略——基于抽象绘画的讨论》	2013	1. 文献梳理；2. 比较研究；3. 类型学	1. 抽象绘画中元素的组织方法；2. 空间的组织策略	利用抽象绘画中元素组织方法形成建筑空间的组织策略

	山水绘画视角下的建筑空间特征	抽象绘画视角下的建筑空间特征
元素构成	第一自然、"第二自然"	点、线、面
元素	"物象"、"意象"、"象"	几何形
空间组织策略	万物转化的"变态"	"几何不变形"的稳固
建筑与环境	情思与环境的互动	无直接关联

空间特征对比表　　　　　　　　　　　　　　　　　　　　　　　　　　表4

馆的平面图中就可以看到蒙德里安的抽象绘画中网格状几何图形分隔空间对其设计产生的影响（图4、图5、表4）。

3.2 山水画视角下的诗意人居

山水绘画中"象"、"意象"的形成则是来源于对自然形象的依托，是对自然形象的想象与演绎。依托自然形象本身，将自然形象拟人化或者拟物化，赋予自然形象于人的想象，演绎自然形象与自然形象之间、人与自然形象之间的关系。随着空间位置的转换，观察的视角也随之转换，人对物与物、人与物之间的想象也随之变化，他们之间的关系因而转变，由此建立了"动态"的关系。这过程之中也许会有对自然形象的概括，但是整体而言是给予自然形象更多的内涵，是做加法。因而，在山水绘画视角下的空间特征是万物转化的"动态"。如图6赵伯驹的画中伴随山路蜿蜒，山前山后的风景转换显现，"水岸山居"屋顶上的小径上下盘延，屋外院

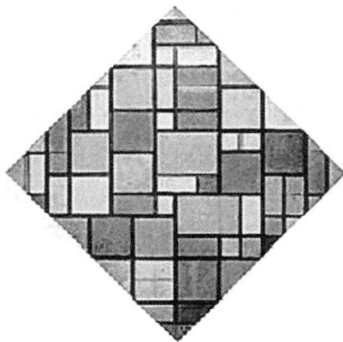

图4 蒙德里安，《Lozenge with Light Colours and gray Lines》，油画，1919

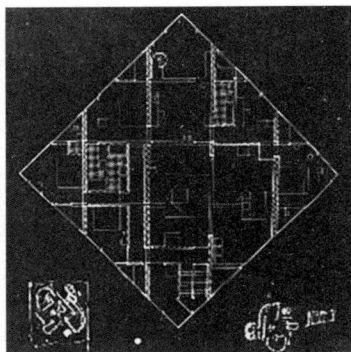

图5 海达克，钻石美术馆C，1966

图6 赵伯驹的《江山秋色图（局部）》（左）与王澍设计的"水岸山居"对比图（右）

中的空间变换呈现。由此可以看出山水绘画中的元素"变态"关系对建筑空间的影响。

在抽象绘画的语言环境中，所有出现的形象都是被消除的，由抽象绘画得到的建筑也表现为几何化的形象，与环境的关系也只是达到地形上的匹配，与建筑"画境"并无直接关联。17世纪欧洲出现以"画境"为建筑主要表现的风格，更多地是突出建筑与景观的融合。

山水绘画视角下的建筑空间中所有的空间构成元素，以人的情思为纽带，依托于周遭自然环境而产生，空间构成元素与环境在人的情思的纽带下连接成不同的空间关系，两者使人、建筑、环境三者之间产生互动，使建筑在环境中具有生长性，实现天人合一的哲学观、建筑观，营建出建筑"画境"。

相较之下不难发现，山水绘画中更注重人与自然环境的互动，在山水绘画视角下的建筑空间也更能涵盖人、自然环境、建筑之间的互动关系。通过研究山水绘画的空间意境形成方式，挖掘山水意境下的建筑空间构建方式，有利于建筑与在地环境结合，更有利于使建筑在在地环境中发展。

注释

① 选自《文心雕龙》的第二十六篇《神思》，主要探讨术构思问题。
② 吕少卿. 林泉高致 [M]. 天津：天津人民美术出版社，2005.
③ 吴良镛. "山水城市"与21世纪中国城市发班傲徵谈. 建筑学报，1993（6）.
④ 荆浩. 笔法记 [M]. 北京：人民美术出版社，1963.
⑤ 计成，刘艳春. 园治 [M]. 南京：江苏凤凰文艺出版社，2015.
⑥ 选自周靓，郭线庐. 论绘画美学思想与建筑艺术形态之同构性 [J]. 南京艺术学院学报（美术与设计），2017（4）：100–102.
⑦ 任康丽. 抽象绘画与解构理念演绎的一种空间形式——以丹佛艺术博物馆建筑及内部展示设计为例 [J]. 新建筑，2012（6）：80–84.
⑧ 顾大庆. 空间组织的策略——基于抽象绘画的讨论 [J]. 世界建筑导报，2013，28（3）：41–43.

参考文献

[1] 刘勰著，周振甫注，刘勰，等. 文心雕龙注释 [M]. 北京：人民文学出版社，1981.
[2] 吕少卿. 林泉高致 [M]. 天津：天津人民美术出版社，2005.
[3] 钱学森. 钱学森论山水城市 [J]. 长江建设，2002（2）：1.
[4] 荆浩. 笔法记 [M]. 北京：人民美术出版社，1963.
[5] 勒·柯布西埃，陈志华.《走向新建筑》第二版序言 [J]. 世界建筑，1989（6）：121–122.
[6] 王澍. 造房子 [M]. 长沙：湖南美术出版社，2016.

注：本文由教育部人文社会科学研究规划基金项目资助（16YJAZH059）。

城乡既有空间
更新与改造

南捕厅评事街82号建筑微更新研究

卫东风

南京艺术学院设计学院

摘　要： 本文从民居更新现象与问题出发，对南京南捕厅评事街82号建筑进行一次较深入的调查、实测，提取建筑原型，并对民居建筑结构、微植入营建进行研究。该项目旨在以有机共生的理念来包装新旧建筑遗存和设计时尚，将原有的生活类型转化为创造和生存空间，并探讨更新建设、连接与整合的概念和方法，是对老城南旧城院落有机更新改造的探索实践及认识。

关键词： 民居　建筑　微更新　微植入　共生

缘起

南捕厅是南京市的历史特色区。根据《秦淮地区2015年秦淮文化区》中的不可移动文物名录，共有178件文物，其中古建筑96处，65处近代历史遗迹和代表性建筑都是清代和中华民国时期所建。在这个区域的旧建筑更新中，政府相关部门正在按计划实施修建、微更新近年来被拆除的3处清代民居、被烧毁的1处清代民居。这意味着，在未来，旧房子已经"蒸发"拆掉或破壁重修。本课题涉及南京老城南南捕厅评事街至绒庄街四栋旧建筑的改造：走马巷4号建筑是一栋位于绒庄街和走马巷交界处的民国老建筑，周围的建筑都已坍塌腐败，唯独这栋建筑依然保留完整。整体建筑分为三段，分别住了三户人家，建筑最大的特色莫过于其三个天井；熙南里56号建筑位于秦淮区熙南里大板巷与绒庄街路口，与夫子庙仅有百步之隔，旧建筑位于巷子内，环境优productivity雅不嘈杂；76号楼位于评事街的街道几百米处。这座建筑建于清初，已有一百年的历史了，在清末一直保存较多，被用作旅馆、书店等多种不同的用途；评事街82号建筑是一栋具有浓厚民国风味的三层建筑，建筑空间颇具特色，这也是本课题重点研究对象。

由于旧住宅已经使用了相当长的时间，尽管它们不断地被修复，但是结构和墙壁已经出现了不同程度的腐烂和剥落。民国时期的一些建筑，其自身施工工艺不高，材料小、时间长，如立柱翻转、屋顶下垂等问题较为严重。现有民居文献中心的研究主要是强调文物的真实性，但真实性并非空洞。当"真"组件实践与安全矛盾时，如何保证安全，又最大限度地保持真实性，是更新设计的关键所在。课题研究试图通过对评事街82号更新实践设计，解析新旧连接与共生概念，配合秦淮区把南捕厅片区打造成为一个以文化为主导的创新历史片区，以此保护原有旧建筑和南京民居文化（图1）。

1　建筑空间更新依据

1.1　评事街82号建筑遗存

评事街82号建筑东西向，临街面北，面阔25米，进深12米，顶高10米，由主楼为砖木三层小楼和一个偏屋组成，总建筑面积360平方米。其建筑屋顶为两坡屋顶，造型简洁对称的半圆形女儿墙非常显眼，成为建筑标识。建筑物中竖向承重结构的墙、附壁柱等采用砖或砌块砌筑，柱、梁、楼板、屋面板、桁架等采用木结构，破损较为严重。门窗破旧但保持完好，室内楼梯和扶手尚存，需要加固修复才可以使用。此建筑有着鲜明的时代性特征，具有简洁、明快的"小洋楼"风格。居民已经搬离，房屋空置。其室内原有居住功能布局保留完整，内部空间较为开敞，多窗和顶窗使光照自然充足，无内部隔断更方便后期更新加建（图2～图4）。

1.2　微植入与微更新改造方式

基于秦淮区历史片区整体规划的方案，评事街82号建筑更新不可能大拆大建，只能采取微循环更新的有机模式，即在以政府为总控，商业部门参与的基础上，设计师与住户共建的以点带面式的微循环更新，小规模、局域性的更新与改造，在

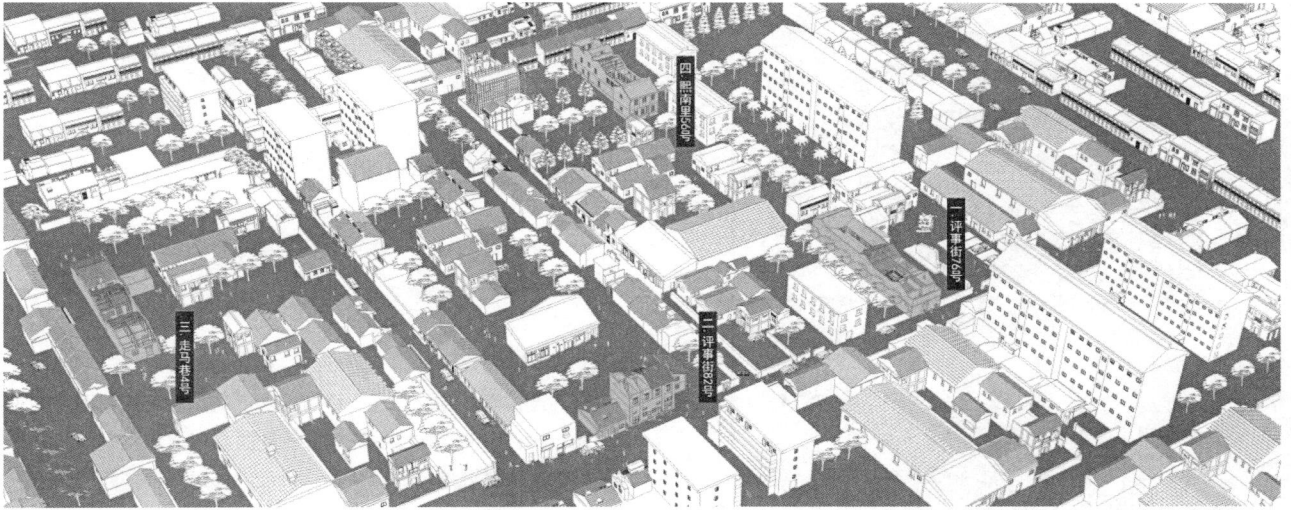

图1 南捕厅评事街至绒庄街四栋旧建筑的改造

图2 评事街82号建筑遗存调研

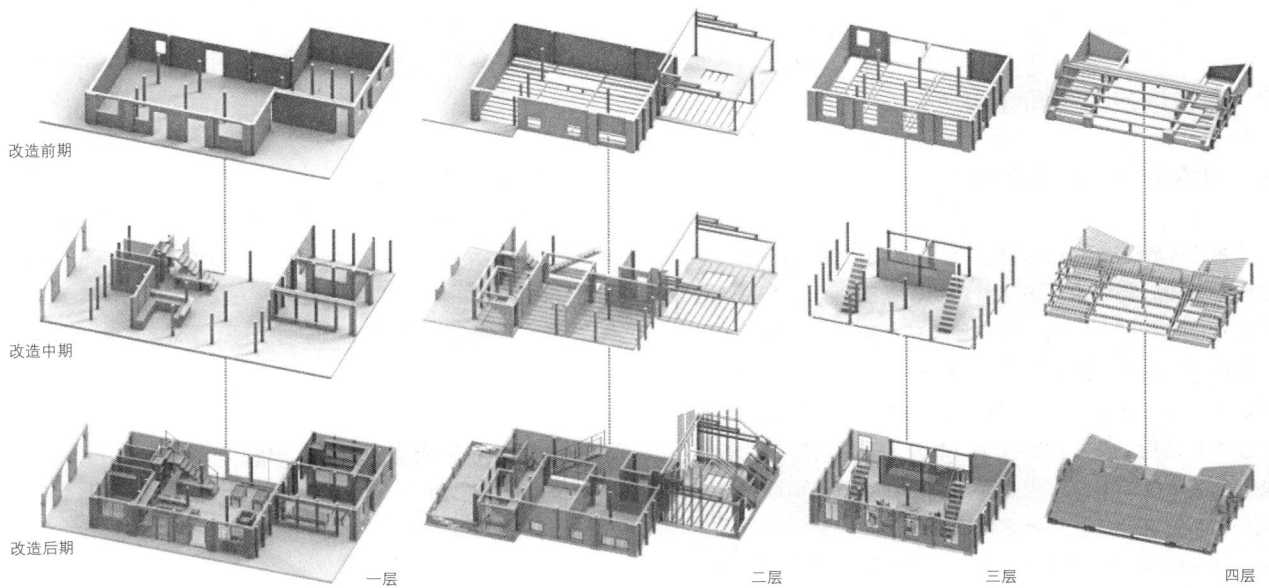

图3 空间体块关系

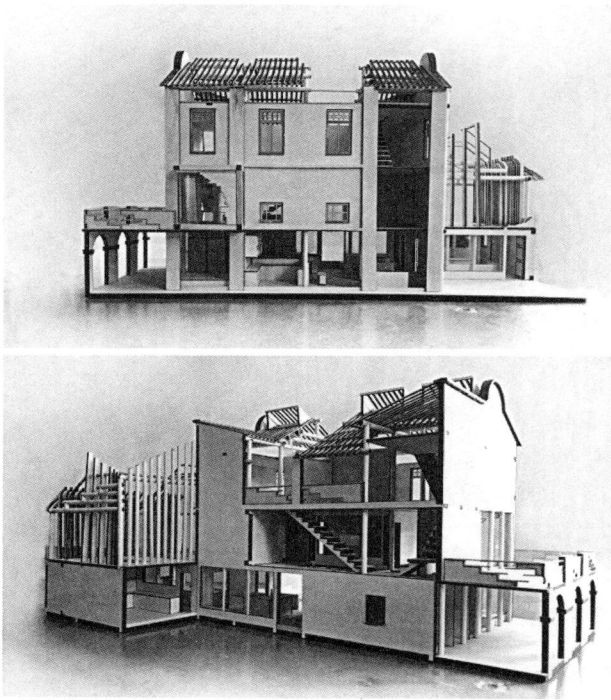

图4 建筑结构模型

尊重老城南民居文化和院落固有肌理的前提下，必须采用微植入、微更新的改造方式。老城南浓厚特色至今仍留有许多痕迹，必须保护文化的多样性，在挖掘历史文化资源、寻求传统文化与新技术的结合方式过程中，引入文化创意作为动力，创建历史街区的文化品牌。目前南捕厅片区现有60%以上都是居住功能，造成此片区过于内向化，应植入适当的文化基因，以此来激发片区固有的文化、商业的生命力，从而将片区建设成新老居民、传统与现代业态相互混合，不断更新与共生的社区。

2 有机连接的空间建构

2.1 共生依存作为建构基础

民居建筑经过数代人使用，有了诸多改变，新的设计建造是一个契机，将城市历史、过去和现存连接；更新建造必然会生成一定的新建结构，应该和原有民居旧结构有机连接，保有原建筑的"本真性"；民国建筑主体生存近一个世纪，使用者也会有加建和自建，需要设计师辨识原主体建筑与居民自发构筑结构，使其和谐共生；此外还涉及内庭院中的新功能与原始功能的共生，人文因素和自然因素的和谐。居住者成分亦有许多变化，要考虑建筑由私密民居到建筑环境共享的公共化转变，处理好居住者同周边社区住户及游览者间的和谐。有机连接是一种共生观，是对现代生活模式与传统街

巷文化共存的一种表达。南捕厅片区大部分是破旧的居民街巷，如今正在围绕"连接与共生"的主题"将院落打造成未来生活中心"。

2.2 次序结构的有机建构

评事街82号民居在建筑外观与结构修旧如旧的限定下，微更新重点是室内设计。

摆在室内设计师面前的任务，更多地应关注多个室内功能空间的连接与共生。这是一个有机次序结构系统。根据结构主义的结构，空间结构中的元素之间的关系可以建立为一种顺序关系，这也是顺序和等级关系。设计中通过两种或两种以上的空间单元之间的相互比较，来显现它们的差异性。顺序结构的顺序排列关系是顺序的、主次的关系，从而形成顺序和层次结构的空间系统。室内空间处理体现在如何扩大空间的视觉重叠、隐性包容，以及理顺重点公共空间到私密活动空间的序列和等级系统。

评事街82号民居空间设计，首先是梳理次序关系，将入口门厅与过厅及主廊道流畅化，门厅接待空间单元的一部分区域与交通空间重叠，生成富有空间感的新的空间形式；其次，通过简单的多门空间，留出门孔，增加套筒式连接空间，实现空间和空间的包容，大空间单元完全包含另一个小空间单元；再次，多个空间单元由连续关系结构的结构形成。连续关系可以是时间单位的空间单元序列，也可以是流线上每个空间单元的序列组织。在将原民间建筑的居住功能转换为办公商业交流空间时，其中"轻重缓急"尤为重要，留出私密性较强的高规格使用空间，实现空间序列的等级化，完成空间单元因主次关系的结构组织而形成序列等级感，增强建筑室内空间叙事性表达，创造舒适、愉悦的室内环境。

探索室内次序结构的实验模型（图5），操作特点表现为以透明和半透明有机板材弱化建筑环境、建筑空间分隔与围合，通过"微植入"木饰面架构，将室内房间与房间、楼层与楼层、楼梯与楼层并置观察，突出对建筑限定的"逾越"和表达室内空间整体连接，为下一步室内空间设计奠定基础。

3 旧建筑空间更新类型学思考

3.1 采用"微植入"方式来激活空间

微更新，对于"微"的定义，可以从它的体量与结构形

图5 探索室内次序结构的实验模型

态入手，相比较新建筑和大拆大建，微更新空间布局更加琐碎，可能以民居建筑内部细节和空间节点，以及后来居民自建形成的一些违章建筑等为主要建筑配合庭院形成的一种形态。微更新的两个特点：其一，建筑更新面积和出新结构自身体量的微小，这里的体量"微小"指的是在局促的街巷与民居内部空间下，满足现代人生活的最小空间；其二，内部空间设计和工艺要体现"微设计"，即采用"微植入"方式来激活。

评事街82号民居"微植入"具体表现在：在底层空间，去除原有格局，植入接待和娱乐功能，室内设施亦随之植入，空间属性得以转换。在偏房的临院处，植入钢结构落地景窗，以及强化楼层交通的景观楼梯；二层"顺便"利用了一个侧廊屋顶平台，重点是植入偏房屋顶的装置式木构设计，为建筑更新植入"艺术装置"，成为重要的图形表现，也提高了整体改造创新创意质量；三层的重点是"植入"光和光环境营造，充分利用了顶侧光。通过对旧建筑加建，内部公共空间的路径与复合空间规划，有了许多质量改善，表现在平面规划、功能区设施等细部形式上，它不仅保留了现代主义建筑空间清晰明了的特征，而且增加了规则空间和受限空间语境中丰富有趣的形式的审美和空间特征（图6、图7）。

更新呈现的最终评价是建筑更新建造过程中及完成之后，要对周边传统街巷形态的影响微不足道。主体为小型建筑加建并与之相匹配的小型景观，具有内向性，形成了微尺度的街巷空间，它是一种有机的更新策略，具有普适性的特点。

3.2 连接与共生使建筑文脉延续

评事街82号民居空间通过木饰面延伸连接，墙体整合强化，用翻修取代了重建，保留主楼东西侧加建房小屋的肌理，使得原先有些脱离的主楼与加建屋回归院落应有的庇护感。主楼共设有三个功能单元：一个12平方米大小的接待功能单元，其中包括日常活动所需的一切基础设施，底层空间通过强化的楼梯结构，生成二层"插入式居住单元"；偏房空间是一

个完整连续的60平方米的公共休息与展示空间；此外，还有一个15平方米的三层小空间，建立了一个集成的功能模块，包括厨房、洗衣房、卫生间、储藏室等功能。一层至三层空间，私人生活和公共展览围绕主楼梯共生，实现了多种功能和生活方式的共存。其中，室内空间是在满足现代生活需求基础上的功能空间最小化。在非常局限的空间中满足现代生活所必备的全部基础设备需求，实现了小尺度建筑的温馨生活状态，探索了公共与私人共同生活的可能。整体空间连接与共生，在建筑西侧面空间重新布置了木梁架结构和内外空间关系，使私人居住空间与公共展览空间环绕，实现共生。此外，利用新砌筑方式与传统木构体系的并置，在建筑立面与街巷的界面中采用类似灰砖砌筑的墙体，延续了传统的木构形态及建造方式（图8）。

3.3 混合并置彰显共生理念

评事街82号民居空间建构体现了"混合院"的特点。其一，传统与现代材料的并置。在主材上大量采用木结构与钢结构、木饰面与不锈钢镜面材料的并置，透明材料与锈铁板、砖石的自然肌理与简洁无缝钢板、铝板的对比并置包裹，既能触摸到岁月留痕也能保有晶莹剔透的感觉，既有了传统空间的记忆，也符合了现代人生活的需求；其二，居住功能的转变。在传统民居合院原型基础上，做了功能上改变，成为以办公商用为主的"杂院"，实现了办公、咖啡馆、聚会等多功能空间；其三，传统与现代结构方式的并存。在主楼边的偏房屋顶休息平台建构了一组木构空间，而底层三层的部分侧窗采用的是轻型的现代钢架结构方式。当然，最重要的"混合"是在充分尊重传统格局和原有生活状态的基础上，通过对室内外有限空间重新梳理和规划，既混合性保留其中有价值的部分，创造人与人交流的空间，又解决居住私密性的问题，植入一些具有当代品质的空间和具有当代特征的生活内容，从而影响周围的社区。新旧关系是由新的、旧的生活方式延续而来的，通过建筑空间的划分，办公室、住宅和咖啡馆的三大功能是共生的，是建造方式新与旧的并置，也是出于对老城南街巷肌理的尊重（图9）。

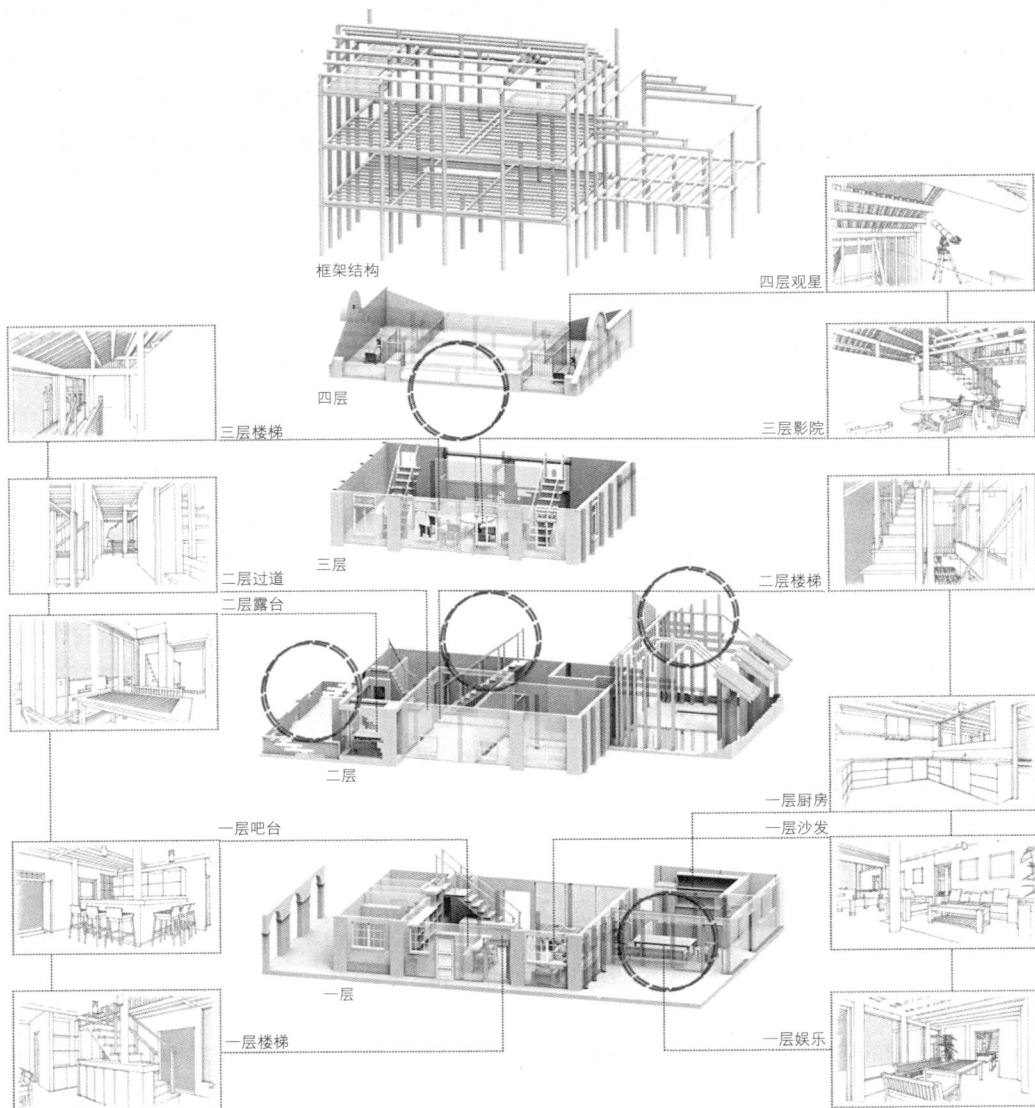

框架结构

四层观星

四层

三层影院

三层楼梯

三层

二层过道

二层楼梯

二层露台

二层

一层厨房

一层吧台

一层沙发

一层

一层楼梯

一层娱乐

图6 采用"微植入"方式来激活空间

图7 室内空间整体设计

图8 公共空间更新呈现

图9 功能混合与多样材料并置彰显共生理念

4 结语

在这座建筑空间中，以"有机共生"的理念，对以"新旧建筑遗存"、"建筑共生设计"为设计理念的南捕厅82号楼的微更新进行了研究，是对南京老城南旧城院落有机更新改造新模式的实践。目的是探索在传统街巷格局中公共开放与居住私密共享，实验在局限空间中满足全部基础设施需求，创造小尺度舒适生活。课题设计在对内部的环境进行相关的重建和优化之后，不仅较好地继承了传统民居的优点，满足了人们的居住需求，同时具备了办公、展览和休闲等特色功能。用最朴素、最实用的设计操作手法保留原建筑肌理，避免张扬突兀。微植入的结构设计使空间创新与楼层结构紧密结合成一体，空间的延伸、翻转和叠加关系带来了新的空间体验。

参考文献

[1] 卫东风. 莫比乌斯带的启示——南京地铁新街口站空间设计研究 [J]. 艺术研究，2010（4）.

[2] 卫东风. 以类型从事建构——喀什博物馆建筑与室内类型设计研究 [J]. 华中建筑，2010（10）.

注：本项目设计师为卫东风、张辉胜、陈行、常恒、邵菲菲、方亦文、丁晶、顾峻嘉

微景观视角下的北京白塔寺胡同景观改造设计方法研究

王霄云

中央美术学院

摘　要：北京白塔寺胡同作为老城区的历史遗迹，有着深厚的历史积淀。其特殊的人文环境、街区风貌、空间结构和规模，凝聚了几代人在这里的共同生活和经营活动。随着城市快速的更新发展，胡同的很多问题也日益凸显，因此对胡同的更新已是不可逆的趋势，但是在胡同的改造活动不同于一般城市的更新方式，本文引入微景观的视角，对胡同的景观改造从微尺度、微渗透、微更新的角度进行实地调查和研究。

关键词：微景观　景观改造　胡同　白塔寺

引言

北京的发展经历了大拆大建的粗放模式之后，各种与民生相关的问题越来越受到人们的关注，要解决各种细微的与人的生活息息相关的问题：邻里关系、归属感、责任感等，粗放的手法便显得有些不合时宜。从宏观视角到微观视角的研究方法，能解决社区，甚至更小尺度的设计问题，更深入、更柔和的循序渐进的处理方式符合现在城市规划中遗留的疑难杂症。本研究通过对白塔寺胡同的现状调查分析，引入微景观的设计手法，进一步为社区更新提供新的思路。

1　微景观的定义

"微景观"一词并没有明确的概念界定，最初可追溯到德国汉堡仓库中的铁道模型景观，在维基百科中定义为"微缩景观"，是一种微缩模型的意思。

景观，英文是landscape，拆分来看：land译为土地，scape译为花茎。本文中的"微景观"主要体现在一个"微"字，是一个相对性的概念，尺度微、投入微、制作精良、操作灵活、实施便捷都是"微景观"的特点。钱学森先生的"再谈园林学"一文从空间的角度将园林划分为六个层次："第一层次是我国的盆景艺术，观赏尺度仅几十厘米；第二层次是园林里的窗景，如苏州园林漏窗外的小空间布景，观赏尺度是几米；

第三个层次是庭院园林，像苏州拙政园、网师园那样的庭院，观赏尺度是几十米到百米；第四层次……观赏尺度是几公里；第五层次……观赏尺度是几十公里。还有没有第六层次……"

20世纪90年代德国柏林推行的社区微更新理论，是在政府主导规划下，主要依靠社区、居民、志愿者等力量自下而上地组织推动社区环境和服务的微更新模式，弥补了政府宏观规划中的不足之处，经过多年的实践形成了一套完整的理论体系和操作模式。

本文中所论述的微景观，尺度上参考钱学森先生的空间划分方式，其中第一、第二两个层次是本文所论述的主要空间尺度。把具有生产性质的农业与观赏性质的景观相结合，即"微农业+微花园"模式，利用闲置的微小空间尺度和日常废弃的再利用，在政府主导的规划体系下，从微观角度入手，形成自下而上的社区自主营造的模式，改善和提升北京白塔寺胡同的微生活。

2　北京白塔寺胡同改造现状调研

2.1　北京白塔寺胡同改造背景分析

白塔寺再生计划首次亮相于2015年北京国际设计周期间，北京华融金盈投资发展有限公司为"白塔寺再生计划"项目的实施主体，这是继烟袋斜街、南锣鼓巷、大栅栏地区之后，根据白塔寺的地理位置，历史特点等因素推出的共建新模式（图1）。该地区实施的是整院腾退政策，这一政策也造成了很多邻里之间的矛盾。此外，再生计划还邀请了许多建筑师在此进行院落的改建设计，如华黎的四分院、九巷建筑的青塔胡同41号等。调研中发现，这些建筑对生活在这里的老百姓并没有太多的吸引力和服务作用，其现代简约的设计风格，爬上爬下的楼梯设计，以及特色民宿、屋顶咖啡等功能对于居民来说，和他们的生活习惯爱好并不相符。

另外，为提高卫生条件，胡同里还安置了很多公共卫生间，但是漫步在胡同里，会发现还有太多与居民日常生活息息相关的问题亟待解决，也就是文章之初提到的微观层面。

2.2 北京白塔寺胡同空间分析

北京白塔寺胡同主要是以传统的四合院建筑形式为主，由于历史原因，该片区的四合院在经历了没有限制的加建、改建、私自占用公共活动空间，现在基本呈现出大杂院面貌，有的院子甚至有十几户居民共同居住。院子一般有一个大门作为主要出入口，院内没有完整的开敞活动空间，基本以一条仅容1~2人通过的通道形式为主，通道幽深曲折，连通每一户人家。有的院子是套院的形式，通过一个拱门形成两个院落单元。由于居住人员混杂，工作时间不一，所以大门通常没有固定的关门时间，当地居民反映，一般外面的人也不会随意进院子，这是院子幽深曲折的空间结构形成的"防御体系"。

3 微景观在胡同的可行性调研分析

3.1 胡同微景观的空间构成

胡同的微景观空间构成元素主要有三部分：建筑、院落（即通道）、街道。胡同的空间构成了很多点状的极小面积的废弃空间，恰好可以满足微景观对空间的需求。另一方面，花卉蔬菜的种植也给狭窄的院落进行了软性的空间划分。

3.2 胡同种植现状调研分析

3.2.1 形式

胡同居民一般选择花盆、泡沫箱、废旧容器，如水桶、瓷盆，也有利用废弃建筑材料搭建简易种植池等形式种植。这种方式的优势是小巧灵活、便于移动；废物利用、节约成本；方便收纳、节约空间。

3.2.2 种植种类

盆栽花卉及蔬菜一般会选择生长期短、成熟期短的品种，也会针对夏季蚊虫，选择番茄等可以驱蚊的品种。在果蔬种植上，常见品种有葡萄、冬瓜、丝瓜、葫芦、辣椒、番茄、葱、小菠菜、小油菜、豆角，其中藤类蔬菜一般会选择靠墙角的种植池栽培。花卉主要是北方常见的品种，如：海棠、爬山虎、仙人掌、玉簪、蟹爪兰、君子兰等。

图1　建筑师作品名称及位置

图2 胡同种植现状调研

3.2.3 存在问题

废旧容器直接利用影响公共空间环境美观，随意摆放，占用空间，花盆灌溉水直接流到道路上，影响通行。有些居民随意为藤类植物架杆，还有的用竹竿和细绳围起了简易围栏，占用了公共活动空间（图2）。

3.3 居民需求形成基础

生活在胡同里的居民以老人居多，还有大量外来务工人员，基本收入水平比较低。一方面利用有限的空间，解决生活需求是很有必要的；另一方面，种植花卉蔬菜，不仅可以便利生活，还可以美化环境，在劳动中感受快乐，有益于身心安康。

3.4 书香社区的胡同微景观公益计划初探

青塔胡同41号书香社区的胡同微景观活动是由社区内小组成员发起的，引入了专业种植专家和设计师共同参与，采用居民认领的方式保障微景观的后期维护工作。

4 微景观在胡同景观改造中的设计原则

4.1 改善提升胡同环境的设计原则

胡同的公共空间尺度本身就比较小，可用来增加绿化提升

环境质量的空间有限，所以要在有限的空间，将景观作用最大化地提升。同时，蔬菜与花卉搭配种植在品种选择上要注意景观效果。

4.1.1 立体空间

这是比较常见的解决方式，搭建多层的支架，将植物分层种植。这种方式需要注意植物的采光需求，以及灌溉水的下渗引流。

4.1.2 废弃容器再利用的设计

社区管理者和艺术家共同引导废旧容器再利用的设计，运用艺术家的审美与设计技能，社区管理者鼓励居民参与到旧物再设计的社区交流与活动之中，共同将旧物再设计，形成统一的有特色的"种植池"。

4.2 生态性设计原则

微景观也是调节局部温度、湿度，形成微气候，收集雨水和减少地表径流的重要元素，善于利用植物对气候的调节作用，在微景观的设计中，考虑生态性的设计原则是非常必要的。在实地调研中发现白塔寺地区因历史原因地势较主路偏低，现已出现多户院落雨水漫灌现象。所以，微景观的设计从区域范围考虑该地区雨水径流问题，一方面通过微景观扩大院落单元的蓄水能力，将地势较高院落的雨水留在其院落内，减少

雨水向低洼院落的汇集；另一方面，在低洼院落增大蓄水面积，增大自身的排水能力，将雨水快速排入地下蓄水池，在建筑外墙建立维护性的种植池，既可以保护墙体免受雨水侵蚀，又可以快速地将屋顶雨水渗入地下。

4.3 发挥居民自主营建作用的原则

微景观是自下而上、自主营建的活动，希望可以最大地发挥居民的自主参与、积极投入的作用。白塔寺胡同地区现设有两个居民活动中心，分别为白塔寺会客厅和书香社区文化活动空间。两个活动中心的目的皆是为居民提供交流活动之地，增进邻里关系，促进沟通，为居民生活提供便利的服务。本文通过对两个活动中心的建筑、室内、景观要素分析，希望对微景观设计中发挥居民自主营建作用提供经验支持。

4.3.1 建筑

白塔寺会客厅位于原菜市场（现已被改为展厅）宫门口东岔胡同的南端，与主路阜成门内大街连接，菜市场被改建之后，居民自发地在其周围临街的商铺增加了更多的小菜铺，所以曾经的生活方式仍然保持着这条胡同的活力和吸引力。会客厅的建筑形式基本还是原有的风貌，原型是一家有62年历史的老供销社，按原貌搬到这里与周围环境很好地融洽在一起。

书香社区文化活动空间是九巷建筑设计建造的，建筑运用东方元素：影壁、竹子等，采用三进院落、对景等处理手法。尺度不大的院落里分出了三进院的手法，使得院落更狭窄，利用率低。建筑在色彩上引用胡同的灰色调，整体与周围环境协调。

4.3.2 室内

白塔寺会客厅是在原来的建筑基础上简单进行空间上的重新划分，根据活动的功能需求将室内空间划分：楼下入口处是展示台和开放式小厨房，里面分为阅读绘画空间，中间摆放几张圆桌，圆桌可移动和收起，功能根据活动需要而定；楼上是

两个相对独立的空间：书法社和木作社。室内装饰有很多是来这里做活动的居民的作品，家具陈设多是一些收集来的旧物，很多是老人们年轻时流行的物品，充满年代感。

书香社区文化活动空间的室内分为两个空间，入口是一个在原来建筑外面加建的玻璃房，用于张贴活动宣传，夏季阳光照射使屋内温度极高，主要的活动空间在左侧，中央是一张超大长木桌，靠窗一侧是两排书架，人的行为很容易受到长桌的限制。

4.3.3 景观

白塔寺会客厅的景观主要集中在主要的入口处外面的平台上，有设计师制作的一些小装置，两块木框小黑板用粉笔写着每天的活动内容，几盆小盆栽也很好地装饰了小黑板和装置，盆栽的植物则是居民常常种植的蔬菜和花卉品种。入口右侧放了一把双人的旧木长椅。

书香社区文化活动空间的景观主要集中在三进的院子里，通过传统的框景的手法将竹子与环境很好地融合，但是种植品种单一，并且早园竹在北方的冬季对防风和保温有一定的要求，维护起来不方便，书香社区的景观的观赏性较实用性更为突出。

本章小结

采访中发现，相比书香社区固定的空间使用模式，会客厅的空间布局和景观设计从开办至今一直在不断调整，从每次活动的记录中，你会发现它的生长轨迹，使每一处空间都得到合理利用的持续微更新状态。微景观应利用其小尺度、灵活便捷的操作优势，从微观层面提升着环境的品质（图3、图4）。

5 结语

微景观视角下的北京白塔寺胡同景观改造实践需要注意几

图3 2017年10月会客厅室外/室内

图4 2018年5月会客厅室外/室内

点：首先，如何保障微景观的进行一定要结合居民的力量，激发居民的主动性。其次，建立社区、设计师和居民及时有效的沟通途径，避免成为某一方为主导的行为。最后，微景观的设计策略需要随着时间的推移、居民思维及生活方式的转变进行更新和调整。微景观的设计理论是一个长期的工作计划，需要达成一个共识，形成一种习惯，也是居民素质提升的一种途径，需要经过一个时间段的潜移默化，避免成为趋于表面的形象工程，所以微景观也是一个和胡同一起生长的理论研究。

参考文献

[1] 单瑞琦. 社区微更新视角下的公共空间挖潜——以德国柏林社区菜园的实施为例 [J]. 上海城市规划杂志, 2017, (5): 77-82

[2] 徐素雅. "积极老龄化"视角下的社区空间营造研究——以北京市海淀区社区菜园现象为例 [J]. 北京规划建设, 2017 (5): 67-70

[3] 傅利平, 刘元. 文化创意产业与社区营造互动发展研究——以台湾顶菜园社区为例 [J]. 吉林师范大学学报（人文社会科学版）, 2015 (4): 88-93

[4] 卓媛媛. 北京老旧社区人文景观环境建设研究 [D]. 北京: 北京建筑大学. 2014.

[5] 张杰. 旧城区改造中微景观的生态化设计研究 [D]. 扬州: 扬州大学. 2015.

[6] 王明月. 基于微气候改善的城市景观设计 [D]. 南京: 南京林业大学. 2013.

[7] 吴良镛. 人居环境科学研究进展 [M]. 北京: 中国建筑工业出版社, 2011.11.

[8] 刘勇. 旧住宅区改造的民意回归——以上海为例 [M]. 北京: 中国建筑工业出版社, 2012.4.

[9] 简·雅各布斯. 美国大城市的死与生 [M]北京: 译林出版社, 2005.

"医学身体"架构下的建筑空间研究

王蕴一

南京艺术学院设计学院

摘　要： 身体与建筑空间之间关系的讨论一直以来都是建筑学所关注的议题，从早期人类对于身体的初步探索，到具有时代特征的身体认知，"身体"的概念在不断演进。本文以不同时期对于"身体"意义的探索为基础，从而研究新时代中"医学身体"架构下的建筑空间。通过对相关案例的分析，发现和研究当代"医学身体"与建筑之间新的共存模式，为建筑空间的研究带来新的思考与方向。

关键词： 医学身体　建筑空间　新时代

1　关于"身体"的认知

1.1　西方文化中的"身体"

"身体"一直以来都是西方文化中所关注的议题。最早关注于身体的是西方的哲学界，哲学家们以身体为出发点来观察以及思考这个世界，从而在探索对身体中产生新的理解。在哲学家们对"身体"概念进行探索的同时，建筑学的发展也渐渐受到"身体"观念的影响。在建筑领域中，维特鲁威的著作《建筑十书》最早明确地探讨了身体与建筑之间关系，其中维特鲁威人是维特鲁威对身体与建筑这两者理解的集中体现（图1）。维特鲁威建议将身体的自然形式运用于建筑的结构形式上，这种身体几何化的思维方式也体现了古罗马人对于身体的理解，古罗马人将这种由身体几何出发所产生的特定的视觉秩序运用于神庙建筑之中。从此，对于身体的探索与研究一直在影响着建筑学的发展，身体与建筑空间之间互动关系的表达也在不断演变。人们对于身体的认识体现在建筑空间之中，同时建筑空间也影响了人们的身体体验。

关于"身体"与"建筑"之间的讨论，由最初建筑与身体间的类比而获得设计原则直至后现代中尼采、福柯以及德勒兹等思想家们对于身体的不同解读，"身体"的概念随着社会以及人的自身发展而发生着变化（图2）。基于过去人们对于"身体"概念的不同认识，在生活品质与技术手段都大幅提高的今天，是否能够赋予"身体"以一种新的意义，具有时代性的新标志，与建筑间建立起新的联系，从而展开新时代下对身体观的研究。

1.2　医学身体——新时代的认知

新时代的快速发展虽然为我们带来了优质的生活条件，却给我们所生活的环境带来了很大的污染。在1996年由Anyone组织于布宜诺斯艾利斯召开的主题为"身体"的研讨会上，美国建筑理论家比特瑞兹·科罗米娜提出了"现代建筑中的医学身体"的概念。在科罗米娜看来，建筑学一直追随着医学而不断发展。如果建筑空间的论述从一开始就与身体相关，那它所描述的身体就是由每一个新的健康理论重构的医学身体。因此，建筑理论也就随着医学知识和健康意识的深化而不断演进。由此可见，现代人对于"身体"的认识在发生着改变，与我们所生活的环境息息相关。

"医学身体"概念与建筑空间的结合研究并非偶然，19世纪末城市的过度污染，使得"卫生"的观念从城市到建筑上改变和塑造着现代的"环境"意识。在廖炳惠所著的《关键词200——文学与批评研究的通用词汇编》中，对body（身体）一词进行了多层面的注解。其中第二个层面提到了身体的各种特征与疾病，经常是社会问题出现的征兆。因而，身体的干净与否，以及整体的医疗救助系统，都与社会的文明程度有着很大的关联。基于现代人对卫生观念的重视，"医学身体"的概念逐步进入建筑空间中，具体过程如下图所示（图3）：

从此，建筑的"环境"开始被视作人体"健康"的条件与外在表达，同时，现代主义的建筑师们通过营造出不同于往常的建筑"环境"从而为健康做出贡献。建筑师柯布西耶所坚持底层架空的设计方法，就是希望将建筑与潮湿的、疾病滋生的

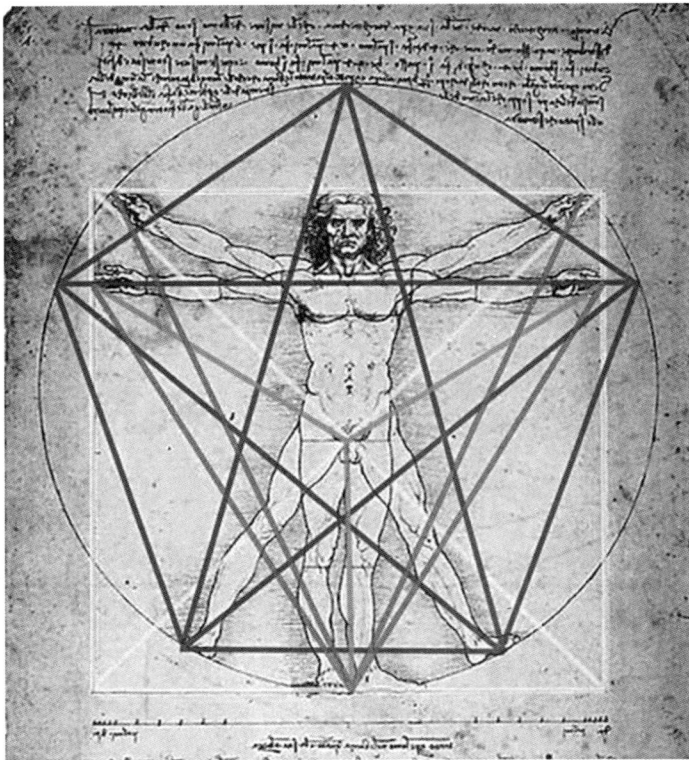

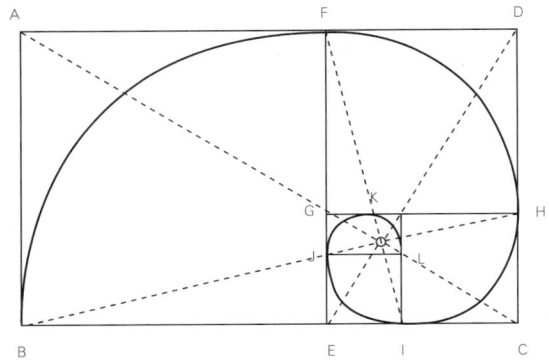

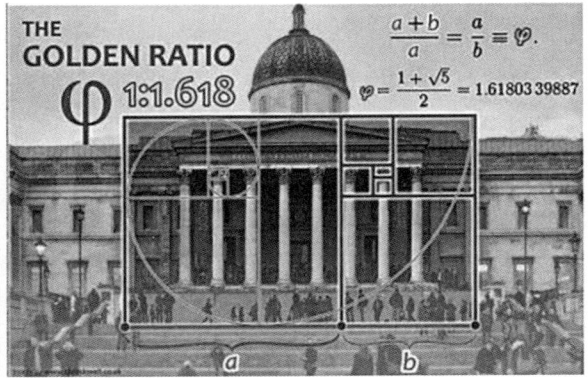

图1 维特鲁威人中的几何比例关系以及建筑比例关系

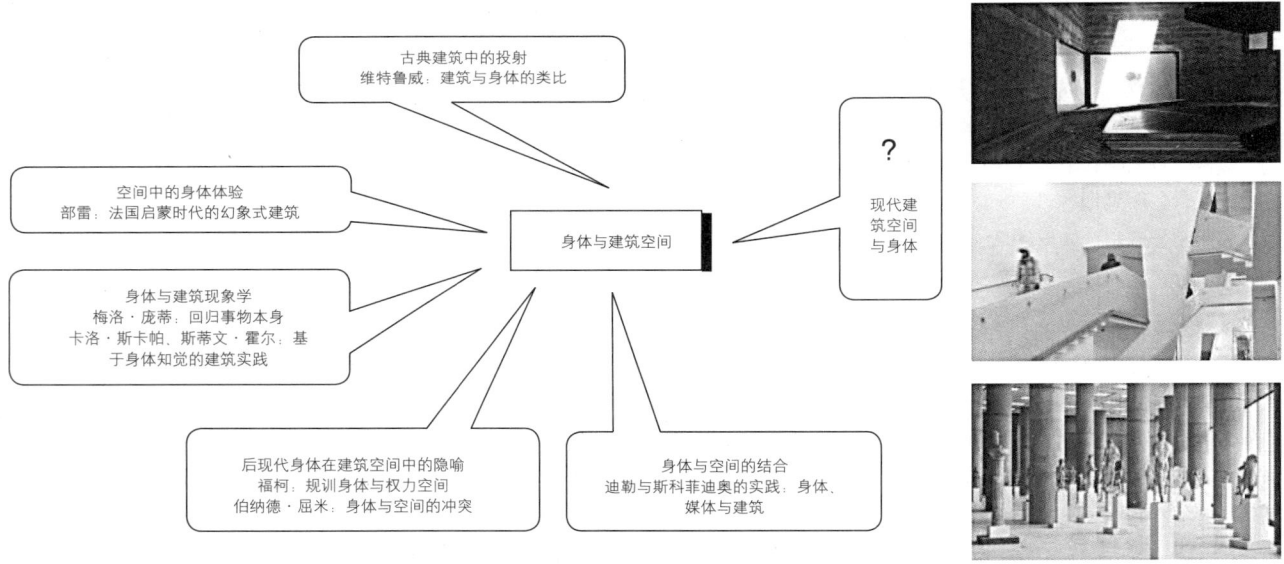

图2 身体与建筑空间关系的变化

土壤相脱离；同时坚持屋顶花园的设计方式，将阳光引进房屋，增强户外运动与空气的流通（图4）。此时的建筑空间设计不单单是视觉方面的关注，更需关注的是深入身体的医学世界。医学身体与建筑之间的关系也慢慢地发生着改变，建筑对于人的身体而言有了新的意义，如人们对卫生观念的重视、身体健康的获得、心理的治愈等（图5）。

2 三种身体——基于"医学身体"的建筑空间案例

随着生活环境的改善以及医学技术的发展与提高，建筑空间的要求已经不仅局限于"卫生"环境的获得，而更加关注于人的精神层面，希望通过建筑给人愉悦或是治愈心理的空间氛围。

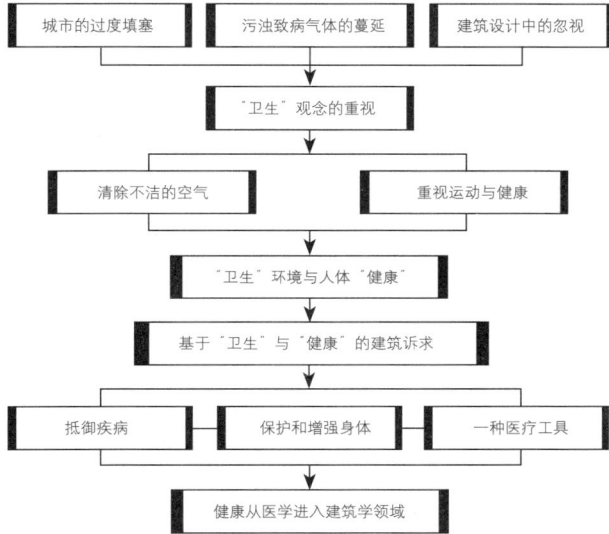

图3 "医学身体"进入建筑空间过程发展图

2.1 科威特心脏中心

位于沙巴医疗区的科威特心脏中心,它的设计打破了通常被认为是具有消极意义的医疗建筑的传统定义,整体建筑空间设计给人以积极向上的空间体验,唤起人们对于生命的热爱与追求。这样的科威特心脏中心不仅只是医学中心,还能够作为社会活动中心(图6)。在创造建筑空间的积极氛围上,心脏中心的设计所关注到的第一个元素就是建筑的外观,因为它是病人在就医前第一个能接触到的环境元素。科威特心脏中心不像是治疗大楼那样仅仅是个冰冷的容器,而是将其建筑外观的设计更加趋向于是一个社会文化的基础设施。在建筑的正面外观上包括了两个大红色的开放式立面,这样暖色的墙面设计吸引了前来的患者或是患者家属,让他们的心里少了些许因疾病所带来的压抑与冷漠,重燃起对生命的渴望。同时,石头的外观形式为建筑在科威特严酷天气条件下提供了必要的保护,确保建筑在低维护率的情况下保持一个较高的可持续性发展势态。

图4 柯布西耶建筑中的"健康"环境设计策略

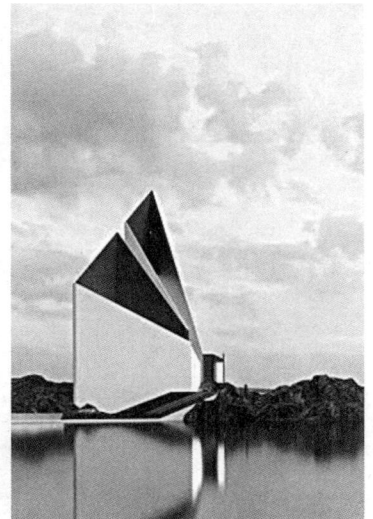

图5 医学身体与建筑:卫生观念的重视,身体健康的获得,心理的治愈

2.2　哥本哈根临终关怀所

与科威特心脏中心的设计理念相似的还有哥本哈根临终关怀所。哥本哈根临终关怀所整体的形式概念与设计深深地受到了复杂的场地条件和临近的建成环境的影响。运用曲线和矩形形式语言的结合，使得哥本哈根临终关怀所内部空间功能布局得到优化。病人的走廊被分解成了更小的单位，公共区域被专门打造成了一种曲线形式，从而在私人庭院周围创造出环保和保护的感觉。同时，建筑外立面由丰富的材料组成，哥本哈根临终关怀所因而焕发出温暖与质感，给予病人以保护性的空间氛围。作为临终关怀所，其关怀成功的一个重要标准就是在满足功能性的需求和愿望的同时与环境相适应，反映和支持了建筑作为治疗因素的想法（图7）。现代化的安养院安置于城市环境之中，并将使用者和邻里统纳入考量，使得建筑空间成为一种既能包容而热情的表达，又给人以安全感的场所。

2.3　D3托儿所

D3托儿所附近的社区以住宅为主，是其中一个识别性很强的公共建筑，但它的外观设计却为孩子们创造一个"茧"，能够保护孩子们的隐私，不让他们暴露在街道中（图8）。因此，D3托儿所建筑功能布局的设计将所有的技术用房和办公室布置在街道一侧，并且立面是相对封闭的。站在街道上看，托儿所的设计就像一个立方体的游戏，有趣味的外观造型就好像用很多体块堆积起来一样，这些体块有着不同的材质和颜色。建筑和花园之间微妙的互动打破了传统连接方式所带来的约束感，景观与建筑间的相互重叠与作用，使得室内外间有着流动性。场地整体的设计就好像一个从街道到地块中心的行走小道，小道旁有着一个接一个形式各样的花园和儿童生活空间。无论是室内空间，还是花园空间的设计都符合孩子的尺度，因而对于我们这些成年人来说，我们所看到的草叶在孩子眼里就是一片森林。

图6　科威特心脏中心外观及其内部

图7　哥本哈根临终关怀所

图8　D3托儿所

3 现代"医学身体"与建筑空间研究

3.1 研究步骤

纵观"医学身体"概念的发展，从健康观念的重视直至建筑空间设计中的体现，在西方国家的建筑空间设计中已经可以看见对"医学身体"的关注，对于有需求的人的关怀。但是，这些建筑空间对于"医学身体"所关注的并不应该仅仅是与"死亡"相关的人群，其关注范围应该更加的广泛——应当让每一个人都能具有健康意识，从而从内心产生对健康品质的追求。因此，本课题预期将"医学身体"的范围进行一次细致的分类，将与"死亡"相联系的身体与现代"健康意识"下的身体进行两方面的细致研究，从而深化基于不同需求的"医学身体"以及相应不同类型建筑空间的设计，关注新的健康理论与健康意识下的空间环境的塑造，具体研究步骤如下图（图9）：

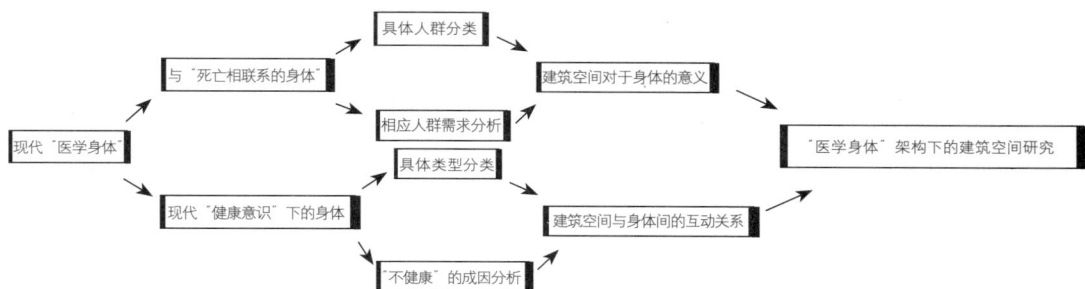

对于与"死亡"相关的医学身体的研究，已经有了不少成功的案例，体现出了对于使用者的关怀。接下来，就新的健康理论与健康意识下的空间环境的塑造进行探索与分析。

3.2 解放身体——新的建筑空间环境的塑造

在生活节奏不断加快的今天，每个人为了生活而疲于奔波劳作，没有时间停下来去"考察"一下我们的身体。殊不知，在高强度的工作中身体愈发紧绷，压抑了太久而需要有个缓冲的空间。同时，久坐不起、长时间面对电脑的人也忘了给自己一个活动、伸展的空间，颈椎病成为现代人的常见病。现代科技的发展，使得拟真游戏大肆流行，玩家长时间的游戏让大脑无法找到现实与虚拟的界限，迷失在逼真的快速运动的视觉和静止的身体中，感到眩晕难受（图10）。针对上述几种由现代病所引起的医学身体"受伤"的现象，对它们进行一次实验性

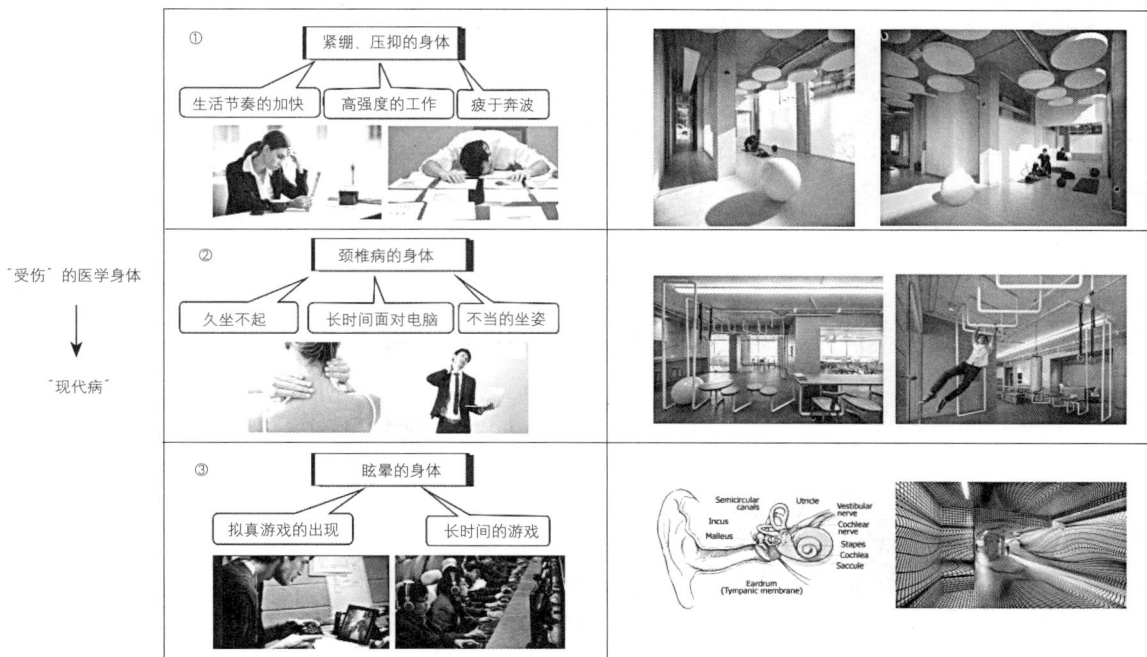

图9 现代"医学身体"与建筑空间研究步骤图

图10 3种现代医学身体及其对应建筑空间

的设计实验，希望能够唤起人们对于身体的重视、关心以及关爱自己的身体。通过对建筑空间功能的丰富、空间形式的优化以及内部色彩所创造出的空间氛围的改变，使得现代的建筑空间能够调整"受伤"的身体，起到"医治"身体的作用。

结语

　　以上关于"医学身体"架构下建筑空间的研究仅仅是一个初步的探索研究，其后会有关于医学身体更为深入的研究。"医学身体"概念的提出唤起了人们对于"身体"这个概念的重新思考，回归身体本身，探寻我们的"身体"究竟需要些什么，如何在空间中获得舒适、愉悦而又健康的体验。这是一次对"身体-空间"的探索，扩展了建筑学中的领域，使建筑与医学相联系，让建筑追随着医学领域的发展而不断发展与革

新。关注身体的内在，与先进的医学技术相结合，使得"医学身体"成为建筑空间设计中的一个崭新的工具，从而对周围的环境做出最为灵敏的反应与判断。

参考文献

[1] 窦平平. 从"医学身体"到诉诸于结构的"环境"观念 [J]. 建筑学报，2017 (07)：14—19.

[2] 史永高. 身体与建构视角下的工具与环境调控 [J]. 新建筑，2017 (05)：4—6.

[3] 楚超超. 身体·建筑·城市 [M]. 南京：东南大学出版社，2017：15—27.

[4] 廖炳惠. 关键词200 [M]. 南京：江苏教育出版社，2006：23.

内与外的解读

——广州泮塘五约村微改造的设计初探

李　芄

广州美术学院建筑艺术设计学院　　广州象城建筑设计咨询有限公司

摘　要： 文章以《泮塘五约村微改造》[①]项目为例，介绍了传统村落与建筑在微改造[②]过程中遇到的困惑：传统风貌的外部形式与现代需求内部体验之间的矛盾。以现代主义建筑师与理论家阿道夫·路斯关于现代建筑"得体"之观点作为启发，笔者试图针对传统村落与建筑空间的更新与转型策略进行思考与讨论。

关键词： 泮塘五约村　微改造　阿道夫·路斯[③]　得体　传统

　　阿道夫·路斯认为：传统是建筑的本质，但它不应被混淆为肤浅的外表……传统，对他来说，必须确保文化走向独特与完美。这才是建筑师应有的传统观。[④]

　　泮塘（传统外文名：Pun Tong），古代泛指广州城外龙津桥以西的大片郊区，现特指位于广州市荔湾区龙津西路、荔湾湖公园以及泮塘路、泮塘村泮塘五约一带的地区。"约"，是岭南乡村邻里居住单位的一种称呼，各氏族以契约的方式为前提，共同居住的社会组织方式。泮塘五约村始建于清代，"是历史城区中几乎仅见的保留有完整清代格局、肌理和典型朴素风貌特征的上岸疍家与多姓宗族共居的乡土聚落"[⑤]。

　　虽然现有村落风貌仍基本保留了相对朴素的整体风貌，但经过百年的变迁，泮塘村清末时期已经形成了的以渔业为基础的乡"约"聚落空间形态，逐渐转向了现代城市边缘批发市场的仓储与廉租空间。面对传统村落空间形态的逐步瓦解与居住生活空间品质的大幅下降，改善与提升民生状况的改造需求已逐渐形成社会共识（图1）。

　　伴随着2016年1月1日《广州市城市更新办法》[⑥]的施行，开始讨论改变广州城市更新中的全面改造（拆除重建）模式，提出并探索"微改造"与全面改造并重的城市更新方法，本项目也随之成为广州市旧村"微改造"更新办法实践的首例。"微改造"顾名思义就是在保留历史文化遗产资源的前提下，针对特定环境与问题采用具体的"微创"的改造策略，由微观层面

入手精确地解决问题，循序渐进地提升村落的整体人居环境和空间品质。区别于全面改造模式，"微改造"有意避开时间长、投入大、产权或程序复杂的"大动作"改造模式，把着力点有意放在时间短、投入小、个体产权清晰的小尺度景观提升与建筑改造中，可以理解为一种在历史城市环境中针对建筑与景观传统风貌的精确式设计。

　　在现存的400多处房屋中，泮塘五约微改造项目建议对11处推荐历史建筑线索[⑦]的民居进行修缮，对近60处部分具有传统风貌价值的房屋进行保护性改造，对于改、加建较为严重的房屋，在协调整体传统风貌的原则下进行改造或立面整饬。随着房屋征收工作的进行，房屋的产权情况仍处在动

图1　泮塘五约村鸟瞰照片

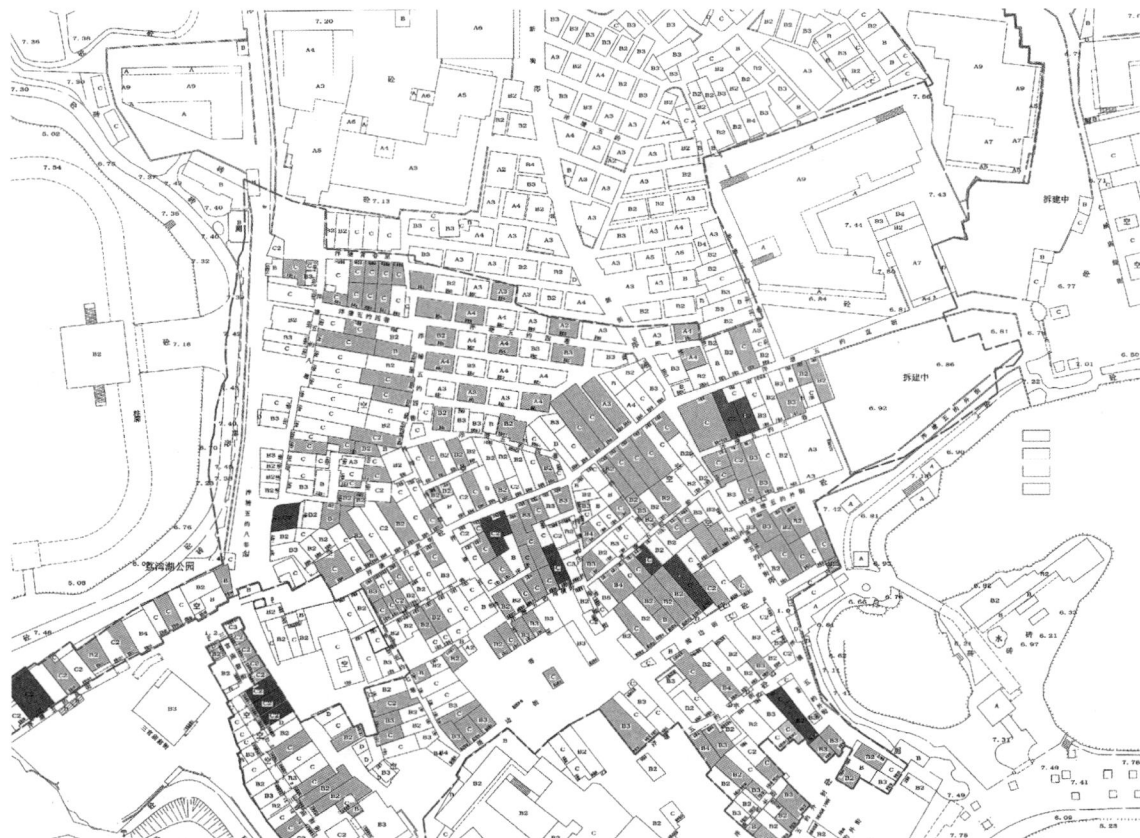

图2　产权状况图（图中绿色为已收回产权房屋，白色为未收产权房屋，摘自《泮塘五约村微改造》项目）

态的变动中，针对接近半数的公产房屋，项目建议对房屋进行整体的连片考虑，提升房屋内外的空间品质；针对私产房屋，应当谨慎而精确地处理房屋的公共界面（建筑立面），用立面整饬的导则以协调个体业主诉求与整体历史风貌之间的矛盾（图2）。

此同时，泮塘五约村更新改造将过去传统的水乡聚落改变为适应现代城市生活的新型聚落。因此，由于新型业态与功能的置入，传统村落由原来相对内向而封闭的形态，调整为外向而满足现代公共生活的新形态，如此巨大的转变势必颠覆原来固有的私密与公共之间的边界。如何在保留原住民生活的私密性与实现村落的公共化之间取得平衡，正是设计师需要面对的巨大挑战。在传统村落的空间转型中，私密与公共边界的重新定义，也是建筑"内"与"外"的重新界定。

1　"得体"——内与外的弥合

在当今传统村落与建筑的改造中，现代化的生活需求不可避免地被置入过去那些高密度且狭小昏暗的民居中；这种"现代与传统"之间巨大的反差已成为项目的核心矛盾，也为设计带来了更多的摇摆与犹豫。因此，建筑师需要在认知上获得相对笃定的判断，确立改造设计的基本原则：

由于先前文化独特的有机统一已经被现代性所打断，现代文化可以进步的唯一方式就是承认现状，并接受内部体验与外部形式之间的关系不可能完美，两者间存在裂缝的事实……这种品质的取得，得益于在内与外之间有意识地设置分隔或者面具（MASK）。面具必须以一种尊重习俗（conventions）的方式设计。路斯将这些要求总结成一个术语"得体"（Anstand，propriety or decency），"我只要求建筑师一件事情：在他建造的每样东西中展现得体。"[⑧]

以上摘录内容由阿道夫·路斯（Adolf Loos）在一个世纪以前提出。当时的欧洲社会正经历着现代化巨变带来的各种迷茫，针对当时建筑与文化在变革中的困境，路斯提出了关于"得体"原则的一段论述。他提醒建筑师面对现代文化的冲击时，必须承认"现代性"使建筑外部形式与内部现代体验脱离的现实；只有认清两者的裂痕与不完美，建筑师才能清醒地寻求一种"尊重习俗"而"得体"的设计方式，使独特的传统文

图3　村落现状（村口三官庙前作为麻将厅的室外场地）

图4　村落现状（在建筑入口处打牌）

化特征在空间转型中保留下来。

"得体"在笔者看来是一种重新处理"内外"空间关系的操作原则：在回应传统肌理与风貌的外部形式与适应现代生活需求的内部体验之间的矛盾中，运用精心布置的各种空间层次和独特体验弥补内与外之间的裂痕，使两者在分离、对话、扭转等新的内外关系中重拾渐渐消失却具有历史文化特征的空间，使传统在现代生活中延续下去，这也是建筑的本质所在。

2　内与外

由于现代生活的注入，在泮塘五约的微改造中，除了需要重点保护与恢复的主要传统公共空间（比如村头、宗祠等）以外（图3），在传统村落街巷与普通的保留房屋中应当有"另一种"更为灵活、暧昧而且丰富的公共空间形态以诱发公共生活，以适应泮塘五约村未来切实的现代日常生活需求。

受到阿道夫·路斯关于现代建筑"得体"原则的启发，笔者有意在"内外"空间关系的营造中进行尝试，以获得"另一种"独特的公共空间，使传统的生活记忆与空间体验在空间转型中得以保留与体现。为此，笔者提出了两个针对性的改造策略。

2.1　建筑外部街巷的室内化

步入村落，许多街巷已经存在许多微小而自发的公共空间：较为宽敞街道一侧摆放的座椅、街巷拐角处的台阶、保

留古树的树荫等。因为传统村落的高密度，居民会自发地把一些公共生活转移到自家门外附近的狭小场地上，这些往往被宏观规划所忽视的微小空间被赋予了类似"室内客厅"的公共属性，打牌、聊天等日常性的公共社交的活动发生在其中（图4）。微改造恰恰需要捕捉这些细微的生活痕迹，把室外街巷中"室内化"的空间或场所进行保留并提升其环境品质，在村落空间转型中植入保留当地生活痕迹与记忆的公共空间。

2.2　建筑内部庭院化

在高密度的泮塘五约村中，对连片民居房屋进行适度地抽疏，形成若干相对独立的内部庭院，并通过改造与其相邻的建筑与主要街巷连通。此种清晰的改造动作通过开挖庭院或天井改善了建筑室内的微气候，也使原来封闭而独立的民居之间获得了一种内向的公共连通。这种由"内"至"外"的改变，可描述为"建筑内部的庭院化"。

由于紧张的用地条件，微改造通过拆除、抽疏而形成的庭院一般尺度较小且较为封闭，这种"限制"使其先天地获得一种接近传统岭南建筑天井般的内向式体验，一种更贴近个人尺度的空间感受；与此同时，与庭院周边相连的改造房屋多数为具有一定公共需求的改造建筑，不可避免地赋予了内部庭院区别于室外街巷的"另一种"公共体验。这种介乎于内向与开放之间，深藏在建筑内部却同时与室外街巷相连的庭院公共空间（图5），使外部传统街巷氛围与内部精心营造的庭院体验，在公共空间层面上提供了多样性的对话。游走于两者之间，传统的空间体验便得以显现与关注。

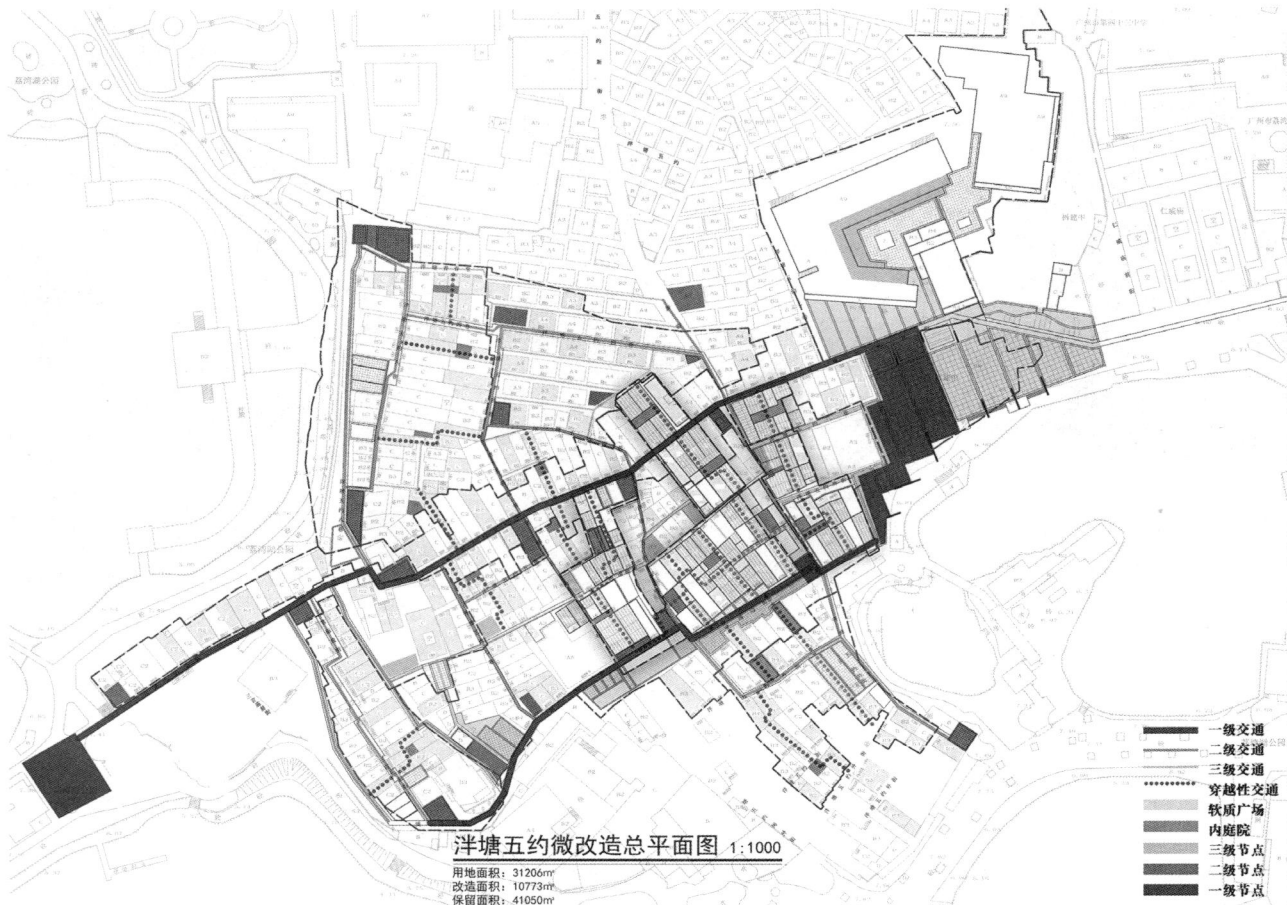

泮塘五约微改造总平面图 1:1000

用地面积：31206m²
改造面积：10773m²
保留面积：41050m²

一级交通
二级交通
三级交通
穿越性交通
软质广场
内庭院
三级节点
二级节点
一级节点

图5 内部庭院系统分析图（摘自《泮塘五约村微改造》项目）

3 实施案例

"一街两院"是本次"微改造"中"另一种"公共空间营造策略的具体实施，涉及五约外街与两个相连庭院（东院、西院）的改造（图6、图7）。改造区域位于村落东南角，南侧为泮塘村东西向主要街巷涌边街，东侧为南北方向的主要街巷五约外街，是一块相对完整而独立的改造区域。现状中五约外街宽度2米左右，而涌边街宽度不到4米，街道转角处有一处保留的古树。现有街巷两旁建筑为1~2层不等的保留民居，多为青砖墙与灰瓦顶，由于年久失修与内部生活需求，大部分房屋肆意加建与改建现象严重，生活环境与空间品质亟待升级改造（图8、图9）。

"一街"——室外街巷的室内化

涌边街2号位于五约外街与涌边街的拐角处，为改造的重点建筑。方案设计首先利用涌边街2号外墙面的向内平移的调整拓宽了五约外街的宽度，增加大致一米左右。在扩宽出来的

空间中背靠着墙体设置了座椅以供人停留休憩，建筑厚实的青砖墙面在1.2米以下换成半透明玻璃砖。当人们坐下时，室内与室外在视线与感受上得以相互渗透。这种模糊内外关系的操作使原来单纯交通性的街巷获得某种犹如端坐在室内的暧昧感受与尺度，有意保留或创造了供人逗留的"室外客厅"体验，这正是泮塘五约村随处可见而且真实的公共生活，一种拥有传统生活痕迹而微小的室外公共空间在空间转型中得以延续（图10）。

"两院"——"低"与"高"

方案设计在案例区域内设置了若干庭院，其中两个面积较大：东院呈正方形，约140平方米；西院呈长方形，约40平方米，两个庭院通过保留下来的历史建筑线索涌边街10号连通。

东院用地原来是数栋联排的民居，由于年久失修都已严重损坏及倒塌。庭院东北边为2~4层毫无历史风貌的未收产权房屋，西南边为一层的保留改造建筑（涌边街2号）。用地

图6 "一街两院"改造区区位图（摘自《泮塘五约村微改造》项目）

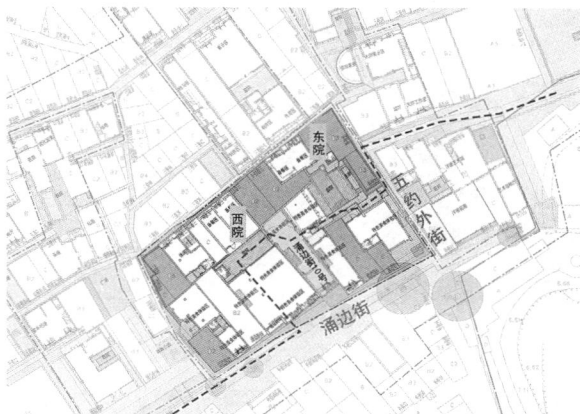

图7 "一街两院"改造区，灰色为未收产权房屋（摘自《泮塘五约村微改造》项目）

图8 涌边街现状

图9 五约外街现状（外街与涌边街转角处拍摄）

图10 涌边街2号改造建筑立面（摘自《泮塘五约村微改造》项目）

长宽尺寸皆为14米左右。改造方案建议清空场地作为庭院，同时保留原来每户民居的墙基痕迹。庭院西侧依附涌边街10号（历史建筑线索）的山墙设计了一座方亭，出挑极大的弧形屋面把檐口高度控制在2米，把视线限定在庭院内目光所及的低处，在视觉上有效地消隐了对面未收产权的4层新建混凝土住宅（图11）。与方亭互为对景的是庭院东侧一条贯通庭院南北方向的长廊，单坡的廊道使人们获得水平延伸的视线与空间体验。这种把视线和景物放在"低"处的空间营造策略，使庭院获得了静谧之感，人们驻足而静思内省之意油然而生（图12）。

从东院西侧一处门洞进入历史建筑线索涌边街10号，通过室内的轻微改造和光线指引，由另一侧的门洞可以通向西院：东西长约10米，南北长约4米。原来估计是建筑内部为解决通风与采光要求而开设的天井或庭院。西院南北面均为单层的需改造的传统建筑，北面建筑高3.6米，南面高7.4米，而东侧两层的涌边街10号也有10米左右，因此庭院成为了狭长而且高深的天井。

根据此处高而深的空间特质，设计在西侧有意摆放了一座几何形体、清晰而独立的室外卫生间，屋面为可上人露台。纯色涂料使卫生间获得纯净的几何形体，犹如高耸而敦实的巨柱托起轻盈的重竹板露台（图13）。与之互为对景的是涌边街10号墙面上的一处二楼凸阳台：深色钢板构成的长方形强烈而肯定地嵌入传统青砖墙内，材质对比强烈（图14）。视线游走于庭院的两端，露台与阳台在高处对视：一个温暖而轻盈，一个冷峻而游离。庭院的高远之意被刻意强化，一处原本狭窄而憋闷的天井被赋予"高"的维度与体验，深置其中的人们获得了一种仰望天空的视角与掠过屋面眺望远方的体验。

两个庭院，一个是对"低处"地面的关注与俯视，一个是对"高处"天空、屋面的仰视与向往。一高一低两种截然不同的空间体验赋予了建筑内部丰富的空间层次，这种层次的营造并没有追求肤浅的外表，而力求以某种"得体"的方式，类似东方传统绘画与造景中"平远"与"高远"的美学体验在此处留下了痕迹。

图11　"低院"——方亭内被压低的视觉感受（摘自《泮塘五约村微改造》项目）

图12　"低院"——水平长廊下庭院全景（摘自《泮塘五约村微改造》项目）

图13　"高院"——西侧的卫生间上的露台（摘自《泮塘五约村微改造》项目）

图14　"高院"——东侧涌边街10号山墙上的凸阳台（摘自《泮塘五约村微改造》项目）

4　结论

百年前，始于西方文明的现代主义运动在技术、文化、政治、经济等多方面引发了重大社会变革：传统中人与环境之间相对稳定的从属关系被"现代"的流动性所打破。"现代人"无需终生生活在固定的土地上，他/她可以自由地选择各种生活环境；反之，人居环境也会因为居者和现代需求发生相应的改变。

因此，"现代"带来的生活方式必然使传统的人居空间与环境发生不可避免地摩擦与转型。为了防止传统的历史文化信息在转型过程中被粗暴地抹去，建筑师应当具备一种尊重习俗而且"得体"空间操作的智慧，在内外关系的重新定义中弥补传统的建筑外部形态与现代内部体验之间的"裂痕"；使独特的历史文化特征在空间转型中被巧妙地转译并凝固下来，使"微改造"最终在现代需求与传统继承之间获得平衡。

注释

① 《泮塘五约村微改造》2016年由广州象城建筑设计咨询有限公司与广州市民用建筑科研设计院联合设计。

② 在2016年1月1日颁布的《广州市城市更新办法》中，提出了强调以人为本的微改造的城市更新办法，核心是将人和物结合起来，突出保障城市和人的安全，通过腾退一批影响环保、危险化工等企业，减少环境污染，消除城市安全隐患，对建成区中存在安全隐患的建筑，实施局部拆建、整治的"微改动"，缓解、消除安全隐患。同时充分挖掘老城区潜在资源和优势，保护和修缮文物古迹、工业遗产，对历史建筑予以活化利用，延续历史文脉，保存城市记忆。

③ 阿道夫·路斯（Adolf Loos），奥地利建筑师与建筑理论家，在欧洲建筑领域中，为现代主义建筑的先驱者。

④ （比利时）希尔德·海嫩. 建筑与现代性：批判 [M]. 卢永毅，周鸣浩，译. 北京：商务印书馆，2015.

⑤ 华南理工大学建筑学院、荔湾区人民政府、广州市规划局荔湾分局编，《广州泮塘五约前期研究及概念设计》，2013.

⑥ 广州市人民政府令第134号. 2015年12月11日同时下发的配套文件还包括《广州市旧村庄更新实施办法》、《广州市旧厂房更新实施办法》和《广州市旧城镇更新实施办法》。

⑦ "历史建筑"为《广州市对历史文化名城保护条例》中规定建成三十年以上且未被确定为不可移动文物且反映一定历史文化价值的建筑物、构筑物。"历史建筑线索"为未正式评定为历史建筑的房屋，在评定期间应执行等同于历史建筑的保护要求。

⑧ （比利时）希尔德·海嫩. 建筑与现代性：批判 [M]. 卢永毅，周鸣浩，译. 北京：商务印书馆，2015：115.

注：特别感谢广州象城建筑设计咨询有限公司提供的相关项目资料。

为社区创新而设计

——以米兰理工大学ARNOLD多设计学科交叉项目为例

杨叶秋　王道静

米兰理工大学设计学院　南京财经大学

摘　要： 这是一个人人设计的时代，设计从室内、建筑、产品、服装、时尚等以专业领域为界定到当下以社会、系统、服务、战略等谋事为核心的转化，设计的定义和内涵正在发生改变。米兰理工大学设计学院主持的ARNOLD课题项目，深入探究多学科设计介入社区创新设计的方法论，发掘参与式设计在社会创新中的潜力。设计团队与不同的利益相关方在共同愿景下参与协同设计，实现了城市空间设计、室内设计、服务设计等多学科设计工具的交叉实践结合。总结实践得出，提高社会创新价值共创的有效性和可持续性的关键在于一个有效手段、一个重要活动引导者和一个共同价值。

关键词： 社区创新设计　协同设计　多学科设计　ARNOLD

引言

著名设计学者柳冠中教授在《造物到谋事》演讲中指出，"设计应该从单纯的造物中走出来，并不仅仅是做一件物品，而是要谋划一件事情，产品的目的也是服务于人，造物只是产品很小的一个环节，应当站在更高的角度，从用户、环境出发去考虑用户在做事时遇到的问题。"在寻求能够满足新的社会需求的解决方案的背景下，新需求、新问题很难按照传统的社会模式和解决方法寻求到答案，"社区创新设计"不仅是设计师、决策者们深思的问题，更是让生活在社会中的每个人"协同创新"的一种设计方法和一个开放的设计过程，它具有"共同价值"设计创新的愿景，我们正在经历一次新的设计变革，一个人人设计的时代。

2018QS世界大学设计专业排名第5的米兰理工大学设计学院作为可持续社会创新设计方式的学术重镇，于2016年7月至2017年2月在室内空间设计硕士最终合成实验室开展了ARNOLD多设计学科社区创新设计探索研究课题，由教授达维德·法西（Davide Fassi）、劳拉·加卢扎索（Laura Galluzzo）、安娜·梅罗尼（Anna Meroni）、朱晓村指导，笔者和其他54名国际学生共同完成，项目得到了米兰市政府的支持，其他的研究成员来自国际社会创新及可持续设计网络组织DESIS lab。形成从社区、国家再到国际多层面的合作开展，并将其研究与课程教学相结合。ARNOLD是Art and Design in NOLO Social District的英文缩写，旨在以艺术和设计的力量激发米兰NOLO社区，进行整合室内设计、城市空间设计和服务设计的跨专业协同研究，以社会创新设计理论为基础，结合不同设计专业的实践方法和工具具体实现，达到社区社会创新和室内设计教育创新探索的目的。

1　项目背景："百孔千疮"而潜力无限NOLO社区

NOLO是由43岁的设计师弗朗切斯科·卡瓦利（Francesco Cavalli）定义命名的North of Loreto的社区简称，也是一个传播和定义活力的米兰新城市区域代名词，它包括了米兰Loreto以北的部分区域，Piazza Loreto和Piazza Morbegno两个主要广场，Loreto、Rovereto、pasteur三个重要地铁站，由Monza大道贯穿当中，西临欧洲重要的米兰中央火车站，是米兰通往附近主要定居点的重要途径，社区便利的交通在很大程度上影响了蒙扎、威尼斯和意大利东北部的其他主要城市（图1）。

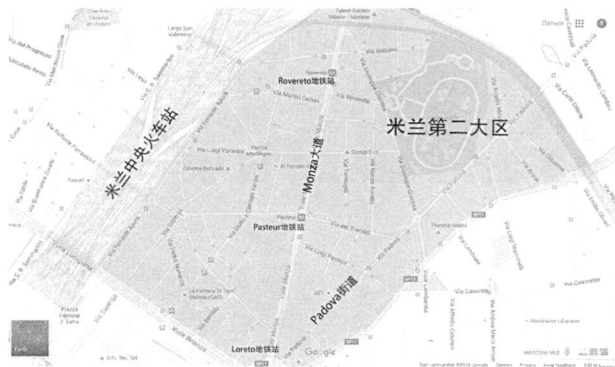

图1 NOLO社区地域图

1.1 米兰最多国外移民聚集地

自二十世纪初以来，NOLO是米兰最多民族的地区，在这里有超过50个国籍的人共存，最先的移民者来自意大利的东部和南部，然后世界各地的移民者纷纷聚集而来。根据米兰市政府2015年数据显示米兰第二大区的外国人共为44205人。[①]最多相关公民包括：中国人、菲律宾人、埃及人、秘鲁人、斯里兰卡锡兰人、罗马尼亚人、厄瓜多尔人、摩洛哥人、乌克兰人、孟加拉国人。不同国家民族的文化、生活习惯、语言等问题是该区域需要协调的重大问题。

1.2 米兰的危险区域

贫穷的移民者是引发该区域危险冲突以及犯罪的重要因素，长此以往恶性循环形成了米兰重要的贫民窟。"酒精、暴力、毒品、贫穷、魔鬼、妓女"是对NOLO区域内一条4公里Via Padova街道的形容词，从Piazzale Loreto广场一直延续到米兰的边界，1958年的"世纪抢劫运钞车大案"就发生在此，2016年11月再发枪战，一名男子中弹身亡。

1.3 新的移民热潮

根据immobiliare.it网站统计，NOLO地区以便宜于米兰城市中心21%的价格——2600欧元每平方米的房价和健全的公共设施吸引着年轻的创意者、设计师、艺术家迁徙至此。新来的年轻创意者们牵头在当地举办画廊、街头艺术、街头涂鸦、音乐会、电影等交流活动以促进当地内涵式文化的发展和改善。

1.4 NOLO社区协会

新移民者萨拉·阿特丽（Sara Atelier）和丹尼乐·多达娄（Daniele Dodaro）于2010年起致力于创立线上和线下的

NOLO社区交流活动，组织聚餐、联合办公、骑自行车等社交活动。在周末，他们组织街道邻里一起讨论和发现生活乐趣，这是一种改善和优化陌生人之间关系的方式，构建了一个邻里之间沟通的桥梁。当地方社区愿意参与协作行动时，就可以更容易地设计、生产和激活更好的生活方式和社区凝聚力。

2 多学科交叉的NOLO设计过程

2.1 破冰了解阶段

在课程开始的前阶段，教师随机分配来自不同国家的55名学生，把学生分为5人一组，结合课堂教室的空间进行课程汇报装置设计，可使用的材料为木板，价格限定为10欧元以下（图2）。此阶段教授提供了一个让不同国籍和不同文化背景的学生可以相互了解协同设计的机会，打破同一国籍学生抱团工作的习惯行为，一方面可以让学生相互了解各自的优势和劣势，如中国学生擅长设计分析图和效果图的制作，意大利学生具备语言优势更了解米兰环境和历史，另一方面可以让相互陌生的学生彼此了解并迅速组建设计团队，设计从此时已经开始，整个课程即是一个服务设计。

2.2 区域调研阶段

这个阶段的目标是通过实地研究来熟悉这个地区，这不仅激发了设计团队与当地居民的互动行为，也让当地居民对具体

图2 课程汇报装置设计

问题的重新认识和梳理。我们通过以下方式来调查区域空间系统：

（1）绘笔先行：由Sketchmob工作室在Facebook上组织和带领下进行为期一天的速写练习交流来初步了解，同时也有当地感兴趣的市民参与互动，其目的并不仅限于创作美术速写佳作，而是用笔记录和初步体验社区。

（2）体验地图：运用基于国际情境主义理论基础的体验地图工具，在目标区域展开个人探索，没有任何特定的目标或时间限制，再通过个人感知对原有地图解构。如玛丽卡·马格尼科（Marica Magnifico）同学认为NOLO区域对于她来说如同一块画布，暗淡的颜色及坚硬的材料表现其在社区区域感受到的拥挤和冷漠，浅色和柔软触感的材料表现安静与安全，一些零散的元器件表达电车公共交通的来往和繁荣景象，数字3.83和51.24则记录了旅程公里及时间（图3）。

（3）视频采访：这是一种参与式学习和交互的方式，通过预定的采访来深入感知NOLO社区已有的思想和行为。拍摄的对象、概念的角度、视频的气氛、谈话的问题和方法都需要精心设计。在后期制作中，呈现的是反思，并以此为设计阶段探索的研究问题、主题和发现。这些视频不仅是对艺术家的作品和方法的描述，而且还透露了他们对工作空间和城市关系的反思和思考，并以此为灵感来源。

（4）文献报告：以"商业、协作部门、社会组织、历史、工艺与生产、文化生活、社会生活、父母与孩子、老年人、新移民者、分享和协作经济"等12个主题进行NOLO区域与米兰市联系的阐述及对比的报告论文撰写，此阶段学生被引导学习社会创新、城市设计、室内设计理论书籍及文献，为下一阶段

的实践打下理论设计基础。

2.3 展示空间与协同设计阶段

空间设计经常会对当代生活参数重新定义，并揭示出不断变化的社会的新形态。多学科设计思维的重新定位以及其在应用环境和理论方向上的相互联系更适应广泛的社会文化、政治和商业影响并相互转化。该阶段艺术家、设计师和场所业主各个设计参与角色直接的互动及多学科协作设计运用是本课程协同创新的亮点。首先，在传统设计体系下（空间分析图、流线分析图、心情版等）进行展览室内外区域的研究；其次，学生设计师使用服务设计工具和方法（引导性头脑风暴、思维导图、行为触点地图、采访视频等）对设计协作者艺术家进行深度了解并挖掘其作品的意义，思考如何在展览中增加其价值。最后与场所业主沟通从而了解使用空间的限制和扩展。另外，业主也将协助艺术家和设计师使部分特殊展览成为可能并给予小额经济支持。

（1）空间二、三维分析图。这部分是传统的室内设计分析工具，针对目标空间进行流线、尺寸、材料、肌理等分析，通过尺寸图和空间可视化模型可以了解空间最大改造的可能性。

（2）空间情绪版。一种启发式和探索性的工具，对非常规空间的颜色、肌理、嗅觉、触感等个人感受通过元素提炼进行可视化展现，快速表达设计的想法。以下是第三组同学根据艺术家点线面抽象画的理念、艺术家的旅行照片、酒吧场的艳丽装饰格调制作的主观情绪地图（图4）。

（3）视频访谈。通过对艺术家及其相关者的视频访问来深度挖掘艺术家的作品意义和可激发点。第二小组的艺术家"奇

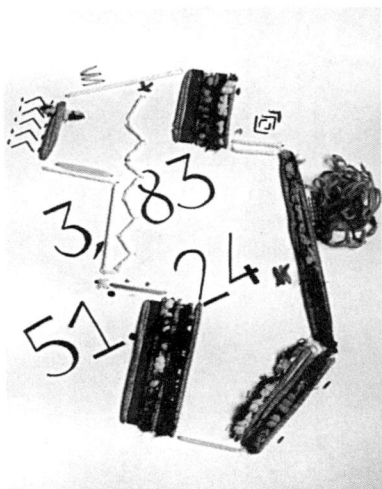

图3　玛丽卡·马格尼科同学体验地图　　　图4　第三组同学空间情绪版

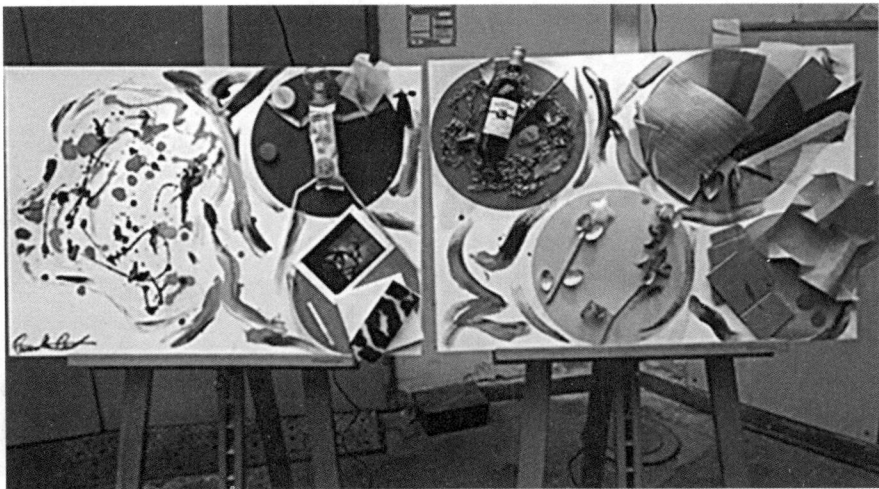

迹"拥有厨师、画家、艺术管理者、歌手等多重角色,在对艺术家个人采访之后,设计组员更换采访对象,制作服务设计道具和活动与艺术家的朋友在游戏中交流互动中得到调研数据,相比传统问卷调研得到的数据也更生动和准确,整个访谈的过程是一个参与式协同设计。

2.4 策展和活动设计阶段

此阶段旨在2017年2月4日设计一个艺术设计巡回展览及一个可在展示所及22个艺术项目的24个地点来运营的活动。活动需要紧密考虑到活动成本,展览时间及接待人流量。以第一小组的艺术马拉松(Marathon of Art in NOLO)为例来介绍设计方法(图5):

(1)供给地图。一个可视化工具分析可提供给用户服务的地图。该小组通过第一阶段社区调研后设计以"激发创造力、改善社区外貌、提升居民心态、认识新伙伴、消除压力和焦虑、帮助用户进行社交"的愿景的服务,一方面居民可以通过马拉松活动得到健康的生活方式,另一方面也让有艺术兴趣的居民陶冶情操,以艺术的新方式认识邻居,提高该地区的活力。

(2)虚拟角色模型。对实际每一大类潜在用户观察分析而建立的虚拟模型。根据NOLO用户采访了解得出三大类用户人群:公立大学学生、某公司上班职员、某新移民者。

(3)展示图腾。一个活动当天的展览导示图。每个展区位置将会使用一个临时图腾来介绍艺术家的作品,并且也是与参观者交互的媒介。该作品需要是以高识别度、低成本、易装配的原则设计,他们选择了每家都有的梯子作为基础,根据梯子的形状制作信息展板,同时也改造鞋盒制作方形盒来放置海报小卡片供参观人员获取。

(4)用户体验活动设计。提供一个实际可行的活动规划,根据模拟角色工具的分析,为三大类艺术人群设计了三条不同距离和艺术品类型的活动路线,在活动过程中设计游戏与参观者互动并在最后为每个完成者颁发奖励。

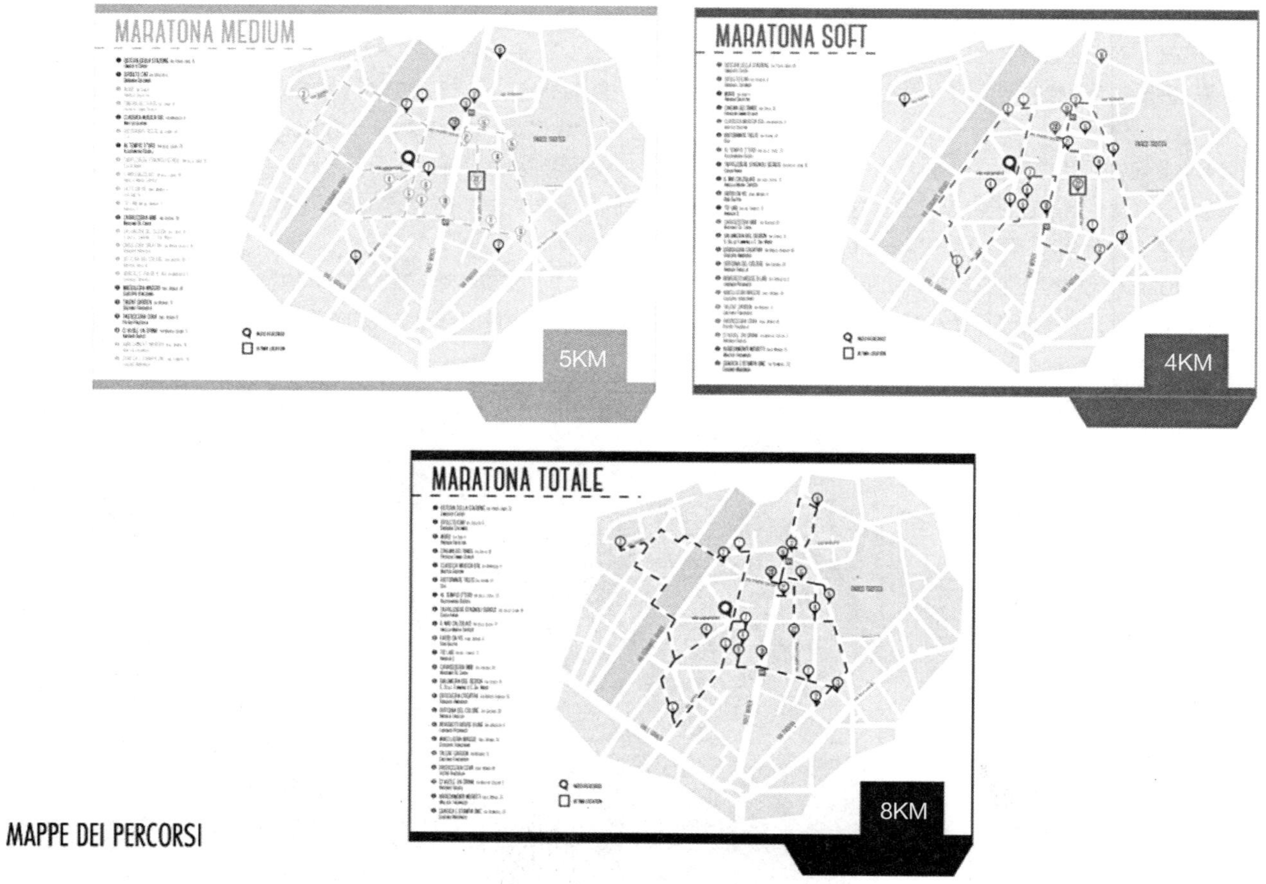

图5 NOLO社区艺术马拉松活动地图

3 ARNOLD的社区影响

活动当天，每个展示区域每天接待超过50位参观者，整个活动估计近1000人次，米兰政府文化委员克里斯蒂娜·塔亚尼（Cristina Tajani）出席活动。在意大利共和报、意大利日报等杂志和博客媒体上发表的文章达20多篇，得到新闻界广泛宣传。ARNOLD项目在该地区创建了一个艺术和设计、私人与公共空间交互空间活动的蓝图，不仅在非传统的地方展示了艺术作品，还加强了不同类型用户（当地与非当地区域居民、艺术活动爱好者、临时参观者）之间的凝聚力。这个蓝图可以作为未来其他类型事件的参考，比如NOLO社区可以利用此活动形式作为年度活动，根据事件本身的需要扩展或缩小到其他区域，再从可持续发展到研究和产出中获益。

4 结论

在多学科设计交叉实践结合运用下，我们认为提高社会创新价值共创的有效性和可持续性的方式在于：有效手段、重要活动引导者和共同价值（图6）。首先，跨学科设计背景提供了多系统的设计工具，让专业设计师和社区居民的合作设计得以高效率进行；其次，由于利益相关者的观点和背景不同，在合作过程中会有不同愿景差异，整合各方面利益相关者的愿景是可持续性的重要保障，因此需要一个得到各方支持的活动引导

者来有效组织沟通与合作共赢，本次活动组织者即活动引导者来自DESIS网络，其得到来自国际学术部门、米兰市政府、米兰理工大学设计学院、NOLO社区公共和私人的相关部门的多方面支持；其三，当地社区协会与本活动的目的愿景达成共识并积极参与支持是本次社会创新的可持续实践成功的重要保障。但是，在实践中建立可持续的机制以持续触发价值，共同创造和支持主要利益相关者之间的转变仍具有挑战性。

注释

① 2016年米兰市政府统计外国人居住情况数据。
② Branzi Andrea. Modernità debole e diffusa: il mondo del progetto all'inizio del XXI secolo [M]. Milano: Skira, 2006: 101.

参考文献

[1] Barbara Camocini, Davide Fassi. In the Neighbourhood. Spatial Design and Urban Activation [M]. Milano: Franco Angeli, 2017: 122-137.
[2] MURRAY R, CAULIER G J, MULGAN G. The Open Book of Social Innovation [M]. London: National Endowment for Science, Technology and the Art, 2010: 14-30.
[3] MANZINI E. Design, When Everybody Designs: an Introduction to Design for Social Innovation [M]. Canbridge: MIT Press, 2015: 55-71.
[4] Chen-Fu Yang, Tung-Jung Sung. Service Design for Social Innovation through Participatory Action Research [J]. International Journal of Design, 2016: 21-36.
[5] Branzi Andrea. Modernità debole e diffusa: il mondo del progetto all'inizio del XXI secolo [M]. Milano: Skira, 2006: 101-110.
[6] MULGAN G. Social Innovation: What It is, Why It Matters and How It Can be Accelerated [J]. 2007: 13-19.

注：本论文得到中国国家留学基金资助，学号为201807820027；本文曾发表于《设计》2018年第6期，经修改后投稿本会议；本文图片均由项目组拍摄和绘制。

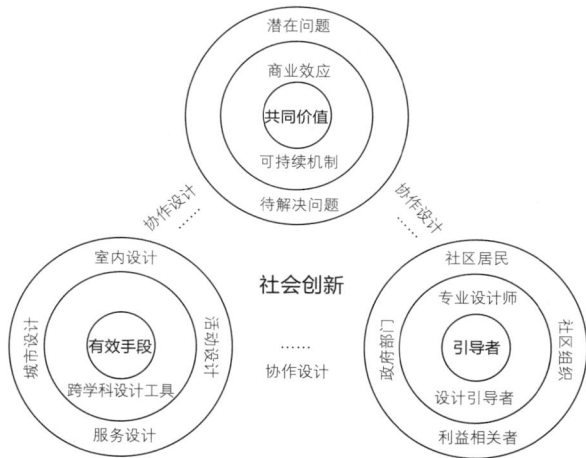

图6 结论理论模型

生态意识下的旧厂房改造
——以"马哥孛罗面包"厂房改造为例

沈 青

上海大学上海美术学院

摘 要： 现如今旧厂房的改造已成为城市发展中十分重要的一部分。改造不是彻底拆除，而是通过绿色环保的方式提升厂房的价值。根据改造后赋予的新功能对其进行梳理整合，使其完整合理，集美观与舒适于一身，拥有新的风貌与活力。而为了实现旧厂房的环保改造，降低对环境的破坏，需要将改造策略与生态意识相结合，减少能源消耗，走可持续的发展道路，在生态意识的影响下，旧厂房的改建开拓了新的思路。本文结合旧厂房改造创意产业园区的实例，探讨生态意识下旧厂房的改造和利用，通过线性语言的方式将生态意识融入旧厂房的改造，力求在人类的需求与环境的影响之间建立平衡。

关键词： 旧厂房 环保改造 功能再生 生态意识

1 课题概况

1.1 课题背景

近几十年来，城市的发展越来越快，在城市的变迁更新中，一些废弃的工业建筑被遗留下来，失去了它们原来的物质功能，长期被搁置，成为城市环境建设的负担，面临被推倒重建的命运。随着人类对历史文化及环境保护意识的提升，人们开始逐渐意识到此类遗存所具有的重大发展潜力，对失去生产功能的旧厂房改造利用、进行功能再生渐渐成为城市建设更新的一个重要组成部分。而在这越来越强调生态意识的时代，如何对此类空间进行最有效的利用，使之既可以保留土地上原来的记忆又能发挥新的功能价值，并且还能降低对能源的消耗，走可持续发展的道路，就需要我们在融合的基础上进行更深层次的思考。

1.2 课题目的

通过借鉴已有的成功案例，加以自身的实地调研考察，重新审视旧厂房改造的逻辑与趋势，结合生态理念对我国旧厂房的改造从空间时间等各方面进行分析研究[①]。通过思考21世纪的人群在不同情形下对于不同环境的真正需求，发现我国现有旧厂房改造实践中的优势与不足，探讨生态意识下旧厂房改造的内涵及主要趋势。而基于生态意识下的旧厂房改造最终目的是在充分考虑人的需求的前提下赋予其新功能，提高环境的舒适度，同时节约能源走可持续发展道路，给旧厂房以新的生命[②]。

2 前期分析

2.1 项目背景

此次课题研究的旧厂房改造项目为1985年建成的工业厂房，前身是台湾品牌"马哥孛罗面包"的中央厨房，项目占地面积6637平方米，房产证建筑面积7343平方米，由一栋主楼（6层，5888平方米）和4栋独立式小楼（1~2层/栋，合计1455平方米）组成，其中主楼一层的层高约为5米，其他层的层高3.5米左右。

项目主要需求是将"马哥孛罗面包"的旧厂房改造为有自身个性魅力的创意产业园区，定位于为中高端创意类客户提供办公空间，并配套建设一些商业服务设施。

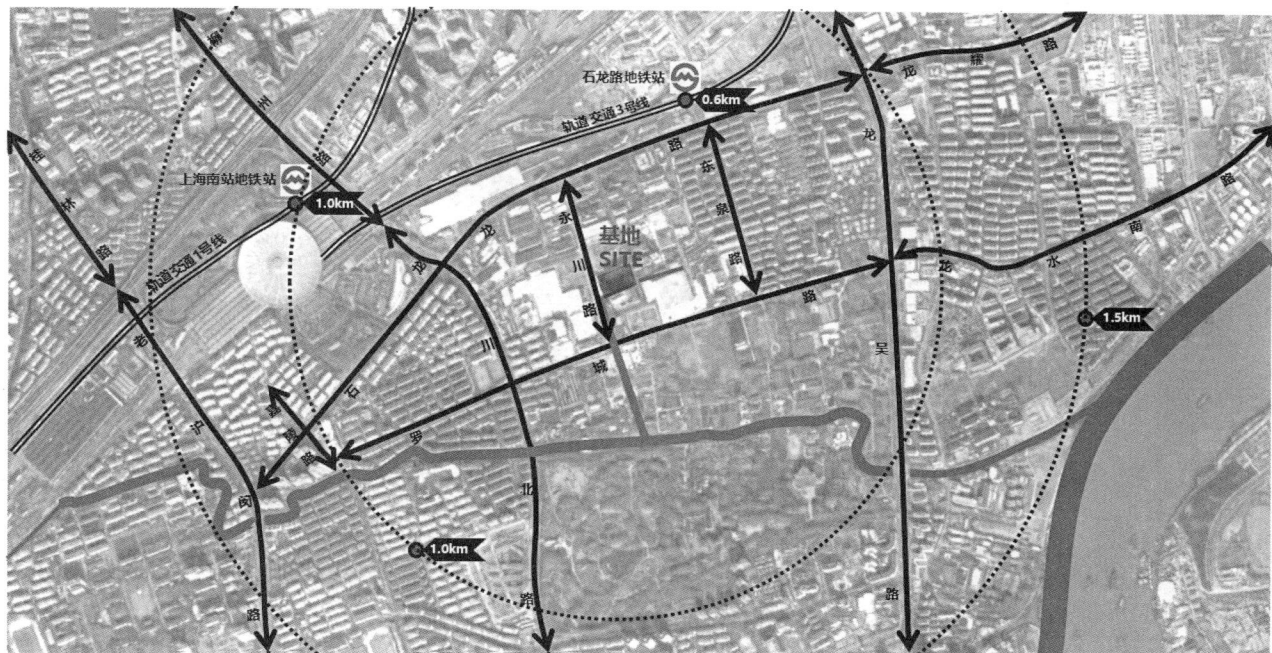

图1　区位图（来源：自制）

基地位于徐汇区石龙路345弄28号，地处徐汇滨江延伸带（图1），比邻上海南站，近地铁一号线和三号线。左侧为永川路，南侧滨水，周围较多为办公园区，交通方便快捷。但由于处于附属地段，在石龙路345弄最里面，人流车流量不是很多，主要服务人群更多地为园区内部、园区周围人员以及一些散客。

基地周围多为办公建筑，特别是办公创意园区，外围有东泉小区、罗城小区等住宅区，商业较少，零星覆盖有一些教育医疗机构，南侧有水域，可增加滨河景观。

2.2　人的需求分析

设计都要遵循以人为本的基本理念，设计者要使用不同的设计语言满足不同人群对场地使用的需求。在设计中考虑人们的活动、观赏、休息等各种不同需求，强调完善各类服务设施，空间尺度合理，具人性关怀和亲和力，满足人们功能性的需求。

本项目面对的使用人群主要为思想开放、有创意、有生活品质追求的办公人员。而根据调查发现，此类人群对于室外休闲空间以及共享空间的需求是非常迫切的，他们需要沟通、交流的场所。另外，人们更喜欢在拥有更多绿化面积、更加生态的场所里面办公交流活动。生态性的办公空间不仅能给整个环境带来活力、发展可持续，而且还更能舒缓人们的压力，激发人的创作思维。而在共享空间中，人们也需要一些半私密的交流空间区进行一些深入交流的活动，可以通过植物围合、下沉

空间等形式展现。因此，对于使用人群的调研分析让我对本项目的功能分区等整体有了进一步的掌握。

2.3　现状调研

通过实地考察徐汇区"马哥孛罗"旧厂房，我得出以下分析成果。

2.3.1　现状优势

（1）基地地处徐汇滨江延伸带，有着良好的地理位置，交通便捷，周围有很多类似的创意园区，氛围浓厚。（2）场地由一幢主楼和四幢小楼组成，建筑形式多样，保存完整。（3）厂房结构空旷，很适合改造成拥有商业配套的办公空间。（4）基地南侧有一水域（图2），可充分利用。

2.3.2　存在问题

（1）基地虽然整体地理位置良好，交通便捷，但由于处于附属地段，位于路段最里面，最主要还是面向园区内部，对外只能吸引部分散客，没有很大服务人群。（2）厂房建筑外立面较为破旧普通（图3），没有特色。（3）厂房周围绿化较少（图4），且没有足够遮阴的树。（4）厂房原本是用作面包生产车间使用，停车位有限（图5），无法达到创意办停车位的需求。（5）场地公共活动空间及设施较少，整体比较陈旧，无法满足创意园区使用者对于空间的需求。

图2 现状南侧水域（来源：自摄）

图3 现状主楼外立面（来源：自摄）

图4 现状主要绿地（来源：自摄）

图5 现状临时停车（来源：自摄）

3 案例学习

3.1 国外案例分析

在欧美发达国家，旧厂房的改造利用相比国内而言发展得更早且目前已经进入了相对成熟的阶段。

德国鲁尔工业区（图6）原本作为传统工业用地，被称为"德国工业的心脏"。鲁尔区采用就地取材的设计方式，对住宅建筑人性化考虑，保留未来任何的可能性，同时引进了大量的植物任其自然生长，符合生态理念，遵循大自然自然排水的原则，这些都是我国厂房改造值得借鉴的宝贵经验。

另外，日本的仓敷阿依比广场（图7）由19世纪的纺织厂厂房改建而成，巧妙地保留了红砖外墙及街区的原貌，红砖上攀爬着绿意盎然的常春藤，形成了极富特色的风景线。其多功能厅的装饰和墙面皆花意盎然，新与旧完美融合，里面的各种设施都给予宾客完美的体验③。

以上两者都是国外较成功的旧厂房改造案例，也都将生态意识考虑到了设计中，让大自然在园区内呈现，而我认为这必然是我国现在及未来旧厂房的改造最大的趋势之一。

3.2 国内案例调研

身处上海这座城市，有着很好的条件优势，上海有很多旧厂房改造成的创意园区，笔者选择其中较为典型的三个园区做了案例调研④（表1）。

图6　德国鲁尔工业区（来源：百度图片）

图7　日本仓敷阿依比广场（来源：百度图片）

上海老厂房改造典型案例调研　　　　表1

项目名称	八号桥	1933老场坊	红坊
项目概况	位于建国中路8-10号，建筑面积逾20000平方米，原为上海汽车制动器厂老厂房	位于沙泾路10号、29号，建筑面积约31700平方米，原为1933年建造的"远东第一"宰牲场	位于淮海西路570-588号，建筑面积约40000平方米，原为上钢十厂原轧钢厂厂房
项目特点	1. 历史融合时尚，保留工业元素； 2. 廊桥建筑创新增设； 3. 设计注重形象创意、公共区域打造，留有众多"租户共享空间"，如商务中心、员工餐厅、阳光屋顶、小花园等	1. 建筑拥有自身独特的语言，廊道交错像迷宫一样设计感十足，却又次序分明； 2. 拥有1500平方米的展示舞台，独特而又时尚； 3. 内部空间与外部空间的交互融合，同时设置多个休闲平台	1. 工业脉络融合现代建筑，传承了老建筑与生俱来的历史肌理； 2. 以雕塑艺术中心为主题，拥有浓厚艺术气息； 3. 保护原生态感，新旧空间互相结合，自然过渡； 4. 内部宽阔的中央绿地，是都市中少见的资源； 5. 供暖保温系统使用法国节能新材料

（数据来源：百度及案例调研）

由上表可看出，上海旧厂房的改建都保留了原有的建筑特点，由旧厂房改建的创意产业园区有着文化和历史的奠基，展现出了独特而又时尚的魅力，吸引着国内外众多文化创意类的企业入驻。另一方面，通过调研对比发现，人们更愿意入驻拥有更多生态绿化的创意园区，在如今城市越来越快的生活节奏下，人们想要接触到更多的绿色，呼吸自然，提高生活品质，而现在城市中少见的是像红坊那样拥有宽阔的中央绿地的创意产业园区，因而未来在生态意识下结合生态理念对老厂房改造进行有效的功能再生有着巨大的社会价值和意义。

4　构思与策划

4.1　设计理念

设计是自然的一部分，是空间环境中的原有肌理的一种延续。所以要尊重厂房原有的历史与空间逻辑关系，将大自然的形态赋予到设计中去。本方案旨在通过连续、变化的"线"的形式演绎商业办公空间的承接、共享、衍生，将整个园区的生态环境、商业交流与办公空间用"线"的形式互相融合共生

（图8）。结合功能性和美观性，在人类的需求和环境的影响之间建立平衡，实现绿色可持续的生态理念。

4.2　改造策略

厂房的改造策略最重要的是基于生态的理念，以人为本，尊重自然。整体园区结构不变，我认为厂房建筑原有的外立面保留价值不高，所以采用新旧对比的方式，挖掘适宜的生态改建策略，利用线条的形式实现建筑的历史与现代的融合。本方案生态意识的体现主要是在提高绿化覆盖率、可持续排水系统以及建筑节能几个方面，整个改造方案从地面景观、室内空间、建筑外立面以及屋顶绿化等方面使用多种生态改建策略。

4.3　规划布局

整体业态包含配套餐饮、精品书咖、公共会议室、运动中心和员工餐厅等（图9），园区入口处为门卫，紧邻门卫为非机动车停车场所。园区内部设公共活动空间供休闲和交流，公共活动空间主要分为五个区域，分别是水景广场、景观草坡、休闲异形座椅、亲水平台及通过建筑围合成的景观庭院，整个园

图8 改造后平面图（来源：自制）

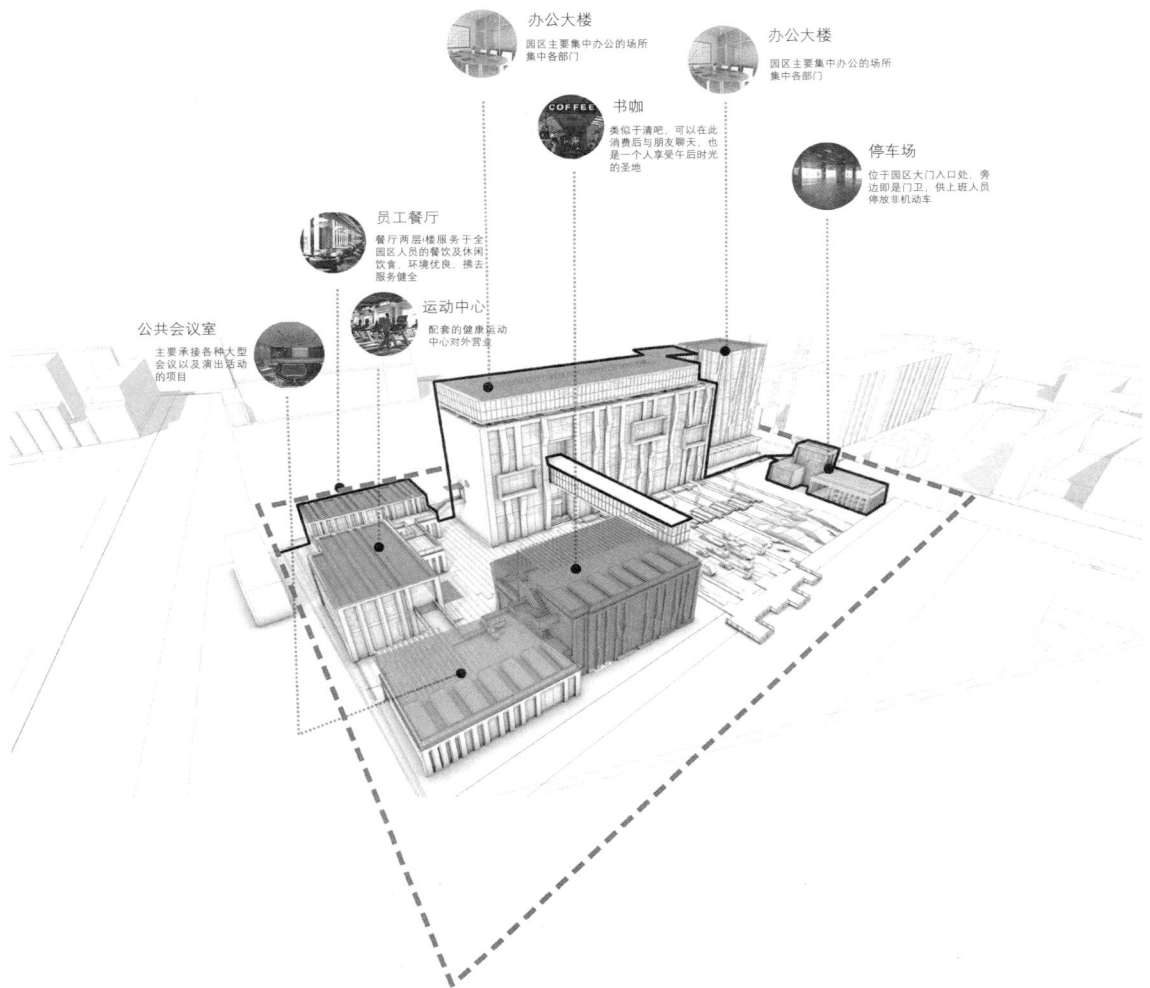

办公大楼
园区主要集中办公的场所
集中各部门

办公大楼
园区主要集中办公的场所
集中各部门

书咖
类似于清吧，可以在此
消费后与朋友聊天，也
是一个人享受午后时光
的圣地

停车场
位于园区大门入口处，旁
边即是门卫，供上班人员
停放非机动车

员工餐厅
餐厅两层楼服务于全
园区人员的餐饮及休闲
饮食，环境优良，拂去
服务健全

运动中心
配套的健康运动
中心对外营业

公共会议室
主要承接各种大型
会议以及演出活动
的项目

图9 建筑功能分析（来源：自制）

区的绿化覆盖率相比之前大大增加。

交通组织上保持原有园区主入口位置不变,主要为人行入口与非机动车入口,园区北侧设机动车车行入口,交通路线主要实行人车分流,分为机动车通道、主要人流通道及次要人流通道,园区内主要大楼一楼北侧六米径深做立体车库,园区最北侧增加地上停车,车行在大楼北面,主次人流分为快行道路和慢行道路,给使用者以不同情况下不同的使用感受(图10)。

5 具体设计的生态策略

5.1 建筑改造设计的生态策略

原厂房的建筑外立面主要为马赛克砖,有较大的窗户面积且较为规整,但整体的建筑外立面显得呆板简单。考虑到创意园区需要活泼现代跳跃的感觉,本方案的建筑立面采用砖墙与玻璃幕墙的结合,将原本的窗完整保留,拆除原本的墙面,整体变为玻璃幕墙,形成建筑双表皮,即里层为玻璃幕墙,外层

为线形砖墙。从生态意识方面看,这样的建筑双表皮系统有助于建筑的保温隔热,砖墙的外面包有金属网格架,种在楼前种植槽里的攀爬植物借助砖墙和网格架向上攀爬,形成垂直绿化,植物搭在建筑外立面上,不仅提供了私密性、起到一定遮阴的效果,同时也体现了绿色生态的理念。

另外,从建筑美学方面看,包有网格架的砖墙与玻璃幕墙形成的双表皮也表现出虚与实的对比,主楼入口处的建筑外立面采用整体玻璃幕墙外包不规则线形穿孔板的形式,也与旁边的建筑外立面形成新与旧的对比。

5.2 景观改造设计的生态策略

主楼为主要的办公楼,楼前的景观地面为线性铺装,主要采用树脂结合砾石和种植床的形式,地面的植物形态一直延伸到主要办公建筑的外立面的砖柱上,加以攀爬植物的种植,形成具有生态性的垂直绿化墙体。

里面的四幢低层建筑与主楼一起通过连廊围合成一个共享

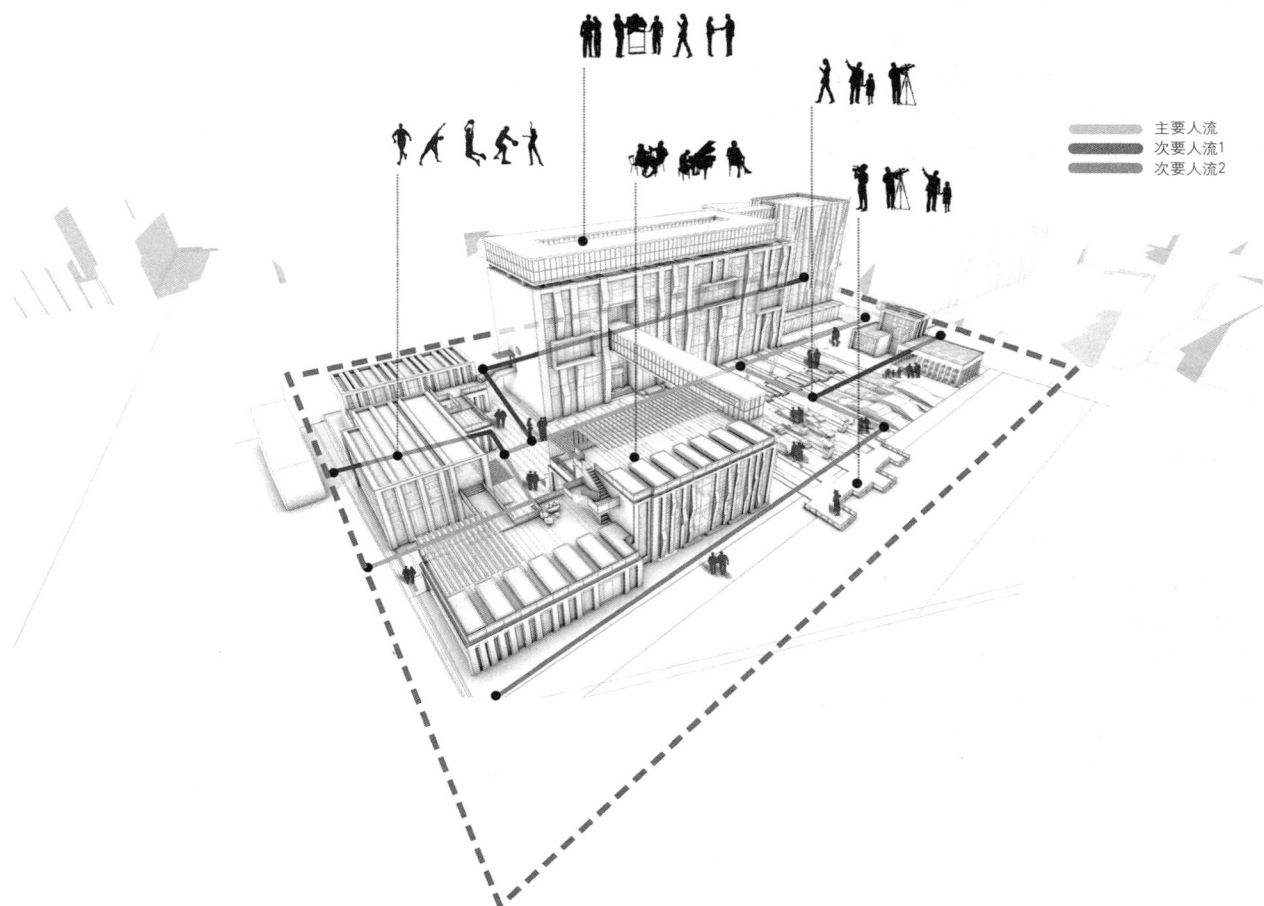

主要人流
次要人流1
次要人流2

图10 交通路线分析(来源:自制)

图11 主要剖面（来源：自制）

的庭院，主要用作办公商业配套，共享庭院的地面铺装采用透水铺装内嵌草条，塑造自然生态环境。

主楼前的景观广场分为四个部分，水景广场、休闲广场、景观草坡以及亲水平台，满足了使用者从公共空间到私密空间的过渡，整个景观广场的设计都秉持着绿色生态可持续的理念（图11）。

整个园区被绿化覆盖，包括绿色屋顶、绿色墙体、种植过滤带和雨水收集池都是一整套完整的生态系统，屋顶设置花园及菜园，花园供休闲，菜园种植绿色有机蔬菜，供员工自给自足享受耕种采摘乐趣。

6 结语

旧厂房的改造与社会的发展有着十分紧密的联系，节约了城市建设的资源，衍生出了更具个性化的创意空间和生活理念，而社会经济的发展、意识形态的进步也促进了旧厂房改建的更多可能性和创造性。同时，在全球环境问题越来越突出的情况下，越来越多的设计师开始注重考虑生态意识。相信未来设计最主要的趋势一定是顺应大自然的发展过程，在尊重自然、保护环境、节约能源的理念下建设改造我们生活的城市。而此时，基于生态意识下的旧厂房改造是非常有必要的，不管是对于未来城市空间脉络的发展还是对过去文化历史的延续都有着积极重要的意义。设计必将融入生态，而生态也本就是设计的根源。

注释

① 张振伟，马英.生态视角下的旧工业厂房空间改造探析[J].建筑与文化，2016（5）：216—217.

② 刘光弧，鲁光编.旧建筑空间的改造和再生[M].北京：中国建筑工业出版社，2006.

③ 豆 丁 网．厂 房 改 造 成 商 业.http://www.docin.com/p—1464460125.html.

④ 豆 丁 网．旧厂房改造著名案例.http://www.docin.com/p—1464460125.html.

参考文献

[1] 王海松，臧子悦.适应性生态技术在工业遗产建筑改造中的应用 [J].华中建筑，2010（9）：41—44.

[2] 俞孔坚，方琬丽.中国工业遗产初探 [J].建筑学报，2006（08）：12—15.

[3] 殷文慧.国内旧工业建筑改造现状与分析 [J].沿海企业与科技，2000（9）.

[4] 王永仪，魏清泉.工业建筑文化传承与社会节约——旧工业厂房的改造与再利用 [J].规划师，2007（7）.

[5] 黄荣荣，夏海山.生态语境下旧建筑改造的美学价值 [J].华中建筑，2009（8）：200—203.

[6] 张振伟，马英.生态视角下的旧工业厂房空间改造探析 [J].建筑与文化，2016（5）：216—217.

[7] 刘光弧，鲁光.旧建筑空间的改造和再生 [M].北京：中国建筑工业出版社，2006.

村镇建筑的整饬与更新设计

——以重庆葛兰英语公社设计为例

金 科

西南大学美术学院

摘　要：文化变迁、社会变迁改变了乡村依存的物质条件，生活变迁决定乡土聚落形态和功能的异化。"朴素自然，不事浮华"，追求和谐宁静的诗意乡土与孕育着多元多变、紧张眩晕的现代都市形成了强烈的反差。承载着"乡愁寄托"的乡土界域仍是一个脱离都市语境和现代社会生产方式的完美样本。本文通过对村镇旧有建筑的整饬与更新的设计实践，探讨以局部完善旧有乡土建筑的使用功能，遵循村镇建筑的本色特点，实现现代村镇风貌的营建策略。运用整饬与更新为主体的设计思路，建立乡镇建筑风貌"和而不同"的乡土格调，构建有机共生的生态景观视觉系统，使具有诗意的乡土风貌得以延续与再生。整饬与更新是一种相对规模小而易于操作的设计方式，尽管不一定适合所有村镇建筑的研究，但对当今的乡镇风貌建设具有一定的现实意义。

关键词：整饬　更新　村镇建筑　设计

近年来，村镇建设随着城镇化与新农村建设的持续推进，给农村带来了巨大发展，同时也给传统村镇的乡土风貌的保护带来巨大挑战。在当今中国的广大村镇中，大多保留了传统与现代结合的居住方式。其住房大多在自己原有的宅基地上完成拆老建新；一些原有建筑空间已被功能置换，建筑形态与风貌大相径庭。由于村镇建筑的修建大多是一种自发性行为，缺乏有效的规划与设计，只考虑成本与功能，未考虑与村镇自然景观的相适性，导致一些村镇建筑与乡土环境格格不入，建筑形式单一，甚至散发出崇洋、崇俗等丑俗的气息。这种气息与原有乡土风貌相互割裂，乡土记忆和乡村传统文化也就无从寻觅。笔者认为，建设美丽乡村，需因地制宜。针对村镇建筑的整饬与局部的更新设计，是当前村镇风貌建设之举要。

1　整饬与更新的设计策略

本案例位于重庆葛兰镇响水湾，占地150亩。规划用地呈扇形分布。在由南向北逐渐开高的浅丘平坝地形上，响水河由东向西穿行其中。该项目针对场地中20世纪90年代修建的砖混楼房、20世纪70年代修建的砖瓦房、加建建筑以及约3000平方米的旧有建筑与环境进行环境设计（图1）。

1.1　建筑立面上，对新建建筑和旧有建筑的整饬形成了"和而不同"的建筑形态。对于修建年代不同且形式各异的建筑单体，设计上通过调整外墙色彩、增加立面艺术构成元素、增加廊道交通等方式进行串联，对建筑立面进行整饬与部分重塑（图2）。通过村镇拆建留存下来的老木料、瓦片、砖石等乡土材料与玻璃、钢格栅等现代轻质材料的有机结合，形成视觉感官上的多样统一，呈现出源于乡土、不止于乡土的艺术效果。以老旧的木板、檩条、砖石等乡土材料搭配在建筑立面，使观者享受一番由无序到有序的自然心境，唤起对往日乡村生活的回忆，甚至对中国更久远的乡村生活的臆想。建筑外墙的涂料墙面与裸露的砖混墙面形成了自然材质区分下的几何直线界面，与加建的拱形门廊搭配，以线性构成的曲直变化完成立面的视觉转换。首先，这种混搭的风格表达了中国改革开放后城镇的发展现状；其次，这种不同历史的建筑风格在不同程度上满足了对乡镇记忆的追寻诉求；第三，这种风格的外立面可以与周围的环境相适应，不至于显得突兀（图3）。

1.2　景观设计上，充分利用原有的地貌肌理与自然元素，增加少量人造景观、环境小品与之相适应，形成视觉的多样性，构建有机共生的生态图像。乡土材料本身就具有多样化的特点和天然的魅力，运用乡土材料建造景观，结合地形、

图1　园区建筑环境风貌

图2　建筑内庭立面

图3　建筑沿街立面

植被等自然环境因素，与周围环境相适应，重构相互协调的场所。植被大多保留了原有植物，增加了鹅掌楸、野茉莉、忍冬等重庆本土植物资源进行自然式配置。本地植物不仅具有明显的本土性，利于栽培，利于认知上的本土指称，同时与建筑环境也能相融。在本土植被之间，间或种植一些孤植大树，以改善场地的视觉效果，形成配景与夹景，增强近景、中景、远景的场域感。在绿地空间的主景树间，恢复乡村原有的公共活动区域，使之成为游人与当地居民相互交流的场所，从而大大提升乡土景观的感染力（图4、图5）。

1.3　室内设计上，讲求与外部环境相映射的室内环境设计。乡镇建筑的整饬与更新在室内设计中更加注重与其外部的良好乡土环境相融合，同时也需追求现代生活的舒适性。乡镇建筑的室内整饬与更新设计并不是真正回归于乡镇农舍。老旧农舍居室房间结构凌乱，光线黯淡且洗浴场所缺失，与现代生活格格不入。乡镇建筑的室内设计在满足使用功能外，运用朴实无华的乡土材料，巧妙地进行一种闲适的氛围营造。本案例通过拆除部分隔墙增加了室内的通透性；运用钢架、玻璃等轻质材料，形成景观墙体（图6），既增加了采光，也加大了内外空间的融通。运用老旧木板原始的肌理、色彩、质感设计木作，运用水泥清光装饰地面墙面，使之产生视觉与触觉的乡土感受，体现朴拙韵味（图7），使空间客体渴望已久的乡愁寄托得以复苏，隐藏在深处的激情被激活（图8、图9）。

图4 园区环境图1

图5 园区环境图2

图6 餐厅门廊

图7 餐厅过廊

图8 加建过廊

图9 二楼客房过廊

2 整饬与更新设计的具体实施

整体设计利用河道将整个区域划分为四个大小不同的组团，这些组团区域被划分为民宿居住、乡村民俗活动、餐饮娱乐、种植采摘体验与垂钓功能区。规划定位在"三乡二土"（乡野环境、乡村生活、乡风民俗、乡土资源、乡土特色）的乡土要素上。对原有老屋与新建建筑进行外立面设计、室内外环境设计、水岸外部环境整饬是本次设计的主要内容。

2.1 建筑外立面与室内环境的整饬与更新

案例中一栋20世纪70年代修建的两层砖木瓦房，房间的空间局促。设计通过建筑前后空间的延展，满足房间的使用功能需求。一层新扩建卫生间的墙体与室内空出了天然的采光屋顶，屋面设计处理后，把日光引入室内，改善了底层老屋的光环境（图10）。通过屋后与邻家相邻的石墙空地的整合，分割出8平方米的室外空间作为房间的室外延展场所，阴暗封闭的老屋与外部环境产生了内外融通的新路径（图11）。院落边界的条石其风化肌理配以花木掩映，使空间重新焕发出生机。加建卫生间墙体保留了水泥本色，配以铸铁谷窗轨道和树脂填涂的实木滑门。看似随意性的搭配，在此被有意识地识别为装饰艺术表象与乡土审美意趣。

在外部空间上，通过新设廊道使建筑空间得以扩展，朝向与空间两相分离的建筑通过廊道的相互串联，形成和而不同的视觉统一体。同时，通过扁钢扶手与旧木板制作的楼梯护栏作为融通的线型串联，在楼房与砖瓦房的外墙等高处统一涂刷成白色，使其色彩统一，进行了视觉上的二次串联（图12、图13）。楼房上部的外墙保留了原有黄色涂刷，作为建筑原有的印记被保留，与下半部的白色涂刷形成了色彩的对比，视觉轻盈，整体也不失协调。

通过前后廊道的新建，使楼房增加的阳台与通廊颇有几分走马楼的意味。两面的护栏与楼梯的构造一致，在玻璃采光顶与护栏交接处配置了钢格栅，形成开敞空间内外的提示。建筑侧面山墙、临街立面、窗户雨棚处则设计了木格栅，与榫卯檩子支架的结合，成就了乡土民居符号的更新。阳光照射下，透过格栅、檩条，呈现出时时变换的投影，为建筑增添了实时变换的"影饰"（图14）。

项目中加建建筑混凝土结构处保留了材料的质感，只做局部清光处理，建筑内外大都统一采用单纯的白色涂刷，分割出结构的线条装饰。室内地面也统一采用清光水泥地面装饰，不仅造价低廉，而且视觉上朴实自然，与外立面的混凝土结构线条自然形成线面统一。廊道界面处装饰的竖向黑色钢构格栅在阳光照射下形成投影线条，与桁架灯光、装饰物件所构成的点形成了朴素的点、线、面平面构成形态以及黑、白、灰色彩构成效果（图15）。室内陈设的木作部分均采用老旧木料为主材，其表面的风化纹理与自然残缺的形态所带来的视觉与触觉感受，成为唤起对昔日乡土风貌追忆的媒介（图16、图17、图18）。

2.2 景观的整饬与更新

景观节点分布在主要道路的起点、终点、与交叉点处，包括"洗衣处"、"大树课堂"、"打水处"、"弯田"、"民俗活动区"、"风雨廊桥"、"乡土植物园"等（图19、图20），这些节点之间的关系决定了整个景观的形态与结构。其中，河边"打水处"、"洗衣处"等原有乡村公共交流场所的恢复，与新增设的"风雨廊桥"等景观设施重新建立起村民对响水河生态环境的依存感、关联感、认同感，在人们心中完成它的重塑，从而能够自觉和积极地参与到乡土田园综合体的开发与保护中。通过景观的渗透和引导，依据不同位置、尺度和特点建立起不同

图10 老屋扩建卫生间与采光顶

图11 新增院落

图12 二楼廊道

图13 建筑内庭立面

图14 廊道影饰

图15 餐厅大厅

图16 入口卡座

特色的沿河生态文化模式，充分利用原有地面植被、坡、沟、坎、台等要素构成灵活多变的地貌肌理。人工辅助景观点缀其中，只在局部节点处做少量陪衬是整饬与更新设计的原则。新建的风雨廊桥、石拱小桥与整理的临河小道连通中心环岛，与岸边的景观步道构成景观的环线交通。新建风雨廊桥由旧檩料、旧青瓦等拆建材料搭建，石拱小桥、景观步道使用当地石料修葺，材料的形式、色彩和质感统一有序，与水岸周边环境自然相适。风雨廊桥供游客与村民休憩、小聚，桥下的清澈河流是乡村妇女浣衣之处。此处设置梯级，产生的水流声景又平添了几分"久在樊笼里，复得返自然"的悠长诗意。景观设计中保留了原有乡村公共场所生态体系的完整性，并保持其连续的绿色生态渗透和辐射；局部人造景观保持其较小巧的尺度感、场所感，体现出乡土景观有机共生的特点（图21）。

图17　室内隔断

图18　二楼加建过廊

图19　乡土植物园

图20　风雨廊桥

图21　园区景观

3 整饬与更新的设计特色

3.1 乡土印迹的部分保留，乡村与都市多种元素的融合，完善的居住环境赋予了乡土宜居的内核。

设计不是将乡镇建筑还原为农舍，而是对村镇普通旧有建筑的整饬。在设计中部分保留建筑原有的乡镇建筑印迹，但在建筑具体的功能划分、室内外环境的设计上，满足现代人的生活需求，因为现代都市人的生活习惯和生活方式是不能回到以前的。所以，为了使人们既能体验到乡土田园风貌，又满足其当下舒适宜居的生活需求，设计师在更新过程中必将传统与现代、乡村与都市的多种因素融合。

3.2 因地制宜，营造了一席"户庭无尘杂，虚室有余闲"的生活氛围，设计中始终贯彻与自然相适的设计理念。

村镇建筑更新的环境在很大程度上体现了原有的自然生态原则。山与水、建筑与植被的构成是原有的，与城市小区的再生性生态构成有本质的区别。通过乡镇更加自然的生态构成，更加朴素的居住环境，更加丰富的乡土植物资源营造特色植物资源景观，传达出乡土生态理念，追求静谧、纯粹的乡土界面，给人一种自然相适、和谐相融的感受和体验。

3.3 遵循朴素的乡土意趣设计原则，由无序到有序的自然心境，找寻出乡土自然精神的脉络，并对乡土空间进行重构与塑造。

充分利用自然元素，秉持从空间自发到有序的精神观念，使乡土气息与现代视觉艺术观念相关联，崇尚自然，不矫揉造作，保持乡土真、纯本色。本设计中对原有建筑的更新简约而不简陋，素朴而不单调，自然而不凌乱。这种整饬与更新既区别于大多数拥挤嘈杂、做作生硬的都市建筑与环境设计，又区别于村镇建筑环境发散出的浓郁乡土气息。就现实而言，通过整饬与更新设计，让闲置的村镇旧建筑起死回生，不但节约了建设成本，也促进了乡村田园综合体的局部完善。无论是乡土生态理念、民风民俗、乡情、乡愁都强调和谐、自然相适、和谐相融。亲善自然、纯化心理是村镇建筑环境设计的内在元素；在客观无序之景与个性精神的表达上，遵循相互制约又归复有序的原则，追求静谧、纯粹的乡土界面。

4 结论

在我国大多村镇社会生产、生活方式产生巨大变革的同时，具有地域性特色的乡土环境也随之逐渐消失，旧有的传统村落所构建的乡土聚落形态大都看不到踪影。但在乡镇，对于自然风貌的改变还是有限的，其整体风貌所构建的乡土气息仍旧浓郁。要想探索出一条适合乡镇建筑风貌特色的整合策略，关键在于对现有村镇建筑风貌的整饬与更新以及非表象民居元素的复古与重建。由此而看，以整饬与更新设计为切入手段，使村镇建筑风貌形成"和而不同"的整体格调；因地制宜，构建有机共生的生态景观格局，是笔者在设计过程中的最大所获。设计的理念与实施的途径是多元的，重庆葛兰英语公社的整体风貌设计仅仅是提供了一种环境设计理念的尝试，为以后的乡镇风貌建设提供借鉴也是此文的意义所在。

参考文献

[1] 梁凯.《引入城市设计理念的道路景观研究》[N]. 南京：南京工业大学，2014：6.

[2] 吕红医.《中国村落形态的可持续性模式及实验性规划研究》[N]. 西安：西安建筑科技大学，2005：115.

[3] 汴文忠.《现代化与可持续发展》[M]. 哈尔滨：黑龙江人民出版社，2005.

[4] 李娴.《乡土景观元素在现代园林中的运用》[N]. 南京：南京林业大学，2008：40.

论新疆旱地村落重生的设计思路

——以吐峪沟为例

周启明

新疆师范大学

摘　要： 干旱地区普遍存在的就是天气炎热和降水量少、土地土质疏松、植被覆盖率差、易发生水土流失、春季风沙大、植被覆盖率差等的问题。那么，如何对水资源进行合理有效的利用也成为旱地水资源设计思路存在的重要意义。为实现未来新农村旱地重生建设解决干旱地区蒸发量问题，恢复贫瘠土地生机，提高村民生活质量，带动经济发展，提出三重生策略，让文化重生、生态重生、经济重生。

关键词： 旱地　重生　建设　节水

旱地重生设计的地点选址与选题方面定在吐鲁番鄯善县吐峪沟（图1），这里属于旱地较为突出的地区，降水量与蒸发量差距极大，这里文化受西域古国高昌国的影响，汉文化通过河西走廊传播，河西走廊曾是佛教东传要道的第一站、丝路西去的咽喉，该地距今已有一千七百多年的历史，建筑文化与历史文化独具特色。

1　新疆吐峪沟旱地村落资源分析

1.1　吐峪沟文化资源

村落有两百余户，将近两千余人口，中央有座绿塔耸立的清真寺，每年的夏初鄯善县的桑葚节会在这里举行。2005年11月13日吐峪沟麻扎村由于其村落生土建筑保存完好，成为第二批中国历史文化名村。

吐峪沟历史文化发展悠久曾发现了距今2600年的墓地，也是吐鲁番地区农业文明的发祥地之一，在发展过程中受到丝路河西走廊西域古国高昌国[①]的影响，古丝绸之路从西安出发，穿过河西走廊，分别从阳关与玉门关进入新疆。河西走廊是古丝路的枢纽路段，连接着亚非欧三大洲的物质贸易与文化交流。这里在公元420～599年的西晋时期成为佛教的圣地，佛教文化得到大力的发展，佛教艺术也遍地开花，在如今的活化石"千佛洞"中可以一窥当时佛教的繁荣程度[③]。

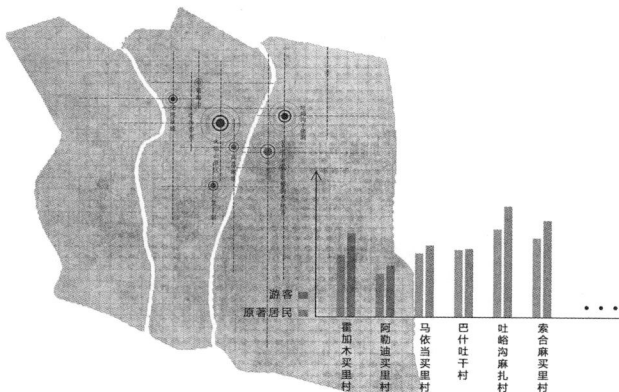

图1　区位分析
（图片来源：作者绘制）

这里的村民对乡土景观遮阳与防晒的对策是用水平伸展和稠密复杂的建筑肌理。这种高密度的连接性建筑组织形态能够提供大量的阴影区域。这些古老淳朴的建筑形式是维吾尔族人民历史沉淀下来的结晶。质朴自然的原始文化在这块古老的土地上繁衍发展，在这里还可以看到高昌古城民居的生活遗存。建筑文化和宗教艺术是这块土地上的无价瑰宝，而传统文化也在这里根深蒂固。

1.2　吐峪沟旅游资源

吐峪沟到唐代是繁荣发展的新阶段，经历了佛教的传入与兴盛以及伊斯兰教的侵入，到1271年的元代后伊斯兰教开始传播。到近代建造的"七圣墓"又称吐峪沟麻扎，与围绕清真寺而建的维吾尔族最古老的民居和谐共生着。当地的居民受到两大宗教的冲击，在长期的文化融合与发展的过程中传统观念、生活习俗慢慢沉淀出当地独有的风格特色。其村落格局、建筑形式，是对古代先民传统民居的传承与延续，保留着当时中原文化与伊斯兰教建筑的印迹。如当地人发明的黄黏土生土制坯建房技术也是受内地木匠用木钉连接木头建房技术的启发而得来的，这也是当地旅游业发展的一大特色。

吐峪沟是多民族交融的地方，是古代丝绸之路交汇之处，近处的旅游资源有吐峪沟大峡谷、吐峪沟千佛洞、吐峪沟霍佳木麻扎。周边景区有火焰山、坎儿井、高昌故城、葡萄沟等。这些丰富的旅游资源在发展的过程中相互带动形成串联。当地拥有历史悠久的传统民居建筑遗存及丰富的宗教文化、遗址的遗存，如夯土清真寺、千佛洞让此地与他地与众不同。

1.3　吐峪沟环境特点

吐峪沟地处中纬度的亚洲腹地，属于火焰山以南气候区。这里降水量少、蒸发量大，夏季炎热且持续天数长，紫外线强，三面环山，西部与吐鲁番市相接。海拔只有100～500米，由于地势低下闭塞，因此造成增热迅速、散热缓慢的特点。春季升温早有回寒；夏季炎热高温天气长达 160 天；秋季短且降温迅速；冬季寒冷期短，风小雪量少。

村落所处位置年降雨量在17.8毫米，年降水日只有12天；而年蒸发量达到3216.6毫米，蒸发量是降水量的181倍。干燥日超过130天，干热日超过2个月，气候异常干旱。该区热量十分丰富，云量少，晴天和日照时数多，辐射量大及紫外线强烈，据统计全年可达300～310天晴天日数。太阳辐射量达到147.5千卡/平方厘米·年，日照时数达到2957.8小时，年日照率达到1：6，日照最大值在7月份。相对长的日照和丰富的热能，在满足许多喜热经济作物生长的同时，在景观营造与日常

生活中也必须将遮阳与防晒作为重要的考虑因素。

吐峪沟年平均8级风有3次，气温高降水量少蒸发量却是降水的180多倍，这里蒸发量大且快，缺水干旱。因此，我们最需要注意的就是地表水引水工程多导致大量渠道的修建使地表径流对地下水补给量下降，又导致地下水位下降造成绿洲的生态环境恶化。大量的水调往下游及灌溉区；水资源重复利用率低，导致上游沙化。毛灌及下渗造成水资源大量浪费。

综上所述，环境地理气候的问题主要是为实现未来新农村旱地重生建设解决干旱地区蒸发量问题，恢复贫瘠土地生机提高村民生活质量，为此，提出三个重生策略，即：文化重生、生态重生和经济重生。

2　吐峪沟旱地重生设计思路

2.1　文化重生让繁荣重现

吐峪沟村落的历史文化、艺术文化、建筑文化、高昌文化虽然在这片土壤生存、传播着，但是随着科技的发展和社会的进步，本土村民更多地接触到新事物，对古老遗传的文化传承和文化故事逐渐淡忘。村里组织的摄影展览场所也十分简陋，游客虽因为古老的民居慕名而来，但游客的人流量和内地的村庄（如宏村）相比，相差甚远。

为了解决现状让文化再度繁荣起来，我们需要在村落建设文化交流与展示的场所加强文化展示与普及力度；加强文化的宣传，比如在村子里建立普及知识的文化墙有利于文化的传播。采用的文化扩散和用旅游文化的发展带动经济。

2.2　生态重生赋予土地活力

针对水资源如何优化的问题让生态重生，即从纵向到横向拓展让贫瘠的土地重获新生。纵向上从村落水的源头开始进行优化，然后根据流向延伸到地面上的明渠，明渠与空间上在上层空间营造出由雨水收集及能源采集装置构成的小气候空间相联系，系统上对明渠的水进行多重净化区分开景观用水与直饮水，提高村民的生活质量。对生活用过的水进行水处理成为景观用水，最大程度的利用水资源。

源头的水库表面积大，在降水量与蒸发量相差极大、水资源及其匮乏的情况下，让蒸发量减小成为解决对策。我们将源头的水一半从水库引向地下水库，在保证地面上明渠水量的同时最大限度地减小蒸发量。明渠考虑到流速快，水冲刷使得明

渠的水为泥水，明渠的水蜿蜒穿过村庄除了用在景观灌溉外并没有给环境带来更多价值。因此，在明渠的优化上对明渠的泥水从源头开始过滤到村落进行净化处理，用于直饮水。河水经过沉淀过滤到村落已经成为清澈的水，可做景观造景。从水源开始在水渠的渠道内散布不同规格石头所做的石笼来降低流速，在泥浆的渠道分段在底部铺上石头、碎石或细沙用于过滤与沉淀来处理明渠的水。

上层空间中营造出由雨水收集及能源采集装置构成的小气候空间。气候装置主要满足收集雨水及能源的作用的同时，营造屋顶花园一般的遮光、通风且减少蒸发量及美化空间的作用。通过种植葡萄及其他爬藤植物相结合营造出小环境可以调节单元气候的小气候空间。装置的外边缘有引水槽，在有降雨的情况下收集雨水，通过装置管道存储到集水系统，经过处理运用到景观灌溉中。装置运用新型材料的红色彩钢与原始木材料或土砖材料及夯土材料相结合，加上新能源太阳能的收集系统来收集能源用于生活用电及景观用电，极大地节能、节水及用水（图2）。

系统上对水进行多重净化，区分开景观用水与直饮水，提高村民的生活质量。直饮水联通房屋供日常饮用，在路旁建设直饮水装置达到水资源共享，让村民与游客体验直饮水带来的便利。对生活用过的水进行水处理，经过处理的水利用在小气候灌溉及道路绿化，达到水资源的最高利用率（图3）。

横向上，由于吐峪沟的地势让低处形成沟壑的地方汇集水源处有植物及生命，但海拔稍微高的地势因为缺水寸草不生。为了让绿色生命延展开，达到让土地重生的目的，我们在技术上传承坎儿井优秀的灌溉结构的同时进行革新（图4），将珍贵的水资源由低处引向高处，实现横向扩大，以达到改善贫瘠土地生态的目的（图5）。水源头为了降低蒸发量引到地下的地下蓄水池，改造后的结构依靠风能与太阳能转换的电能供给水泵，将低处水资源抽取至高处引到小蓄水池，蓄水池一部分由于重力的作用通过管道流入下一个大的地下蓄水池。小蓄水池另外一个用处就是连接根系纤维吸水层赋予土壤活力使得土壤上的植物慢慢存活到根深蒂固，从而达到重生的目的（图6）。

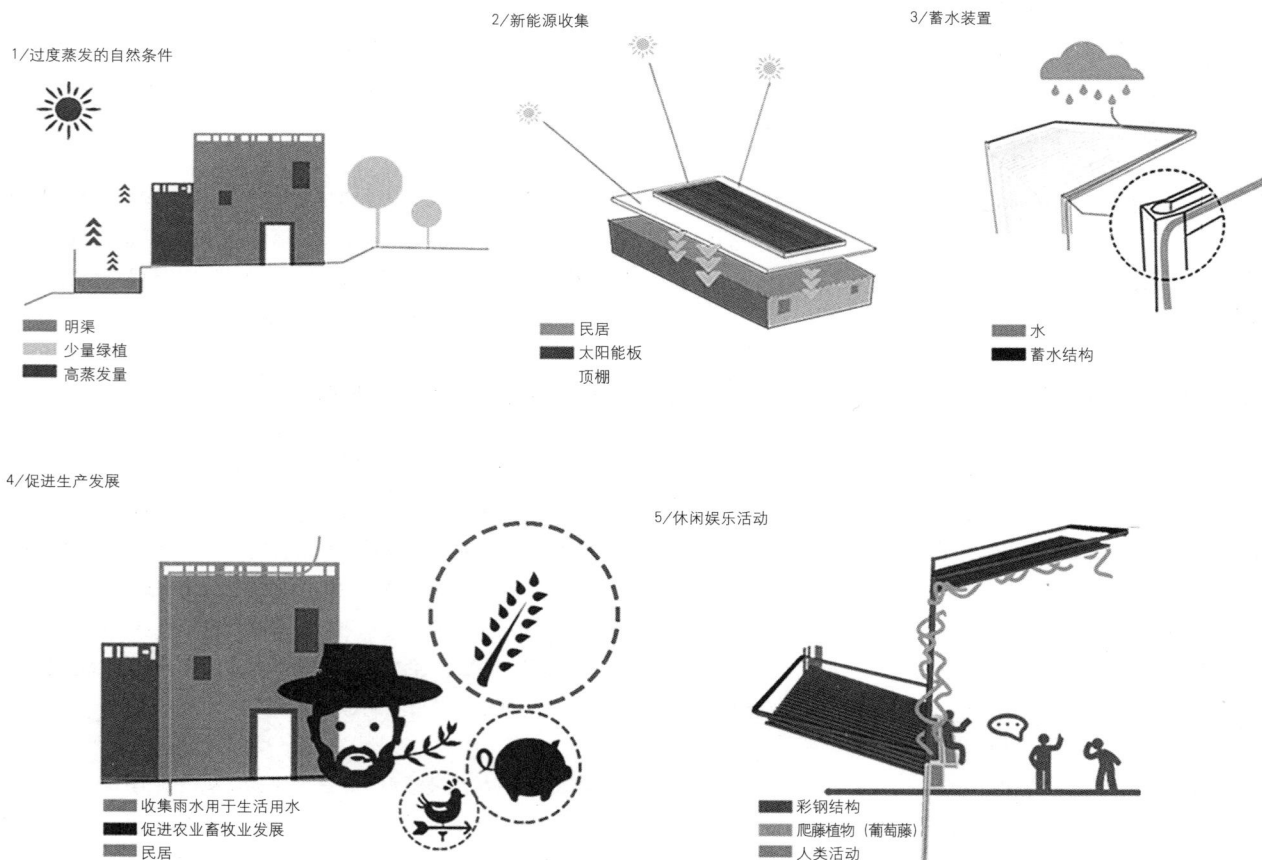

1/过度蒸发的自然条件

- 明渠
- 少量绿植
- 高蒸发量

2/新能源收集

- 民居
- 太阳能板顶棚

3/蓄水装置

- 水
- 蓄水结构

4/促进生产发展

- 收集雨水用于生活用水
- 促进农业畜牧业发展
- 民居

5/休闲娱乐活动

- 彩钢结构
- 爬藤植物（葡萄藤）
- 人类活动

图2
（图片来源：刘斯琪绘制）

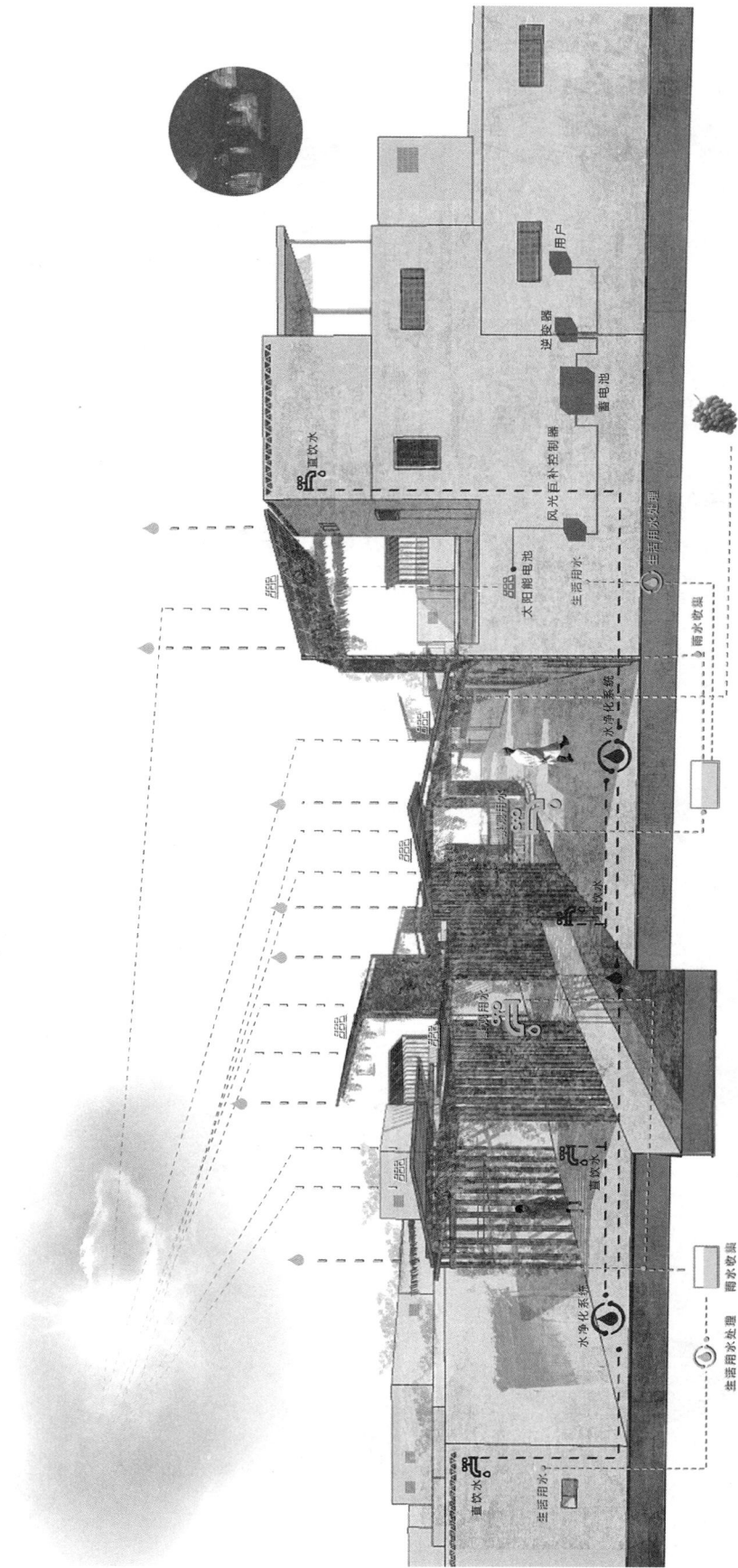

图3
（图片来源：作者绘制）

图4 坎儿井灌溉结构

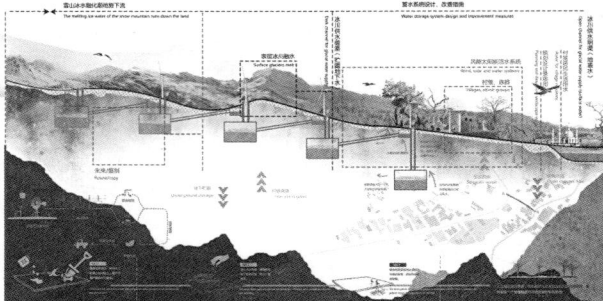

图5
（图片来源：刘斯琪绘制）

十五年后 Fifteen years later

八十年后 Eighty years later

一百年后 Onehundred years later

三百年后 Three hundred years later

图6
（图片来源：刘斯琪绘制）

2.3 经济重生让村名更幸福

2.3.1 经济要素及存在的问题

吐峪沟是多民族交融的地方，由于当地独特的传统民居建筑及周边的旅游资源，如千佛洞、火焰山、吐峪沟、大峡谷等都是极为丰富的旅游资源，经济重生可以大力推动旅游业发展。通过旅游业带动农业，推动当地手工艺、餐饮、住宿的发展。但是，如今的旅游业由于缺乏宣传力度，本地旅游服务设施不够完善，游客与内地的旅游乡村的游客人流量根本无法比较。

农业方面农产品比较单一，但可以把单一的农产品做到极致，在村落周边设置温室大棚种植，在大棚中种植丰富的农产品以满足当地所需的同时可以带来经济效益。

2.3.2 解决策略

在开发方面要因地施材，使之形成地区特有的风格。对在生活生产中仍然沿用的传统生土建筑结合现代科学技术手段加以改进，把传统与现代相结合，对其内部及基础设施进行改进，保留生土建筑古朴的外观与周围环境相协调一致。

大力开发旅游业、农业，旅游业推动农业，农业带动旅游业发展，开发在线旅游业和农业产业链。把吐峪沟创建成为品牌，就像义乌小商品城一样让外人一听到这个牌子就能联想到此处的农副产品绿色无公害及手工艺产品特色淳朴的特点。开发吐峪沟APP：①在线上预订景点门票；②线上预订农副产品、瓜果干、特产；③预订当季季节性新鲜水果；④预订当地民宿食宿、预订农家乐等场地；⑤预订文创纪念品；⑥预订领养牲畜。方便游客的同时给游客不一样的体验，因此可以带动当地经济。

在可持续发展方面建设生态公厕及废物转化池，废物通过转化变成燃料与肥料，可以节约能源，并用风能、电能等新能源来供人们生活使用，减少对大自然资源的消耗（图7）。

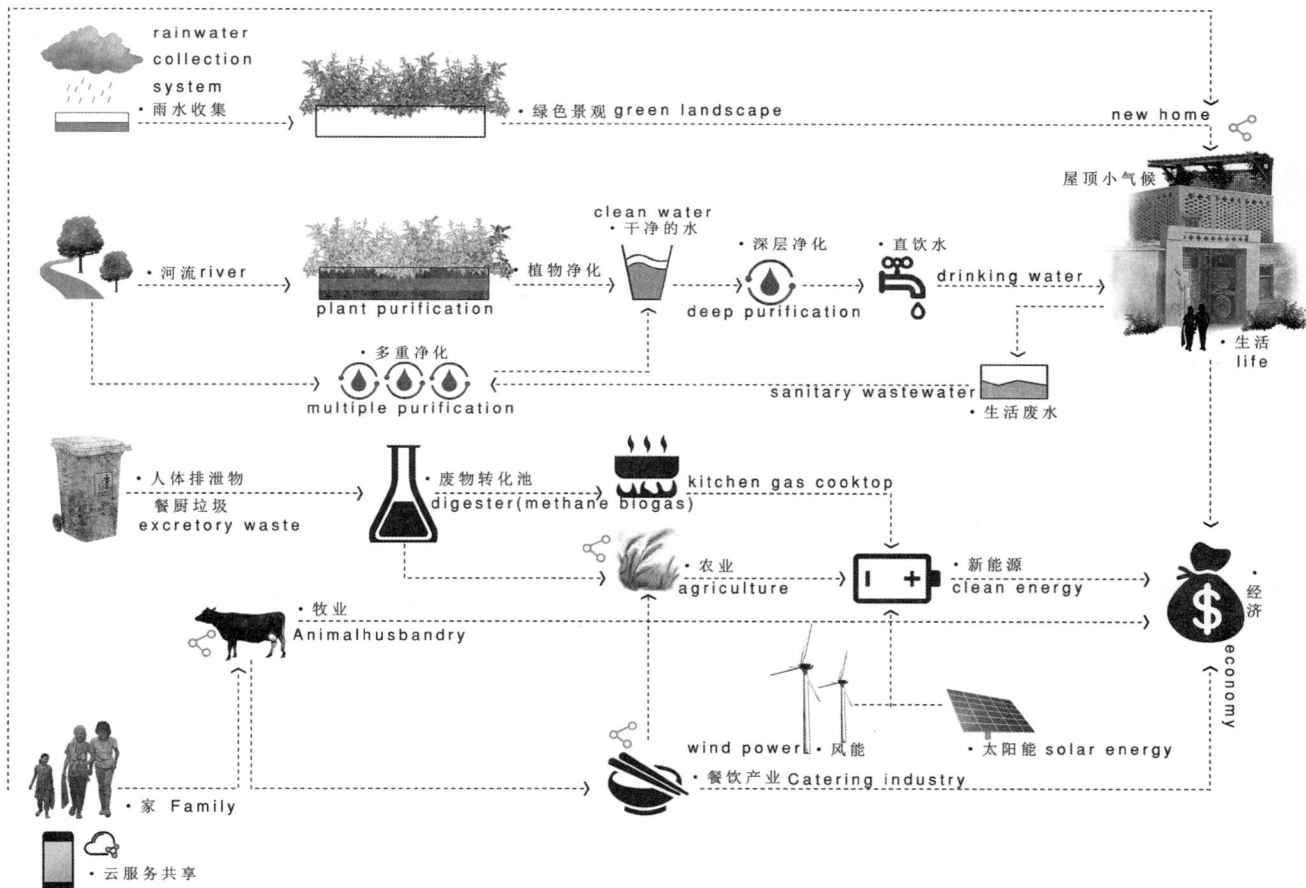

图7
（图片来源：作者绘制）

3　旱地重生设计思路的存在价值

通过对吐峪沟旱地对水开发利用的措施，造福吐峪沟的农业及旅游业等的产业，大大提升村落村民的幸福感、归属感，增加游客的带入感，让游客融入本土村民的文化生活，给游客更深层次的体验感受和印象。旱地重生工程的水利若可实施，在成功的基础上可以解决干旱其他地区的旱地复生问题。村内的小气候装置在日照强烈的时候可以收集雨水，这种方式在当地普遍适用，方便传播。

3.1　旱地水资源设计思路利用的意义

干旱地区普遍存在的问题就是天气炎热、降水量少、土地土质疏松、植被覆盖率差、易发生水土流失、春季风沙大等。那么，如何对水资源进行合理有效的利用也成为旱地水资源设计思路存在的重要意义。

无论是世界范围内还是中国范围，旱地水资源的开发分配与合理利用均成为节约能源可持续的一个重要环节。而对吐峪沟旱地重生设计思路所解决的问题并不是局限地解决一个村落的旱地问题，而是要提取设计技术思路，用在无数与之类似的村落，从一个小的网络到一个大的网络相互影响、相互带动、相互连接，在解决如何利用好仅有的水资源的同时，在宏观上是对整个生态的调整，在如今应对全球变暖的环境问题中有一定的意义。

3.2　发展旱地村落经济的价值

干旱地区面对生存主要问题就是水，在解决水的问题，达到水的高效利用的同时促进农业发展，从而推动吐峪沟的旅游业发展带动当地的经济发展。

在农业的发展中利用现在所流行的手机网络智能化系统让村落与外界相互联系，在方便本村落人们的同时为外界人民提供便利与服务。旅游业与农业相联系相互推动、相互促进，最终体现出它的经济价值。

4　结语

通过对吐峪沟干旱地区对水开发利用的措施，造福吐峪沟的农业及旅游业等产业，大大提升村落村民的幸福感、归属感。增加游客的带入感，让游客融入本土村民的文化生活，给游客更深层次的体验感受和印象。旱地重生工程的水利若可成功实施，可以解决干旱地区的旱地复生问题。

注释

① 高昌为西域古国，位于今新疆吐鲁番东南之哈喇和卓(Karakhoja)地方，是古时西域交通枢纽。天山南路的北道沿线，为东西交通往来的要冲，亦为古代新疆政治、经济、文化的中心地之一。高昌的历史文献，在《新唐书·高昌传》有比较详细的记载

② 图2、图4、图5由刘斯琪绘制，图1、图3、图6由作者自绘，坎儿井分析由邹咏忱绘制。

③ 另据文献记载，高昌自古即流行佛教。从国王到百姓笃信佛教，曾有"全城人口三万，僧侣三千"的记载，可见高昌国的佛教香火之盛。

参考文献

[1] 岳邦瑞，李春静，李慧敏，陈磊. 气候主导下的吐鲁番麻扎村绿洲乡土聚落营造模式研究 [J]. 西安建筑科技大学学报(自然科学版)，2011.

[2] 李生英，王晓丽，李维春. 以吐鲁番为例谈新疆生土建筑 [J]. 内江师范学院学报，2017.

[3] 陈震东. 鄯善民居 [M]. 乌鲁木齐：新疆人民出版社，2007.

[4] 王永兴. 吐鲁番绿洲可持续发展研究 [M]. 乌鲁木齐：新疆人民出版社，1998.

社会变迁视角下传统村落保护与更新设计策略研究

——以邓城村为例

赵　晶　周　雷

周口师范学院　澳门城市大学

摘　要： 本文以邓城村为例，通过实地调研与理论分析，总结了传统村落在社会变迁中面临的整体性衰败与再生机遇，并针对邓城村在传统村落保护与更新中的建设困境，根据传统村落更新发展的特点以及文化空间传承和建设不同的需求，提出传统村落保护与更新设计的新策略。

关键词： 传统村落　保护　更新设计　邓城村

近年来，中国的乡村建设获得关注与日俱增，"传统村落"的概念自2012年在国家的重要文件中出现后，发展至今已有4153个传统村落正式进入国家的保护视野，这是我国经济社会快速发展的新时代背景下城乡规划与统筹协调可持续发展的重要实践成果。社会变迁过程中全新的社会语境，正是中国传统乡村保护与更新面临的必然性机遇与历史性挑战。面对中国传统乡村空间、文化环境的衰败，从村落内部焕发其新的发展能力，是传统村落再生的重要途径。

1　传统村落保护与更新的社会语境

随着社会变迁，传统村落封闭的生存模式与新型城镇化建设步伐形成了强烈的矛盾与冲突。传统村落的保护和更新应当是建立在产业、文化与环境的相互作用之下，通过促进和焕发村落内部的再生力，形成保护、更新两个极端间的"中庸之路"。

1.1　村落社会结构的变化

乡村社会的结构变化开始于20世纪70年代，国家经济体制的全面改革解放了土地对村民的束缚，费孝通[①]在《乡土中国》一书中所描述的乡村，由此从二元关系纽带发展成为血缘、地缘、业缘等多元秩序并存的新村落社会结构。在一系列的社会

变迁中，对传统村落空间形式打击最大的，应当是核心家庭结构对封建社会时期的传统家族结构的取代。居住外部空间中的空间秩序、动线布局、视线交流也将不再是家族社会结构的物质载体，从中国整体的经济发展上来看，乡村原本相对独立的壁垒已被突破，新交通运输方式的出现，打破许多传统村落优越的水陆交通格局。城市成为区域内经济发展的核心，劳动力、市场、文化教育中心的转移，迫使许多传统村落走向衰败或是消失殆尽。血缘、礼法、地域三个层面上的变迁，正是当下传统村落所承受的沉重蜕变。

邓城村位于商水县城西北20公里，是邓城镇政府的驻地，因村庄背靠沙河，水陆交通便利而经贸发达。改革开放以后邓城村原本的商贸能力受到了严重的冲击。"邓城叶氏庄园"虽在1985年就被省政府列为省级文物保护单位，但除部分自然的游客流量外并没能成为村落新的文化核心力量，未能带动村落的整体发展（图1）。造成邓城村兴衰转折的重要原因正是产业、文化与环境之间的断裂，使其难以适应现代社会的快速更替。

1.2　传统村落再生的必然性

2013年中央一号文件的出台，标志着国家从政策层面对于传统村落保护与更新的关注。如今"互联网+"时代悄然而至，受制于交通区位而一度面临整体衰败的传统村落再次获得了新

图1　叶氏庄园主体建筑

的历史机遇。相较而言，传统村落的文化环境及历史沉淀所带来的自由、理想、田园牧歌式的乡村生活成为年轻人创业、择居的全新追求。这一变化同时也点燃了村民返乡创业的激情，推动了传统村落基础设施的完善以及教育、医疗、文化产业中心的转移。

2010年，邓城村所在地邓城镇被河南省政府命名为"河南省历史文化名镇"。2013年，邓城村成为河南省首批传统村落。2017年，邓城村通过整体的镇域规划，入选全国第二批特色小镇，为镇区中心区域邓城村的再生提供了良好的发展背景（图2）。

1.3　传统村落与新型城镇化建设之间的矛盾与统一

童成林（2014年）[②]对新型城镇化建设与传统村落保护发展的矛盾性与统一性作了阐述，提出新型城镇化建设与传统村落保护发展之间，根本上是城镇发展与村落发展之间的矛盾，同时也是文化遗产保护的长期缓慢性与建设周期、资金、人员调配短期快速支持之间的矛盾。在对传统村落的保护与更新的设计研究中，如何寻找"原封不动"与"过度开发"之间的平衡点的问题始终备受关注。

邓城村的整体发展目标与邓城镇的镇域发展有较大的统一性，在强调区域整体性原则、城乡一体化原则及可持续发展原则的基础上，提出实现经济、社会与生态三大效益的有机统一。并将重点发挥历史文化的特色优势，塑造全新的城镇形象，这对邓城村的发展而言是十分有利的，但在建设中如何防止村域及村落特色被镇域吞并、挤压而丧失原本的生活、文化空间，将是邓城村与所在镇域新型城镇化建设之间的矛盾。

图2　规划总平面

2 邓城村传统村落保护与更新的困境

邓城村传统村落保护与更新的困境主要体现在三个方面，分别是村庄生活主体、物质空间环境以及产业发展能力。伴随着新型城镇化建设，城市与乡村之间物质与信息的交流变得更加便捷，但同时乡村基础生活设施的相对落后造成了乡村人口的大量流失。邓城村中的公共服务设施与基础设施并不完善，生活氛围较为淡薄，在后期的建设中还需进一步得到提升。

当前在传统村落保护与更新设计中还存在较多误区，是造成传统村落"建设性破坏"及"破坏性建设"的主要原因。通过调研发现邓城村内建筑新旧混杂，对村落整体的环境氛围破坏较为严重；村落内部的公共空间不足，绿化、景观缺失，既无法满足村民的基本生活需求，也不具备旅游开发的基础条件。

产业发展能力是邓城村面临的又一大困境。第一产业是邓城村的主要经济来源，第二、第三产业的发展都相对滞后，目前，仅有的第三产业开发，就是对"邓城叶氏庄园"的观光。从总体上看，邓城村的产业发展缺乏核心竞争力，以及长期发展的续航能力。如何合理利用农业生产、叶氏庄园、邓城猪蹄等村落特色，培育具有产业发展能力的特色产业，是邓城村进行村落保护与更新中的重要课题。

3 传统村落保护与更新的设计策略

对传统村落邓城村的保护与更新，将建立在充分利用区域优越的自然环境和文化氛围的基础上，从修缮历史建筑、传承传统文化、优化村庄布局、整治人居环境、配套公共服务设施、发展休闲旅游产业等六个方面入手，挖掘"人文历史"、"诚信文化"、"水文环境"等特色地域文化，把邓城村的村落传统文化传承与现代生态文明发展进行有机结合。具体的设计策略可以总结为三点：①充分挖掘村落传统文化，打造历史文化发展轴；②突出自然环境特色，塑造沙河滨水景观带；③注重社会、产业、环境的有机结合。划分村落集镇服务、文化体验、田园体验、生态人居四大区，最终形成"一轴、一带、四区"的村落规划布局（图3）。

3.1 一轴：邓城"人文历史、诚信文化"街区发展轴保护与更新设计

历史上邓城村自北向南形成沙河码头、叶氏庄园、东西两条商贸大街通向省道S329线，形成重要的南北历史文化发展轴。保护与更新设计以历史建筑保护、修缮为重点，延续古村落的历史风貌；保护"诚信文化"特色与庄园建筑环境，延续晚清历史风貌特色文化。更新设计庄园入口广场，以"诚信文化"为主题，满足游客集散需求，设计游客服务中心，交通服务设施。

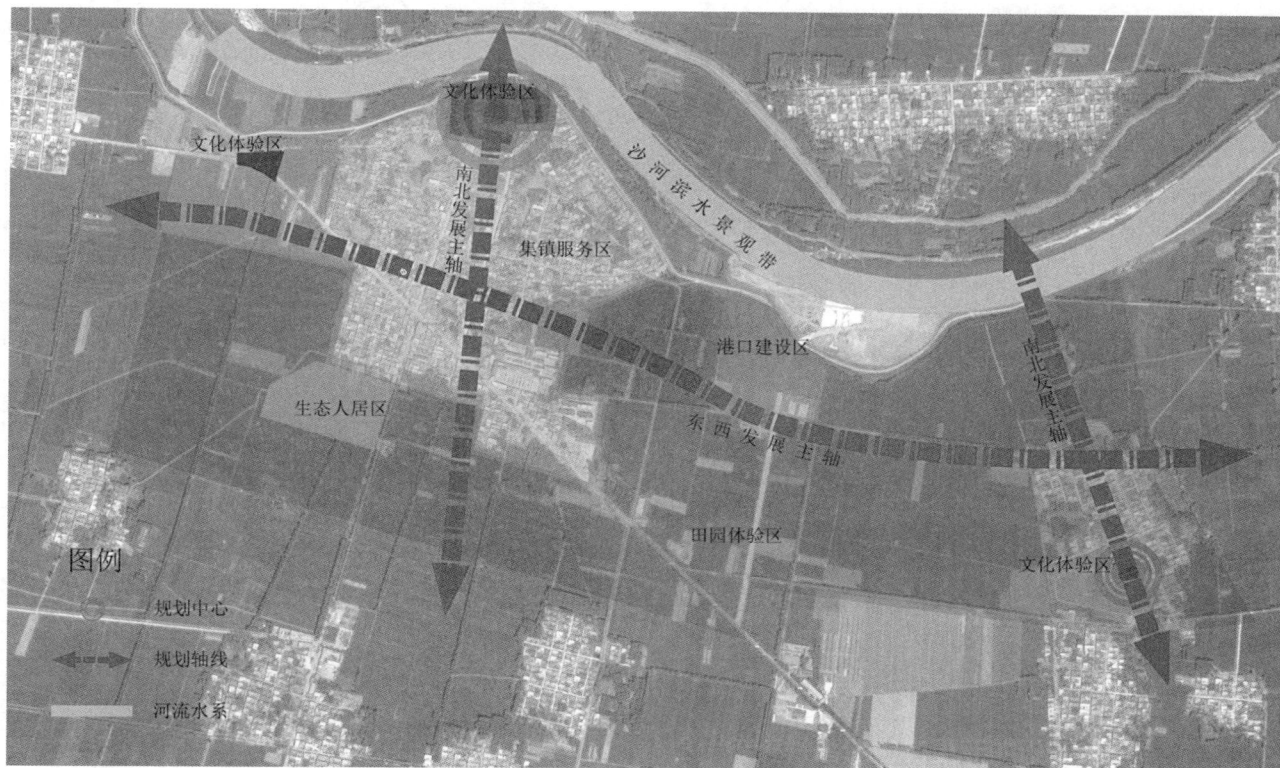

图3 规划空间布局

（1）街巷整治

东大街、西大街作为邓城村内通往叶氏庄园的主要干道，整体风貌相对完整，街巷整治中，在不改变现有街巷尺度和比例关系的前提下，突出保护与恢复。建筑立面：采用修复、装饰、垂直绿化的方式协调新旧建筑；景观小品：以诚信文化、传统文化小品烘托邓城古村落的文化氛围，另增设移动绿化等景观小品丰富街巷景观环境；环境设施：安设民俗文化特色的标识系统，营造传统古街氛围；道路铺装：以石板路为主，协调邓城村的整体风貌环境。

（2）建筑整治

依据邓城村现状建筑质量与风貌情况，古村建筑的整治工作将分为四大板块，分别是对历史建筑的原貌保护、价值建筑的修缮整治、既有建筑的保留整治和违章、高危建筑的全面拆除。原貌保护类建筑多为文物建筑，以保护与修复较好（图4）。修缮改造类建筑：主要针对具有一定历史价值或观赏价值的建筑，在不改变外观特征的基础上进行建筑自身的加固和保护性复原与调整工作。完善内部布局及设施的建设活动。对与传统风貌不协调，建筑质量很差的其他建筑，采取立面改造、墙体加固等措施，使其符合历史风貌要求。建筑整治措施包括，墙体材质：建筑修缮材料契合传统建筑的地域特色；立面修缮：在修缮后进行做旧处理，做到与周边建筑立面的协调统一；屋顶瓦檐：采用普通瓦当并带有瓦檐板；屋顶侧面：建筑两侧墙面不做任何装饰，体现原有材质肌理；入口门楼：门楼两侧的墙壁采用仿古灰砖砌筑，门头采用本地形制和特色砖雕（图5）。

3.2 一带：沿沙河滨水景观带主题形象塑造

滨河景观带的塑造，以叶氏庄园为核心文化力量。《商水县志》中对其有详细的记载并以"陪衬得当、宏伟坚固、做工精细、玲珑剔透，充分体现清代民间建筑特点，为中原地区典型的四合院建筑。"等语句进行描述[③]。叶氏庄园2006年被批准成立商水县叶氏庄园民俗博物馆，2013年5月又被国务院核定为第七批全国重点文物保护单位，可见其价值所在。

叶氏庄园不仅文物价值颇高，村中对"叶氏故事"也多有传颂，而沙河在地理环境上怀抱整个区域，因此在对滨河景观的设计上以主题节点塑造为切入点，通过河道整治、景观提升、业态引入的方式整合现有的文化与生态资源，形成具有文化与生态双重优势的滨水休闲景观带（图6）。

图4 叶氏庄园中院二进院彩绘修复工作

风貌协调区建筑改造图例（一）			保护措施	位置
建筑风貌	二类风貌		①不得随意更改建筑的形制、面貌、结构；②协调周边建筑的立面环境；③建筑外立面的修缮及防潮处理；④门窗的修复、更换；⑤建筑内部木结构的加固、防腐处理；⑥屋顶瓦面的返修、防水处理；⑦建筑室内环境的梳理、整理；⑧建筑墙面电线、标志牌的迁移；⑨附属院落的梳理、整治；⑩院落入口的改造	
名称	民居	使用功能	居住	
建筑年代	70年代左右	建筑结构	砖结构	
简介：建筑整体格局保存完好，高度适中。在色彩、材料、尺度空间格局上具有历史年代感，修整后能适应并体现古村落历史风貌的民居。				
建设控制措施	①建筑周边立面环境的整治；②严格控制周边新建建筑；③恢复地面古道铺装；④建设过程中"三线"下地		保护范围	建筑现状图片
保护与整治方式	原址保护修复，梳理整治建筑内部环境，门口街道、沟渠的梳理、整治，整理空间的布置		北面12米内的院落及附属房，南面9.5米内的附属房及道路，西面9米内的民居，东面15米的民居及道路	 

图5 | 建筑风貌整治

图6　滨水休闲景观带

（1）亲水平台与河埠码头：保护原有老码头及沙河驳岸遗址，恢复老码头景观，配合沙河水路旅游的开展。沿河设置若干个亲水平台，增加水岸互动及亲水性，丰富景观视线。

（2）慢行步道与水上栈道：沿河岸建设慢行游步道，采用青石与卵石路面；滨水区域建设水上栈道，改善沙河驳岸增加芦苇等水生植物，打造绿色生态景观长廊。

（3）滨水诚信主题公园：结合历史人文资源，沿沙河空地设置景观亭及休闲座椅，以及反映邓城诚信文化的雕塑小品、景观壁画等景观设施，提升现有公园环境品质，让核心价值观融入人民生活。

3.3　四区：集镇服务区、文化体验区、田园体验区、生态人居区

多元组团活力，通过合理的功能分区布局，对各组团注入旅游、商业、管理等功能，使其既满足村民生活之所需，也形成村庄旅游休闲产业配套的服务功能，从而更好地保护历史文化名村的风貌，同时改善居民生活环境，为邓城村的保护与发展注入新的生机和活力。

（1）集镇服务区：集镇综合服务区具有行政、商贸、居住等功能。包括邓城市集、"耕读传家"、水居小隐等多个公共活动区域，形成以滨水田园游憩功能为发展核心的功能片区。

（2）文化体验区：一是通过活化利用修缮后的古建筑展示诚信文化、传统文化等文化启智；二是通过古街商铺、特色工艺品制作、民俗活动等文化体验活动，增加互动体验感，丰富文化展示层次。充分利用原始场地，发挥生态优势，推动文化建设和经济发展的良性互动（图7）。

（3）田园体验区：利用优良的田园环境，通过设计"一日农夫"、"一日农家"等体验项目，尝试原汁原味的农事体验活动，引导周边发展特色乡村民宿，与古村旅游相结合，共同促进经济发展。

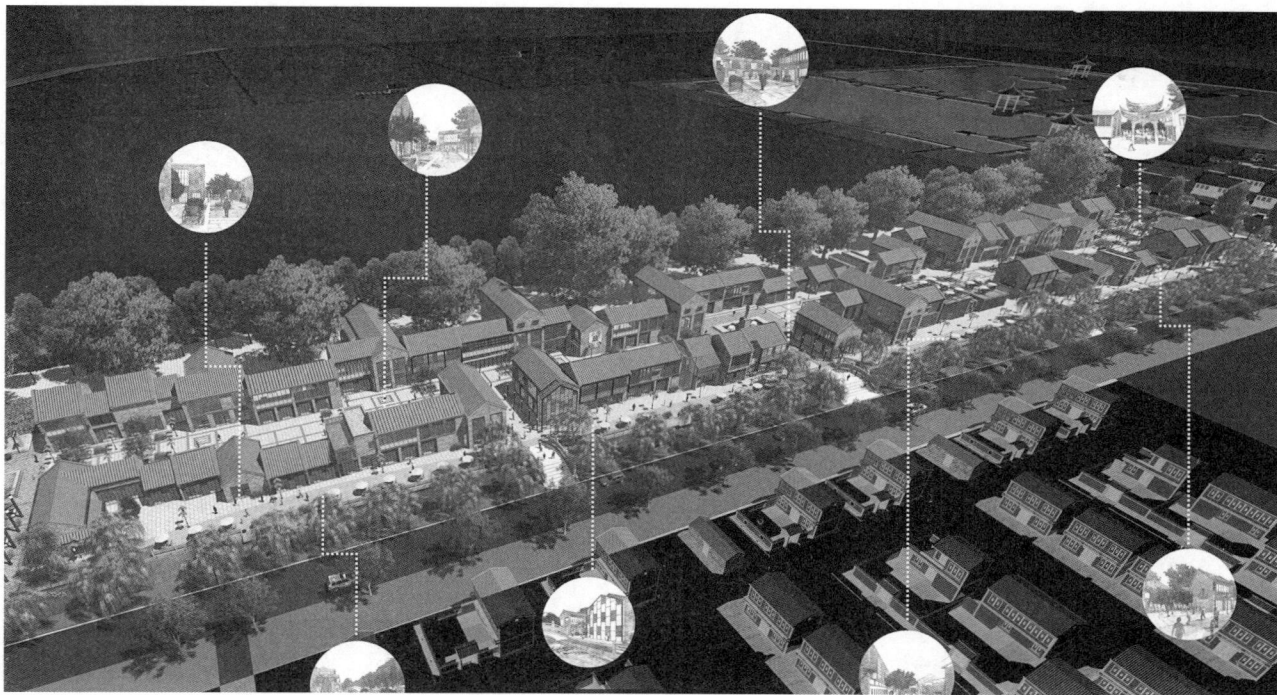

图7　文化体验区

（4）生态人居区：引导新建农居向规划区南部、东南部发展，形成"邓城新居"居住区。建筑采用邓城当地的传统民居特色元素，使建筑风格与村庄原有历史风貌、人文肌理相协调，形成"邓城新居"特色景观。

4 结语

本次对邓城村的保护与更新设计遵循社会变迁的时代特点，在保护与更新、利用与发展、城市与乡村的关系之中寻找到了一个良好的平衡点，既对传统村落所包含的历史信息和文化价值进行了传承，又充分地挖掘了其内在的潜力和价值。对新时代语境中传统村落的设计策略进行了探索，是兼顾和统筹了文化遗产保护与村落更新开发的建设实例。

注释

① 费孝通. 乡土中国 [M]. 北京：北京大学出版社，2012：37—48.
② 童成林. 新型城镇化背景下传统村落的保护与发展策略探讨[J]. 建筑与文化，2014：109—110.
③ 商水县地方志编纂委员会. 商水县志 [M]. 郑州：河南人民出版社，1990：356.

注：本文为河南省高等学校重点科研项目《应用型本科高校地方民俗文化研发中心构建研究》（项目编号：17A610012）阶段性研究成果之一；本文曾发表于《装饰》（CSSCI、中文核心期刊），2018年第4期。

空间生产视角下的少数民族历史风貌区有机更新研究

——以喀什噶尔老城为例

姜 丹

新疆师范大学

摘　要： 历史风貌区是城市遗产空间的重要组成部分，也是重塑老城区活力、传承区域文化的重要载体，然而在大规模的城市化进程中，历史风貌区改造普遍遭遇着保护与更新冲突等问题。因此，本文在城市设计的框架中引入"空间生产"视角，并以喀什老城区及其特殊的地域传统与宗教伦理观背景为例，通过分析空间及空间生产的复杂社会关系，以及空间再生产对社会结构的作用与反作用，从而探索更为合理的少数民族历史风貌区保护与更新途径。

关键词： 历史风貌区　空间生产　社会关系　有机更新

历史风貌区被普遍定义为是保存有一定规模和数量的文物古迹及历史建筑物，并能够真实、完整体现传统格局的城区地段。在新疆广袤雄浑的土地上，至今遗存着众多少数民族历史风貌聚居区，它们在原始的社会群体与社会经济基础上诞生，在传统认知能力与自然生态条件的影响下繁衍生息，并在历朝历代以绿洲为基本生存场所的人地关系演化进程中，始终保留着淳朴、乡土的人居生态观和价值观，主导着少数民族地区传统聚居方式，是我国人居文化与西部社会结构的重要组成部分。

近年来，新疆老城区规划改造与商业开发等项目取得了引人瞩目的成绩，历史文化价值作为老城风貌再生的宝贵资源也成为了相关学术界研究的焦点。然而受到民族地区宗教环境等复杂社会问题的影响，原住民的传统人居伦理观对外来文化有本能的排斥反应，因此大规模的历史风貌区转型，势必会导致原有的空间及社会关系变得更趋复杂，从而出现脱离原住民本体、文化价值仿制拼贴、民居建筑推倒重建、过度资本化等问题。因此，本文将尝试在城市设计过程中，结合"空间生产"理论视角，思考在风貌区空间更新与社会关系转变过程中，历史、社会互动行为对空间的作用与反作用，从而以新的研究视角，充实新疆少数民族历史风貌区保护与更新途径。

1　空间生产理论引介

"空间生产"理论是由法国哲学家、社会学家亨利·列斐伏尔所提出的"空间三元辩证学说"，他认为空间是充斥着各种意识形态的社会产物，空间的生产类似于任意商品的生产，不断引导、影响、限制着人类在现实世界中的生存方式，同时空间作为一种物质力量，其生产力自身的成长和认知在物质生产中不断介入，从而转化为多种复杂的社会关系结构，具有生产与被生产的辩证统一关系[①]。

列斐伏尔的空间生产理论继承并发展了马克思主义方法论，将空间要素纳入了社会理论视域，并突破了传统的、客观中立的物质研究态度，超越了将城市空间视为单纯的物质载体的研究范畴，尽管诞生的社会背景略有差异，但仍为研究少数民族地区历史风貌区有机更新带来诸多启示。

2　空间生产与社会结构的辩证关系

城市设计学科所探讨的空间概念具有多维的科学内涵，并早已向专门的社会学分支过渡。在空间生产理论指导下，风貌区可以被视为是社会秩序构建的产物，在不同的历史阶段，政治、经济、人类实践、物态空间等交织着复杂的社会关系，不仅被空间支持，也被其所生产。2012年2月～2013年9月，笔者所在的新疆师范大学美术学院受喀什市政府委托，配合喀什老城改造指挥部，承担了喀什噶尔历史文化核心区风貌保护与历史资料汇编工作（简称喀什项目），较为系统、全面地梳理了喀什老城区历史文化与空间资源，并为促成老城区旅游产业发展，打造5A级旅游景区奠定了基础。因此本文将以喀什项目为例，从分析个体及群体空间的生产及社会逻辑根源入手，从而探索具有突破性的改造方法。

2.1 历史风貌区与物态空间的社会关系

喀什老城区位于喀什市核心地带（图1），自明代中期始建，之后经多次扩建，直至晚清时期才逐渐形成今日之规模，距今已有500余年历史[②]。老城区面积约8.36平方公里，居民22万人，建筑密度极高，且多为居民随意搭建的原生土、半生土民居（图2），并均随地形鳞次栉比，相邻住户的房屋犬牙交错，楼顶楼、过街楼，密而有序，虽因年代久远且大多不具备抗震条件，多已沦为危房，但仍旧保留着维吾尔族传统民居建筑艺术风貌，以及适地适生的民居营建

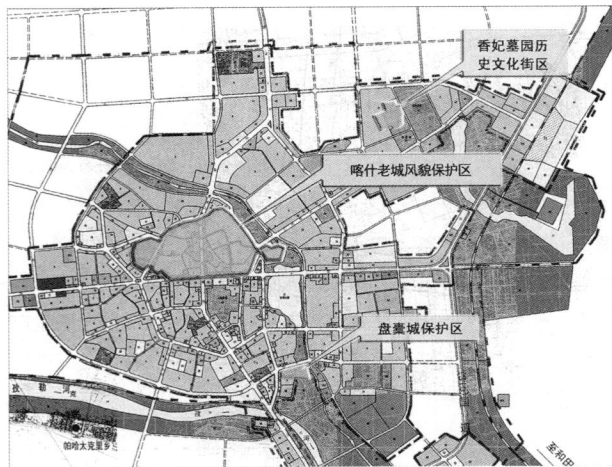

图1 喀什老城风貌保护区区位图

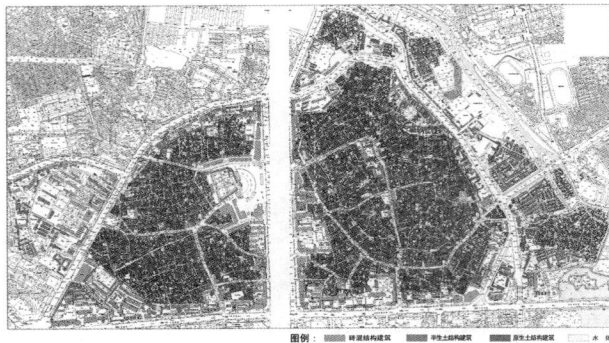

图2 喀什老城区建筑质量现状图

模式，并在社会及精神空间的引导下，以及伊斯兰宗教人居伦理观的影响和制约下，形成了"围寺而居"、"以街坊成群（片）而设寺"的宅群空间组团。街巷空间是喀什老城区特殊的社会关系空间，其中以阿热亚路、库木代尔瓦扎路为代表的交通主干道，已相继发展成为具有大型社会集会功能的"巴扎"，如"铁匠巴扎"、"土陶巴扎"等，而狭窄、散乱的巷道则承载了极高的步行穿行可行性，是老城区空间最为细致、微妙的桥接机制，将人类行为、物态空间与政治、经济、宗教制度联系在一起。

由此可见，喀什老城区受传统社会意识形态以及多民族"大杂居、小聚居"的社会关系影响，物态空间形式及其所承载的复杂社会关系构成了其独特的历史风貌特征。因此，在规划及改造过程中，各个历史阶段的物态空间将不可避免地在社会关系演变的容器中相互投影、干预，并重塑着相应的空间结构，从而打破老城区原有的社会关系，生产出新的空间格局。

2.2 历史风貌区与政治、经济空间的社会关系

列斐伏尔认为："空间生产本质上是一种政治政策行为，由资本介入所发生的风貌消费是资本空间再生产的过程之一[③]。"因此，历史风貌区改造不仅是单纯的空间生产的过程，同时也是政治政策与资本运营之间各种利益群体博弈的结果。

从单纯的商业资本运作角度来看，历史风貌空间所隐含的艺术性和文化价值最终都将屈从于生产过程和市场逻辑，因此，在喀什老城区历史风貌保护基础上推进的5A级开放式景区，无论其如何冠以文化保护的标签，其本质不外乎商业利益的驱动，作为提升城市经济实力的一部分，它是带动周边房地产开发以及相关附属旅游产业链的重要途径之一。与此同时，空间也是政府执行监管和实施权利的手段，历史风貌空间的改造过程实质暗含着巧妙的政治目标。在喀什老城区，空间中的政治权利借助了建筑及建筑格局发挥作用，例如通过危旧民居改造重组社会关系与社会秩序、通过历史文化街区改造重塑街区组团及社会功能等。因此空间并不是某种与政治意识形态保持着遥远距离的物质对象，相反，它永远是策略性和政治性的。

近年来，随着历史风貌资源价值的不断显现，在谋求经济利益的驱动下，由政府和开发商主导的经济手段逐渐以新的空间主体及资本形式介入风貌区内部，使原有的社会空间格局悄然发生了改变，从而使得新的社会关系对风貌区提出了新的空间要求。

3　空间生产机制下的历史风貌区有机更新策略

在进一步梳理喀什老城区空间、空间的生产及社会关系的研究基础上，笔者将在城市设计的框架中，以"空间生产"视角，从风貌区建筑、建筑群及各类街区的空间形态、社会职能与社会逻辑根源入手，针对喀什老城区及其特殊的地域传统与宗教伦理背景，提出以下有机更新策略。

3.1　增强清真寺及重要历史遗迹等大空间节点的辐射力度

针对清真寺及文物保护单位区，应加大文保力度，采用修旧如旧的方式适度开发，并通过景观设计手段将其塑造成为极具城区控制力的"门面空间"，如艾提尔清真寺、布拉克贝希泉及其广场区域等，可根据空间特征增加新的景观节点与绿化体系，配备大型民俗雕塑，并根据老城区整体改造情况，设计并增加极具老城风貌特征的市政设施，从而增强最大空间节点的辐射范围，并提高原住民与游客的户外停留时间，进一步促进原住民空间与新空间社会关系的交流与自然过渡（图3）。

3.2　推动商业空间生产主体从政府、经济向原住民转化

针对商业开发区，可以在建筑及街道立面基础上结合风貌特征进行强制性改造，但应尽可能保留现有商业模式与商业样态，如保留"前店后宅，下店上宅"的维吾尔商住模式，以及具有百年历史的铁匠铺、土陶铺、花帽铺原址等。可以通过街

巷规划改造方式，严格划分公共游览区与传统民居区范围，设置特定的传统民居民俗开放区，开发小型、点状的维吾尔族传统民俗家访、餐饮民宿、民间手工艺作坊、家庭式民俗博物馆等旅游项目，使商业空间生产的主体从政府、经济向原住民转化，同时促进原始空间与资本介入下的再生产空间自然桥接，并达到弘扬新疆少数民族民间传统文化，带动旅游附属经济产业链发展的目的。

3.3　强化原住民主体意识，保护并延续原始社会关系

针对传统民居区，应采取整饬与保护相结合的模式，对破败、危旧的建筑采取插入法以新替旧，并梳理老城区街一巷一尽端巷的物态空间等级，拓宽主要巷空间的尺度，尽量减少巷空间沿线住宅入户门的开口数目，提高巷道空间可视性与可达性。政府部门应通过资金补偿机制提高公众参与度，鼓励居民自行改建、重建用房，并限定自行改建所使用的建筑材料与建造方式框架，避免出现过度翻新等问题。同时制定有效的安置政策，控制较小迁出率或改造后的较大回迁率，从而降低原始社会关系的消解度，不仅是喀什老城区渐进式、自发性的可持续保护措施之一，也是延续风貌区原始社会关系的重要途径。

4　结语

历史风貌区是城市遗产空间的重要构成部分，也是重塑老城区活力并传承区域文化的重要载体，然而在高速的城市化进程中，政治与资本驱动着"生产—消费—增值—再生产"的复制模式[④]，这种标准化、模式化的空间生产方式将不可避免地导致空间风貌逐渐消亡。本文所引介的"空间生产理论"，只是探索城市设计道路上的一次尝试，希望从研究风貌区个体及群体空间、空间的生产以及社会逻辑根源入手，把握在少数民族风貌区改造过程中，打破原始的空间社会结构并塑造新空间格局及社会关系的生产过程，思考空间再生产对社会结构的作用与反作用，从而探索更为合理的少数民族历史风貌区保护与更新途径。

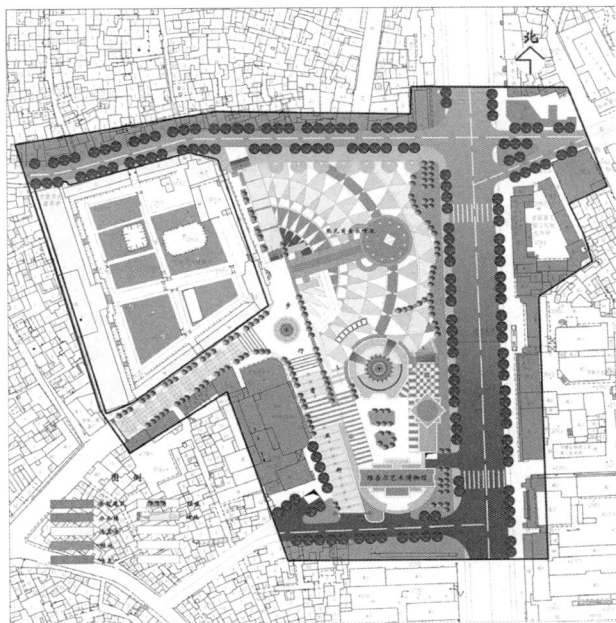

图3　艾提尔清真寺前广场景观设计平面图
（图片来源：喀什市人民政府《喀什历史文化街区保护详细规划》文本）

注释

① 张京祥，邓化媛. 解读城市近现代风貌型消费空间的塑造——基于空间生产理论的分析视角 [J]. 国际城市规划，2009，24（1）：43-47.

② 张杰，陶金. 喀什古城空间定位研究 [J]. 世界建筑，2013（1）：118-121.

③ 姜文锦，陈可石，马学广. 我国旧城改造的空间生产研

究——以上海新天地为例 [J]．城市发展研究，2011，18（10）：84—89．

④ 明庆忠，段超．基于空间生产理论的古镇旅游景观空间重构 [J]．云南师范大学学报，2014，46（1）：42—48．

参考文献

[1] 包亚明．现代性与空间的生产 [M]．上海：上海教育出版社，2013．

[2] 马学广．城市边缘区空间生产与土地利用冲突研究 [M]．北京：北京大学出版社，2014．

注：本论文曾发表于《装饰》，2014年第12期。

既有工业建筑改造中的材料语言研究

莫诗龙

苏州大学金螳螂建筑学院

摘 要： 自20世纪九十年代以来，我国为促进社会经济结构调整实施了"退二进三"的政策，由此工业开始面临着产业转型。随着时间的推移，既有工业建筑的材料语言逐渐传递出一种破碎、荒废的表现力，这使得人们也已产生了某种"时间断裂所造成的惊吓感"，也对塑造美好城市形象带来了负面影响。因此我们需要根据新时代的需求，重新认识既有工业建筑中材料的表现方法。

路易斯·康曾说过，"材料比空间更容易揭示意义的存在，更易于解码和图示，材料所具有的丰富肌理、色彩使其更容易为人的感官所感知和把握，在建筑的体验中比空间有着更为直接的意义"。因此本文对我国既有工业建筑改造中的材料类型（材料语汇）进行了阐述，再通过对相关案例的分析，推导出我国既有工业建筑改造的策略方法（材料语用）。

1 我国既有工业建筑改造中的材料语汇

1.1 既有材料与新添材料的语义

1.1.1 既有材料的语义

这里的既有材料是指在既有工业建筑改造中依旧能传递历史文化特征及结构美学的原建筑材料。既有工业建筑能通过既有材料传递出多样化的建筑风貌，如早期的传统样式工业建筑采用青石、灰瓦、红砖、木材营造出工业建筑的古朴气质；西方复古样式的工业建筑通过比例、细节装饰、色彩搭配烘托出工业建筑的西方古典气质；现代样式的工业建筑利用混凝土等现代建筑材料塑造出简洁、干净的建筑风貌等。

1.1.2 新添材料的语义

新添材料有助于解决既有工业建筑改造中既有材料的老化问题，对原建筑结构进行合理的加固与更新和对原建筑肌理进行功能性的修补，以实现建筑功能的再生。与此同时，随着时代的迅速变化，在改造中新添材料的使用需要从当下审美观念出发，并结合新材料与新技术的应用去进行建筑改造，化解"时间断裂"造成的惊吓感，因此新添材料还具有时代性意义。

1.2 既有工业建筑改造中常见的既有材料

1.2.1 旧木材

"人们喜欢与它打交道，喜欢手触摸它的感觉，从触摸它到看到它都能引起感情的共鸣"——赖特。

在既有工业建筑改造中，木材虽然一般都具有良好的抗拉性、抗压性及抗弯性，但是由于木材防腐抗性较低，在长期使用的过程中易受到雨水、潮湿天气，虫、菌等生物体侵蚀，长期腐蚀及使用便会影响木材的使用功能，会导致木材逐渐产生虫蛀、开裂、腐朽、斜纹等问题（图1），进而影响工业建筑空间的安全性、功能性、美观性。但从另一方面来说，如果在不影响安全性、功能性的情况下，这些老木材的肌理则会将空间营造出一种古朴自然的感觉（图2）。

1.2.2 破损砖石

在我国既有工业建筑中，曾经常用的砖有红砖、灰砖等。砖石经过漫长的时间打磨，其材料性质、表皮肌理和色彩明度都呈现出一种较为稳定的状态。但是砖同样会在工业建筑中由于使用时间较长而造成形态上的破损，砖与砖之间会产生裂痕，而有的工业建筑砖墙则与其表皮破碎的水泥之间产生斑驳的肌理效果（图3）。这一方面虽然体现了原工业建筑的年久失

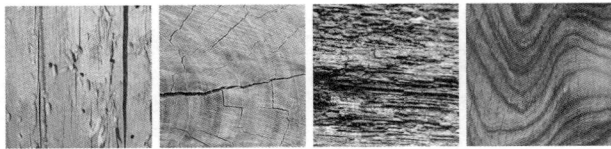

| 虫眼 | 开裂 | 腐朽 | 斜纹 |

图1　工业建筑既有木材的特点（图片来源：网络）

图2　阳澄湖某工厂改造（图片来源：作者自摄）

| 粗糙 | 破碎 | 斑驳 | 凹凸 |

图3　工业建筑既有砖石的特点（图片来源：网络）

图4　深圳某玻璃厂改造（图片来源：作者自摄）

修，但另一方面这种破损的形态肌理也丰富了空间中质朴的质感，赋予其"历史"的痕迹（图4）。

1.2.3　破损混凝土

混凝土在长期的使用中具有较强的塑形能力、抗渗性、抗冻性、抗侵蚀性（图5），我们往往通过改变混凝土基材的配比

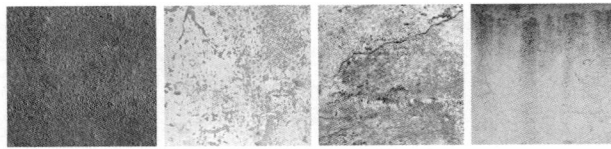

| 粗糙 | 斑驳 | 开裂 | 水渍 |

图5　工业建筑既有混凝土的特点（图片来源：网络）

图6　上海屠宰厂改造（图片来源：作者自摄）

来获取不同性质的混凝土。虽然混凝土在遇到干湿收缩的情况时会使得混凝土表面开裂，在遇到持续荷载或温差较大的情况下也会产生变形，但总体来说，混凝土在正常使用情况下是一种寿命较长的建筑材料。而混凝土材料在既有工业建筑改造中最大的缺点是其具有不可逆性，混凝土一旦浇筑成型，材料的形态肌理便很难再改变；同时混凝土拆除难度较大，因此在既有工业建筑改造中我们要学会谨慎使用混凝土材料（图6）。

1.2.4　旧金属材质

金属材料拥有良好的抗压、抗拉、抗弯性能，且金属构件通常由配件组装而成，具有良好的可逆性，因此金属材料常作为结构材料置入既有工业建筑改造中，以加固原建筑的结构强度。同时，金属材料具有良好的可塑性，通过切割、轧制、拉拔等工艺，金属能塑造出各种尺度、造型，从而实现建筑形体和空间特征的表达。不同的金属材料在光影的作用下也会显示出不同的光泽和质感，这为当今建筑师提供了丰富的材料选择样式，因此在金属材料强大的表现力和功能性的共同作用下，该材料成为了建筑师常用的建筑材料。例如我国既有工业建筑中常见的金属材料有钢材、铝材、耐候钢等（图7）。

一般而言，金属质量轻、强度高、延展性好，是理想的结构材料。而其经过时间的洗礼，可能会形成色泽多样、纹理丰富及质感特殊的效果，有助于表现出特色的建筑表皮及结构。如平滑的铝板、不锈钢板能体现现代技术及工艺美；铜板则能达到现代感与历史感的结合；波纹板材给建筑带来丰富的细

| 钢结构铁锈 | 不锈钢锈斑 | 钢材掉漆 | 耐候钢斑驳 |

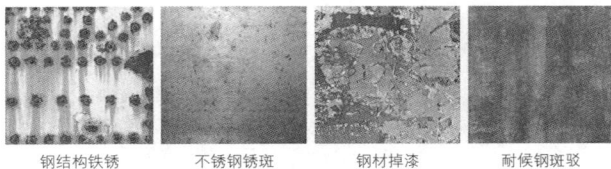

图7　工业建筑既有金属的特点（图片来源：网络）

图8　北京某胶印厂改造（图片来源：作者自摄）

部；自然未处理的钢板更容易留下自然的印记，显示出时间对建筑的影响（图8）。

综上几类常见的既有材料，它们的特征都塑造了工业建筑的历史性特征，让人不禁对既有工业建筑进行追溯，这种经过历史岁月沉淀的既有材料具有真实性。

2　我国既有工业建筑改造中的材料语用

空间功能的置换即是既有工业建筑改造的目的。在功能置换过程中，新的建筑功能空间需要通过材料的重新组织来实现。因此，在既有工业建筑改造中我们通常会根据一定的方式利用建筑材料的特性对建筑进行功能上的合理置换，也就是从"实用"的角度来更新和组织材料的语汇。

2.1　材料与功能整合

在既有工业建筑改造中空间的整合就是对既有工业建筑改造中既有材料的整理，对周边环境进行分析，将原有界面的材料有选择地进行移动、替换，甚至删除，在整理中，新添合适的材料进行空间的再演绎。

如由松下大型工厂改造而成的北京蓝色光标集团总部就是通过对原建筑结构的重新整合实现了空间功能的复合（图9）。该厂房占地约700平方米，高8.5米。设计团队将其改造成南北朝向的用于集团会展的活动场地。其设计理念是将场地分为两个区域：新添的北部餐饮服务区和保留了原建筑框架结构的南部会展区。建筑的入口改从北部金属表皮塑造的入户门厅进入，进入之后则是具备接待功能的餐饮服务区，该区域可提供多种接待设施，如衣柜、签名台、卫生间、合照区等。现代材料的使用将北部空间整合成了一个复合空间；南部会展区则保留了原松下工厂的框架结构，将其重生为一个多功能展厅。除

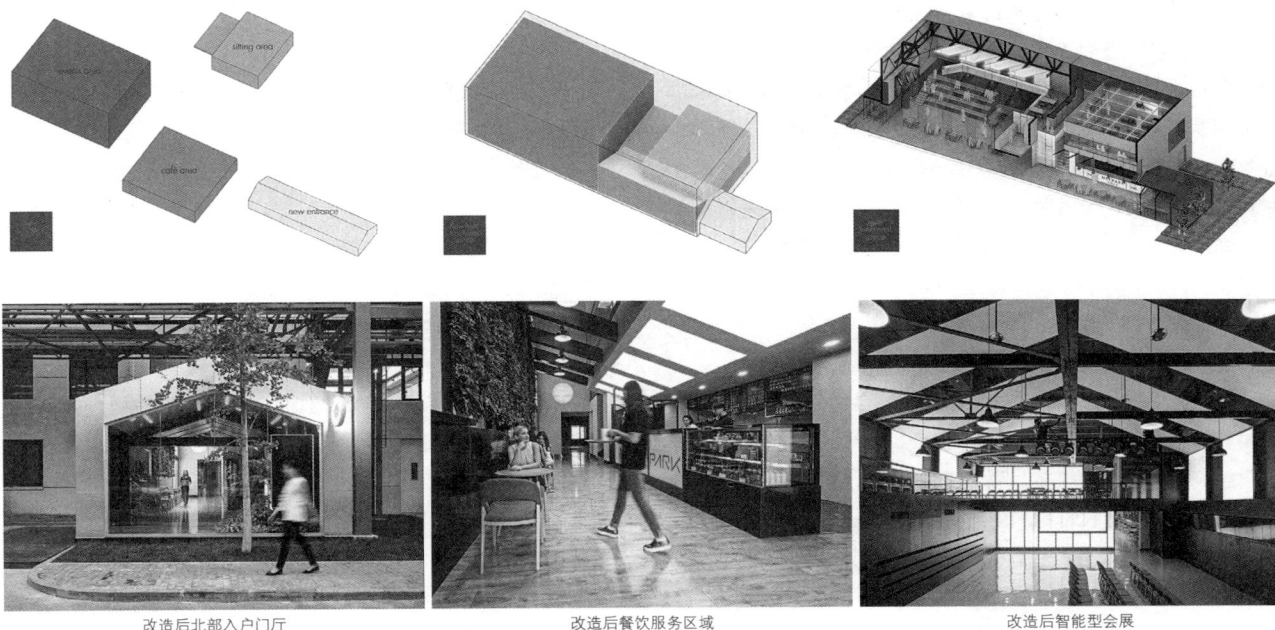

| 改造后北部入户门厅 | 改造后餐饮服务区域 | 改造后智能型会展 |

图9　蓝色光标集团总部（原松下大型工厂）
（图片来源：http://www.iarch.cn/thread-33525-1-1.html）

入口改造的金属框架结构　　　　　　　　　　　　　　　金属框架材料重组

图10　苹果社区售楼处及今日美术馆（原北京啤酒厂边锅炉房）
（图片来源：作者整理自摄）

此以外，由立面延伸到顶面的具有序列感的白色透光板与原建筑顶部的桁架相互穿插、整合，暗示并交代了该空间的历史空间形态。

2.2　材料与形态重组

重组是将某事物的要素分拆、合并以达到事物结构、形态变化的一种形式。在既有工业建筑改造的项目中，空间的重组主要是指原建筑的空间由于改造后功能上或是审美上的需求而做出建筑材料结构、形态上的相应调整，进而实现建筑的合理更新，从某种程度上讲也赋予了建筑改造一定的自由度。

如北京苹果社区售楼处的入口改造项目。该建筑由原北京啤酒厂锅炉房改建而成（图10）。在改造过程中，设计团队将锅炉房遗留的工业痕迹尽可能地保留，同时应用新的建筑构件来满足新的空间功能需求。在入口处，设计团队考虑到室内外空间的相互渗透可以给人们带来新的空间体验，因此选择了锈蚀的铁板结合不规则的钢肋构重组倒置，形成斗状的结构形态来体现入口空间的渗透关系，以这种收放的形态关系来引导人流。同时这种材料形态也象征着记忆中的旧锅炉房。

2.3　材料与视觉叠加

叠加是指两种或多种物质互相覆盖，合并一道。在建筑设计中，如果建筑实的地方比较多，那么建筑会显得厚重坚实；若是建筑虚的地方比较多，那么建筑会显得轻巧透亮。而材料视觉的叠加则将建筑本身的虚与实融合一体，让建筑显得通透又坚实有力。空间的叠加主要体现在材料的主从关系上，一般来说占有比重大的材料可以视为底，这时比重小的材料会凸显于底。当实体材料作为底时，我们要关注虚的材料的叠加组合，同时还要考虑作为底的实体材料的完整性，反之亦然。叠

加具有相互渗透的作用，二者的叠加可以在视觉上得到虚实相生的效果。

研辑设计公司将建造于1986年的深圳老南星玻璃厂房改造成了一个办公空间（图11）。他们通过在内部设置不断出现的廊道、入口将空间打碎后重新粘合，将原长宽比严重失衡的空间形态调整得更加符合办公空间的需求，各局部空间之间形成唯一的横向交通，加强空间层次的同时带来空间的游走乐趣。为了突出空间相互渗透的效果，设计团队还将大面积的原建筑红砖与透明的玻璃叠加到一起，形成空间强烈的虚实与轻重对比，强化了视觉的张力。同时设计团队在拆除旧窗后，还有意保留窗洞，沿洞口内墙面安装落地玻璃，以此带来洁净的玻璃与破碎的红砖切面叠加的视觉体验。

2.4　材料与空间解构

解构概念源于海德格尔《存在与时间》中的"deconstruction"一词，原意为分解、消解、拆解、揭示等。在工业建筑改造中，一方面，既有材料往往呈现出破碎的肌理面貌，这本身就具有解构的意义，既有材料破碎的肌理此刻不仅是构成建筑表皮的物质组成部分，也是揭示既有工业建筑历史与时间的物质化表现；另一方面，材料作为建筑的组成部分，在某些建筑改造中是建筑空间解构与分解的一种结果。

项目iD Town（原印染厂漂练车间）是一个解释材料与空间解构属性的典型案例（图12）。原厂遗留下来的斑驳的建筑框架表皮与原先的混凝土基础部分的裸露暗示了既有建筑处于的废弃状态，而改造中新添在原漂练车间中的黑色钢铁构筑物散落在既有建筑之中，由于既有建筑未用墙体或窗体封闭起来，这样使得构筑物与室外保持联通，模糊了空间界限。改造后的iD Town与室外环境的界限同样变得暧昧不清，弱化了建筑本身的实体感受。从材料使用的关系来看，原混凝土墙体和黑钢

改造后的空间布局 过道玻璃与红砖的叠加 玻璃与原建筑墙体的关系

图11 深圳风火创意管理公司办公室（原老南星玻璃厂房）
（图片来源：http://www.iarch.cn/thread-35310-1-1.html）

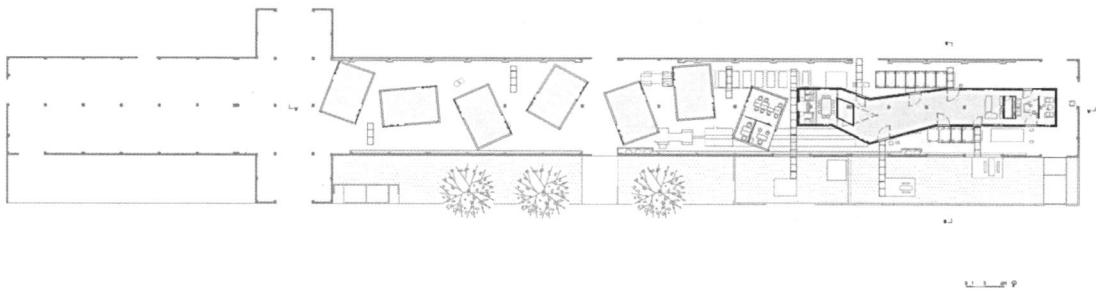

改造前的空间结构 新添黑色钢铁构筑物 构筑物与原建筑的模糊关系

图12 iD Town折艺廊（原印染厂漂炼车间）
（图片来源：http://www.gooood.hk/z-gallery-in-id-town.htm）

之间并不存在确实的逻辑使用关系，但是从空间位置来说又存在包含关系。因此，在描述iD Town的时候，我们很难明确地指出iD Town是新添的黑色构筑物还是指包括既有漂炼车间的整个建筑。iD Town的建筑空间被解构成既有建筑混凝土框架、新添的构筑物以及两者之间存在包含关系的暧昧空间的综合体，让人们更加倾向于把iD Town当成一种建筑景观来看待。

3 总结

通过对既有工业建筑材料语言的合理表达可以缓解"时间断裂"带来的过于突出的矛盾，同时通过创造建筑独有的特色来唤起人们对既有建筑的回忆与对建筑未来的期盼。但同时在材料语言的表达过程中，我们的机遇和挑战是同时存在的：一方面，材料语言的更新为既有工业建筑带来新的生机和发展；另一方面，如果无法保障材料语言表达过程的理性化和科学化，改造不仅不能顺利进行，而且很难产生理想的设计效果。

本文的结论摸索出了一些既有工业建筑改造中材料应用的内在构成规律和创作方法，激发了设计师在材料应用方面的创新思维，形成专属于既有工业建筑改造的材料语言表现方法，进而能更加准确地塑造出其独特的场所精神。

参考文献

[1] 陆地. 建筑的生与死——历史性建筑再利用研究 [M]. 南京：东南大学出版社，2004：244.

[2] 王建国. 后工业时代产业建筑遗产保护与更新 [M]. 北京：中国建筑工业出版社，2008.

[3] 王琼. 质地的表情和主题的隐喻 [M]. 材料悟语. 北京：中国建筑工业出版社，2009：25-30.

[4] 布正伟. 建筑语言结构的框架系统 [J]. 新建筑. 2000 (5)：23.

[5] 黄琪. 上海近代工业建筑保护和再利用 [D]. 同济大学. 2008.

[6] 肯尼思·弗兰姆普敦. 建构文化研究 [M]. 王骏阳译. 北京：中国建筑工业出版社，2016.

[7] 赵辰. 建筑学的力量：从内蒙古工业大学建筑馆看工业遗产保护之建筑学主体意义 [J]. 新建筑，2016.

地域性历史建筑更新设计的研究

柴 也

大连艺术学院

摘 要： 伴随着中国经济的飞速发展，人们的居住生活方式也在不断地改变。与此同时人们现在对于建筑的需求和审美有了空前的提高，对于建筑的表现形式也有着新的要求。现代城市的发展与更新对于历史建筑更新的重视也逐步提高。在对传统的具有地域性的历史建筑进行更新设计的过程中，如何对老化、破旧的建筑进行具有延续性的更新与保护，成为了相关建筑从业者当下最应该考虑和解决的问题。建筑师需要通过对于历史建筑背后所代表的历史意义和其本身具有的地域特性，因地制宜地进行更新设计，而不是一味地从建筑更新的角度物质化的维护历史建筑，使其失去原本的城市人文历史意义。另外需深知历史建筑其中所代表的城市精神、特色，并对其加以保护和改造，使其在具有历史意义的前提下符合新时代结构和功能上的需求。

关键词： 历史建筑　地域性　建筑更新

1　历史建筑的更新及相关理论

将历史建筑进行分类的话大致可以归纳为三个类型：

一是具有文物价值的历史保护性建筑。从建筑意义上其体现了区域的历史性并具有较强的人文意义。对此类建筑进行保护与更新首先需要对于其目前所处的周边环境进行研究。

二是建成于新中国成立之后的不同历史时期的建筑物。虽然其历史时间较短，但由于数量繁多，以及随着时间的更迭，其功能性、安全性、外观均需要进行维护和更新，所以是建筑设计师们主要的设计对象，也是本文主要探讨的历史建筑。

三是以厂房和仓库为主的工业废旧建筑的改造。在世界范围内对于工厂和仓库的LOFT风格改造已经成为一种流行趋势。使用现代建筑技术将建筑的人文内涵进行保留，延续其所包含的空间情感，在原有建筑的基础上进行创意以及功能性的改造，对于丰富城市的建筑种类和历史建筑的保护都具有深远意义的。

1.1　历史建筑更新的概念

对于历史建筑进行更新并不意味着推倒重建，而是需要为

建筑重新开启新的生命周期，使其在新时代的背景下拥有全新的功能定义，使其具有的资源发挥出最大的价值，进行可持续化地发展。建筑艺术设计师在建筑更新过程中需要深知除了考虑到建筑本身需要具有的物质价值之外，结合当下时代的需求将历史建筑的人文意义进行更新，也是设计者需要考虑的重要问题。

1.2　历史建筑更新的国内现状

对于历史建筑的更新与再利用，具有标志性的案例有北京手表厂厂房改建为北京双安商场、北京798工厂改造为798艺术园区、上海新天地项目改造、厦门文化艺术中心改建等。虽然由于技术和经济问题导致部分历史建筑被推倒重建，但国内仍有不少完好的历史建筑更新案例，并且随着人们对于建筑中所具有的人文含义以及其对于城市的历史意义的重视，政府各部门也对历史建筑再利用予以政策上的支持。伴随着经济的全面发展，历史建筑更新必将成为建筑艺术设计师的重要工作内容。

1.3　历史建筑更新的意义与原则

在对历史建筑进行更新设计之前，设计师需要先从建筑所具有的价值进行考量。建筑价值包括建筑本身所具有的情感价

值和其对于社会文化所具有的象征意义，以及当代社会最为看重的环境保护价值与经济价值。

在历史建筑改造过程中需要秉承着保留建筑原有价值，节约成本，营造符合新时代需求的特色建筑的原则。建筑师要在建筑本身的小整体和建筑在地域中所处的角色的大整体之间进行衡量与取舍。设计上要保留建筑功能上的合理性，以及建筑在区域中所肩负的功能性的合理性，拒绝重复的浪费和浮夸的规划设计，保证区域结构的优化。对于历史建筑所诞生的时代背景，在改造过程中也需要加以考虑并保留其历史特色。历史建筑大多面临着安全性和资源利用的合理性的问题，所以在改建的过程中要最大限度地避免资源浪费，为建筑本身的使用寿命进行延续。改造方案要在安全性和美观性之间进行平衡。

2　地域文化在历史建筑中的体现

地域的历史文化、天然环境、宗教信仰、生活习俗都是地域文化的组成，也正是这些因素影响着建筑的设计。所以，历史建筑所反映的均为建筑始建历史时期的地域文化，对于历史建筑的更新中如何保留其中所包含的地域文化也是十分重要的。在建筑改建过程中需要对于地域文化进行深入地分析和理论性的研究。

2.1　地域文化的概念

文化是方方面面因素所组成的。地域文化则与区域内的人民与区域所处的地理位置、经历过的历史事件相关。在地域发展的过程中，人民群众通过积累与创造，在包括生活、经济、信仰、社会等多方面所营造产生下的文化称之为不同地域的不同地域文化。

2.2　历史建筑的地域性

从建筑的功能性角度上看，建筑在设计之初需要考虑并且适应所在地区的气候和地理条件，如北方地区的民居建筑设计需要考虑冬季的抗寒需求，南方地区则需考虑潮湿气候。在建筑的外部装饰上多体现地域内民族的文化精神和宗教信仰，以及当地的艺术审美水平、社会风俗、生活方式等多个层面的问题。优秀的历史建筑被地域性赋予了超越建筑本身的多重时代含义，并且建筑也服务于地域文化，营造渲染出特殊的环境氛围，历史建筑成为了传统意义文化的延续和传承。所以，历史建筑对于地域性和地域文化的形成有着重要的意义。

2.3　地域建筑与自然、历史环境的关系

地区的自然环境是建筑被建造前的客观前提，如何在建筑设计过程中考虑到自然因素对于建筑的影响以及躲避自然环境所带来的负面灾害，通过设计的手段展现出自然环境的特色，使建筑具有能够和自然融为于一体的效果是建筑设计过程需要首先考虑的。

中国崇尚天人合一的道家思维，在建筑中也方方面面蕴含着与自然相融合的美学。在建筑设计过程中，设计师也从大自然中得到了灵感，例如中国园林便是对于广阔自然中的美学精神进行提炼和感悟之后与自然环境相结合进行的建筑设计。同时自然环境中的天然材料也是建筑重要的原材料，因为原材料的不同，各个地区具有代表性的历史建筑形态也不尽相同。

在与自然相关的问题中最为重要也是最需要优先考虑的便是自然地理位置和地理环境。建筑处于环境之中不能够阻绝其与环境的关联，如何利用自然的地形地貌、植物地势等建造出能够与外环境完美融合，和谐统一的建筑是建筑师需要思考的问题。

3　地域性在建筑更新中的体现

在历史建筑的改造与更新中强调地域性的重要作用是因为建筑除了功能性的服务于使用者之外，同时也服务于所在区域的整体环境。旧建筑所涉及的历史文化价值、建筑结构情况、历史性材料的运用、其对于区域经济的潜在价值以及和地域环境之间的相关因素十分复杂，所以历史建筑的更新过程与新建建筑项目不同，需要考虑的前提更加多样，并且不仅限于包括建筑功能性在内的客观要求，更多的是人文意义。

建筑的存在立足于地域环境，地域环境对于不同建筑风格的出现起着至关重要的影响作用。在中国的建筑设计历史上，除了各种美学理论所带来的影响，地域性也影响着建筑的设计风格。环境和建筑也在彼此相互适应，如果在改造的过程中单纯从当下时代的美学角度思考，设计并建造出来的结果将会泯灭掉历史建筑所拥有的独特意义。

3.1　改造的处理手法

在对于历史建筑的改造中需要对于其本身的功能性进行重新定位，在服务于功能的基础上进行改建与扩张。在实际的改造项目中需要根据建筑的地域性以及其周围的环境和建筑本身的定位进行因地制宜的改造，但总的来说建筑更新主要的改造

手法仍有以下几种：

第一种，功能性定位的改变。就是在原有建筑的空间和结构基础上改变建筑的用途，保留建筑原有的外形和内部的结构。国内现在风行的将旧厂房改造成为艺术馆便是典型的功能性定位的改变。设计师利用厂房开阔的空间，在外部使用现代化材料的建筑设计语言进行焕新式的改造，内部则保留厂房原有的钢筋混凝土结构。这样不但能够保留建筑的地域性历史特色，同时在改建的造价方面也能节约。

第二种，将空间进行重新整合。将原有的内部空间进行水平或垂直的重新划分，营造出丰富的具有功能性的空间层次，将新空间元素进行叠加。在原有建筑的内部或者外部加建以重新围合出空间，与原本的历史建筑进行互动，使建筑的功能性更加完善合理。

第三种，对于结构的改造。对于结构的改造一般是源于随着时间的推移，老建筑所存在的安全隐患。同时建筑的功能改变后也会有一定的结构变化。

第四种，对于建筑进行扩建与改造。更细化的分为垂直加建、在顶层或者地下层进行加建、水平加建、平面面积上的扩建等。

以上的几种改造方式是目前对于历史性建筑改造较为常见的处理手法，但在建筑的设计上还需要结合地域性进行具体分析。

3.2 地域性在设计中的运用

在历史性建筑与新建建筑之间最大的区别当数建筑本身蕴含的文化价值。改造设计中需注意既要尊重建筑本身的历史背景，也要为其赋予当下时代社会适合的文化价值。通过与环境景观及建筑艺术设计相结合的手段，使改建之后的建筑能够达到与历史背景相联系，创造出具有人文意义的和谐设计。

设计师在面对建筑形象改造问题时需要先对于"地域文化"有清晰的理解和深刻的认识，在这样的基础上进行设计，并将设计得出的设计语言应用到建筑的实际形态上。在对于传统建筑中符号的引用和变异上，包括将原有历史建筑上的色彩、材质、装饰图样、空间结构形态、建造技术进行保留，并通过现代的设计语言进行重组。这种设计方式的好处在于能够加强改建后建筑中传统与新形式之间的联系，并能够沿袭历史建筑所蕴含的审美。抽象意义的变形与转换则属于设计师根据原本历史建筑中的设计形式进行提炼，使用建

筑语言进行创造，迎合现代审美需求的同时又保留了历史建筑的人文意义。

4 以东北地区老工业建筑更新改造为案例进行分析——沈阳1905文化创意园

由于独特的历史原因，自新中国成立以来东北地区建设有大批大型的工业企业。随着国家经济的转型，技术的更新，这些老的工业企业面临着发展和转移的困境，使得城市中有许多遗留下来的老厂房。对于老工业建筑的改造既有节约成本的作用，同时改造后的建筑承载着独特的地域性与城市记忆。

历史的发展使得沈阳成为东北三省内极具代表性的一座工业城市。工业对于沈阳这座城市的影响不光是从产业经济的角度上，同时工业式的审美与建筑结合形成的折衷主义设计风格也在沈阳的历史厂房中得以体现，工业也因此成为了沈阳的城市名片。

沈阳1905文化创意园的前身是沈阳重工集团第二金工车间，曾经炼出了新中国的第一炉钢水，创造过四十多项"共和国第一"。同时沈阳也被称之为"共和国的长子"。在沈阳重工集团搬迁后，第二金工车间作为历史的见证被完整地保留下来，并且开始了更新设计。

由于沈阳和第二金工车间独特的历史因素，设计者在设计过程中为建筑加入了具有工业气息的灰黑色外墙砖和排架的外立面结构，保留了内部厂房的现浇灌钢结构。开阔的挑高和玻璃尖顶楼顶，让室内更适合作为步行街区使用，对建筑内部的结构进行了功能性的重新分割；内部装饰上也以工业元素为主（图1）。设计对于工业遗迹原有元素进行了保留，将历史、文化、时尚、艺术进行结合，更新设计的过程中强调了建筑的地域性。

图1 沈阳1905文化创意园

图2 沈阳1905文化创意园外雕塑

　　除了建筑的外立面，本案在建筑周围的景观设计上也与1905文化创意园的地域性特色进行了呼应，使得建筑本身能与周围的环境相融合（图2）。除了文化创意园本身具有的文化创意产业销售功能之外，对于原有历史遗迹的保留将建筑的含义进行了重新定义。设计师使用LOFT式的设计风格巧妙地将空置的厂房分割重组成为具有工作室、画廊、餐饮、商店等多种功能为一体的艺术创业园区，保留了历史建筑的地域性，重新赋予其现代的功能性。

5　结语

　　如今，中国正在处于一个以更新和开发为主要发展目标

的发展阶段，建筑的更新发展成为了建筑设计行业需要关注的一个问题。关于历史建筑的更新设计是一个复杂且考量因素众多的综合性问题，在设计过程中需要结合现有问题，对建筑的地域性进行综合性的分析，妥善地处理与安排。对于历史建筑的更新设计不只是简单地对于地域性进行体现和延续，设计师们需要深知如何在当下的时代语境之中，结合当代人的审美需求和传统文化的延续脉络，通过创新的想法与对传统地域文化的尊重，结合式地塑造出具有地域特色和时代气息的建筑新形象。

参考文献

[1] 宋菀之：被雕刻的"1905"——沈阳老工业区创意改造 [J]．中华建设，2015（06）：34—35．

[2] 金鑫，陈洋，王西京．基于地域价值的陕西重型机械厂旧厂区改造规划设计 [J]．工业建筑，2014，44（02）：26—30，36．

[3] 吴艾璘．延续地域特色景观设计的理念对玉林市旧城改造的启示——以玉林市云天文化城周边景观改造为例 [J]．现代物业（上旬刊），2011，10（08）：183—185．

[4] 刘力，徐蕾．旧工业建筑改造中"工业元素"再利用分析 [J]．哈尔滨工业大学学报（社会科学版），2010，12（03）：29—35．

[5] 吕耿．基于地域特性的旧建筑改造与更新 [D]．厦门大学，2007．

[6] 李红艳．地域文化与旧城改造——以西安莲湖历史风貌区保护性规划研究为例 [J]．规划师，2006（12）：34—38．

北京白塔寺社区营造策略调查研究

党 田

中央美术学院

摘　要： 本文对北京白塔寺地区的社区更新改造活动进行了调研和研究。在进行实地调研与当地居民互动的基础上，梳理出针对白塔寺地区的营造策略始末，以批判的角度分析其利弊，探讨白塔寺地区更新的有效途径。

关键词： 白塔寺　社区营造　地区更新　建筑改造

引言

我国城市当前正处在由增量规划逐步转入存量规划的转型阶段，城市更新将在城市发展中占据越来越重要的位置。目前，我国的城市发展中既有可取的宝贵经验又有亟待解决的问题，在城市环境风貌、社会服务福利、居民生活居住状况等方面都存在着对立现象。对于城市核心区的传统居住区来说，原来的大拆大建的方式已经不再适用，目前的重点是在保护城市风貌的前提下，如何既保护又改善原住民的生存条件，从而促进地区的发展更新。

1　研究目的和方法

1.1　研究目的

本文针对北京市传统居住区，探讨其在保护的前提下，进行微循环，有机更新的策略方式。特别是探讨建筑师在传统居住区的创新改造与当地居民自有的生活方式之间的关联。调研当地居民对居住区的自发性改造活动以及对居住区已有的改造的看法，从而得出在传统居住区内的更新策略。

1.2　研究方法

本文以现场调研的方法为主，通过实地定点考察、对当地居民和行政管理部门的采访、现状环境测绘和分析，得出传统居住区的更新策略。同时，长期关注考察白塔寺地区自发性的社区活动和社区营造，从中推导出传统居住社区营造的策略和方法。

2　白塔寺地区社区营造概况

2.1　白塔寺地区概况

2.1.1　区位及规模

白塔寺地区位于北京市西城区，总占地面积约37公顷，隶属于新街口街道范围，其中包括宫门口、安平巷、北顺、富国里四个社区，白塔寺和鲁迅博物馆等其他历史文化景点。白塔寺地区有着深厚的历史底蕴和丰富的文化内涵，2002年被列为北京旧城25片历史文化保护区之一（图1）。

2.1.2　历史沿革

白塔寺地区的历史可以远溯至元代，历经明清延续至今。在元代，白塔寺称为"大圣寿万安寺"。后万安寺被雷火焚毁，明代将其修复，并更名为"妙应寺"。元代的白塔寺是今天白塔寺的十倍，现今白塔寺周边的许多胡同都曾在白塔寺内部，

图1　白塔寺地区平面图

随着白塔寺的毁坏，逐渐演变成人口密集的街巷。明代在原万安寺西部与北部寺庙旧址上修建了一座道教宫观——朝天宫。朝天宫的建设对此地区的街巷肌理产生了很大的影响。1954年初，文化部决定在鲁迅生前居住过的宫门口西三条21号院东侧筹建鲁迅博物馆。筹建过程中，为了方便参观人员出入，将博物馆大门南边的院落拆除，开辟了一条通道，即今天的阜成门北街。阜成门北街的出现，贯通了头条、二条，使得原本相连的胡同被截为两段。后鲁迅博物馆扩建，将西三条拆除大半，21号院被圈进博物馆，打破了周围的胡同格局。至此，形成了今天白塔寺地区的基本格局。

2.1.3　发展概况

白塔寺地区的城市更新经历了多个阶段。在21世纪初传统平房区域内的四合院、胡同等传统建筑大面积消失的情况下，白塔寺地区作为北京市25片历史文化保护区之一被保留了下来。2004年，《北京市城市总体规划（2004-2020）》提出保护古都风貌从"大拆大建式旧城改造"转变为"旧城整体保护"，从以往危房改造工程中对四合院、胡同采取的"改造、建设"转变为"保护、维修"。通过小规模、渐进式有机更新的方式，逐步对旧城进行修缮，整治。2017年《北京市总体规划（2016-2035）》明确提出了加强老城整体保护及其10个重点，具体包括"保护北京特有的胡同—四合院传统建筑形态，老城内不再拆除胡同四合院"，"通过腾退、恢复性修建，做到应保尽保"等内容。在以上整体保护的政策趋势和社会共识下，白塔寺地区的更新模式逐渐从大拆大建的危改拆迁模式转向协议腾退下的微改造模式。

2.2　现状特征

2.2.1　房屋产权复杂，质量较差

房屋产权复杂是老城区普遍面临的问题，白塔寺地区的房屋有公房，有私房，也有公私不明的房子。根据统计，白塔寺地区内共有建筑4000余幢，其中质量较差房屋占70%（图2）。

2.2.2　人口密度高，外来人口居多

改革开放后，老城区本地北京居民搬离，大量低收入人群在此以较低的价格租房居住，四合院内加建了大量小面积的房屋以出租给更多的人。在第六次人口普查时此地区人口密度高达53%，最高地区可达60%，其中外来流动人口约占50%。

图2　房屋加建

2.2.3　公共服务设施不够完善

目前，街道居委会对街道公共空间进行了一定改善，统一粉刷了街道建筑外立面墙壁，在街道内安装晒衣杆美化街道环境。但是，仍然存在一些问题：片区内交通混乱、机动车和非机动车混行、乱停车现象普遍；现有的市政管道老化严重，基础设施管道规模偏小；院落配套基础设施薄弱，其中有90%以上院落无院厕。

2.3　白塔寺社区的发展策略

2010年，在北京市提出老城更新的策略背景下，西城区政府引入北京华融金盈投资发展有限公司作为实施主体，与白塔寺地区所属的新街口街道办双轨并行，共同探索白塔寺地区更新的新模式。

2.3.1　空间腾退

更新的首要任务是针对白塔寺地区人口密度过高，同时响应首都中心区人口持续疏解的政策要求提出了协议腾退的方案。计划在2020年实现疏解15%的人口，腾退15%的院落。协议腾退采取自愿腾退的原则，选择腾退后，居民可以在远离市中心的三个小区中选择一处居住。目前，白塔寺地区腾退了100多处院落，约300多户居民。

2.3.2　街区环境改善

目前，白塔寺地区南侧边界道路阜成门内大街和鲁迅美术馆南门正对的阜成门内北街的改造已经落成。阜内大街的改造主要包括市政带建设、线杆入地、道路交通组织提升、人行步道重铺、功能分区优化、城市家具的完善、街区绿化增补及重要节点的景观打造、沿街拆墙打洞的综合整治及建

筑立面的修缮等。改造后的阜成门内大街道路变得更加宽阔，增加了更多的绿化空间和城市家具，街道更加整洁。阜内北街的改造主要集中在街道环境景观改造和建筑立面修补（图3）。

2.3.3 建筑改造

白塔寺地区的建筑改造分为两种方式，分别是建筑师介入的创新改造与由街道居民组织的空间自发性改造。

图3 阜成门内大街改造

（1）示范院落改造

2017年，华融金盈公司作为白塔寺地区更新的实施主体提出"小院儿更新改造"试点项目。选择了五处腾退后的院子，邀请建筑师将其打造成示范院落。目的是将改造后的符合现代化生活模式的院落开放给片区内的居民试住，从而达到改善居民生活品质，带动区域新生的效果。改造后的院落在2017年的北京设计周亮相，并引起了轰动。从建筑设计的角度来看，五个院落在传统院落空间的模式上进行了不同的探索，在院落的更新发展上给出了更多的可能性，在建筑界也得到了很高的评价。然而，从对居民进行的采访来看，多数居民表示：这些建筑"好看是好看但是不是给我们住的"，"不实用"，"楼梯太多，不方便"……甚至表示不会去居住。由此可见，示范院落并没有达到其最初的目的。目前，这几处院落有的被出租私用，有的当作展览场地时而开放，与片区内的居民并无关联。站在居民的角度和社区的角度，这些院落没有起到带动社区更新的作用（图4）。

（2）白塔寺会客厅

宫门口东岔81号原本是一处腾退了的老房子，2017年改造成白塔寺地区的"共享会客厅"，为社区内的居民提供一个可以

图4 建筑师示范更新——共生院、盒院、混合院、四分院

畅所欲言的场所。会客厅由新街口街道办提供扶持政策和社区资源。室内基本格局是按照一家有着62年历史的供销社布置，两层共120平方米。会客厅在成立之初就成立了街区理事会，宗旨是将主动权全部交予居民，因此建筑内部空间的具体使用也是由居民决定的。建筑的一层布置有展示老物件的销售台、厨房、自由活动空间。二层为公共活动空间和专门为手工社提供的木工房（图5）。空间的使用根据居民的具体活动做相应的调整。

白塔寺会客厅目前成立了12个居民社团，活动分布在周二到周六，常态的社团活动周二为文笔社，周三为伙食社，周四为缝补社和劳作社，周五为老街坊聚会，周六为民俗老友会。根据每天活动状况的不同，会客厅的空间使用状况也有所不同。笔者选取了2018年6月5日至9日对会客厅空间使用状况做了记录。从图中可以看出，居民对会客厅的接受程度较高，平均每天都有15个人使用空间（图6、图7）。会客厅的一层空间的使用频率于二层，且一层公共活动区域使用频率最高；一层使用人数的变化幅度比二层大。

建筑师示范更新的改造与白塔寺会客厅的改造是完全不同的方式，前者是授权与建筑师进行改造，是外部势力的介入型改造，耗资大，成本高；后者则是本地居民进行的改造，是从街区内部滋生的自发性改造，投资较低。从改造目的和实际效果来看，前者希望更多的居民入住从而带动区域内民房的更新，然而在居民中的反映不理想，最终导致房屋被出租服务于商业活动；后者则是致力于为居民提供公共活动的场所，受到居民的欢迎，变成一个充满活力的公共空间（表1）。

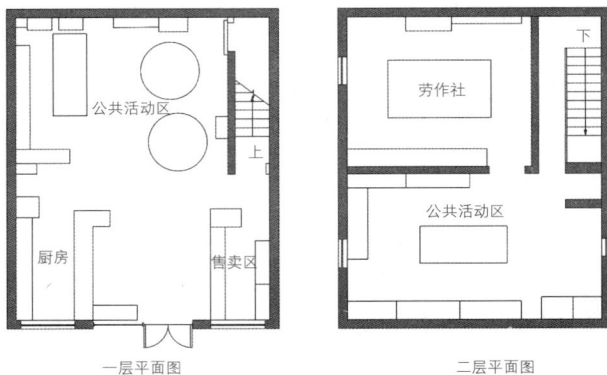
一层平面图　　　　　　二层平面图

图5　白塔寺会客厅平面图

图6　缝补社社团活动

建筑师示范更新与白塔寺会客厅的对比　表1

	建筑改造方式	投资	目的	实际效果
建筑师示范更新	建筑师设计	高	商业民宿，变成某人的家	试住人少，居民反映不理想
白塔寺会客厅	居民共同商议	低	促进居民活动	充满活力

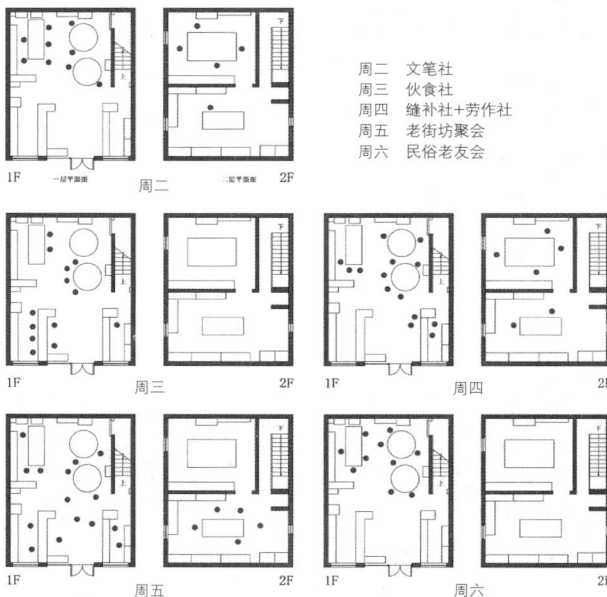
周二　文笔社
周三　伙食社
周四　缝补社+劳作社
周五　老街坊聚会
周六　民俗老友会

1F　　　　　2F
周二

1F　　周三　　2F　　1F　　周四　　2F

1F　　周五　　2F　　1F　　周六　　2F

图7　白塔寺会客厅空间使用状况

3　结语

建筑师改造单体建筑的方式对整个地区社区改造的推动不起作用，传统居住区的更新应该着眼于社区内部，在对当地历史风貌的保护为前提下，解决区域内部的问题，保护并改善居民的生活环境，发掘居民的自发性，以内部居民的力量推动社区的发展。

参考文献

[1] 西城区政协文史资料委员会. 白塔寺地区 [M]. 北京：中国文史出版社，2011.

[2] 应臻. 白塔寺地区保护与更新规划研究 [J]. 北京规划建设，2005（4）：47—51.

[3] 佚名. 2017北京国际设计周白塔寺再生计划：新邻里关系 [J]. 世界建筑，2017（11）.

基于园林式"山水人文"共生理念的山地乡村规划与设计

——以金华市鹿田村改造为例

龚袒祥　罗青石

浙江师范大学

摘　要：从目前我国山地乡村景观建设来看，基于自发理性情况下的自私性对非建设用地的开发、居住建筑外立面的无规划和对绿地价值的忽视，导致山地乡村的山水村落格局和形态产生深刻的影响，原有山地乡村的形态发生彻底的改变，形诸于平地地区的普通乡村，特别是经济较为宽裕的地区，此种情况更甚。本文着手于此类乡村形态及景观问题，在提出传承中国园林山水营造的理念下，以保护山水资源和维护山水乡村地方特色为目标，以规划设计方法来修复山地乡村景观，提升其生态效益并维护其自有的山水骨架。以浙江省金华市的鹿田村规划设计为例，在村落景观修复的具体项目基础上，建立适宜于山地乡村山水资源保护的要素评价指标，以此探讨山地乡村构建的理论和方法。

关键词：园林景观　山地乡村　山水人文　诗情画意　规划设计策略

缘起

十九大报告首次提出"乡村振兴战略"[1]，提振亿万农民信心，也鼓舞相关行业工作者的研究与实际工作的热情。沿海城市地区的山地乡村，在之前近20年来逐渐被旅游经济拉动，可达性较好的乡村尤其享受到国家经济腾飞的红利。村民个体基于改善自身居住条件的目的虽然应该给予肯定，但也正因为此，因缺乏统一调度，造成了乡村中民居建筑杂乱无序，原有山水机理被打破，色彩纷杂样式多变，全然失去了山地村落本应有的与环境协调的形势。本文借故于具体的规划设计项目，对本问题进行了较为深入的研究。

1　山水人文概念阐释

金衢盆地地区的山地乡村终年气候温和、季节分明、雨量充沛、物产丰饶，可谓山青水秀，其历史上产生了高度的地方文化[2]。传统的这类乡村，秉承聚落、院落的规划理念，依山傍水、随势附形，在环境营造上追求人文与自然的和谐统一。村落建筑色彩淡雅，造型轻巧舒展、高低起伏、错落有致，其

表现出的"粉墙黛瓦"、"小桥流水人家"的"情、趣、神"意境与江南园林自成一系，是让人能遐想、可思考的精神家园。但近20年，江南的山地村落发生自然生态的破坏、地域特点的消失、精神家园的消逝等问题[3]。如何解决江南山地村落建设的诸多问题，其村落规划设计应去往何处，如何在当代的江南山地村落规划与建设中借鉴与传承江南园林中的山水人文共生理念。在习近平主席的"两山理论"的指导下，以上问题成为本文的研究重点。

本文所讲的园林主要是指中国江南的传统私家园林。从空间营造及理念方面，江南园林都师法和效法自然，追求佳于自然。众多江南山地乡村本身处于自然当中，但目前山地乡村的规划设计常违背或抛弃了之前生产力较为落后时期的，自发而成的山、水、土的自然理念，进而较背离了人与自然和谐相处的宇宙观。

2　本文的研究目标和手法

本文以金华市鹿田村的村落规划与设计实施为个案，试图

用江南传统私家园林的山水人文共生的营造设计理念来改善现有乡村规划设计的现状，以期获得有益启示，为当今江南村落规划设计的实践助力。进一步将传统园林的"山水人文"理念中生发出的"诗化主题和山水共生"[4]这两个方面来指导乡村规划设计与建设实践。

2.1 诗化主题

诗化主题指在乡村规划设计的前期拟定村落发展的主题。其需根据现有的地域环境特点、自然条件、人文历史等资源，并结合规划设计目标综合概括提炼。

金华鹿田村位于金华山旅游经济开发区内，村域以黄大仙文化为脉络，集山体、山林、溪流、湖面于一体，是"鹿湖风光、洞天府地、奇峰异石和神话传说"集中分布的区域。沟谷之中山涧常流，景色多变，云雾山水景观奇特。由于地形变化复杂，相对高差大，植被覆盖率高，村内局部小气候特点明显。冬温夏凉，四季分明，相对湿度较高，是金华市区近郊的避暑胜地[2]。

鹿田村山地村落规划目标是以鹿湖风光、黄大仙文化为背景，规划设计避暑、游览、朝圣、养生、休闲、度假等功能的业态服务功能村落。鉴于此，鹿田村诗化主题提炼为："栖心山水，悟道云深"，以显鹿田云雾山水景观奇特和黄大仙祖宫道家文化特征，并成为其后村落规划设计的精神之魂。

2.2 山水共生

山水共生具体内容为聚落选址、村落空间格局以及村域景观营造等方面，同时兼顾与山水自然有机共生关系，也泛指村落规划设计的精神之源。山水共生在具体的规划设计中，要求以顺应原有的山水格局为前提，遵循山水自然生长规律进行村落建筑布局，强化山水聚落规划理念[5]。

鹿田村被群山环抱，鹿湖在其西南侧，水域面积大，风光宜人。但是对于村落而然，鹿湖的水不能对村落形成环抱之势。因而在规划设计中，根据现场考察，针对村落地形北高南低高差与村落房屋坐北朝南的特点，运用在园林营造中"叠山理水"的手法，引村落后山的溪水绕过村中原有巨石群，最终汇入鹿田书院前的洗砚池，打造活水"石浪溪"村落景观轴①。位于书院广场南面正前方，是聚落房屋的最低处，规划设计将此处掘地为池，成为聚落"水口"，完善鹿田村山水相生相长规律。"石浪溪"、"洗砚池"的设计进一步强化了聚落山水的规划理念（图1）。

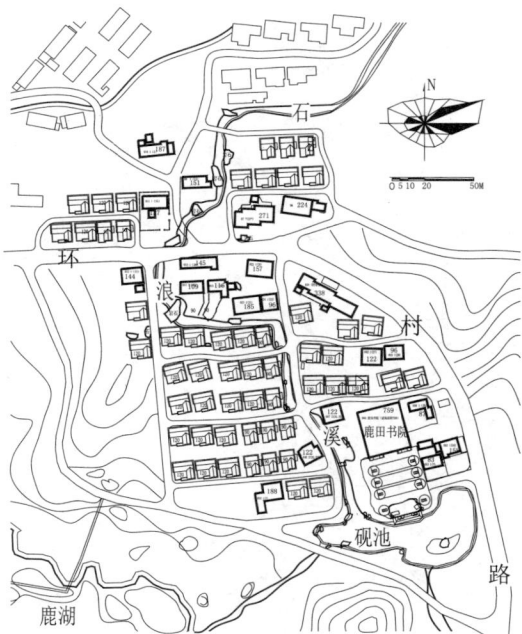

图1 鹿田村村落居民居住区规划设计平面图

3 园林式"山水人文"共生理念的乡村实践

鹿田村村域空间格局与景观营造规划设计根据村落环境现有山水格局施以中国传统私家山水园林的营造手法，借用山水、云雾、建筑、花木等组合"诗性"图卷，匠造"画意"的综合空间艺术。鹿田村及周边环境的山水格局与传统私家园林相似，规划中把其环境的山水以借景的形式纳入至"一庭之院"进行整体把控。同时也运用中国传统建筑的前院、中院、后园的合院形制和建造理念进行布置。以入口大门、照壁、亭、台、楼、阁、榭（轩）等园林中建筑物的特点加以营造，通过规划设计和旧建筑立面改造，营造出栖心自然山水，云深养生悟道的园林样式的居、住、游胜地，具体功能分区如图2。

3.1 前奏空间之厅——入口综合服务区

其位于大坝下，原来修建有三座供人居住的长外廊建筑，设计定位为前奏部分，相当于私家园林中前院。大坝可以当做入口处照壁，坝下建筑、叠水、树木、停车场都是"前院"景观的构成元素，可以形成欲扬先抑的造景手法。此处建筑设计应与大坝相统一，如同景石嵌在大坝下、叠水边，在设计上突出其"一丘藏曲折，缓步百跻攀"整体景观特征，强调其与环境的融合，而弱化其建筑形态的本身。具体设计是在已有的两建筑之间西侧增建接待服务大厅；原有西侧的湿地利用地势高差营造成静态跌水景观池，周边设亲水平台、临水栈道，以增加景观的流动性、多样性，如图3。

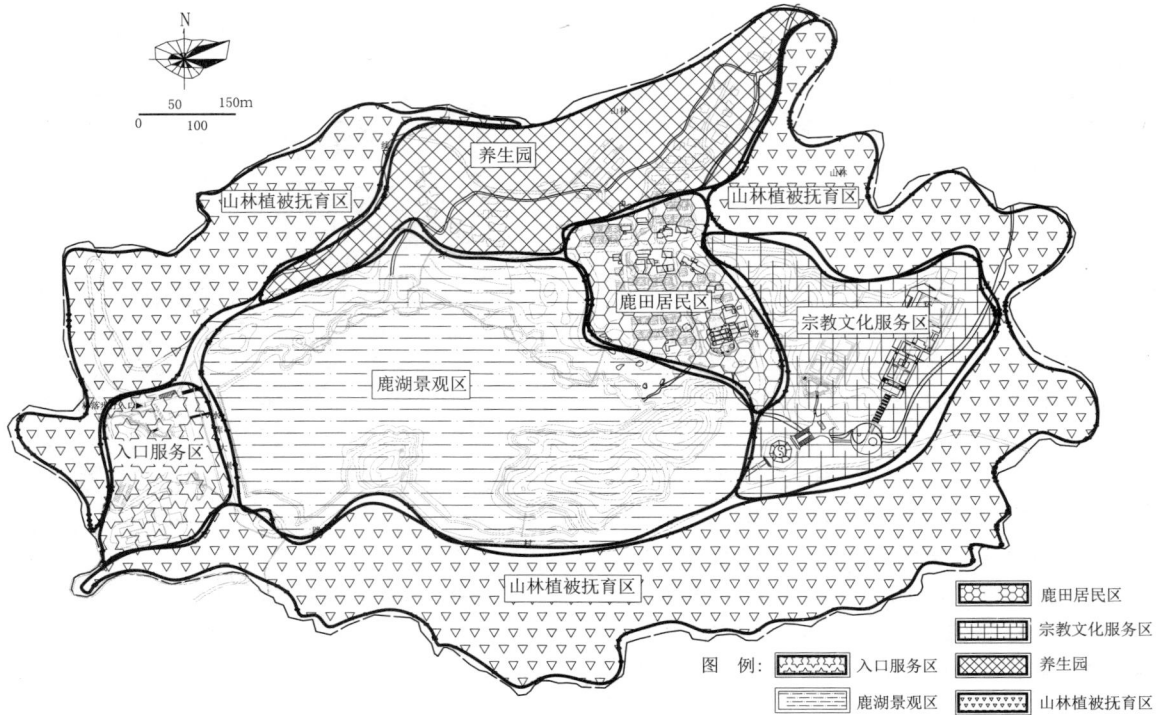

图2 鹿田村规划功能分区平面图

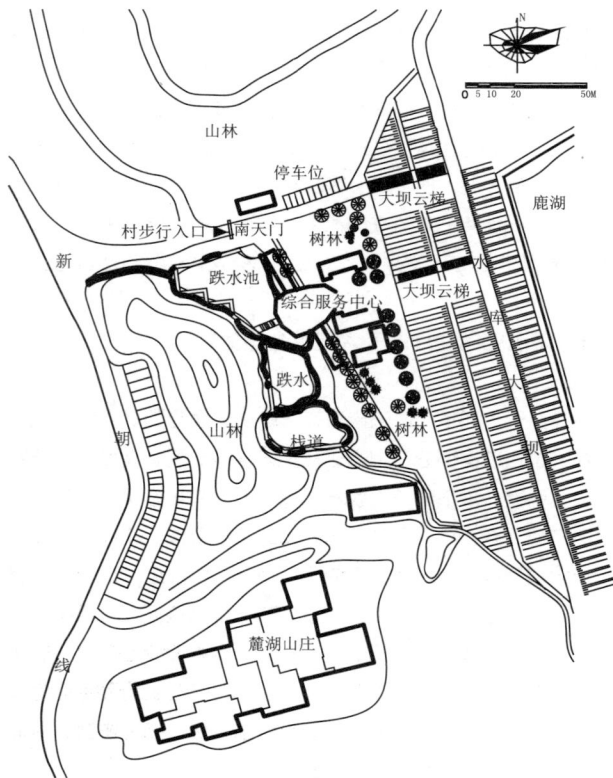

图3 入口综合服务区平面图

3.2 核心景区之场——沿湖景观区

规划设计路径沿湖穿山故意设置成曲折，可以收到忽隐忽现、移步换景的效果，此处鹿湖似园林中院掘池。举岩茶山虽自然天成，但也形似堆土叠山。如凿池叠山以常用的传统园林中营造手法，城市中庭院园林"假山如真方妙，真山似假便奇"[6]。于本案例，则通过在湖边筑设游步栈道，以增益湖岸曲折；在茶山上建造亭台，丰富茶山空间层次。依湖岸建造茶轩和花榭，突出娴雅之趣的观感。

此处具体又分三个景观节点：①古墙印象节点，该节点规划在鹿湖西北侧，设有文化长廊、景石雕刻、脚印花池、铺装地景等景观元素，展示黄大仙及景区的历史文化。②湖岸景观带，该节点作为鹿湖北侧的湿地景观慢步游憩带，结合鹿湖岸线地势适当挖填堆砌形成的湿地生态绿岛，成为环湖主要景观带，以体现道教养生文化的主题，与不老岛形成视线对象。③中国举岩贡茶博览文化园节点，金华举岩茶历史悠久，早在五代十国时毛文锡著《茶谱》中即有"婺州有举岩茶，斤片方细，所出虽少，味极甘芳，煎如碧乳"[7]。该茶于明代被列为皇家贡品直至清末。作为一个节点于茶山的设计宗旨，是在不破坏整体风貌的基础上，增设游步道和休息亭。茶山北侧设举岩茶阁，茶山南侧规划设计举岩贡茶博物馆及其配套设施。

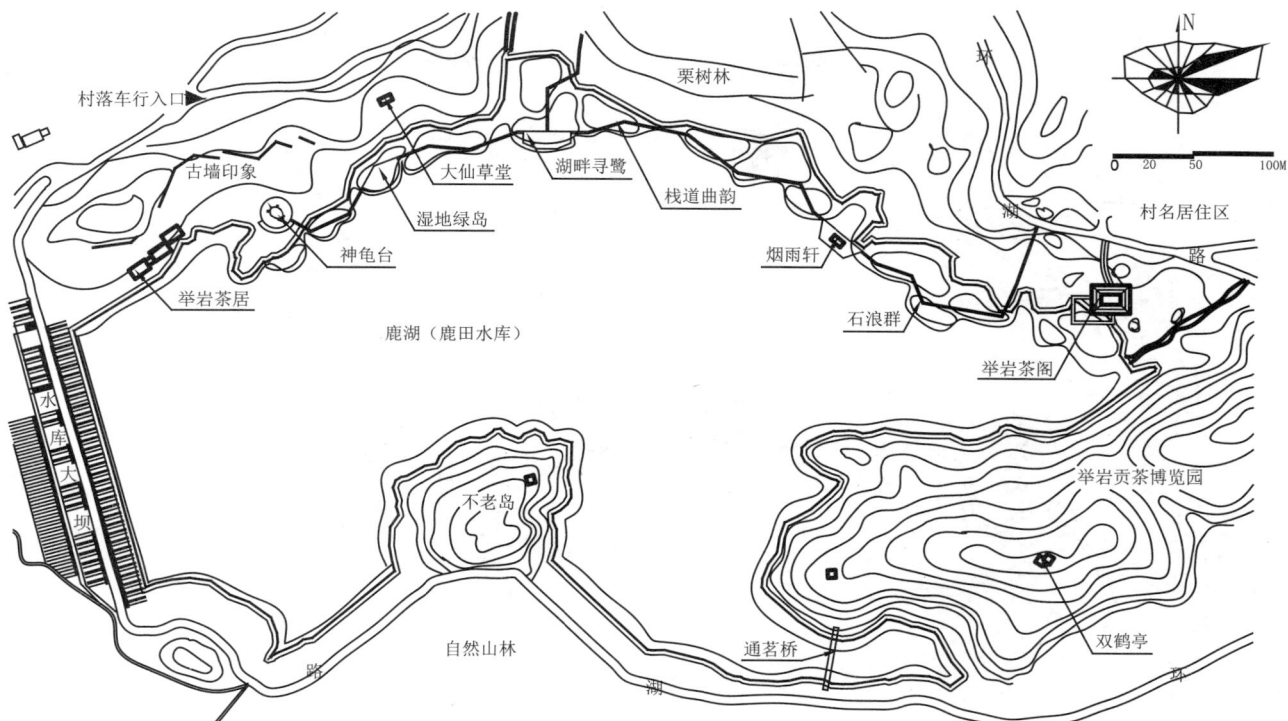

图4 沿湖景观区规划平面图

鹿田村的西侧山地，结合现有栗树，增植色叶树种，形成鹿湖北侧季相背景林色带。该游憩带的东侧则以石为景，结合现有自然景石及黄大仙文化，塑造比武石、叱石成羊、古崖听风[8]等节点，如图4。

3.3 书阁庭院之地——宗教文化服务区

鹿田村周边的宗教文化体验节点，相当于江南传统私园中"文化构筑物"所在，书阁庭院，求学悟道，突出娴静怡然，找寻内心，是人们自我升华之处。于此营造"曲径通幽处，禅房花木深"诗境节点，其设置合乎"点化领悟"的理念。

规划在原有黄大仙祖宫西侧竹山前新设黄大仙文化研学与交流中心，该建筑群包括大仙艺术馆、药师殿、研学与交流综合楼和生活建筑等。整体以合院—独幢—合院的形式进行，形成明确的轴线布局，其建筑风格与现有祖宫协调。同时增设朝圣广场，串联研学与交流中心、大仙祖宫，并形成视觉焦点。在鹿田村入口方向和举岩茶园入口方向的道路上各设节点门式构筑物，增益道家文化的场所区域感，如图5。

3.4 诗意生活之所——养生园区

养生园相当于鹿田村山地村落的后花园。其道路设计主张蜿蜒舒展，建筑和构筑物稀疏散落，由植物配置加以补充，营造出"几个楼台游不尽，一条溪水乱相缠"的意境，似"斜阳无语，人倚西楼皆是景，细水潺潺、虫鸣鸟语皆有情"[6]。人在此处心境放松，物我两忘。此节点的设计与山地村落设计在意义方面殊途同归，生活聚落设计主张"以寻'自我'为主"，照顾自身身体所需的衣、食、居、行（外养）；而养生园节点则主张村人寻"真理"及"真我"的（内养），是人用自己的性情去感悟自然之美。养生园在原有望湖山庄、稠州山庄、北山林场的建筑基础上进行调整改造，增设从仙瀑洞下至稠州山庄的旱溪景观带，如图6。

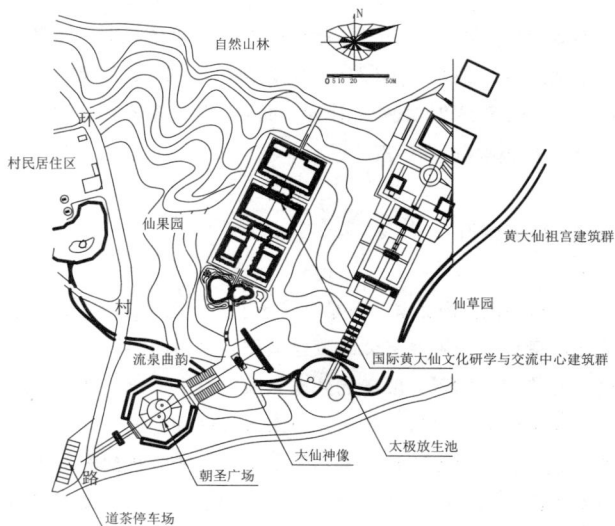

图5 宗教文化服务区规划平面图

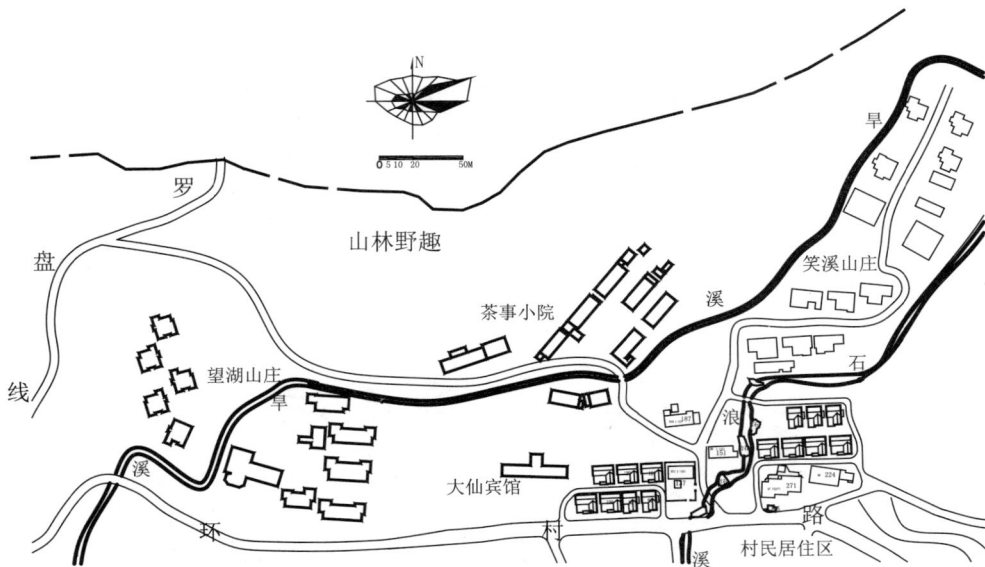

图6 养生园区规划平面图

4 规划设计反思

基于园林式"山水人文"共生理念的山地乡村规划与设计,在鹿田村项目应用,适时需要进行总结如下。

4.1 村民的基础行为

村落自然人的日常行为,为追求与同时代相匹配,而不断提高生活质量,势必成为新物态需求的句法。设计者在山地村落的规划设计中,并不是妨碍村民对新生活的需求,但也不是一味地进行迎合,规划设计是相互启智的过程。村落不能是城市的复制和照搬,更不能将城市空间的一系列建筑案例简单地投注到乡村,这样就需要对山地村落进行较深入、完善的构形研究,不但要细致地观察、比较,而且也将许多不和谐的因素摒弃,留取精华抛除不宜[9]。

4.2 经济运行

对村落进行设计早已不是单纯为了美,更深层次的目的是为了村落作为一种经济体的顺畅运作,是村民经济的一种社会进化或经济实现。顺畅的外来人流、外来车流、本村的人流与车流的有效安排,物态让外来人长时间的逗留,其实与规划设计、建筑安排和密度乃至游览行为的分布都形成了紧密的关系[10],这也可以表达为,村落规划设计价值使得其内人群运动的增值效应和增值过程。

4.3 诗性场效应

"诗性场效应"主要是通过村落空间设计对其内所有人和其他相关的空间使用者产生更深层次美的影响,这种美已经超出了"如画"的美,而上升为一种感应性的心灵美,从而产生人文与自然山水共生这一层次模式的内化。

5 结语

园林式"山水人文"共生理念在山地村落中的应用,无疑在规划设计中需要着眼于对人的居、住、行和环境的相互协调,同时也要适度把握人的理想。把居住、游憩和山水的构成元素进行整体整合,进一步地从单纯的物态改变上升到能够达到"情、趣、神"的更高层面,在规划设计方面需更加注重意境营造,借以能够构筑出能提供给人精神层面"感、思、虑"的精神家园。

山水江南可以秉承园林式"山水人文"共生理念,是经过历史发展中层层筛选的结果,自然村落和其周边环境的磨合、优化、完善和美化,是逐渐达到某种合宜的状态过程。对山地自然村落的规划设计,本文通过实际项目,来说明笔者秉承这种设计理念,结合自然村落、聚落、院落规划方式,并在院落空间的分散布局和公共空间的流动串连,以取得整体统一。现代设计者也并不是一味复古,同时也利用现代生活观念及现代生活方式对原始院落空间的进一步增塑,为现代人提供更多、更大的自然山水相融的活动空间,从而实现传统与现代、自然与人文的有机统一。

注释

① "石浪溪",就是在鹿田村落之中有大量的石头岩,像一块块排列在水里的浪花一样,这里形容独立的石岩很多,且其形态朝向很有规律。

参考文献

[1] 中华人民共和国中央人民政府. 中共中央国务院关于实施乡村振兴战略的意见 [EB/OL]. [2018-02-04]. http://www.gov.cn/zhengce/2018-02/04/content_5263807.htm.

[2] 百度. 金华 [EB/OL]. [2018-02-04]. [2018-03-30]. https://baike.baidu.com/item/%E9%87%91%E5%8D%8E/559971?fr=Aladdin.

[3] 施俊天. 诗性——当代江南乡村景观设计与文化理路 [M]. 杭州:中国美术学院出版社,2016.

[4] 王其亨. 风水理论研究 [M]. 天津:天津大学出版社,2002.

[5] 王其钧. 中国园林建筑语言 [M]. 北京:机械工业出版社,2006.

[6] 陈从周. 说园 [M]. 上海:同济大学出版社,2002.

[7] 潘金土. 千年贡茶说举岩 [M]. 北京:中国文史出版社,2011.

[8] 徐霞客. 朱惠荣,等注. 中华经典名著全本全注全译丛书:徐霞客游记 [M]. 北京:中华书局,2015.

[9] 胡海燕,海勇基. 于地方意象的传统村落旅游形象设计研究 [J]. 设计,2018 (03):56-57.

[10] Perceived impacts of festivals and special events by organizers: an extension and validation [J]. Dogan Gursoy, Kyungmi Kim, Muzaffer Uysal. Tourism Management. 2003 (2).

注:本文为浙江省教育厅科研项目课题,乡村"诗性景观"全域化设计研究——以浙江省中西部地区为例(项目编号:201636154)。

区域视角下伊宁市传统城市聚落肌理的协同演化研究

曹 旭

新疆师范大学美术学院

摘 要： 聚落肌理是聚落形态的表达方式。本文对伊宁市"自然线性"与"网状几何"聚落肌理现状以"恒定与转化"和"拼贴与融合"的二元属性方式进行诠释，并以不同区域的外部支援和内生动力为前提，分别通过街巷肌理的类型延续与几何控制两种基本的聚落肌理，探讨其关联性需求，证实区域肌理区间的协同与演化。从而进一步揭示伊宁市传统城市有机生长的聚落肌理与发展规律。

关键词： 伊宁市 聚落肌理 形态 协同演化

1 概述

新疆伊宁市地处伊犁河谷盆地中央，进入需跨越北面天山支脉科古尔琴山和南面伊犁河，形成了天然的要塞之势。最早的记录出现在《汉书》，伊犁因伊犁河而得名。清朝在北岸选址建城，修建熙春城、惠宁城、宁远城等防御型城池。随时代的变迁，由这三座古城旧址发展形成了今天的伊宁市，并形成了伊宁市这一传统城市的聚落肌理。由此可见，一个城市的形成是经过时间累积的物质性结果，更表现出了记忆的层叠，是社会的变迁和多缘的文化沉积而构成的。

对于聚落肌理的讨论，学者通常是从建筑肌理和街巷肌理两个方面展开。城市肌理是聚落形态研究中的重要组成部分。肌理是对聚落系统的修辞性表达，形容聚落形态呈现的结构和整体特征。伊宁市不是一个单纯由建筑组成的聚落肌理，是在多缘的复杂结构下诠释城市内在变迁和能量场流动的有效平台。对肌理的协同演化研究，不是对伊宁市城市的"朝花夕拾"，而是承载容纳城市的多元性，探求社会关联的重要使命。伊宁市传统城市聚落具有完整的城市结构和鲜明的空间特征，在区域视角下，当代的"特殊性"也必须融入到城市肌理历史的演变过程中，这样的协同演化，适用于快速城市化的今天。同时聚落肌理的"书写"给伊宁市建设留下了鲜明的"印迹"。伊宁市未来的发展是要基于对肌理演化规律的把握，构建有效的肌理操作策略，应对不断出现的建筑与区域间的矛盾关系，实现伊宁市整体空间在演化中的协同整合，最终秉承聚落肌理智慧，安抚未来人心归属。

2 伊宁市聚落肌理的演化属性

对聚落肌理的解读是伊宁市传统城市形态的解读，是从城市密度、交通组织和公共空间等多个视角，研究城市结构的本质性认知。通过对肌理特征的描述、解构，分析其外部动力，挖掘城市形成潜力。

2.1 自然线性的"恒定与转化"

伊宁市是在改革开放后的开发区建设的，呈现出了一个新旧融合的形象，从城市整体发展趋势来看，充满了偶然性和生长性，构成生长和变化的肌理演化主调。伊宁市的历史街区经过历史的演进和变迁，成为结构持久的城市有机基础，存在永恒性的元素，历史街区的肌理中包含历史、记忆、场所等人文信息。这种建筑自主的基础，构成了对"现代主义"的抵抗力量，在非资本主动的影响下被动呈现，在需求与多重非文脉主导的力量下协同发展，体现的肌理的"恒定与转化"。

伊宁城区内南部的阿依墩、伊犁街和前进街历史街区的空间格局属于自然线性的城市聚落增长形态，是古城演进而成的，城市依水而建。城市南部是清朝时期宁远城旧址，是一个以维吾尔族居民居多的传统城市聚落。这些维吾尔族居住者大多是南疆迁徙而来的维吾尔族屯田人，后随着俄商的涌入，成为领事驻地。城池近似方形，四条城市主要道路连接四座城门，呈现出中原建筑文化的礼法制度，形成了街、巷和商业区。城池中心设有寺庙，形成了典型的以宗教信仰圈为核心的聚落形态，整体也反映出一种离散型聚落的特征。民居建筑以寺为中心，围绕中心呈大小、形态多样的组团型布局，各组团之间形成"聚中有分，分中有聚"的大散聚、小集中的民居建筑群组的形态（图1）。伊宁市南边为伊犁河，东西向穿越城市北部的有北支干渠和人民渠。城市聚落依水而建，水是城市发展的活力所在，城市水系也是自然线性增长的，很多道路沿河并行，影响着城市中的道路发展。街区内更是存在很多自然溪沟和小型人工水系，大多是东北向西南的流向，呈现网状蜿蜒曲折的平面形态。水的活动延续了一代又一代，顺应自然、因势利导，逐渐形成城市中水系与巷道，水系的因势而走、不断扩张，给城市格局带来了新的自然线性增长形式，居住者傍水建宅，街区内巷道沿着水渠防线自然弯曲，聚居区开始吸引各族人民来此定居，为聚落发展带来了无限的生机。

这个研究区域的聚落肌理在一方面承载了城市中最重要的物质基础，是城市聚落发展的根本；另一方面承载了城市的记忆、社会的礼法和文明的痕迹，并且具有空间韧性的非物质基础，在历史发展中动态的肌理转变是必然的，伊宁市这个有灵魂的城市，也是在保持结构的稳定和弹性下，在"恒定"与"转化"中演化发展。

2.2 网状几何的"拼贴与融合"

伊宁市中心北部的六星街历史街区的空间格局属于网状几何型的城市聚落发展形态。伊宁城区内的网状几何型是当时政府在城市建设的时期提出明确规划发展而建成的，六星街始建于20世纪30年代，根据政府推行的"反帝、亲苏、民平、清廉、和平、建设"六大政策为理念，由德国工程师瓦斯里规划设计，六条放射状的路网与巷道联通，形成六边形网格状几何形平面布局（图2）。这个研究区域具有形式和社会特征同质性，在认同肌理多元性的同时追求按照类型划分形成区域的内部的结构。这个区域的肌理不是单一的结构类型的存在，而是多元结构的拼贴和融合。

聚落中的民居建筑由密集到疏散，形成围绕六边形几何中心、扩散组织的形态。六星街道在格局上是学习了西方的中心放射网格状布局，街区空间的平面形态是以三条街的交叉点为中心广场，以六个方向向四周延伸展开，中间的中心广场为圆形道路街角，四周围绕民居、宗教场所和广场延伸出去的街道与街道之间形成了三角区域（图3）。由第一段六边形闭合巷道围合成一个六边形的图形，每个区域的平面状态呈现多边形。继续顺着延伸的方向，经过一段距离出现第二段六边形的闭合巷道，使其围合成为一个再大一倍的六边形的图形，每个区域内的平面图为梯形。顺着延伸的方向和围

图1 伊宁市南部传统城市聚落肌理
（图片来源：自绘）

图2 伊宁市六星街聚落肌理
（图片来源：自绘）

合的形式，产生等距巷道排列延伸，但由于空间关系，并未形成完整的闭合六边形，而是一环套一环的形式，形状类似于蜘蛛网的结构（图4）。

在民居建筑文化层面上，俄罗斯的移民文化与维吾尔族传统建筑文化产生了交融，对维吾尔族民居建筑风格和环境建设产生了影响，从而更加促成了六星街独特的城市聚落肌理。整个区域里聚落肌理的形成，具有丰富的"粘贴"性，并且内部建立起来的民居与周边的道路进行演化，肌理在时间的作用下又产生了区域有机生长的"融合"。

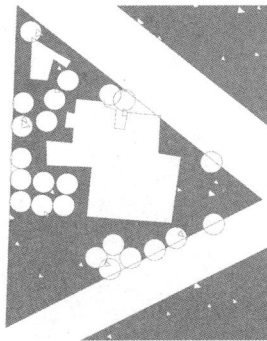

图3　街区中心的三角区域
（图片来源：自绘）

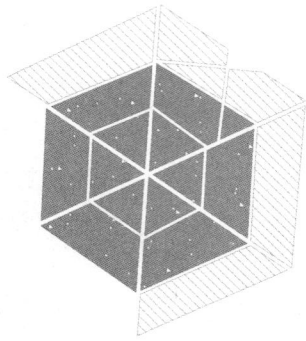

图4　网状结构图
（图片来源：自绘）

图5　鱼骨状的街巷
（图片来源：自绘）

3　伊宁市聚落的街道肌理

聚落肌理与街巷肌理在形态上相互关联、相互依存。更多的街巷肌理，深入城市形态中，有利于城市的土地价值、城市多样性和街道公共空间的活力得到提升。伊宁市历史街区的街巷内没有炫目的商业中心，也没有缤纷多彩的霓虹闪烁。街巷的自然收缩、应势而起的转折和抬降都丰富了街巷的空间形式，加之与水渠、绿地、花卉和树木的层次变化构成了街巷的形式。街巷的宽窄都是为了满足生活的需求，一般在2～7米之间，配合行道树，内部具有多处纳凉的所在，行走其中静谧舒坦，加之简单弯曲的街巷空间给人曲径通幽的感受，消除了压抑的视觉感观。街巷从空间上来说是具有一定的封闭性的，但民居的天际线错落有致、前后递进却形成了变化多姿的轮廓。

3.1　街区的类型延续

伊宁市传统聚落肌理有明显的延续特征，肌理恒定性背后的驱动力将产生连续的类型，对民居建筑单体形成一定的制约，在聚落肌理的尊重和各项属性的催化下，当地的居民将聚落肌理隐藏的形式和秩序，凝结成集体智慧的结晶，并且通过对自身生活环境的改造从而更加清晰化和物质化。而肌理补形不是单纯的屈从，而是对城市整体的修补和尊重。聚落的历史凝结成的"智慧结晶"决定了聚落肌理的恒定性，资本无法主导肌理的形态，这种自主性保证了城市的延续特征。伊宁市未来的建设，有一个参照系在关联的系统中进行，而这种关联系统的维持需要通过对类型的挖掘，其挖掘方式是进行区域肌理的填补，把空间中抽象提取，挖掘聚落中丰富而具有场所精神的空间类型，解析街区尺度、街道形态和开放类型，作为区域肌理的修补和填空。

聚落中的历史街区道路系统复杂，主要是阿依墩街、伊犁街、前进街和工人街等为主的街道，这些街道都有明确的

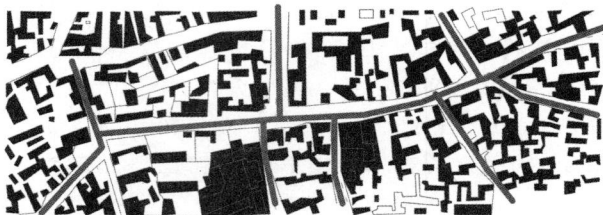

延伸方向，展现出城市聚落自发性生长的规律和街区韵味。沿着主街道，在街道两侧延伸巷道，巷道的两侧都为民居院落。平面形态呈现出不规则的曲折，主街道在遇到地势转变的时候也会随之发生一定的弯曲倾斜，道路两边种植有高大的行道树，巷道沿着主要街道延伸出去，形成了类似于"鱼骨状"的平面形态（图5）。"鱼骨状"单面延伸的巷道也朝着单侧方向延伸，平行形成连续的方式，直到与相邻街巷相连通，形成梯形的形态。

历史街区中的街巷由从事商业活动的街和交通道路的巷组成，在街中穿行，至今还可以发现一些传统手工艺作坊。沿街开设有铁具制作店、面包店、点心粮油店、乐器修理店、理发店和传统美食店等，没有华丽的门头，也没有绚丽的广告，人们默默地展示着自己的手艺，等待人们挑选。绝大多数店面都是需要从一扇门进入，没有所谓的橱窗意识，但是在门窗的颜色上会做色彩鲜明的调整，感兴趣的人，必须要去里面才能一探究竟。在寻求变化的同时不丢失聚落的原有风貌。街道的整体布局是向两端延伸的，遇到水渠、树木和民居建筑时发生左右的偏移，遇到不平坦的地势时上下浮动，没有完全笔直的街道，这样的聚落街巷相互连贯，空间虚实变化。

3.2　巷道的几何控制

街区的类型延续保证了聚落肌理在组织构成上的区域协同，而巷道的几何控制则是以更加抽象的方式重现区域肌理中隐含的形式制约，反映了一种他律的形式，通过将场地周边具体的环境简化为抽象的控制线，形成了形态塑造的基本轮廓。

组成巷道的元素有院落墙体、院门和民居建筑的立面。这些元素组成的巷道分为通达式和尽端式两种。通达式的巷道是在民居建筑自然组团的建设过程中，很多居民集体公用一些墙体和交通道路，最终围合形成了一个民居建筑组团在中间，道路四处通达的巷道（图6）。而尽端式是在传统聚落中，民居建筑建造的时候预留出的通道，逐渐形成了具有封闭性的巷道，这里的院墙和院门错落出现，形成了聚落内居民的交往空间（图7）。

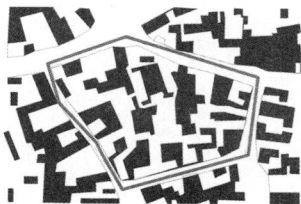

图6 通达街巷（图片来源：自绘）

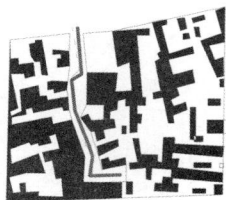

图7 尽端巷（图片来源：自绘）

巷道作为聚落中连接民居院落的通道，四通八达地联系着千家万户，最终汇集在一起形成交通路网，犹如树木的枝丫，在空间尺度上逐级递减最终消失在院落大门处。这样四通八达的街道相互交错就会形成不同的相交形式，和所有聚落一样都会形成两街道相互垂直、相交的十字街口；街道交叉错位形成风车形式的十字街口；各街口相交错，形成曲折的十字街口；街巷中形成不规则形状的人字形交叉街口。街道的空间主要呈现出一种长方形的空间，两侧都有建筑物作为限定，形成带状的封闭空间。而街道的主要组成要素有民居建筑墙体、路面、行道树、水渠等。

4 结语

伊宁市传统城市聚落具有多元性和复杂性，对于聚落肌理的研究需要交互的理论和方法，进行一系列非同一性的过程。今后也需要更加具有动态的方式去把握聚落肌理脉络的演化规律，从而通过特定形式的操作引导城市结构的协同，以聚落肌理为基础，在具体的背景和条件下开展具有肌理关联性的结构布局，调和需求和城市自主性之间的矛盾。以区域人文智慧和弹性的聚落肌理策略，构建当代伊宁市城市结构，实现未来的协同演化。

参考文献

[1]（卢）罗伯克里尔. 城镇空间 [M]. 金秋野，王又佳，译. 北京：中国建筑工业出版社，2007.

[2] 张伶伶，李存东. 建筑创作思维的过程与表达 [M]. 北京：中国建筑工业出版社，2004.

[3] Serge Salat. 城市与形态：关于可持续城市化的研究 [M]. 北京：中国建筑工业出版社，2012.

[4]（德）弗雷奥托. 占据与连接——对人居场所领域和范围的思考 [M]. 武凤文，戴俭，译. 北京：中国建筑工业出版社，2012.

室内陈设
空间设计

重拾温暖

——壁炉在现代室内空间中的应用研究

王恋雨

四川理工学院

摘　要： 以壁炉为对象，以小见大，壁炉作为室内空间中传统的生活和取暖设施，在20世纪建筑和室内空间的一系列变革后并没有消失，反而在新时代成为一种品位象征和情感寄托，甚至在根本不需要采暖的地区也有壁炉的身影，它与其他取暖设备不同，是一种"看得见的温暖"。近些年，壁炉这一西方器物在国内发展迅速，市场需求不断增加，民众也接受和喜爱。相信将来壁炉在我国的普遍应用能带给国人全新的居家生活方式。

关键词： 壁炉　室内空间　温暖　情感

1　壁炉的起源

壁炉的起源与祖先使用火密不可分。无论中西方，火都与家族兴旺和传承有密切联系，也就是"薪火相传"。壁炉的雏形可追溯到古希腊，在希腊的迈锡尼宫殿中厅就有火塘，顶上有排烟孔洞，这是迄今发现最早的人类在室内利用火的遗迹。再到中世纪，可从少量遗留建筑中发现早期的壁炉。当时房屋既是谷仓又是住宅，住宅功能并没有单独分离，壁炉也只是在墙体开洞，用来烘烤和取暖，没有装饰性。玫瑰战争后都铎王朝经济发展促进了建筑发展，此时住宅功能日趋复杂和房间增多，壁炉就重新确立其位置并且烘烤功能渐渐削弱，开始注重装饰。

2　壁炉发展演变与建筑的关系

2.1　壁炉与建筑风格的演变关系

壁炉是最能够代表西方各时期建筑的器物，不同风格特征的建筑会对应相应的壁炉，了解建筑对分析壁炉的发展十分必要。壁炉早期萌芽阶段是从文艺复兴到18世纪，每个时期的建筑特征差异影响着壁炉形态的不同（表1）。

壁炉近代发展阶段是指19世纪上半叶到20世纪初，建筑语言在这近一个世纪里等待着突破，没有实质性变化，所以折中主义大行其道，壁炉上也得以体现（表2）。

现代主义阶段是指从20世纪到今天。把繁琐的装饰抛弃，建筑符号向简洁的方式发展。壁炉也跟随建筑的变迁而变迁，简化了符号，复杂的材料也由金属、玻璃所替代（表3）。

2.2　中西方传统住宅采暖设施的差异

在远古时代都使用火塘，之后因文化的不同导致出现差异。西方传统采暖是壁炉，中国采暖有南北方之分，南方火塘和火盆为主，北方有火坑、火笼、火墙等。

首先，从所处空间方位比较，火塘都位于"中心"，火塘与地面结合，用三至五寸青石板围成三尺见方区域。而壁炉位于主墙面，壁炉是特定区域，不可活动，而火盆和一些火塘可移动。

其次，从传统建筑材料分析，中国为木结构，易点燃，中国使用炭作燃料；而西方建筑由砖、石砌成还有排烟道，壁炉开口较大，火苗明露空间内。

最后，在功能上，由于饮食不同，火塘烹饪功能更突出，早期壁炉虽也具烘烤功能，但简单烘烤乳猪，而东方烹饪就复杂许多（表4）。

早期壁炉与西方建筑特征的演变关系 **表1**

	时期风格	建筑特征		壁炉特征	
早期萌芽阶段	都铎和詹姆斯		温和、模仿中世纪		简洁，无多余装饰
	巴洛克		自由、追求动感、华丽装饰		繁复、山花、线脚、浮雕
	美国殖民地		朴实、庄严、对称		普遍有较厚实线框，简洁典雅
	洛可可		多用弧线和S形		运用S形、花草纹样
	乔治亚		优美对称、追求帕拉第奥		帕拉第奥运用广泛

近代壁炉与西方建筑特征的演变关系　　　　表2

时期风格	建筑特征		壁炉特征	
维多利亚		复古思潮，对古典主义风格混合组合		饰架、嵌板是各风格组合
工艺美术		提倡自然和东方		中世纪回归和对东方文化向往
折中主义		模仿各种优秀建筑		推崇文艺复兴、哥特式，没有特定的风格
新艺术		喜用曲线和有机		会用铁，因铁件便于制作曲线，装饰模仿草木

近代发展阶段

现代壁炉与西方建筑特征的演变关系　　　　　　　　　　　　　表3

	时期风格	建筑特征		壁炉特征	
现代主义阶段	现代主义		简洁，无多余装饰，尊重材料特性		简洁，无多余装饰
	后现代主义		反对模式化，采用隐喻和象征手法		创新，取得新的发展
	高技派		提倡技术美		现代性与技术美，不锈钢外壳反映科技成果

中西方传统采暖比较　　　　　　　　　　　　　　　　　　表4

	中国	西方
采暖方式	南方：火塘、火盆、	壁炉
	北方：火炕、火墙、地火	
燃烧方式	暗火、内置	暗火、内置
外形特征	朴实，无装饰	风格多样，装饰讲究
建筑关系	南方建筑材料：木（怕火）、土为主	建筑材料：砖石为主（不怕火）
	北方建筑材料：砖、石、土为主	
空间关系	火塘与地面结合（大多固定）	以墙而邻与建筑结合（固定）
	火炕、火墙、地火与建筑结合（固定）	
	火盆可移动	
使用功能	烹饪与采暖两者并重	采暖为主
	聚会	聚会

壁炉近年呈现出多样的形式，而火塘和火炕变化无几。在现代化暖气设备广泛使用的今天，壁炉被没有淘汰，正是因为它具有独特价值并且传播到了世界各地。

3　现代壁炉与室内空间的关系

3.1　壁炉形式与空间的关系

现代壁炉大致为五类：背墙式、嵌入式、悬挂式、移动式、家具组合式。人们可根据各空间特点和自身喜好选取适宜的壁炉类型。

3.1.1　背墙式

背墙式即依靠着墙体而立，属于一面观火式，是最为传统且使用广泛的形式之一。背墙式壁炉与其他形式的不同在于它要与墙面发生联系（图1）。

3.1.2　嵌入式

嵌入式壁炉常见有三种形式：

（1）嵌入建筑结构：即在安装位置的墙体打上凹洞，与烟囱连接，多为真火，以自建为主。该形式多数使用在独立住宅或酒店，高层建筑中基本不适用（图2）。

（2）嵌入隔断墙：把壁炉嵌入分隔空间隔断墙内，燃烧区两侧都可观赏，属于两面观火式，多用于住宅客餐厅或餐厅雅座区隔断（图3）。

（3）嵌入墙柜体：嵌入墙柜体就是指壁炉与墙面柜体相结

图1　成都西派澜岸别墅样板间客厅中的背墙式

图2　嵌入建筑结构

图3　嵌入隔断墙

合，此类型壁炉属于一面观火，燃烧区开口较小，通常不采用真火（图4）。

3.1.3 悬挂式

悬挂式为近几年的新形式，从天棚悬吊至地面，多为真火，360度四面无遮挡。该类型在空间中联系着人与人之间关系，围坐成一个圈能使之亲切拉近距离（图5）。

3.1.4 移动式

移动式也称独立式，优势是不受空间制约，可收可放。除了放在地面之外，甚至还出现更小巧便携的，可放桌上，灵活性强（图6）。

3.1.5 家具组合式

随着新设计思想发展，壁炉不一定靠墙，可嵌入家具，该理念也改变了传统壁炉的固定安装方式（图7）。

3.2 新技术条件下的壁炉与空间的关系

3.2.1 功能的拓展

通过收集资料，现代壁炉功能还有：加湿、净化及音响功能等。

（1）加湿空气功能：（国家专利局授权公告号：CN204128121U）

壁炉与加湿器巧妙地结合在一起，在采暖的同时进行加湿并靠加热温度促进加湿器水分蒸发，有效改善干燥的状况。

（2）净化空气功能（国家专利局授权公告号：CN2740927Y）

不少城市空气长期不达标，针对这情况出现空气净化壁炉。由取暖器主机和净化空气系统集成器两大部分组成，集成器由集成板、负离子发生器、活性炭等构成，在散热风口处借助贯风轮进行循环。

图4 嵌入墙柜体

图5 悬挂式

桌面移动式

地面移动式

图6　移动式

图7　家具组合式

（3）带音响功能（国家专利局授权公告号：CN2740927Y）

图8 专利二维码来源于国家知识产权局

可依据所播放音乐的音频实时控制火焰发生器使火焰有明暗动态变化，使壁炉具有取暖、观赏和播放音乐的多功能。

3.2.2 燃料的多样

在新燃料下显现强大的空间适应性，目前真火壁炉燃料有燃木、燃气、生物酒精、燃油、木颗粒五种；非真火壁炉也是装饰性壁炉，即通常所说的电壁炉。这里介绍生物酒精、木颗粒和电壁炉三种：

（1）生物酒精壁炉无烟、无味、无毒，不需要燃气、电供应，适用于任何建筑燃料采用变性乙醇，燃烧清洁并几乎免维护。

（2）生物质木颗粒实惠、无污染且不排放多余气体，几乎能达到无烟。它是以农林剩余物为原材料，经粉碎、压榨、烘干后制成。

（3）电壁炉使用民电，具有安全、装卸便利、无需燃料等优势。将供暖和观赏火焰分开，无火焰时把它当作采暖设备送暖风，不需要采暖的季节只让它呈现火光即可。

4 壁炉在现代室内空间中的应用

4.1 功能性应用，温暖空间环境

不管是传统燃木壁炉还是现代壁炉，基本功能都是采暖，可分为物理性和非物理性温暖。物理性温暖是指给身体上提供热感，如真火壁炉与空调比较，首先热值，空调散出热空气，需要长时间才能使室内达到舒适温度。空调位置一般在墙面上端或天棚，由于热空气往上导致大部分热量贡献给天花板。真火壁炉是经过热辐射传导且安装位置与人较为亲近。其次从健康角度，空调使用会耗费室内水分使空气干燥；相反壁炉真火热辐射可促进身体血液循环和神经肌肉活动且还能除去潮气，不仅温暖还健康有益。非物理性温暖是指人们从火焰中得到心理上的精神温暖。

4.2 视觉性应用，美化空间形式

壁炉形态、色彩都与空间发生着联系。由于季节的限制，壁炉在部分季节里则产生其装饰作用。新形态壁炉使空间层次丰富，在不同空间中要根据空间来选取壁炉，遵循风格统一、形式和谐的原则。壁炉色彩需要与空间色彩一起考虑，色彩选择要考虑处于空间的具体位置、面积以及白天、夜间的光照效果等（图9）。

4.3 文化性应用，聚合空间精神

壁炉能够延续至今说明它是能够给人们带来精神记忆与文化的器物，同时壁炉也是中西方文化交流的体现。在民国时期，由于受西方文化和建筑的影响，在上海、厦门、广州等城市都可以看到西式建筑，这些建筑里面几乎都有壁炉。西方文化到中国必然会与我国文化相互碰撞。在民国建筑中有少量壁炉就结合了中式元素，如图10。到新中国成立后，社会背景没有条件追求带有装饰的设施以及人们对精神向往，所以壁炉没有发展起来。随经济的不断发展，壁炉再次进入我国表明了我们在重拾壁炉温暖。

其次，壁炉是一个很好的空间文化与情感载体，能够聚合空间精神，许多空间构件都是静止不动的，壁炉作为"活"构件，壁炉之火被点燃之时瞬间就被赋予生命，人们坐在旁边可以感受到真实和隐喻的温暖。

4.4 壁炉在不同室内空间中的应用

4.4.1 住宅空间

（1）客厅

从住宅来说，壁炉在客厅安装是最普遍也是最佳的安装地。客厅作为家庭活动的主要场所，在客厅安装能增添家的感觉，在心理上壁炉有团聚意义，壁炉与沙发形成半圆的团聚组合，一家人围炉而坐亲密氛围自然而生（图11）。

（2）餐厅

在餐厅里设壁炉，能使进餐过程更轻松，而且主人和宾客、朋友之间可以不知不觉地展开话题使这一餐更加美味和愉悦（图12）。

(a) (b)：壁炉运用对比色与墙面、地面等形成对比，使它在空间中更具有视觉冲击力。
(c)：壁炉的外饰面运用砖的蓝、白、黑三色在白色的墙面下格外突出，形成对比效果。
(d) (e)：壁炉与墙面涂料、家具色彩都属于浅色系，运用同类色使空间和谐柔和。
(f)：壁炉与墙面都是同蓝色系，非常整体统一，但家居运用互补橙色来使空间冷暖平衡。
图9　壁炉不同色彩在空间中的应用

图10　中国第一代建筑师费康设计的壁炉

（3）书房

　　壁炉与书架结合在一起比较常见，通常装在书架中间，需特别注意的是壁炉隔热性能要好，不然部分热量会传递到书架上导致书发黄发旧（图13）。

（4）卧室

　　在卧室中选择适当位置非常重要，现多数住宅是小户型，要满足更衣、化妆功能等，所以需要考虑壁炉体量（图14）。

（5）浴室

　　浴缸旁可以设壁炉，带来的暖意不是浴霸可比的。在考虑安装壁炉要顾忌到面盆、马桶的位置和距离及水管道和排气口走向，尤其位置要远离淋浴，防止水滴溅，同时，在狭小卫生间会使热量集中要及时排气保证安全（图15）。

图11 壁炉在客厅的应用

图12 壁炉在住宅餐厅空间中的应用

图13 壁炉在住宅书房空间中的应用

图14　壁炉在住宅卧室空间中的应用

图15　壁炉在住宅浴室空间中的应用

图16　壁炉在商业餐饮空间中的应用

4.4.2　商业空间

餐饮空间对壁炉喜爱是显而易见的，壁炉不仅能体现装饰还能分隔和围合空间，最重要的是由于餐饮空间需要营造温馨的就餐环境，这是与壁炉气质一致的。

现代酒店的空间越来越注重艺术性和情感性，在酒店空间应用不光能装扮空间更要给人们带来归家的心理感受，所以现代有部分酒店大堂、客房、西餐厅等都设有壁炉（图16、图17）。

(a) 密尔沃基市中心万豪酒店大厅空间中酒精壁炉的应用
(b) 芝加哥兰迪森布鲁艾奎酒店中的壁炉长达50英尺（约15米）
(c) 美国犹他州安曼吉吉度假村，客房空间中的壁炉应用
图17　壁炉在现代酒店空间中的应用

(a) 壁炉在戴姆勒公司设计的私人飞机中的应用　　　　　　　　　　　　　　　　　（b）壁炉在邮轮中的应用

图18　壁炉在私人飞机空间和游轮空间中应用

4.4.3　特殊空间

壁炉还会应用在一些特殊的空间，在过去宫殿或城堡具有特殊意义的空间里，壁炉是作为重要装饰之一，而在现代壁炉也会出现在豪华邮轮和私人飞机这样的特殊空间（图18）。

5　壁炉在室内空间中的发展趋势

从技术角度来说，智能化家居发展迅速，相信未来壁炉会朝着智能化发展。其次，壁炉在燃料方面会注重高效环保和燃料再生性，前文提到木颗粒是采用玉米秸秆等农牧废弃物制成，来源广、成本低，是现代推崇的环保燃料。

从设计角度来说，将来会朝着艺术与创新、多维度体验设计以及定制化模块化等方向发展。当今艺术思维下壁炉有了更多新奇，在未来特别是装饰性壁炉还可延伸更多可能性。壁炉本身就是艺术装置，可作为艺术题材出现在雕塑或画作中，同样有温暖以及视觉和精神价值（图19）。

传统真火壁炉属于三维体，现代壁炉不需复杂工艺可拓展多维度体验。从三维向二维转换，用平面方式把精神意境表达出来；VR、全息投影这些新技术也渐渐地应用在空间中，壁炉本身就体现着技术之美，可在主题空间或展示区利用光或影像呈现虚拟多维度的体验。

由于空间结构、面积等是不可变的，定制化能够更有效地满足客户需求。通过折叠、抽拉、模块化等使空间充分利用，所以壁炉在今后会根据空间和客户来定制；下图是Philippe Starck公司采用模块化概念设计的一款叫Speetbox的壁炉，由多个立方体模块组合而成，可根据特殊需求来定制（图20）。

6　总结

本文关注大众的取暖需求以及人们在空间中的情感需求，壁炉看似是普通的取暖设施，但在当今时代背景下人们对火的依恋使壁炉早已超出实用功能，逐渐成为空间品位的象征和情感的寄托。本文从壁炉的起源、壁炉与建筑发展的关系、多元

图19　艺术创意壁炉

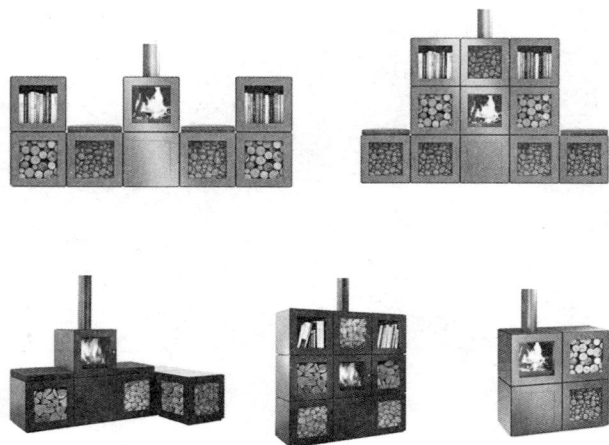

图20　Speetbox模块化壁炉

化的现代壁炉与空间的关系以及在空间中的应用等多方面进行分析与研究。壁炉作为西方传统的设施，在今天是跨越国界而被人们所广泛认可和接受的，不管是在住宅还是公共空间人们都喜爱围炉而聚，人们觉得壁炉是温暖、友好和亲切的象征。目前，我国逐渐进入小康社会，民众经济水平逐步提高并开始注重生活品质和精神文化的追求，壁炉也在我国的室内空间中应用越来越广泛，这也是我国对空间环境品质需求不断提高的结果。

参考文献

[1] 王绪远. 壁炉——浓缩世界室内装饰史的艺术 [M]. 上海：上海文化出版社，2006.

[2] 史蒂芬·科罗维. 世界建筑细部风格 [M]. 刘希明，吴先迪译. 香港：香港国际出版社，2006.

[3] 周伟. 壁炉设计 [M]. 南京：江苏凤凰科学技术出版社，2015.

[4] 钱惠. 壁炉在中国室内中的装饰艺术研究 [D]. 长沙：中南林业科技大学，2012.

[5] 美好家园. 壁炉设计与装饰 [M]. 毕京津译. 北京：中国轻工业出版社，2011.

[6] Gitlin Jane.Fire Places: A Practical Design Guide to Fireplaces and Stoves Indoors and Out: Taunton Press，2006

[7] Rem Koolhaas.Elements [M]. Marsilio，2014

[8] 王鲁民，陈琛. 香烛与壁炉——从火的使用看中西传统住宅的不同 [J]. 新建筑，2004.

[9] Better Homes & Gardens.Better Homes and Gardens Fireplace Design & Decorating Ideas [M]. Better Homes and Gardens Books，2013.

[10] Alison De Castella.Fireplace Styles [J]. Greenwich Edintions，2003.

[11] 揭育根. 浅谈集中供暖与分户供暖 [J]. 福建省制冷学会会议论文集，2015.

家具陈设在唐宋之交的转型与定型

赵囡囡

中国国家博物馆

家具与人的生活行为关系密切，因此，人的生活方式与行为方式的变化必然引起家具形态的改变。纵观古代家具的发展演变，坐姿的变化对家具以及整个陈设秩序而言可谓是"牵一发而动全身"。

中国古代家具陈设的发展依据人的坐姿可分为两大阶段，即：席坐时期与垂足坐时期。而席坐时期大致又分为：先秦时期席地跪坐、秦汉时期于矮足家具上的跪坐以及隋唐时期于高足家具上的席坐三个阶段。尽管隋唐时期，席坐的坐姿已经十分自由，但垂足而坐仍不是主流，人们普遍席坐于高足床榻之上。自宋代开始，家具陈设开始全面转入垂足高座时代，因此，宋代家具的形态随之发生转型，并最终完成了定型，也由此引发了居室陈设中一系列的"唐宋变革"。

唐末五代时期是家具形态转型的关键阶段。其原因除了魏晋以来坐姿的解放、家具普遍增高的趋势以及外来陈设文化的影响以外，中古时期门阀贵族阶层及其生活方式的消亡、对于木构建筑的借鉴等因素则直接引发了家具形态的转型。

唐代末年，混乱的战火遍及几乎整个中国，唐帝国最终被暴力摧毁。同时遭到毁灭性打击还有中古门阀贵族，"九世纪末和十世纪初的政治暴力特具破坏力，因为其造成的一波波政治动荡和数十年战乱，影响了整个帝国。即便权势很大的人能够躲过一次或多次屠杀或清洗，他们也无法在整个后黄巢时代维持自身的政治影响力。"[①]经过了五代十国的持续动荡，各阶层之间的流动性进一步增强，中古时期的门阀贵族最终淡出了历史舞台。他们的贵族化生活方式也失去了政治和经济基础，表现出与现实生活相匹配的实用性，进而在家具陈设上得到反映。居室中注重实用性的椅、凳等垂足坐家具全面取代了具有贵族色彩的床榻等席坐家具，桌随即出现并迅速成为居室中最重要的家具之一。

五代是一个上承唐朝，下启宋代的时期。尽管只有数十年时间，但对研究唐宋之交居室陈设变革轨迹来说，显得尤为重要，呈现出明显的过渡特征。五代时期，唐代流行的大床在居室中仍然被沿用。周文矩所绘的《重屏会棋图》反映出了五代南唐中主李璟的宫廷室内生活（图1）。画面中的前景与后面屏风中一共出现了五张大小不一的床榻，李璟与其他三位男子坐于两张床榻上下棋。值得注意的是，所有人都是沿床榻边垂足而坐，前代席坐于床榻上的传统不再被遵守；画面最上端屏风中反映的是卧室生活场景，床榻并置。五代时期，高桌尚未定型，因此榻前所置的高型栅足案是在唐代常被用于宗教空间中的供案（图2），从其摆放的位置与案上放置的茶杯与书籍来看，这种高案此时被暂时挪用到日常生活之中。无独有偶，在五代卫贤的《闸口盘车图》中，画面左上角也描绘有类似的高案被作为书案使用。

图1 （五代）《重屏会棋图》，周文矩，故宫博物院藏

《韩熙载夜宴图》是
与《重屏会棋图》同时
期的画作，从中反映出
了更多家具形态变化的
动向（图3）。画面中的
家具饱有唐代遗风，但
更多的是宋代风格的雏
形。正如胡文彦先生所
说："五代十国时家具
风格一改故辙，变唐家
具之厚重为轻简，更唐
家具的浑圆为秀直。"②
整幅画面中描绘的坐具
一共有四种，按等级由

图2 （五代）《重屏会棋图》（局部），周文矩，
故宫博物院藏

高到低分别为：床榻、禅椅、椅子、圆凳；画作的宴饮场景
中，可以看到韩熙载盘腿坐于榻上，床榻不再是具有连续壶门
的唐代风格，而是形式素雅的全新样式。此榻平面呈"凹"字
形，这种极为特殊的床榻形制或是出于方便垂足而坐的目的而
制作，因此，可以将这种"凹"字形榻视作为席坐的生活空间
被垂足而坐进一步压缩的标志。宾客所坐的椅子形制与后世的
椅子差别无几；值得注意的是，画面中"桌子"表现出典型的
过渡性特点，从低矮的形态与使用位置来看，既像食床，又像
食案；从画中人物姿态来看，这种"矮桌"和椅子的搭配并不
舒适，就餐时需要弯腰；因此，不论从礼仪还是实用的角度出
发，此时期的家具搭配与秩序正处于一种实验阶段。

家具结构在唐宋之交也发生了重要变化。唐末至五代的战
乱导致被焚毁的建筑数量惊人，大量城市及建筑需要被快速重
建。在这个过程中，木结构建筑模数化施工得到重视，建造技

术不断提高。高度成熟的木结构建筑成为居室家具的主要借鉴
对象，建筑中的梁柱结构在家具陈设中得到灵活运用。

唐代普遍使用的箱式壶门结构的床榻逐渐减少，木建筑中
的梁柱结构在床、榻、椅、凳等家具上被转换运用。杨耀先生
认为："从结构上说，我国家具与建筑有着一脉相承的做法。"
而家具取法建筑的做法正是由这个时期开始。甚至建筑的一些
装饰形态也被挪移到家具中使用，例如江苏邗江蔡庄寻阳公主
（公元890年—公元927年）墓出土的一件木榻（图4），长188
厘米，宽94厘米，高57厘米。此榻的造型与五代王齐翰《勘书
图》中所绘的床榻形制相同（图5）。木榻的云板腿足明显模仿
此时期建筑屋顶两侧的悬鱼造型，具有典型的五代风格。对大
木作建筑技术和艺术审美的吸收与转换将家具的发展引向了一
个更多样自由的方向。由此便可以理解，为何唐代具有异域风
格、厚重浑圆的家具在五代之后突然转向汉风浓郁、轻简秀直
的样貌。总而言之，五代时期是古代居室家具的转折点，为宋
代高足家具的成熟和定型奏响了序曲。

宋代出现了更先进的解木与平木工具，极大提高了居室中
以木为材质的陈设制作水平。《清明上河图》中造车铺门前的地
面上，散落着一些木工工具，其中就有框架锯、平木铲等比较
"先进"的工具。跨在板凳上的木工手中使用的是平木铲，它如
同没有装刨床的刨子。③框架锯与平木铲的出现使木作技术和
效率得到极大提高，木作加工更加精致化，是宋代家具快速发
展的技术前提。

桌子和椅子作为高足家具的代表，皆为唐宋之交才登上历
史舞台，可谓是中国古代家具体系中的晚辈。北宋黄朝英《靖
康缃素杂记》卷三"倚卓"中记载："今人用倚卓字，多从木

图3 （五代）《韩熙载夜宴图》（局部），顾闳中，故宫博物院藏

旁，殊无义理。字书从木从奇，乃椅子，于宜切，诗曰'其桐其椅'是也。从木从卓乃棹字，直教切，所谓'棹船为郎'是也。倚卓之字，虽不经见，以鄙意测之，盖人所倚者为倚，卓之在前为卓，此言近之矣……故扬文公《谈苑》有云：'咸平、景德中，主家造檀香倚卓一副。'未尝用椅棹字，始知前辈何尝谬用一字也。"④可见北宋时期桌椅的名称和写法尚未完全确定。尽管如此，广泛普及的垂足高座习俗结合宋代繁荣的文化艺术风尚，使桌与椅在宋代得到迅速而华丽的绽放，涌现出了大量全新的桌椅样式设计。不同生活空间、居室活动搭配不同形式的桌椅组合（图6、图7）。大量宋代绘画中都描绘有椅子的图像，形式多种多样，有靠背椅、扶手椅、圈椅、交椅、玫瑰椅、灯挂椅等，并且形制已经基本成熟。

五代王齐翰所作的《勘书图》中描绘有一位文人坐于圈椅之上的形象；南宋画家刘松年模仿《勘书图》进行了新的创作（图8），他结合了宋代居室陈设的特点在画面中做出了调整，反映出五代至南宋时期的居室陈设样式的一些变化。其中刘松年所绘的文人坐于一把可折叠的交椅上，这是宋代出现的一种新式坐具，宋人将胡床与圈椅加以结合创新使之适应垂足而坐的生活。苏轼在《点绛唇》中写道："闲倚胡床，庚公楼外峰千朵。与谁同坐，明月清风我。"词中所说可以倚靠的"胡床"就是交椅，至此胡床彻底完成了中国本土化的过程。交椅既保留了胡床便携的优点，又十分舒适，且造型十分典雅，是宋人将实用性与艺术性完美结合的典型代表。

河北巨鹿北宋古城出土的椅和桌为我们提供了更加直观的资料。北宋钜鹿城于大观二年（1108年）秋天被泛滥的黄河水淹没后埋入地下，堪称中国的"庞贝古城"。1918年，民国直隶钜鹿县遭遇罕见大旱，村民打井的过程中意外发现了这座古城，出土了大量宋代文物，并且都是生活日用器。巨鹿古城出土的木桌椅现藏于南京博物院，木桌子高88厘米，宽66.5厘米，长85厘米，可见桌子高度与现代桌子高度基本相同。桌面背面有墨书："崇宁叁年（1104年）叁月贰拾肆造壹样卓子贰只"，由墨书已看出当时称呼桌为"卓子"。值得注意的是，因为此桌为长方形桌，因此桌腿的截面被处理为椭圆形，以使桌腿与桌身在正面及侧面都保持比例的均衡，这种视觉修正的手法在明清家具中一直被沿用。椅子通高115.8厘米，坐高达到60.8厘米，坐面宽50厘米，深54.6厘米，上方横木向两侧出头（图9）。椅背后有墨书题款纪年："崇宁叁年（1104年）叁月贰拾肆日造壹样椅子肆只"，另一处墨书为："徐宅落"。可知当时木工为徐宅而定制的此样式椅子共四把、桌子两张，反映出北宋时期桌椅在普通百姓家中已是寻常的日用家具了。

床在唐代所指的家具类型十分广泛，而在宋代，随着榻、椅、凳、墩等坐具的普及，床的功能及其所在的空间也

图4 （五代）江苏邗江寻阳公主墓出土木榻
（资料来源：陈增弼，千年古榻，《文物》，1984（6）.）

图5 （五代）《勘书图》，王齐翰，南京大学图书馆藏

图6 （宋）《蕉荫击球图》，佚名

图7 （宋）《女孝经图》局部，佚名，故宫博物院藏

图8 （南宋）《刘松年真迹册页》，台北故宫博物院藏

图9 河北巨鹿古城出土的
宋代木椅
（资料来源：陈增弼，宁波
宋椅研究，文物，1997（5）.）

更为明确。此时床的概念所指与今天无异，特指卧室中的床铺。榻的形态及使用功能与前代比较发生了一些明显的变化。此时置榻的空间自由而宽泛，可以放在书斋、厅堂、卧室，甚至天气好的时候还可以移至凉亭中。榻既可以作为坐具，还可以作为小憩时的卧具。由于榻在居室中的位置根据需要经常变化，因此休息时为了防风需要配合落地屏风或枕屏使用。还有一种榻在榻面上三面围合以固定的围子，形制类似明式家具中的罗汉床。在五代画家黄荃所绘的《勘书图》、宋代画家苏汉臣所绘《婴戏图轴》等作品中均描绘有这种榻的形象。

居室中所有家具的腿足都有一个共同的作用，即与地面或桌面等承载面区分，从而达到合适的高度和比例，以方便人的使用。正如椅子的腿足将人承托于合适的高度，空间中其他陈设器物被与之匹配的家具所承托，因此，不同高度的承具应运而生。

由于生活方式的变化，导致"几"的概念在宋代发生了改变。曾经具有礼仪性的凭几在宋代转化为世俗性的"懒架"。[⑤]传统凭几使用方式也悄然发生了改变，成为枕首或搁足的器物。而宋代被称作"几"的家具不论是外在形态还是使用方式上都与原本的凭几相差甚远，所包含的家具类型也非常宽泛，有花几、香几、榻几、炕几、书几、燕几（宴几）等。

花几与香几的出现反映出居室家具发展的一个重要变化。在此之前，家具陈设在某种程度上说主要是服务于人的身体，带有明显的实用色彩。花几、香几却并不与人的身体发生接触，而是专门地、独立地服务于瓶花、香炉等器物的家具（图10）。家具在居室生活中扮演的角色是将人、生活、空间三者有机的串联起来，而本应该侧重礼仪性和功能性的家具陈设随着宋人对精神生活需求的增加，开始向艺术性和表现性转变，并与插花、香炉等一起成为居室陈设艺术的审美对象。

综上所述，唐宋之交，伴随着坐姿的转变、门阀贵族及其生活方式的消亡、木作技术的进步等原因，家具陈设呈现出鼎新革故之态，全面系统的将家具陈设由低坐转向高坐。桌椅取代了床榻成为陈设秩序的中心，这也是宋代居室陈设秩序变革的核心。家具结构更加科学合理，床、榻、桌、

图10 （宋）《听琴图》局部，赵佶，故宫博物院藏

椅、凳、案、几等家具的基本形态得到确定。在宋代崇尚极简的艺术理念影响下，家具多素无装饰，却极具内敛空灵的美感，直接影响到后来明式家具的工艺、造型和审美。同时，宋代垂足高座不仅是生活习惯，更与礼仪系统相融合，家具的空间秩序与礼仪秩序相互对应，成为一种新的具有礼的内涵的陈设符号。

参考文献

① （美）谭凯．中古中国门阀大族的消亡 [M]．胡耀飞，谢宇荣译．北京：社会科学文献出版社，2017：217．
② 胡文彦．中国家具鉴定与欣赏 [M]．上海：上海古籍出版社，1994．
③ 孙机．我国古代的平木工具 [J]．文物，1987（10）．
④ [宋] 黄朝英撰．吴企明点校．靖康缃素杂记．上海古籍出版社，1986：304．
⑤ 扬之水．中国古典家具．2017（2）．

论明式家具中的人文曲线形态

贾 艳 闫 飞

扬州大学 新疆师范大学

摘 要："托物言志，抒发情怀"是中国文人阶层艺术成就的精华，由于其历史地位的特殊性，这种以文人情怀为代表的艺术思维，已经不局限在以中国画、书法为代表的中国美术史的范畴内，向造物领域有所延展，并形成了一种较为普遍的美学共性。明式家具中的方圆形态就是此类人文意识映射的一种表现。

关键词：人文曲线 方圆 美学特征 家具 设计

明式家具的经典不言而喻，不乏有文称其为当代家具的美学源流，其观点颇带民族自豪感，除了瓦格纳的《中国椅》系列之外，布劳耶的《钢管椅》、柯布西耶的《巴斯库兰椅》等都与明式家具有着若干联系，甚至里特维而德的《红蓝椅》都沿途追考至宋代家具。同样作为一位明式家具的沉迷者，对此观点并不反对，只是认为明式家具中的美学价值，不能简单地概括为简约、质朴和框架等视觉元素，其所附带的"人文"内涵应远高于上述杰作。究其缘由有三：其一，当代家具是特定时代背景、审美思潮下，某一个标新立异的作品，明式家具则是一个时代的杰作，在传承中经历了不断地完善与沉淀，是中国明代造物艺术的集中代表；其二，在分工不断细化的西方社会，当代家具多出自于设计师、建筑师，而中国的明式家具是文人墨客、政治家、艺术家、收藏家的杰作，是中国古代艺术美学的引领者——文人阶层对历史的贡献；其三，在西方设计思潮的影响下，功能主义和简约设计占领了造物运动的前沿阵地，而明式家具除了对形态、材质、技艺等视觉要素的追求，更体现了中国传统家居礼仪和社会等级等人文因素。

以上几点差别显而易见，其根本在于一件造物对整体社会价值的承载，这是人文干预设计的结果，由于涉及面较广，本文仅从家具细节形态方面，窥见明式家具曲线形态中的人文意识。

1 明式家具的文人化

在西方社会形态为我们所接受之前，中国的艺术多可纳入以儒释道为理论核心的文化体系，在"形而上者谓之道，形而下者谓之器"[①]的共识下，造物领域大体上由两类人参与——"文人"与"匠人"，以技艺为生的"匠人"非常具体，但"文人"阶层界线却十分模糊，上到皇亲国戚、士大夫阶层，下可追寻怀才不遇的山野隐士，其所涉猎治国理政、琴棋书画、治园造屋，故既有以书画见长的宋徽宗，又有沉迷木作的明熹宗，文人雅士参与园林、家具、器物等更是数不胜数。因此，中国传统的造物由于文人的参与，其美学特征相互渗透，彼此借鉴。据记载明代有关家具的著述多出于文人之手，如："曹明仲著有《格古要论》、文震亨著有《长物志》、高濂著有《遵生八笺》、屠隆著有《考盘余事》和《游具雅编》、谷应泰著有《博物要览》、王圻和王思义著有《三才图绘》、戈汕著有《蝶几图》等。以上这些家具论著，不是着眼于研究家具的尺寸和形制，与《鲁班经》的立足点迥然不同，而是着眼于探讨家具的风格与审美。"[②]正是由于这些艺术造诣极高、文学修养深厚的文人雅士的涉足，明式家具的"形"与"意"才被推向了人类造物史的巅峰。

在文人阶层的参与下，中国的绘画、园林、家具等形态中普遍存在一种具有人文意象的"方圆"形态特征，一种为显性的"方圆"形态组合特征，多体现在礼器、建筑和家具，这类造物有一个共性特征是，以"形"代物，并与"人"发生关系，上方下圆的体量结构，表现了古人朴素的哲学观念；另一种为区别于西方几何形态的不规则方圆变奏曲线，多见于绘画和书法中，在建筑和家具中也极为常见。被称之为"人文曲线"。两种人文化的形态特征，均体现了中国传统文化在哲学、人文和艺术领域的同构性，并展现了古人对"方圆"形态的抽象化认识，上升到了形而上的意识形态层面，形成了以"变"为核心的中国传统文化构架，并以一种较为具象的姿态（明式家具），展现了中国传统文化的视觉表象系统，勾勒出区别于西方美学的"文人化"意蕴。

2　中国传统"方圆"形态意识

中国传统"方圆"形态意识，可归结于"天圆地方"的宇宙观，以道家的阴阳学说和儒家人伦事理为代表。（1）阴阳学说。《大戴礼记·曾子天圆篇》中，"天圆地方"又有新的解释，曾参回答单居离之问，曰："天道曰圆，地道曰方；如诚天圆而地方，则是四角之不掩也。"卢辩为之注解曰："道曰方圆耳，非形也。"③；（2）儒家学说。"天圆地方"意指天地自然之形态。"外圆内方"总括修身处世之要义。"以方生圆"是修身，做人方正必生智慧，智慧一开方法就多，处世也就圆润融洽；（3）还有学者认为"天圆地方"是指测天量地的方法。陈维辉先生在《邹衍阴阳学说》一书中指出"规为天，矩为地，'大环在上，大矩在下'表示天圆地方，规矩图数之来由。"④

由此可见，"方""圆"剖其形显其神，乃是中国朴素的哲学观，是宇宙间任何两种矛盾体的抽象概念。古人对"方圆"的认识虽出于宇宙说，但又不拘泥于具象的形态特征，这种由"形"向"意"的转变，为中国传统造物的形态设计提供了多角度的理论依据，特别是与"礼""道"有关的造物创作。

3　传统造物中的"方圆"意识

从"方圆"的本体来看，"方"非自然之形，外观简洁，体量稳重，且界面明确；"圆"内边聚合，外边圆滑用者随心，"方""圆"分之具有较强的功能性。但从人文的视角观之，"方圆"形态组合的应用，展现了崇尚功能的世俗造物向文人造物的转变。以良渚文化的代表器物"玉琮"⑤为例：有学者认为玉琮呈"内圆外方"，认定它是原始先民"天圆地方"宇宙观的体现。还有学者指出，玉琮"实际形象是兼含圆方的，而且琮的形状最显著也是最重要的特征，是把方和圆相贯串起来，也就是把地和天贯通起来"⑥。并有《周礼·大宗伯》载"以苍璧礼天，以黄琮礼地"。郑玄注云，"琮八方，象地"等。

"方圆"组合具有人文象征意义的造物大到建筑，小到铜钱，在此就不一一赘述，此文以明式家具中的座椅为例。在家具中，座椅同时具备功能与礼制双重属性，与晚明文人所追求"道器合一"的实学精神⑦相一致。然而，明式家具中座椅的功能性与其形态的美学高度相比，难以齐平。椅背和椅面的

设计并不追求西式慵懒的坐姿和随形贴合的舒适度，而是更注重"正襟危坐"的君子之态，究其缘由，可探究封建礼教。在明朝高度集权的官本体质下，厅堂中的座椅摆放和类型与礼制照相呼应。座椅的类型和品名也极具人文价值，如待客所用的"玫瑰椅"，"'玫瑰'古代指宝石、美玉，在玫瑰椅上，玉的君子品质，不但体现外在华润的材质上，同时也体现在其椅背一反常规的低矮造型所传达出的中庸、含蓄的本质上，体现了儒家'文质彬彬'的审美理想。"⑧在厅堂主座则常摆放"圈椅"⑨，此类上部扶手为圆形，下部椅面为方形的座椅有"交椅""太师椅""圈椅"三种，是明式座椅级别最高的一类，象征主人的权位与威望。想必上"方"下"圆"之间蕴含了天地之道，坐入其中可感受儒家"用智周圆行事方正"的思想，以及"天、地、人"三才齐聚的阴阳观念。圈椅的"方圆"形态与中国朴素的哲学观念是否有必然联系，虽有牵强之处，但不无联系。《周礼·考工记》中就有记载："轸之方也，以象地也。盖之圜也，以象天也。轮辐三十，以象日月也。"⑩，这是较早明确记载"方圆"在造物中的应用。明代晚期社会提倡"实学"，反对一切"佛""道"中与生活无关的虚无思想，认为儒家思想与社会更为贴切，为"实学"，如："程颢曾言'释氏无实'，朱熹也不断强调'释氏虚，吾儒实'"⑪。但朱熹同时也认为：柔顺正固，坤之"直"也。赋形有定，坤之"方"也。德合无疆，坤之"大"也。⑫此外，圈椅自宋代就已有之⑬，明代复古，在艺术领域沿袭宋代人文人画的传统，宋、元、明更是中国文人艺术发展的顶峰，具有文人意识的圈椅传世后代也是理所应当（图1）。

图1　黄花梨螭龙纹圈椅（图片来源：雅昌网）

由此可见，明式家具中的方圆共用并非巧合，在以儒道思潮为主流的中国文化体系中，"方圆"造物体现了文人阶层从"形"到"意"的升华。

4　"人文曲线"的美学范式

晚明文震亨所著《长物志》，收录了家具、室庐、花木、禽鱼、香茗等玩物的评判内容，从结构、尺寸、材料、功能等方面全面反映了明代中晚期文人家具收藏的喜好。文中品评多以雅、古、奇、朴四语，以"雅"和"俗"作为器物优劣评价举目可见。不议"美""丑"，论"雅""俗"，可见明代对家具艺术考量的是以文人化为标准。"人文曲线"就是从文人化的

视角解释存在于艺术造型、书法形态、建筑轮廓和家具细节中的"线形"特征，"曲线"中非见方圆，但又不失方圆变奏的线性特征。人文曲线源于自然，又不失内心造化，富有文人的笔墨情怀。首先与自然曲线相比，"人文曲线"的价值在于艺术造型中注入了人文精神。自然界中的曲线常无定律，在风、水的侵蚀下，曲度光滑、形态自由，虽有柔美的圆润感，但无人为意识，缺少中国文人对形态的人性化的理解，缺少"方"的格调。如：同有"人文曲线"特征的书法，一笔一画之间，尽显书者品格。唐代书法家颜真卿的楷书，中锋行笔，字体庄严雄伟，笔画凝练浑厚，刚中有柔。王世贞在《争座位帖》跋文中云："公刚劲义烈之气，其文不能发而发之于笔墨间"[14]，故书法刚柔之间，蕴含书者处事方圆之道；其次，"人文曲线"区别于西方造物中程式化、机械式的几何线形。几何线形简单概括，线形走势"直""曲"分明，长度和曲度都易于把控，但其根本是对事物的抽象化概括与提炼，虽然汇集了人的主观意识，但形态提取时失去了许多"写意"细节，缺少耐人品味的情趣特征。

中国文化的同构性特征，使得人文曲线同样存在于造物中，笔者依据明式家具中的线性特征，总结如下：（1）外相为曲，内化方圆。人文曲线表面形态为曲线，线条圆润姿态柔美，未见方圆锥形，但线形动势具有张力，曲度时而饱满，时而舒缓，方圆内化隐于势中，颇有书法中锋行笔的力度感。（2）形态严谨，曲度写意。曲线形态与家具动势相得益彰，外形张弛有度，内收有节有据，即灵动有变，且重心平稳。严谨之余不失写意笔趣，曲度随心而运，且无几何化圆心秩序。（3）取法自然，非自然。人文曲线的形成多来源于自然界，但又胜于自然曲线。明式家具的部分体态源于对自然界中的动物、植物的模仿，故而线形生动，妙趣横生，如：①内马蹄足。明式家具中的床榻、桌凳和靠背椅，腿部常上粗下细，略带弓形形态强劲、舒展，足底向内弯曲，犹如马蹄内翻姿态矫健。高腿家具线条挺拔、俊秀，低足家居敦厚稳重不失细节（图2）；②弯腿如意足。此结构虽为"如意"足底，但形态与鹿腿相似。腿部形态纤细，上半部线条秀美平顺，下半部内弯微细，足底如蹄形向外伸（图3）。

明式家具中的"人文曲线"超越了视觉艺术的美学特征，上升到中国古代文人阶层所追求"形神合一"的价值观念。然而这种普式审美观，在当代家具设计中却被遗忘，从文化同构的视角观之，我们失去的不是"人文曲线"，而是当今中国整体的文化体系在变化。作为一名艺术设计的实践者，不想做古典文化的复辟者，只是希望能够从传承的角度，推动"人文曲线"的美学理念能够汇聚在当代设计的思潮中。

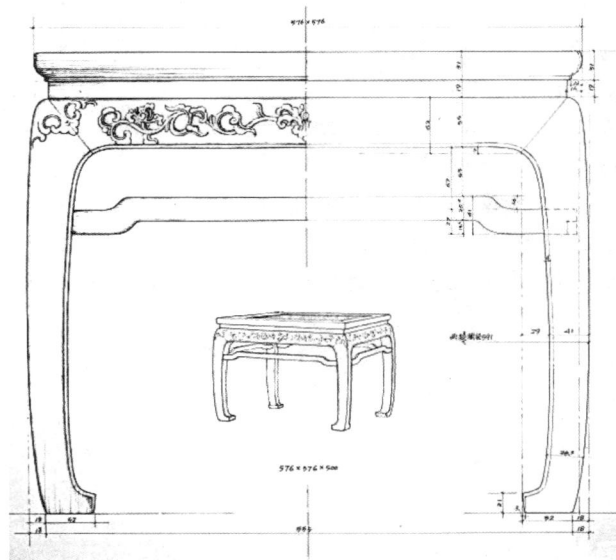

图2 内马足方凳（绘制者：乔子龙）

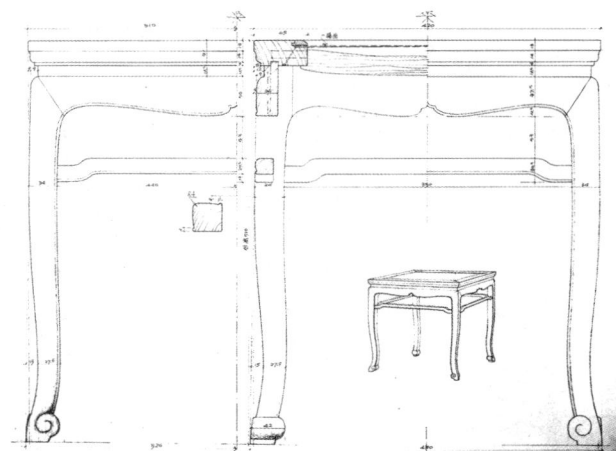

图3 弯腿如意足方凳（绘制者：乔子龙）

注释

① 《周易·楚辞》。

② 胡文彦. 论明式家具的文人气质 [J]. 装饰，1993 (5).

③ 张舜徽. 周秦道论发微 [M]. 北京：中华书局，1982：71.

④ 陈伟辉. 邹衍阴阳学说 [M]. 兰州：敦煌文艺出版社，1994：25.

⑤ 良渚玉琮是考古学上铜石并用时代的典型器物，距今4000～5000年之久。

⑥ 张光直. 中国青铜时代（二集）[M]. 北京：三联书店，1990：71.

⑦ 晚明很多文人质疑"道先器后"的传统思想，提倡实学思想下的"道"。王阳明的弟子王艮辩称："即事是学，即事是道"，王夫之认为："上下无殊畛，而道器无易体，明矣。天下惟器而已矣。道者器之道，器者不可谓之道之器也。"

⑧ 吴恩沁. 明式家具形式美的生成 [J]. 装饰，2003（11）.

⑨ 厅堂主座一般为圈椅和官帽椅，在同一空间内，"圈椅"摆放的级别都高于官帽椅。

⑩ 高颖，余玉霞. 谈方心曲领中的天圆地方之说 [J]. 现代装饰（理论），2012（10）.

⑪ 杜游. 意趣与法度——中晚明文人与匠人合作下的家具设计 [D]. 南京：南京艺术学院.

⑫ 段进，季松，王海宁. 城镇空间解析——太湖流域古镇空间结构与形态 [M]. 北京：中国建筑工业出版社，2002.

⑬ 宋《会昌九老图》中，绘有圈椅原型。

⑭ 杜浩. 人书同构——浅析颜真卿人品与书法风格之关系 [J]. 荣宝斋，2014（7）.

注：本文为2018年国家艺术基金"家具艺术当代设计人才"培养项目。

新疆雕刻艺术在室内设计中的运用

唐时浩

新疆师范大学

摘 要： 新疆一个极具地方特色和商业繁华的地方，是古丝绸之路重要的贸易中转站，多国在此荟萃，相互探讨，形成了得天独厚的文化桥梁。在新时代背景下不同的艺术文化在此相互交融、摩擦，孕育出独具特色的新疆色彩的民间艺术。雕饰作为新疆装饰文化的独特元素，有着浓厚的地域特色，对新疆文化的传承与发展具有重要意义。新疆雕饰将民间艺术特色在现实生活中展现出来，也是当地文化的重要组成部分，它所承载着具有连贯性与延续性的装饰意境，同时兼具审美与文化的属性。本次研究基于对新疆雕刻的认识，以及现代化城市发展的关系，强化中华建筑的本土特色，为新民居及新农村文化建设提供帮助，具有重要的意义。

关键词： 雕刻 室内 传承 品牌化

1 新疆雕刻艺术的研究目的与意义

新疆建筑雕刻艺术是将新疆审美文化展现给世人的一种最高体现，是人与建筑关系、人与自然关系的物态化表现形式，它承载了新疆地域性审美文化，记录了新疆的历史文化变迁，反映了新疆人民的哲学审美观念，是我国特色文化、地域文化的重要组成部分，更是新疆文化艺术的典型代表。针对新疆建筑雕饰艺术的造型工艺、装饰特征进行归纳、分析，并进一步探讨，为新疆环境艺术设计的研究提供了一定的参考。将新疆的雕刻文化融入现代建筑当中，让人们更加了解新疆文化，突出新疆地域特色。寻找新疆建筑雕饰艺术的发展和造型规律，为室内设计基础研究领域增加一些有益的内容。既能保护国家"非物质文化遗产"，又能传承和发展建筑雕刻艺术，为我国做出更大贡献。

2 新疆建筑雕刻艺术的概念及分类

2.1 木雕

木雕，是将设计好的装饰图案在木质材料上进行雕琢，由浅入深，不断雕刻打磨，最终形成完美图案，是民间艺术的一种表现形式，是建筑与艺术、艺术与自然的结合，新疆很早就将木质雕刻运用到室内建筑当中，在新疆南部尼雅遗址中出土

很多木质材料上刻有艺术图案。

2.2 砖雕

新疆地区的砖雕明显区别于其他地区的雕刻装饰，在我国艺术设计中具有独特的艺术风格，对我国的雕刻艺术具有很大的影响力。砖雕工艺与木雕工艺十分相似，用工具刀直接雕刻几何图案或者是植物造型进行拼接组合形成各种造型风格，或者先做好模具将泥胚灌入其中再进行烧制，这种方式制作出来的砖雕更容易保留。

2.3 石膏雕饰

新疆的石膏雕饰，多以浮雕的形式呈现，其纹样采用当地的花卉造型进行雕刻，例如运用海棠、菊花、牡丹、石榴的造型通过图案的拼接、重组、镂空、留边产生各种艺术效果，其内容丰富、主次分明，具有当地浓烈的文化气息，一般是以一种花纹为主其他纹饰为辅的装饰手法。

3 新疆建筑雕刻艺术的艺术特征

新疆位于我国的西北地区，占据我国国土面积的六分之一，周边与多个国家相接壤，孕育出多元化的艺术形式，独特

的气候条件和文化差异造就了多元化的文化发展和民间艺术格局，形成了独树一格的建筑装饰艺术形式，雕刻艺术是新疆建筑中最具特色的装饰手法，其多彩的艺术形式，记录着新疆的历史文化。

3.1　门窗雕刻装饰

新疆雕刻艺术根据材质和造型的不同装饰在建筑的不同部位，在室内装饰中大致可分为门窗、墙壁、梁柱、顶棚雕刻装饰，大门是进入室内空间的主要通道，它的视觉效果往往决定着人们对建筑的第一印象，随着社会的不断发展，建筑中的大门不再只是单纯的外部空间与内部空间的一道门槛，更应该体现出该地区的历史文化，为文化传承与交流做出贡献。

3.2　廊柱雕刻装饰

廊柱的装饰表达了当地的风土人情，在立柱之间的横梁、雀替还有柱身等部位进行雕刻装饰，柱头和檐口的雕饰也极其丰富，色彩艳丽，主次分明，在雕刻中寻找规律，规律中寻求变化。柱子的顶端一般运用几何和植物造型进行装饰，柱身则采用四方纹样进行雕刻，柱裙一般为抽象的雕刻纹路，最后柱脚进行收边，一般为几何形体。

3.3　顶棚雕刻装饰

建筑顶部雕刻是装饰设计不可分割的一部分，顶部装饰通常称为藻井装饰，藻井造型一般为圆形或正多边形，是室内通风与采光的重要通道，顶棚如果是砖质结构则会在房屋顶部和横梁上做浅浮雕装饰。新疆的藻井独具特色，通常以拼接、透雕、贴雕的艺术手法为主。

4　新疆雕刻艺术应遵守的设计原则

随着社会的不断进步，雕刻艺术不再只停留在传统装饰的初级阶段，在新时代城市建设的影响下人们更加注重的是精神文明建设，为了使雕刻艺术在室内设计中更好地适应新时代的发展应当遵循这几种设计原则。

4.1　传承性与创新性

在室内装饰中雕刻艺术不仅仅只是满足人们的审美需求和营造良好的环境氛围，还代表着当地的历史文化，它是反映民间艺术的一种体现，记录着人民生活变迁和艺术的发展，雕刻不能是浮于表面的刻画而是赋予其艺术的灵魂，在新时代的发展中既要适应社会的发展也要将社会中的历史文化传承下来。

在当今社会，传统雕刻的设计元素和设计理念与现代室内空间的设计原理、造型元素有着很大差异，传统的雕刻元素有很多满足不了现代人们的审美观念，如果强行借鉴到室内当中，将会打破整体的环境氛围，也会失去室内设计的观赏价值，所以，这就要求设计师在设计之前对整个空间的环境结构、功能空间、设计主题进行探索与创新，运用自己所学的专业知识和社会经验对传统雕刻的造型艺术、设计理念结合实际进行分析，设计出具有传承性与创新性的雕刻艺术。

4.2　灵活性与实用性

当今社会建筑复杂多样，人们的审美水平不断提高，因此运用传统雕刻元素设计时应当与时俱进，结合实际，合理发挥各个空间的审美价值，传统的雕刻纹路不能一成不变，要结合现代设计潮流在传统雕刻的基础上寻求变化，与现代化建筑艺术相互融合。如果传统雕刻缺乏灵动性而显得枯燥无味，只要我们稍做些改变就会发现整个空间变得更加灵活生动。

室内空间中雕刻艺术设计应当遵循实用性的原则，例如木雕是以木材为原材料，而木材本身可用于打造室内家具、房梁、立柱等用途，砖雕则是以石材为原材料，而石材本身往往用于砖瓦结构，因此我们在设计中既要保证雕刻的实用价值，又要发挥其审美价值。雕刻艺术是中国非物质文化的一种传承，是在历史的长河中不断演变过来的，如果失去实用价值就会失去存在的意义。

4.3　协调性和统一性

雕刻艺术在室内空间中应当保持协调统一的原则，传统雕刻艺术是室内空间艺术的主要表现形式之一，不同的室内空间对雕刻艺术有着不同的要求，如商场、酒店、博物馆、旅游景区等，这些场所室内设计的主题不同对雕刻艺术的需求也就不一样，不是任何一种雕刻风格都能应用到其中的，因此设计师在做雕刻设计时应考虑到该场所的外在空间环境，对现场进行详细考察，包括该地区所处的地理环境，含有哪些历史文化，将整个设计相互协调，浑然一体。

在整个室内中还要分清各大功能空间。例如室内的主要通道、休闲区、商务区、工作空间、娱乐空间等这些空间，功能不同对雕刻的要求也就大不相同，但又统一在一个室内空间内，因此在做设计时既要寻求变化又要保证室内的统一性，既能展现该地区的城市风貌又能使雕刻设计产生良好的视觉效果。

5　新疆雕刻艺术的再设计

新疆历史悠久拥有灿烂的艺术文化，是古丝绸之路的重要贸易路线，对我国雕刻艺术研究具有很大意义，新疆雕刻艺术大部分停留在传统装饰阶段，缺乏时代感，随着社会的发展，人们更加注重精神文明建设，在室内空间中环境氛围更加得到重视。

5.1　提炼新疆传统雕刻元素融入现代室内当中

在新疆建筑中整体运用传统装饰雕刻艺术的并不多见，大多数是以局部运用传统雕刻装饰或者将传统雕刻与现代艺术进行融合，产生具有新时代意义的雕刻作品，如廊柱的造型、墙体的装饰、藻井的运用，是新疆雕刻艺术的典型代表。在雕刻装饰与现代艺术进行创新时，不能抛弃原有的艺术文化，应当将原来的纹饰进行重新组合排列，保留原有的文化气息，增添新时代的设计理念，使其更加具有新疆建筑设计感。

5.2　将新疆雕刻品牌化并向世界推广

雕刻艺术的传承发展需要整个社会的合作与支持，新疆雕刻艺术具有典型的当地特色，坚持保护与开发，打造属于新疆雕刻艺术品牌，开拓市场贸易，将雕刻艺术推广出去，促进市场的核心竞争力，将新疆非物质文化遗产保护与开发并重，培养大量专业人才去研究雕刻艺术所持有的文化内涵和发展规律，做到理论与实践的统一，打造出属于新疆雕刻文化的艺术品牌，才能更加有效地对雕刻艺术进行开发与传承。

参考文献

[1] 王德胜. 美学原理 [M]. 北京：人民教育出版社，2001.

[2] 朱和平. 艺术概论 [M]. 长沙：湖南美术出版社，2002.

[3] 张绮曼，郑曙旸. 室内设计资料集 [M]. 北京：中国建筑工业出版社，1991.

可持续发展建
筑与环境设计

可持续发展建筑设计中乡土材料应用的
社会性考量

——新会陈皮村大型竹建筑设计实践及思考

吴宗建

华南农业大学艺术学院

摘 要： 本文关注可持续发展建筑中乡土材料应用的诸多优势，并以新会陈皮村竹建筑设计实践为例，从社会性视角分析乡土材料应用在可持续发展建筑设计中衍生的社会增益。

关键词： 可持续发展 乡土材料 竹建筑 地域文化 社会增益

在城市大规模的建造当中，工业化生产的建筑与装饰材料因具有规模化、标准化、安装方便和坚固耐用的特点而取代木、竹、土、石材等乡土材料。加上乡土材料建造的房子多是在没有规划，没有设计师参与的情况下，由当地的工匠按照传统的样式完成的，虽然具有地域特色，但常用于临时的建筑而采用简陋的方式建造，因此也加深了人们对乡土材料使用上的负面认识——虽然便宜，但粗糙和缺乏新意。

1 乡土材料应用的本土实践

在这样的背景下，一部分设计师仍然不懈地利用乡土材料的诸多优点，特别是竹材——其产量大、分布地域广、可塑性强、施工便捷等特点至今仍被广泛使用——应用在现代建筑的构造和装饰当中，以此实现项目的可持续发展要求，如长城脚下的公社之竹屋[①]、惠州南昆山十字水生态度假村的夯土墙结合竹子的建筑[②]。这些案例引起了业界的关注，也为乡土材料在建筑上的创新应用提供了宝贵的经验。但是，上述案例更多的是国外设计师在中国的实践，虽然王澍作为本土设计师的代表，成功应用乡土材料的案例令人鼓舞[③]，但仍然不能改变本土设计师在这方面的实践及如凤毛麟角般的现状。究其原因，不是中国本土设计师不愿意在这方面有所作为，而是在社会固有思维和观念下，实践会碰到比国外设计师还要大的制约条件，包括从技术到观念一系列的桎梏。因此，对本土设计师实践案例的介绍和总结就显得十分重要。

新会陈皮村项目面积约为10万平方米，于2013年7月开始施工，是一个将工业厂房改造成商业建筑，集陈皮文化展示、陈皮交易和仓储、旅游、住宿以及餐饮等功能于一体的大型商业项目。项目设计之初，围绕着下面问题展开讨论：①如何让场所彰显陈皮产品背后的乡土文化，增加顾客的体验感，使项目有"亮"点；②如何柔化厂房建筑的铁皮外壳；③如何利用厂房大空间的优势；④如何依托厂房的钢结构，降低建造成本，同时还要尽可能减低新加在厂房结构上的材料重量。综合上述问题，最终的焦点还是落在建造与装饰的材料选用上。经过对比分析，用当地的乡土材料——竹材——对厂房进行改造成为解决上述问题的最佳方案。实施范围包括新建入口竹建筑群、厂房外立面改造、室内的装饰和整体园林环境的营造（图1）。作为主要设计师，笔者参与了项目设计到施工指导的整个过程，不仅探索材料选择与应用对空间艺术的多种可能性，还关注由此衍生的关于文化传承、就业、行业影响力、社会可持续性等易被忽视的问题。通过设计、计算、现场指导、观察、与工匠交谈等方式，掌握了第一手资料，为考量提供了真实的素材（图2）。笔者相信，在新会陈皮村项目中获得的经验和自信，会鼓励更多的本土设计师投入到利用乡土材料的可持续发展设计当中，其在行业的示范作用本身就是一种社会的增益。

2 乡土材料应用研究的新视野

一般人会认为可持续发展建筑就是环保节能的建筑，因此

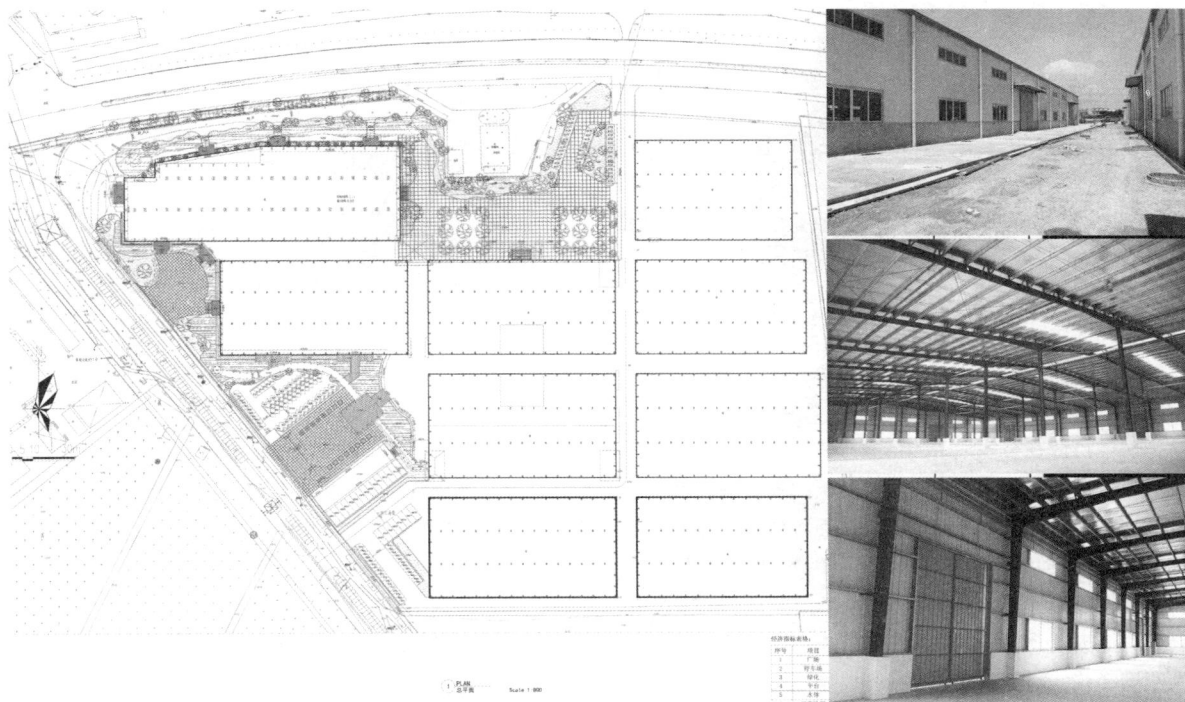

图1　新会陈皮村项目（陈皮村项目位于广东省江门市新会区，原状是9间近10万平方米的工业铁皮厂房，由于制造业的转移，厂房已空置了两年。）

图2　陈皮村总体规划效果图

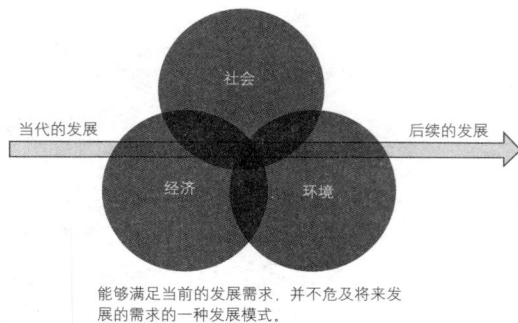

图3 可持续发展的核心理念

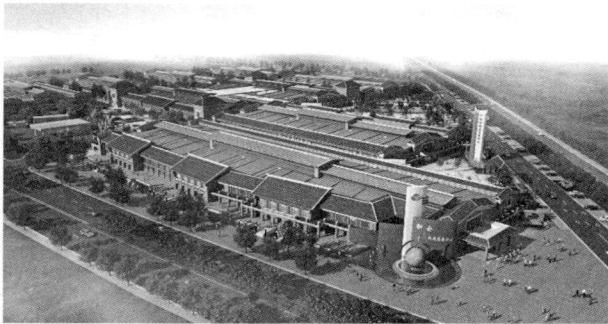

图4 陈皮村第一次方案效果图

会把关注点放在技术设备的层面，多从环境影响的角度评估其效益。在乡土材料应用的可持续研究中，同样会因为材料在环保节能和经济上的突出优势，而忽视了人们对舒适、审美上的诉求，加深了乡土建筑"不好用"的偏见，导致人们对乡土材料建造的建筑丧失审美自信心。如果不把实践研究放在更广泛的社会环境中去考量它的作用和前景，就容易局限在小圈子里，陷于孤芳自赏、画地为牢的状态，追求更大的生态效益和经济效益就成了空谈。因此，对社会、经济、环境三者进行综合考量，是符合可持续发展建筑设计核心要求的（图3）。

有观点认为：乡土建筑应当是特指那些乡民们自己建造后又自己使用的建筑。这些建筑及其建造不是由官方和投资商们统一计划实施的，也并非是经过统一规划设计的④。这种对传统的乡土建筑研究划定主要范围的定义，可以理解为狭义上的乡土建筑。在实践当中，一部分设计师或者环保主义者在乡村应用夯土、竹、木等材料进行自建房，或者是一些不营利的公益项目，由于不受市场条件的限制，往往可以根据建造者的理解进行彻底的体现，因此被认为在可持续方面探讨得很完整。当人们赞许它们时，另一些问题也随之出现：①难以用市场的渠道去运作，推广价值比较小；②处在较单一的限制条件下的探索，缺乏在纷繁复杂的现实社会环境下试错的机会，不利于针对普遍适应的创新；③在媒体的报道下，容易造成越"公益"就越"可持续"的误导。对于运用乡土材料进行可持续建筑的实践，就应摆脱上述理论研究和案例在认识上的某些局限性，敢于在商业项目、较大型项目的建造上进行尝试，寻求突破，谋求更大的社会效益。

3　陈皮村项目竹材应用的社会性考量

3.1　基于文化认同与创新应用衍生的附加值

在商业项目中，一个流行的趋势是追求商业与文化的结合，期望获得一种主体对客体的文化认同和精神追求，目的是更好地促进商业，新会陈皮村也不例外。陈皮村的第一次方案（由某建筑设计公司设计）就采用了钢结构、混凝土、仿古门窗、青砖灰瓦等材料在厂房的外围仿造了一圈明清建筑群。这样的明清建筑在全国许多风情街、仿古街中屡见不鲜，反映了设计者尝试用文化提升建筑认知上的惰性思维（图4）。新会属于五邑侨乡，在近代，该地区的华侨将西方建筑文化的样式传回家乡，促使东西方建筑文化的民间交融，大量带有西方建筑样式的碉楼和骑楼与传统的中式建筑相互影响，共同形成带有强烈地域特色的乡土建筑，这种风格多元的建筑组合比明清仿古建筑更能突出五邑地区的地域特色。然而，值得注意的是，地域性文化对该地区的人来讲既有文化上的认同，也存在审美的疲劳，而对非本地人而言，因为旅游和媒体的发达，对这类地域性文化也不足为奇。因此，完全模仿已有的建筑样式，难免会陷入陈旧、枯燥的一面。提供给顾客一种新奇感，始终是一个以体验消费为特色的商业项目追求的焦点。如果完全营造一种与当地文化没有联系的新奇事物，既造价昂贵还不被大众接受。如何在认同和独特之间找到平衡点，成为项目成功与否的关键。设计师敏锐地意识到，竹材的应用为寻找这种平衡找到了切入点。

竹作为建筑及生活用品的材料，在岭南地区长期使用。相对工业化生产的建造材料，竹材本身的观感和触摸的天然质感更能反映自然的本色，也容易引起人们对历史文化和场所的认同感。新的方案⑤以竹为建造和装饰的主材，在竹材被普遍认同的文化姿态基础上，打破材料与建筑形态间传统的固定搭配，并对其进行异变、改良和提升，形成新的组合。多元的建筑风格——既有西式的也有中式的，包括古典的和现代的元素——本来难免出现杂乱的视觉感受，但使用了竹材进行建造和装饰，使差异和突变形成独特的视觉冲击力，最后又统一在亲和力的情感之下（图5）。把握住大众心理上既要认同又要新奇的两面性，巧妙地利用竹材在普遍认知上的缺点来引起人们强烈的好奇感，这种大胆的应用，也是创新的一种形式。大家会想：没有人会用竹子这么做，而陈皮村做了，到底是怎样

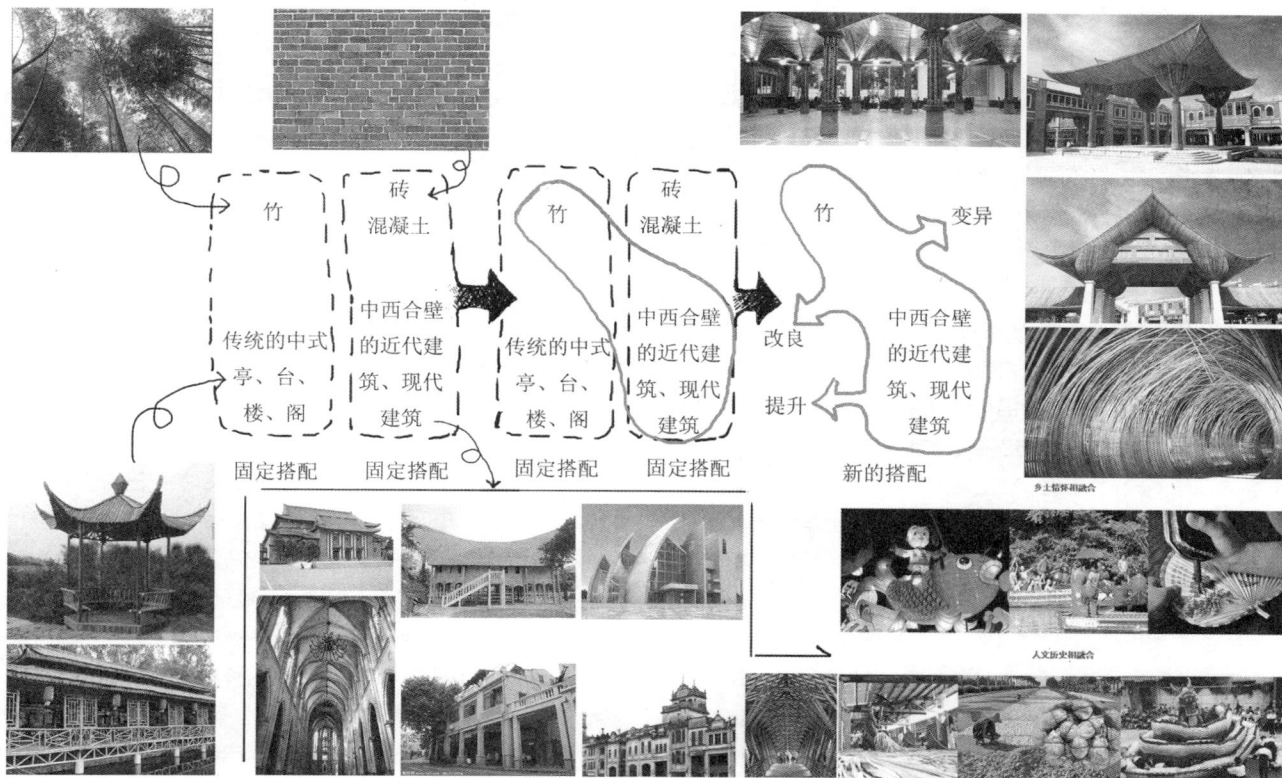

图5 建筑形态、材料和文化认知相结合的构思过程

图6 以竹为建造和装饰的主材1（用熟悉无奇的竹材建成的陈皮村入口竹建筑，脱胎于传统乡土建筑的形态，在造型上具有较大的独特性和时代的特征，它们看似熟悉却又新异，给观众留下很深的印象。）

图7 以竹为建造和装饰的主材2（利用厂房建筑的高大空间建造陈皮村运营中心竹穹隆顶，摆脱了传统竹建筑狭窄低矮的空间感受，同时用竹做结构和装饰图案，这种创新对于熟练竹艺的工匠来讲是陌生的，所以设计师的引导很重要。）

的？大众的心理有时就是这样的奇怪，是竹材的所谓"缺点"造就其成为搭建独特情境与文化认同两者间的桥梁，而设计师又进一步利用竹材天然的优势，将之应用在新的建筑形态和风格上，并采用防火、防虫、防腐等技术突破了它自身的不足，使其在应用中大放异彩（图6、图7）。设计师借鉴许多乡土材料应用成功的案例，为新的创新提供了信心和鼓励，这个话题将在下一节中讨论。

2014年"五一"的三天假期，到访陈皮村的人数约50万人次，全新姿态的竹建筑让项目具有强烈的文化吸引力和辨识度，无形中增加了项目的宣传效益，使之在同类项目中脱颖而出。2015年新会陈皮村项目入选文化部颁布的《特色文化产业重点项目名录》，竹建筑的特色起到了重要的作用。竹材本身不具有这种附加值，只有当它被创新应用后，作为满足人们精神追求的载体作用时，才会被加倍放大。正是这种无形的附加值带来的商业效益，成为投资者乐意接受竹建筑的重要理由，也为项目追求更大社会效益和生态效益的良性循环创造了条件。

3.2　关注文化生态突变下的技艺传承

在内地许多城市，建筑脚手架逐渐由传统的竹架更换成铁架，甚至由政府明文规定不得使用竹架，但在香港——一个经济高度发达、法规完善的现代化大都市——经常看到楼宇修葺采用竹脚手架，这是为什么？除了从规范监管和使用便捷等方面思考这个问题，还要从文化生态的角度进行考量（图8）。

文化生态是各地区各民族原生性的、祖先传下来的文化生活，这个文化生态体现在日常生活中。在技术落后的条件下，当地人通过寻找最普遍获得的材料和最适应当地气候条件的建造技术来建造房子。这种技艺通过师授徒承的方式代代相传，掌握技艺的人被称为工匠。工匠及其传统技艺不但对历史上的科学技术发展有着推动力，还包含着独特而又丰富的人性内容，它们都是文化生态的组成部分。

社会物质生产发展的连续性，决定文化的发展也具有连续性和历史继承性。乡土材料在长期应用中的缓慢变化，让与之相适应的手工技艺得以传承。但是，在工业化生产和快速城市化的双重冲击下，区域内文化生态本该缓慢发展、自我修复的过程被瞬间打破。由于传统的乡土建造技术在农耕时代是一个相对稳定与平衡的系统，正是这种相对封闭和以人为核心

的活态流变的特点，在面临现代社会发展时带有了明显的不适应性和脆弱性。由于现代材料的使用，建造方式也随之改变，这些工匠为了生活，他们只能转行或学习新的方式，技艺传承功能也逐渐衰退。独特的技艺是工匠在乡土环境中沟通感情的纽带，也是彼此认同的标志，更是他们倾注情感追求自由的精神寄托。随着技艺的消亡，这种"技以载道"的功能也随之丧失。采用他们熟悉的建造材料，是对工匠、工艺与经验的尊重、保护和传承。在这一层面上，当代有必要尊重、重温和适度恢复传统工匠及其乡土建造技术[6]。这也可以解释为什么香港政府至今仍允许建筑施工保留使用竹脚手架的缘故[7]。

在新会陈皮村项目中，竹匠对竹的施工非常的自信，特别在项目最开始时，即使有图纸，他们仍然会按自己的想象搭建出不同的造型，当设计师否定他们的某些做法，指导他们尝试另一种造型时，他们对设计师表现出不信任——这应该是竹匠对自己熟悉领域被冒犯时表现出的一种自尊。一旦设计师帮助竹匠们取得尝试上的突破，他们会举一反三，帮助设计师拓展思路。这时，竹匠们对设计师表露出极度的崇拜和高度的配合，并在实施过程中解决多个难点。这种突破往往是令人欣喜的，因为设计师在设计时不知道竹材运用上的许多窍门。在施工当中，尽管有设计师的图纸和现场指导，许多制作的细节仍然由工匠们来完善，所以完成后的建筑比图纸多了许多细节和新意。

竹建筑的完成，除了技巧之外，特制的工具也起到关键的作用。从"匠"字的构成可以看到匠人、技艺与工具有着密切的关系[8]。值得研究的是一把自制的多用途砍刀，既可砍、削竹，还可以用宽厚的刀背锤钉子，而刀把上还有起钉子的功能（图9）。在针对乡土材料的使用上，这些自制工具毫不逊色于工业化生产的标准工具，从中可以看到工匠们在长期工作中利用智慧解决实际问题的能力。许多经验和规则通过工匠总结和流传下来，工匠的作用是非常巨大的。设计师处于项目的关键

图8　竹脚手架（在香港，90％以上的建筑采用竹脚手架。这是港岛上环一幢楼宇采用竹脚手架进行的修葺。）

图9　自制的多用途砍刀（竹匠所用的自制砍刀具有砍竹、锤钉、起钉等多种用途，插在工匠自制的工具套上。）

位置，有责任通过自身的影响帮助这种技能得以传承，当中也包括精神的传承。

3.3 顾及底层的社会增益

近年来，产业从劳动密集型向技术密集型转变的步伐加快，这是经济发展的必然规律。如果结合中国目前的人口现状来看，农村剩余劳动力多，且素质较低者占较大比例，这就决定了劳动密集型在相当长的一段时间里对增加就业有很大的作用。

可持续发展建筑设计关注项目的建造和使用促进了当地社区的就业，并努力探讨通过建造方式改善当地就业环境的可能性。工业化生产的材料和与之相适应的建造技术，往往让传统的手工技艺失去竞争力，当然也影响了工匠靠这种手工技艺养家糊口的生存状况。这些掌握传统技艺的相对年轻的劳动力，

常处在就业的"夹心"状态下。分析陈皮村项目工匠的年龄层和文化层次可以发现：①他们年龄在38～55岁之间；②几乎来自项目的周边乡镇（最远不超过400公里的汕尾地区）；③受教育水平均不超过初中程度（含初中）。这些特点，决定了这一群体在新环境下的就业处在尴尬的状态：①所从事的传统工作逐渐式微；②他们上有年迈父母下有儿女，既是家庭经济收入的主要创造者，也是照顾家庭的重要承担人，长期在外远途工作不利于家庭稳定；③学习新技术的能力较慢，在新环境里生活的适应力较差；④选择新工作的限制大，收入常处于不稳定状态。他们面临的生存压力，是中国广大乡村地区手工业者的真实写照（图10）。

从一开始，陈皮村项目的决策者就把这些问题作为选择建造方式的考量因素，结合当地的材料和技术，主动地在商业项目中使用乡土材料及其特有的建造方式，为劳动密集与传统特色技术有机结合创造机会，既鼓励满足个性化和多样化的市场

图10 竹匠们工作方式（由于工作量大，竹匠们分成若干小组，从选竹、粗加工、精加工到上架，形成流水线的施工方式，大大提升了效率。）

需求，又改善了这一底层群体的就业状况。在陈皮村项目的施工过程中，由于采用竹材施工的面积将近3万平方米，在4个月的施工期间，每天投入的竹匠约为80人，高峰期间更达到150人，竹匠平均日工资为250～300元/天，这在很大程度上增加了这一群体的经济收入。

这种劳动密集与传统特色技术有机结合的方式，可以称之为劳动技艺密集型，一旦形成规模效应，将是中国劳动密集型产业发展的有效补充。陈皮村项目的成功向人们展示了这种模式的前景：充分利用当地资源，由投资商提供资金运作，工匠提供技艺，设计师主导创新，使这种模式取到了很好的增值作用。这种增益可以通过表1的对比进一步显示出来。同一个规模的项目采用前者和后者，可以看出前者的建造材料繁多，对电动机械使用依赖度大，能耗也较高；而后者的建造材料单一，人工比重较大，劳动者的工资收入有较大的提升（或就业率增加），对拉动农村的消费有促进的作用。相对通过大量消耗物资促进经济的方式，后者在可持续发展上是有优势的（表1）。

3.4 鼓励地域性的创新与竞争

陈皮村项目竹建筑的可持续发展探索与实践，借鉴了国内外类似的案例，这些成功的案例在很大程度上给了投资商信心，也鼓励着设计师坚持不懈地进行探讨。在它们的指引和启示下，陈皮村的设计师完成了"借鉴——创新——总结——加强"的一个过程，在总结后再应用于新项目上，从而进一步地为更多的设计师进行本土的探讨提供新的、成熟的经验。尽管包括陈皮村项目在内的这类案例还不是主流，但当中每一个案例的成功实践，都会对某些方面有所提升和促进，它们包括五个层面：一是项目阶段性的成果得到业主和社会的认可，鼓

励更多的投资商投资这类探索性的设计，为创新提供有利的市场条件；二是鼓励本土设计师利用现状条件进行因地制宜的创新，提升本土设计师参与国际交流与竞争的自信心；三是作为本土文化生态的组成部分，传统手工艺者受到启发从而加速技艺的创新，增强了以运用乡土材料为技艺的工匠在现代化过程中的生存空间和竞争力；四是促使政府相关部门积极应对，创新性看待新事物，对一些僵化的建筑建造规定作出相应的检讨和调整；五是鼓励地域性的弱势文化与普遍性认知中强势文化的竞争，打破现代建筑一统天下的局面，使得公众可以认同差异、认同本土、热爱本土。

新会陈皮村大型竹建筑明显不是狭义上的乡土建筑，因为它规模较大，有投资方建设，由设计师进行规划与设计，实施后用于商业的运作。正因为这些特点，在成功实施后，乡土材料应用上所涉及的社会增值的量相对可以观察和评估，也有利于解决乡土材料在现代大型建筑应用上遇到的新问题。从人类可持续发展探讨的层面上看，由于我们面对的是一个不太确定的将来，每一个以可持续为目标的案例，在成功地实施之后，都会成为我们摸索着过河的一块石头。

4 总结

在可持续设计的实践和探索中，始终存在一种重技术设备、轻社会伦理的现象，忽视了作为主体的人在整个关系中的主导地位。材料影响到建造技术，建造技术影响到人，进而影响社会中人与人的关系。因素间的影响不是单线的，而是相互联系和错综复杂的。当我们充分意识到这一点，就能以具体的物为切入点，以更宽的视野，从更深层次中考虑和评估可持续发展建筑设计产生的社会效益，并在实践当中加入人文的关

两类建筑材料在应用上的时比　　　　　　　　　　　　　　　　　表1

建造材料	造价（万元）	人工费占造价比例	构造与装饰	流通环节	环保节能	对当地就业的促进
工业化生产材料	1500	施工人员投入较少，工人平均日工资为200元，约占20%。	构造与装饰往往是两种或多种材料，现场材料种类繁多。	需要经过工业加工的多个环节，流通环节多。	工业生产过程和运输环节的耗能，施工现场电动工具加工耗能、建造过程和生命周期结束后产生大量不可降解的垃圾。	依靠电动工具的劳动技术密集型，人员投入相对较少，工人来源于各地。
来源于当地的乡土材料——竹	1300	投入工匠较多，工匠平均月工资为300元，约占40%	构造与装饰往往可以合二为一，现场施工材料以竹为主。	从产地集市直接到现场使用，流通环节少。	生产及运输过程能耗少，手工制作建造过程几乎不能耗，材料可降解，建造过程及生命周期结束后对环境污染少。	依靠自制工具的劳动密集和技艺相结合，人员投入较多，且多为当地手工技艺者。

说明：1. 本表根据两种方案的概算进行比较，其中后者为实施方案。2. 概算均不含钢结构、混凝土基础、照明和园林绿化部分。

怀。新会陈皮村可持续发展建筑设计的实践正是基于这一点，选用乡土材料进行建筑的构造和装饰，而对它的分析和总结始终没有离开社会影响这条主线，社会性考量既是实施前所考虑的，也包括实施后分析要侧重的，以此实现项目的社会可持续性，这种实践的出发点不仅具有新的视角，还具有关注当下的现实意义。

从社会性角度思考和总结一个环境设计项目，这本该由社会学家去做的事，但研究社会关系的人绝大多数是不从事设计的。而问题是可持续发展设计不仅仅是美学的事，其涉及社会学的方方面面，只有把各种复杂因素联系在一起，进行整合研究，才能说明建筑设计的类型和模式怎样受制于所处的社会环境，又怎样对社会环境产生影响。作为一名设计师，尝试从社会学角度去分析设计中的问题，难免会落于肤浅，但在跨专业甚至跨学科的研究中可以发现一些新问题，找到一些新启示，这无疑是笔者所期望的。

注释

① 日本建筑设计师隈研吾的作品，建筑的外表都用竹子包起来，"竹屋"由此而得名。
② 惠州南昆山十字水生态度假村位于广东省龙门县南昆山国家森林公园内，由来自美国、英国、哥伦比亚等国的设计师规划设计。
③ 王澍设计的宁波博物馆外墙采用瓦片和竹模板技术。
④ 王冬．关于乡土建筑建造技术研究的若干问题 [J]．华中建筑，2003（4）．
⑤ 采用竹材的新方案由广州山田组设计院设计。
⑥ 王冬．关于乡土建筑建造技术研究的若干问题 [J]．华中建筑，2003（4）．
⑦ 在香港地区，竹脚手架占脚手架市场的90%以上。吴升厚等．影响香港地区脚手架选择的主要因素 [J]．建筑技术，2003（8）．
⑧ "匠"由"匚"和"斤"组成，意思是口朝右可以装工具的方口箱子，其中的"斤"就是木工用的斧头。

参考文献

[1] 钱学军．乡土材料的建造试验 [J]．时代建筑，2007（4）．
[2] 王冬．关于乡土建筑建造技术研究的若干问题 [J]．华中建筑，2003（4）．
[3] 吴良镛．乡土建筑的现代化，现代建筑的地区化"97当代乡土建筑——现代化的传统"[R]．国际学术研讨会报告，1997．
[4] 俞禹滨．竹、木、砖、瓦：当代建筑中乡土材料的运用 [D]．南昌：南昌大学，2012．
[5]（英）布赖恩·爱德华兹．可持续性建筑 [M]．北京：中国建筑工业出版社，2003．
[6]（法）SERGE SALAT．可持续发展设计指南 [M]．北京：清华大学出版社，2006．
[7] 陈霞红．文化产业生态学 [M]．杭州：浙江工商大学出版社，2012．

回归日常建筑

——住宅刚需户型设计研究

邸　锐

广州番禺职业技术学院

摘　要： 国内建筑学对崇高建筑的推崇掩盖了日常生活中大规模的普通建筑实践，文章从回归日常建筑学的角度将城市住宅刚需户型作为研究对象，分析现存城市住宅户型存在的问题与矛盾，从家庭发展模式、社会生存方式等方面进行剖切，探索户型设计的基本原则及处理手法，力求设计出与人们活动方式、消费模式相适应的城市住宅刚需户型，最大限度上满足城市居民的不同需求，促进城市住宅品质的提升。

关键词： 日常建筑　城市住宅　户型设计　生命周期　参与设计

1　语境：回归日常建筑学

目前，国内的建筑学前沿充斥了两支主流——国家意识形态的大叙事性建筑与精英意识形态的小叙事性建筑，而掩盖了建筑学更应关注的、广泛存在的日常建筑学实践。对崇高建筑学的一味追崇导致了与公民日常生活息息相关的大规模建筑实践与研究被边缘化。因此，建筑师应当在崇高建筑学之外构想关乎中国当下日常生活的普通建筑的研究与实践。

作为最常见的建筑类型，城市住宅成为建筑师回归日常建筑学的主要突破口。长久以来，城市住宅是精英建筑师眼中缺乏挑战不屑涉足的领域，也是普通建筑师眼中乏味枯燥、聊以糊口的职业。设计师的无趣自然导致了大量城市住宅缺乏创造力与生命力，无法真正为城市公民提供够优质的生活空间。回归日常建筑，应当从最平凡的城市住宅刚需户型开始。

2　问题与矛盾

2.1　开发商与居民供求关系的矛盾

供求关系一直是城市住宅市场最突出的矛盾。开发商通常期望发展高端住宅产品以赚取最大化的商业利润；而城市住宅市场最广泛的需求永远是中小型刚需户型产品。高端住宅产品虽然利润高但市场需求空间非常有限，由此造成了大量高端住宅产品闲置和大量城市居民买不起房的两极化现象。开发商"执着"地追求剩余价值和市场份额，对中小型刚需户型"避而远之"，导致了城市住宅市场供求关系的严重失衡。

2.2　个体与社会的长短期需求的矛盾

人的生活是一个不断生产意义的过程，住宅对于每个个体来讲，应当理解为：满足一个完整家庭舒适生活的居所。但在城市化不断扩张的今天，大量人口涌入城市，城市个体生活的意义被权力和资本所操控，低质量、高速度建造的城市住宅产品急速扩张。伴随着经济发展水平的提升，该类产品将迅速被市场淘汰。因此，个体对长久居所的需求和社会对城市化迅速扩张的需求形成了巨大的矛盾。

2.3　住宅的商品属性与使用价值之间的矛盾

在城市化不断扩张的今天，开发商基于营销目的的户型研究逐步取代了建筑学本体的户型研究。开发商眼中更多的关注住宅产品的策划与销售，即住宅的卖相，作为商品形式的住宅的交换价值远远超过了建筑学本体所关注的住宅的使用价值。开发商片面强调住宅的得房率、赠送面积等经济指标，住宅作为商品的符号价值被无限放大。城市住宅变为投资商品，生活的意义被严重扭曲，住宅的商品属性与使用价值之间的矛盾被不断放大。

2.4　装饰浮夸风脱离日常生活

在城市低质量住宅急速扩张的背景下，大量的普通住宅缺乏严谨的几何关系和设计法则，居民只能通过符号化的"豪华"装饰来弥补日常生活尊严的缺失。大量的壁柱横梁、吊顶藻井、装饰线条等掩饰性装修进一步恶化了住宅空间的品质，成为我们日常生活杂乱的灾难性景观。如图1、图2所示，充斥在城市住宅区的欧式风格住宅式样。

2.5　其他的社会矛盾和问题

（1）我国是世界上老年人口最多、增长最快的国家之一，未富先老的老龄化特征使我国国民经济和社会发展面临巨大挑战，养老问题成为每个家庭需要面对的难题。

（2）我国生育政策的逐步开放带来了"二胎"甚至"多胎"社会的出现，家庭的结构关系、伦理关系的细微变化成为每个

图1　欧式风格住宅式样1

图2　欧式风格住宅式样

家庭不得不思考的问题。

（3）社会经济的迅速发展促使我们的生活环境发生了翻天覆地的变化，不同年代的人生观、价值观差异越发明显，"代沟"问题成为公民社会无法回避的矛盾。

3　思考

上述矛盾和问题深深地影响了我国城市居民对住宅户型的选择。如何设计出既能满足当前需求又能够满足未来变化的住宅户型成为设计师必须要思考的问题。

思考一：生命周期变化所带来的需求变化。

人类生活最常态的变化是繁衍生息、生存生长的过程，伴随着生命周期的变化，人类对住房的需求会呈现出"小一大一小"的变化过程。具体表现在：（1）20岁左右初入社会，希望或被迫独立，经济能力相对有限，居住需求体现为购买或租赁0～1居室。（2）30岁左右结婚，经济状况略好，居住需求体现为1～2居室。（3）结婚后生育小孩，需要老人或保姆帮忙照料，居住需求体现为2～4居室。（4）之后20年状况呈现多样化，状态可概括为：一家三口的居住需求体现为2居室；三代同堂的居住需求体现为2～3居室；三代同堂带保姆的居住需求体现为3～4居室或分套居住。（5）60岁左右退休，子女自立门户，生活要求简单方便，居住需求体现为1～2居室。

思考二："代沟"问题和"两代居"生活方式。

在我国，受传统文化的影响和社会现实的需要，大多数老人希望同子女生活在一起，双方可以互相照顾。老人希望在生活上帮忙照顾孙子女，可以充实生活以享天伦之乐；对子女来说，可以缓解因工作压力无暇照顾小孩的问题，老人生病时也方便照料。但两代人之间经常会产生各种矛盾：老人要节俭，子女爱享受；老人喜安静，子女爱热闹；老人早睡早起，子女晚睡晚起等。如何既相互照料又能保证相对独立，"代沟"问题和"两代居"的生活方式成为建筑师需要思考的课题。

4　实践

回归日常建筑首先应当尝试改变设计的出发点，建筑师应当从自上而下的精英视角转变为自下而上的从居民生活自发的状态中去实践。越来越多的城市居民希望自己购买的首套房能达到改善房的条件，这需要建筑师在户型设计上投入更多的精

力，设计出与人们活动方式、消费模式相适应的城市住宅刚需户型，最大限度上满足城市居民的不同需求。

4.1　实践一：关于全生命周期四种模式的户型设计思考

户型设计应当从客户的实际生活体验出发，将客户的生活需求放在时间线上考虑，适应客户全生命周期对于户型的需求。以占据城市住宅市场主力的90平方米三房户型为例，户型需要在较长时间内分别对应青年之家、小小太阳、五口之家、空巢老人四种模式。

刚需户型设计的难点有几点：（1）根据客户的生活模式进行空间的合理分配；（2）收纳空间的最大合理化安排与预留；（3）功能空间使用效率的提升。因此，在户型结构上设计师应关注以一个基础来满足四类客户的的阶段性需求：在空间分配上将主卧室空间加大；次卧室重点考虑空间的收纳功能；卫生间采用三分离设计，可满足多人同时使用洗手、厕所、淋浴功能。

90平方米三房户型设计方案如下（图3～图6）：

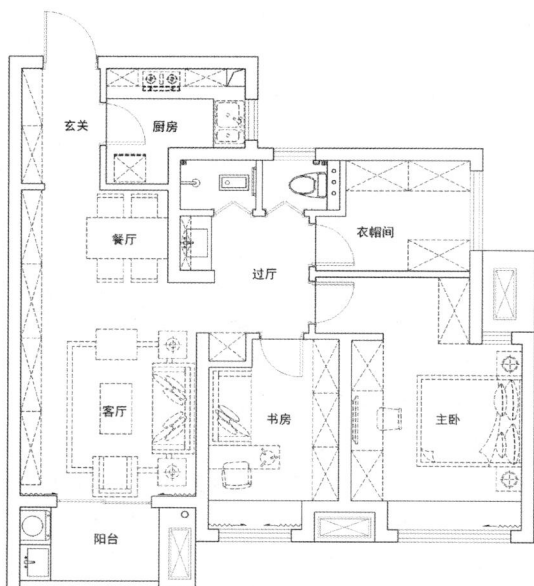

图3　青年之家

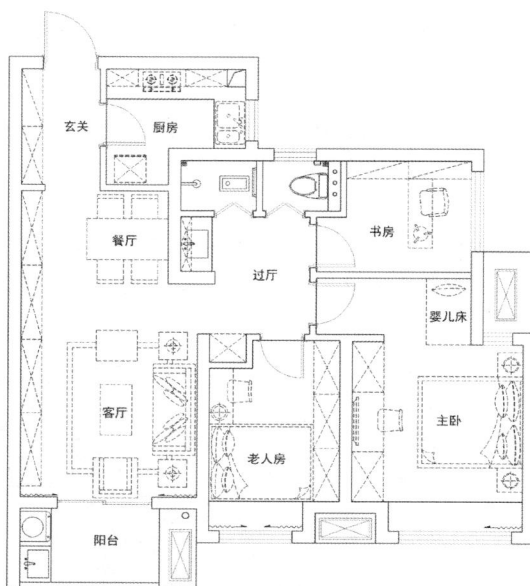

图4　小小太阳

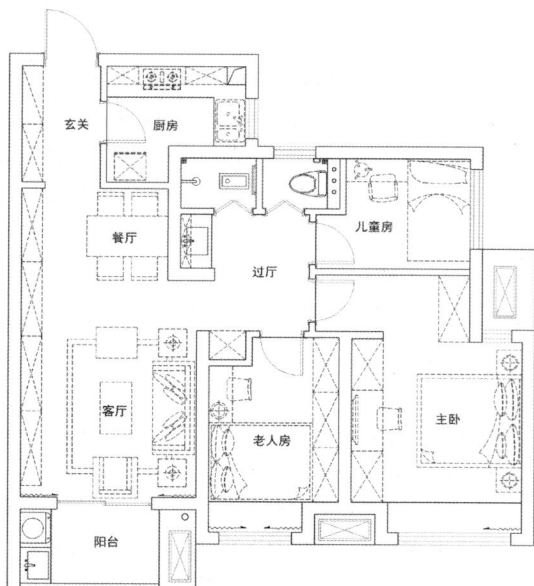

图5　五口之家

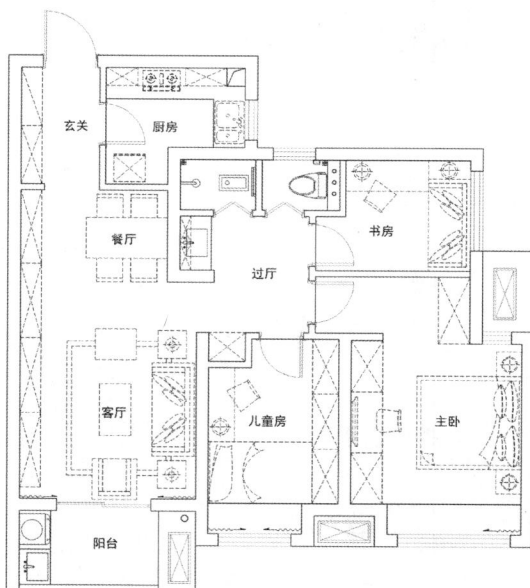

图6　空巢老人

（1）青年之家：可设置衣帽间及书房，主卧室可以放置梳妆台。

（2）小小太阳：原书房改为老人房，原衣帽间改为书房，原梳妆台改为婴儿床。

（3）五口之家：原书房改为儿童房。

（4）空巢老人：预留卧室满足子女回家居住，也可满足老人分房居住的需求。

4.2 实践二：关于极小户型参与性设计的思考

以18平方米的极小户型作为设计对象，其空间的使用效率主要取决于分隔空间的分户隔墙。在设计过程中，我们放弃在原有规矩的矩形平面内寻求突破，尝试变换分户隔墙的形态，用不同的形式法则创造多样化的户型单体。户型隔墙的线型策略如下（图7～图10）：

（1）斜切型。斜切型分户隔墙尝试改变相邻户型之间的空间面阔尺度。使用者可以利用斜切后尺度变化自由布置空间；通过斜切，户型出现分叉流线及环形流线，同原本单开间户型贯通首尾的单一流线相比，增加了空间的趣味性。

（2）折转型。折转型分户隔墙通过折转变化，相邻户型你中有我，我中有你。同原始的单开间户型相比，折转型使用者可以根据使用需求创建相互嵌合的户型关系，改变单一的平面模式，给使用者提供更多地需求选择。

（3）共享型。共享型分户隔墙将厨房或卫生间设置为两户合用，为户型提供更多地自由空间；两个局促的小厨房合并为一个宽松的大厨房，可以扩充更多的厨房功能，提升生活质量；共享厨房成为连通空间，两户之间交流厨艺，共享美食，提升邻里关系。

（4）连通型。连通型分户隔墙以空间的共享与独立为出发点，使用者可以是老人和子女。自由闭合的分户隔墙协调了两代人之间的微妙关系，既能相互照料又能保证相对独立；同时连通型户间策略也适合关系微妙相邻而居的恋人：合久必分，分久必合。

同传统的住宅策略相比，参与性设计通过提供开放的空间策略和促进社区交往的机制，使住户单体的个性需求得到充分体现，亦激发了住户的积极性和创造力，进而带动了社区整体水平的提升。

5 结语

当今楼市已进入白银时代，市场从喧嚣归于平静，客户越来越成熟理性。在一生一套房从屌丝笑谈变为越来越近的未来时，理解并尊重生活成为建筑师必须遵守及信奉的初心。回归日常建筑，做更好更实用的设计，我们依然在路上。

参考文献

[1] 冯果川. 病态语境中的建筑学基本问题. 新建筑 [J], 2013（5）：4-6.

[2] 葛明. 日常生活——空间的方法. 新建筑 [J], 2014（6）：5-9.

[3] 喻长焱. 试论中小户型住宅建筑设计中存在的问题及其对策 [J]. 房地产导刊, 2015（1）：63.

[4] 胡琳琳. 保障性住房户型标准研究 [J]. 经济研究参考, 2012（44）：18-21.

[5] 简·雅各布斯. 美国大城市的死与生 [M]. 第二版. 金衡山译. 南京：译林出版社, 2006.

[6] 杨汝万, 王家英. 香港公营房屋五十年——金禧回顾与前瞻 [M]. 香港：中文大学出版社, 2006.

[7] 贾如君, 李寅. 不只是居住——苏黎世非营利性住房建设

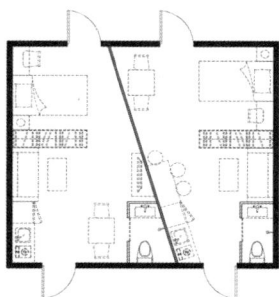

图7 斜切型

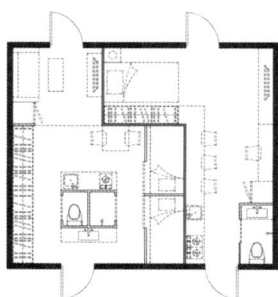

图8 折转型

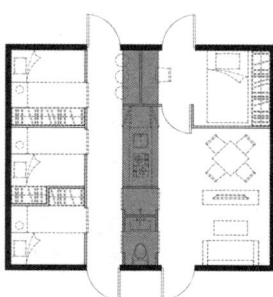

图9 共享型

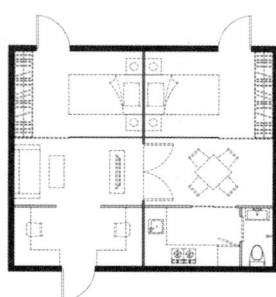

图10 连通型

的百年经验 [M]. 重庆：重庆大学出版社，2016.

[8] 刘文洁，戴书靓. 小户型居室空间设计的多功能性探究 [J]. 家具与室内装饰，2016（7）：56—57.

[9] 刘金凡，张政，张乘风. 形态知觉心理在当代设计中的应用 [J]. 家具与室内装饰，2016（2）：24—25.

[10] 钟平平. 城市青年廉租公寓居住空间研究 [D]. 长沙：湖南大学建筑学院，2012.

注：本文原稿发表于《家具与室内装饰》，2017年第2期。

装配式微型住宅设计

——以流浪者之家设计为例

邸　锐　陈晓龙

广州番禺职业技术学院

摘　要： "流浪者之家"是运用建筑设计手段解决当代城市热点问题的一次尝试。项目以装配式微型住宅设计为策略，以解决流浪者群体的生存问题为出发点，通过结构、材料、工艺等技术手段创造出节能、环保、健康的绿色可持续性社区环境。本文着重描述了"流浪者之家"设计的演化过程，希望本案例能够为同类型的设计实践提供借鉴与参考。

关键词： 流浪者之家　装配式　微型住宅

1　缘起："城市流浪者"

1.1　流浪者生存之困

近年来，伴随着城市经济建设的快速发展和外来务工人员的不断增加，在城市内部出现了贫富差距扩大、人口密度增高、失业率上升等一系列的社会问题。同时，随着城市房价不断上涨，住宿成本持续增高，在城市中拥有一处住所已经成为很多人遥不可及的梦想。在严重的城市危机背景下，"蚁族"、"鼠族"等特殊群体被催生而出。随着流浪人口不断增多，越来越多的流浪儿童涌入社会，"流浪人员现象"已成为当代城市的热点问题（图1）。

1.2　流浪者生存乱象

流浪者是生活在社会最底层的弱势群体。他们长期处于无业、失业状态，没有固定收入来源，无法负担城市内高额的房价或租金，不得不寄居在城市的公共地带或灰色地带，如地下通道、高架桥底甚至是下水道。流浪者群体长期蜗居于阴冷、潮湿、脏乱的环境中，生存环境极为恶劣。这样的生活条件不仅影响了流浪者群体的身心健康，成为激发社会矛盾的隐患之一，同时也带来了交通拥堵、环境污染等一系列城市问题。

图1　流浪者群体

1.3 "流浪者之家"

"流浪者之家"旨在为城市里无处可居的流浪者群体提供居住场所，在满足流浪人员对安全、私密和饱含尊重的居住空间这一基本需求外，也期望能够为居住在这个社区中的流浪人员提供一份归属感和参与感，使之成为城市流浪者群体的社交场所和服务中心。

2 策略：装配式建筑

装配式建筑，是指采用预制的构件在施工现场装配而成的建筑。装配式建筑的构件结构通常在工厂进行生产与加工，再运输至建筑基地进行组装与搭建。装配式建筑通常具有坚固而简洁的结构，是一种兼具功能性和效率性的工业化建筑生产与建构模式。装配式建筑可适应不同的使用功能要求，并可根据场地条件的变换进行整体或部分移动，通过构件调整又能快速地完成装配。装配式建筑的使用者可以自己自由设计并搭建自己的房子，墙体是可反复拆卸的，可以重复利用，不会产生多余的建筑垃圾。

与常规建筑相比，装配式建筑具备一系列的优势，如气候和场地制约小、建造和拆卸时间短、形式组合灵活多变、建筑体量轻、投资风险小、劳动成本低、环境污染小等。从可操作性的角度来看，装配式建筑的营造技术相比常规建筑更加简易，更利于公民开展自下而上的在地的营造实践。国务院办公厅于2016年9月27日颁布实施了《国务院办公厅关于大力发展装配式建筑的指导意见》（国办发［2016］71号）。"大力发展装配式建筑"首次由国家最高层面提出，建筑工业化时代已经来临。

3 实施：流浪者之家

流浪者之家以装配式微型住宅设计为策略，为流浪者群体营造一个在建筑功能、建筑形态、建筑技术上达到平衡的和谐社区。在满足遮风挡雨、防寒隔热等实用功能的基础上，流浪者之家更加关注流浪者群体的尊严与价值，注重社区空间形态的人性化设计，强调流浪者群体的社会存在感，并运用技术手段尽可能地节约资源，以最少的能耗实现社区的可持续性。

3.1 建筑单体

流浪者之家的建筑单体以3米×3米×3米的立方体为基础模数，以此保证建筑体量的灵活性和运输安装的便携性。独立的居住单元包含了基本的生活空间、私人卫厕以及适当面积的储物空间。建筑的结构和构造系统由易于构建的材料组成，每个居住单体都能够在基地上快速地搭建，所使用的大部分材料经过适当的处理均可重复利用。

流浪者之家的建筑单体采用钢木混合结构，以200毫米×100毫米×5.5毫米×8毫米规格的轻型H型钢和集成木材为结构主材，通过镀锌高强螺栓连接固定，立面系统以OSB板、硬泡聚氨酯保温板、防水透气膜、室内外饰面板为主，以此满足不同的环境条件和使用需求（图2）。

建筑单体的搭建过程简捷，操作方便。流浪者群体及社会服务人员能够通过施工操作手册共同协作完成。具体操作程序如下：

（1）搭建建筑主结构框架及木龙骨；
（2）安装OSB板和聚氨酯保温板；
（3）安装水电系统及内饰面板；
（4）安装门窗系统；
（5）粘贴防水透气膜，安装次龙骨外饰面板；
（6）摆放软装陈设系统。

3.2 组合策略

流浪者之家根据场地条件和功能需求的不同可灵活调整空间形态和布局形式。建筑单体既可以密集排列，也可以分散布置。通过反复推敲，设计团队分别对建筑单体进行了1×1、1×2、1×3、1×4等多个层级的空间形态实验，（图3、图4）以期充分满足流浪者群体对空间功能的多样需求。居住单元的组合通过屋顶构架进行连接，而这些屋顶构架同时为立面的蔬菜架提供了足够的结构支撑。

3.3 平面布局

基于以上空间形态的实验，笔者将流浪者之家划分为居住区和公共区两部分如图5所示。居住区根据流浪者群体的需求不同设置了单人间、双人间、三人间、四人间等多种居住模式；公共区设置了休闲活动区、公共服务区、露天观影区、儿童活动区等功能体，在满足基本的住宿功能基础上为流浪者群体创设了多种公共社交计划，以此提升流浪者之家的社区化生活水平（图6、图7）。

在流浪者之家，建筑单体之间的户外空间不再单纯只是居住空间的延伸，它同时也是一处提供给居住者们种植小型蔬果的微型农场。这些作物不仅可以提供给居住者自用，同时也可

内饰面板
可选

OSB板
厚度10mm

硬泡聚氨酯保温板
厚度100mm，导热系数约在0.02

OSB板
厚度10mm

防水透气膜
对外具有防水作用，对内可排湿

木龙骨
30mm×40mm

外饰面板
可选

PVC种植管
公称外径110mm
聚脲涂层
厚2mm，用于屋顶防水
OSB板
厚10mm
石膏板
厚10mm，具有防水隔声作用
钢化夹胶玻璃
厚5mm+0.76PVB+5mm
H型钢木混合梁
290mm×105mm
木柱
105mm×105mm

地板
可选
OSB板
厚10mm
硬泡聚氨酯保温板
厚度100mm，导热系数约在0.02
防水透气膜
对外具有防水作用，对内可排湿
OSB板
厚10mm

植物灌溉管
屋顶排水管
雨水收集箱
沼气收集箱

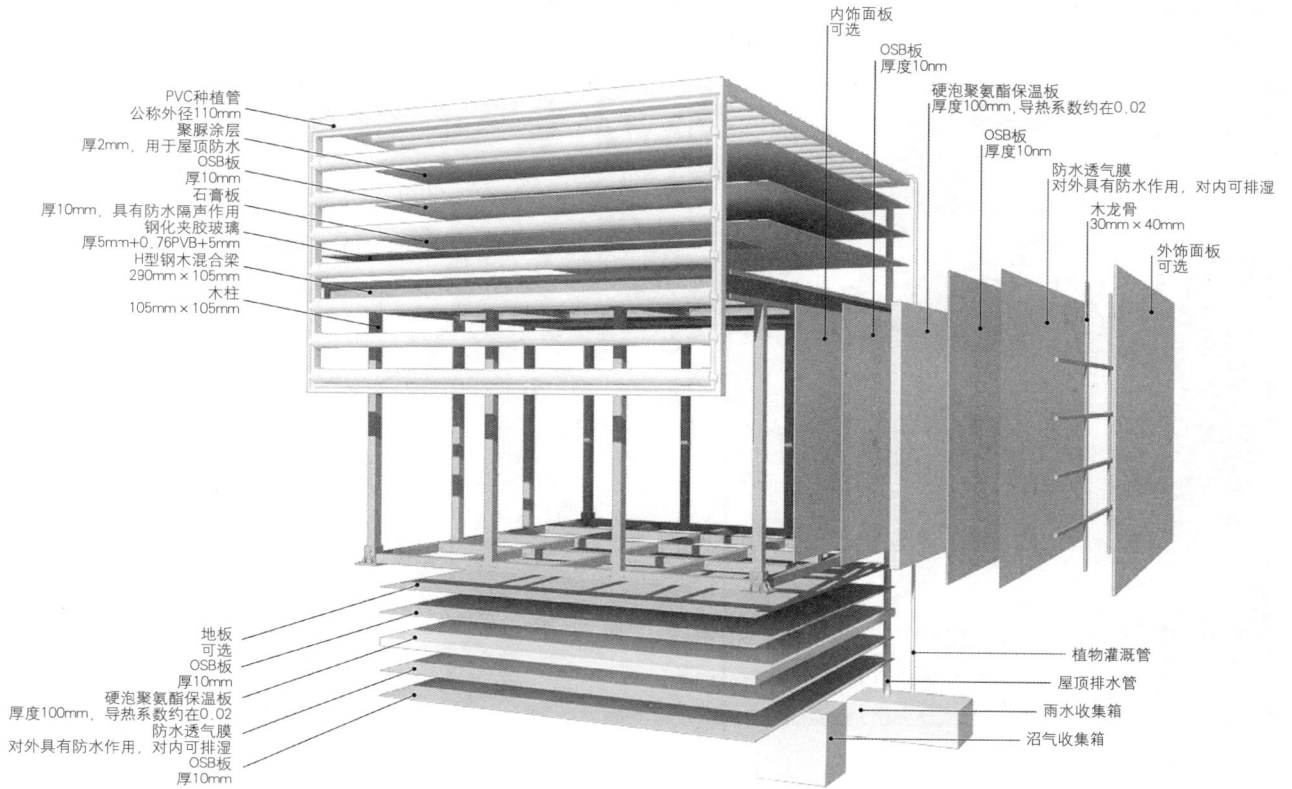

图2　建筑单体结构分析

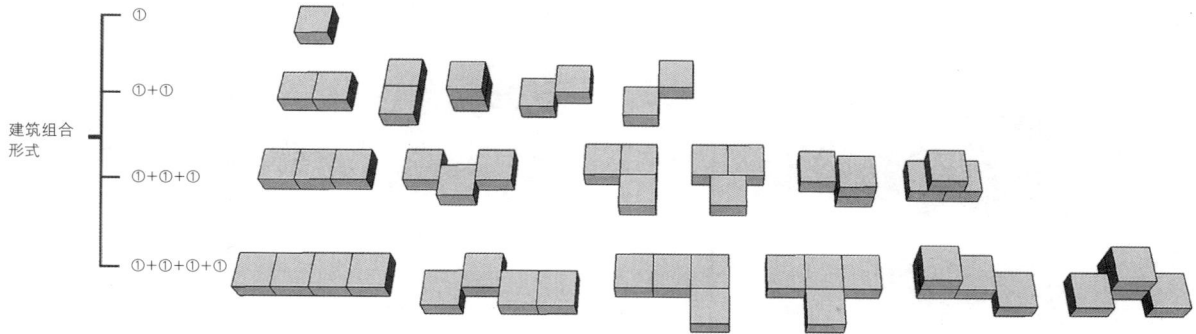

建筑组合
形式

①
①+①
①+①+①
①+①+①+①

图3　建筑组合形式

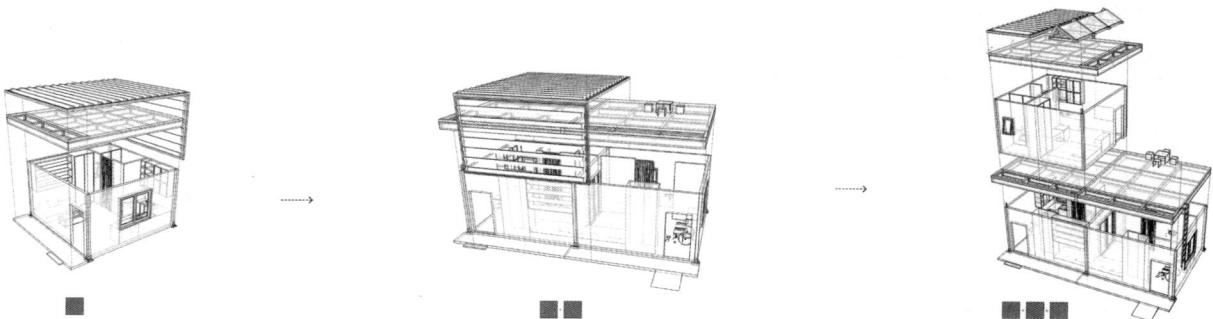

图4　建筑组合策略

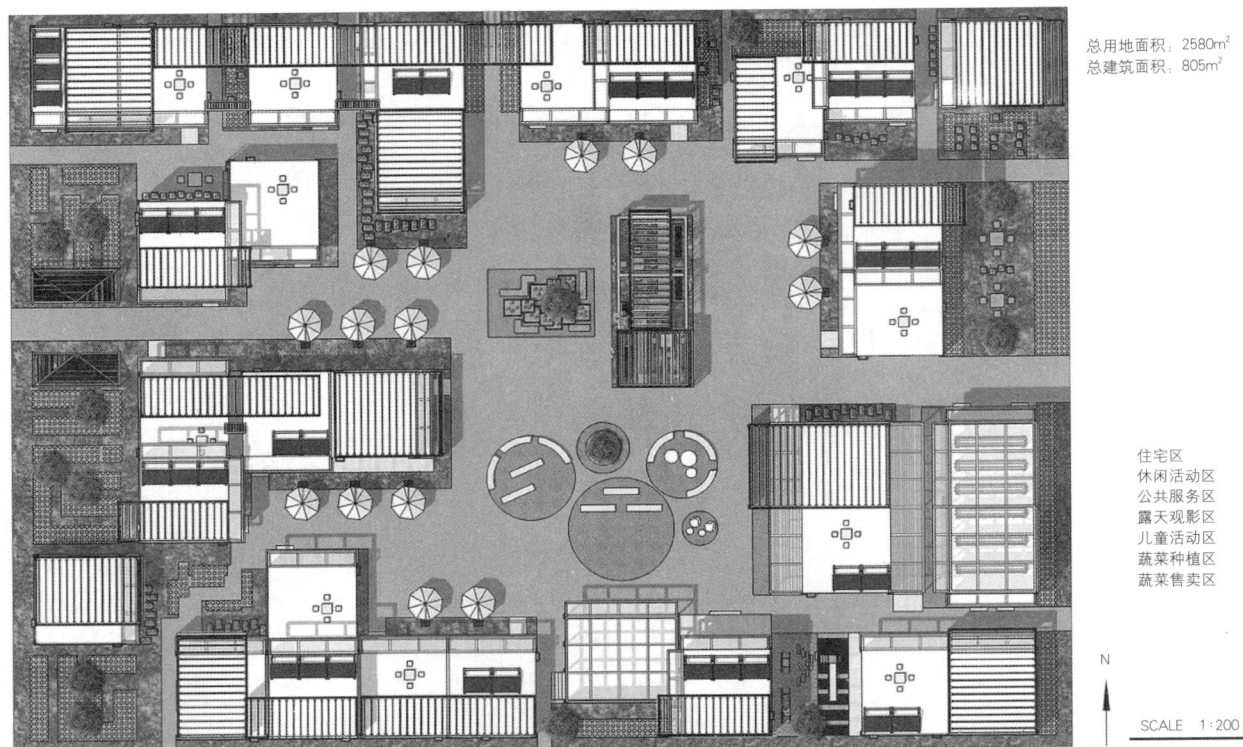

图5　园区平面图

总用地面积：2580m²
总建筑面积：805m²

住宅区
休闲活动区
公共服务区
露天观影区
儿童活动区
蔬菜种植区
蔬菜售卖区

N

SCALE　1：200

图6　儿童活动区节点效果图

图7　露天观影区节点效果图

以销售给周边其他的居民。基地还设置了户外空间用于小型农贸市场的建设，周围其他社区的居民也可以参与其中。这样的配置处理使它很自然地成为一个面向周围邻里，积极互动的窗口。从微观经济的角度上看，整个社区形成了一个从生产到消费的社会生态链，有利于其在这个区域的可持续发展。不同于其他同类机构（如游民收容所）的隔离策略，这个社区将不再孤立于喧嚣的城市生活之外；而这对于城市发展和住民来说都是有利的。

3.4　系统设计

流浪者之家的设计采取可持续发展的策略。在满足社区对风、光、热等人工环境的基本需求的同时，在社区运营周期内尽可能地节约资源，保护环境和降低温室气体、固体废弃物等的排放。流浪者之家项目使用了多项利于节能的建筑技术，具体包括：室内无人照明自动切换开关、可编程温控器、低流速给水设施、雨水收集与灌溉系统、低用水量洗衣设备等。通过这些技术，流浪者之家大大减少了园区的能耗，有效降低了园区的运营成本（图8）。

绿化设计方面，园区除设置了常规绿化带和蔬菜种植区之外，在园区还设置了蔬菜种植箱和PVC种植管，以低成本、低造价营造出高品质的绿色生态社区，突出人与自然和谐共生的可持续发展理念（图9、图10）。屋顶和地面的雨水将通过设置于居住单元下部的水回收装置处理后，用于农作物灌溉以及马桶用水。其他生物废料和排泄物质则会通过埋于地下的沼气池

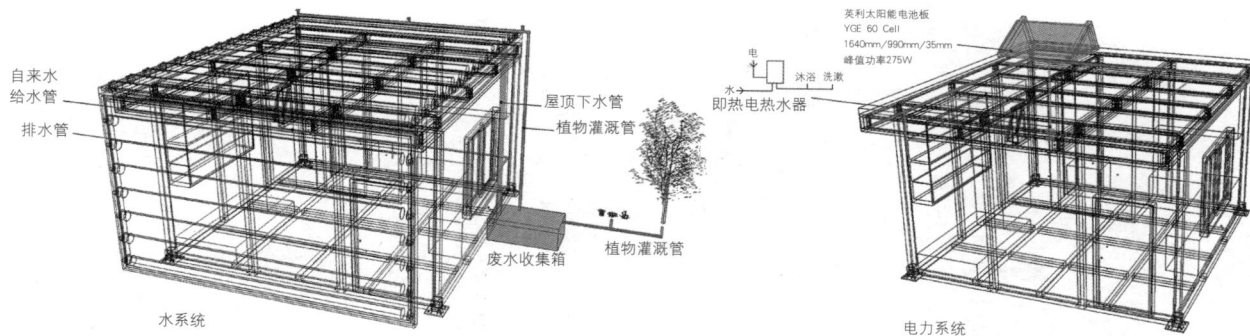

图8 水电系统配置

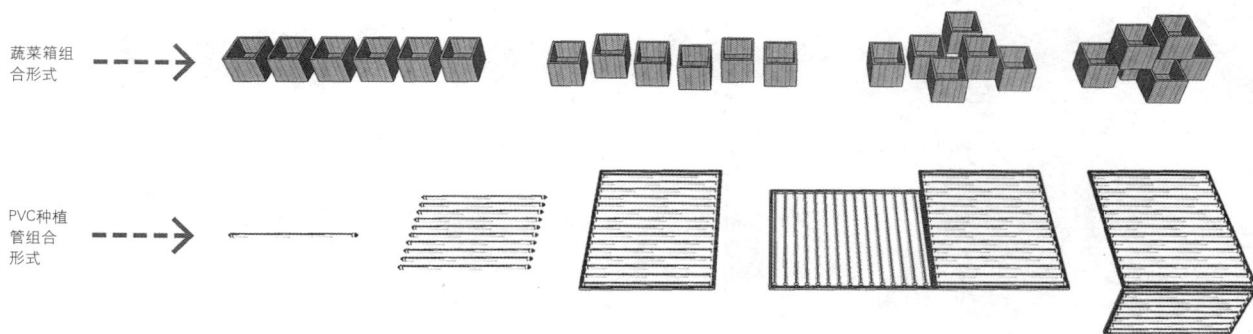

图9 绿化系统组合形式

图10 绿化系统节点效果图

处理成为各单元的小型发电机的原料，其所产生的能源将供给居住单元的日常生活使用。因此，整个流浪者之家是一个微型生态循环系统，通过自我循环利用能源，避免了不必要的资源浪费。

庇护又渴望自由的心理特点。同时通过结构、材料、工艺等技术手段创造出节能、环保、健康的绿色可持续性园区环境。希望本实验性案例研究能够为同类型的设计实践提供参考与借鉴（图11）。

4 结语

"流浪者之家"是运用建筑技术手段解决当代城市热点问题的一次尝试。项目以装配式微型住宅设计为策略，以解决流浪者群体的基本生存问题为出发点，通过灵活自由的布局形态消除建筑空间的封闭感和压抑感，以此迎合了流浪者群体既寻求

参考文献

[1] 曲媛媛. 模块化建筑空间设计的发展研究 [D]. 苏州大学，2009.

[2] 王慧婷. 社会排斥视角下残疾流浪乞讨人员救助研究 [D]. 兰州大学，2015.

[3] 李文红. 增能视角下城市流浪人员综合性社会救助模式研

图11　流浪者之家鸟瞰图

究 [D]. 广西师范大学, 2015.

[4] 阳玉平. 我国"蚁族"之理性审视 [J]. 社会科学家, 2009
(12): 102-104.

[5] 杨悦, 邹广天. 美国流浪人员救助建筑实例评介 [J]. 新建
筑, 2011 (3): 25-28.

[6] 齐宝库, 张阳. 装配式建筑发展瓶颈与对策研究 [J]. 沈阳
建筑大学学报, 2015 (4): 156-159.

[7] 袁海贝贝, 陆伟. 返璞归真——从原始棚屋到微型之家 [J].

建筑师, 2014 (1): 18-23.

[8] 陈群、蔡彬清. 装配式建筑概论 [M]. 北京: 中国建筑工
业出版社, 2017.

[9] 中国建筑标准设计研究院有限公司. 装配式住宅建筑设计标
准JGJ/T 398-2017 [M]. 北京: 中国建筑工业出版社, 2017.

[10] 住建部. 装配式建筑评价标准GB/T51129-2017 [M]. 北
京: 中国建筑工业出版社, 2018.

基于"低影响开发"雨水利用的乡村景观设计

——以赵黄庄行政村为例

周雷 赵晶

澳门城市大学　周口师范学院

摘　要： 通过"低影响开发"雨水利用的乡村景观设计研究，有利于解决乡村饮用水污染情况、水质下降以及对人的正常生活造成的影响；有利于发动人民群众保护水资源、维持生态系统的平衡、维持乡村居住环境的正常发展，以及社会经济的共同进步，同时保障了人民群众的身体健康和用水的安全性。

关键词： 低影响开发　雨水利用　乡村景观　景观设计

1　低影响开发雨水系统理念

随着生产力水平的不断提高，人们对于生态系统的索取与日俱增，这就造成了一系列生态循环问题的发生和发展，尤其是水资源问题更为严峻。我国正面临着水资源短缺的现状，造成这一现状的主要原因包括人类对水资源的破坏，致使水资源污染现象严重，尤其是近年来地下水位的不断下降，导致淡水资源短缺，用水危机等。

2014年10月住房和城乡建设部发布《海绵城市建设技术指南——低影响开发雨水系统构建》中指出，低影响开发（Low Impact Development，LID）指在场地开发过程中采用源头、分散式措施维持场地开发前的水文特征，也称为低影响设计（Low Impact Design，LID）或低影响城市设计和开发（Low Impact Urban Design and Development，LIUDD），其核心是维持场地开发前后水文特征不变，包括径流总量、峰值流量、峰现时间等。从水文循环角度，要维持径流总量不变，就要采取渗透、储存等方式，实现开发后一定量的径流量不外排；要维持峰值流量不变，就要采取渗透、储存、调节等措施削减峰值、延缓峰值时间[①]。

2　乡村景观设计中存在的主要问题

经济的高速发展，使得我国正经历人类最大规模的乡村环境改造进程。乡村景观设计中大规模硬化和不考虑场地因素的造景设计导致乡村环境面临着比较严峻的雨水现状是内涝频繁、水资源污染严重和饮用水资源短缺。雨水现状对人们的生产生活以及生活状况造成了威胁，构成了生态循环的不良发展。

2.1　乡村内涝频繁

赵黄庄行政村所处的豫东平原，地势低洼、土壤肥沃，是重要的粮食产地。在雨季，内涝频繁发生，影响了正常的交通秩序，人们的生产生活受到制约。多雨的季节，雨水使得生产状态处于崩溃的边缘，影响了正常的生产生活。雨季带来内涝，影响饮用水的水质，以及水资源的给排水系统正常的运行，破坏了正常的水循环系统。雨水淹没农田和绿化，大量的农作物被雨水淹死，居住景观环境遭到了毁坏，而且严重地制约了生态系统平衡，破坏了环境（图1）。

2.2　水资源污染严重

水资源的污染不仅来自于工业和生活生产污染，雨水对于水资源的污染也是不容乐观的。《中华人民共和国水污染防治法》已于2008年6月1日起施行，文中对乡村水资源的利用与保护作出了明确规定。雨水对于水资源的污染有其特殊性和不可预防性，主要表现在以下几个方面。首先，大量的雨水导致排水系统崩溃，乡村景观的排水是整个污水处理的第一道工

图1 乡村洪涝

序，大量的水土流失就会导致雨水的污染，使得雨水的水质受到一定的影响，大量的有害细菌成倍地增加，这就使得雨水的有害物超标。那么当雨水在此汇合到江河湖海中去，以及渗透到地下水中时，就会造成人类生活饮用水的污染，造成城市水质严重下降，水污染现状加剧，给人们的生产和生活以及自身的健康造成了一定的威胁。其次，雨水对工业用水的污染，致使被污染的水用于工业生产，造成工业原材料的污染，间接地对生产生活用具造成了污染，致使雨水污染造成的工业污染影响整个人类的生活健康和身体健康。这种污染将是一个长期的污染，对人的健康的影响是长期的，与人们的健康状况息息相关。最后，雨水污染水资源对建筑和植被的影响重大。由于雨水中的酸性等有害物质超标，在多雨的季节雨水大量地冲刷地表建筑物和植被，致使建筑物腐蚀，地表植被被污染等。

2.3 饮用水资源短缺

雨水对地表径流和江河湖海的污染，致使饮用水资源有害物质超标，饮用水资源污染严重，使得饮用水资源短缺，居民饮用水的质和量制约着整个乡村的社会经济的发展情况。首先，雨水对地下水资源的污染。大量的雨水渗透到地下水中去，污染了地下水资源，使得地下水资源的水质受到了极大的影响，从而进一步加剧水资源污染的问题，使得饮用水资源短缺现状进一步加剧。其次，雨水使得整个饮用水资源处于紧张状态。大量的雨水使得整个给排水工程压力巨大，正常的给水和排水功能受到了威胁，排水系统短时间内无法消化大量的雨水，致使原本不完整的乡村排水系统受到了一定的威胁，给水系统同样受到雨水的污染，不能够保证整个居民饮用水的质量安全和饮用水资源的充足。由于雨水污染水资源造成的水资源短缺现状严重地制约着生活环境的进步和发展，成为影响乡村发展和进步的绊脚石。

3 赵黄庄行政村的雨水利用对策

赵黄庄行政村辖五个自然村，项目村地处平原，西邻省道S206，北临汾泉河，南近清龙河。辖区耕地面积为5280亩，村庄生态绿化率为38%。是河南省高标准永久性粮田创建基地，项目村的经济与产业是良种繁育、板材加工、民艺编织、林业养殖。毗邻的汾泉河、清龙河以及村落中遍布的坑塘都带有传统劳动生产痕迹，其农业生产劳动精神集中体现在丰富的水系自然景观中（图2、图3）。

3.1 结合沟渠优化地表径流设计

沟渠是一种乡村常见的小型农业灌溉设施，沟渠洼地可用于排水——从低洼地沿公路、田野排水，或者将水从较远的地方引来灌溉作物。结合沟渠优化地表径流设计，主要是通过对乡村道路的横向改造，优化雨水地表流路径，有机地将雨水资源化、合理化的汇入坑塘、河流等，以此来缓解村庄雨水内涝的压力。

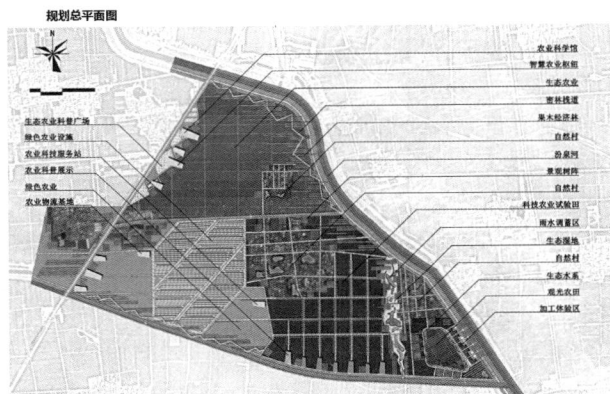

图2 赵黄庄行政村

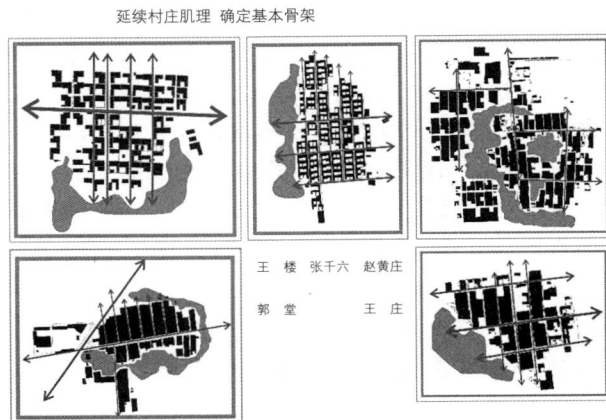

图3 赵黄庄行政村村落水体结构

减缓地表径流，有助于80%的固体污染物滞留在沟渠与花园内，达到"低影响开发"雨水资源合理利用的情况。通过结合沟渠优化地表径流的设计不仅满足雨水排水设计，还能避免污染物影响地表水质和生物生长，促使雨水有效地补充地下水资源，缓解饮用水资源的压力。

3.2 结合坑塘优化雨水花园设计

赵黄庄结合坑塘的雨水花园设计，将原有的独立坑塘与道路间的区域设计成若干个种植池收集雨水，收集池能够容纳的水深为6～10厘米，如果雨量过于密集，水将从雨水收集池的缺口溢出，汇入坑塘河流。种植池中密集种植灯芯草和狗尾花，利用植物的耐湿耐旱特点，有效阻挡杂质和沉积物，是减少水土流失、缓解"低影响开发"雨水压力而设计的植被式措施，通过植物发达的根系尽量留住雨水。这种结合坑塘的雨水花园设计具备相当强的水土保持能力，尤其是对雨水的吸附能力要高于其他植物。以此来达到吸附雨水中有害污染成分的目的，将大量的污染成分吸附下来，在一定程度上净化雨水成分，降低了雨水中污染物的成分。其次，结合坑塘的雨水花园设计有效地保证了污染物在被吸附的同时不被下行淋洗，也就是说雨水中的污染物成分必须要保持稳定的状态，不能被活化吸收，不能因为被植物吸附而形成另外一种污染物形式，再次污染植被，造成环境的二次污染，对于整个生态系统循环造成伤害。

结合坑塘的雨水花园具有以下功能：①通过滞蓄削减洪峰流量，减少雨水外排，保护下游管道、构筑物和水体；②利用植物截流、土壤渗滤净化雨水，减少污染；③充分利用径流雨量涵养地下水，也可对处理后的雨水加以收集利用，缓解水资源的短缺；④经过合理的设计以及妥善的维护能改善乡村的环境，为鸟类、蝴蝶等动物提供食物和栖息地，达到良好的景观效果（图4、图5）。

3.3 结合农作物种植的生态驳岸设计

生态驳岸设计具有其特定的调节功能，尤其是对于水资源的循环形成良好的诱导作用。生态驳岸设计从生态平衡的角度，进一步地强调了水对于动植物生存发展的重要意义，从而有利于人们更加珍惜水资源，有利于雨水资源的科学合理利用，进一步完成对于雨水资源的规划，充分肯定雨水资源化发展趋势的重要意义。

在中原的乡村，人民习惯在门口、路边、坑塘、沟渠边种植蚕豆、芝麻、向日葵等农作物。赵黄庄生态驳岸设计结合农作物种植习惯，把驳岸建设成为可种植的一米宽的梯田，用于农作物种植，丰富乡村景观。这种结合主要有以下几个辅助作用。首先，生态驳岸设计非常有利于水中的淤泥附着在其纹理上，这些淤泥对于整个水中微生物生长的环境是非常有利的，在淤泥附着的地方，微生物可以形成一定的群落，成为微生物栖息的场所。这对于整个生态驳岸系统是一个非常有利的促进作用。在生态驳岸设计的过程中，保证雨水对于河流的及时补充，从而建立自然生态水资源的良性循环。其次，生态驳岸设计培育了较完善的水体生态系统，水体生态系统与"低影响开发"雨水的利用现状密不可分，尤其是在长期的暴雨侵袭中，雨水的利用技术可以有效地缓解"低影响开发"雨水消化的压力，建立生态雨水循环的系统，使得"低影响开发"雨水的利

图4 赵黄庄行政村坑塘改造示范1

图5 赵黄庄行政村坑塘改造示范2

用可以更加的顺利进行。

3.4 集合生态修复转化水生植物设计

水生植物修复技术，主要用于修复污染的水体，而造成坑塘、河道污染的主要原因是雨水的大量冲刷、暴雨的冲击作用等。雨水的污染致使整个乡村水系的水质下降，水中富营养成分很可能因此而增加。针对乡村水体的生态问题，赵黄庄的坑塘在初期大量采用水生植物，这样很好地治理了雨水污染的水体，对水体的净化能力较强，增强了水体的透明度，是水生植物特有的功效。设计中采用的水生植物有石菖蒲、马蔺、鸢尾；挺水植物有芦苇、香蒲、水葱、千屈菜等；沉水植物有金鱼藻、轮藻等；浮水植物有水花生、凤眼莲等。这些水生植物不仅能对水中的污染物及有害物质进行吸收、过滤、分解及转化，还能丰富美化乡村的景观环境。

水生植物修复技术的应用主要有以下几个方面的内容。一方面，水生植物修复技术，是一种标本兼治的雨水污染治理技术，可以实现雨水污染的水体短期和长期的修复治理，保证整个水体水质透明度和营养成分的均衡发展，而且能够实现淤泥的有效沉降，进而加快水体的治理进度。另一方面，水生植物修复技术，除了净化雨水径流带入水体中的富营养成分功能以外，还可以自行分解出有氧成分，溶解于水中，为动植物的生存提供生物氧成分，增加营养（图6）。水生植物修复技术可以标本兼治地治理雨水污染问题，将雨水资源化转处理，使得雨水的污染成分有机地转化成动植物生存需要的各种必需品产物。

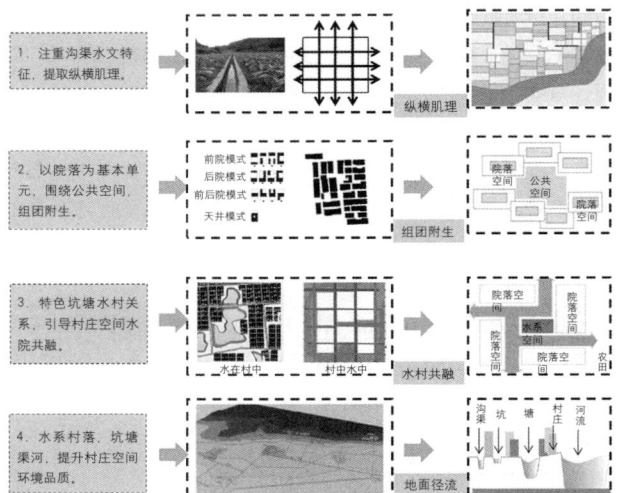

图6 雨水利用对策

4 结语

通过"低影响开发"雨水利用的措施，使乡村景观的生态可持续得以彰显，包括雨水收集、径流减缓、净化与下渗、农业应用等。往昔的生态乡村景观得到了恢复和改善，乡土生态系统的多样性得以保存，也为乡村居民营造了舒适的人居环境（图7、图8）。

注释

① 住房和城乡建设部印发《海绵城市建设技术指南——低影响开发雨水系统建立》，2015年1月。

图7 乡村生态环境恢复1

图8 乡村生态环境2

参考文献

[1] 俞孔坚，李迪华，袁弘，傅微，乔青，王思思. "海绵城市"理论与实践 [J]. 城市规划，2015 (6)：26-36.

[2] 吴丹洁，詹圣泽，李友华，涂满章，郑建阳，郭英远，彭海阳. 中国特色海绵城市的新兴趋势与实践研究 [J]. 中国软科学，2016 (1)：79-97.

[3] 王玮，王浩，郭苏明. 淮河流域乡村内涝地区聚落景观生态基础设施设计研究 [J]. 南京艺术学院学报（美术与设计），2016 (6)：156-158.

[4] 鲍梓婷，周剑云. 当代乡村景观衰退的现象、动因及应对策略 [J]. 城市规划，2014 (10)：75-83.

[5] 郭晓华，张桐恺. 融入LID理念的城市边缘区干道绿地景观设计研究 [J]. 长江大学学报（自科版），2014 (11)：15-17.

注：本文曾发表于《装饰》（CSSCI、中文核心期刊），2018年第4期。

因地制宜

——住宅空间的低碳设计创新方案解读

袁铭栏

仲恺农业工程学院

摘　要： 针对岭南地域的物候和人文因素，在选定的地块中进行住宅空间的低碳设计创新与实践，提出因地制宜，用被动式为主、主动式为辅的策略进行设计实践，处理好"环境—人—建筑"之间的关系。

关键词： 因地制宜　住宅空间　低碳设计创新　被动式

住宅空间的低碳设计需要进行创新，而创新是有一定限制和在一定范围之内，满足场地、人、气候、资源等条件的综合需求，进而产生的一种因地制宜、被动式为主、主动式为辅的设计策略。研究团队分别就共享式公寓、胶囊型微住宅、院落式儿童住宅、住宅的屋顶公共空间、创客低碳住宅等方面进行设计实践探讨。

1　类型一：低碳共享式公寓

在设计过程中，本类项目关注以下几个重点：（1）共享式的设计：场地的公共空间共享使用，人与人之间的良性沟通从而激发其他方面的共享产生。（2）建筑与场地的有机结合设计：建筑成为场地的一个有机组成部分，建筑—场地—人之间形成和谐关系。（3）农业景观种植：农业种植成为室外以及室内的景观，与场地生活息息相关，提供劳动、交流，甚至食物。（4）低碳出行：规划单车道、步行道，连接公共交通，使得出行更低碳与方便。（5）自然资源的转换利用：尽可能利用自然采光、自然通风，以被动式设计为主。另外，也通过设备将太阳能、风能转换为电能，提供给居住空间部分照明。以上基本策略，都要因地制宜，灵活介入住宅空间设计中。

1.1　设计案例一：广州大学城共享式公寓设计

1. 体现共享的规划设计

场地原来是属于大学城公园的空置区域，已经被闲置十年。首先充分尊重场地特点，结合公寓需求，将居住、公园、

社交、农业种植、游览、节庆活动等有机融合在规划中，体现共享、低碳的新居住方式。

在整个园区规划中，大部分建筑的一层架空，目的是增加共享的业态项目，如咖啡厅、商店、娱乐室、健身房、书店等。这些除了满足公寓区的基本需求外，也为公园使用提供优质配套设施。这使得居住者和游览者共享这些配套设施，将私密性与公共性结合在一起（图1）。为了使得建筑尽可能地减少对场地形成的冲击与破坏，提出了几种设计手段，分别是"架空式"、"覆土绿化式"和"嵌入式"。

景观节点
观线

图1　共享的规划设计

在具体的建筑设计中，为了满足大学生交往的需要，每个楼层都设置有共享空间，可形成阅览室、视听室、活动室、室外讨论区等。

2．低碳出行方式

低碳公寓社区营造规划单车道、步行道、游览道，并与大学城的公共交通连接起来，目的是做到低碳出行。

3．农业景观

被空置的绿化面积，将设计成为农业种植景观，分配给公寓居住者和村民，成为场地独特的生态景观。

4．雨水收集与利用

在设计中，项目注重对雨水的收集和利用。雨水进行分级蓄存，屋顶设置雨水收集系统，收集到的雨水一部分会被用于浇灌立体绿化，另一部分进入到自然湿地湖。而地面的雨水，则是直接进入地下土层。

5．建立立体的生态补偿体系

通过屋顶绿化、垂直绿化、空中绿化平台等措施，补偿建筑地块和道路所占用的原有场地绿化面积。

（1）屋顶绿化：因为部分建筑是嵌入山体的，所以这部分的建筑屋顶本来就是覆土的，顺势而为打造成为屋顶花园，作为一个共享空间，居住者、游人都可以沿着园路到屋顶花园。而其他建筑则设计屋顶花园，形成具有共享式的空中花园。

（2）建筑外立面绿化：建筑外立面采用了场地的竹子材料，设计栏杆式屏风。其目的有两个，一是具有遮阳作用，二是垂直绿化植物可以沿着竹子往上攀爬。

（3）房间之间的植物带：在共享空间及部分公寓房间之间种植绿化地被和小灌木，可增加绿化面积，产生一道绿色屏障，这可减少房间之间的影响。

6．绿色能源的利用

结合场地优势，利用太阳能集热板和风轮机进行发电。在屋顶花园的顶层搭建架子，上方安放数排太阳能集热板，倾斜角度为16.13度，转换为电能。在场地的至高处安置风轮机，发电储备能源。这些绿色能源将为公寓社区提供部分照明，也将启发人们，尽力践行低碳生活（图2）。

1.2 设计案例二：基于被动式设计的集合公寓

在这个项目中，由于地块限制和使用人群特点，提出集合

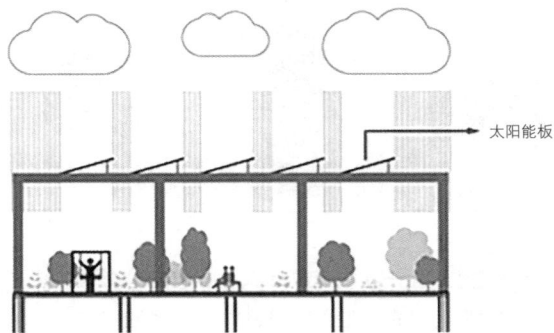

图2　绿色能源利用

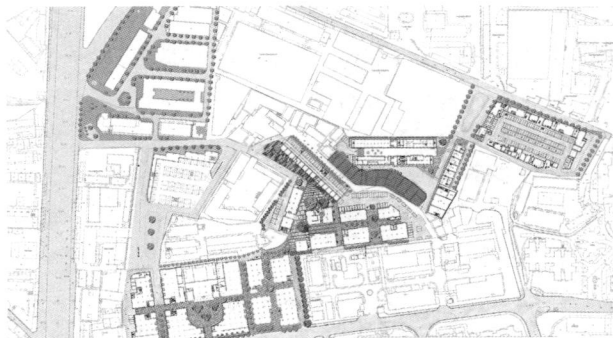

图3　项目地址现状

式公寓设计方案，因地制宜，以被动式设计解决具体问题。

项目位于广州白云区国际单位联合东路的居民楼区。该项目南部紧邻国际单位B区创意园，北部挨着当代美术馆，处于一个连接两者的中心地带。若该地块建造混合型住宅，为周边环境提供产权式酒店、住房、商业空间。一方面，建筑将能很好连接并辐射周边环境，带动其产业发展，为开发商提供了发展利益；另一方面，合理的建筑规划也充分地利用土地资源，防止了城市的无序扩张（图3）。

1.3 低碳节能系统在住宅空间的运用

1．结构材料的低碳设计

基于场地的实际情况，建筑地基采用混凝土结构，建筑由核心筒、裙楼、住宅单元构成。核心筒采用钢结构，两边背负住宅单元，并承担垂直交通、管道运输。

这种集中的构筑方式不但高效节能，而且施工快速灵活。建筑可在短时间内快速装配，或者快速拆卸回收（图4）。

住宅内部功能布局可以按照不同住户的需要而改装，在材料施工方面也具有明显的优势。

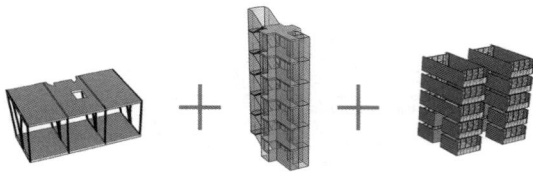

图4 结构组合

（1）根据工厂生产状况确定为单元式框架结构，其梁柱结构采用钢构件单元组成，连接以单边螺栓与柱梁直接接合。

（2）楼板采用钢骨结构体，再依次铺设管道设备、复合隔声隔热材料以及地板。而建筑的外墙则采用复合的板式隔热墙，一般为预制混凝土构件，中间为复合保温层（岩棉、木纤维、聚苯板、挤塑板、聚氨酯）。

（3）墙板采用镀锌钢板（镶入推拉窗框）。由于生产中采用了经济、可持续发展和环保的建造工艺，所以建造过程中低耗能、低废物产生。

2. 住宅空间的通风系统设计

在控制室内的空气流通方面，应注意换气、通气、气密三个方面。

（1）自然通气：住宅可采用大窗户，增加了室内通风，有利于更多湿与热的排出；在被动式系统上，住宅集中装配风塔，利用烟囱效应换气调节室内的温度湿度。

（2）室内气密：广东气候春季潮湿闷热，为确保建筑的气密，建筑墙体使用防潮气密薄膜、防风片材、钢制构件等材料组合形成气密层。

（3）机械换气：由于建筑的灵活装配，使用者还可以根据需要在住宅内装配机械换气主动系统，促进居室空间的全面换气，将特定污染物质排出或者回收利用热气，换气装置的能量由屋顶的太阳能电池组提供（图5）。

3. 住宅空间的采光途径

场地建筑密度较高，建筑间距平均距离只有

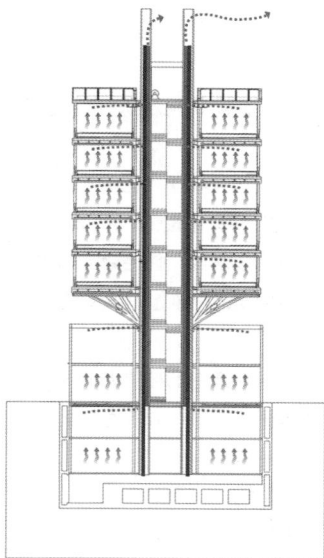

图5 冷热空气交换系统

7米，应该通过建筑的朝向和布局设计，获取自然光照明的可能，这也是节能的有效途径。

综合建筑采光的各方面因素（立面、光照、能耗），合理设计开窗位置以及大小、数量，满足室内采光以及窗地面积比的要求；住宅根据需要设置自然光调控设备（反光板、集光装置、百叶窗）实现强化或降低室内的采光，具有主动性地利用自然光，保证室内光环境质量。很明显，这样也减少了人工照明需求。

4. 自然资源利用途径

低碳住宅空间尽可能遵循清洁能源的利用与可持续发展的要求，建筑可从优化能源系统、利用可再生能源等方面入手。

（1）太阳能系统：太阳能是人类取之不尽用之不竭的可再生能源，在利用太阳能时应该考虑以下方面：充分利用南立面搜集太阳辐射转化的热能电能。利用各种有利的集热形式（坡地关系、外墙形式、开窗面积等）充分利用太阳能；太阳能板可以是遮阳装置形式，实现减少阳光直射到室内空间，从而减少空调设备的使用（图6）。

（2）屋顶绿化系统：屋顶绿化是农作物种植，便于管理，激发了居民的积极参与。屋顶绿地的种植有效地降低了太阳辐射热量；系统本身还参与了回水过滤的环节，为建筑的回水做出力所能及的贡献。

（3）雨水资源化：广州市区年降雨量较为充沛，为年平均2000毫米左右，所以建筑应制定雨水收集与利用、污水资源化方案，以增加用水效率循环利用率。

图6 通风、遮阳设计细节

充分利用自然环境的自我过滤功能，制定回水处理与回用技术方案，实现污水资源化；保证再生水使用的安全性、可靠性，高效合理使用再生水。最大限度地维持水资源的可持续发展，改善建筑周边生态环境节省市政供水，保证环境的可持续发展。

两个项目，都坚持以被动式为主，尽可能因地制宜地利用太阳光、通风、隔热，利用绿化降低热量，创造居住者可共享、共践行的低碳方式。

图7 平面布局

2 类型二：适度的把控——院落式孤儿住宅空间

从适度的理念开始，在住宅空间内与外的融合设计、场地资源利用、活动过程中建立人与人的互信关系，适度探索设施等方面的落实（图7、图8、图9）。

1. 自然因素融合

模糊室内外边界，将树下空间作为生活空间的一部分。（1）利用植被的围合形成户外活动空间。（2）根据植被高度、特征与游乐行为关系，高大植被适应儿童喜爱攀爬的特点，可设计为攀爬的游乐空间。（3）简易材料的组合。沙子、泥土、落叶、水等，通过搬运、填充、挖铲、投掷，产生呼应性的玩耍。

2. 资源的适度把控

建筑墙体：夯土墙加入秸秆，造价低廉，有效控制空气湿度。顶棚的材料：麻布。铺地：原围墙砌砖二次利用。新围墙：捆扎木棍。

3. 行为在空间上的适度把控

（1）模糊室内外的界限：模糊建筑与自然的界限，将家庭主要活动空间外移，一方面鼓励儿童到户外活动，另一方面增加家庭成员间的交流。墙体的高度变化与视线通达实现空间的通透性。功能外移，例如午睡的地方移至树荫底下，饭桌与厨房外移。

（2）邻里关系：邻居界线的隔离密度与窥视的度。利用小木枝干捆扎而成的曲线形围栏，其中有疏密的区别，且有观望筒让孩子可以窥探外面的世界，高处可以俯视周边环境，设置坡道与秋千让孩子可以俯视周边环境，同时高处能提供给人独处的空间。

4. 空间引导健康生活方式

适度的留白，给予儿童更多的想象空间。游乐空间不给予

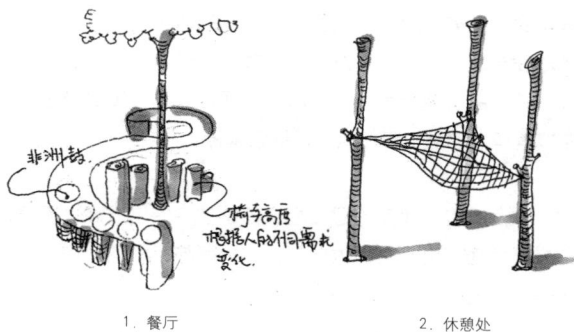

1. 餐厅　　　　　　　　　　2. 休憩处

3. 客厅：利用单元体连接的负形安置家具　　4. 书桌：两单元体之间的书写空间

图8 细节设计

预先的功能限定，提供可以发出声音的游戏平面与可供涂鸦的平面。例如巧妙利用晾衣架的形态，形成捉迷藏的区域。

5. 安全性的适度把控

（1）空间中的关怀体现：在建筑的围合形态中，以曲面为主，提供给人心理上的安全感。平面布局的围合关系，人与人之间的视线通达性都给使用者心安的感受。集体活动区域扩大，增加家庭成员的交流与互动。色调为暖色调，空间情绪更显和睦温暖。增添植被的种类与数量及其他体验因素，引发儿童的共鸣心理，乐于分享。

（2）尺度上的安全性适度把控：①安全规范。适度控制玩乐空间的高度、跨度及难易程度，建筑的形态多为曲面、倒角的设计，稳固的结构为孩子安全游玩提供了很大的保障，铺地

北立面

南立面

图9 立面空间处理

图10 大地之舟项目现场

使用软质的材料，草坪、沙砾等。②蜂鸟看护距离。成人与儿童的看护距离控制，一方面强调空间的通透性，需要具有明显的动线与出入口，另一方面强调适度放松保持距离。③适度危险体验。高度差异大的活动区域、适合攀爬区域或骑车活动。密度差异大的活动区域能激发探索精神。

综合而言，适度的把控是该低碳住宅的出发点，不仅停留在材料层面，更对空间内外融合、场所与行为的对应、人文关怀等方面进行了实现。

3 类型三：循环物料的利用——大地之舟的微型低碳住宅

虽然许多国家都已经有了低碳技术体系，但仍有许多小型建筑设计由于各种限制并没有用那些高技术的设计系统，而是采用了传统手法来维系空间内部的环境需求，大地之舟项目，就是利用循环物料进行微型低碳住宅设计与搭建。建筑师设计图纸，再召集志愿者与建筑师共同进行搭建。循环材料部分是从回收站购买，部分是捐赠。志愿者在建筑师指导下参与搭建，了解完整过程。

而在广州番禺区进行的微型低碳住宅实践项目，就是这样一个完整的过程，给当下人们一种新的思考：低造价、可操作的低碳住宅建设途径。而过程中，其重要原理有以下几个方面。

第一，覆土建筑，保温隔热的温室效应。建筑选址如果是在有高差的坡形地块，就因地制宜把建筑融入坡形土层中，使得建筑室内空间具有较舒适温度和湿度。如果没有坡形地块，建筑师就用被埋有土层的轮胎垒成保温隔热层，确保达到同样的温室效应目的。

传统的温室效应又称"玻璃花房效应"，是指透射阳光的密闭空间由于与外界缺乏热交换而形成的保温效应。一般的材料是厚玻璃，透光的塑料布等。建筑师正是利用这一原理把风能、太阳能、废物利用等元素集为一身，设计了"大地之舟"。建筑用轮胎和易拉罐做主墙体，屋子里没隔墙和门，一串房间组成U形，通向玻璃温室大棚；窗户是向南的，冬天的阳光洒满房间，热量被厚实的轮胎墙吸收，有效地储存热量；最冷可在零下34摄氏度甚至零下37摄氏度的严寒中保持相对温暖而不需要暖气。同时，坚固的轮胎墙还能抵抗强震（图10）。

虽然每个"大地之舟"形状各异，但在功能上都有以下共同点。首先利用自然能源的有效使用达到冬暖夏凉。

第二，废弃物料的再利用。在日常生活中，用过的轮胎、塑料瓶、易拉罐都是废弃物料，而建筑则认为其是低碳建筑的可用循环材料，且低造价和可操作。把轮胎灌埋土层，成为一个地基与墙体材料；切割两个塑料瓶并相互穿插，埋在墙体中，成为采光口；切割两个易拉罐并穿插，成为墙体的组成材料。这样，建筑的支撑部分都可以是回收物料和砖块组成。最重要的是，通过回收材料利用，形成一个具有隔热保温功能的建筑空间。

第三，土层地热的利用。埋设铜管空气管道至地下，两端连接室内外，其目的是把室外空气通过土层地热而转换成为20度左右的室内空气，保证室内温度的舒适性。

第四，雨水收集与利用。利用屋顶收集雨水。过滤后可供饮用和洗漱；过滤洗漱水后可用来灌溉室内植物或冲马桶，回水经过温室植物的根系过滤也可以作为冲厕用水；冲过马桶的水可通过地下管道流进室外的化粪池，流出的污水，可灌溉室外植物。

第五，农作物种植。在项目的前庭区域，预留一个可种植蔬菜及果树的空间。住户可以根据季节进行种植，部分能满足生活；但更重要的是种植也是水循环系统的一个环节（图11、图12）。

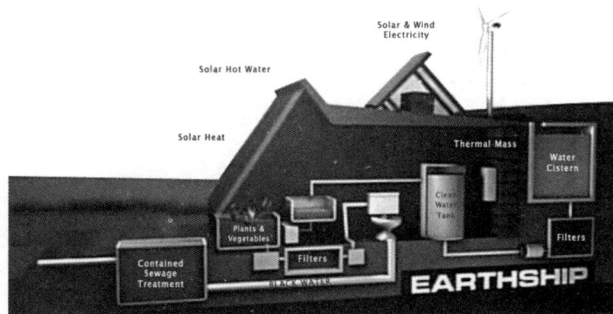

图11 项目被动式系统分析

图12 剩余材料利用

4 结论

抽取代表性的设计案例进行论述，总结出以下重要设计手段与策略。首先，要做到因地制宜开展低碳住宅空间设计，解决场地—资源—人之间的问题。其次，项目设计都遵从地域气候，采取被动式设计为主、主动式为辅的方式，适应地方的独特性和文化多元性。第三，通过住宅空间的低碳设计创新，激发人们去践行节能的行为与生活。

从这些案例中可以看出，国内外各个国家在低碳技术体系的指导下，通过结合当地不同自然、文化、风俗、技术等客观条件，逐步产生了一系列行之有效且具体的低碳住宅设计思路和方法，也形成一些评价标准和指导策略。可贵的是，在目前时代潮流之下，不但没有出现如"现代主义"时期那种扼杀地区与民族差异、千篇一律的面貌，甚至还产生了突出民族传统、地域特点、文化差异、形态差异的鲜活状态。不单如此，在全世界倡导低碳住宅理念人士的共同努力下，低碳住宅设计目前已逐步迈向多元化，形成规划—建筑—室内—家具—软装的整体化趋势，也关注人类本身的多种低碳生活方式与行为方式。

参考文献

[1] 薛一冰，杨倩苗，王崇杰等. 建筑节能及节能改造技术 [M]. 北京：中国建筑工业出版社，2012.

[2] 孙茹雁，乌尔夫·赫斯特曼. 节能建筑从欧洲到中国 [M]. 南京：东南大学出版社，2011.

[3] （英）彼得·F·史密斯. 适应气候变化的建筑——可持续设计指南 [M]. 邢晓春，译. 北京：中国建筑工业出版社，2009.

[4] （美）维克多·帕帕奈克. 为真实的世界设计 [M]. 周博，译. 北京：中信出版社，2013.

[5] （美）劳埃德·卡恩. 庇护所 [M]. 梁井宇，译. 北京：清华大学出版社，2012.

注：本文是2012年度国家社会科学基金艺术学项目"节约型社会住宅空间的低碳设计创新与实践"成果，项目编号：12CG094，项目负责人：陈鸿雁。

生态建筑人本观的基本要点研究

高云庭

广东白云学院艺术设计学院

摘　要： 生态时代下的建筑人本观有了变革性的新含义，以人为本必须遵循环境保护的前提。以"持续生存"、"诗意栖居"[①]为人本宗旨，以"自然"、"和谐"为人本精神内核，很好的厘清并调和了生态为本和以人为本的关系。重归自然、与自然协同发展是生态建筑以人为本的途径，生态建筑是人们精神的最佳寄所，使人享受于栖居自然，进入物我同境的诗化本真生活。

关键词： 生态建筑　人本观　持续生存　诗意栖居　自然　和谐

文艺复兴以来的笛卡尔式线性思维，技术革命产生的机械论世界观，这双"翅膀"助长人类中心主义傲视自然，羁绊世界建筑伦理观逾千年，建筑已变成资源消耗和环境污染的主要原因，造成了今天的生存环境破坏，人有被自然剥离的趋势。伦理恐慌和生态道德观的重建非人类中心主义环境伦理学和现代生态学开始批判人类中心论。目前生态建筑的技术生成和落地较快，实践中友好环境、和谐生态的成功案例也在不断出现。然而，人们对生态建筑的人文含义研究却较少，关于文化内涵的展现、心理结构的对位、精神情感的反映、伦理道德的构建、经济效益的创造、生活方式的体现等等重要问题，生态建筑的设计策略在这些人本关怀方面所给予的关注还远远不够，在人们的心目中还没有比较成熟的生态建筑之人本观念体系。

在生态文明的背景下，作为挽救人类栖息地的中坚力量，生态建筑以新的姿态重登历史舞台。自然环境是生态建筑以人为本的限制因素，生态建筑人本观（图1）蕴涵着人与环境和谐的生态观思想，范式中已包含了更广的伦理价值。生态建筑中生态观是人本观的基础，人本观是生态观的意义，生态观的实现有赖人本观的变革，人本观的智慧来自生态观的养分，两者互相依存于生态建筑中，旨归相同，都是探求人居环境的可持续未来、谋求人类的美好生活。

1 "持续生存"、"诗意栖居"是生态建筑人本观的宗旨

人类社会的发展已呈现出未来的不确定性，更糟糕的是人类已退守于种种生存危机，有些宗教家和哲学家开始提出以"可持续生存"代替"可持续发展"。生态建筑的历史使命，当然是首先确保人类的"持续生存"这一初级人本宗旨，也正是"持续生存"重塑了生态建筑，使其焕发生态时代的活力，使生态建筑成为实现"持续生存"的载体。生态建筑的基本目标是通过建筑承载可持续的生活方式，使人们能健康安全地生存在地球上，有了生存才能谈发展，这是一切可能事业的前提。所以"持续生存"并不否认人、建筑、社会的进化，生态观念也不是要回到"庇护所"，"持续生存"若阻碍了人类社会的全面自由发展，生态建筑便只能沦为乌托邦的空想，"诗意栖居"这一更高宗旨也可束之高阁。建筑之于人的作用对自然的态度起关键作用，在一个接近于零消费和零影响的、自给自足的系统中，均衡的净化的发展是必须的。发展是为了进一步保护我们的生境，是为了人类更好的生存，它们实则是相互依存的辩证统一关系。

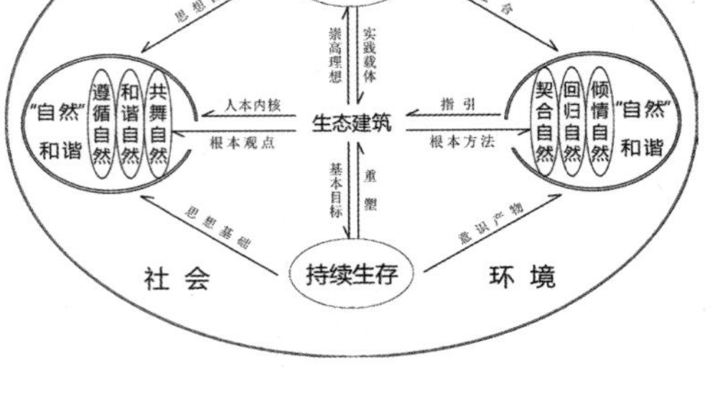

图1　生态建筑人本观的基本要点分析

生态建筑以人为本的高级宗旨——"诗意栖居",也是生态建筑的崇高理想。而生态建筑也是通往"诗意栖居"的最佳途径,正如海德格尔所说:"我们通过什么达于安居之处呢?通过建筑(building),那让我们安居的诗的创造,就是一种建筑。""栖居"并不限于居所,超出了建筑的领域,"栖居"不仅是支配一切筑造的目的,筑造本身就是一种"栖居"。朴素、归返自然的"栖居"本质已不是隔离自然,把自然当作生存的困境,而是纯然地把社会生活和行为方式融入自然,是人类在地球上"持续生存"的形象哲思。现代建筑观甚嚣尘上导致建筑空间、生活世界和自然环境疏离,脱离了传统而又没有找到新的场所精神,使人丧失了精神家园,人有着超越有限生命和趋向神明的赋性,而将思想重心转向纯化的精神领域。"诗意"则是生态建筑将"有限"持存于"无限"的方式,展开生命的本真,使居住成为栖居。人的情感得以归宿,从而走出了现代建筑的困境,彰显生态时代新的场所精神。"诗意栖居"是生态文明社会里最高境界的生活方式,它是一种归返本真的生命情感体验,追求人类生活的本质和世间万物的亲密关系。生态建筑作为"诗意栖居"的实践载体,应是充满诗情画意和自然情趣的生活家园,建筑的根基深植大地,在天空背景里聚集四周的风景,不只是简单地连接人和环境,质朴的存在贯穿此间,情感精神融入天地世间自由游弋,纳万物于空灵之心扉,自由的本真性情在自然之中栖居,建筑集聚世界与人类存在的和谐交流之整体,揭示存在的真理,以本真的方式呈现人的生活方式,这或许就是生态建筑场所精神的生动描绘。生态建筑的崇高理想就是要促使人类学会融合自然,主动投入大自然的怀抱,享受与蓝天共呼吸、与大地共生息、与生灵共繁荣、与万物共命运,自然和谐的永续生活方式——"诗意栖居"。

2 "自然"、"和谐"是生态建筑人本观的精神内核

实现生态建筑人本观的宗旨,必须从生态观实质出发,聚集天、地、人、万物于一体,体现人与自然的天缘关系、"人道"与"天道"的整体性和统一性,以"自然"、"和谐"为生态建筑以人为本的精神内核。"自然"的精神内核即自然而然、返璞归真、宛若天成,指人和天地万物的天然、本真的状态。海德格尔说"诗是一种度测(measuring)","'人在神明面前度测自己'……人只有当他以这种方式接受他的安居的尺规,才配得上人之为人的本质。","人类在其根本上就是'诗意的'"。人本质上是在不断寻源自己的天然本真,即便是在这个不思的时代。人能意识到并承受死亡,而使死亡成其为死亡,就是人追寻"自然"本质的结果。海德格尔认为"诗意栖居"发生为对"四重整体"②(das Geviert)的保护,即"守护四重整体的本质"。所以正是将这种回归"自然"的禀赋注入生

态建筑的人本观念中,展开生命与万物的度量和建筑活动,显露人和天地万物的天然、本真的"自然"状态,使人们能持续地诗意地栖居在大地上。"作为保护的栖居把四重整体保藏在终有一死者所逗留的东西中,也即在物(Dingen)中","栖居"保护这种"聚集"(Versammlung),并通过这种"聚集""四重整体"之本质于物中而保护着"四重整体",显露和保护万物的本真,其中体现着保护万物本质的纯一性,人与自然共融的和谐思想,终极本真状态的"物"是作为对"四重整体"的"聚集"而存在,本真的状态必然是"四重整体""聚集"于"物"。只有持守着"四重整体"聚集于生态建筑这一物,万物之本真保藏其中,体现人沉浸于世界之中的真理,联系自然和人类生活,使人的生活环境达到将天、地、人、万物的"和谐",人类社会与自然协同、共生、共进化,浑然一体,才使人持续地诗意地栖居真正发生。所以"和谐"的精神内核即万物同境、和合之道、共同繁荣,包括人、自然生态、社会环境等相互和谐。"自然"与"和谐"是"持续生存"的意识产物,也成为"持续生存"和"诗意栖居"的思想基础和源泉,此二者是"诗意栖居"中的人的一种情绪展露及精神状态,是生态建筑人本内涵的高度概括。

3 生态建筑实践以人为本的理念和方法

生态建筑作为实践其人本宗旨和人本内核的载体,以遵循自然、和谐自然、共舞自然为根本理念,以契合自然、回归自然、倾情自然为圭臬。生态建筑把目光投向我们的生存环境,聚焦生态自然,重拾生态系统和社会系统的动态平衡,构建有同境意味的空间场所,使人类情感逗留并徜徉其中,展现人的"诗意",度测新的生活方式和审美情感的尺规,聚集"四重整体",将人化空间良性融入自然环境中,让人们认识到融合自然而生的魅力,享受与大自然和谐共生的诗化的栖居意境,走向更为高远的本真生命体验。生态建筑将"自然""和谐"的人本精神内核与"诗意栖居"相互交融,最终成就自身为人们精神的最佳寓所,人、建筑、自然生态、社会环境显现出"自然""和谐"的天然适宜态势,自然就实现了"持续生存"和"诗意栖居"。

生态建筑契合自然是一种主动的遵循,旨在适应栖居生境,是实现"持续生存"的根基,也是"诗意栖居"的前提。遵循自然要求我们了解自然客观世界的尺规,依建筑活动与生态学相结合的观点,揭示生态结构、状态及其运动变化规律,及此对人类社会活动的影响,习得之后的模仿和学习大自然,才能使我们全然地遵循其中,与自然协调,与万物同境。仿生建筑(生态建筑的一个派生)意识到很多建筑中所探索的问题,自然进化早已产生最佳答案。仿生建筑的形式仿生、使用

功能仿生、组织结构仿生，很好地诠释了生态建筑向自然学习和遵循自然。生态建筑满足人的需求从合理性基本层面出发，用适度舒适标准来节制非必须的感性需求。强调资源节约高效、无废无污的使用方式，做好节水、节地、节能、节材，减少各种资源的消耗，同时对建筑资源充分利用和回收循环，以尽可能低的代价产出尽可能多的经济效益，在生态系统的整体性允许的界限内，达到在时空上对资源的最大社会效益。适度消费的节制自律是遵循自然的途径。生态建筑尊重自然进化衍生的多样性，结合当地生态环境，延续地方文化与民俗，保护自然物种和人文环境的多样繁荣。当地的气候和周遭环境塑造着建筑本身，当地域特征被完全体现时，建筑形式自然而然地产生。遵循自然的生态建筑呈现着自然而然的"自然"精神、万物同境的"和谐"精神。

生态建筑回归自然是一种理性的和谐，是积极意识的体现，是实现"持续生存"的保障，企及"诗意栖居"的本源。生态建筑突破物我主客限制，追求人和自然双重解放的道德律令，承认自然没有等级优劣的和合之道，这样才能返璞归真、聚集万物而化一，达到"天人合一"的回归自然之本真境界。生态建筑在新的非线性思维维度中和谐自然，建设不可机械分割的生态环境整体性，生态建筑注重策划和协调"本身"在生态和社会环境中的适当位置，谋求与环境系统的最大和谐与协调。在决策中考虑宏观和微观环境相互影响，考虑建筑的全寿命周期，在任何时段，环境影响都会反映在整体系统的其他部分，必须以时空观审视建筑的整体性，将生态建筑开放式地融入自然甚至成为环境部分和自然景观。开放性为生态建筑和谐自然敞开了一扇大门，以动态思维把设计面向适应未来的可能，开放是交流的基础，生态建筑把人、空间和环境融合成一个整体系统，一个自组织、自调节的开放系统，一个能量传递和物质转换的循环系统。在物质流、能量流、信息流的交换过程中，运行建筑系统功能，在设计方法上日渐强调有机和再生的自然循环，促使生态系统整体向稳定、复杂、高秩序的低熵方向发展，以及社会环境各要素相互内在平衡。和谐自然的生态建筑呈现着返璞归真的"自然"精神、和合之道的"和谐"精神。

生态建筑倾情自然是一种灵魂的共舞，情感地融入，是对"持续生存"的超越，是实践"诗意栖居"的必由之路。共舞自然是与自然共发展、协同进化，生态建筑继承人的秉性，成为进化过程中的良性酶，调节生态自然进化中的互利共生和竞争排斥[3]等影响，促进生态万物的和谐共生，寻求人类社会与自然之间演化的动态和谐。生态建筑的社会进化、展现自然、共舞自然依赖技术进步。西方国家中流行的高技术生态建筑产生了一些积极成果，而依各国情况选择适宜技术是生态建筑经济观的要求，建筑资源的"开源节流"和"软"能源都有赖于技术的创新。前行的道途根植并生发于技术之本质中，可以说正是技术才使生态建筑展现和保护着"四重整体"，揭示着人的"诗意"，技术的垦拓必将把生态建筑带向宛若天成的自然境地。现代生态技术把建筑托向新的高度时，符合生态规律的美学观自然产生，审美只有依附在生境中，才是饱满和实在的，生态建筑语言有了新的美学范式，将在新的语境中审美思维。众生命间的协同关系、在自然中与生境所表现出的演替形式才是生态的美，空气、水、能量在生命过程中相互协调就是自然的美，是万物的灵动创造着美。生态建筑遵循和模仿着自然生态美，通过"人化的自然"和"自然的人化"这一辩证的劳动创造，筑造着生态美学标准的栖居环境，把美化环境作为倾情自然的本真追求，来实现人与自然和谐、人与万物和谐、人与人和谐，聚集"四重整体"，让生态建筑与自然共舞，奏响自然的乐章，抒写生命的史诗。共舞自然的生态建筑呈现着宛若天成的"自然"精神、共同繁荣的"和谐"精神。

4 结语

生态建筑俨然是人类和环境相互作用的网络结构上的最重要节点之一，已成为人与自然万物对话的生态构建，承建着人类社会与自然生态互利双赢的关系，生态建筑以其独特的生态思维实现着它的人本观念。随着社会水平发展和环境变化，生态建筑的建造技术和评价指标体系都会更新和变化，但人本主题不会变，"自然""和谐"的人本精神内核会在生态建筑中日益深化，新的场所精神将全然呈现，"凝固的乐章"随大自然的节拍翩翩律动，使人类在"持续生存"的实现中，企及生活演化和心灵升华合二为一的境地，迈向"诗意栖居"的未来，彰显人之超然洒脱境界。

注释

① "诗意地栖居"这一命题最早由哲学家海德格尔于1943年提出，后成为建筑学等诸多领域的经典命题。国内也有学者将该命题译为"诗意安居"。

② "四重整体"指天空（der Himmel）、大地（die Erde）、诸神（die Göttlichen）、终有一死者（die Sterblichen）。天空代表澄明，指存在的敞开和现身。大地代表遮蔽，意味着敞开，现身于何处和对敞开的承载和藏匿。诸神意指神性的尺度，即终极状态或本真状态的存在性。终有一死者就是人。

③ 互利共生（mutualism）、竞争排斥（competitive exclusion）是生态学术语，互利共生：不同种两个体以一种紧密的物理关系生活在一起，是一种互惠关系，可增加双方的适合度。竞争排斥：共存只在物种生态位分化的稳定、均匀环境中发生，如果两物种有同样的需要，一方会占主导地位并排除另一方。参见（英）A.麦肯齐，（英）A.S.鲍尔，（英）S.R.弗迪《生态

学》（第二版）．孙儒泳等译．北京：北京科学出版社，2004：
122，154．

参考文献

[1] 林宪德．绿色建筑（第二版）[M]．北京：中国建筑工业
出版社，2011．

[2] 大卫·伯格曼．可持续设计要点指南 [M]．徐馨莲，陈然
译．南京：江苏科学技术出版社，2014．

[3] 海德格尔．人，诗意的安居——海德格尔语要 [M]．郜元
宝译．桂林：广西师范大学出版社，2002．

[4] 马丁·海德格尔．依本源而居——海德格尔艺术现象学文
选 [M]．孙周兴译．杭州：中国美术学院出版社，2010．

[5] 赵安启，马欣伯．绿色建筑基本人文理念阐释 [J]．建设科
技，2011（07）．

[6] 海德格尔．荷尔德林诗的阐释 [M]．孙周兴译．北京：商
务印书馆，2000．

[7] 刘先觉．生态建筑学 [M]．北京：中国建筑工业出版社，
2009．

[8] FATHY H.Natural Energy and Vernacular Architecture：principles
and examples with reference to hot arid climates [M]．Chicago：
The University of Chicago Press，1986．

[9] 徐恒醇．生态美学 [M]．西安：陕西人民教育出版社，
2000．

[10] 马丁·海德格尔．演讲与论文集 [M]．孙周兴译．上海：
三联书店出版社，2005．

注：本文为2016年度广东省教育厅省级重大科研项目"基
于人文视域的可持续室内环境设计研究"（项目编号：
2016WQNCX153）成果之一；原文已于2015年1月发表在《美术
教育研究》，本文题目有改动，内容有增补。

续以情为：情感之于可持续建筑的特质解读

高云庭

广东白云学院

摘　要：可持续建筑已是广被人知之事物，它面向和处理的是一个复杂世界，其情感向度的特质凸显正悄然衍生。本文从实践案例经验入手，从形之美感、物之寄情、意之怡愉、境之体认四个方面做了可持续建筑的情感属性探析，并梳理了情感特质的层次渐进关系。情感性在建筑可持续的多样性中可以具有体验的随时性。在可持续架构下生态与人情的统合形态的某种可能性恰可成为可持续建筑普及深化发展的另一起点。

关键词：可持续　建筑　情感

1　形之情感——愉悦视觉的美观形态

六面式造型其自身的可持续功用使可持续建筑依然具有类似于传统建筑的形式美特征。生态隐喻和融生于自然环境的深层形态结构使空间环境浸染着自然原生态的气息感觉。宗白华在《看了罗丹雕刻以后》中言道："大自然中有一种不可思议的活力……是一切'美'的源泉。自然无往而不美。"[1]视觉愉悦的本能追求与"假物不如真象、假色不如天然"相互作用的场的涌现将是空间环境的质朴美、生态美、自然美——一件"人化的自然"的艺术品。

生态材料作为意转形的主要物质载体较之传统材料数量并不算多，但它随物赋形的特征使之在色泽、肌理、质地、形式的感观上赋有优于现代工业材料的自然生态之美感，如泥土、竹、农作物纤维、芦苇等的形式和质感有天然朴素的艺术形象，这是理性、冷漠的不锈钢、铁、水泥、塑料等材料所望尘莫及的美学属性。甚至一些经处理的生态材料的逼肖效果都并不亚于天然材料的质感之美。

可持续技术显现或隐藏在空间实体中，是一种推动力和催化剂，带动、促进建筑新形式的产生和演替。所谓美即在于自然物本身，美是客观事物本身的属性，技术成熟的那一刻即是对求美意识的自由性释放的开始，具有视觉美感的空间形态应运而生。低技术之形态中常常会透露出的是一种谦和、低调、朴实的感觉，体现出一种乡土气息的、带有时间沉淀的、融合自然的传统美和原生态的美。高技术的无限可能赋予形式以自由度，形式新奇创造出形象的创造性，时代感的形象表现出时尚新潮的现代

美。高技术的复杂结构也可以表现出它的空间环境美，如索膜结构的预张力之动态美，钢架构的稳定和力量之形式美，力量、稳定和秩序之视觉形象映射着技术形态美的愉悦。

不同的气候区域和条件的许多美观建筑形式都是产生在气候与建筑的矛盾调和中，在寒冷地区有玻璃温室的通透晶莹之美、墙体的厚重之美，在干热地区有通风构造的艺术之美，在湿热地区有建筑结构的轻巧空透之美，在温带地区则表现出保温、遮阳、通风的综合形式之美。传统和地域文化的空间形式、特征构件、饰物、纹样、图案等造型语汇不但成本低廉，而且赋有相当的视觉表现力。正所谓美即源于文化的表扬，设计师往往惯于让地域传统在现代之中找到依存，运用造型语言作为传统文化传播媒介所具有的表意性。传统低技术的发展总带有地域性的文化基因控制，新生低技术则具有较强的经济和社会渗透力，低技术是地域传统在与现代文化的统一中的延续表现，设计师运用本土传统的低技术和建材是对地域传统文化之美的自然呈现。

2　物之情感——怀旧属人的情感寄寓

老建筑是历史为人们所看得见的面貌，一种"持久的精神"的情感场所。冈特·尼契克（Günter Nitschke）认为场所是生活时空的产物。[2]老房子不仅与我们有一种生物意义上的物质关系，更是内化于生活意义的情感构建。历时性价值（特别是地域传统）是可持续建筑改造尽量保全原有建筑形式和结构的意义展开，复杂多重的情感表征唤起人无拘束的旧

时所积淀下来的情感回忆，看到更丰富的世界也意味着看到了更完整的自己，这种心灵的照顾为人提供了一个临时庇护的港湾，一种家的放松、自在的温馨感。出于生态化和文化传扬之目的，可持续建筑设计也会袭用传统和地域文化建筑的形式及其特征，其中的认同感便直接或抽象强化了空间环境的情感关照。例如，壁炉前的那块布莱恩·劳森（Bryan Lawson）所谓的"家庭圣地"——家庭领域中最核心的公共性空间，这种温馨祥和的场所特征在现在也常被利用。

能比传统和文化产生更加浓郁的个人专属情感的是自主建造的房屋，自建房是具有社会伦理意义的重要可持续策略。诺伯格·舒尔兹（Christian Norberg-Schulz）认为"环境最具体的说法就是场所。一般的说法就是行为和事件的发生"。[3]房屋自建这一行为和事件作为生存环境的场所创造过程，在满足人生存的客观理性价值中实现"此在"的情感价值期待。当一个人通过自己的辛勤努力，倾注精力、融入志趣和喜好去完成了一个属于自己的居住环境，这个人造环境便深度地聚集了人的生活、精神和情感，并将相应的生活方式真实具象地表现出来，人的生命价值对象化的自我体认会产生心理上的满足感、成就感、自豪感，这种关系是人存在于世的一个根基。

节约高效理念下产生的小空间则是另一种能寄寓专属情感的场所。鲁道夫·施瓦茨（R.Schwarz）说："某个领域，当其规模小了才可能成为家。……筹建地要能成为一个家，其规模必须局限在可能想象的范围之内。"[4]小空间的魅力即在于它最大限度地空间庇护性总会给人一种安全性的领地感。小空间最明显的包被品质让我们的个人空间气泡触及每一个角落，对我们的心理情感衍射做出回响、对外界视线和噪声干扰的隔绝让我们能控制、选择与他人的交换信息。人与室内环境的单独对话体现出情感表达的某种绝对自由度，一种场所的中心。空间环境和我们的情感联系在这种经久不灭的体验中很快建立，这种情感的集结让我们有一种静谧和受到庇护的归属感。

3 意之情感——环境亲宜的心理怡愉

大卫·休谟（David Hume）说："看到便利就起了快感，因为便利就是一种美。"[5]"便利"因为其人本关怀的伦理美而使我们产生心理舒适。可持续策略在展现实用功能的时候，已经开始在重新设定以我们身上的一种"预先构成的沉淀"为前提的心理愉悦的潜在机制。心情畅怡的舒适情绪是可持续建筑自然化带给我们的基本心理感受。舒适感的可持续建筑同样可以生成新鲜感、新奇感，其与众不同的味道意趣天成，在环境中创造出幽默、戏剧化、惊喜等等心理体验元素，有深刻趣

味内涵的情趣感空间让人忍不住要放声大笑或是内心微笑。夸张、歪曲、错觉、复构的形态和环境都会形成心理情绪体验的触发中心，表现突出的体验效果给人深刻的情感印象。心理体验越丰富、越深刻，想象和联想就越积极地推动着心理审美情感的发展深化。

在非有若是的信息确定中产生的虚幻效果和神秘感会撩起人内心的愉悦，这便是建筑可持续化产生心理愉悦的另一个原因。虚幻、神秘的奇妙幻象在本质上类似于述说一个美丽的传说故事，捉摸不定的虚幻感是我们在空间所感观的东西重新创造成心领神会的事物在意识中的思飞神纱，这种确定已知的空间生成的扑朔迷离的表象会愉悦我们的心情。而虚幻象往往产生空间环境的神秘感，它的境界最能引起人的联想，促使人去探索未来，思索过去，由体验世界上升到超验世界，情感审美的理性升华中无法生成的认知图式唤起人们玩味未知的愉悦感。例如，雷姆·库哈斯（Rem Koolhaas）的波尔图音乐厅，其舞台背面饰有稍带透明的斜向交织编结的薄纱即是这种愉悦效果的典范。[6]

与情趣玩味、虚幻神秘相比，可持续建筑更深层次的心理愉悦则往往源于客体对主体的优势地位的联觉产物，可持续高技术力量的一种以摄魄的气势取胜的震撼美。它首先是自然力与人力交合下的一种惊惧或痛感，但感觉很快在威胁并不真正存在的确认中被其所含有的被"灌注"、"充实"和"提升"的价值所转换，可持续建筑技术对人的这种牵引力使惊惧痛感即转化为愉悦快感，表现为冲突、激荡、势动、粗犷、刚健、雄伟的惊心动魄之审美感受。对大自然和人本质力量的理解越透彻，就会产生越强烈、越深刻的心理情感愉悦。

4 境之情感——融合自然的生命体验

可持续建筑给予人的异于并超越于传统建筑的生命体认，是联系自然的通道存在多重阻隔的传统建筑不可能将人带至的一个更高境界。充满生机而意味深长的空间形象的心理解译激活了我们的天然属性，建构起的是人更为广阔的生命情感境域。可持续建筑设计以自然共运体为依据地把人类放回地球、自然和宇宙的大整体中构思和叙述我们人的故事。建筑具体体现了人和其周遭环境有序和谐的相互关系，人类家园在自然家园中，二者合而为一。例如，安藤忠雄的作品就是常以石板、水泥、木头、钢材、玻璃为材料，妙不可言地把雾、雨、风和阳光设计要素运用其中，表现出室内环境与大自然的整体和谐性。这种整体感会使我们在经验与自然的联系中深刻地体认到我们被自己的生活环境所包围，无法从怀抱我们的自然之躯中出走的事实，融生于自然才是本真生活的真正归属，超越主体

性和时空性的更高层次意义上的人与自然的同一建构让我们获得生命情感的归宿感与完整感。

明白自己存世之根基的那一刻即是自由度仅存于尊重和爱护自然之中的意识的觉醒，我们只有在和谐与秩序中释放人的自由天性。同时，可持续建筑本体也是对自然之自由品质的充分体现，通透的大玻璃、向外延展的平面、高挑的天庭等都可以表达出非限制性空间融入自然的自由意境，那种无拘无束、自由自在的徜徉状态，首先使人摆脱了各种思想的负担和困扰，自由和解放的感觉扩展我们定义意识边界的感知，让人保持他的自由和无限。"仰观宇宙之大，俯察品类之盛，所以游目骋怀，足以极视听之娱，信可乐也。"（《兰亭序》）质朴的存在贯穿此间，情感精神融入天地世间自由游弋，纳万物于空灵之心扉，自由的本真性情在自然之中栖息，人的生活和生命认识在自由的审美化境中得到升华。

在心理自由的体认中开启的是人内心的澄明之境，渴慕十全十美之人开始以神性尺度的崇高来否定世俗的尺度，在怀疑、审视"此在"的沉沦中超脱而去重现人本性中的美好，超越人类的局限性，企及一个"天地人神"共处的澄明世界，在人的生存本质上感受昭明、平淡、坦然的存在状态。而且，可持续建筑本体也能给人澄明清宁之感，玻璃天顶的中庭，充满生命神圣的阳光，空间的开阔感，自然景象和气息的渗入……它们生成于功能之"真"、技术至"善"而表现出清亮、整洁、轻盈、通透的空间形象，纯净感受的空间存在一种无限趋向于自然、无限趋向于神明崇高的去魅体验，人的内心从压抑向开敞的一种释放影响着身体、情绪以及精神世界。这种澄明的打开将每一事物都保持在宁静与完整之中，亦具有心灵之感染、涤荡、鼓舞、激动、改造的力量象征，揭示着"此在"的真理。空间环境中的人便得以直抵天空的仰望，而根基还在大地之上，这种仰望贯穿天空与大地之间，这一"之间"分配给人，形成人自由地向澄明徜徉的境域，内心之天地开始明朗起来，人在自行去蔽的亮光朗照中企及着澄明之境，人之存在的本然辉光似渐冉映照。

5 余论：情感的类型关系

可持续化的使用功能和形象化的情感表达是可持续建筑的物质和精神的互渗内容，空间环境形态所呈现的是人的生活方式、精神性格和审美观念等等，它们都直接存在于空间体验和环境感受的关系构建中，这便是情感之于可持续建筑的特质"约定"。它以其独特的模式作为人情体验的对象，具有较细微又庞大的尺度，不但可以近观，还可以远望；不但可以触摸，而且可以进入；还可将天地作背景，融天地而为一。全然呈现

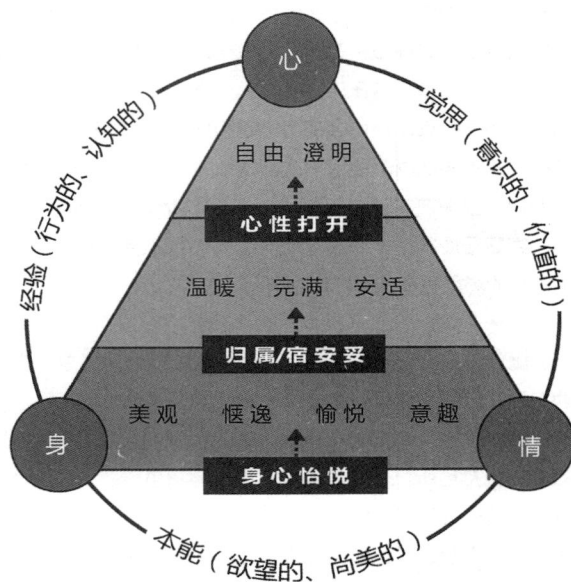

图1 可持续建筑在身．情．心三方面的感情构建

的新的场所精神所具有的有意味的形式是一种宽广高远且温暖人心的自然美和人情美体验。

可持续建筑以美观的形态、心理的愉悦、情感的寄寓、高远的体认展现着它情感特质的新内涵，使人在身、情、心三个层面上接受和体认到其感情关怀（图1）。首先，可持续建筑在生态、技术、地域传统等方面呈现出美观的形式和宜人的空间环境，给予我们视觉美感和心理畅怡的惬逸感受，幽默、趣味、虚幻、神秘、震撼的意趣空间环境赋予我们情绪上的愉悦、心理上的快感，此为身心愉悦的情感表征。其次，可持续建筑以许多方式寄寓着人的情感，给人一种"回家"的感觉，在归属感中我们便体验到了温暖、安适、自在，自然向空间环境的介入则帮助人体认到自我存在是地球自然整体之中的一个部分，在人之于自然的归宿感中体验到了生命的完整和圆满，此为归属（宿）安妥的情感表征。再次，可持续建筑的自然气息和品性总是在不断涤荡我们的心灵，给予人自由、澄明的空间环境之最高生命体验，这是完全相异于以往的精神的敞开和性情的解放，对生命情感的重新体认让我们的心感应、通达并体验到某种带有神圣色彩的崇高和澄明的境界，昭示和彰显人超然洒脱的畅神之境，此为心性打开的情感表征。

身、情、心三个层面从外在形式之"实"，到心理情感之"虚"，再到生命体验之"真"，由外至内的从感观表象到精神体悟，由浅至深的从身心体验到心性世界，在本能（欲望的、尚美的）、经验（行为的、认知的）、觉思（意识的、价值的）三个情感体认机制上相应而显，层层深入地把人从外化形

象逐渐带入空间语言的意涵之中，在自我存在的重新体认中进入崭新的体验境界，空间环境中的各种体验和感受等心理状态及其发展可谓丰富而高远，使我们得以体验到更为完整的生命情感，在平凡生活中企及惬逸、完满和心灵升华合而为一的境地，让人更加接近于诗意栖居的可持续人居理想。

参考文献

[1] 宗白华. 艺境 [M]. 北京：商务印书馆，2011：28.

[2] Nitschke，Günter. From Shinto to Ando：studies in architectural anthropology in Japan [M]. Academy Editions，1993：49.

[3]（挪威）诺伯舒兹. 场所精神：迈向建筑现象学 [M]. 施植明译. 武汉：华中科技大学出版社，2010：7.

[4] R.Schwarz：《Von der Bebauung der Erde》，1949年. 转引自：（挪威）诺伯格·舒尔兹. 存在·空间·建筑 [M]. 尹培桐译. 北京：中国建筑工业出版社，1990：24.

[5] 朱光潜. 西方美学史（第二版）[M]. 北京：人民文学出版社，1979：223.

[6] Heybroek V.Textile in Architectuur [D]. TU Delft，Delft University of Technology，2014：14.

注：本文为2016年度广东省教育厅省级重大科研项目"基于人文视域的可持续室内环境设计研究"（项目编号：2016WQNCX153）成果之一。

数字技术与
空间创新设计

数字工艺的解读

丁 俊

苏州工艺美术职业技术学院环境艺术系

摘 要： 基于技术的进步，探讨当下语境中的数字工艺是符合发展趋势。文章从分析工艺的概念、现代设计的发展历程出发，提出不论技术条件发生何种改变，工艺都是设计实施的核心要素之一。在当今数字时代背景下，对工艺的研究应具有新的内涵，包括其工具、方式与材料等方面。

关键词： 数字工艺 手工艺 工业化 数字化

1 研究背景

在目前数字化技术日益普及的背景下，人们的研究焦点主要在形态、结构、材料等几个方面，而数字时代的工艺问题并没有引起足够的重视。有学者认为工艺与传统有关，无关现代设计。还有学者指出，工艺是一个持久的命题，超越时代。那么数字时代的语境下是否存在工艺问题？其内涵及其操作方式又是怎样的呢？对这些问题进行深入探讨将有助于数字时代设计探索的实施。

2 何谓工艺

什么是数字工艺？它具有什么基本特征？就像任何新生事物一样，人们对这个问题还很难形成共识性认识。但是首先对工艺的概念及其分类进行分析是对此问题进行深入探究的开端。在相关工具书中可以发现多种相关解释，如《当代汉语词典》作出这样的解释："将原材料或半成品加工成产品的工作、方法、技术等"。[1]在不同的工具书中对此概念的解释会稍有不同，但是最基本的解释都是"使各种原材料、半成品成为产品的方法和过程"。其本质面向加工制造，是一个非物质的方法和动态的过程。

分类方式上，《美学与美育词典》有比较详细的说明。该词典对其按两种分类方式进行说明。第一，工艺按照用途可以划分为日用工艺和陈设工艺两大类；第二，按照"制作特点和艺术形态的角度，将工艺分为传统工艺、现代工艺、装潢美术、民间工艺四大类。工艺的制作，常因历史时期、地理环境、经济条件、文化技术水平、民族习尚和审美观念的不同而显示出不同的时代风格、民族风格和地域特色"。[2]

然而，在设计学领域，人们更多的将工艺[3]归为传统的工艺，或者说是手工艺。约翰·沃克、朱迪·阿特菲尔德在其著作《设计史与设计的历史》[4]一书中单独列出一个篇幅讨论"工艺与设计"，该书明确提出，"'工艺'这一名词意指'技艺'，尤其是手工技艺，因此有'手工艺'一说。[5]该书将工艺定位为传统手工艺，不知道是否是为了界定设计史而刻意将为之。毫无疑问的是传统手工艺和现代工业是存在矛盾的。那么工艺就只存在于传统手工业时代吗？

如果将工艺与技术的概念进行比较或许能有所启发。因为，技术与工艺的内涵虽然有一些类似，但是技术一直在快速发展，也并没有那么多的历史负担。可以发现，对工艺的有些解释与"技术"这个概念有一定重叠，那么二者是否存在差别呢？《现代设计辞典》对技术一词的解释如下："英文中该词源自希腊语，意谓与自然相对的人工之意。汉语的所指更为明确。所谓'技'，既指技艺或本领，也指掌握某种技艺或本领的人，即工匠。所谓'术'，是指实现这些技艺所采取的方法、手段或策略。所以一般所谓的技术，是指人类为了实现某一目的，所进行的活动中所采取的手段与方法"。[6]《方法大辞典》解释："广义来说，技术是人类在生产实践和各类非生产性的社会服务活动中，所创造的具有一定目的性的一切方法和手段的总和。是人类知识和经验的物化"。[7]将其与工艺的解释进行比较可以发现，这二者是同义词，但是存在细微差别，即工艺是技术的结果。技术不断发展进步，导致不同的工艺产生。基于这样的认识就不必纠结于工艺是否指向于传统手工艺。

3 数字工艺的出现

基于不同时代的技术条件自然会产生不同的工艺，但是超越生产条件的工艺的基本特质应该是延续下来的。比如真实的材料、对自然的渴求、对技术的尊重等。这也是沃克和阿特菲尔德在《设计史与设计的历史》中表达的观点。无论是手工业时代的生产、机器大工业时代的生产，还是现在数控技术突飞猛进条件下的生产，强调工艺将是一个达成优秀、温情而又富于品质性设计的重要条件。

现代设计发展了大约一个半世纪，考察纷繁复杂的设计运动和风格可以发现一些线索。19世纪末期，人们还在抱怨现代机器大工业化生产的粗俗和缺乏美感，于是出现了影响深远的工艺美术运动、新艺术运动以及装饰艺术运动。尤其是装饰艺术运动，"兼具手工艺和工业化的双重特点，采取设计上的折中主义立场，设法把豪华的、奢侈的手工艺制作和代表未来的工业化特征合二为一，产生一种可以发展的新风格来"。⑧1925年从巴黎装饰艺术展览会上发展出来的风格影响广泛而深远。它影响到20世纪初期的图案设计、产品设计、建筑设计、服装设计等方方面面。而在地域上更是像现代主义一样影响了世界上主流国家和地区，包括当时的中国，其中上海就有十分明显的体现，称之为摩登风格。而这发生在全球化之前的时代更是难得。

当现代主义成为主流，方盒子、简约主义、理性主义、大批量机械化生产占据人们生活产品的各个方面。借力于美国发达的资本主义发展成为影响全世界和商业消费主义面貌的产品设计。而过于严肃、理性、简洁的城市空间导致了大量的社会问题。同时商业主义的产品设计也在20世纪70年代的石油危机中出现问题。人们开始关注设计的伦理问题。1977年美国著名设计理论家维克多·巴巴纳克甚至提出为真实的世界而设计。而后现代主义伴随着对于历史温情的回归便是对于现代主义冷漠的修正。但是后现代主义以形式主义的方式昙花一现，不再流行。现代主义所产生的这些深层问题还是没有通过哪种方式在尊重现有生产条件的情况下得到很好解决。

现代主义的一个主要矛盾就是如何在批量化大生产和个性需求之间达到平衡，如何在机械化千篇一律的产品中努力达到人们对于产品的情感化需要。如何在理性主义和人们对于工艺、品质的非理性需求之间达到协调。这些在工业化、批量化生产条件下很难得到满足。

工业时代，设计关系发生改变，设计师、生产者都发生了分离，由设计图纸到生产者再到生产机器，这个关系非常间接。人们都是按照流水线的方式进行生产从而以更高效率进行批量化的复制。流水线的生产方式加科层制的管理模式大行其道，这种方式使得分工细化，虽然增加了生产效率，但是却不能够像手工业那样能够从构思到制作一体化，不能产生为人们带来温情和品质感的工艺品。

同样，在现今这个数字化的时代，设计的分工仍然存在。并且人们制造产品的媒介也由一系列动力工具变成了更加智能的数字化控制工具。只要是人们在计算机里建模出来的产品都可以十分精确地被数控机器制造出来。但是在这个过程之中，设计师与产品制造的关系更加的疏离，工业时代情感化缺失的问题是否还会继续？

我们参考手工艺设计的特点或许可以发现一些线索。手工艺设计阶段从原始社会经过奴隶社会、封建社会一直延续到工业革命之前，长期伴随着人类文明历史的发展。手工艺的方式下，工匠们使用手动工具，直接作用于产品。手工艺具有较强的个体特征和品质保证，代表着温情和品质，延续对手工艺的重视将有助于我们解决工业生产条件下现代主义所产生的矛盾以及数字时代可能延续的问题。

4 数字工艺的工具、方式与材料

数字时代的到来为人类的建造行为提出了新的方向，从工具到方式乃至材料都发生了极大的改变。首先，工具上呈现这样一条清晰的脉络：手工业时代，人们直接操作工具，以人力作用于工作面；工业化时代，人们可以采用动力驱动的工具完成建造，提高了工作效率与建造的准确性，从而也可以进行更好的量产；在数字化时代，人们并不直接操控建造设备，而是通过计算机控制设备，从而实现更高精度和更复杂的建造。就目前的数字化技术条件而言，基本上常见的是四大常用的数字建造⑨工具：激光切割机、CNC数控机床、3D打印机、机械臂。其中，激光切割机、CNC数控机床和3D打印机已经得到了较广泛的运用，其生产制造方式也被大家所熟识。而机械臂目前仍然处于探索阶段，且造价相对较高，使用尚不广泛。

其次，数字工艺的制造方式呈现出截然不同的状态。有多位学者都进行了较为系统的总结。如加州大学伯克利分校的Lisa Iwamoto⑩教授在其2009年出版的《数字建造：建筑与材料技术》（Digital Fabrications:Architectural and Material Techniques）中根据过去十五年来数字建造的发展集中总结了五种方式：切片法（Sectioning）、镶嵌法（Tessellation）、折叠法（Folding）、等高线法（Contouring）和成型加工法（Forming）。而Lisa Iwamoto 在担任教职的同时，成立设计公司Iwamotoscott，积极投身设计实践，在业内也具有一定的知名度，其总结的数字建造方式也具有很好的代表性。英国的 Nick Dunn也在其数字建造的普及式著作中进行了类似的总结。

再次，对于不同材料的探索也是数字工艺所涉及的一个热门领域。因为材料涉及实施性，将真实材料与数字建造的条件结合起来才能真正完成建造过程，而不仅仅只是停留在概念和模拟层面。[11]这方面，西方一直具有崇尚建造的传统，对数字工艺中的材料因素进行了一定的探索。加拿大卡尔加里大学的Branko Kolarevic教授和美国印第安纳州的鲍尔州立大学的Kevin Klinger教授编写的《制造材料效果——建筑设计与制作的重新思考》（Manufacturing Material Effects- Rethinking Design and Making in Architecture）以论文集的形式比较全面的集中了一些在数字技术条件下对建筑材料的新探索。作者认为数字技术的创新手法重新定义了设计和建造的关系，数字技术使得对材料的探索可以从设计阶段贯穿于建造过程。因此材料效果对当代建筑的表皮显得更加重要。随着表皮变得越来越复杂，材料效果变成设计和制造效果的关键点。论文集主要展现了：基于创新性和实验性的材料探索所出现的设计和制造实践；建筑建造的新形式；各种制造材料效果的计算机数控技术成型与再成型过程；来自于设计和生产各个阶段的理论立场几个方面。[12]

如传统建造一样，材料对于数字建造的重要性也是不言而喻的。Christopher Beorkrem教授[13]指出，材料性能是可以带动数字建造过程并决定建造技术的。在其著作《数字建造中的材料策略》（2013）中，他分别从木材、金属、水泥、混合材质以及回收材质五种主要材质进行探讨，并选取案例通过模型再造的方式进行细致分析。通过这些案例分析了每种材料的特性，包括：连接类型、相关造价、材料变形、色彩、肌理、饰面、尺寸特性、耐久性、风化与防水几个方面，从而使得设计效果和形态相关联。

另外，传统材料与数字设计也可以进行结合。丹麦皇家美术学院建筑学院信息技术与建筑中心探讨了数字设计实践如何为建筑创作带来了材料思考的新思路，以及非标准化的设计如何对旧材料进行新的运用。在其2010年展览并结集出版的《数字材料》（Digital Material）一书中讨论了相关工艺的问题。"好的建筑文化传统上有赖于设计和建造之间的强力合作以及知识共享。建筑师在领会工艺中接受训练，而工匠被认为是建造实践中不可或缺的部分。这种相互的合作导致一种基于深刻理解工艺、材料与细节的建造文化"。[14]

因此，不同的材料选择合适的建造方式则会产生意想不到的效果。比如图1和图2就呈现出两种不同的材料结合不同建造方式后产生截然不同的数字建造效果。图1呈现了数控机床的

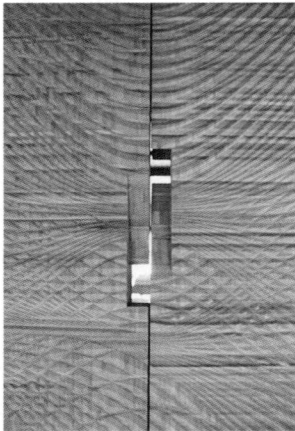

图1　德州大学奥斯汀分校UTSOA材料实验室的门板设计，表面纹路是用数控机床进行加工产生，充分发挥了木头材质性能制造出韵律性，体现出有别于手工艺新的美学特征和精确的工艺性。
（图片来源：德克萨斯大学奥斯汀分校建筑学院材料实验室官网）

图2　德州建造（TEX—FAB）2013年度优胜作品3×LP，运用弯压成型技术制造的表皮设计，充分发挥了金属材质的成型原理，具有很强的数字时代工艺性。
（图片来源：笔者拍摄）

成型加工运用于木头材质上的优势，方便成型，并且可以产生十分细腻的肌理效果。图2则采用了弯压成型技术，以折叠的手法结合金属材质制作的表皮设计的效果。

5　讨论与展望

"时代的巨流里，或许潜藏着看不见的周期。大约每十五年为一期，技术就会与社会碰撞出火花。专家开发的技术推广至一般人的生活里，而社会原有的脉络与意义，也就有了焕然一新的机会。"[15]

——田中浩也[16]

当下，数字化建造技术的社会普及可能为制造工艺带来新的改变。正如Lisa Iwamoto在《数字建造——建筑与材料手法》（Digital Fabrications, Architectural and material Techniques）一书中所言，数字建造催生了一场设计革命，产生了设计制造与创新的巨大推动力。图3来自于日本数字建造研究者田中浩也的书《FabLife——衍生自数位制造的著作技术的未来》。该图较为清晰地展现了"个人制造"时代的到来，即工业的个人化即将开始。个人化的设计将变得很方便，并且设计和制造的关系也变得更为紧密。在这样的背景下，造物工艺的研究将变得更具有探索性，即探究数字化技术条件下制造的工具、方法与材料。

可以设想这样的场景即将普及：当人们厌倦了市场上千篇一律的同类型产品，于是打开大屏幕智能手机下载了一个模型编辑器的APP，通过造型、色彩、材质的选择和编辑得到自己满

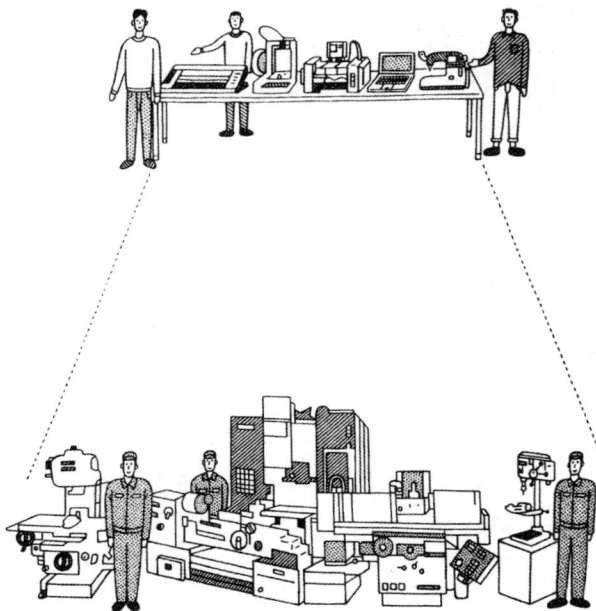

图3 工具机械的个人化为大工业生产带来巨大冲击,从家庭到工厂的生产过程变得更为流畅,并朝向自律分散的"云端个人制造"演进。
(图片来源:田中浩也著. FabLife—衍生自数位制造的著作技术的未来 [M]. 许郁文译. 台北:泰电电业股份有限公司,2013:15.)

意的产品虚拟图然后发送至附近的社区快速成型打印店,然后下班回家就收到了一个符合自己需求的定制产品。这个场景并不是在遥远的未来,因为目前以3D打印为核心的快速成型打印店已经开始出现,它们提供三维扫描、3D单色或者彩色打印、数控切割成型等多项数字建造成型服务。以往只是满足大型建筑设计,比如广州歌剧院、北京鸟巢等建筑的数字化设计和建造技术已经慢慢向普通人普及。随着数字建造成本下降和技术的进步,它将拥有更多客户。不管我们是否注意到,我们已经进入了一个全新的时代。

6 结论

技术的发展日新月异,现在有人将这个时代比喻为第三次工业革命,是基于数字技术的对于生产方式的完全的飞跃和改变。在这样一种全新的生产条件之下,必然要对生产制造和设计行业产生巨大的冲击,就像当年机器工业化时代背景之下现代主义的盛行一样。或许积极地拥抱这个环境,研究新型设计条件之下的工艺性才不至于被淘汰。就像现代主义将手工业生产送进了博物馆:要么走价格昂贵的路线被一小部分人收藏,或者躺在博物馆里被展示,或者成为博物馆纪念品商店里价格不菲的工艺纪念品。至少也可以像大工业生产时代的装饰艺术运动一样成为一种符合时代潮流的设计,即并不反对机械时代的到来,相反而是积极的从机械时代发现新的美学来源,反对单纯手工艺的倾向。

可以预见的是,数字时代新的技术和生产条件可以为人们提供更多的可能性。数字时代可以借助于数控技术的强大成型能力,满足更加复杂、更加精准的要求。同时可以让用户参与产品设计,单位个体对于一件产品关注度和时间精力的投入将为产品注入更多的情感化因素和对于品质的考量。尤其当整个社会的文明程度和审美情趣都达到更高层次的时候,可以想见数字时代的产品设计与制造将会诞生更多优秀的产品。

注释

① 中国知网. 工艺 [DB/OL] http://kns.cnki.net/kns/brief/default_result.aspx,2017-09-30.
② 同上。
③ 关于工艺,国内更容易将其与"工艺美术"联系起来,而"工艺美术"则在历史上曾指称设计,这方面可以参见张道一等学者的文章,如《设计观念——关于工艺美术教学的一个关键问题》(1983),袁熙旸则从设计教育角度对工艺美术到艺术设计的演变过程做了较为系统的论述,参见其博士论文《中国艺术设计教育发展历程研究》(2000)。关于"工艺美术"的概念,杭间曾在其论文中做过较深入的分析,如《"工艺美术"在中国的五次误读》(2014)、《从工艺美术到艺术设计》(2009)、《一个名词兴衰的背后——百年中国工艺美术和设计进程的选择》(2002)。
④ 该书对设计史这样一个年轻的学科进行了概念界定和方法的分析,全书共分九大议题进行讨论,工艺与设计即其中之一,所占篇幅不多。
⑤ 约翰·沃克、朱迪·阿特菲尔德. 设计史与设计的历史 [M]. 周丹丹,易菲译. 南京:江苏美术出版社,2011:38.
⑥ 中国知网. 技术 [DB/OL]. https://http://kns.cnki.net/kns/brief/default_result.aspx,2017-09-30.
⑦ 同①。
⑧ 王受之. 世界现代设计史 [M]. 北京:中国青年出版社,2002:105.
⑨ 数字技术条件下的生产包括工业生产和建筑生产,国内目前分别对应为数字制造(Digital Manufacturing)和数字建造(Digital Fabrication),文中主要探讨数字化条件下的生产工艺,因此,文章根据实际情况混合使用这两种名称。
⑩ Lisa Iwamoto任教于加州大学伯克利分校,在教学之余也积极投身设计实践,探索数字建造。
⑪ 丁俊. 数字建造的室内设计教育 [A]. 中国工业设计协会、无锡市人民政府. 2014中国(无锡)国际设计博览会高端论坛暨设计教育再设计系列国际会议(三)——哲学概念论文集 [C]. 中国工业设计协会,无锡市人民政府:2014:4.
⑫ 丁俊. 数字建造的研究现状 [J]. 苏州工艺美术职业技术学院学报,2014(01):19-26.

⑬ Christopher Beorkrem任教于北卡罗来纳大学夏洛特分校，积极投身于数字建造的探索。其撰写的《数字建造中的材料策略》(Material Strategies in Digital Fabrication) 一书成为数字建造的经典读物。

⑭ "good building culture has traditionally been supported by a strong collaboration and knowledge sharing between design and fabrication. Architects were trained in an understanding of the crafts and craftsmen were seen as an integral part of building practice. This kind of mutual collaboration led to a building culture grounded in a deep understanding of craft, material and detail." Riverside Architectural Press.

⑮ 田中浩也。FabLife—衍生自数位制造的著作技术的未来 [M]。许郁文译。台北：泰电电业股份有限公司，2013：序言。

⑯ 田中浩也，生于1975年，东京大学工学研究所研究科博士后课程毕业，工学博士学位。他是maker据点的世界性网络Fablab的日本地区发起人。

参考文献

[1] 雷德候著。万物：中国艺术中的模件化和规模化生产 [M]。张总等译。北京：生活读书新知三联书店，2005。

[2] 王受之。世界现代设计史 [M]。北京：中国青年出版社，2002。

[3] 袁烽，里奇 (Leach，N) 编著。建筑数字化建造=Fabricating The Future [M]。上海：同济大学出版社，2012。

[4] Antoine Picon. Digital Culture in Architecture：An Introduction for the Design Professions [M]. Birkhauser Verlag AG, 2010.

[5] Nick Dunn. Digital Fabrication in Architecture [M]. London：Laurence King Publishing，2012.

[6] Lisa Iwamoto.Digital Fabrications：Architectural and Material Techniques [M]. Princeton：Princeton Architectural Press, 2009.

注：此论文已发表于山东工艺美术学院学报，2018.1。

基于吉尔·德勒兹褶子思想的实验性设计研究

于晓楠

南京艺术学院设计学院

摘　要： 本文基于对法国哲学家思想家吉尔·德勒兹的主要理论——"褶子"进行探讨研究，在历史维度下研究褶子论在什么背景中被确立与发展，分析解读褶子论的主要基本论点："褶子就是世界和时空"、"褶子在物质与灵魂之间穿越"、"褶子与折叠建筑"。进一步阐释褶子思想在具体实验性设计中的体现与表达。最后，将褶子论与"折叠建筑空间"进行比较，指出其对当代建筑的巨大影响与启示。

关键词： 褶子　折叠　弯曲　当代建筑

1　德勒兹的"褶子"思想

在德勒兹看来，虽然褶子并不是巴洛克时期的发明，但褶子最初存在于无限的巴洛克艺术之中。并且褶子也存在于阿尔丰斯·穆夏的绘画、贝尔尼尼的雕塑之中（图1、图2）。其实褶子早就扎根于无限的艺术之中，例如早就有东方褶子、西方褶子、罗马褶子等。只是最初的发现者并不是吉尔·德勒兹。但他是将褶子思想发展起来的伟大哲学家，在破解巴洛克哲学家莱布尼兹的单子论的基础上，提出"褶子"概念。

褶子即曲线（弯曲），也可以理解为"繁复"。其中，迷宫就是典型的褶子。褶子无处不在，世界万物都是褶子。德勒兹曾说："如同洞里有洞一样，总是褶子里还有褶子。""任何褶子都源自褶子。"褶子分为有机物质与无机物质组成。有机物质是被内生褶子规定的；无机物质是被外部或者环境所规定的外源性褶子。但不论是有机体还是无机体都是一种物质，只是作用于它们的"活力"不同罢了（表1）。

褶子的两种物质有（无）机体的对比　表1

褶子类型	本质	呈现	区别	共同点	形式
有机体	外部规定性	朝向越来越小的团块	内褶趋势	都是物质	间接—交叉
无机体	内在规定性	越来越大的团块	外褶趋势		直接—简单

1.1　褶子就是世界和时空

我们的世界是以无数的曲线和点相切的无穷曲线，而曲线即为褶子。弯曲是褶子的基本特征，褶子就是无穷无尽的曲线。那么，可以理解为褶子就是世界与时空。德勒兹曾说：

图1　阿尔丰斯·穆夏作品中的褶子呈现

图2 贝尔尼尼：阿波罗与达芙妮

"每个分离体，不论它有多小，都包含一个世界。"那将这些"小的世界"组合在一起就是大的世界与时空。世界万物都源自于褶子，它们作为粒子、元素不断地弯曲、折叠、交叠、包裹、流动、缠绕归纳为各种形状的褶子。

1.2 褶子在物质与灵魂之间穿越

褶子涵盖精神与物质两个层面。物质在下层，灵魂在上层。两层相互联系，相互作用。其实从下层到上层都有灵魂的存在。有窗子的是下层，没有窗子的是上层，上层有半透明的带有褶子的幕布。在莱布尼茨的眼中，他认为上层的物质褶子通过下层的"几个孔"可以引起连接两个方向的绳索进行摆动，并能使下层产生音乐。表达了上层灵魂与下层物质之间的关系如迷宫般多样、复杂，但他们确有着一种的关系往来（表2、图3）。

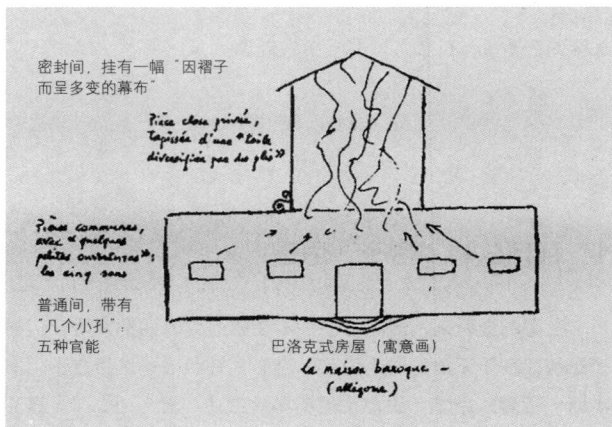

图3 巴洛克式房屋寓意图式

到上层，从物质到灵魂，从外层褶子到内层褶子，从越来越大的团块到朝向越来越小的团块的穿越（图4）。

褶子的两个层次与方向示意图 表2

褶子的方向	方法	形式	呈现	关系
物质中的重褶	按照最初的褶子样式被堆积成块	以不同方式折叠且多少被展开的"器官"	迷宫	相互联系
精神中的褶子	按照第二种样式被组就	遍及褶子		

褶子由一个运动的点，随着无限的"散步"、"旋转"而形成一条曲线。由于褶子是运动的、流动的曲线，它无时无刻不在变化与升级。

灵魂作为上层空间，它不断地在褶子中产生褶子，褶子中包裹（包含）着褶子，最终灵魂拥有褶子，被褶子所充满，而褶子则在灵魂之中。但这并不代表下层没有褶子，褶子从下层到上层，慢慢地汇聚为一个点，即为视点。视点随着褶子越来越小，但它并不会消失或者化为须有。所以褶子是从下层延伸

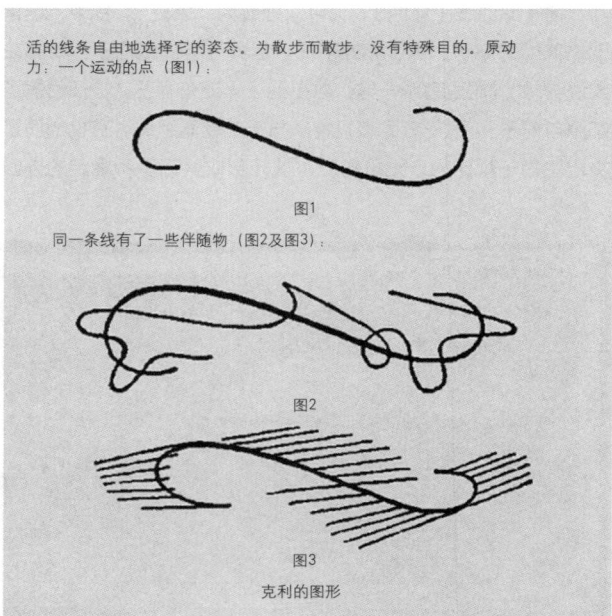

图4 克利的图形

1.3 褶子与折叠建筑

折叠建筑的代表设计师有彼得·艾森曼、雷姆·库哈斯、弗兰克·盖里等。德勒兹的褶子论是建筑新范式转型重要的理论基础，并对其产生了重要影响，使"折叠"成为复杂性建筑的重要的结构特征。在当代建筑中也突出表现了曲线、叠合、包裹、流动、缠绕等特点。

其中，弗兰克·盖里的音乐体验工程，就是典型的折叠建筑。它属于异形异构的曲线复杂空间。盖里是当代解构主义大师，擅长使用曲线与直线的结合。他打破了统一的、对称的、完美的美学原则。取而代之的是曲线，其作品中无论是横向还是纵向，都大胆地使用弯曲的线条。而且在他的作品中没有一条多余的曲线，他的所有作品都能看到褶子的痕迹。复杂扭曲的外形设计与繁杂、折叠的室内空间设计是一个整体化的设计空间，内部也同样拥有无限的褶子。整个建筑被朝向不同的弯曲褶子所包围（图5）。

当我们把建筑想象成一个褶子时，它是以什么样的形态呈现？从褶子的概念被引入建筑中来时，便为我们建筑师（设计师）解决了很多棘手的难题，同时也打破了传统的、规则的建筑美学形式，更重要的是为大家开阔了眼界，丰富了想象力。接下来以笔者自己的作品为例，根据褶子的特点，探讨褶子与建筑的具体关联。

2 折叠空间——独立美术馆

实验性设计——独立美术馆是空间延伸的具体体现。延伸是指在宽度、大小、尺度空间范围上向外延长、伸展。一方面可以指物体造型的延伸；另一方面也可以指精神领域的意境延伸（视觉上的延伸）。此次延伸的设计手法是使用曲线与不同程度的弯曲线条来完成的。

曲线能将空间的流动性融合到建筑之中，是一个不可或缺的元素。本人的设计来源于巴洛克国际博物馆——伊东丰雄的流动空间设计。他曾说过："当青蛙跳跃在水面上，带动的波纹会缓缓地向四周扩散，慢慢地越来越大，然后消散，一个个的波纹互相影响、流动。"这个也可以理解为褶子包裹着褶子，一个褶子的无限运动引起其他褶子的运动与交叉、折叠与包含。而他的设计就像这水波一样，打破传统的六面体空间概念，空间利用曲线营造一种无以名状的韵律与波动，界限模糊，相互渗透，形成"流动性空间"（图6）。

2.1 舞动的建筑——曲线的运用

越来越多的曲线被应用到建筑当中，原因主要有两个部分。一方面，弯曲的、舞动的、波动的物质形状可以让观者感受到情感体验和心理波动。另一方面，波动的情感体验和心理感受也通过相应的弯曲和波动的物质图形（形状）来表达，并产生丰富的心理体验感知与知觉。建筑师们对通过无穷无尽的弯曲和折叠图形进行建造，塑造成一个舞动的建筑。

其中，实验性设计独立美术馆的元素提取来源于：曲线（褶子）。首先将一个完整的圆变为多个大小不一的组合圆形，在根据平面布置功能来添加与减少曲线的数量与角度，将组合圆形进行分割。最后组成一个异样的圆形。通过将平面布置图组织为曲线空间，使得单调枯燥的垂直直角墙体不复存在，利用其曲线的弯曲角度，入口处的起转开合，给观者一种独特的体验感，由于曲线墙体造成的视线遮挡让人们无法一眼望到底，因此产生兴趣并想一探究竟（图7、图8）。

图5　弗兰克·盖里——音乐体验工程

图6 巴洛克国际博物馆

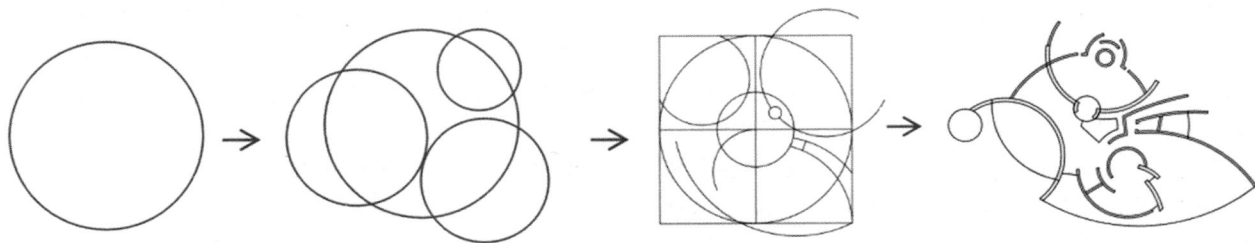

图7 独立美术馆的平面布置图－演化图

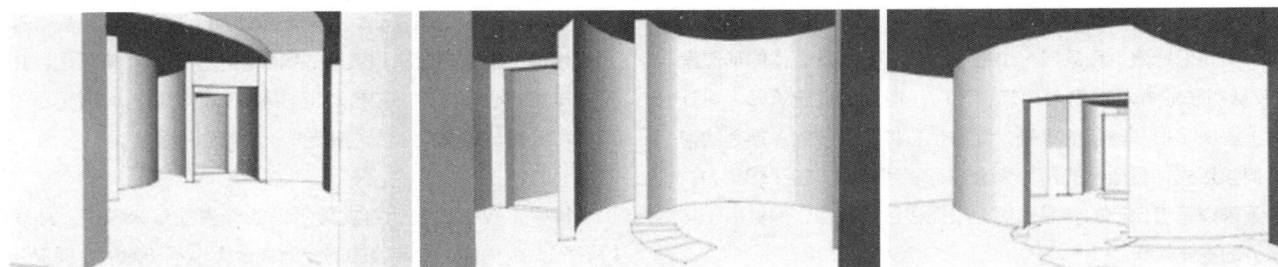

图8 独立美术馆内部空间视图

2.2 弯曲·流动·折叠

在整个设计中曲线遍布整个平面布置图，不完整的圆形或曲线有一种无限的延伸感。曲线中包含曲线，意为：褶子中包裹着褶子，一层围绕着一层，一层包裹一层。有一种俄罗斯玩具"套娃"的感觉。

建筑中利用无明确边界与界限的曲线来营造一种流动、延伸和无穷尽的精神世界。让建筑里充满了褶子，希望利用对几何圆的打散重构进行设计，创造一个连续、流动、异样化的曲线（褶子）空间。打破传统的盒子空间的概念，让建筑如流水般变化发展。所以，从最开始作者就先进行流线型设计，它需要探讨比较复杂的空间关系，而不是一个简单的角度问题。

建筑一直是鲜活的、处于变化之中，同时也是复杂的。它需要用一种物质来打破常规，例如利用曲线打破直角一般，抑或是在一个黑暗的方盒子中挖一个孔，让阳光照射产生迷人的光线变化。建筑也是个起伏、扭变、转换、折叠的空间体。正是因为它不断地变化流动，所以常常给人一种舒适的体验感，

让人们在行走中感知建筑感知建筑的"生命"（图9）。

其曲线是将两个或者多个线条进行叠加、组合、缠绕，这也是组成空间的一种方式。使建筑空间不再是孤立、静态、垂直向上的，它们是相互关联与融合的空间。这让各空间有更多的发展变化与可能，也让建筑仿佛有了思想与灵魂，就如每个线条，每个褶子一样从物质到灵魂之间穿越。

2.3 独立美术馆——折叠空间设计

独立美术馆建筑通体使用钢筋混凝土结构。建筑空间一共分为三个主要展馆：室外展览休息区、电子阅览区、庭院展览与活动举办区。独立美术馆中折叠空间——褶子的体现：墙体几乎都是弯曲的，有一些是倾斜的，沉重的复杂组合体中似乎包含着相互作用的褶子，彼此之间相互支持，相互扭曲、拉扯。在建筑外观形式构造上，入口处使用不同高度的曲面墙体，利用高差呈现错落有致的节奏感。在室内空间中，充分考虑观展的人流走向后，形成整个空间在公共上分享和动线中的流畅，创造环境让人们可以轻松交流与分享。并利用曲线来实现功能上的延伸与交叉。设计

图9 空间的延伸-独立美术馆（模型展示）

图10 流动·曲线·弯曲-独立美术馆（实体模型）

图11 独立美术馆-外部效果图

图12 独立美术馆-室内效果图

初衷是希望人们向前行走时能发现新的观展空间并驻足片刻，让大家能在空间里体验时与整个场所产生联系（图10～图12）。

3 对当代建筑的影响与意义

褶子理论对当代建筑设计的影响与价值是巨大的，突出体现在"折叠建筑"的研究实验。目前"折叠"与参数化相联系的主要代表建筑师是扎哈·哈迪德。她是在全世界铺洒其独特线条的建筑师，将曲线运用得淋漓尽致，并将流线型的设计推向顶峰，人们称她为"让建筑跳舞的女人"。

虽然我们现在无法建造一个理想的"德勒兹式"建筑，但是他的理论对我们当代的建筑来说无疑是有帮助与指引的。褶子理论不仅带给我们新的思想与建造形式，同时也打开了我们对传统建筑的新视野、新看法，并启发推动视觉艺术与建筑领域关于空间与形式的表现性研究，使之不断走向复杂。德勒兹的褶子论改变了我们对传统建筑一贯的认知，打破与更新了统一固化的形式规则与建筑美学原则。丰富了建筑的表现形式与人们的体验与情感感受。让建筑的表达更加多样、复杂、开放、自由。但我们不能为了表现褶子而去过多地建造褶子，这样容易陷入"形式主义"并忘记最初的设计初衷。

当然，褶子理论仍然存在一些问题与不足，不够成熟，很多问题还未涉及，对建筑设计的结合还停留在探索实验阶段。因此，建筑设计师们必须在深刻领会褶子论的含义前提下，根据实际情况，合理地运用到自己的设计方案中去，才能创造出最出色的建筑方案。

4　结语

综上所述，褶子为当代建筑设计提供了全新的设计思路，使建筑形式的呈现越来越多样化、复杂化。笔者设计的独立美术馆也是在其思想下指导与影响的产物。

独立美术馆实验性设计借助曲线、折叠对空间进行组合建构，将折叠的形体、弯曲的墙面与整体空间进行一种关联，模糊边界拓展更多的可能性。并将自然以"褶子"为载体，由室外进入室内空间，延续另一种自然。这个项目既是一种探索也是一种突破，其思考为当下的美术馆确立了一个重要的可能性，我们可以在此观展、讲座、观影、分享。它打破了传统意义中的美术馆，丰富多样的形体与功能，让人耳目一新。

图片来源

1. 图2、图7、图8，来自百度百科。
2. 图5、图6来自（法）吉尔·德勒兹．福柯·褶子。
3. 其余图片为作者自绘或拍摄。

参考文献

[1]（法）吉尔·德勒兹．福柯·褶子．[M]．于奇智，杨洁，译．长沙：湖南文艺出版社，2001．

[2]矫苏平，高雪，李红叶．褶子论对当代建筑的影响[J]．建筑学报，2012．

[3]崔增宝．论德勒兹的褶子思想[J]．湖北理工学院学报（人文社会科学版），2017．

[4]王琨，熊华希，张阳．褶子——德勒兹的褶子论对当代建筑设计的影响[J]．福建建筑，2013．

虚拟现实（VR）技术对现代室内设计
教学的影响

王明飞

吉林大学

摘　要： 现代室内设计作为我国一门新兴行业发展至今不过数十年，但仅就这数十年来看，其为人们带来了很多优质便利的服务并在社会上形成了深远的影响。现代室内设计在我国社会上是一门新兴行业，它同样也作为一门新兴学科出现在高校当中，目的是培养出更多理论与实践兼备的室内设计工作者、教育者，为我国现代室内设计领域的发展贡献一份力量。但目前为止，室内设计这门学科在我国高校内并没有得到很好的发展，使得我国在此领域没有更高的突破。现代社会是信息化设计会，信息技术为我们带来了便利，其在教育改革中也起到了越来越重要的作用，如何使用现代高新技术并将其应用到室内设计教学当中，培养出理论与实践兼备的创新型人才，如何解决我国高等学校目前普遍存在着的教学实验设备不足、教学手段过于传统等问题。本文将针对以上问题介绍一下虚拟现实（VR）技术应用于高校的现代室内设计教学当中，可有效解决阻碍我国现代室内设计发展的难题，使其迈上一个新的台阶。

关键词： 虚拟现实（VR）现代室内设计　信息技术　教学　影响

1　现代高校多媒体教学存在的问题

多媒体教学尽管为广大师生在课堂上授课与学习提供了便利，解决了一些传统实验教学存在的弊端，但学生们的切实感受明显受到限制，接受新知识的速度明显下降。

1.1　缺少互动

现在的多媒体教学往往都是按照老师事先预设好的教学流程进行点播式演示，学生只是一味地机械听讲，学生不能完全理解其全部内容，并且不能将自己听课后的想法很好地表达出来。尽管课堂上老师偶尔会让学生讲述一下自己假定的设计方案，但也只是口述。尽管有些方案听上去非常新颖也很合理，但由于该方案最终并没有真实地展示出来，导致学生在以后的实践中应用该方案时所遇待考究的问题非常之多，最后不得不重新规划或放弃该方案。利用虚拟现实（VR）技术可以弥补这些方面的不足，老师在教学过程中不必循规蹈矩，可根据自己的教学与实践经验为学生演示整个设计过程，尽管会有错误发生，但这无论对老师还是学生来说都是经验积累的过程。学生也不必受限于老师的教学课件，在设计过程中可自由发挥，这不仅能够加深对教学内容的理解，还能够激发学生的创作思维。

1.2　缺乏真实感受

学生亲身经历过后所得经验才会铭记在心，尤其是学生亲自操作自己设计的方案，无论该方案最终成功与否，对其影响都会非常深刻。但由于是实验阶段，不可能将该方案正式投入市场当中去建造实物，因此学生便错过了方案检验过程中最重要的环节，尽管如今的3Dmax软件能够很好地渲染出室内场景3D效果图，但其终究只是一张图片或是一张纸，学生不能亲身感受所设计出的室内场景如何，也因此使学生成为旁观者，无法直接参与方案检验，获得感性认知。虚拟现实（VR）技术可以为学生模拟一个三维虚拟空间，学生在此空间内可任意走动、操作。因此，无论是房屋建筑搭建阶段还是室内场景装修阶段，学生都可亲自操作，可切实体会到场景中的一切，并具有很强的真实感。

1.3 缺少灵活性

灵活性对于学生创作过程来说非常重要，它能够激发学生的创作思维，使他们的设计更加灵活。为了检验方案的合理性，有些软件只是能提供一些室内场景某个角度的效果图来供参考，不能很好地验证细节之处是否合理。此时，学生可借助虚拟现实（VR）技术，进入模拟的三维场景当中，可亲身感受自己方案最终形成的场景，并可任意移动场景中的物体以及操作各种设备等，以此来检验方案的合理性，这为以后方案的修改提供了很大便利。学生也通过亲身体验牢记方案的可行处和不合理处，为以后设计出更好的作品打下基础。

2 虚拟现实（VR）技术

2.1 VR的发展历程

VR的发展经过了最初的萌芽阶段、技术的出现阶段、技术概念和理论产生的初级阶段到最后的技术理论完善和应用阶段。VR在初期的萌芽阶段，主要是对自然环境中的生物感官和动态进行交互模拟，那时世界上就已经有了传感仿真器。VR技术的出现阶段是VR技术发展史上的一个重要节点，第一个以计算机图形为驱动的头盔显示器HMD及头部定位跟踪系统问世。在技术概念和理论产生的初级阶段有两件大事发生，M.W.Krueger设计了VIDEOPLACE系统可以产生一个虚拟图形空间，使空间中的图像投影能实时地响应体验者的活动；另一个是VIEW系统的出现，它是通过佩戴外部设备，让体验者通过动作、语言等交互方式，形成虚拟现实系统。在技术理论完善和应用阶段，不少公司为此确实付出不少，尽管有的昙花一现，但也为后来VR在其他领域的发展打下良好基础，所以今天在科研、航空、军事、医学、教育等领域都存在着VR的身影。

2.2 VR的含义和特点

VR技术也称人工环境，它是利用三维多媒体信息处理系统，模拟产生一个三维空间的虚拟世界，提供体验者关于视觉、听觉、触觉等感官的模拟，让体验者如同身临其境一般，可以及时、没有限制地观察、操纵三维空间内的事物。体验者进行位置移动时，计算机系统可以立即进行复杂的运算，将精确的3D世界影像及体验作者对空间内物体发出的操作指令进行输出产生临场感。从教学的角度说，VR技术具有以下特点：

（1）沉浸性，是指学生能够与VR系统所形成的虚拟三维空间融为一体，成为环境当中的一员，使学生的感觉就像身处现实环境中一样。计算机可以根据学生的语言或肢体运动，来调整系统呈现的图像及声音，并在环境中得及时到反馈。像这样在有限的现实空间内创造出具有多种感官反馈的虚拟环境，将使学生学习效率大大提升。在虚拟环境中所有物体均可按照真实比例进行3D建模，形成立体可视模型。这样我们可以将其应用到室内设计教学领域，老师和学生可以模拟一个正在施工的现场，学生可根据学习需要进入环境当中去亲身实践，这不仅达到了理论与实践相结合且同时完成了教学目的，也减少了学生花费去工地现场实地考察的时间和在工地实践的危险系数，这便是其优点所在，缺点就是由于该系统比较复杂，学生必须佩戴头盔、数据手套等传感跟踪装置，才能与虚拟空间进行交互。

（2）交互性，是指学生和虚拟环境或环境中的物体进行相互作用、相互影响。当学生在场景中移动时，环境中的视觉图像也会随之变化，并将信息及时反馈给学生，不仅如此，学生还可以在虚拟场景中做任何与现实生活中可以做的事，比如学生进入一个模拟的室内施工现场可以进行测量、拿起、放下、转动甚至施工等操作，这些动作和结果都会通过计算机处理后及时反馈给在虚拟环境中的学生，让他们实时地与环境互动，并从中获取实践数据，了解现实的施工现场工作流程，这样要比学生直接从多媒体课件上所学到的东西要扎实。

（3）构想性，这一特点对于学生来说非常重要，现代室内设计教学的目的并不是要将从前已有的案例全部灌输到学生的头脑当中，去让学生们重复以往已经存在的东西，那样我国室内设计领域永远也不会向前发展，正确的做法是由老师通过讲解或实地考察某些特别值得学习的案例，去启发学生们的创造思维，让学生们举一反三，突破传统观念的束缚，这才是现代室内设计教学所要达到的目的，也是学生必须要掌握的本领之一。学生通过在虚拟环境和与环境中的物体互动，必然会启发学生的创作思维，从而完善当前方案，并为以后重新规划其他方案积累经验和亮点。

3 虚拟现实（VR）技术对现代室内设计教学的影响

现代室内设计教学的目的是旨在提高教学效率和质量的基础上，更要全面提高学生在室内设计领域的理论知识与实践经验。然而，高校在室内设计教学领域所需要改变的并非只是要教学设备现代化，在教学观念、教学手段等方面也要现代化。

3.1 教学观念的改变

传统的室内设计教学观念在上面已经提到了，主要是由老师授课为主，老师通过课件将每节课所学内容传达给学生，内容也是由老师来决定，课堂上则主要是以老师为中心，很少有老师与学生或学生与学生之间交流的机会，这样往往会使学生处在被动的学习环境中，学生接受新知识的效率非常慢。虚拟现实（VR）技术的应用可以改变此种现状，为学生创造不一样的学习环境。老师上课可以引导启发学生，赋予学生主动性，由以往的以老师为中心转变为以学生为中心，老师起辅助作用，让学生自己动手去实践，因为逼真的虚拟空间能够给学生提供与现实当中一样的实践环境，在这个基础上，室内设计教学方式则特别强调由学生主动参与课堂学习和自主构建知识框架，这样学生通过自己亲身实践获得到的知识远比被动接受的知识记住的多、理解的透。因此，虚拟现实（VR）技术在室内设计教学领域的应用会极大地促使教学观念发生改变。

3.2 教学手段的改变

教学手段是老师教学过程的重要组成部分之一，它是老师教学目的和教学任务完成的有效保证。尽管现在老师课堂上利用幻灯片课件能够完成教学任务，但教学目的并不一定能够达到。学生是否真正理解老师所讲内容含义？老师所列举的问题是否都能解决？以后碰到类似相同问题能否处理？这些都应该是老师教学过程中或教学前应该考虑的问题。布鲁纳曾经指出："教学过程是一种提出问题和解决问题的持续不断的活动。"而这一过程最好是由老师和学生共同完成才有可能达到教学的真正目的。虚拟现实（VR）技术的应用恰能促进师生之间的合作与交流。在教学过程中老师可以让学生进入有针对性的虚拟室内环境中，引导、启发学生进行自主探究，让学生真正明白解决问题的方法，以及预计方案的可行处和不合理处，做到举一反三。师生之间的交流通过该技术也可做到区别与以往

的仅限于课堂内师生互动，虚拟现实（VR）教学不受空间位置限制，可以让分散在不同位置的师生"共处"在一个虚拟的空间内，一同参与方案的制定和实施，实现师生之间的有效交流，达到教学目的。

4 结语

虚拟现实（VR）技术的快速发展及其应用，给室内设计教学领域带来了深刻影响，实现了虚拟课堂与现实课堂的完美结合，并打破传统教学方式束缚，让学生成为课堂主角，亲自动手操作，使学习过程变得生动有趣，增加了学生的积极主动性。这不仅能够让学生真正了解到什么是室内设计，还能够让他们学习到有关室内设计实践方面知识，减少了到现实施工现场学习的时间和一些不必要的麻烦。虚拟现实（VR）技术的应用，能够让学生快速接受新的知识，自主创新能力也大大加强，达到理论与实践双丰收的目的。但虚拟环境毕竟不是现实环境，我们不能用在虚拟环境中的实践完全取代现实当中的实践，学生如果有机会还应该去到实地考察，这样才能更好地理解虚拟环境中的实践知识，最终更快速、更有效地了解和掌握室内设计的本质规律。

参考文献

[1] 赵士滨. 虚拟现实技术进入高校教学的研究与实现 [J]. 中国电化教育，2001（02）.

[2] 赵志刚. 虚拟现实技术对实验教学的影响 [J]. 中国电化教育，2007（12）.

编织的穴居

王晓华

西安美术学院建筑环艺系

导言

处于生存的需要，人类文明的许多成就源自于模仿。在无数种模仿的行为中，最具现实意义的莫过于人类祖先以洞穴为原型而展开的空间创建活动。受外部环境的刺激和影响，人类模仿出自己生理体验和心理领悟到的自然界中有利于自己栖身的物质构造方式，并赋予其丰富的精神内涵。

考古学界一般认为，以打制石器为主要标志的旧石器时代距今约250万年以上，正处于环境学家所讲的第四纪大冰川期，人类祖先基本上一直躲在各种各样的天然洞穴里。那些伸向大地体内，冬暖夏凉的天然洞穴为人类祖先提供了生息繁衍的庇护之所，幸运地躲过一次次的灭顶之灾。在漫长的洞穴生活里，守候在洞穴中的女人们每日祈祷着外出寻找食物的男丁们不要空手而归，蜷缩在洞口的老人们翘首祈盼着上苍多赐予一些温暖的阳光，正如埃及洞穴岩画所表现的那样，人们恨不得用捕鱼的方法将太阳留住，将其挂在洞口。随着气候转暖，冰川逐渐向高纬度、高海拔地区的退却，人类在一派生机盎然的天地之间发现新世界给自己准备了更多可以维持生命的食物。于是，人类采集食物的步子迈得越来越大，离开洞穴越来越远，从偶尔数日夜不归洞，到远离洞穴，开始了创建新的栖居方式。

在气候渐暖之际，人类祖先曾长期徘徊于洞穴与野外、固定居所与临时栖身之处之间。这种过渡性的生活状况，我们从非洲现存的一些原始部落的生活模式中可以体会到。例如，坦桑尼亚境内的赛伦盖蒂国家公园是一处世界著名的动物乐园，这里不但生活着数百万只大型哺乳性动物，在其西部的丛林中还生活着一支男人负责捕猎野生动物，女人在居住地附近采集野果和抚养孩子的哈扎比部落。哈扎比虽然搭建有一些简易的窝棚，但他们的大部分时间还是在洞穴里度过的（图1）。哈扎比人的窝棚先是用树枝和藤条编织成一种穹隆形的网架，然后用一些较粗壮的木棍作围壁，以防止野兽突袭。穹隆网架的外表是捆扎和包裹上的一层厚厚的棕榈树叶，待室内地面铺上几块兽皮后，就成为哈扎比人席地而居的房舍（图2）。然而，

由于该地区属于干旱少雨的热带草原气候，这种干茅草窝棚除了经不起一点火星诱惑外，舒适度也无法与山洞相媲美，只有在气候适宜的季节才能显示出它一定的实用价值。因此，哈扎比人的建筑意识一直停留在这种原始的窝棚阶段。

然而，五彩纷呈、充满无限诱惑的洞外世界，既有阳光明媚、温暖宜人的时候，也有让人饱受风霜、阴冷潮湿的痛苦一面。人类祖先面对新世纪的到来，那些原本可以勉强抵挡一点恶劣天气的体毛，经过百万年洞穴生活的"娇宠"已经所剩无几。所以，新的环境同样属于一种让人悲喜交加、历经艰险的历程。而且，一旦脱离天然洞穴笼罩和包裹式的庇护，人类自身也会成为野兽猎捕的对象，整日暴露在那种单凭生理优势来争取生存权利的自然法则之中。因此，从生存需要出发，如何在错综复杂的天地间得以自保，既是所有具有生命意识的动物

图1 哈扎比人狩猎回来在山洞里烧烤，平均分配食品（图片来源：风云 摄）

图2 哈扎比人在洞外搭建的窝棚骨架（图片来源：风云 摄）

本能反应，也是人类祖先必须面临的严峻挑战。那么，如何重新获得像洞穴一样的庇护之所，就成为人类创造新居所的灵感来源和参照对象。

洞穴生活使人类悟出的居所概念是一种相对独立于自然环境、具有一定恒常性微气候环境的容器。这种容器的基本功能是将人类生活所需的空间包裹或笼罩起来，使风雨无法进入，野兽无从下手，形成一种具有天覆地载基本内涵的小天地。至于如何才能塑造出这种保护生命的容器，关键在于人类对自己所处的自然环境的熟悉程度，特别是对周围自然材料属性的掌握。从世界各地丰富多样的乡土建筑来看，一方水土不但滋养出习性各异的百姓，而且形成了由不同物质形态的空间。比如，竹子、树枝和藤条等具有良好的韧性和抗拉性。人类通过不断尝试和摸索，采用编织和捆扎等方法，使它们成为一种别具一格的空间建构形式，并将具有一定防雨和保温性能的茅草作为蒙在房屋构架上的表皮。所以，茅草屋就成为生活在非洲热带草原和热带雨林地区就地取材、普遍采用的房屋建造形式。例如，肯尼亚El Molo人的房屋以相思树树枝和棕榈叶茎秆为主材，编织起一种穹隆状的房屋骨架，然后将棕榈叶编织成鞭子状的干草条，一层层包裹在房屋骨架的外部（图3、图4）。然而，这类茅草屋无论采取什么样的材料搭配和建造技术，其穹隆形的屋顶、圆形或椭圆形的房屋外形使洞穴意向成为其最大的形态特征。

我们在描述人类上古时期的文明程度时，往往以"结绳记事"为一大标志。然而，结绳与编织术有着直接的联系。从材料的组织方式讲，编织是一种通过将线型材料进行交叉排布而达到向面的转变，正如中国宋代诗人张先在表达男女之间的情感时写道："心似双丝网，中有千千结"。同时说明，打结是由线状材料向面状物形转变过程中的关键，只有在线与线的交叉处采用打结的方法才能予以固定关系，持续稳定地拓展成面。许多史前遗址考古发现证明，人类祖先很早就已开始了利用韧性植物编织生活用品的创造活动。他们从编席、编织围栏到编织容器，用编织的方法组织和使用柔性材料，广泛运用于创造生活物质条件的各个方面（图5）。例如，原始社会人类用竹子或藤条编织笼子，将捕捉来的暂时不用屠宰的飞禽、野兽囚禁起来，以保持肉食品的鲜活。而且，笼子作为一种小型曲面空间结构，也可能成为人类采用的编织方法；创造曲面建筑的起源。就像非洲编织鸟一样，用嘴啄脚抓，将叼来的一根根草筋编织成一种能够遮风挡雨的窝巢（图6）。

然而，编织不但能使线转变成面，在建构建筑空间中还能起到围合和分隔空间的作用。而且，人们将许多条线形材料编织和捆扎在一起，形成一种更加坚固和更具张力的集束性

图3　肯尼亚El Molo人用相思树细枝和棕榈叶粗杆编织的洞屋

图4　El Molo人洞屋外表用编织的棕榈叶覆盖

图5　公元前1500年古埃及人用芦苇编织的草鞋

线状物，经再次编织后的线形材料，可以用它编织出复杂的曲面形态的容器。可以说，这种原始的编织曲面容器，不但成为人类创造曲面形态建筑的滥觞，而且使人工建造的居所更加接近洞穴空间的形态。例如，五千年前生活在伊拉克沼泽地区的原住民将一捆捆绑扎在一起的集束芦苇秆，作为拱形建筑空间的跨空支撑，从而成为一种造型独特的拱梁和檩条结构。在此基础上，整座房屋的外部围护、室内隔断，以及地面铺垫，都是由编织的芦苇席来承担（图7）。甚至，在美索不达米亚古巴比伦时期的神话《阿特拉·哈西斯》中，有

关大洪水时期的方舟故事，也是一种在外部涂满沥青，用芦苇秆编织而成的草船（图8）。而在世界的另一角落，东非乌干达境内的布干达人也将集束型的线形材料发挥到了非常出色的程度，它便是建于19世纪末期，2010年被列入《濒危世界遗产名录》的卡苏比王陵大殿。布干达人用棕榈树叶将编织

成束的芦苇秆捆绑在一起，用其作为门的边框和穹隆形拱顶的一道道水平拱梁，随着一圈圈水平拱梁直径的递减而使穹顶逐步上升和隆起（图9、图10）。

从技术含量讲，用芦苇秆之类纤细柔弱的线形材料编织房屋，远比使用相对粗壮有力的硬质木料搭建房屋要困难得多。前者需要人们从处理构成房屋的每一组细胞性材料之间的关系做起，主要依靠把玩和施展天然材料的物理属性，是一种在微观上的理性与宏观上的非理性之间不断进行辨证的创造物形的思辨过程。从某种程度上讲，编织房屋的形态语言主要在于被编织物本身的物语表达能力，即材料本身在抗拉力方面的极限性。因此，在创造编织建筑的造型形式和空间形态的过程中，往往隐藏着很大程度的随机性和编织者个性化的工匠意识，容易形成浓厚的乡土文化。所以，在不同气候环境的条件下，即使采用相同的材料编织房屋，也会出现不同风格的物语形式（图11～图14）。相比之下，采用硬质木材搭建的房屋在力学结构上则显得简单明了，在房屋造型和空间形式上受到更多因素的限制，容易形成格式化的建造观念，形成大同小异的形式语言。

图6　非洲编织鸟编织的巢窝

图7　伊拉克沼泽地上的芦苇拱洞屋

图8　伊拉克沼泽地区用芦苇编织的草船

图9　乌干达卡苏比王陵大殿用集束芦苇秆编织门框

图10　苏比王陵大殿用集束芦苇秆编织的水平拱梁

图11　苏比王陵大殿的门洞

图12　非洲热带草原气候地区的编织茅草洞屋

图13　南非祖鲁人部落组长的茅草屋

图14　门洞上端悬挂牛头骨的南非祖鲁族部落酋长府宅

从普通民居到部落酋长宫殿，茅草屋是非洲大陆最为普遍的建筑形式。非洲人祖祖辈辈之所以离不开茅草屋，一方面由于非洲茅草屋从房屋骨架到外部覆盖物，均以土生土长的植物为建筑材料，人们在生理上与天然材料的物理性能之间形成了依赖性。例如，用芦苇草、椰树叶、宗禄叶、蓑草、藤条、树皮等天然材料建造的非洲茅草屋，具有冬暖夏凉、寂静安神的居住性能。一些经过特殊方法处理后的棕榈叶，不但成为良好的防雨材料，其清香宜人的草腥气味甚至具有驱虫辟邪的特殊功效。另一方面，生活在非洲大陆的许多部落至今沿袭着原始的游牧生活，这种取材方便、易于搭建、一般寿命仅为三两年的茅草屋成为他们切合实际的选择，因而使他们很少将精力放在建造永久性的房屋上。此外，非洲一些地方的风俗将茅草屋视为最正统的住宅形式，如果有人在清一色茅草屋的聚落里建起另类形式的房屋，则会被看作大逆不道的行为，并会受到妖魔鬼怪的诅咒，威胁到家人的生命安全。故此，非洲人能创造出精美的彩陶艺术，却不愿用砖来建造房屋。

与非洲大陆大部分地区干燥少雨的气候恰恰相反，南美洲东北部的圭亚那地区雨量充沛，空气潮湿，属于赤道低压区的

热带雨林气候，如何克服炎热和潮湿之类的不利因素，便成为该地区对建筑材料和建筑形式的一大要求。例如，圭亚那的国家"大会堂"，是一座高16.78米、面积400多平方米的巨型圆锥体编织大草棚。圭亚那大草棚的穹顶是一种用大量细树枝密集编织成的一座伞形骨架，外部用芦苇秆编织的草帘子予以覆盖，而围墙做得非常低矮，并用芦苇秆编织成通风良好的栅栏形式。这种巨大而高耸的穹顶起到了聚气、拔气和加速冷热气流交换的作用，其原理如同一个巨型的天然空调器，可以营造出一种凉爽舒适的室内微气候环境（图15、图16）。与圭亚那气候条件相似，位于南太平洋赤道附近群岛上的萨摩亚人采用各种树干和树叶编织搭建出了一种被称为"法雷"（Fale）的茅草屋。小的"法雷"是一种温馨的住宅，而大的"法雷"非常宏伟，一般作为部落聚会或举行新酋长登基仪式的场所。

萨摩亚人的"法雷"在整体上是由结构复杂的木杆网架支撑起的一座圆形或椭圆形穹顶，有些大型穹顶的檐口甚至接触到地面。支撑穹顶的立柱以当地面包树木为主材，搭建穹顶结构的椽和檩条主要以椰子树木为主材。穹顶的外部一般是由妇女们将干燥的甘蔗叶、棕榈树叶或椰子树叶编织成一条条草帘

图15　圭亚那圆锥体"大草棚"的草编格栅

图16　圭亚那"大草棚"变质结构的巨大穹顶

图17　作为住宅的小型"法雷"外观

图18　大型"法雷"的室内空间

图19　位于"法雷"内部中央的一组立柱

图20　"法雷"木质杆件连接处的装饰性捆扎工艺

后，再一层一层覆盖上去。由于炎热而又潮湿的气候条件，萨摩亚人很少采用封闭围合的外墙，居住面也被架空，形成了良好的通风和保温性能（图17）。由于这种房屋没有围墙和专设门洞，进入居住性"法雷"的客人因身份不同而选择不同位置的两柱之间作为入口，从而步入礼俗规定的室内空间位置。用于集体聚会的大型"法雷"以位于中央的一组立柱为核心，划分出前、后、中央三大室内空间。核心位置是头领落座的位置，主持会议或仪式的司仪通常会站在前部空间宣讲，其他人则在外围一圈立柱的附近盘腿席地而坐，洗耳恭听（图18）。萨摩亚人的这种大型公共建筑的空间布局，与他们原始部落远在穴居时期的社会结构和风俗礼仪相关。

萨摩亚人如此复杂的"法雷"杆件网架，并没有发展出榫卯结构的连接方式，所有梁、柱、檩条和椽等木质杆件之间是由椰子树皮编织出来的绳子一丝不苟地捆绑在一起，对于杆件之间的连接处予以加固，并按照色调深浅不一的树皮编织出具有萨摩亚民族特色的装饰纹样来（图19、图20）。大型的"法雷"房屋一般需要全部落的人联手共建，采用这些纯天然材料和建造工艺的房屋，建筑寿命可达五十多年之久。萨摩亚人的"法雷"与各地民族最初创建房屋时有着相似的空间形态意识，房屋造型与天然洞穴的空间意象有着千丝万缕的联系。所以，萨摩亚人一般将房屋的形状编织和搭建成圆形或椭圆形，穹顶被看作是笼罩大地的苍穹。

沉浸式体验展演空间设计趋势浅析

王 铬 沈 康 许 诺

广州美术学院

摘 要： 自21世纪初开始，展示与演绎体验发展迅速，诞生了一系列新的展演尝试、新的思想以及新的体验模式，沉浸式展演空间便是其中之一。国内文化旅游不断向着深度文化旅游体验方向发展，由此衍生出文化旅游主题沉浸式展演空间，逐渐成为文化旅游深度体验的新方向。本研究对国内沉浸式展演空间进行了研究，梳理了沉浸式展演空间的发展、来源与时代背景，并以"又见"系列中的《又见平遥》和"迪士尼"系列主题乐园中《迷离庄园》两个沉浸式展演空间为主要范例，尝试从沉浸式展演体验模式、空间组织以及动线串联等方面对沉浸式展演空间案例进行深入的剖析。

关键词： 沉浸式体验　展演融合　空间组织

1 "又见平遥"等新兴展演空间的出现

"又见平遥"的票房从正式首演开始，截至2017年底，累计演出3535场，观演人数超过225.6万人次，实现票房收益超3.2亿元[①]，从实际的经济数值来看，其自身已成为当地旅游业的核心IP，带来良好经济利益的同时，也开启了观演体验的新模式。

随着新媒体科技和虚拟现实技术的发展，近年来剧场设计手段与舞台呈现手段均显示出高科技化的特点，很多现代化的高科技都进入剧场设计领域。集成研发现代先进的展示和演艺技术，支撑文化内容展示与演艺方式的创新，包括演艺空间设计、展示技术、演艺技术以及综合管理技术等。新兴展示与演义技术的创新运用在文化旅游领域迅速凸显出来，并且带动了文化旅游深度体验与消费的发展。

2 以沉浸式体验为中心的空间组织模式

沉浸式体验中观演关系的逐步转变受到了沉浸式理论、沉浸式戏剧以及当下时代背景多方的影响，并且伴随着观演关系的转变使得展演空间组织模式也发生了突破式的改变。

2.1 "沉浸式体验"放大了展演空间设计中"体验者的沉浸式体验和感受"

沉浸式体验来源于美国心理学家米哈里·齐克森米哈里在1975年提出的"心流理论"，是一种全身心融入的体验和感觉，在这一沉浸的过程中使体验者从感官的体验进入到认知和情感的体验与交流，从而达到让体验者流连忘返沉浸其中的状态，即心流状态。

沉浸式体验理论不仅凸显出了"人的体验和感受"在设计中的重要性，并且让体验和感受更加丰富、深入、多维度，使体验经济时代的"体验"向着更为深入丰富的"沉浸式体验"延伸，并且逐步从互联网、虚拟游戏领域扩散到了艺术领域以及展演建筑领域，具有较强代入感的空间设计。

2.2 文化旅游深度体验需求带来的"展演融合"的空间体验模式

随着新时代体验者的深入体验需求，与人感受和体验紧密相关的文化旅游开始向着沉浸式体验的方向发展，并尝试通过新媒体科技和虚拟现实技术将感知体验和认知体验相融合，在上一阶段的沉浸式体验的基础上进行展示与演绎相融合，拓展出了新的展演空间体验模式，新的体验模式以强调在空间中的

"起、承、转、合"为主，形成彻底突破传统展演的新兴展演体验方式，即沉浸式展演空间体验模式。

2.3 "沉浸式戏剧"打破传统镜框式观演空间组织设计模式

在20世纪中叶，伴随着科学技术的不断发展，影视技术越发发展得更加丰富，而当时的传统戏剧却由此而失去了其原有的吸引力，面对新时代科技发展与观众需求的转变，一批先锋戏剧家通过一系列戏剧实验和理论的探索，从偶发戏剧、互动戏剧到环境戏剧，最终由环境戏剧理论发展出了沉浸式戏剧，其从传统的"观演分离"转变为"观演融合"，同时打破了镜框式舞台的局限，创造出多舞台空间并置的演绎空间组织方式，使得体验者能够自由选择观演路线和角度，不再只作被动看客。

自此开始，沉浸式戏剧的创作开始蔓延开来，国内也开始了沉浸式戏剧的创作与尝试。而由于沉浸式戏剧将观演关系重构，传统剧场的镜框式舞台与固定观众席已无法满足沉浸式戏剧的演出，发展出多情境空间并置的空间组织模式，从而形成了沉浸式体验空间组织模式的雏形。

3 沉浸式展演空间体验模式与空间组织设计案例研究

沉浸式展演体验模式、空间组织、动线串联是沉浸式展演空间体验的核心关键，是组织和引导体验感官的重要组成，本文主要选了两个具有典型示范性的案例分别从体验模式、空间组织、动线串联来进行研究，寻求其中典型沉浸性的共性所

在，同时又能呈现基于自身文化内涵的独特个性体验。以2013年开始运营的"又见平遥"大型情景沉浸式体验剧为代表，其通过游走式[②]体验的观演模式与空间组织相配合，和剧情产生交织，引发情感交流，从而得到多感官的沉浸式体验享受。同一年投入运营的香港迪士尼主题乐园《迷离庄园》也是其中的典型，其所创造的乘骑式[③]系统配合串联式的空间组织模式，创造出了展演融合，富有节奏变化的主题沉浸式体验。

3.1 "迪士尼"系列主题乐园《迷离庄园》

"迪士尼"系列主题乐园以富有节奏变化的动漫主题沉浸式体验为主线进行室内实景空间组织，通过骑乘装置系统的配合较好地控制了体验的时间及剧情展开的节奏，也控制了体验者行进过程中的观看角度，由此进行空间串联来创造出了丰富的节奏变化、极佳的体验角度，并在行进过程中多维度地感受一系列情景空间无缝切换，逐步融入主题剧情中，如一部精心编导的电影主演，获得一种身临其境的沉浸体验。

2013年开始运营的香港迪士尼乐园《迷离庄园》主题情境体验空间（图1），分为5个情境区：主题乐园建筑及其周围主题景观（情境1），排队展览区（情境2），聚合式预演厅区（情境3），乘坐骑乘装置体验区（情境4～11），汇合总结，结束历险，共计13个情境空间。

1."起、承、转、合"——空间精密组织下的沉浸式体验模式

迪士尼独创的骑乘式装置（图2）是沉浸式体验的关键要素之一，也正是准确地塑造剧情"起承转合"跌宕起伏节奏体验的核心。骑乘装置并非普通的"过山车"，而是专门为项目

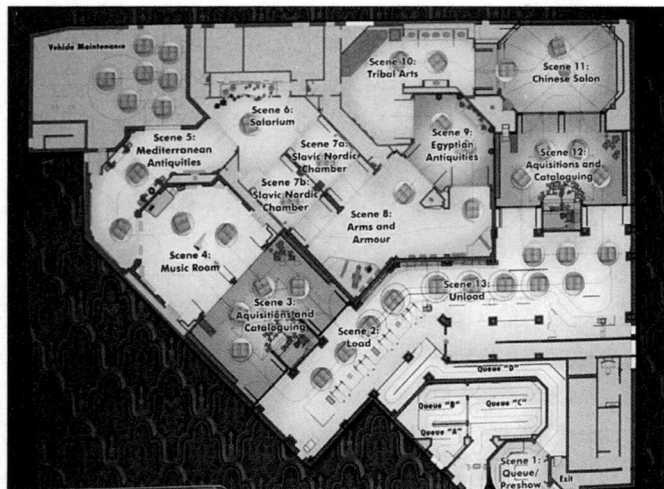

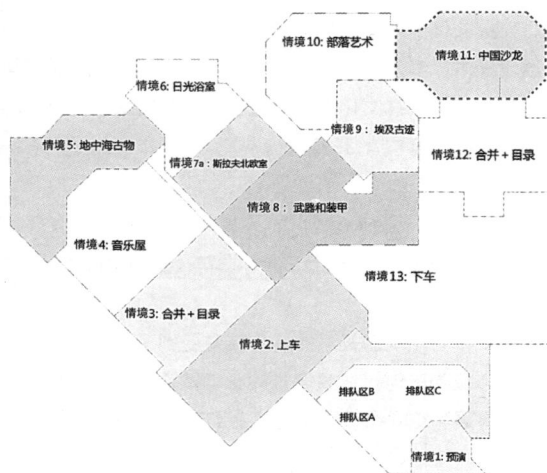

图1 香港迪士尼《迷离庄园》平面图分析（图片来源：左为网络资料，右为作者自绘）

图2 《迷离庄园》骑乘装置及"向心式"路径视线分析（图片来源：作者自绘）

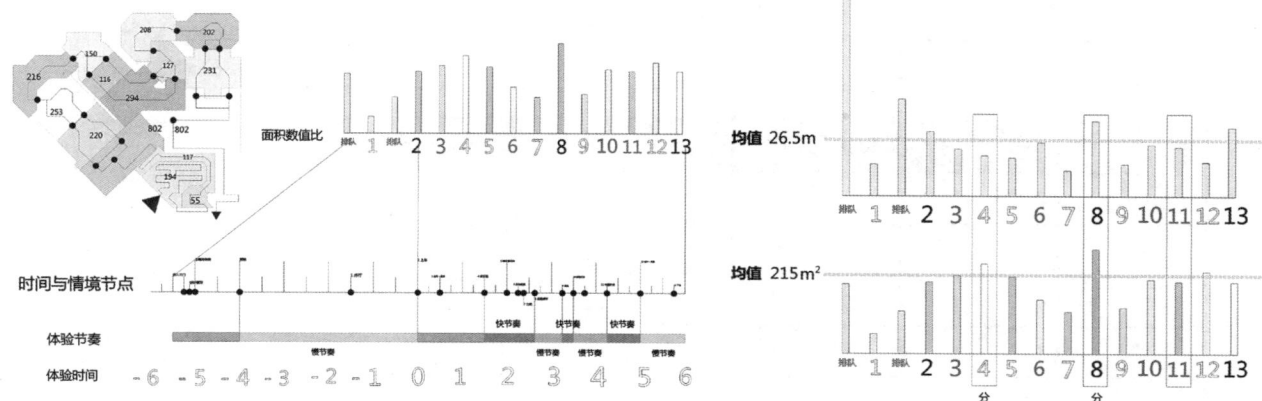

图3 体验节奏时间关系图及路径面积对比图（图片来源：作者自绘）

而研发的整套骑乘系统，它没有类似火车那样实体的轨道，而是采用磁悬浮的技术，骑乘装置车身方向可以360度旋转，可以沿着设定好的路径和方向行进和转动，根据预设程序自动调节速度，在工程师们严格的编程控制下，所有体验都在预设无误和精密控制下执行着每一次任务——带领观众总共穿越12个不同情境剧场来体验剧情的跌宕起伏。

本研究从观演视线角度切入（图2），分析了其视线关注点的处理规律，将情境空间主要分为以下3种空间形态类别：聚合式、散点式、向心式。"聚合式"情境空间模块一般运用于起始或者结尾阶段（起／合），做开篇序言介绍或是结尾总结概括的作用。本案例中，聚合模式分别出现在情境3和情境12，一头一尾前后呼应；"散点式"情境空间模块一般运用于中间连续紧凑的情节连接部分（承／转），利于情绪的不断升级，通过对视线左右上下的不断调度让观者注意力高度集中于情境情节当中，主要体现在情境4～10（中间阶段）的情境体验空间中；"向心式"情境空间模块具有崇高敬畏之感，围绕着目标表对象进行360度旋转，一般运用于高潮演艺的部分（合）。在此案例中情境11，观众乘坐着骑乘装置围绕着"主人公"进行旋转，配合四周墙面的光电投影，体现一种向心式的观演关系。

迪士尼沉浸式情境空间剧场像是一定数量的人在一个有限的空间"大宅"中玩一场"空间"与"时间"的游戏，这需要通过在一定的时间内尽可能多地消化人流量，实现每个剧场的内容可以不停歇地循环播放，所以需要规划好路径的长度、空间的尺度大小，同时根据剧情的变换需要，"空间"、"时间"与剧情转变的配合成了塑造沉浸式体验的关键。根据路程／时间=速度，通过研究路程（路径长度）、每分钟（时间）到达的情境节点（情节紧凑度）、骑乘装置行进的速度快慢（速度），可以得出一些规律性的结论。从图表中可知（图3），路径呈现高低起伏的变化关系（图5），在情境8的时候呈现出最高的面积数与最快的节奏关系，通过时间与情境节点的分布关系，可以发现节奏呈现慢（蓝色）-快（红色）-慢（蓝色）-快（红色）交替的节奏关系。情境空间0～4，面积逐步攀升，5～7面积开始滑落，到第8个情境，面积突然增大（并联轨道），每个空间面积高低起伏的变化体现了编剧与导演对情节内容的要求，建筑设计在与导演的配合中进行空间体量大小的设定，由此才能够营造出"起、承、转、合"的沉浸式体验模式（图4）。

2. 动线串联与空间组织

《迷离庄园》沉浸式展演空间剧场正是由这一个个根据剧情内容表达的空间"单元"组成，选取最益于剧情体验的串联连接方式，由于受制于场地的条件，导致串联的形式各不相同，构成了复合式的情境展演空间。主题乐园实现了展演融合的观演体验方式，情境布局围绕在观演动线两边或中心，配合骑乘式装置的观演视线，充分地营造出沉浸的情境感，体验路线（图5）从各个情境空间中部穿过并串联起各个情境空间，形成变化丰富、体验多样的连贯剧情空间。

起承转合——面积/时间占比关系			总结
情节阶段	起承转合面积占比（qm%）	说明	
起	14	通过案例梳理总结得出，整体的情节面积与剧情符合一定的节奏规律性，故总结出此面积配比关系	在研究中发现，在"起"与"合"的面积时间比例关系稳定，而"承"与"转"的面积与时间成反比关系
承	30		
转	46		
合	12		
情节阶段	起承转合时间占比（qt%）	说明	
起	13.5	通过案例梳理总结得出，整体的情节时间与剧情符合一定的节奏规律性，故总结出此时间配比关系	
承	44.5		
转	33.0		
合	14.0		

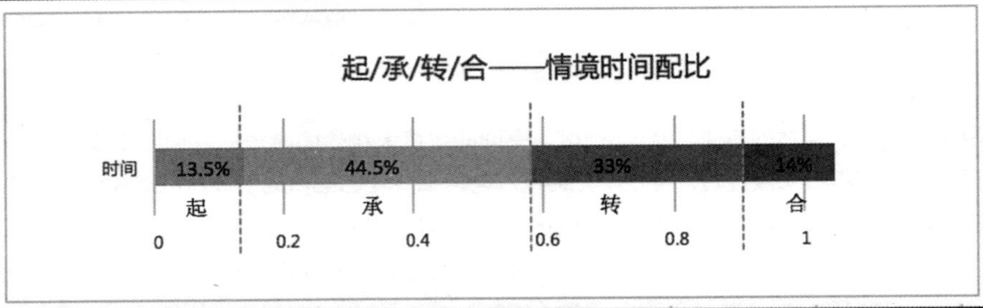

起/承/转/合——情境时间配比

时间 | 13.5% | 44.5% | 33% | 14%
起 承 转 合
0 0.2 0.4 0.6 0.8 1

通过剧情时间结构的占比关系我们可以根据导演给出的体验时常相应按配比关系计算出各情境空间的体验总时长，相应再求得各情境空间的面积大小

香港迪士尼——迷离庄园（沉浸式模块空间）						
总时间（s）	315					
阶段时间t（s）	40	90	40	60	45	40
阶段	起	承	转	承	转	合
占比（%）	13	29	13	19	14	13
空间序号（NO.）	2	3 4 5 6 7	8	9 10	11	12

起13%　　　承48%　　　转27%　　　合13%

图4 起−承−转−合时间与面积关系对设计的支持意义

整个流程图表达了情境体验空间以及后台空间之间的关系，同时也表现了各个空间彼此之间的串联关系，《迷离庄园》创新式地突破了传统剧场的观演分离，运用多媒体科技以及虚拟现实技术替代了真实演员的演出，使展示和演绎相融合，并且将展演的情境空间随着体验者行进动线布局展开，创造出展演的充分融合，观演动线的完美契合。

3.2 《又见平遥》大型情境沉浸式体验剧

《又见平遥》项目剧场（图6）部分总建筑占地面积约

12000平方米，分为四大主题分区（图9），分别为A区的引导区、B区的商业文化展示区、C区的生活场景区、D区的综合文化演艺区。这四大主题分区又细分为六大情境（仪式）空间（图7）：情境1，镖师洗浴；情境2，镖师出征；情境3，魂归故里；情境4，赵易硕选亲；情境5，赵家大院；情境6，祭祖面秀。《又见平遥》是又见系列剧场中最具代表性的作品之一，其中声光电展示技术与情境演绎相融合，游走式的观演融合模式与串联式的空间组织模式，营造出沉浸式的空间体验。

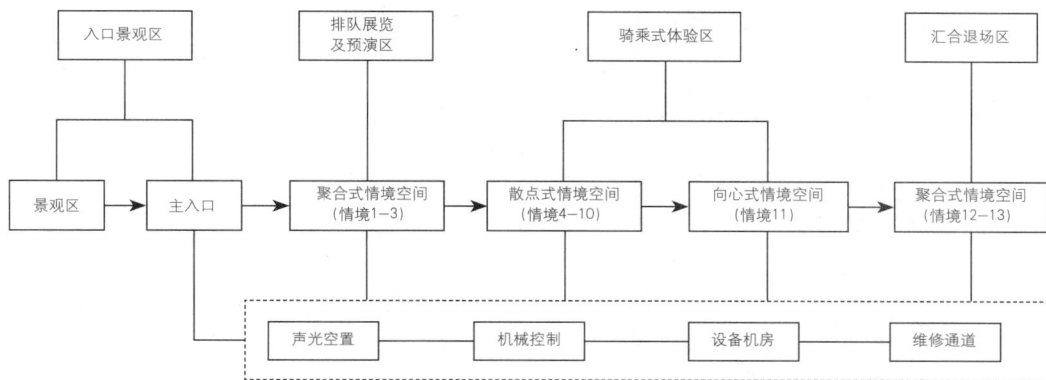

图5 《迷离庄园》空间动线组织分析（图片来源：作者自绘）

图6 《又见平遥》剧场（图片来源：网络资料）

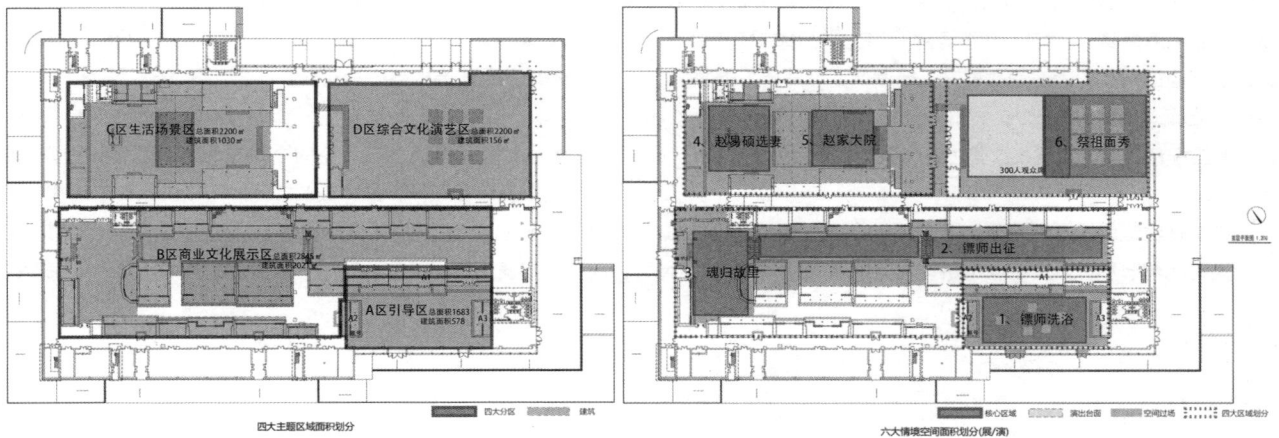

图7 《又见平遥》四大主题分区及六大情境空间划分

1."起、承、转、合"——空间与时间融合下的沉浸式体验模式

区别于迪士尼主题乐园的骑乘式系统，《又见平遥》中游走式的体验方式让体验者更加身临其境地走入表演，能够更好地融入主题剧情的发展中；同时演员成了主题剧情节奏的把控者，牵引着体验者的观演视线以及游走动线。与迪士尼主题乐园相同的是，通过"空间"、"时间"与剧情发展相配合的精密设计来营造良好的沉浸式体验感，那么"起、承、转、合"的剧情节奏，相应变化的空间形态，相对应的游走动线与节奏，以及空间组织

便是沉浸式体验空间设计的关键要素。本研究首先从观演关系角度将配合剧情发展而变化的空间形态概括为五种类型，并总结了空间的长（l）、宽（w）、高（h）参数值的比例关系，以及其空间情境心理感受和适合使用的情节篇章阶段。

舞台空间形态主要有向心式、穿越式、聚合式、环绕式和传统式五种模式（图8），情境1为"向心式"空间，作为整台演出的"起"通过空间中"散点式"的布局方式，打破传统的舞台位置观念，演员被自由站立的观众所包围，通过灯光的指引，引导着观众逐步进入剧情，此章节属于预演的篇章，其面

图8 室内实景式剧场空间形态类型分类汇总（图片来源：作者自绘）

积比其他情境空间较小。情境2作为承上启下的"承"，采用"穿越式"的空间形态，为剧目情节提供一个更好表达穿越内涵的物理空间条件，观众此时成了整部剧的演员（市民），和表演者、整个剧目交融到一起。情境3采用"聚合式"的观演方式使得市民（观众）通过街道聚集到南广场，等待镖师们的归来，将剧情推向第一个高潮。情境4同样采用"聚合式"的方式来承上启下，将剧情推进到下一个转折点。情境5舞台表演空间形成了围合式的院落布局，情境4、5、6整体形成一个传统三进式院落格局，"建筑"成了舞台（"院子"）的转场空间，环绕着中心的观众，表演逐次展开，而剧情逐渐从转折的高潮中转入结尾。情境6是一个传统的观演剧场空间，舞台有机械升降装置配合演出，情节在这里达到高潮，并收官。

通过跌宕起伏的剧情节奏、相应变化的空间形态、相对应的游走动线与节奏，以及空间组织、相互融合的观演关系，形成了"起-承-转-承-转-合"的沉浸式体验模式。

2. 动线串联与空间组织

空间中整体实现观-演动线有效分离，可以看出，后台等附属空间呈"包围式"的空间结构可以有效地利用场地空间，也让后台空间与走廊得以共享。《又见平遥》的空间框架流程图（图9）是案例核心的组织架构与串联的逻辑关系，这也是笔者认为最具有研究价值的一部分，通过流程框架，我们可以拆解这个旅游演艺产品的核心构成元素。

整个流程图表达了三大空间之间的关系，即舞台空间、观演空间以及后台空间，又将彼此之间的串联关系传达出来，不同于传统的剧场空间，《又见平遥》注重演出前的"预演"空间，注重演出过程中的"转场"过渡空间，注重演出结束后的

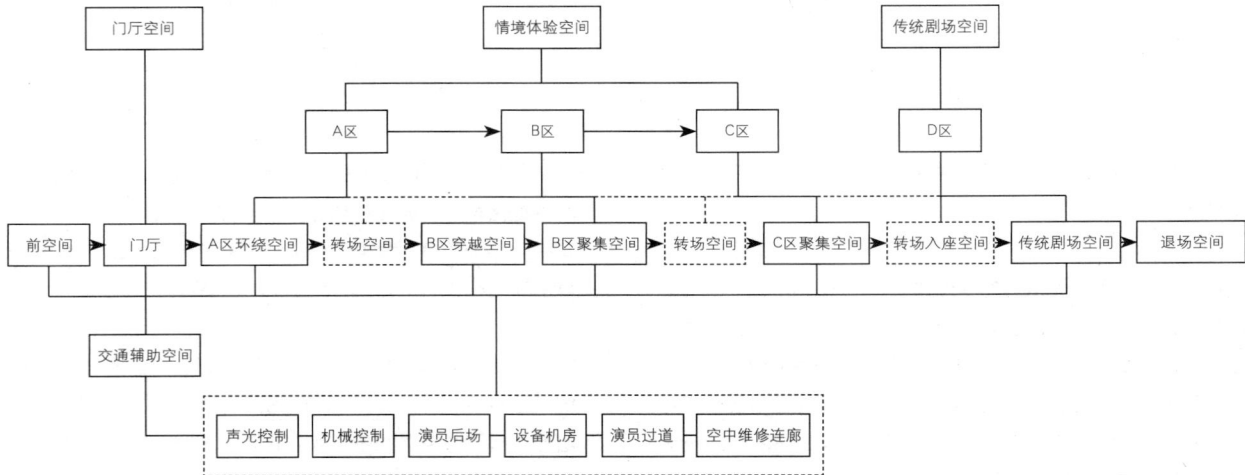

图9 《又见平遥》空间框架流程图（图片来源：作者自绘）

"退场"空间，每个故事篇章有专属化的对应空间环境去承载。强调情境空间与空间之间的序列与前后关系，通过虚实、疏密有致的空间串联形式叙述戏剧内容。每一个情景式剧场空间都有属于自己的流程框架图，这种设计思路可以成为支撑表演空间的"骨架"，明确整个体验的流程与演出剧场空间的序列关系，有利于将体验感受逻辑化，空间处理合理化。

4 结论

从对《迷离庄园》和《又见平遥》两个案例中对"起、承、转、合"的沉浸式体验模式和动线串联与空间组织模式的分析中可以得知，传统的文化旅游模式已经开始逐渐向深度旅游体验方向转变，文化旅游主题沉浸式展演空间已经成为集新媒体技术、虚拟现实技术和现代化高科技为一体的多维旅游空间。针对展演空间的研究，笔者尝试以下分类方式：第一阶段，传统观演方式中"我展出，你游览"的观演关系；第二阶段，观

演方式为传统演绎与真实户外实景剧场中"我演出，你观赏"，如"印象"系列作品；第三阶段，将声光电展示技术与情境演绎相融合，即"我布局，你体验"，如"又见"系列作品；第四阶段，观演共融、共创和共演空间，即强调"你与我的共融性、共创性"的沉浸式展演空间。沉浸式展演空间将科技与文化融合，作为一种文化消费的新模式在文化旅游领域的发展已经逐见成效，未来也将成为引领文化消费的空间体验模式与空间组织设计的趋势。

注释

① 数据来源：《又见平遥》的文化创新（http://www.sohu.com/a/212272868_100006667）。

② 游走式：将游客设定为情境的主角，让其沿着设计的路径进行步行游览的沉浸体验方式。

③ 乘骑式：在严格的编程控制下，游客乘坐机械交通工具沿着设定好的路径和方向准确无误游览的方式。

图像拼贴：基于过程导向的室内设计教学研究

艾 登

深圳大学艺术设计学院

摘　要：传统的室内设计学科的教学模式通常被称之为"结果导向型"，即考察学生对于题目的解答能力，这会致使学生倾向于最终成果的展现，而忽视设计过程的思考，方案形同往届作业的复制，难以进行思辨能力的培养。与之相对的，如果将学科教育方式视为"过程导向型"，即不设定题目和预期结果，由学生自行寻找问题并提出解决方案，才能调动学生积极性去探索整个设计的过程。结合艺术专业出身的学生普遍绘画功底比较强的特点，"拼贴"图像处理手法能够来指引这种教学模式的转变，将会是室内设计学科创新转型的重要切入点。

关键词：拼贴　设计理念　室内设计　过程导向

1　拼贴的发展历程

根据柯林斯词典的解释，"拼贴"指粘贴东西，或用彩色纸片、布块粘贴而成的拼贴作品，或风格、特性迥异的事物构成的大杂烩。拼贴概念在现代艺术中有着一段发展历程，早在1908年西班牙艺术家巴伯罗·毕加索在一张素描的中心贴上了一张小纸片，或许就是第一件拼贴作品的诞生。最终以乔治·勃拉克在1911年创作的《葡萄牙人》和巴伯罗·毕加索在1912年创作的《有藤椅的静物》标志着现代主义拼贴的创立。此时的拼贴模糊了艺术中关于真实与虚幻的界限，扩大了绘画的可能性，形成了一种新的绘画形式，深深地影响了20世纪新的艺术创作形式和观念，为立体主义运动赋予了新的含义。在当代，"拼贴"进一步延伸到雕塑、设计、艺术、电影、文学、音乐等更多的领域，如同在立体主义、达达主义和超现实主义中一般催生革新和推动发展。

2　拼贴在空间设计领域的应用

在建筑教育中，莫霍利·纳吉作为俄国构成主义和达达主义先锋艺术的先驱，为建筑教学中引入了先锋性的平面构成课程。纳吉将"拼贴"技巧作为切入点尝试为包豪斯学院的建筑教育起到了非常重要的思想启迪和先锋实验作用，创造了崭新的建筑教学方式，对后来的艺术设计教育产生了很大的影响。绘画中的"拼贴"采用大量细碎的材料按照空间位置关系排布，同一幅拼贴可以有一千种不同的处理可能，每块选取的材料都会带有强烈的情感，材料互相作用并显现出各自的光芒。更进一步来说，类比于绘画的"拼贴"，如果说建筑就是一个尺度惊人的三维"拼贴"作品，那么设计的思考方式是否会发生改变？

在我国经历快速发展的时代背景下，同质化的城市在各地蔓延，同质化的空间设计也在各地复制，这是对城市不可恢复的破坏。随着提出空间设计的"拼贴"概念，既是一种绘图技巧方法，同时也是一种空间思考方式，"拼贴"并不是作为空间设计的附属物，"拼贴"本身即是设计，这将为建筑空间设计与教学带来了新的可能与活力。

3　拼贴引入室内设计教学的可行性研究

通过对国外优秀院校的空间设计课程的教案分析，发现一个共通点，就是在不断强调用"拼贴"的方式去捕捉难以描述的抽象的"设计理念"，来分析恰当的推导逻辑和设计语言，通过大量拼贴的图纸组合去尝试还原立体空间的构造形状。这种设计方式里，"拼贴"不再是一种绘图手法或者表现形式，而是通过不断迭代演化，参与了方案的设计过程，并最终将推导出一个紧紧环绕"设计理念"的方案成果，这对学生的综合思考能力和逻辑推导能力是非常强的锻炼。

4 拼贴在教学中如何应用

以展示空间设计课程的教案为例，引入拼贴的设计过程可以分为以下三个阶段。

4.1 设计前期的"概念拼贴"

在项目初期，一方面，从设计师的角度出发，尝试还原设计师在制作展品时的思考，从更深层面挖掘展品的设计动机，思考这件产品的制作理念是什么，以及背后隐藏的故事；另一方面，从展品的角度出发，弄清楚每个零件由什么材料构成，拼接方式是什么运作，色彩搭配有什么考究，与其他同类产品的区别在哪。在经过大量的展品研究后可以筛选出重要的信息点，并将这些信息浓缩绘制成一张称作"概念拼贴"的拼贴图，作为重要的设计理念将为后续的空间设计提供依据（图1、图2）。

4.2 设计中期的"空间拼贴"

在这个阶段考察的是如何将二维的图纸转化为三维的空间，其中可以使用的手法相当多，既可以是相对简单的元素替换，将贴画中的色块、线条和留白替换为基地的墙体、边界和相邻的建筑，让空间感从画面中扩张出来，也可以是相对复杂地把基地的空间氛围作可视化表达，是压抑的还是开敞的、通透的还是狭窄的、活跃的还是安静的，都能通过拼贴画中的色彩、质感、位置排列等方式营造出来。"概念拼贴"通过这步基地限制的引入，变成了一张带有透视关系的三维"空间拼贴"图，可以允许一定程度的空间衔接错位，也可以为了表达情感

留下大片留白，鼓励充满想象力和怪诞灵感碰撞的空间设计可能性（图3、图4）。

4.3 设计后期的"表现拼贴"

经过上个阶段"空间拼贴"的绘制后，大致的建筑空间感已经初步形成，还需要加入的就是建筑的规章限定，就像是方案最后的表现效果图，让这张拼贴图变得更加贴近现实、能落地以及可以被实现。如同效果图，在保证读图规范的基础上也可以加入一定的风格化处理，这样抽象的拼贴就能逐渐演化为

图1　学生朱文婕从畏研吾的作品中提取出设计特点的概念拼贴

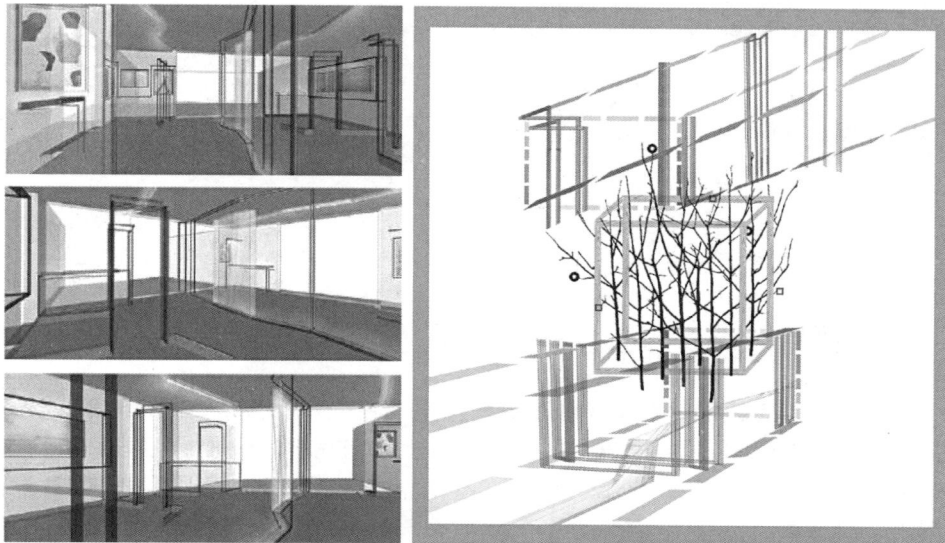

图2　学生封叶从无印良品的线条感中提取灵感的概念拼贴（右），以及空间意向设计（左）

04区域
Fourth area

概念元素　concept element

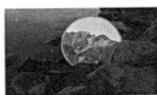

空间叠加　　　　光线延伸　　　　空间重叠　　　　浮空　　　　倒影　　　　交错空间

图3　学生李木森从大疆无人机的设计理念中延伸出的空间拼贴（上），及相关的理念来源（下）

图4　学生刘今从大疆无人机的折叠理念中延伸出的空间拼贴

图5　学生黄杭为大疆无人机展厅制作的表现拼贴（右），结构材料的选取（左）

非常具象的"表现拼贴"图（图5、图6）。

在这个设计方法中，"拼贴"不再是成果表现的一种绘画技法，而是扮演着指导设计推导的重要角色，因为跳出了在平面图上划分空间的限制，其得出的设计成果也会比传统教案更加富有灵性和更多的可能。

5　结语

"拼贴"，作为打破二维和三维界限的绘画方式，更深入地探讨了关于精神层面的抽象内涵。它制造了空间虚实的视觉效果，模糊了真实和幻想的边界，在留白与错位的元素间制造了更多的空间排布的可能性。通过这些由碎片拼成的图纸中可以感知到一些更为抽象的东西，即是精神气质和神韵，或者说即

图6　学生黄杭为大疆无人机展厅制作的表现拼贴

是"设计理念"。

　　经过以上这三个阶段的设计推演，传统的空间设计过程被转译为更加生动形象的"拼贴画"的演化过程。这种设计方式对学生来说更加贴近美术学的教育方便入门，同时也是种延展设计可能性的训练，跳出了传统的平面图在红线轮廓里画格子的单调布置方式，能在设计的同时也能思考建成后的使用感受，使学生在考虑问题时更加细致全面。这种教学方法不仅在设计的切入点不同，在结果上与传统环艺系教育相比也有着相当大的区别。其不但是一种思考模式的革新，也是一种"结果导向"向"过程导向"的转变。通过这些富有灵性和张力的图纸来引导设计的发展，必然会产生更有生命力的设计作品。

参考文献

[1]（英）柯林·罗．拼贴城市 [M]．童明译．北京：中国建筑工业出版社，2003：139．

[2]（美）Alfred H．Barr，Picasso：Fifty Years of His Art [M]，Museum of Modern Art，1951：79．

[3]（美）弗雷德里克·詹姆逊．文化转向 [M]．胡亚敏等译．北京：中国社会科学出版社，2000，10．

[4]（瑞士）彼得·卒姆托．建筑氛围 [M]．张宇 译．北京：中国建筑工业出版，2010：23．

[5]（瑞士）彼得·卒姆托．思考建筑 [M]．张宇 译．北京：中国建筑工业出版，2010：66．

[6]（美）Bernard Tschumi，The Manhattan Transcripts [M]，Academy Group LTD，1994．

[7]莫霍利·纳吉基金会http：//moholy-nagy.com/Publications.html．

[8]洪山，吴卫．包豪斯构成主义大师莫霍利·纳吉艺术作品分析 [J]．北京印刷学院学报，2013，10．

注：此文已收录于2018年10月id+c《室内设计与装修》ISSN1005-7374 CN32-1372/TS。

智能交互时代展示空间多维度探究

朱琦聪

广东省集美设计工程有限公司

摘　要： 在智能交互时代背景下从展示的相聚方式与需求导向，展示的空间载体与空间解读，展示对象的实体体验与媒体体验，展示受众心理等层面与要素，围绕新型交互展示空间进行多维度探索研究。

关键词： 智能交互　展示空间　多维度

引言

智能交互时代，在"智能化"、"大数据"以及"云计算"等大背景引领下，展示空间所包含的内容不仅是实体空间、叙事编排、光影色彩、材质肌理等，而且是流动信息、交互体验、数字创新、即时多维动态的延伸空间。展示组织者通过各种途径直接或间接地将信息传递于受众，受众使用、参与、互动、想象，进而能否理解接受形成共鸣，最终形成回馈反响是整个展示项目过程成败的关键。从"实物导向型"到以"信息互动导向型"的转变，展示活动从人走到"实物"前到围绕"实物"的多维数据信息来到人面前。

1　展示的相聚方式：真实相聚与相聚界面

展示是人与物、人与场景、人与人相遇交流在特定的空间场所，交流的过程被描述成信息的传递，是面对面的交流连接。在新型媒介创造的交互空间中，界面成为一种新型互动关系，一种媒介环境的被创造和被感知。过往对界面的狭义理解是显示与输入的装置，而界面的实质意义是建立人与环境之间新型交流沟通关系，界定人与环境之间功能性机制。以建筑设计的观点，界面是对构成数字环境条件因子做出设计、规划和分析，以探索人与数字环境、人与人的沟通方式。在新型的沟通方式上，"互动式"界面扮演信息提供主动积极的角色，以新的形式呈现更复杂的数据及信息，界面不再单纯地被理解或被动接受指令，而是能更主动地洞察人们的需求，随时随地提供展示互动与数据信息。

2　展示的需求导向：一般受众与目标受众

展示受众即信息传播对象是复杂群体概念，受各自目的利益取向而不同的角色。根据传播对象对信息内容独自价值判断可分为一般受众与目标受众。

（1）一般受众是以公众为主体的传播对象，这部分人群较多地对内容有形式上感官认识而缺乏深入了解。一般受众的研究反映或代表一定的人群共性。目标受众则与内容有直接关系，是需要更具体研究的主体对象，他们往往是最直接的使用者、研究者或群体。

（2）"以受众需求"为导向的展示首要考虑一般受众的"共性需求"，比如，人的感官、心理及记忆等因素，其次要重点研究目标受众的"个性需求"。

（3）在过往展示实践中，受众群体只能被动单一地接收来自展示主题依靠单一载体或方案的单向传播，受众尤其是目标受众渴望主动地以双向或多向的互动方式参与展示，更可以以不同角色参与协同创新。

（4）以不同载体及多种方案应对受众需求是设计者新的课题，需不断加强对受众的研究，把握好受众对展示内容信息的接受规律，并以此为依据制定相应的传播方式和展示策略[1]。

3 展示的空间载体："限定"与"自由"

空间载体是平台承载展示内容的全部：布景、隔墙、设备、展品等所有与展示有关的物件经过系统地组织安排在空间载体里，然而被动观看与主动参与及互动有质的区别。在过往展示实践中不断改进"限定路线"平均分配的时间空间，使信息传递缺乏主次的问题，增强空间的"流动性"，以"自由路线"提高受众观展的积极性。如今"空间"概念获得重大发展，展示可以是一种可以被物理或虚拟具体化的概念或想法。空间载体已从有限的实体空间拓展至无垠的虚拟空间。展示构筑场景及展品数据等均可以"比特化"或"虚实共构"方式呈现，极大地摆脱了空间地域上的"静止、有限、固定"。空间载体的升级使展示变得"流动、无限、共享"，在空间组织上突破以往线性固定路线方式的组织排列，以独特的超链接空间使受众能不断跳跃于不同场景去选择不同主题板块、信息和互动方式。Roca巴塞罗那产品展廊在有限空间里以媒体交互技术释放空间，以自由互动实现对品牌不同的展示与诠释，无限量展示最有意义藏品同时也使得展厅成为灵活的多功能场所。

空间载体的"自由"使得展示对象"自由"转变成为人与主体对象的互动"中介"，使得过去展示对象一成不变的"静止、固定、有限"发生改变。过去展示设计思考往往是由组织者到受众的"由上而下"的规划过程。当空间载体的"自由"使得不同时空的人们相聚围绕展示对象进行互动交流，甚至协同工作设计更新时，展示对象已经以新的互动"中介"角色出现在新的空间载体之上。展示设计悄然从"由上而下"转变成"由下而上"的思考变革：研究受众对信息的关注、互动、交流成为新起点。

4 展示的空间解读："Map"（地图）与"Mapping"（图示）

人长期在实体空间中对空间信息的感知是透过一连串感官认知转换过程，将空间中获得的相关信息编码成（encodes）内在的认知模式，并加以组织编码存储在长期记忆库里形成组织架构心像图，称为"Cognitive Map"（认知地图）。同样当人在展示空间中受到外在展示信息感知刺激，就会在心中产生判断，此时人会将外在的空间感知与个人内在记忆"认知地图"相互比较评估，将内在的认知模式解码（decodes）成可应用的资料，对展示信息进行认知解读。透过新型媒介形成的交互空间可通过"Cognitive Mapping"（认知图示）对空间进行认知并增强解读。"Mapping"（图示）是一种象征性再现形式，也就是将人对于实体空间中的空间本体或事物的认知化作一种隐喻的虚拟空间及信息用来精确描述实体世界。将人对展示空间本体和展品的认知化作一种"Mapping"隐喻的数位化维度空间及信息内容。IKEA（宜家）采用VR+AR叠合技术对一系列预想展示空间单元及对象信息进行精确编码形成人熟悉的空间认知模式，如图1所示，使人对展示对象进行直观空间体验，透过拓增可视化符号、数据信息查看及方案选择等增强对空间信息与展示内容解读，改变过去展示空间认知的单一与被动，人能够成为对信息进行选择的能动性主体。

5 展示对象的体验：实体体验与媒介体验

实物展示体验在于直面接触展品本身，通过周边场景信息伸延对展品解读及与场景中人群交流。媒介体验较为复杂，可从3个层面分析。

（1）个人层面：个人认知到本身存在于虚实叠合的媒体空间中，成为空间的一部分，认知到身临其境的存在，包括第一人称体验（视觉、听觉、嗅觉、触觉等）、实体环境经验、组织模式等影响因素。

（2）环境层面：个人在媒介环境中感受到虚拟环境存在并与之互动，也可理解是一种程式系统对参与者的回应过程。

（3）社会层面：参与者彼此之间的连串互动，会感受到其

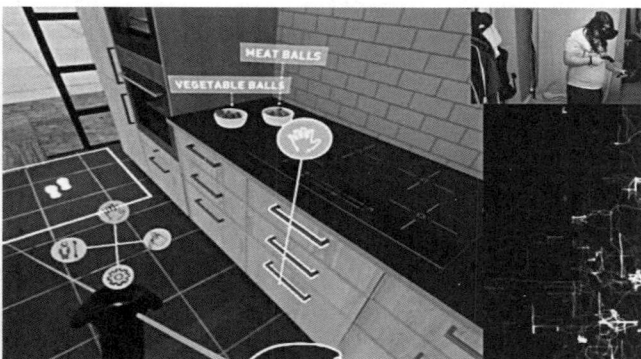

图1 VR+AR技术将展示空间本体与展品"实虚"叠合的Mapping空间

他参与者同时存在于交互的空间中，近似于面对面的感受[2]。

如果说个人、环境及社会是纵向指标的话，按照Steuer提出的"Vividness"（真实性）与"Interactivity"（互动性）理论，人对展示媒介交互事物的体验感受可作为横向指标，其中构成展示"真实性"指标包含"breadth"（广度）与"depth"（深度）的要素，围绕展示对象呈现信息量的能力及受众感知信息的难易程度。"互动性"指标包括了"speed"（速度）、"range"（范围）和"mapping"（图示）："速度"强调与展示对象进行交互的"即时性"；"范围"是针对展示对象可编辑修改的范围和程度；"图示"强调展示媒介内容的设计要与现实空间模式相近，容易为受众所认知和参与。

VR与AR是支持媒介体验发展的两种重要技术，当前VR与AR融合发展出MR技术，MR能使得虚拟元素物体及数字化数据信息得以高精确地无缝叠加到真实世界里的环境或物体中，从而实现虚拟世界与现实世界的混合[3]。例如，MR技术可让人用手去触碰虚拟物体，反馈的触觉信息如同真的一样。MR技术推动"虚实"世界的共构并且使两者之间的差异难以察觉。慕尼黑Autodesk公司VR中心将MR技术应用在汽车设计及展示领域（图2），可动态地展示、切换设计方案，观看整体外观和不同配色方案，并模拟效果，非常直观、立体而且大大压缩了模型制作周期和成本，只需要一套模型就能够在MR技术的辅助下完成多套设计方案的效果模拟，而且后期还可以拓展使用至展示销售及维修培训等环节。

6　受众心理的"好奇"与"专注"

引导受众"好奇"是展示研究的要素。

（1）"好奇"源自展示空间"信息流动"，信息设计显然成为关键。人对信息接收包含时间性、物质性、过程性及情感性等不同的层面，这些层面的整合需要设计师进行深入研究，寻求多层次、多维度的展示呈现与信息解读。不仅着力于形态材质所构成的物质性要素呈现，更要拓展着力于展示对象的过程、交互及情感要素呈现。

（2）"好奇"源自"互动"，尤其是透过设备与虚拟环境中的事物、文字和音效等元素互动。

"专注"是展示研究的另一要素。目标是让参与者在短时间内掌握展示内容中的关键信息。

（1）展示路线顺序及展品布置上采用自由选择或超链接空间方案，容易有效捕获"专注"。

（2）增加空间互动性，展示对象与展示受众之间设置互动行为帮助受众获得深度体验。

（3）目标受众的"专注"：展示对象需为受众个性需求提供选择，并快速以多套展示方案应对，解答受众围绕展示对象提出的问题[4]。

以相关虚拟技术图形系统和辅助传感器还原或生成可交互的Buy+展示与购物环境提升受众沉浸式的"好奇"与"专注"。TMC技术捕捉受众动作并触发虚拟展场的反馈与互动。研发中新增听觉和触觉等五感模拟技术更为受众带去更多层次的"好奇"与"专注"。

7　结语

智能交互时代背景下展示空间塑造的是一种新型流动与

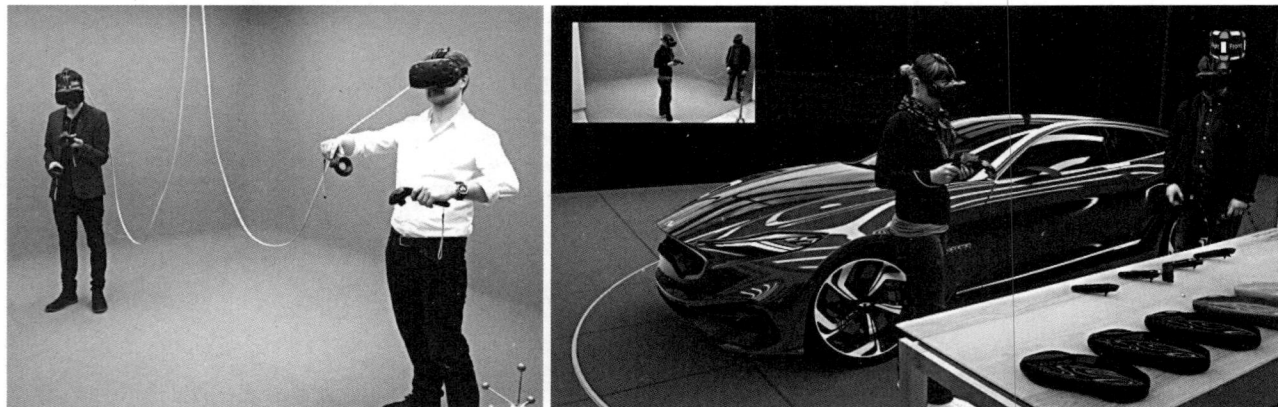

图2　MR技术应用在汽车产品展示与设计

互动空间关系，数位化材料承载着流动信息与数据，对空间的构建消融了传统展示固化的空间形态，并重新组合产生新的变体。设计者不仅要关注展示的实物空间，更要关注展示对象与人的互动体验，研究整合各层面互动的信息内容与数据，应多样化地展示主题、互动对象及建造成本，把握好人群受众对展示内容信息的接受规律，以研究为依据制定相应的设计策略。

参考文献

[1] Hao—Hsiu Chiu．Interfacing Architecture — Designing Objects，Spaces，and Systems That Mediate the Emerging Digital Lifestyle，台湾东海大学建筑系演讲，2005，11．

[2] 邱浩修．交互式建筑的实虚共构设计策略 [J]．世界建筑，2011（02）：134—137．

[3] 翁千惠．虚拟空间之空间感与存在感探讨 [D]．新竹：台湾交通大学，2007：14—20．

[4] 刘育录．具有空间感的网路界面 [D]．新竹：台湾交通大学，2008：7—12．

注：本文基金项目为广东省科学技术厅研究项目（项目编号：20140401）；本文已经发表在《工程建设与设计》2018年6月刊。

基于Depthmap的清代桃花坞年画中苏州古城街巷空间视线可达性分析

庄嘉其

苏州大学

摘　要： Depthmap作为空间句法的专用分析软件，正在空间结构分析领域得到越来越广泛的应用。本文以清代桃花坞年画中的苏州古城街巷空间为例，利用Depthmap软件建立模型，对其空间的"视线可达性"进行分析，并与画面中出现的人物街头活动做对应分析，试探讨这两者之间的关系。

关键词： Depthmap清代桃花坞年画　苏州古城　街巷空间　视线可达性

中国古代城市的街道形态往往是不会具体考虑其容纳的街头文化的性质和特点，这与欧洲传统城市有着很大的差异。后者一般在城市中有意保留供居民活动的广场空间。虽然在很多情况下，比如中世纪的欧洲城市，道路空间有时也具有不规则的形态和参差不齐的细部特征，但街道和广场的区分仍然非常明显。中国古代城市中虽有些室外仪式空间近似于广场，但并不对居民日常生活开放，所以街道才成为居民日常生活的主要场所。而街道的设置，以及街道空间形态形成的初始动机却并未考虑到民众在街道空间的日常生活形态。

但城市自发形成的、曲折无规律的复杂街道空间形态却在客观上拥有容纳丰富多彩的街头文化的可能性，这也是街头文化赖以存在的物质前提。与此同时，中国古代城市中，街头文化更多是各种街头文化形态对已形成的街道空间形态被动地适应和选择，仅在个别情况下，街头文化有可能通过长期的日常活动来改变街道的空间形态。但街头文化将赋予街道重要的日常生活意义，这也是本文研究的前提和基础。

1 节点道路空间分析

本研究以街道平面的几何形态作为对普通街道空间节点进行分类的依据。通过对研究案例画面中出现的不同几何形态的节点空间进行分别探讨，并对相应空间内的街头文化进行分析，找寻街头文化对街巷空间的适应与选择关系。

1.1 "Z"字形节点

"Z"字形节点（图1）指的是在一个比较小的尺度范围内，道路经过两次直角转弯后仍然与原来走向一致的街道空间节点类型。

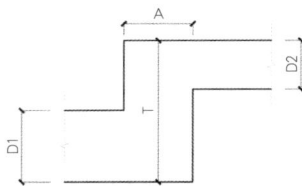

图1　"Z"字形节点示意图

其中D1和D2代表转折前后走向一致的道路宽度，其中设定较为宽者为D1，转出的总宽度用T来表示，A值为转折部分宽度。一般来说如果T＞2.5D1，那么转折处总宽度比例会显得过大，给人的空间感受会是两个独立的转角空间；如果T＜1.5D2，那么空间感受更接近于街道两边街面的参差错落，而较少给人以转弯的感受。这里讨论的"Z"字形节点，T值都处于1.5D2和2.5D1之间。

在《姑苏三百六十行》中描绘的Z字形节点空间如图2所示，从图中所绘尺度判断，D1＜D2，T≈D1+D2。图3是根据图绘尺寸推算的相应街道节点空间平面意象图。

利用UCL Depthmap软件，取整个节点区域的范围进行视线分析运算后（图4），可以从图中看到，中间转角处的视觉可达性是最高的，此排店铺的曝光率也是最高的。

整个节点的空间是单层店铺与双层店铺结合的形式，空间界面大都向行人开放。此节点处人群的数量明显不如一些直线型街道或是广场型节点空间高，并且也缺乏区域性地标所需要的醒目性。

1.2 "T"字形节点

"T"字形节点（图5）指的是一条道路的尽端与另一条道路的中部相遇的普通街道节点空间，也就是平时我们所说的"丁字路口"。"T"字形节点主要参数为尽端道路的宽度D1和非尽端道路的宽度D2（如果非尽端道路两边不等宽，在近段道路两侧的宽度则分别为D2和D3），一般来说，较宽的道路常常代表其重要性较强，但现实未必如此，还要根据实际情况做适当调整。

《姑苏万年桥（乾隆九年）》图6中的这段节点空间其平面形态的主体商业街是一条直线（图7）。尽端与其相接的横向街道是一条通向城门内的街道，有几家商铺，来往的活动者多以过境行人为主。

UCL Depthmap分析的结果如图8所示，在"T"字形节

图2 《姑苏三百六十行》中的"Z"字形节点

图4 "Z"字形节点视线分析

图6 《姑苏万年桥（乾隆九年）》中的"T"字形节点

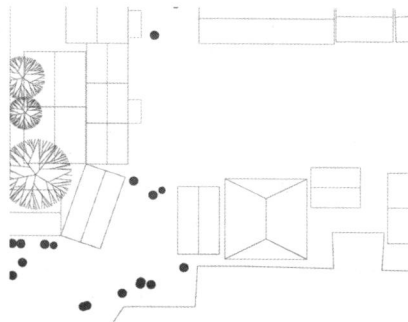

图3 "Z"字形节点平面意象图

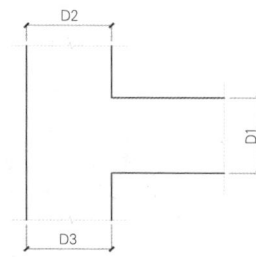

图5 "T"字形节点示意图

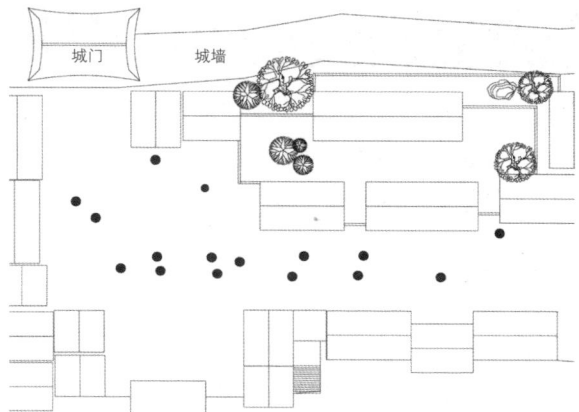

图7 "T"字形节点平面意象图

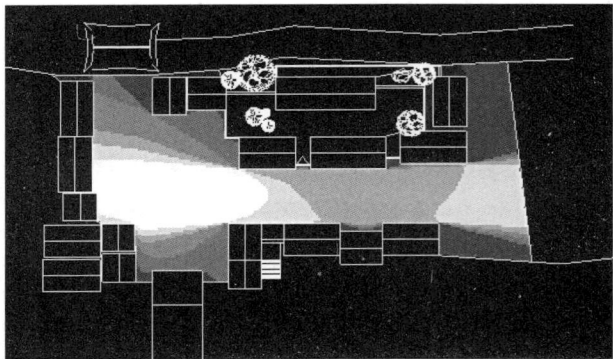

图8 "T"字形节点视线分析

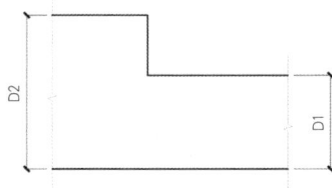

图9 单侧变宽节点示意图

图10 《姑苏三百六十行》中的单侧变宽形节点

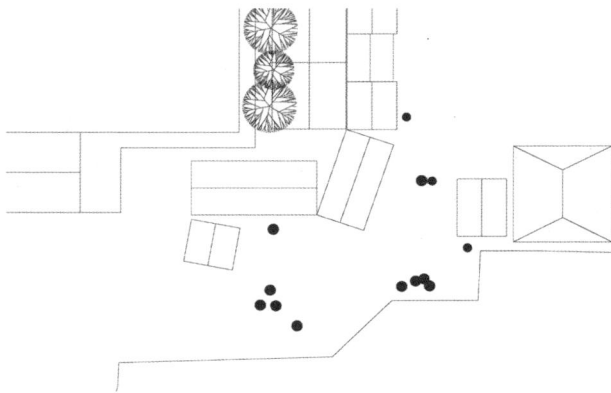

图11 单侧变宽形节点平面意象图

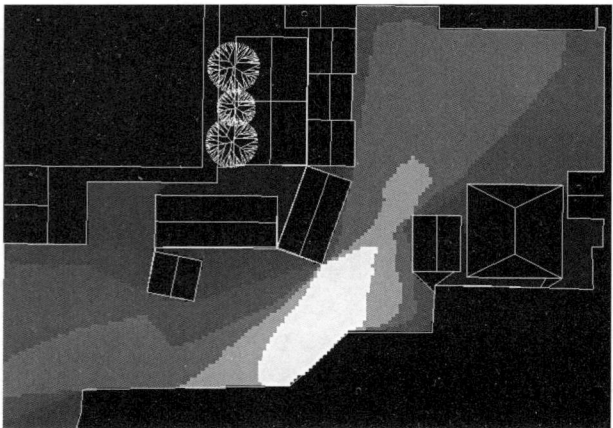

图12 单侧变宽形节点视线分析

点的两条垂直道路交点处是此节点视线可达性最高的地方，因此作者也把最重要的活动安排在了此处。

1.3 单侧变宽度节点

一条街道，一方面保持足够的延续性，而另一方面则宽度发生突变，且突变后街道在新的宽度上继续延续，这种街道节点即单侧变宽度节点。相应空间节点平面示意图如图9所示。

如果两种街道宽度分别为D1和D2，且D2＞D1，那么如果D1＞0.8D2，则街道宽度改变并不明显，只属于中国古代城市中常见的街道两侧房屋的简单参差错落，不能列入单侧变宽度节点；如果D1＜0.4D2，则两侧街道宽度变化太大，不能认为是街道的单侧变宽度，而是街道结束处与一条单独的街道连接。所以这里的D1取值在两者之间。

《姑苏三百六十行》有一处单侧变宽度节点的实例（图10、图11）。在两条街巷变宽的交接处，有一些街头艺人在表演杂技，周围聚集了往来的人群，人流密度较高，由于一侧临湖，所以这里的视线可达性是较好的。

UCL Depthmap分析的结果如图12所示，可以看到街头活动相对应的区域属于视线可达性最好的地方。沿街空间界面以两层楼为主，由于临湖的原因，界面的开放性要比"Z"字形节点要高。但是界面较开放的商业店铺功能向室外的自然延伸领域要小于"Z"字形节点。

1.4 凹入节点

凹入节点指街道一面向内凹入形成的街道节点（图13）。影响凹入节点体验的主要参数有街道宽度D、凹入部分宽度A和凹入部分深度B。现代街道的小型广场空间关系往往与凹入节点非常相似，桃花坞年画中也有几处描绘。

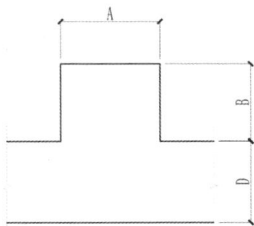

图13 凹入节点示意图

《姑苏虎丘志》中靠山塘河的寺庙附近，寺庙的入口与两侧的店铺共同限定了这个凹入节点（图14）。河岸的走向与这组房屋平行，图中有描绘出此处有两个僧人在寺庙的门口，可以大体判断此处可能的人物活动。由于寺庙一层的标高比周边的店铺标高都要高，因此在门前设置了台阶，这样从空间感受和台阶的仪式感两方面都让寺庙的重要性得到了提升。图15是根据图绘尺寸推算的相应街道节点空间平面意象图。

利用UCL Depthmap分析的结果（图16）比较简单，可以看出街道的视线保持较好的通畅度，除了节点处的视线可达性略差一点，作为寺庙的入口其对于可视性的要求没有店铺或一般日常活动那么高。

图14 《姑苏虎丘志》中的凹入节点

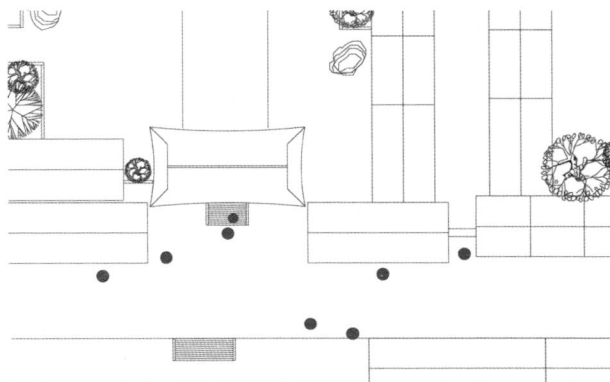

图15 凹入节点平面意象图

2 小结

通过从空间形态和空间场景两个方面对桃花坞年画中出现的代表性空间节点，进行考察，我们可以初步得到的结论如下：

（1）街道空间节点与街头文化形态之间虽然不存在一一对应的关系，但两者之间的关联非常明显。关联的主要作用和机制是特定的街头文化对具体街道形态的适应和选择。适应和选择并不是街头文化与街道空间形态共生关系的唯一模式，在漫长的使用过程中，街头文化对街道空间形态一点一滴的塑造最终也会在街道空间形态上留下痕迹。

（2）虽然街道空间形态与街头文化之间存在着各种复杂的关系，但街头文化作为中国古代城市的一种文化现象，其本身具有的社会性和历史性特征仍然是其发展的决定性因素。街头文化需要选择适宜其发展的街道空间，但对不同类别的空间仍然有着很强的适应性特征。

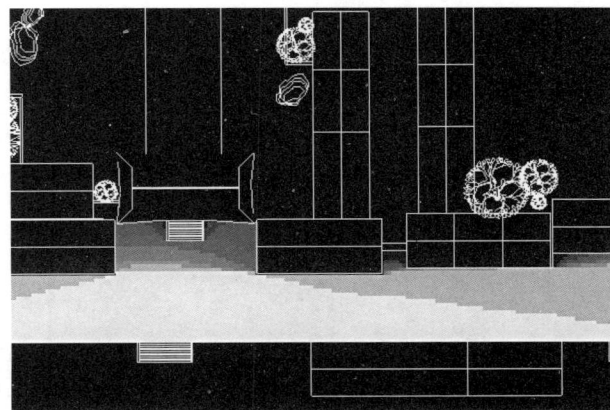

图16 单侧变宽形节点视线分析

（3）根据街头活动的特点和需要，视线可达性是街头活动选择空间的重要参考条件。尤其是聚集性街头活动，如单侧变宽度节点中的杂技表演活动，都会选择空间可达性比较好的空间来进行，其一方面原因是因为单侧临河，但是其空间的形态也是影响视线可达性的一个重要因素；而休息、寒暄等活动一般会选择视线可达性较弱的空间。

参考文献

[1] 周新月．苏州桃花坞年画彩色图文版 [M]．南京：江苏人民出版社，2009．

[2] 傅熹年．中国古代的建筑画 [J]．文物．1998（3）．

[3] 冯骥才．中国木版年画集成　桃花坞卷（上）[M]．北京：中华书局，2011．

[4] 冯骥才．中国木版年画集成　桃花坞卷（下）[M]．北京：中华书局，2011．

[5] 王洁．试论古代绘画中建筑的解读方法——以敦煌壁画和《清明上河图》为例 [J]．敦煌研究，2004（05）．

基于新时代平面视角下的纪念馆信息传达策略研究

李环宇

北京工业大学

摘　要： 新时代呼唤新设计！在新时代的大背景下，纪念馆逐渐受到政府部门和社会各界的广泛关注，与博物馆展示相比，它更注重时代的主题性，具有很高的精神指引性。然而大多数纪念馆仍以传统的图文为主，把观众的参观体验变成了乏味的阅读行为，缺少了新时代下的设计特点。因此，本文试图通过新的平面设计视角来探寻纪念馆空间中信息传达的新方法，从而提高纪念馆的时代性。

关键词： 纪念馆　平面设计　创新　塑造力　融合性

纪念馆重在以史育人，"透物见史，更现精神"是纪念馆信息传播的最终目标。然而，绝大部分历史都是以照片的方式被记录下来，缺少相应的实物，也就导致了纪念馆在设计上重陈轻展，且大多是以传统的图文版式为主。但是随着新时代的到来，这种传统的平面设计显示了越来越多的问题。

平面设计需要迎合新时代发展的需求，拓宽其维度是历史的必然趋势。从二维平面到三维空间中，发挥其自身特色为三维空间呈现更加丰富的视觉体验，为空间塑造鲜明的性格和独特的风格特征，满足新时代下人们对于视觉审美的更高需求是新时代下平面设计的任务所在。

1　纪念馆信息传达中存在的问题

1.1　信息乏味零散

国内的纪念馆大多由于种种限制，经常会出现藏品少、图文多、缺少展示亮点的问题。整个展览几乎就是将二维书籍的内容毫无创造地复刻在了三维空间内，也就导致了观众在参观过程中接收到的信息过于乏味，令观众产生了"看展不如看书"的感受。这种方式令观众很无奈，展览信息也就无法得到有效传递，让历史走进观众，让观众了解历史也成了一句空话。

1.2　空间形式雷同

不同的纪念馆具有不同的定位和功能，也就需要营造不同的情调和气氛。[1]新时代下更应该着重突出这一特点，然而国内的纪念馆在设计上几乎千篇一律，缺乏多维的层次关系，更缺乏了不同设计间的相互关系，也就使得观众产生了"看的展览都一样"的错觉。

1.3　传播手段单一

新时代下，更加强调"体验经济"，因此纪念馆更应该注重观众在参观过程中的体验，实现新时代下空间与人的完美互动，以往的纪念馆在传播方式上，都是通过单纯的图文视觉体验为主，但传统的方式过于枯燥。多种传播方式的融合使用，会使展线动起来，陈列活起来，有助于吸引观众的注意力，从而达到信息的有效传达。

2　通过平面设计解决纪念馆问题的对策

2.1　拓展平面设计对信息的整合与创新力度

"英文中的'平面设计'这个词是'graphic design'，它的主要功能应该是调动所有平面的因素，达到视觉传达准确的目的，这是平面设计的真正功能，而美化则是第二位的、从属性的。"[2]但是大家往往忽略了平面本身传达信息的作用。因此，设计师在充分理解内容的基础上，如何通过平面设计本身来达到对信息的准确阐释，对实现纪念馆的职能极其重要。

2.1.1　信息情景化

所谓"情景化"就是通过平面设计将反映同一主题的各种信息在陈列空间和逻辑顺序上加以整合，形成完整的信息组团。"情景化"所针对的对象是多样的，既可包含文物，也可有其他信息，但彼此之间仍需主次关系，同时应在一定逻辑关系下结合空间进行合理排列，信息"情景化"可以给观众带来更深刻的历史代入感，加强展示效果。

在法国陆军纪念馆第一次世界大战百年纪念展中，设计师将关乎战争的信息进行了"情景化"处理，底层为黑白的战争场面，以及众多的历史人物，两者作为背景烘托，军人和展品处于主要地位，通过场面+人物+展品的方式传达了当时的战争状况（图1）。

2.1.2　信息聚焦化

以往的纪念馆设计中经常忽视视野范围与内容密度的关系。但根据心理学家埃里克森（Eriksen）的选择性注意理论，当"注意"集中在小空间范围内时，就更容易接受信息。[3]所谓"聚焦化"就是通过平面设计调整展示密度吸引观众眼球，并将重点信息准确传递给观众的过程。

在中国人民抗日战争纪念馆中，可以看到墙面上的图片清晰度是一样的，下图片虽然面积比较大，但在观看时仍可以清晰地感受到右侧展板以及文物是主要内容。因为设计师通过调整信息的密度，灯光的位置形成了信息的聚焦，让这五块展板在空间上更突出，同时利用了人的惯性思维："放在上面的东西更重要"（图2）。

2.1.3　信息形态化

纪念馆中无论是导视、图版等平面内容大多是单一形态。所谓"形态化"重点在于通过外形特征对观者的心理产生影响。因此，在进行平面设计时，不应当只考虑内容等方面，更应注重形态与信息的结合，从而达到信息有效传播的目的。

法兰克福森根堡博物馆的陈列设计中，部分展台通过折叠、弯曲，形成了阶梯式的形态，实物展品放置于阶梯高处，

而相关信息则直接印在台面上。这种形态化的展示形式既突破了传统展台单一的样式，又通过二维的手段营造出变幻的空间效果，几何形态、二维平面与具体实物的结合，多方位的信息传达既新颖又简洁（图3）。

图1　陆军纪念馆（法国）

图2　中国人民抗日战争纪念馆

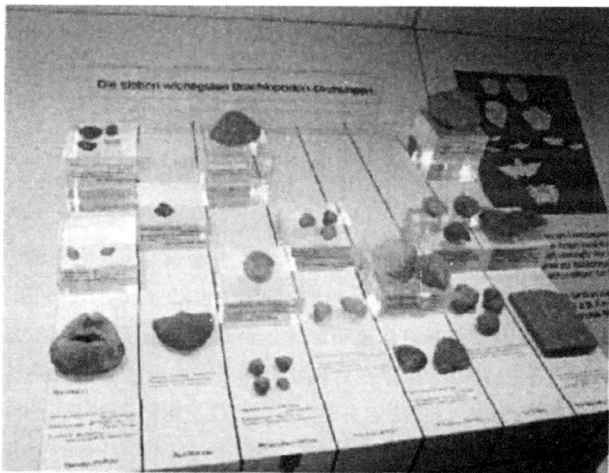

图3　法兰克福森根堡博物馆

2.2 加强平面设计对空间的塑造力

海德格尔认为："空间中多个要素属于空间但并非就是空间本身，而是各个要素在相互作用过程才构成空间的概念。"[4]当下的纪念馆中，平面设计往往与空间是分离的，其大多以展板的形式挂置于展墙上，实际上平面设计可以是辅助的展陈手段，也可以是主导性设计元素[5]，平面设计如果摆脱依附关系进入到空间环境中去，凭借其独有的特性，一定能对塑造空间起到重要的作用！

2.2.1 空间情绪化

现今的纪念馆设计大多如出一辙，彼此间缺少独特的情绪和特色，原因在于单纯依靠墙体的分割和展示内容的陈列来烘托氛围，忽略了平面元素带来的视觉感受。"情绪化"即通过平面设计中的图形或者色彩，结合空间结构来塑造空间情绪，从而达到与观众的共鸣。"图形的应用承载了空间的整体效果和内在张力，影响了诉求信息的有效传递，是平面视觉语言的核心。"[6]

澳大利亚联邦大学视觉墙面设计，空间中运用的图形创意来源于具有代表青年文化的图形元素，暖色调加上富有激情的图案激活了整个空间（图4）。

2.2.2 载体多元化

纪念馆陈列中，平面设计大多仅限于墙面上，观展维度单一，实际上平面设计应当转换载体概念。"多元化"即在于空间中的墙、顶、地、乃至于隔断都应当是承载平面设计的载体。让平面真正地从墙体中解放出来，形成新的展示架构与展示维度。这样就可以极大地避免纪念馆空间形式的雷同。

在大青山地区革命史展览中，"山体"与"桌面"两套展示系统成为平面设计的新载体，关于事件背景的史实置于山体之上，主要的历史信息置于桌面上。平面设计从传统的墙体中得以分离，这种多载体的设计手段创造了全新的观展角度以及空间氛围，亦创造出了一种新颖的纪念馆陈列形式（图5）。

2.2.3 平面空间化

"空间化"主要在于利用视错觉对固有空间界面结构的打破。设计者在充分理解内容的基础上，通过平面的语言，可以将平淡无奇的空间转化为极具视觉冲击力和想象力的空间。将视错觉应用到空间设计中，可以产生出其不意的奇妙效果，激发观众的参观乐趣。

蒂姆·波顿（Tim Burton）回顾展当中，由于其作品大部分为黑暗系的动画角色，于是展览的入口处，便通过"空间化"的手段设计了以僵尸形象为主的门洞。入口象征了僵尸的嘴，红色地毯象征着僵尸的舌头，通过平面的语言反作用于空间结构与氛围，既充分体现了展览内容，又极大激发了观众的参展兴趣（图6）。

图4 澳大利亚联邦大学

图5 大青山地区革命史展览

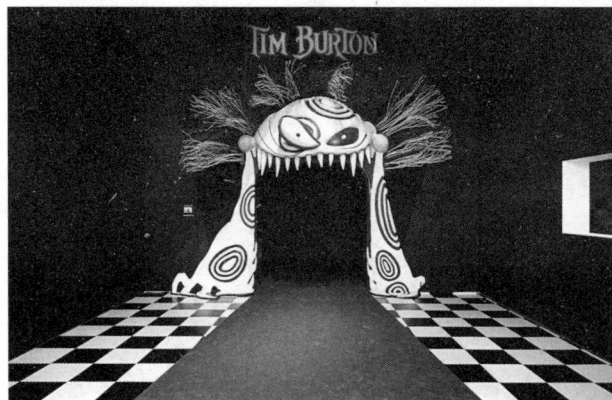

图6 蒂姆·波顿展入口

2.3 增强平面设计与其他手段的融合性

以往受观念和技术的限制，纪念馆的平面设计手段较为单一。但是随着社会的发展，现代科技极大地扩大了设计的表现形式，同样平面设计的边界也变得越来越模糊，逐渐从单一向多元、静态向动态的交叉和综合方向发展。因此，应当不断增强平面设计与其他手段的融合，通过多元的传播手段完成信息的有效传达。

2.3.1 平面动态化

原有的图文、文物虽然也是历史的记录，但却是"死"的，是静止的，这种展示手段不能够让观众更深入地了解历史，"动态化"意在指依靠新媒体技术下的动态投影，让历史活起来。这种将纪实性的录像通过多媒体技术展示的手段，可以让观众产生身临其境和面对面交流的感觉。

泰坦尼克号纪念馆中，依靠灯箱和多路动态的影像，将泰坦尼克号的建造过程以及当时背景下的城市生活鲜活地呈现给了观众，让原本静止的画面变得更加具有吸引力和叙述性。正是这种多元的设计手法得以向观众完美地呈现泰坦尼克号的故事（图7）。

2.3.2 平面装置化

传统的观展过程中，观众往往是通过视觉被迫地接受设计。"装置化"意在增强观众在展览中的存在感，转变设计规则的制造者，将真正的设计者，从设计师逐渐转移到参观者身上。通过物理交互加强平面设计与观众的关系，使得观众的行为成为平面设计的一部分。

广东文博会文物信息咨询中心的展位中，就利用了平面装置化这一展示手段，将原本枯燥的数据图表，通过艺术化的手段进行了处理，让数据产生了故事性，也更方便了观众对于信息的接受（图8）。

2.3.3 平面时间化

"时间化"是让平面设计转化为一个能使观众置身其中的三维"环境"，也就是"场地+时间+情感"的综合展示艺术。把每一个观者变成演员，赋予他们角色，并进入故事的情节中来，使其能够真正体会到展览的内涵。

在未来游乐园展览中，漆黑的环境中会不断地出现观众所绘画的花朵作品，并且随着观众的点击会呈现更丰富的变化，在这里空间的氛围是由每一位观众所决定的。他们都是空间的演员，空间亦融入了每一位观众的情感，这种互动行为直接形成了观者与展览的艺术对话。同时，随着科技的发展、虚拟现实技术的出现，"时间化"将越来越受欢迎（图9）。

3 结语

目前，中国国内的纪念馆如雨后春笋般在全国范围内大量兴建，这无疑符合了我国现今社会主要矛盾[①]转变的事实。而且，随着社会的发展，平面设计领域的边缘也在逐渐扩大，思维也在逐渐转化，我们更应当去研究纪念馆环境中平面设计的呈现。这是新的时代背景下的必然要求。

纪念馆"以史育人"的职能导致其富有一种"责任感"，而设计师同样有着确保信息准确传递给观众的"责任感"，当两种责任感相交叉为一个新的设计领域时，我们更应针对这个领域多加探讨、尝试，不断完善纪念馆的视觉环境，不断加强其社会作用，为解决新时代的主要矛盾建立更好的视觉环境。

图7 泰坦尼克号纪念馆

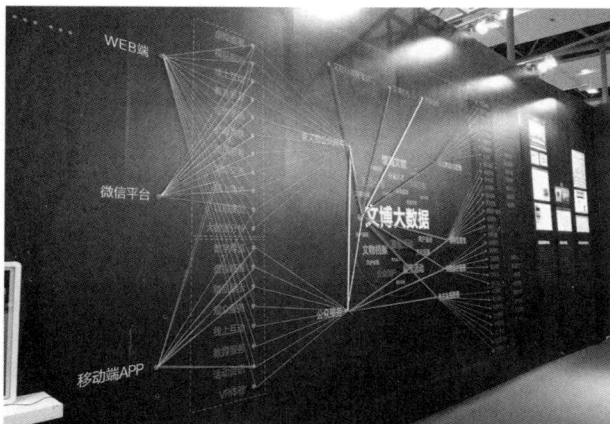

图8 文物信息咨询中心

图9 未来游乐园展厅

文章分析了新的时代背景下纪念馆平面设计的多重手法，也阐释了这些手法的必要性和重要性。当然，当今的纪念馆受诸多因素的限制，不能一概而论去使用这些方法。但可以根据相应的展示主题选择适当的平面设计手法。只有这样才能更利于信息的传播。

注释

①我国现今社会主要矛盾是指人民日益增长的美好生活需要和不平衡不充分的发展之间的矛盾。

参考文献

[1] 寇宇. 基于视知觉的历史事件纪念馆展墙设计研究 [D]. 北京：北京理工大学，2015：1—66.

[2] 王受之. 世界平面设计史 [M]. 北京：中国青年出版社，2002，10.

[3] 王健. 纪念馆展示设计注意控制三原则 [J]. 中国文物报，2009，006：1—3.

[4]（德）海德格尔. 海德格尔选集（上）[M]. 孙周兴译. 上海：上海三联书店出版社，1996：484.

[5] 陈亚建. 展示空间中的平面设计 [D]. 南京：南京艺术学院，2007：1—33.

[6]（美）史蒂文·海勒迈克·柯尼.《灵感——现代平面元素解剖》[M]. 大连：大连理工出版社，2010，3.

基于历史博物馆的体验型观展模式研究

——以海战博物馆《鸦片战争》陈列为例

杨晓航

广东省集美设计工程有限公司

摘 要： 社会经济文化的发展促使越来越多的人走进博物馆，观展需求也从"到此一游"逐步向更高层次的鼓励体验和引导思考转变。观众对博物馆需求的提升促使博物馆从传统的、说教的观展模式向现代的、体验型的观展模式转变。本文引入马斯洛需求层次理论，以海战博物馆《鸦片战争》陈列为案例，剖析历史博物馆如何通过空间氛围的营造、多媒体技术的应用以及智慧导览服务系统的建设构建全面的、体验型的历史博物馆观展模式，拉近人与物、人与历史的距离。

关键词： 体验型 观展模式 历史博物馆 人本主义

1 绪论

伴随着中国城市化进程的大举推进，城市文化建设的标志——博物馆事业也迎来了一个突飞猛进的发展期。

"截至2015年年底，全国登记注册的博物馆已达到4692家，其中国有博物馆3582家，非国有博物馆1110家……这一数字是中华人民共和国成立时我国博物馆总数的223倍，且这一数字还在以每年200家左右的速度递增。"[①]

迅猛增长的博物馆建设在提升当地文化建设指数的同时，也带动着博物馆展陈设计和观展模式的转变。

目前，我国博物馆的观展理念在一定程度上已经开始重视从"以物为本"向"以物、人为本"转变，但究其本质，还是"重物轻人"。本文将"用户体验"的理念导入历史博物馆的观展研究中，用体验型观展模式积极主动地去感知文物、认知历史，从而更大限度、更大范围地吸引公众走近博物馆，认识、了解、熟悉历史。

2 我国历史博物馆观展模式的演变

中国的历史博物馆自1905年第一家博物馆——南通博物苑建成开放至今，也历经了100多年的发展，其观展模式的迭代划分也沿袭着世界博物馆发展变化相似的进程（图1），即：

（1）20世纪80年代及之前，按时间顺序或种类展示文物的静观型观展模式，即博物馆1.0时代；

（2）20世纪90年代，由讲解员带领讲述或个人、团体语音导览的导览型观展模式，即博物馆2.0时代；

（3）2000年后，注重观众参与性的互动型观展模式，即博物馆3.0时代；

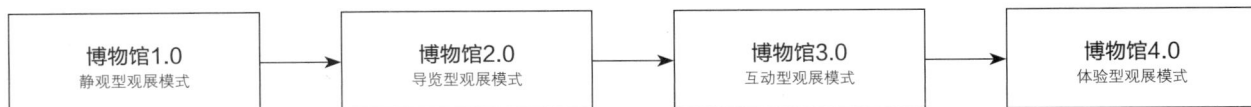

博物馆1.0 静观型观展模式 → 博物馆2.0 导览型观展模式 → 博物馆3.0 互动型观展模式 → 博物馆4.0 体验型观展模式

图1 历史博物馆迭代演变简图

（4）如今，随着观众对观展要求的进一步提升，一种注重观众体验，即本文提出的体验型观展模式正在逐步取代互动型观展模式成为时代主流。伴随着这一模式的推广，博物馆4.0时代即将来临。

3 体验型观展模式概论

3.1 理论基础

美国著名社会心理学家、哲学家、人格理论家和比较心理学家——亚伯拉罕·马斯洛的需求层次理论将人类的需求从低到高分成五个层次，即：生理需求、安全需求、归属与爱的需求、尊重需求和自我实现的需求。按照这一理论，当一种需求得到满足后，就会需要更高层次的需求。

尼尔森·诺曼集团的联合创办人、认知科学学会发起人之一唐纳德·A·诺曼在其《情感化设计》一书中，也从知觉心理学的角度将人类的认知划分本能（第一眼看上去美不美、喜不喜欢），行为（互动过程中，是否便捷与合理）和反思（人的进一步思考，如意义以及引发的个人情感等）。

不论是马斯洛的需求层次理论，还是诺曼的认知层级理论，所有这些心理学的研究都是在研究和分析"人本主义"，并以此来细分诉求，寻求各种解答，而历史博物馆的展陈设计和观展理念也应该如此。

3.2 发展必然

遵循马斯洛的需求层次理论与诺曼的认知层级理论，观众对博物馆的需求也经历着逐步从内容的满意、理性的满足上升到体验的满意和感性的满足。

博物馆专家埃莱娜·厄曼·古里安认为，今天的博物馆更加注重体验，"博物馆将不再过分依赖藏品来传递故事，相反将更多地借助其他的表现形式，比如故事讲述、歌曲、演讲以及渲染性的、戏剧性的和心理上的方式或途径；而且博物馆将会传输更多情感上的信息。"[2]

观众与博物馆本身对体验的需求促使发展体验型观展模式成为历史博物馆遵循人的需求层次发展规律的必然选择。

3.3 显著特征

按照诺曼的认知层级理论，一次好的用户体验应该涵盖三个方面的特征，即，让人在认知上感觉很轻松，意志行为上感觉很便捷，情感上感觉很愉悦，也就是说，这三个层面上都感觉满意的体验就是一次好的用户体验。

对于历史博物馆来说，体验型观展模式不仅要有精美的文物、新颖的陈列方式、隐喻的情境空间，还需要有好的互动以及反思和情感表达。这种体验将会极大地加强观众对历史、文物的认知，使历史、文物不再只是干巴巴的一段描述。

当文物与观众、历史与观众、馆方与观众、观众与观众之间产生情感上的交流，进而产生积极的情绪，这种情绪便可以加强观众对历史博物馆的认同感，从而引导更多的人走进博物馆。

3.4 核心内容

体验是"通过实践来认识周围的事物，亲身经历"。[3]因此，体验强调实践和亲身经历，是通过视觉、听觉、触觉、嗅觉、感觉等感官全方位地感受事物。

约翰·佛克认为博物馆体验包括参观行为的全过程。他认为："博物馆体验并非单向的，而是个人条件、社会条件、环境条件共同构成的互动的体验模式"[4]。

而体验型观展模式也同理，它定义为构建一个"资源—知识—态度—价值"的传导体系。它以参观者感受为第一设计要求，强调观众的主动参与意识，通过文物展示、空间营造、信息的传达与延伸、情感的表达与反馈形成一个完整的体系，并依托互联网、移动终端、大数据和云计算等新媒体技术，全方位实现观众体验、精准服务、互联共建和开放共享的目的。

它的核心理念是通过体验拉近人与物、人与历史、人与人的距离。

4 历史博物馆体验型观展模式的设计实践

以下将以海战博物馆《鸦片战争》陈列设计、制作的实践为例，介绍如何构建历史博物馆的体验型观展模式。

4.1 海战博物馆概况

"海战博物馆坐落于东莞市虎门镇，背靠虎门炮台遗址，是一个以古战争遗址为依托的纪念性历史博物馆，是鸦片战争历史的'见证者'。"⑤它的室内空间依托建筑而生，大厅居于正中，为鸦片战争陈列总序厅和各展厅之间的交通枢纽，四周环绕三个圆厅和一个方厅。"展示面积4950平方米，展线长950米，展示文物约1500多件（套），历史图文照片1300幅，创作画等艺术作品约120幅，多媒体高科技项目约20余项，知识点信息化项目61项。"⑥

4.2　海战博物馆体验型观展模式的构建

4.2.1　空间氛围的营造

一次好的观展体验离不开空间氛围的营造，导向鲜明的空间氛围可以大幅提高观众的代入感，从而提升观展体验。因此，空间氛围的营造是构建体验型观展模式的基础。

在此，以《鸦片战争》陈列中隐喻空间、情景空间和对比空间的搭建阐述空间氛围的营造对提升观众代入感和引导观众反思的作用。

（1）隐喻空间

隐喻空间是指通过不同介质将意境表现在"欲说还休"之中，让观众自己去感受、思考及反思。

在《鸦片战争》陈列中，一进入展厅，观众就可以看见一个由战舰、铁炮、齿轮、鸦片和铁链等元素融合在一起的天外陨石主体雕塑。它自天而降轰击在清朝的版图之上，寓意着砸碎了"天朝上国"、"万国来仪"的虚空迷梦，将百年悲怆铭刻在中华大地。而如岩浆般暗涌的伤痕是血肉之躯的抗争，隐喻着民族觉醒与不屈的力量，它象征着铮铮铁骨挣脱枷锁，从弱小走向强大的蜕变。

蕴含深意的空间语言渲染从展览的一开始就为整个观展体验奠定了丰沛的情感基调（图2、图3）。

（2）情景空间

作为一种最直观的体验方式，情景空间以景观化展示空间为表现手法，注重挖掘事件的地域性、时代性和史实性，通过不同的媒介精心营构叙事空间，以观众容易看懂、读懂的讲故事式的直观空间形式展示内容，激发观众的探知欲，使其在不断地探索中走完展览的全过程。

"虎门之战"爆发于虎门，是本次《鸦片战争》陈列的重点。因此，在观众的观展体验中，地缘的亲近性将使观众对这一史实充满期待。而情景空间设计不仅能还原战争原址，还能让观众身临其境，感受最直接的震撼。

"虎门之战"场景通过近景炮台残垣断壁的还原，中景兵营内动态的全息影像，远景静态的虎门海战油画和动态的影像投射，在智能灯控、音效和旁白的渲染下，全景还原战争过程。让史书上悲壮惨烈的"虎门海战"以最真实、直观的方式呈现于眼前，"此时、此地"让观众直面、亲见历史，产生强烈的情感共鸣，从而引发反思与情感表达（图4～图7）。

（3）对比空间

对比空间采用对比的设计手法，抓住各自的主要特点加以整合、提炼、归纳。这一空间氛围的营造在简化内容的同时，也使观众的认知更加清晰明了、一目了然。

比如，第一部分——鸦片战争前的中西世界分为资产阶级革命与封建王朝更替、民主科学与封建专制、工业革命与小农经济、海洋争霸与禁海闭守四个单元，其共同特点是先陈诉同一时期的西方发展，再讲述中方现实。因此，在空间的设计上，充分利用了圆形建筑空间，设置同心圆，形成一个圆环展厅和一个圆形中庭；在展线的设计上，将西方内容置于环形展厅的外侧，中方内容放置在环形的内侧，通过巧妙的转折引导突破主副展线的常规设置，将展线按先西方、后中方的文本秩序贯穿起来，在空间形态上营造西方扩张、中方闭守的对峙态势；在展示语言的设计上提炼出欧式建筑、欧洲古图书馆、工业齿轮、舰帆等典型符号作为资产阶级革命、民主与科学、工业革命、海洋争霸四个西方单元的造型展墙。中方则以红色立柱与梁界定中式空间氛围，贯穿环形内侧与西方展墙形成强烈的反差和对比（图8～图13）。

4.2.2　多媒体技术的运用

多媒体技术在历史博物馆展陈设计中的应用为体验型观展模式提供了一个更形象、生动，也更能吸引观众的媒介。

《鸦片战争》陈列的多媒体技术应用以服务内容为第一要义，20多种科技项目再现了历史场景和物件。比如，火绳枪模型智能展柜，它通过火绳枪模型与前置屏幕三维成像技术解构清军主战火器——火绳枪的内部结构和特点，并且通过对比英军主战火器燧发枪呈现其差距等。

除此之外，"一件文物即一座博物馆"的知识驿站平台的构建将用户体验衍生到更广域的范畴。

图2 天外陨石主体雕塑1

图3 天外陨石主体雕塑2

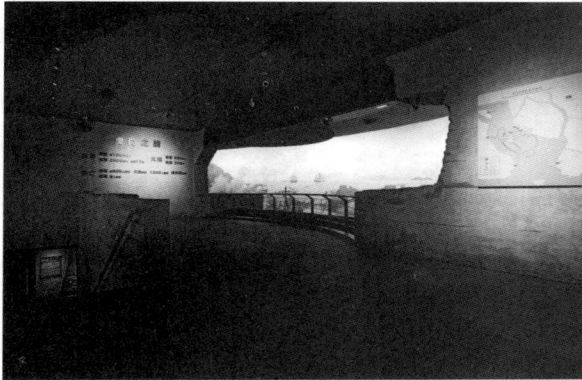

图4 "虎门之战"展区

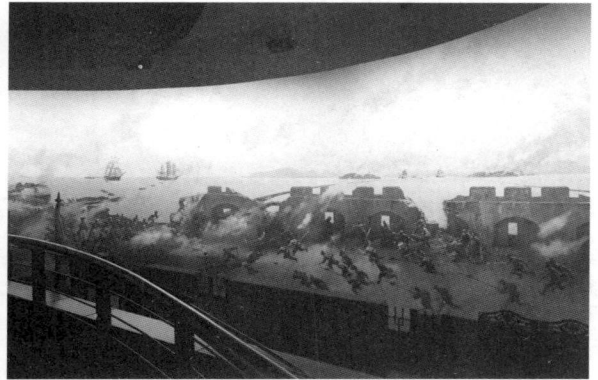

图5 "虎门之战"场景还原

图6 "虎门之战"全息影像

图7 "虎门之战"影像投影

图8 "鸦片战争"圆形展区

图9 "鸦片战争"展台1

图10　"鸦片战争"展台2

图11　"鸦片战争"展台3

图12　红色立柱的空间氛围1

图13　红色立柱的空间氛围2

知识驿站平台是指将平板电脑植入展厅，通过精美的界面设计、动态的3D复原、视频播放补充静止的、平面的版面设计，不仅可供观众互动查询，更是相关知识点的延展和深入。例如，在中英火炮文物的对比展示区，观众可点击信息带上的平板电脑，通过视频了解中英火炮各自的制作工艺、流程，通过3D模拟展示中英火炮在射速、射距、杀伤力上的差异，通过全方位的对比介绍让观众更为直观地了解中英双方在主战武器上的差距……除了内容的补充介绍，每个知识驿站内还设置了相关的知识问答、观众反馈与留言以及微信下载和传播等（图14~图18）。

61块平板电脑分布在展览的各个单元，涉及各种不同的文物和信息，这些有序分布的平板电脑连接每一个历史节点，形成一个强大的后台知识库，使展览内容延伸到文物背后，使历史知识达到最大化的深入与拓展，进而建立起文物、历史与观众的紧密联系，从而拉近了"物与人"的关系，使观众真正体验到"我看了，我记住了；我做了，于是我明白了"。可以说，知识点体系平台的建设为体验型观展模式的构建夯实了基础。

4.2.3　智慧导览服务系统的建设

智慧导览服务系统为海战博物馆体验型观展模式的构建注入了最"新鲜的血液"。它通过WIFI全面覆盖，利用APP把展览资讯免费推送给观众。观众只需要在移动终端（手机、平板电脑）上安装一个"智慧导览APP"就可以实现电子地图导览、参观线路指引、展览解说、文物信息介绍、查询预约、电子学习单、可视化搜索、实时信息推送、互动社区和我的博物馆等功能，同时它还支持观众选定参观路线的导览，提供参观路线引导，并显示观众的实时位置跟踪等（图19）。

除此以外，海战博物馆让观众在观展的过程中触摸和感知文物也是体验型观展模式的一大亮点。众所周知，"请勿触摸"是历史博物馆展览的常态，而海战博物馆则打破了这一传统，专门挑选和复制出了一批文物，设定多个开放区域，邀请观众"随时来摸一摸"。通过让观众与文物零距离的接触，亲身感受文物的温度和质感（图20）。同时，还强调一个都不能少的体验原则，在全馆系统的设置盲文触摸区域，让盲人除了听还能自己动手（图21）。

图14 平板电脑触屏

图15 清军主战火器

图16 视频播放

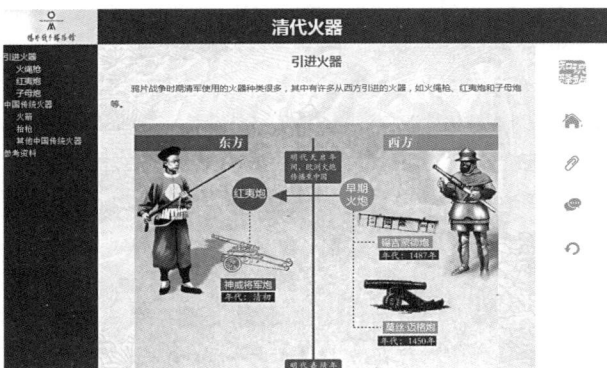

图17 平板电脑中的展览介绍1

图18 平板电脑中的展览介绍2

图19 智慧导览APP

图20 观众与展品零接触

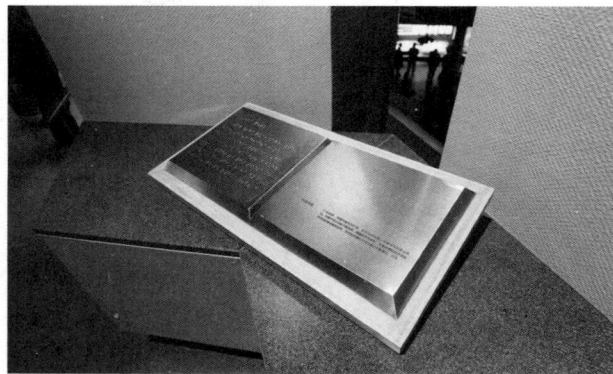

图21 盲文触摸区

5 结论

结合当前我国历史博物馆观展体验的实际情况，体验型观展模式不仅是历史博物馆展陈设计遵循人的需求层次发展规律的必然选择，也是世界博物馆发展的潮流，还是提升我国博物馆参观效果的有效方法，更是解决我国大多数博物馆有历史、少文物或文物不精美等问题的最佳途径。

随着我国博物馆事业国家战略的正式实施，博物馆事业势必迎来一个前所未有的高速发展期，如何让观众获得更好的观展体验，更大限度、更大范围地吸引公众走进博物馆，了解文物、认知历史、思考未来，体验型观展模式的探索只是一个开始。未来，新技术革命的进一步发展势必推动着体验型观展模式向更多样化的形式、更佳的体验感受发展。

注释

① 国家文物局局长刘玉珠在"5·18国际博物馆日"主会场内蒙古博物院的讲话 [N]. 中国青年报，2016-5-18.

② 爱德华·P.亚历山大，玛丽·亚历山大. 博物馆变迁 [M]. 陈双双译. 南京：译林出版社，2014：15.

③ 中国社会科学院语言研究所词典编辑室. 现代汉语词典 [S]. 北京：商务出版社，2005：1342.

④ 约翰·佛克（John H.Falk）. 博物馆经验 [M]. 罗欣怡，皮淮音，金静玉，林洁盈译. 台北：五观艺术管理有限公司出版社，2007：1.

⑤ 鸦片战争博物馆官网 [OL].

⑥ 鸦片战争博物馆官网 [OL].

参考文献

[1] 唐纳德·A·诺曼. 情感化设计 [M]. 北京：中信出版社，2015.

[2] 马斯洛. 人的动机理论 [M]. 北京：华夏出版社，1987.

[3] Jesse James Garrett. 用户体验的要素 [M]. 北京：机械工业出版社，2008.

[4] 王宏均. 中国博物馆学基础 [M]. 上海：上海古籍出版社，2001.

[5] 徐纯. 文化载具——博物馆演进的脚步 [M]. 中国博物馆学会，1992.

[6] 余剑峰. 博物馆展陈设计 [M]. 南京：江苏凤凰科学技术出版社，2014.

[7] 张晖. 美国博物馆陈列艺术 [M]. 沈阳：辽宁科学技术出版社，2015.

[8] 陈小清. 新媒体艺术设计概论 [M]. 广州：广东高等教育出版社，2013.

[9] 陈小清. 新媒体艺术的心理体验设计 [M]. 广州：广东高等教育出版社，2013.

[10] 林迅. 新媒体艺术 [M]. 上海：上海交通大学出版社，2011.

[11] 尹定邦. 设计学概论 [M]. 长沙：湖南科学技术出版社，2004.

注：本文以《从"参观"到"体验"——基于用户需求理论下的体验型观展模式研究》为题在刊物《CIID装饰装修天地》2017.07（上半月）发表。

数字设计的实验与实践

——以太阳能十项全能竞赛SunBloc为例

何夏昀　沈　康

广州美术学院

摘　要： 随着技术的普及，数字化、信息化技术不再仅仅应用在大型的、先锋性的建筑项目类型之中，数字信息技术在形态探索、建造实践以及应对复杂问题中，都给予建筑设计一个新的技术支点。广州美术学院与伦敦都会大学联合参与了国际太阳能十项全能竞赛，通过数字设计流程设置和数字信息技术的推演，对概念原型方案进行了数字形态推演、空间深化、材料实验调整与本土实施建造。论文将结合这次实验与实践，探讨如何将技术性节能指标转换为空间形态并对形态加以筛选，如何将模块化思维和数控制造技术结合并推进设计深化，如何通过数字技术的实时模拟与交叉学科的协同使建筑设计能够更为全面地回应复杂问题，最终通过本土化的实验与策略，呈现具有技术美学与人文价值的有形物理空间。

关键词： 数字信息技术与建筑复杂性　技术指标与技术美学　实验与实践的共进

1　数字信息技术与建筑设计概述

数字信息技术的研究实验与实践发展概括而言经历了数字形态时期、数字建造时期和数字智能探索时期。第一阶段的数字形态时期，主要以非线性、非欧几里得的复杂形态探索作为研究起点，让空间形式具有更多的形态复杂性，这个阶段的代表案例是AA延续并发展弗雷·奥拓的"找形"（Form Finding）方法，尝试借鉴自然形态背后的演变逻辑并将其转换为建筑空间的形态语言。第二阶段数字建造时期，数字技术给予形态变化带来了无尽的可能，研究者意识到复杂形态结果和其生成逻辑的研究具有局限性，因此数字技术的研究逐步从形态炫技回归到形态理性，探讨数字技术在建造、材料、结构以及使用上的合理性，代表案例有PTW设计的水立方，看似随机的立面效果其实是由3种连接件杆长长度、10种根据受力情况调整杆件厚度、4种不同的单元节点排布方式而组成的建造系统，视觉的复杂性、随机性与加工的规律性、结构性完整的体现在方案之中。第三阶段数字智能主要围绕智能化以及信息化开展，借助学科数据基础及互联网积累的海量数据，通过技术工具和数据分析复杂的、综合的建筑问题，尝试提供更为全面的解决方式，数字技术被推进到围绕"全面"、"综合"的智能探索阶段，代表案例有UNStudio设计的全世界最高的陶瓷立面建筑——迪拜Wasl大厦，大厦通过视觉比例及日照分析确定了建筑造型，在设计师与工程师的专业协调中将照明、材料及智能系统与建筑结构进行完美衔接，并达成了可持续性发展理念（图1）。

在建筑技术成为主体考核标准时，数字技术是否能够提供新的解决范式？设计理念能否更具有逻辑性的通过数字化技术转换为具体形式？建筑节能环保与建筑材料、建筑施工、造价成本之间能否有新的设计可能性？广州美术学院与伦敦都会大学在持续的数字技术研究后，参与了由美国能源部发起并主办的国际太阳能十项全能竞赛（Solar Decathlon，SD），这是一个以全球高校为主体参赛单位的太阳能建筑科技竞赛。参赛高校协同世界顶尖研发团队、技术咨询团队和建造团队，将太阳能光伏发电、节能环保技术等技术结合建筑及室内空间使用进行一体化设计并最终完成建造及日常运作（图2）。

作为一个技术性指标主导的竞赛，太阳能十项全能对竞赛内容进行了具体的量化分解，在25米×25米的场地内建造不超过75平方米的住宅，在竞赛期间住宅将正常使用并对内部的各项数据进行实时检测：如太阳能发电能够在供应内部电器使用的同时产生越多的电量越好、昼夜温差变化需要控

阶段1 数字形态
追求空间形态的复杂性

阶段2 数字建造
追求复杂形态的合理建构

阶段3 数字智能
追求复杂问题的全面设计应对

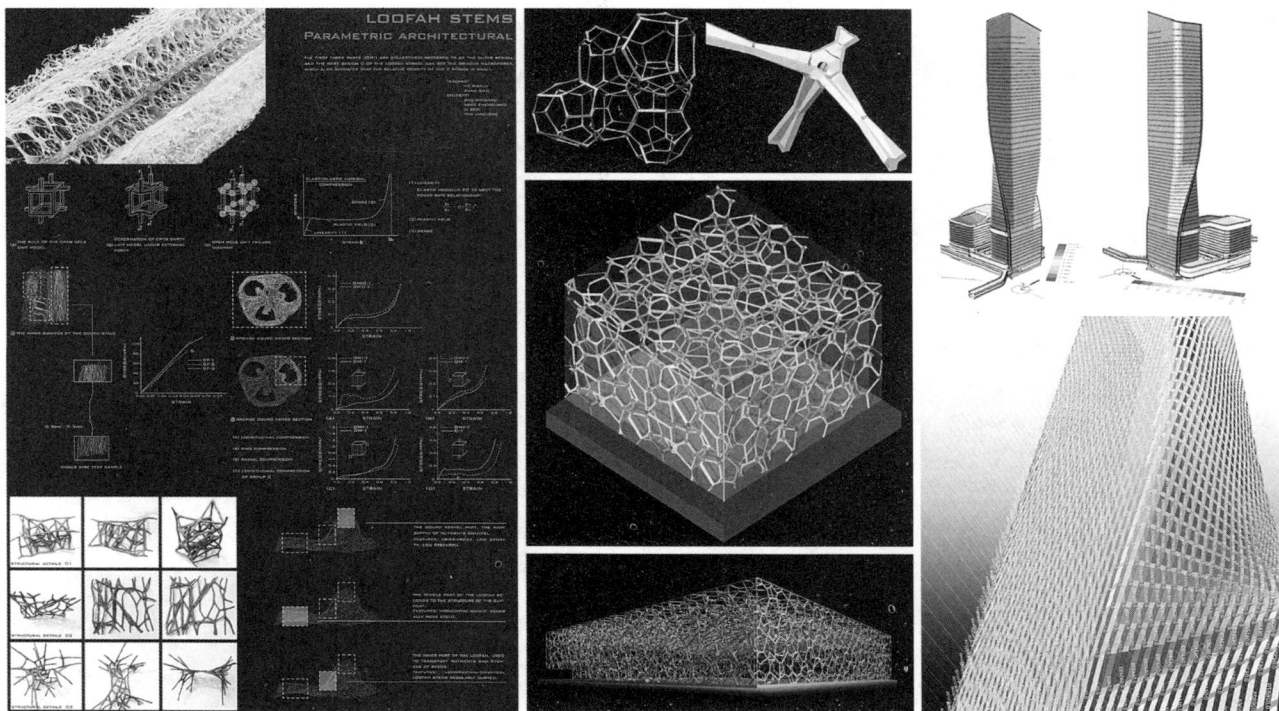

图1 数字技术发展不同阶段的研究侧重

图2 历届太阳能十项全能竞赛作品参考

制在22度至25度之间、空气湿度不能超过60%、搭建和设备安装需要在15天内完成等具体要求。在早期的参赛作品中，建筑设计为达成指标均以较为保守和常规的建筑样式作为依托，多采取南北向一字型或者L字形布局、坡屋顶建筑形态为主，并没有对使用和空间、文化和形式与技术之间的关系进行较好的平衡。团队尝试将技术美学及设计探索通过数字信息技术融入太阳能竞赛的方案设计中，将设计概念和竞赛的绩效目标转为可以量度的输入性指标，为数字化模型的形态生成提供约束性的条件；其次，再通过初步设计方案输出相关的建筑数据、造价数据以及制造数据，为建造筛选出合理的模块深化策略并提供判断依据；最后通过多专业数据集成和跨专业协作，对建筑结构、建筑形体和设备安装进行进一步的本土化调整。

2 数字技术与形态：形态与屋顶推演

设计概念主要以发泡聚苯乙烯（EPS）块状型材作为建筑构造系统，尝试打造一栋全泡沫砌筑而成的节能住宅：90%的建构及室内家具材料都以EPS为主，而不仅仅是将其作为保温隔热的填充材料进行使用。为了保持设计理念的纯粹性，实现超越当下常规建造的原型，SunBloc希望通过作品的话题性和EPS的形态可塑性引发参观者去重新思考日常的生活方式和建造方式。国外前沿材料研发机构已经研发植物废料生产的生物泡沫（BioFoam），在未来，泡沫原型建筑可以完全实现生物降解和对环境零化学物质污染。

在设计时主要运用犀牛软件和其相关插件进行数字形态模拟与计算，为保证和体现EPS材料优越的保温性能，在概念方案设计时将尽可能保持空间形态处于完整的、连续的全包裹状态，因此借用犀牛中的快速建模工具T-spline推敲创建非矩形朴朴形态，在保持形体连续的同时，可以通过局部插入点和移动点以调整各个立面的面积，并达成屋顶可有效设置太阳能板的面积最大化。在后续形态推演，利用犀牛中程序算法生成插件Grasshopper（GH），让初始形体模型与GH中的日照分析端口软件GECO发生形体参数关联，以日照参数确定门窗位置以及大小尺寸，并通过墙体绿植墙的开洞设计进行更好的遮阳保温（图3）。

3 数字技术与建造：模块与拼装模拟

在设计细化中，重点深化了屋顶结构与模块。屋顶作为承载太阳能面板的重要节点，其结构、面积以及连接成为设计难点。在方案过程中，团队以拱和砌筑体受力方式对屋顶进行了三种细化方向研究：方向一是对连续性屋顶在GH中进行Kangaroo的受力模拟，根据屋顶受力情况以及内部空间的层高需要将屋顶分为四大组块，在满足受力的同时尽可能减少EPS用材并将各区域之间进行连续性的形态处理；方向二是对屋顶进行了砌筑单元件的探讨，尝试将六边形投影到折面的形体中，经过计算机进一步分析六边形模块，由于模块与建筑墙体的整体连接性较差、受力不稳定因此后续没有采用这个方向。经过多次比选方案与结构测算，与结构工程师共同发展了第三个方向：由于屋面跨度较大，因此在搭建过程中需要尽可能地使用大体块的EPS并减少单元件的数量，从而降低单元件加工复杂度并有利于单元件之间边缘的非压缩力（Non-compressive forces），内部体块造型则继续沿用方案一的屋面受力分析所得出的拱券造型（图4）。

4 数字技术与全面性：复杂问题的设计回应

形态推敲和参数关联地对形体进行模块深化是数字技术的强项，但其应用并不仅仅局限于此，不同的数字技术工具可以处理不同的设计数据问题，从而对复杂的问题给予全面的设计回应。在形体推敲模块的进一步加工深化时，SunBloc建造系统采用了直纹曲面（Ruled Surface）进行内部饰面设计，直纹曲面是由一根直线在空间中旋转和移动所构成，直纹曲面的加工特性可以较好地兼顾基础产业较好的机械臂高技术性加工，同时也能在产业基础薄弱、施工条件简陋的偏远地区，通过简单培训使非技术人员可以轻松地对单体进行切割和组装。通过Grasshopper中的KUKA机械臂数字孪生（Digital Twin）模拟加工，检验校对每一个模版的正确性以及模块最终加工方式的正确与否。另外，通过热工分析和水电方案深化，通过BIM系统将所有的设计细节整合到模型之中，并通过搭建模拟，对实施进行了整体的运输及流程管理（图5）。

得益于建造系统设计的合理性以及充分的全流程模拟，在整个搭建过程中，设计人员即是施工人员：广州美术学院22位学生、伦敦都会大学3位学生共同建造完成和运营了一座EPS太阳能节能住宅（图6～图8）。

5 数字技术与本土性：实验与实践的共同演进

数字技术的进步改变了以往形态简单、数字建造难转换、数据不全面的难题，数字技术的提高与改良也同时带来了新的机遇和挑战，数据采集及分析难度、对技术工具与专业本体之间关系的平衡、数字技术与本土性等问题成了数字技术演进中的实践难题，数字技术近两年来应用于实践项目的数量、数字技术学术研究文章呈下降趋势，热度逐渐退却有多方面的原因：一是数字技术方案从设计到施工普遍耗时较长，在经济放缓、项目进程时间受限的情况下，数字技术为支撑的方案并不容易通过；二是数字技术的研究需要多专业技术人员协同创新，建筑院校在研究中受制于自身的知识体系往往研究突破口非常有限，在独立美术院校中进行相关研究更是举步维艰；三是数字技术现阶段较多的研究是从"形态"、"软件工具"、"案例"入手，较少系统地完成"理论——研究——实验——实践"整个路径。

在太阳能竞赛中，广美团队尝试从形态推演研究开始，从模块建造着手，从材料实验与回应现实复杂问题的全面实践进行了一次路径探索，最终成果并不仅仅是希望完成技术指标，也是希望通过数字化、流程化、本土化的尝试获得一个综合的设计结果，引发参观者对技术性竞赛的关注以及数字化、可持续设计理论的持续讨论（图9）。

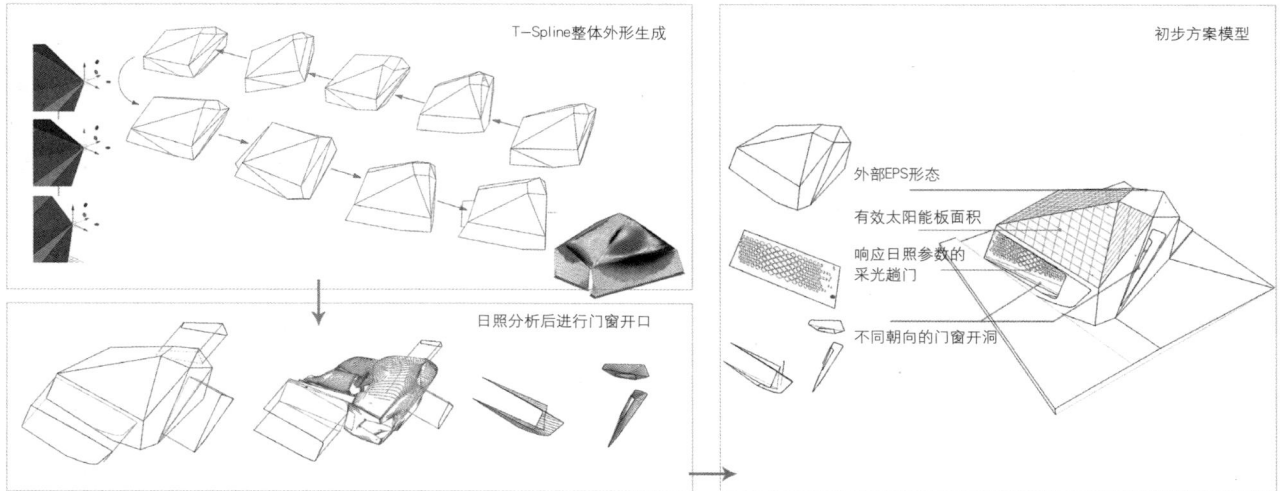

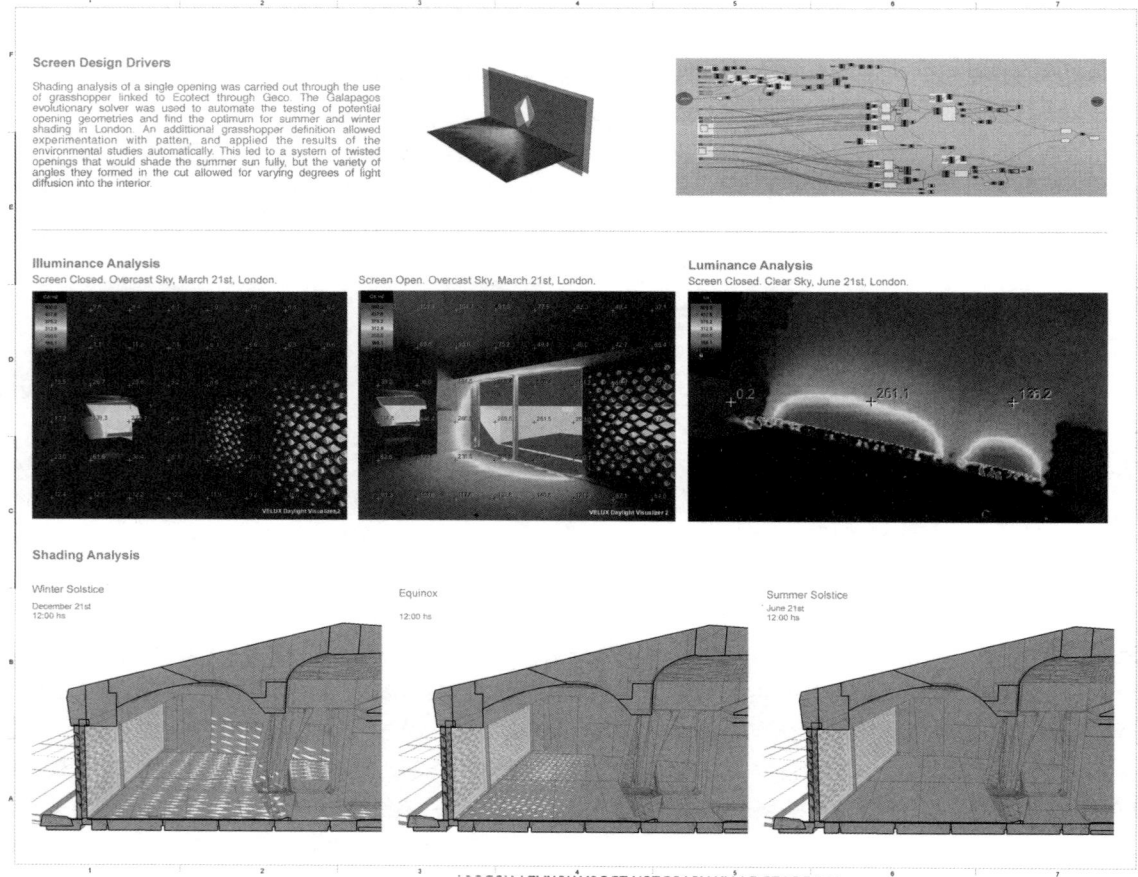

图3 参数化形体设计及屋顶太阳能板面积确定

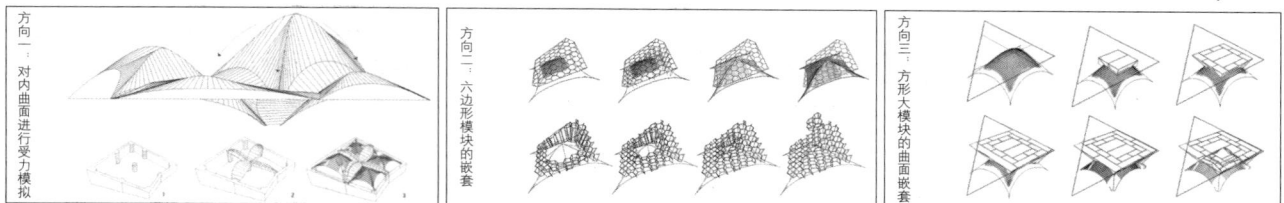

图4 通过数字技术模拟屋顶三个方向的模块及拼装

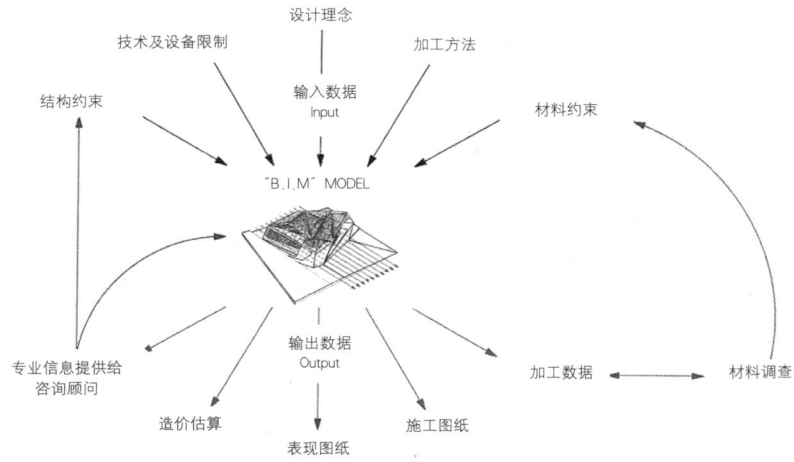

图5 建筑信息模型对复杂信息及全过程的流程管理的集成示意图

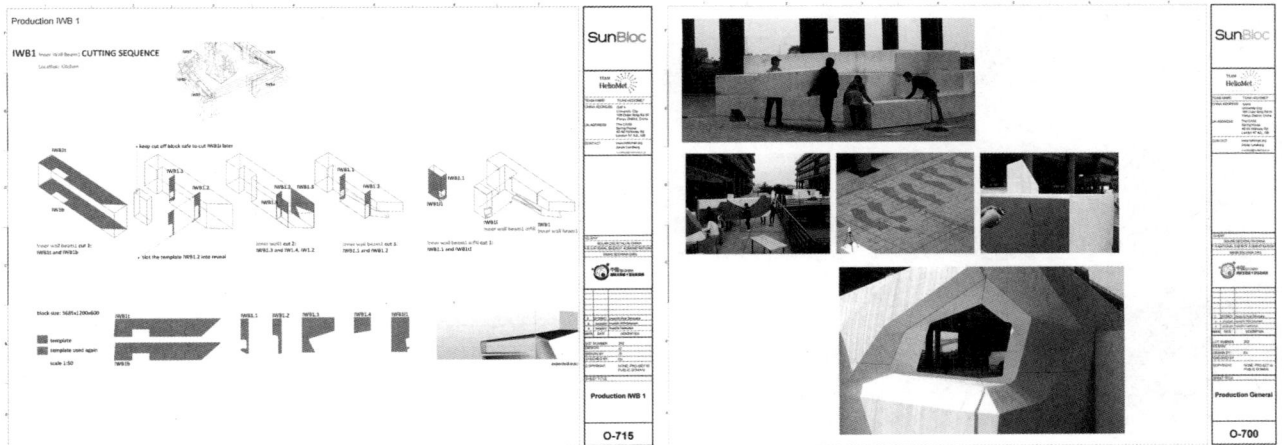

图6 模块加工的数字演示及实际加工照片

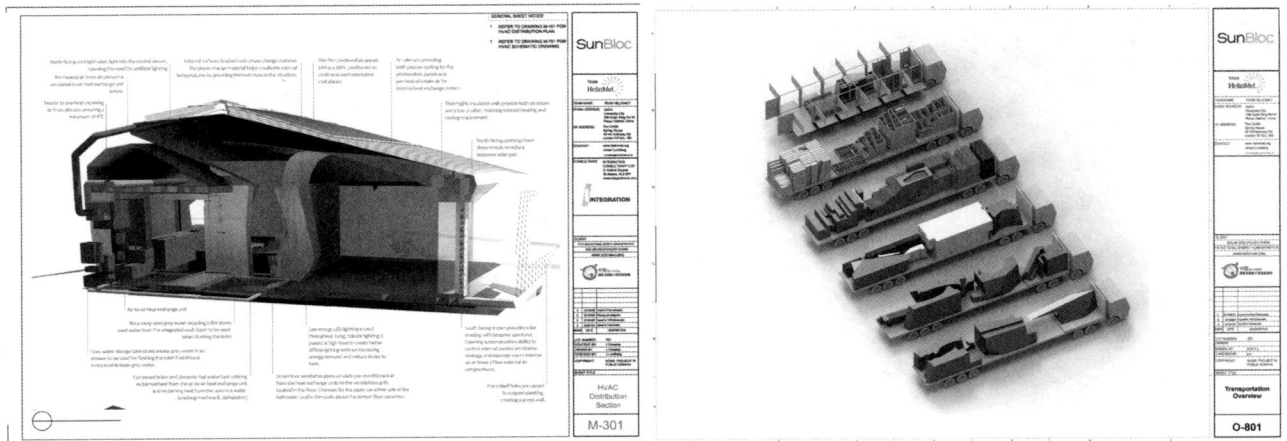

图7 设备在建筑模型中的集成及模块运输分装示意图

图8　SunBloc最终完成室内外效果

图9　SunBloc引来络绎不绝的"围观"

参考文献

[1] 刘海洋.《自由形体的参数化设计与数字化建造流程研究——世博会博物馆云厅的设计实现之路》[J].《建筑学报》，2017（11）：26—31.

[2] 魏力恺，弗兰克·彼佐尔德，张颀.《形式追随性能——欧洲建筑数字技术研究启示》[J].《建筑学报》，2014（08）：6—13.

[3] 高岩.《基于设计实践的参数化与BIM》[J].《南方建筑》，2014（4）：4—14.

[4] 何夏昀，李致尧，沈康.《光·合·作·用》[M].北京：中国建筑工业出版社，2014.

[5] 袁烽，钱烈.《基于环境性能的适应性建筑设计——以2012年欧洲太阳能竞赛参赛作品复合生态屋为例》[J].《住区》，2013（6）：71—76.

[6] 邵韦平.《数字化背景下建筑设计发展的新机遇——关于参数化设计和BIM技术的思考与实践》[J].《建筑设计管理》，2011（3）：25—28.

[7] Sigrid Adriaenssens, Fabio Gramazio, Matthias Kohler,Achim Menges, and Mark Pauly, "Advanced in Architectural Geometry 2016" [M], vdf Hochschulverlag AG an der ETH Zu rich, 2016.

[8] Patrik Schumacher, "Parametric 2.0: Gearing Up to Impact the Global Built Environment", Architectural Design, 2016（VOl 86）：9—13.

[9] Frazer, John. "Parametric Computation: History and Future". Architectural Design, 2016（86）：18—23.

[10] Theodore Spyropoulos, "Behavioural Complexity: Constructing Frameworks for Human-Machine Ecologies", Architectural Design, 2016（VOl 86）：36—43

[11] S Araya, "Performative architecture" [M].《Massachusetts Institute of Technology》，2011.

注：广东省省教育厅项目《绿色技术下的岭南建筑形式语言研究》（项目编号：2014WQNCX095）；广东省教育厅科研平台项目《珠三角当代城市与建筑创新的艺术策略》（项目编号：2014WGJHZ004）。

基于德勒兹哲学理论的动态装置互动性体验空间设计研究

——以机器工作坊"寻"为例

张雯雯

南京艺术学院设计学院

摘　要： 德勒兹动态生成论和其哲学思想构造了室内动态装置的"动态多元共生"、"差异化动态意义生成"互动体验的发展方向。德勒兹哲学思想中的块茎、褶子、游牧等喻体与人类情感体验之间生成关系的相处手法，为动态装置的建造过程提供了有效的设计路径。

关键词： 德勒兹　动态装置　互动体验空间

1　哲学理论基础解析

生成理论是德勒兹哲学的本体论。其是通过对大自然存在与人类社会现象的视察，在差异性的思想理论本源上，对人类社会的逻辑思想新的解读。其核心特征是运动与流动。德勒兹认为事物是不可控的关系相互作用的结果，会在未知关系的变化下重塑，变成与其本体完全不同的新生体。由此可以看出，德勒兹的生成理论使得事物与事物之间的界限变得模糊，可能因为一个小的、未知的改变而使其本体发生极大的变化。各个事物之间的关系错综复杂。德勒兹"块茎"理论的生长路径是对自然存在和人类社会现象的新解释。

1.1　生成论的生成观

德勒兹的生成理论使用"块茎"来解释事物如何以复杂、多变、无目的的方式生成，涵盖事物的真实本质。德勒兹还认为："生成是一个过程，在这个过程中，持续逃离它在场性，在没有秩序的空间和没有具体的时间点中，总是本体与非本体之间交流与变换。"生成是非静态的而是运动的过程，事物在时间和空间中的流动无同一性和无永恒性。

"块茎"本属于植物学领域。在德勒兹的重新定义下，块茎作为一个"多元体"，其中的任何一个因素不仅都可与其他的因素相关联，也可以拒绝与任何因素相关联，是一个开放且不断变化的场。同时，在块茎中既没有主体客体之分，也没有等级秩序之分，同时具有多角度和多方向的特征。描述了事物彼此之间变化莫测的复杂关联性。在"块茎"理论下，认为事物之间关系无秩序、无等级、多元化、充满多种可能性。

德勒兹以"块茎"学说为主导的生成论否定时间与空间的同一性和永恒性的结构，关注事物结构的动态生成过程。

1.2　生成论的非秩序运动

德勒兹生成理论中的哲学思考："事情总是处于运动变化之中，事物的运动是无意识和无法控制的。"运动元素的存在是动态不断生成的路径，运动的存在与否影响静止或变换，运动的关键在于事物彼此间的不同。"寻"动态装置作为一个整体，通过与机器和人类互动体验网络中不同要素的多元共生而实现动态新的意义与形式的动态生成。德勒兹生成论中的在场与非在场思想为"寻"动态装置的建造提供了一些建造思考方法。块茎、褶子（折叠）、游牧等概念渗透在德勒兹的生成理论中为"寻"动态装置的结构和形态提供了可取的想法。"块茎"的无边界消解和非秩序性的逻辑变化在"寻"动态装置中也提供了多样性和动态性生成；折叠作为"机器工作坊—动态装置"的动态性及可建造性是"寻"动态装置机器找寻自我的延伸；德勒兹游牧观念中的无界域、无边界的特质，为"寻"动态装置提供了生成路径，为"寻"动态装置结构、形式、空间、材料等穿插性变化与不规则频率提供了可选择的构建方式。

2　动态装置创作思想阐释

"寻"动态装置创作思想以德勒兹生成论为理论基础。首先，我们的灵感来源是托姆教授在课堂上提出了一个问题："为什么机器要为人类工作？"其次，在人们的认知中，让机器为人类工作，我们在思考，机器是否有自己的意识，他还愿意做自己的工作吗？他是否会喜欢人类，有头脑，想找到自己，找到自己愿意做的事。最后，我们想要一个这样的装置。通过情感可视化来表达一个过程，机器寻找自己。在设计最初，我们想通过以下技术来实现机器的情感可视化。机器运动的频率是否可以代表一些情绪，打个比方来说，人的情感在开心或者难过的时候会有不同的表现，开心时会笑而难过时会哭。当然机器并不会哭或者笑，那么机器运动得快的时候会发出一些热量是不是可以说明它现在的状态是兴奋的；当它慢下来运动也会产生热量，但是相比较快速运动时而产生的热量要少很多，是否可以代表它一些微妙的情绪。

2.1　材料隐喻情感

从材料上来看，不同的材料给人不同的感受，我们选择了木材、金属和亚克力作为主要材料。木材给人视觉上的和谐、触觉上的温暖、听觉上的静雅；而金属恰恰相反，视觉上的坚硬、触觉上的冰冷、听觉上的清脆或刺耳；亚克力的呈现效果主要为视觉上的轻盈透明。

2.2　结构象征秩序

从结构上来看，首先，最下方由木立方秩序排列方盒子形成一个困住野兽（电机）的牢笼不仅是整个装置的动力来源而且在结构上也是整个装置的结构重力支撑。其次，中部基于德勒兹"块茎"无规则、无边界理论，由非秩序的、不同方向、不同转速、不同尺度、差异化材料的齿轮组成；再次，右侧从木结构顶部往下垂直牵引着一根独自的木条，木条会因为其正下方的凸轮转动而无意识地徘徊运动，与之相对的两组曲柄，透明呈线性状态，结构折叠呈秩序排列，曲柄形态折叠结构形成折叠空间，使得曲柄成为由许多秩序排列的多空间折叠而成的场域（折叠源于德勒兹褶子理论）；最后，基于德勒兹"游牧"是德勒兹哲学概念生成最后的操作思想，"游牧"指某种不确定性的空间景象或自由的思维状态。在整个结构的顶部有一面镜子，因为尺度的关系（装置2.4米），所以，观者最开始并不会注意到镜子，这面镜子每分钟会折射光线到观者的面部与观者产生重叠，形成不确定性的空间景象，并与之产生交流，使观着产生自由的思维状态。

2.3　动态多元共生

自由点——连接各个构件的连接键（图1）；

秩序线——支撑结构的木立方；

"牢笼"面——线段按照几何秩序组合从而形成面。

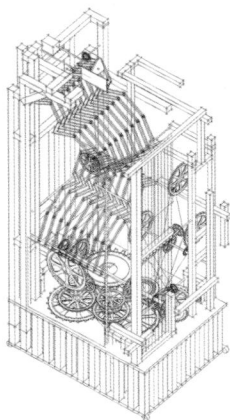

图1　机器工作坊"寻"电脑模型

我们整个装置的概念是以德勒兹运动理论为基础的机器情感可视化找寻自我的过程。在我们小组的整个创作过程其实也是我们在找寻我们自我的一个过程。过程中我们小组也会出现不同的情绪，在不断地修改过程中去完善我们的机器装置。整个作品都是我们手工完成的，从最开始对一些连接键的不熟知，在做的过程中遇到问题，解决问题（图2）。尽管不是非常完美，但我们的主题和概念却很完整地体现了。

最终，我们的作品形态是具有构成感的一个形态，通过不同材质的齿轮，浅色木头搭配透明的亚克力材料，我们带动机器转动的马达通过牢笼一样的形态把它关在机器的下方。右边凸轮带动的木头打破了整个机器运转的单一方向。整个装置也将点、线、面结合起来，让整个装置也具有空间感（图3、图4）。

2.4　差异化互动性体验生成

德勒兹动态生成论为基础，本身就是由多元异质性元素组成的自然建构和人类社会现象网络中的一个"块茎"，并且不断地从人类的变化中衍生出多样性和差异性的动态组织。在此过程中，"寻"动态装置通过制造机器与人类互动网络诸要素之间，以及组成互动性体验的各要素之间的新的连接，实现了"寻"动态装置意义生成。

在展厅，装置动起来的那一刻感觉时间是静止的。齿轮的转动，连接到曲柄，再到凸轮打动装置上的木条，木条的晃动，最后到最上面镜子的转动，隔一段时间，镜子打下的光照我们身上。真的感觉像把我们的思想注射到我们的作品中。

每一个观展人都会静静地站在我们的装置面前研究齿轮、曲柄、凸轮和链条是如何运作的，有的可能会观察好一会，还是找不到他们的传动是怎么连接的。然后，听我们去解释我们

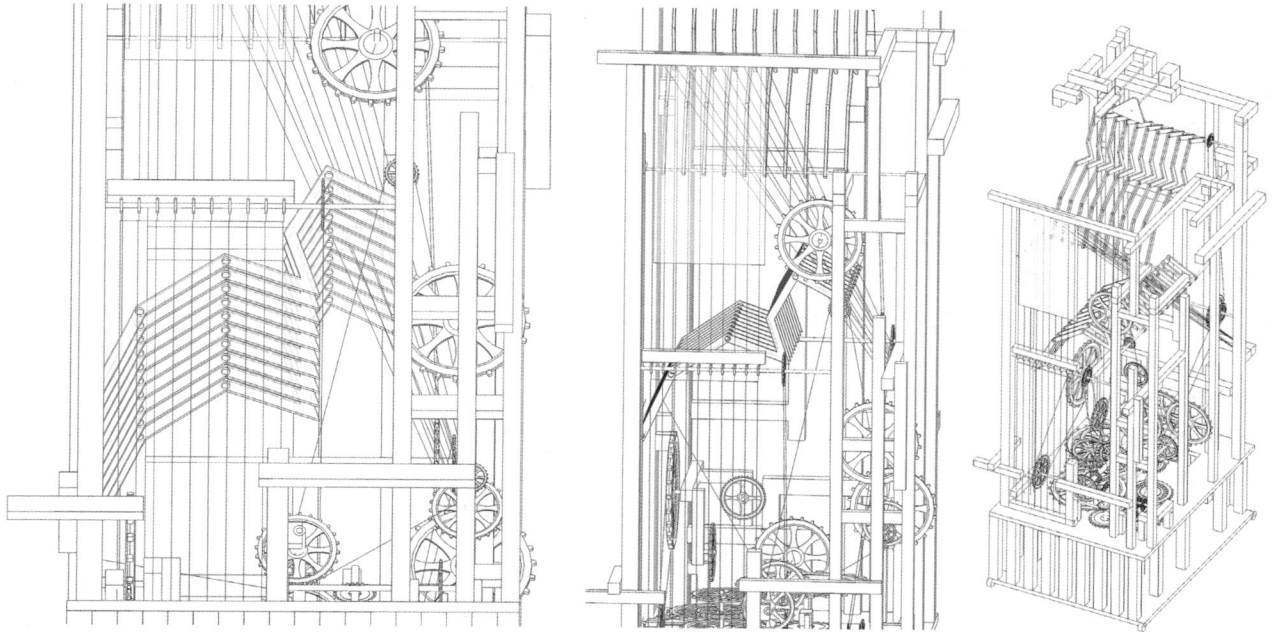

图2 立面细节图

图3 结构连接键制作过程

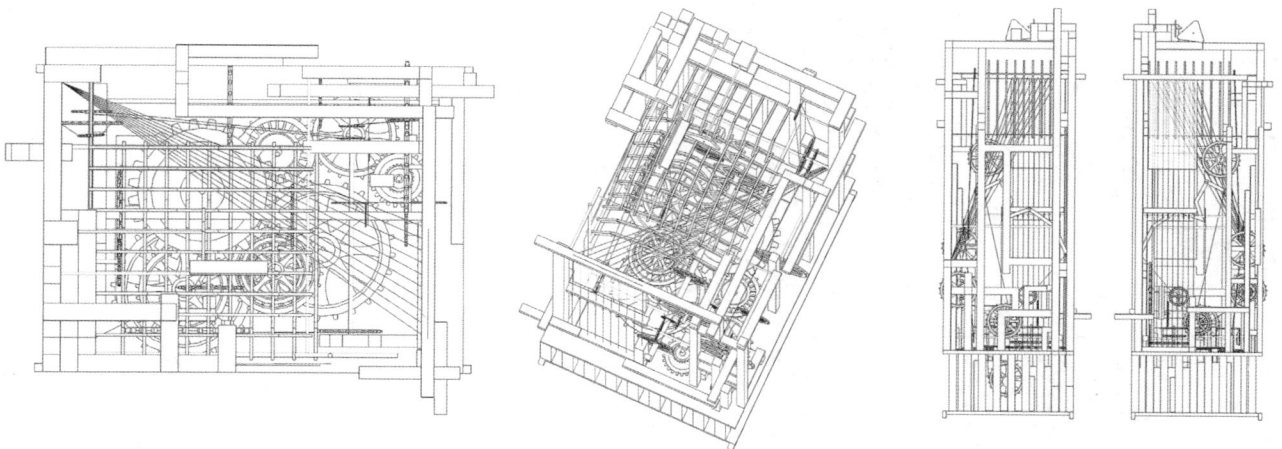

图4 平面图和立面图

的设计理念。其实，我们的装置虽然理念是机器寻找自我，但另一方面也是想引导人去寻找一个真实的自我。在现在这个浮躁的社会，可能越来越多的人并不是真实的自己，而是为了某些而形成的自我。

我们的装置通过机器动态展示的手段去完成设计，在这个过程中会出现比静态装置更多的问题，可能小小的误差就会导致某个环节动不起来，需要不断地去调整和实验。在这个过程中，我们也必须静下心来去找问题，去解决问题。整个装置不仅仅是希望他动，形态我们也是找到可以表达主题的方式。在最后，通过光线的照射，使齿轮、曲柄的光影照射在机器的外部平面上，不停转动的光影（图5、图6），也是我们想给人体现的一种时间转动的影子感受。

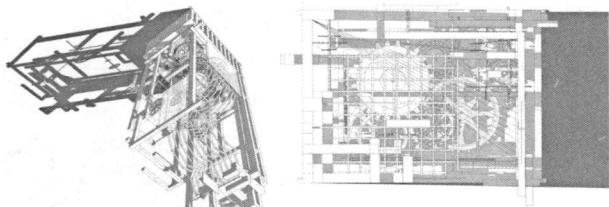

图5　光影效果

图6　实体展出的光影效果

3　动态装置思想的创作手法分析

基于动态理论和差异交互情感体验为基础生成德勒兹的生成内涵与传统的非动态装置相比，室内动态装置交互体验设计更强调其本身的有机增长，以适应生活原则，室内动态装置的动态整合以及环境和人类行为和心理。根据德勒兹动态生成理论的动态和系统的非理性思维模式，运用德勒兹生成理论中的块茎思想、游牧思想和其他基本隐喻的操作和技术，以非线性异质混合的网络因果分析视角，建立了人与机器的情感化交流。

3.1　块茎的空间思想装置生成组式

术语"块茎"（图7）是植物学术语，是植物茎的生长状态。是一个无序、多样化的发展系统，没有统一的源点和固定的发展方向。它可以随时被任何外力破碎和切割，形成新的形式和"块茎"关系。同时，"块茎"本身的生成特征基于异质再生，通过在不同领域中整合异构元素，实现了元素间多样性的增加。

基于块茎理论由非秩序的、不同方向、不同转速、不同尺度、差异化材料的齿轮组成（图8）。

3.2　折叠的空间思想装置生成组式

德勒兹认为，褶子无处不在，世界万物（不论是物质层面还是精神层面）都是大小不同、层级不同的褶子。它们之间的界限模糊，彼此包裹，并始终处于折叠、展开、重新折叠和重新膨胀的无尽运动中。具有连续的柔性特征。因此，"褶皱越小，物体越小，但物体永远不会被分成点或极点。"并且，德勒兹还认为巴洛克艺术中繁复的弯曲形式、多变的运动轨迹与褶子具有一定的关联性，都是一种折叠与展开的过程。德勒兹的褶皱理论并不是褶皱的简单定义。而是关注于褶子的运动过程，认为褶子在打褶和解褶的运动中打破了封闭的、理性的逻辑中心主义体系，在事物的边界之间往来穿梭，"建立了一种连续性的可能。"

两组曲柄，透明呈线性状态，结构折叠呈秩序排列，曲柄形态折叠结构形成折叠空间，使得曲柄成为由许多秩序排列的多空间折叠而成的场域（图9）。

3.3　游牧的空间思想装置生成变式

德勒兹的游牧思想理论是基于游牧民族生活和土地上的活动的空间形式。这种空间形式的最大特点是其无限的开放性、多元性、异质性和可变性。这种形式的空间构成既不是常数也不是变量，而是在相邻区域中排列的名称的变体。这些变体是

图7　块茎（图片来源：网络）

图8　不同材料、大小、方向的齿轮组成的面

图9　线性曲柄与非线性的凸轮组合

可操作的和模块化的，能够适应任何相邻区域的空间形式以及人类社会的自然生态和环境特征。也就是说，变体中的游牧民可以根据环境特征的需要组合任何路径（图10），并根据环境的变化随时改变组合方式。

在整个结构的顶部的镜子（图11），因为尺度的关系（装置2.4米），所以观者最开始并不会注意到它，而是会被下方交错叠透的齿轮所吸引。这面镜子每分钟会折射光线到观者的面部与观者产生重叠，形成不确定性的空间景象，使得观者与之产生交流从而产生自由的思维状态。

4　结语

艺术创作的过程虽然艰辛，但是却收获满满。我们整个装置的概念是以德勒兹运动理论为基础的机器情感可视化找寻自

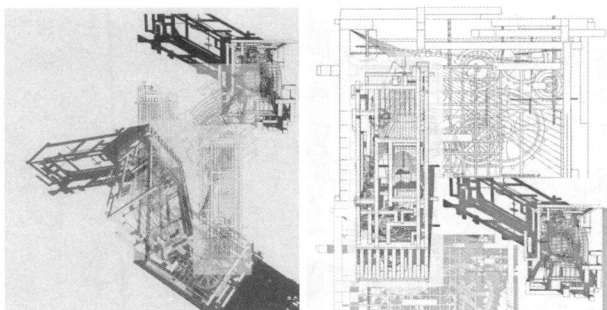

图10　拼贴手法与透明性的介入拟表达人物心理

我的过程，在我们小组的整个创作过程其实也是我们在找寻自我的一个过程。过程中，我们小组也会出现不同的情绪，在不断的修改过程中去完善我们的机器装置。整个作品都是我们手工完成，尽管不是非常完美，但我们的主题和概念很完整地体现了。

图11 室内动态装置"寻"电脑模型

参考文献

[1] 刘杨. 基于德勒兹哲学的当代建筑创作思想研究 [D]. 哈尔滨：哈尔滨工业大学，2013.

[2] 邰蓓. 德勒兹生成思想研究 [D]. 北京：北京外国语大学，2014.

[3] 唐荞菀. 基于德勒兹影像理论的当代纪念性建筑叙事空间设计初探 [D]. 广州：华南理工大学，2016.

[4] 张中. 皱褶、碎片与自由的踪迹——德勒兹论文学 [J]. 法国研究，2013（02）：27–37.

[5] 张晨. 身体·空间·时间 [D]. 北京：中央美术学院，2016.

[6] 姜巍. 基于形态发生学的景观都市主义数字化设计策略研究 [D]. 南京：东南大学，2017.

[7] 曹家慧. 德勒兹"界域—解域"的艺术生成论 [D]. 南京：南京艺术学院，2017.

[8] 汪瑜，孙秀丽. 基于德勒兹"块茎"思想的当代室内空间设计 [J]. 长春大学学报，2017，27（09）：113–116.

注：本文中未标明图片来源的论文插图均由作者自制或拍摄。

大数据催化的和谐人居与生态宜居

张　璇

山东省文化艺术学校

摘　要： 大数据时代背景下，各行各业都在经历着海量信息的冲击与洗礼，"高速、高效与智能"的科技节奏带给人们的不仅是多面化的商务合作与产业革新，还深刻地影响了人居环境及其设计。居所、住宅乃至社区、城镇，从基建材料到区域蓝图，都蕴含着大数据应用的温床。环境设计工作者在大数据应用的潮流中，应保持犀利与独到的洞察力，利用搜索引擎和数据研析，催化新城镇建设中的和谐人居设计，助力生态宜居环境的完善与延展。

关键词： 大数据　人居环境　生态宜居

1　大数据时代对人居环境设计的启示

全球最具权威的IT研究与顾问咨询公司Gartner Group提出了"大数据"（Big Data）的定义，即借助新处理模式发挥强大决策力、洞察发现力和流程优化能力来适应海量、高增长率和多样化的信息资产。大数据的产生为信息时代掀动了巨浪，人居环境设计行业也在此浪潮中经受着考验。

无处不在的信息感知和采集终端为大数据铸就了数据量大（Volume）、类型繁多（Variety）、价值密度低（Value）、速度快时效高（Velocity）的时代特征，在环境设计领域，愈演愈烈的绿色低碳需求和生态宜居认知与大数据一拍即合，在基建规划、湿度热度、样式工艺、材质造价等各个人居环境设计环节，为设计师采集了海量数据，超越了技术桎梏，打开了全景视角，为洞悉世界提供了全新的方法。在由大数据支撑的居所设计工作中，任何设计的决策行为都将基于数据分析做出，而不仅是凭借经验和直觉。广至片区人文意识形态的孕育，细至房间局部微气候的转换，都能在有据可循有理可依的前提下科学地进行，大数据的启示深远而睿智，是任何以往设计经验或设计能力所无法超越的。

2　从德国工业同盟到大数据设计联盟

1907年成立于慕尼黑的德国工业同盟，出版了向人们展示国际工业技术发展新动态的年鉴和理论观点，这一组织的成立，除了启迪世人在争论中求得真理之外，还有效促成了艺术、工业与手工业的深度合作。这种设计界的同盟合作关系，为当今人居环境设计的大数据联盟提供了借鉴和参考。将设计所及的方方面面以数据的形式提供佐证，是科技时代的设计者超越同盟战线的情报战略。

2.1　大数据设计的前驱——德国工业同盟

德国工业同盟又称德意志制造同盟，是德国第一个设计组织，也是现代主义设计的基石。该同盟是一个由艺术家、建筑师、设计师、企业家和政治家组成的积极推进工业设计的舆论集团。它主张艺术、工业、手工业的结合，以及通过教育宣传提高德国设计艺术的水平，并在设计艺术界大力宣传功能主义及标准化批量生产，强调人在设计使用中的主体地位。

德国工业同盟的诞生，将艺术设计各界有效的联合，有意地推动了设计信息的共享传播。尽管当时第二次工业革命已近尾声，但19世纪末20世纪初电气时代的到来以及信息革命、资讯革命的出现，加深了科学对工业生产和设计领域的影响，技术和信息的推广与应用虽不像当今大数据时代这样迅速，但在当时已引起了设计界的轩然大波。同盟内部在1914年发生的设计界理论权威赫尔曼·穆特休斯和著名设计师亨利·凡·德·威尔德关于标准化问题的论战，强化了大工业文明和标准化批量生产在设计界的地位。而在大数据支撑的现代设计中，标准化设计正是扮演了信息共享、技术同步的推手角色，影响深远，意义非凡。

2.2　人居时代的诉求——大数据设计联盟

物质盛世提高了人居生活的根本品质，身心的双重愉悦是人居时代的主要诉求点。无论是风格上还是功能上，优秀居住环境设计的标杆可谓越现代越质朴，越设计越自然。人居环境——卧、立、行，观、品、触，真正考验了设计师对生活的体验和对设计的把持。许多人居空间看似面积不大，但涉及的数据量之大、种类之多、灵活度之高，是设计界有目共睹的。每一处转角的视廓，每一个举止的尺度，每一方界面的造诣，都有着看似单纯实则考究的设计过程，这种设计是有依据的度量，是有辩证的安置，而在大数据应用出现之后，设计过程缩短了由试错到妥善的时长，将毫厘分寸的推敲过程浓缩为敲击键盘或检索数据的过程。设计的时效性借助大数据的东风、踩着经验累积的肩臂迅速凸显出来，大数据设计联盟的构想也正是以设计从业者提供的专业数据库架构而成。

当然，所谓"大数据设计联盟"，仅是当下笔者对信息时代数据产业与设计行业紧密结合的期许。目前，人居环境设计工作者有意识非盈利的提供设计共享数据的行为尚不够普遍，对此团体的呼吁和组织力度也有待达到广泛共识。

3　和谐人居与生态宜居的大数据应用

大数据应用的影响吞噬和重构着诸多传统行业，设计师作为引领时代意识美学的先锋，应迅速找到设计行业与新技术之间的最佳契合点。人居环境设计师通过对海量数据的掌握和分析，为甲方提供了更加专业化和个性化的服务，这是大数据应用对人居环境最率真的贡献，基于科学细节的居室设计，是功能与艺术得以完美结合的前提，是和谐人居与生态宜居的先驱。

3.1　再谈和谐人居与生态宜居

"生态宜居"是社会文明度和经济富裕度发展到一定高度之时即刻展开的恒久话题，和谐的人居环境首先以生态宜居为前提。人类绿色家园的设计是以环境的优美、便捷和安全为基础的，与自然融洽共生和资源承载力则是制约宜居之所的科学原则。"生态宜居"原本是一种乌托邦模式，技术与环境充分融合，设计数据得到最大限度的发挥和利用，居者的身心健康和环境质量得到充分保护。而在大数据时代，建设宜居生态居所已是空间使用者的福祉，目光长远、紧扣民生。一处给居民

长久幸福许诺的家苑，充满生命力和竞争力。和谐人居是一种软实力，在大数据的助力下，在生态低碳的呼声中，实现了从"可居"到"宜居"的归属与感召。

3.2　人居环境设计中的大数据应用

谈到大数据在人居环境设计中的具体应用，我们不得不从基本的居住空间设计工作着手。调研实测、沟通甲方、绘制草图、方案扩充直至技术交底、材料定制、开工进场、竣工结算，若每个环节都有大数据的分析和建议，除了能大大缩短方案变更和讨价还价的时间之外，还可以使甲乙双方有的放矢、开诚布公，将每一项任务分解为若干子目标逐级完成。例如，若设计师从大数据平台中对类似户型的功能布局有了提前的筛查和判断，那么初见空间结构图之时，居所设计的规划便成竹在胸；若能有提供市场询价服务的大数据平台，那么甲乙双方便不会为造价及成本争执不下。

人居环境的大数据平台，首先不可能是单纯的数字代码或者英文字符，它必须以海量的图纸库、报价单、材料清单和工程节点为基本元素，尤其当无休止的方案变更开战之前，设计师便可引导甲方参与大数据的搜索和判定，利用技术引擎选取符合甲方需求的界面示意图或场景效果图进行直观沟通，要比无数次的揣摩和虚伪的量身定做高效很多。

大数据是互联网发展阶段的一种表象，以实务为重的设计界没有必要将其过于神话。以云计算为代表的技术创新平台，使得收集和使用数据越来越大众化，随着理论认知被广泛认同和传播，对大数据应用价值的探讨越见深入，大数据应用与人居环境设计的结合，也将重新拉开人和数据长久博弈的帷幕。

参考文献

[1] 廖秉华. 人居环境科学上的生态优化与设计研究 [M]. 开封：河南大学出版社，2014.
[2]（美）Zach Gemignani，Chris Gemignani.超越可视化：DT时代的大数据沟通与决策 [M]. 北京：人民邮电出版社，2015.

注：本论文于2016年发表于期刊《丝路视野》2016年第15期，77页至78页，共2页；论文已被万方数据知识服务平台和维普资讯中文期刊服务平台收录。

互动体验设计在民居营造工艺展览中的核心作用

——国家艺术基金资助项目"重拾营造"展览陈列设计解析

赵宇 牛云

四川美术学院

摘　要： 传统村落民居存储了中国传统文化的主要信息，造就这种宏大场景的营造工艺，经历数千年演化而达成极致的高度，成为映衬中国人劳作气质的工匠精神。然而，一个无法回避的现实是，传统营造在现代技术的冲击之下正快速消亡，从而引发了关于挽救这一传统瑰宝的各种讨论。本文认为，"传统营造"工艺的传承要点在于其核心气质——制造的智慧与坚守的精神，为此，它需要通过革新的传播途径予以展示和宣扬，重新定位营造的价值，唤醒大众对营造之美的关注。

关键词： 互动体验　传统民居　营造工艺　展览陈列

引言

随着时代的进步，传统工艺技术会逐步被新的手段所取代，这是人类发展的正常逻辑，是不可逆的趋势。然而，被淘汰的旧技术既是新思想的源泉，更是怀念过去的信物。因此，但凡具有自觉意识的人们，其经历长时间积淀的传统技艺不会真的消失湮灭，而是转变目的、革新方法、拓展功能，获得在新时代继续存活的动力和空间，进而升华为象征性的地方（族群）精神。

民居营造工艺具有不可替代的艺术文化价值，是工艺智慧与工匠精神的集中彰显。由于社会的迅速发展、现代建筑的普及以及人为因素等原因，营造工艺的处境岌岌可危，因此，提出行之有效的保护与传播手段变得迫切而必要。近年来，由于政府部门的宣传与扶持，与营造工艺相关的展览相继举办，这是一个向大众推广传统营造文化的有利平台与媒介，将营造的历史价值与当代意义进行有机的融合，唤醒大众对工匠精神的关注、保护与传承。此时，革新固化的传统展示模式，在民居营造工艺展览中导入互动体验设计，提高受众感官的参与度，成为展览成功与否的关键。

1　传统村落民居概述

传统村落又称"古村落"，其形成时间较早，在日复一日

的自然累积中沉淀了璀璨的文明痕迹，具有一定的政治、经济、文化、艺术、社会价值，是不可再生的文化遗产。传统村落民居指村落中历史久远、保存完好、与人们生活密切相关的传统建筑，包括住宅、祠堂、书院、桥、楼、亭等[1]。民居是传统村落历史进程中不可或缺的一部分，见证了村落从农耕文明到现代工业文明数千年的历史演变历程，并较为完整地保留了当地各时期的传统文化习俗、建筑构造形态、生产生活方式、民居营造技艺等文化艺术资源，是物质文化与非物质文化的共同体现，为我们研究民居营造工艺提供了有力的载体（图1）。

近年来，中国传统村落正以平均每年递减7.3%，以每天1.6个的速度急剧消失，乡村的景象也逐渐归于荒凉与寂寞（图2）。人们迫切地远离了山脚下的村落和山坡上的吊脚楼，走出了胡同和弄堂，所有的这些都将被大城市中鳞次栉比的高楼所替代，对民居营造工艺的保护与传承变得困难重重、举步维艰。

2　民居营造工艺的现状与主要特征

传统村落民居营造工艺在华夏文明的历史进程中传承数千年，是中国独树一帜的文化遗产与艺术宝藏。传统民居营造工艺是指传统民间工匠在意匠支配下，使用相应的工具或

图1 贵州西江镇（拍摄作者：刘贺玮）

图2 苏州舟山村（拍摄作者：方凯伦）

图3 工艺传承（拍摄作者：佚名）

图4 匠师年龄较大（拍摄作者：张懿）

技术手段，按世代相沿袭的方法完成从材料采集、构件加工制作到建筑安装成型、再到后期装修的全套建造过程[2]，是技术之美、气质之美、精神之美的综合体现，蕴含了地域性的审美特征，同时又具有无形性、活态性。这些凭借师徒间口授相传，手工打造出来的传统民居建筑群落，这些融合着各地风俗民俗、文化脉络、历史发展特点的营造工艺，体现着匠人源于内心、融合自然、回归本源的巧妙深邃的工艺智慧。

随着时代的发展、自然的更迭，营造工艺被逐渐淡忘与湮没。对居住功能的需求、现代科技的崇尚、便利生活的向往，让我们很自然地舍弃了营造传统民居时的观念、经验与智慧，遗憾与惋惜不在少数，然而这个趋势又不可避免。究其原因，从客观方面来说，城市发展速度快，现代建筑观念与形式层出不穷、更迭频繁，社会需求下降，营造工艺的适用性越狭小；从主观方面来看，工艺依靠师徒口相传的自然传承模式（图3），未形成理论性与专业化体系，随着城市化进程的加速，农村中废耕空房逐渐增多，造成农村人口空心化与传承人断层的尴尬局面，匠师的老龄化（图4），人力成本的攀升，迫使大量营建工艺处于濒危边缘。

3 传播推广民居营造工艺的价值与途径

3.1 回归本位，不失核心

传统民居营建工艺亟待抢救保护与传承发展。智慧的营造、精良的技艺以及执着的工匠精神，触动我们去重新思考现有的生活方式与精神状态，机械化大生产、流水线强作业，让大众逐渐淡忘匠师们专注、细腻、上下求索的精神追求，营造工艺不应该也不能被大工业浪潮所吞噬，我们需重新审视传统工艺成果的社会认同，唤醒艺术界与大众抢救与保护文化遗产的意识，认知并建立中国传统文化自信，在新时代背景下通过革新传播途径来获得新的生命，使其回归本位，不失核心。

3.2 传播途径多维化

在推广与传播民居营造工艺时，需做多方式、多维度的有益尝试，既要使其技艺、文化、精神得到准确的体现与传承，又需具有时代性的适应和变化。当今的时代是信息化时代，数字化是信息社会的技术基础，数字化技术为民居营造工艺资料的收集、筛选、分析、记录以及后期的检索提供了行之有效的途径（图5），如立体扫描、全息拍摄、虚拟现实、多媒体技术等方式，游戏、动画、智能终端体验设备等为营造工艺的推广提供更快的传播速度与更强的传播效果；再者，摄影、电影、纪录片等加入艺术情感创作的影像图片，也是推广传播的可行方法之一，以媒介为载体，通过跟踪拍摄为观众揭示并还原隐藏在营造工艺背后的故事，如村落民居的衰败情景、手艺匠人的生存境况、传播推广的现实问题等，相较于数字化传播更具有艺术感召力（图6）；除此之外，博物馆、美术馆、艺术机构以及展销会等是给予传播民居营造工艺的主要空间载体，其中包含大量的实物陈列与创新性的展览形式，相比较前两种途径而言，是一个更为便利、迅速、直观、具体的获得知识体验的平台。近年来，互动体验式又成为展陈空间的发展方向，让观众以一种更为主动性的、可接近性的心态去融入可以对话的艺术空间。因此，我们着重探讨在现代展示的背景下，互动体验设计对传播民居营造工艺的价值与影响。

4 陈列展览的互动体验设计

技术的革新与信息化交互的普及，带来人们思维方式与精神需求的转变，传统程式化的展览方式已造成视觉审美疲劳，互动体验设计打破了静态的、封闭的、被动的展示形式，通过相互作用的原理，使观众作用于展览，展览以某种方式反作用于观众而达到互动成效。

博物馆是为公众提供知识、为社会发展提供服务的文化地点，传统的展览模式是以 "展品" 为本位，采用呆板的展陈方式与固定化的功能分区，忽略了展品所蕴含的丰富内涵以及参观者的心理感受，形成单向的展陈方式；随着体验时代的来临，博物馆的互动时代也随之开启，开始考虑人的兴趣爱好、审美需求等因素对于展览效果的影响，注重展览的参与性、趣味性与寓教于乐。如重庆三峡博物馆展出的《壮丽三峡》主题，对三峡精神与民间场景进行了情景化还原制作：峡江绝壁上的栈道，坚强不屈的纤夫，通过灯光、实物、道具与空间的结合，准确地传达出了三峡的地理环境与百折不挠的顽强精神，使观众身临其境并与展览主题达到寓情于景的设计共鸣（图7、图8）；大明宫遗址博物馆设置了以实践操作为主的互动设计，如 "发掘大明宫" 的互动游戏、文物重组的拼图游戏、探秘鲁班锁的实物组装等，以及实时姿势捕捉技术和3D虚拟现实重现宫殿结构等一系列高科技的

图5 数据库界面（图片来源：作者设计）

图7 三峡主题展览1（图片来源：http://blog.sina.com.cn/s/blog_8001328c0102w0zy.html）

图6 《中国营造》纪录片（图片来源：http://www.designqj.com/archives/3887）

图8 三峡主题展览2（图片来源：http://blog.sina.com.cn/s/blog_8001328c0102w0zy.html）

图9 多媒体沙盘素模 [3]

手段（图9），激发观众对知识的探索兴趣，进入寓教于乐的高级阶段。美术馆、艺术馆以及展销会等展览空间相比与博物馆来说，多为临时性展览，展览周期短、频率高、主题性更为灵活，展陈方式也更为多样，但专业性较强，受众面窄，人们往往对展出的艺术品敬而远之，缺乏亲和力，此类型展览更加需要具有"邀请感"的动态展陈设计，如展馆中的临时演出、传承人的现场表演等更为直接亲切的互动形式。

艺术是开放的、具有传递性和容纳度，民居营造工艺的智慧与精神从本质上来说是归属于大众的，互动体验设计作为现代展陈的主要趋势，在展现工艺之美时，可以最大限度地唤起大众情感上的审美意识，达到情感体验与逻辑认知的统一。

5 "重拾营造"传统村落民居营造工艺作品展的互动体验设计创新

2017国家艺术基金传播交流推广资助项目——"重拾营造"中国传统村落民居营造工艺作品展，是在国家"十二五"科技支撑计划项目课题"传统村落民居营造工艺传承、保护与利用技术集成与示范"研究成果的基础上，以"重现本土营造智慧、重拾本土营造传统"为主题而开展的展览。此次展览对中国传统村落民居营造工艺从工具、材料、构造、工法、工序等各个层面进行了挖掘与整理，设计多种互动体验的展陈方式与技术手段，意在为观众带来一场重温中国本土营造故事、重新对话本土营造传统的展览，这是一场探索中的实践，也是一

次实践中的设计创新。

5.1 交互体验设计

榫卯，是中国古代建筑的主要结构方式，为了使观者切身感受到民居营造的精髓所在，于美术馆一层设置"榫卯构件拼装"互动体验区，其中包含55款等比缩小的榫卯构件、适合成人与儿童尺寸的体验桌椅、数千块小木方供观展者拆解组合与创造以及榫卯构件的科普卡片供学习探讨，最后，观者可以在留言笺上写下体验的感受和对展览的美好寄语，并选取喜爱的明信片带走作为纪念。互动体验区同时也吸引着大量国外观展者，他们乐此不疲地发现与体验着中国民居传统工艺，语言障碍与文化差异的影响在此时显得微乎其微（图10～图13）。

除此之外，展览在一层还设置了"图片共享与交流"区域，汇集了课题组成员近三年间进行艰苦细致的民居营造工艺田野调查所拍摄的图片，营造工序、营造习俗、精美构件、恢宏建筑等大量珍贵的一手资料与信息以照片的方式被真实地记录下来，这近1000张调研图片，可供欣赏、取玩、交换，并希望观展者在选好喜欢的图片并将其带走之前，在背板上签名留以纪念（图14～图17）。

互动体验设计同时体现在展馆二层——财神拓印体验与自由涂鸦区。一个刻有凹凸浮雕"财神"纹样的木制滚筒、一张宣纸，吸引无数观众前来尝试，体验以拓代笔的艺术美，其纹饰雕工细致，纹样饱含寓意，将所拓之画赠给观展者，寄予美好祝愿，更能体现互动的本质；自由涂鸦区设有长达10米的画卷，给予观众想象的空间，自由挥洒笔墨，绘制出心中的民居记忆（图18～图20）。

5.2 营建工艺演示

工匠以现存的民居大门作为参照，在展览现场表演营造与搭建的过程，工作人员运用摄像与文字等方式进行采访记录，于当天进行视频剪辑与文字整理，并在展览第二天向参观者播

图10 "榫卯构件拼装"互动体验区1

图11 "榫卯构件拼装"互动体验区2

图12 "榫卯构件拼装"互动体验区3

图13 "榫卯构件拼装"互动体验区4

图14 "图片共享与交流"区1　　图15 "图片共享与交流"区2　　　　图16 "图片共享与交流"区3　　　　图17 "图片共享与交流"区4

图18 拓印体验与自由涂鸦区1　　　　图19 拓印体验与自由涂鸦区2　　　　图20 拓印体验与自由涂鸦区3

图21 营建工艺演示区1　　　　图22 营建工艺演示区2　　　　图23 营建工艺演示区3

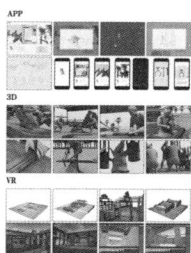

图24 数字展陈体验1　　图25 数字展陈体验2　　　　图26 数字展陈体验3　　　　图27 数字展陈体验4

放回顾前一天的营造过程，最终在展览结束时，形成10~15分钟完整的营造搭建过程的视频影像。将匠人的劳动演绎成艺术行为，形成展览现场的互动表演，是动态展陈的形式之一，其目的在于使参观者身体力行地参与到与工匠师傅的交流、互动、制作与体验中，艺术视角的体验参与有助于工匠精神的唤醒，用大众的认知认同迎来其发展，加深对传统工艺的解读与感知（图21~23）。

5.3 数字展陈体验

结合当前数字展陈的体验形式，利用3D影像、VR虚拟、APP互动等，通过简洁的方式共享信息，拉近历史与现实、科学与艺术、当代与传统的对话距离，打造传统民居营造故事的整体场域，生动、鲜活地展现营造工艺的流程，给予人在可视化虚拟场景中穿越时间和空间，感受营造故事的体验，为传统技艺在当下的多维融入探索道路（图24~图27）。

6　结语

　　营造工艺是我国自古至今生生不息的造物文化，融汇了祖祖辈辈制造的智慧与坚守的精神。"重拾营造"展览在唤醒大众对工匠营造精神的认识、感受传统营造工艺的魅力、传承华夏文化等方面进行了有益的尝试与努力，进一步探讨了符合当下文化语境的互动体验工艺展陈策略，提出可借鉴的方法与新思路，并得到大家的认可与好评。同时，也使我们更加坚定对传统营造工艺传承与塑造的这份信心，希望突破现有的工艺传承的困局，迎来新的发展生机。我们需清醒地认识到：千百年来积淀形成的营造工艺，才是真正的国宝，才是走向世界的国粹，大国工匠，后继有人，协力重现营造工艺的璀璨光芒，让民间智慧走进大众并融入人民群众的生活之中，使其得以良性的传承和持续的发展。

参考文献

[1] 龙炳颐．中国传统民居建筑 [M]．香港：香港区域市政局，1991．

[2] 郝大鹏，刘贺玮．数字化背景下的传统民居营建工艺保护与传承 [C]．中国民族建筑研究会第二十届学术年会论文特辑，2017．

[3] 汤善雯．互动设计在博物馆展示中的应用 [D]．南京：南京艺术学院，2012．

[4] 刘芹．"怎么看"与"怎么展"——论"非遗"传统手工艺的展陈设计 [J]．美术观察，2017．

[5] 胡燕，陈晟，曹玮曹，昌智．传统村落的概念和文化内涵 [J]．城市发展研究，2014．

[6] 张剑．文化传承视阈下的传统村落民居营建工艺数字化展示设计 [N]．设计艺术（山东工艺美术学院学报），2017．

浸没式体验的展示空间研究

——以福田康明斯顾客中心为例

唐诗韵

南京艺术学院设计学院

摘　要： 现今的观众对于展会中的选择权与参与权的需求，表达自我的欲望较之以往大大增强，现有的片段性的互动交流手段已经无法满足观众和参展商对于宣传产品的需求。而在交互式体验中，艺术家更加积极地利用技术，诉诸人类的感觉和想象，为观者创造更令人愉悦的参观体验。本文以福田康明斯顾客中心项目作为主要的思考性设计，对浸没式体验的展示空间进行探索与研究。

关键词： 浸没式　展示空间　交互　体验

1　浸没式体验的概念

1.1　浸没式理论背景

浸没式戏剧（interactive theatre）的前身是早期由理查·谢克纳提出的环境戏剧（environmental theatre）。环境戏剧是传统戏剧在越来越多元化的多媒体传输媒介和表现方法下，对于戏剧优于电影电视、纸本媒体特点的放大和尝试，那便是即时性和交流性。

在浸没式戏剧中，观众不再是被动的信息接收者而是能参与到这种信息交互中，他们成了滴进水潭的一滴水，是舞台中的震源，一切舞台上的变化会因为观众的存在而变化，他们是引发舞台反馈的机制。

1.2　浸没式概念特点

浸没式戏剧打破了"第四面墙"，也就是所谓的舞台与观众的界限，将表演者分散到观众中去。无边界的自由性是其具有的特点之一。浸没式体验有着弱文本化的特点，它追求的不是故事和文字，其着重点在于主题和体验。

这是一种带有一定偶发性与观众体验性的互动式体验艺术，是"把选择权交回观众手上"，观众不再是被动接受信息的一方，而是能够参与到这种信息交互中。现代人追求自我控制与自我表达，浸没式的交互体验有着其他方式所没有的极强的社交性与参与性。

1.3　浸没式概念在展示设计中的应用案例

浸没式体验互动是一种弱文本，强感知的互相渗透式体验艺术，与单纯的互动装置有着很大的差异。以音乐阶梯为例，阐述普通互动装置与浸没式体验装置的区别。

作为一种常见的触发式互动装置，音乐阶梯是将钢琴——本质是非观众互动性质的展示装置，结合了场景中的功能性物品——台阶而形成，是将功能性场景附加了展品性质而产生的装置。

而音乐台阶大体分为两种。第一种是有固定乐曲，台阶的触发机制仅仅影响到乐曲的播放速度与节奏（图1）。这类也是音乐阶梯最常选用的传统互动，常常出现在地铁站等公共空间。装置的本质和点击屏幕上的乐曲播放性质别无二致。

第二种音乐阶梯在商业空间更为常见。常以地贴、软垫（于商场的儿童游乐区中常见，因对象是儿童，钢琴常简化成木琴样式）、LED显示屏或投影（流水形态）等形式出现（图2）。

以上两种展示形式都未能完全体现出浸没式体验的优势，

图1 传统音乐阶梯

图2 商场中常见的变体模式

总的来说对浸没式互动体验的理解处于较低水平。怎样在改良已有形式的状况下，体现出浸没式体验的优势与特征正是下文所讨论的。

2 浸没式概念与展陈语言转换

2.1 如何实现戏剧概念与展陈手段之间的语言系统转换

将浸没式体验概念引入展陈空间自然不是指在会展空间里搭建舞台，排演剧本。而浸没式虽是戏剧名词，但本文中所指代的不是在会展空间里表演传统意义上的戏剧，所做的是提炼浸没式戏剧对于观众体验的追求与表达。

2.2 如何在展示空间中实现信息的动态交互

浸没式体验在着重体验性的同时，因为其弱文本的特点，如何实现信息的交互传递，如何让观众参与信息的发生、传递、筛选的过程，而非成为单纯的接受信息一方，显得尤为重要。

2.3 工作人员在观展过程中的高度干涉和低度干涉

展览的目的是促进技术的传播与交易。交流体验空间内的工作人员在营销和宣传方面起到极其重要的作用，在这些往常由工作人员引导完成的宣传中，探讨哪些是需要更加注重的，以及哪些是可以被装置替代的部分。

3 浸没式体验展示空间设计

3.1 项目设计

本项目设计位于北京市昌平区沙阳路15-1号（图3、图4）。

项目空间由三个一层及两个挑空层构成（图5），其前半部分的三层空间包括了文字互动舞台、多媒体展区、文本图像展区、小型洽谈空间、水吧、小型会议室、集散区及报告厅。后半部分的空间考虑到汽车展示厅需要的大体量展示空间及仓库储存空间，制作了两个相对较高的半层结构，包括汽车展示区、仓库区、办公室（图6）。总体来说，横向上分成前后两个部分，分别为对外展示区域及工作人员活动区域。

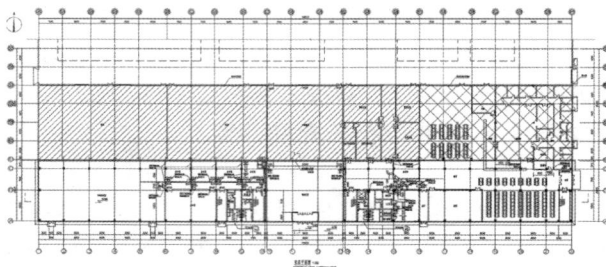

图3 总厂房Sketch Up示意图1

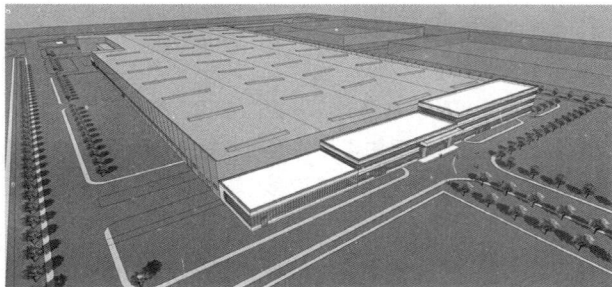

图4 总厂房Sketch Up示意图2

3.2 浸没式概念引入

将浸没式概念引入会展陈列首先要解决的是如何实现戏剧概念与展陈空间之间语言系统的顺畅转换。

戏剧通过戏剧性的媒介塑造现实，如同工程师建立桥梁模型，展示空间拥有灯光、装置、文本，这些正是会展中的舞台。展会是对生活的一个片段的缩影建模。各类互动性装置在会展中的应用目的是可以让观众现场体验产品，同时，因为人群效应，被体验设备吸引来的观众本身也是一个很好的宣传点与吸引点。而当今会展中的互动性装置多为片段的、区域的、实验性的，其本身与展览主体有断层。一般展览会划分出特殊的体验区和运用纸本、图像一类的普通展区，互动传感方式的装置并未深入人心，仍是不成熟的、发展中的，容易造成体验感的断层。

笔者想通过"浸没式"这个词强调的是它对打破普遍意义上观演关系的尝试，以及观众被赋予的参与情节的能力。所以，其着重点在于交互式体验上。

3.3 时间轴的引导

在浸没式体验概念中，观众不只是观众，他们是舞台中的震源，是引发反馈的机制。所以在本设计中会着重表现浸没式体验展览与常见的展示互动手段之不同。因为浸没式的展览从开始到结束，本身是个完整的体验过程，不会形成文本与交流中的强烈断层。而它具有的独白和弱文本化性质，强化时间轴存在于其本身的逻辑构造中显得非常重要。

在体验中心的设计中，从入口开始的人流动线设计体现出整个展馆的时间轴倾向。横向的时间轴，也就是一层上的时间轴是由汽车零部件和发动机的展览开始，再到车辆的组装、喷漆、出厂。这是一条展示了汽车生产过程由零到整的逻辑暗线，能够在观众脑内构建出汽车由内而外的建模。

黑白的对比与光线的运用在展区的视觉引导及时间暗示上得到了运用（图7）。图像展厅的一部分被隐藏在房间一侧的黑色高墙后，墙面上有一道缝隙，上打灯光，标注展品对应的不同时间。展区内部的光通过缝隙中射出来。在展厅的中庭区域，人们可以通过展区外部的狭窄缝隙看到展区内部的布置和展示。

黑白和光影的对比能勾起观众们的好奇心。在大片黑暗中出现的亮色窄条让人的视线不由自主地向明亮的展厅中部偏去。这堵墙像是一道屏风，给特展区和展区外部建立起了一道不那么严实，有着空气流动感的阻隔。

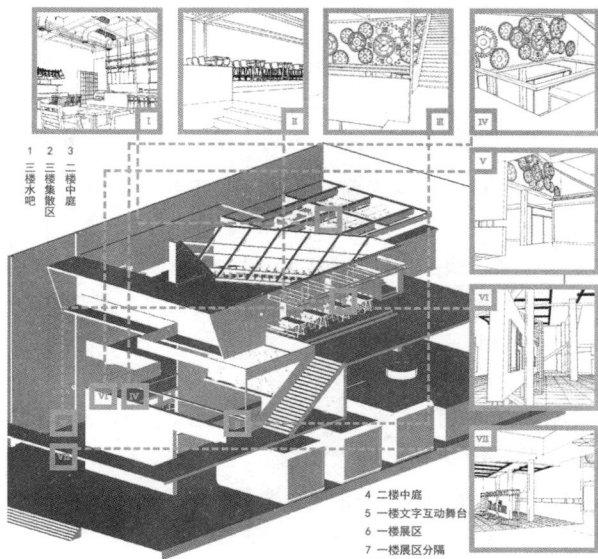

图5 展厅的结构分析

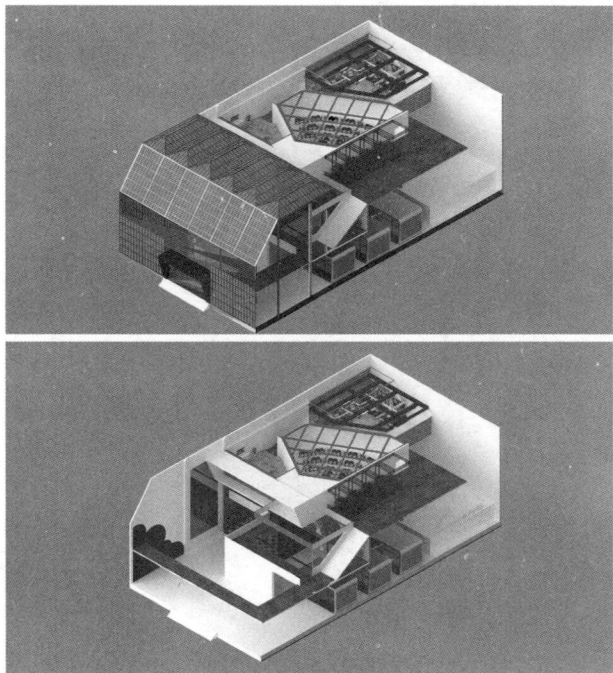

图6 展厅内部总体效果图

图7 展厅的视觉引导

纵向的时间轴（图8），也就是展览空间从一层到二三层的时间。如果说一层代表着现在，二层所代表的就是历史，三层表现的则是概念。因为二层是历史的时间表现，所以具体的时间在二层表现得尤为明显。与一层高墙上缝隙所不同，二层主要将扶手部分做成了"时间线"的状态。从二楼开始，贯穿整个展厅的长线时间轴以实体的形象出现，跨越了多个展厅和外部的半开放空间，以一道特殊的色彩串起了展厅之间的联系。二层展厅中央是触摸型的播放装置，当观众触摸到时间线长轴上的时间时，会自动触发那一段的资料短片播放，仿佛能亲手触摸到流逝的时间。

浸没式体验具有低文本性、独白性和观众的高参与度。在闪光点是其多种可能性的体验情况下，我们不得不承认可能在追求极致自由的用户体验的同时，会牺牲掉部分对产品性质的针对性概念介绍，观众可能对于产品的理解并不深入。

关于这点有着两个解决方案，是此次设计中使用到的人力干涉方式与装置干涉方式。

3.4 人力及装置介入

3.4.1 人力介入

此为一层展区外部，与互动文字舞台的区域相临，有小型

的、以多间成组的小型洽谈空间（图9）。该小型洽谈空间是由深色金属包裹着，两面玻璃之间形成的小型空间，玻璃面的门由两道平行推拉门组成，不占内外通道空间。

空间内部采用发光灯板保证总体照明，金属内侧采用隔音材料，使内外声音不会互相影响。空间里有两组桌椅和电脑屏幕，可以配合宣传视频进行使用。这个小型洽谈区域，既保证了其私密性，又能良好地进行宣传。

外部大型的产品展示区可以通过安排好固定时间段的解说员，分时对观众进行讲解。

3.4.2 装置介入

博物馆中常有随着观众在哪幅画前驻足，从而播放特定解说的录音装置，这显然在展览中并不适用，其过于笨重而繁琐不适合商业性质的用途。

而一种在自然博物馆中常见的半圆形聚音装置是可以在整个大厅内的解说声都在播放时，仅让站在有限范围内的观众听到固定解说的定向性装置（图10）。在展厅内运用这类让观众站在聚音装置（图11）的标志上听取特定解说的装置，保证了驻足的观众听到的是他感兴趣的产品介绍（图12），"站在特定的地标上"这点也能很好地吸引观众去主动触发。

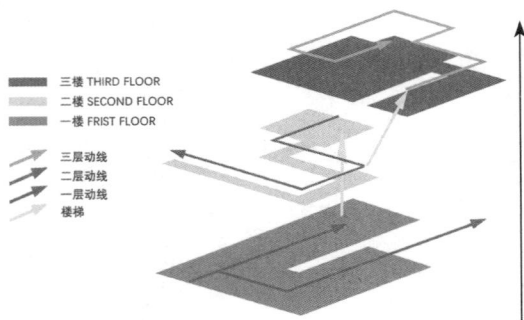

图8 展厅的横向与纵向时间轴体现

图9 小型洽谈空间

图10 聚音装置部分示意图

图11 展厅中装置布置

展厅中部的文本式互动舞台（图13）。上文提到，声音的混合会导致噪音与嘈杂感，在浸没式展示过程中我们可以尝试将乐曲替换为信息本身。让我们构想这样一个装置——它有着多段触发系统，每个触发的事物共享一个循环。最多有五段的循环信息，随着触发的先后顺序逐渐被"推远"，因为系统的不断被触发和信息的衰减，乐声或文字图像的混杂不会有嘈杂感，同时保证了观众获得信息的特殊性。

展厅中本着美国社会学家欧文·戈夫曼（Erving Goffman）的信条"我们全都是演员"（We are all actors），它将观众与路人变成了舞台上的一份子，人与人的互动影响着整个舞台，是整个舞台的中心。

在刻意的安排下，舞台的周边区域和其本身空间照度低于展厅其他空间（图14）。人类有着创造封闭私人空间的倾向，比如幼时在制作"秘密基地"时，有选择封闭狭小空间的倾向。而对于照度的改变正是对于互动空间的强调，也是一个加强舞台效果的良好方式。

LED显示屏、移动式的舞台灯光，将展厅中部的整个空间变成了一个巨大的表演场。当人们走到被舞台灯光照亮的部分时，就是进入了表演场，相应地LED屏上就会播放相应的短片或台词，滚动的词句与灯光色彩相对应，破碎的词句与叠加显示的内容随着场内不同数量的观众和他们的所在地产生着不同的变化。这个装置的目的在于吸引观众们的注意力，在观众脑内做出一个产品概念的速写印象。它旨在表现产品的概念和内涵，而不是长篇累牍的完整产品介绍，完整介绍可以在展览中的其他部分展开。

这种形势与内容完美结合的表现方法有着巨大的信息表现力与冲击度，强化了观众的体验与展示效果。

4 浸没式体验设计思考

现今浸没式体验在会展上的发展状态可以从两个方面分析。

从深度上来看，这个从戏剧概念移植来的概念，在国内外以此为主题的展览中，都显得不够成熟，具有实验性。它理论观点充分，但以此为主题的会展，在手段和形式上都不足以完整地表达浸没式体验的特点，设计师们未能找出最适合浸没式体验的表达方式。

从横向上来比较，浸没式体验有着国内外发展的断层。国外对此的研究开始较早，在电视电影和网络媒体爆发式发展的

图12 聚音装置效果图

图13 文本式互动舞台

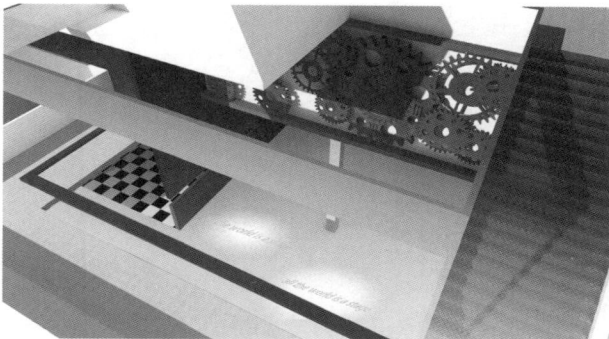

图14 展厅中文本互动舞台效果图

同时，国外开始了对于实体事物相较于荧幕上影像的优势研究，由此衍生出的交互式体验展览在20世纪90年代渐渐开始深入人心，成为当今会展重要理论之一。对传统展示手段感到不满的设计师们一直在寻找更好的理论，希望以此带给观众更新的体验，这便是浸没式体验提出的契机。而在国内，浸没式体

验依旧停留在基础的互动型装置上，是交互式阶段，而不是将它当作一个完整的理论在展览中进行运用。

　　戏剧是一种社会艺术。它在真实的社会层面和戏剧性语言的象征层面上运作。这两个功能以动态关系运作。在展示设计中引入戏剧中的浸没式这个词本质上来说还是强调展览带给观众的体验，在融合了浸没式体验的展览中，展览本身与观众之间有互相影响的互动关系。如果要创造浸没式互动体验的最佳条件，研究产品使用环境至关重要。只有在展览能和观众形成互相渗透影响的体验时，观众本身的社会信息，他们的身份才真正置于展览模拟出的环境下。

　　所有类别展示的最终目的都是为了用各种手段交流信息并吸引他的观众。所以，加强展会中的协同关系，进一步完善观众体验，是会展设计师眼前最需要克服的问题。

参考文献

[1]（西）克劳埃尔（Krauel,J.）. 2007展览展示设计 [M]. 上海：华中科技大学出版社，2007：67—89.

[2] 王志平. 现代展览空间艺术设计 [M]. 北京：中国建筑工业出版社，2012.

[3] How to Incite Audiences and Engage Actors：Environmental Theatre and the Second Circle [D]. Larissa Anne Kruesi College of William and Mary，2012（07）.

[4] 翟永齐. 博物馆展厅设计中交互体验式设计应用研究 [J]. 河北科技大学（学报），2015（04）.

[5] Texture of Light in Environmental Theatre：Elvis Machine [D]. Cheng—Wei Teng The University of Texas at Austin，2012.

"博物馆化"设计策略在实体书店中的创新研究

梁小洋

北京工业大学艺术设计学院

摘 要: 对实体书店在当前网络购物环境下的经营困境进行分析,取长避短,发挥实体书店的线下体验优势,探索实体书店的发展之路。在分析实体书店的线下体验优势基础上,针对网络书店与实体书店功能冲突,从而发挥线下实体空间系统化科普展示的体验优势,从而导入博物馆化设计策略。回归书店本质功能并加强空间对于消费者的吸引力和引导性。提升实体书店自身体验优势,从而帮助书店提升竞争力。

关键词: 书店展陈 设计困境 设计研究 创新途径

文化是民族的灵魂,图书是文化的载体。实体书店是对文化的传承,是一座城市的文化绿洲。随着网络购物的快速发展,实体书店的功能属性受到严重冲击,实体书店面对各种压力下纷纷寻找适合自身的发展道路。但多是在书店造型空间特色或者融合业态上下文章,反而对于书店的核心产品"书籍"的展陈设计上关注度较低。对于书店长久发展来说,核心竞争力最终还是要依靠核心产品,才能形成书店的良性发展。也就是如何通过展陈设计创新从而驱动书店发展成为亟需解决的首要问题。

1 中国实体书店的困境与挑战

1.1 网络环境冲击下,实体书店已死

2010年前后,许多书店不堪重负,弘文书局、印象大书坊等成都有名的书店纷纷歇业,今日读书也不得不相继关闭部分书店。实体书店相继倒闭的主要原因有三:一是网络价格竞争优势;二是实体书店缺乏买书以外的特色体验;三是租金上涨、劳动力短缺等运营成本问题。当书店卖书的基本功能被取代,如何将实体书店的线下体验优势发展为核心竞争力成为亟需解决的首要问题。

政府出台相应政策扶持实体书店。2011年,中宣部、新闻出版总署、住房和城乡建设部联合下发《关于加强城乡出版物发行网点建设的通知》,要求各级党委、政府要在政策、资金、税费、占地等方面给予出版物发行网点建设以必要的扶植。2013年年底,财政部和国家税务总局联合下发的《关于延续宣传文化增值税和营业税优惠政策的通知》,2016年中宣部、国家新闻出版广电总局等11个部门联合印发了《关于支持实体书店发展的指导意见》指出,到2020年,要基本形成"布局合理、功能完善、主业突出、多元经营"的实体书店发展格局。但书店仅依靠政府支撑而缺乏自身特色,很难形成自身的良性发展循环。找到自身的特色发展才是实体书店生存的长久支撑。

1.2 传统书店的展陈方式面临严峻挑战

在中国青年报社会调查中心通过问卷网对2001名受访者进行的一项调查中发现,70.8%的受访者认为实体书店对消费者仍然有吸引力。在阅读方式上,65.9%的受访者倾向于纸质书阅读,20.1%的受访者则通过手机、电脑等电子屏幕阅读,还有13.2%的受访者会选择Kindle等专门电子书阅读器来阅读。说明习惯于纸质阅读的人群仍占据大多数,虽然实体书店大量倒闭,但实体书店仍然占有重要市场,只是传统的展陈方式不再适合当代社会发展。

传统的书脊展示法更适用于目的性选书的顾客。但现在实体书店多作为业态补充选址在大型商场里,除了目的性购书的顾客,还面临更多的偶然性光顾的顾客。越来越多的顾客不再定向寻找一本书,他们更情愿随便逛逛。书籍的陈列就显得尤为重要,如何让书籍说话,吸引并留住更多的顾客群体,是现阶段实体书店设计面临的重大挑战。

1.3　书店本质功能被置换，沦为快餐式集成店

借用《知的资本论》中的一句话："传统书店的问题就在于它在卖书。"书店进入转型时期，面临当前的生存危机，商家纷纷使出浑身解数。很多书店依靠咖啡或是文创盈利，同时书沦为了装饰。这种比例失调的做法导致书店的本质功能被置换，沦为快餐式集成店。

这种快餐式集成店被大家称之为"网红书店"。这一类型的书店，大部分的精力在于空间主题营造上，书籍的展陈方式以沿墙展示为主，中心展区以多元业态为主。书店的核心产品并不是书籍。图书、餐饮和生活美学在展陈设计上三分天下。以杭州钟书阁为例，"书籍"成了一种空间表演的道具。Blingbling的镜面墙，只可远观不可亵玩的超高书架，图书成了"到此一游"的造景和道具。

2　博物馆化设计策略导入实体书店创新研究

博物馆化设计策略是重回书店本质的重要途径。实体书店进入转型期，新的创新设计首先应正视书店的本质属性这一核心诉求。实体书店的核心产品是图书，而非喧宾夺主。书籍的陈设是衡量一家好书店的重要标准，日本著名设计师将陈设原则归为四个要点：易看、易知、易挑、易购。

将博物馆化设计策略导入实体书店是基于实体书店的核心痛点，即书店如何卖书。博物馆化设计策略正视这一实际需求，重新回归书店本质，把书籍作为空间的主力产品。同时引入博物馆展示法：像展示展品一样展示书籍，像介绍展品一样介绍书籍。运用故事法叙事原理，通过主题科普展示法、情景分类展示法，顾客可以通过展板了解到书中的核心内容和精彩片段，并且把文创产品等附属产品隐藏在图书当中。营造科普兴趣式的购书环境，并结合周边目标人群打造符合周边需求又自成特色的文化场所。从而做到吸引消费者，突出商品卖点并刺激消费，让顾客看得懂，商品找得到。这是博物馆化设计策略导入的核心目的。

3　博物馆化设计研究在实体书店的创新途径

3.1　发挥实体空间优势——主题科普文化体验

现有实体书店的主题特色多体现在空间形式特色或经营特色上，例如西西弗书店，形成了自己独特的品牌视觉语言和符号特色，成都方所也同样是通过特殊的空间特色来吸引消费者。在经营特色上，如24小时不打烊书店、二手书店等。但从书店的核心诉求"卖书"上来说，如何通过设计研究提高书籍卖点以增加线下优势需要创新思考。

博物馆化设计研究创新实体书店文化体验，以主题科普展览为主要体验特色。书店也是展览馆，展览主题从书籍内容出发。通过展览内容让消费者快速了解产品，并且明白产品与自己的联系和对自己的意义，从而促使消费。具体而言是通过主题展览的形式经行图书展卖，展览主题以周边主要受众人群定位，把人们关心或是好奇的知识进行科普展览，并按照科普类别陈设书籍。这样买家由"被动买书"转为"主动学习"，书店的吸引力不在于浮华的外表，而是要在核心产品上下文章。通过转变展陈方式让书籍主动展示自己，不再失语。

以外研书店未来分店展陈设计为例（图1），从外研文化出发，突出"来这里，读世界"的展览主题。按照周边购买人群把展览主题定为四个特色部分，即读世界达文理（学习）、读世界悦生活（生活）、读世界拓格局（工作）、读世界教有方（育儿）。书籍展陈改变传统以学科体块划分书架的传统形式，而是以不同的展览主题进行分区。以消费者感兴趣的知识作为策展基础，转换设计思维为用户思维。

3.2　发挥实体书店展陈优势——图书产品情景展卖

传统实体书店平面布局方式为：围墙展示区、中心重点展示区、畅销书区、文创产品区等。消费者在购买时是有明确的界限感，走到不同的区域产生不同的服务，但彼此间相对割裂缺乏联系。

博物馆化设计研究创新展陈手段，手法有二：其一是像展示展品一样展示书籍。传统书店其实存在大量"死书"，应优质选书并转换展示方法从而使消费者更全面的了解并被吸引。如把书脊转换为书面展示，同时书之间留有空隙，让重点推荐书籍有展示的空间，并在书架边缘嵌入射灯提高展示的仪式感。其二是像介绍展品一样介绍书籍，并且展卖结合，体块销售作为一个整体来考虑，采用情景分类法，把书籍和文创结合在一起，以小主题展览的方式经行售卖。具体来说就是把展架分为若干个小模块，每个模块由三个单元组成（图2），即展板单元：通过提炼同类书籍中受众度较高的书籍内容，利用故事法把书籍内容以展板形式呈现；书籍单元：与展览故事或内容有联系的书籍；展品单元：与展览或内容有联系的文创产品。不仅使消费者能快速了解书中的经典情节，若感兴趣还可以在旁边买到周边产品，使书籍分类、书目、周边产品成为一个个小组块，提高产品吸引力，突出书籍卖点，让顾客看得懂并且顾客找得到。

以外研书店未来分店展陈设计为例（图3），在咖啡售卖区

图1 外研书店未来城分店1（图片来源：作者绘制）

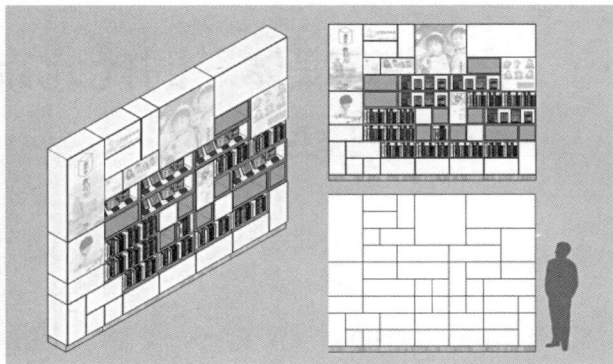

图2 外研书店未来城分店2（图片来源：作者绘制）

图3 外研书店未来城分店3（图片来源：作者绘制）

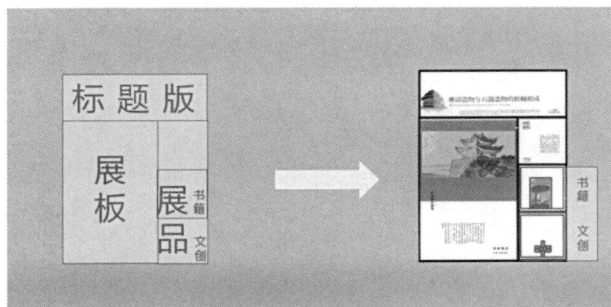

旁，置入品鉴咖啡的书以及特色咖啡杯等产品。通过这种组合展陈设计手法，真正达成书与文创产品、书与顾客，乃至书与工作人员的联系。

3.3 回归实体书店本质属性——打造复合式文化场所

博物馆化设计策略回归书店卖书本质功能，图书如展品般作为空间的主角。同时按比例延伸展览科普功能，连带相关主题活动、主题餐饮等附属功能。书店根据面积、周边环境，发展为复合式文化场所，即书店＋X，以满足周边人群的需求。但附属业态要因地制宜，且重点考虑与空间主体——书籍的关系。如方所书店所售国内品牌衣服例外，一是价格昂贵不是普通消费者可以普遍购买的商品；二是和其他业态之间缺乏联系，导致相互割裂，结果沦为书店的集成店。因此，书店在考虑融合业态时，应考虑到一是场地特色，周边商业势态；二是受众人群的实际需求；三是与图书的关系。书店不只是做给文青，也不只是做给喜欢读书的人，书店的功能也不只是获取知识。要结合地域差异，实现千店千面。

外研书店作为一家连锁书店，书店扩张的同时不是同一运营模式的简单复制，而是结合地域差异而进行改造升级的动态调整过程。在昌平未来城店，保留了较强的书店和科技园区联系，定位为白领工作之外喜欢去的文化场所。引入艺术馆、博物馆的功能属性，创新地引入艺术主题展览活动、便民服务、二手书展卖等更有互动感的功能属性，使顾客不仅是买完书就离开了，而是自然地在书店里喝咖啡、看展览、谈事情，使书店成为一个人们愿意留下的文化场所。

4 总结

本文通过分析实体书店的生存现状和实体书店本质属性及核心诉求，通过引入博物馆化设计策略，具体讨论了实体书店现阶段的创新方法。通过回归书店核心功能，打造城市的文化绿洲、市民的灵魂寄居所。结合时代经济特色，引领书店走入创新型、复合型和生活化的新时代。

参考文献

[1] 杨珩. 实体书店的现状分析与营销对策 [J]. 南方论刊，2011（7）：76—77.

[2] 龚维忠，周杨. 我国民营实体书店生存与发展探析—书刊销售的困境与希望 [J]. 湖南师范大学社会科学学报，2015，44（06）：132—142.

[3] 张贺. 实体书店回来了 [N]. 人民日报，2018—1—18（19）.

"新媒体"时代北京文化建筑创新性数字化呈现的现状与策略

韩宇翃　郑凯文

北京工业大学艺术设计学院　星马传奇科技发展有限公司

高世敏

北京工业大学艺术设计学院

摘　要： 北京作为我国首都，是历史文化名城，同时也是新时代我国文化走向"一带一路"的重要起点。古建筑、特色建筑等文化建筑众多，作为历史的印记和民族复兴之路的见证，讲好文化建筑的故事和保护这些建筑同样重要。新时代，各类新媒体正在大量涌现，互联网、移动设备、短视频、全景、虚拟现实、增强现实等技术正在改变着信息传递的方式，且更加直观、迅速、精确。本文在此背景下分析"新媒体"时代对北京文化建筑的创新性数字化呈现策略。

关键词： 文化建筑　数字化呈现

北京是我国四大古都之一，是世界著名的历史文化名城，有着三千多年的建城史和八百多年的建都史，明初开始修建、后续扩建的紫禁城成为世界闻名的皇城遗址，经历近代历史的变迁，同样有众多历史建筑得以保留。新中国成立后，包括人民大会堂、北京火车站等众多特色建筑得以兴建。这些古建筑和特色建筑是中国人民勤劳智慧的结晶，也见证了北京历史和中华民族复兴之路的起步，是超越建筑本身的文化建筑。对于这些文化建筑，不仅要保护好，更要充分讲好其中的历史故事，合理开发和呈现其中的文化内涵，让历史得以牢记，精神永远流传。

随着我国社会进步、法制化进程日趋完善、经济意识不断健全、生态文明建设和可持续发展的思想得以贯彻，我国在文化建筑的保护和开发工作已经有了成效卓著的发展。但是仍然存在许多问题。

1　现状与存在的问题

1.1　文化建筑的开发现状

1.1.1　文化建筑保护与旅游商业化的矛盾统一

在文化建筑的自身和周边开发旅游及相关配套，成效明显

的获得经济利益，这些旅游经费可以直接的用于古建筑、特色和建筑的维护。同时，地理位置上的重合可以使游客直接置身其中，配合现场的讲解、导览等配置设备和人员，能够较好地达到传播建筑的文化内涵。

但是在旅游配套开发过程中，存在很多追求利益、过度开发、破坏建筑风格等一系列问题。商业氛围过于严重，破坏了文化建筑特别是古建筑的氛围。商业化同时并没有讲好文化建筑的故事，使得旅游的过程变得更加商业化，失去历史意义、文化内涵。

1.1.2　法律监管体系的日渐完善和游客保护意识匮乏

改革开放以后，特别是十九大之后，我国法制化进程加快，对可持续发展意识逐渐加强，《文物保护法》、《城市紫线管理办法》、《关于加强对城市优秀近现代建筑规划保护工作的指导意见》等法律陆续出台，监管体系日渐完善。但是这些法规的群众普及率较低，游客常识性基础薄弱，保护意识匮乏，对如何进行文化建筑保护的具体知识更是知之甚少。

1.1.3　文化建筑的有限资源开发和持续爆发的旅游增长之间的矛盾

由于文化建筑，特别是古建筑的旅游资源承载能力有限，

在旅游高峰期经常出现游客数量众多，旅游设施配套不足，缺乏文化建筑保护设施，讲解人员和讲解设备更加不足。在建筑本身易受破坏的同时，极大地降低了文化建筑本身的文化输出。

1.1.4　专业人才缺口

旅游专业人才、文化建筑保护和研究的专业人才，涉及考古、建筑学、地理、旅游学等诸多学科，人才的形成速度较迅速发展的旅游市场明显滞后。缺失的不仅是文化建筑现场的导游及讲解，对文化建筑研究、宣传的人才同样匮乏。

1.2　文化建筑的数字化呈现进程落后

1.2.1　新媒体时代用户快速增长和健康内容缺乏

随着互联网、移动设备、短视频、全景、虚拟现实、增强现实等技术的涌现，新媒体时代呈现出众多的媒体形式和新增的媒体用户。仅以某品牌短视频客户端为例，从2013年成立至今已有7亿用户，实现了快速增长。但是健康内容匮乏，2018年4月4日国家广播电视总局发布通知要求该平台依据《互联网视听节目服务管理规定》采取整改措施。文化建筑的数字化呈现作为优秀的内容题材，存在数量少、宣传力度低、生产成本高、市场化传播率低的问题。

1.2.2　文化建筑的数字化呈现与"新媒体"时代脱节

随着互联网、移动设备、短视频、全景、虚拟现实、增强现实等技术的快速发展，包括全景游览、VR游览、AR导游、旅游短视频、各类移动设备APP的应用开发和内容制作已经在逐渐推广，各类新媒体技术得到各种形式的广泛应用。但是"新媒体"的含义不只在于新的技术呈现形式，其核心的思想是互联网时代的传播模式，包含了互联网思维、自发性传播、市场迎合度、用户生产数据、文化内容社交化和泛娱乐化进程。仅在呈现技术上实现和"新媒体"的同步是远远不够的。

2　"新媒体"时代北京文化建筑创新性数字化呈现重要性及意义

2.1　"新媒体"时代北京文化建筑的创新性数字化呈现是实现文化传承和发扬的重要一步

人类社会从口传心授到石刻金文，文化的传播载体效能相对低下。然而，华夏文明的活字印刷和造纸术彻底改变了文化的传播方式，对人类文明作出了重要贡献。新时代下，互联网蓬勃发展，中华文明也迎来了伟大复兴的光荣历史时刻，充分运用新的文化传播载体，对北京文化建筑进行创新性的数字化呈现，是对文化建筑最好的尊重和保护，是中华文化传承和发扬的必要工作，是世界了解中国和中国文化建筑的开创性一步。

2.2　发展"新媒体"时代北京文化建筑创新性数字化呈现，有利于深入发掘文化建筑的历史内涵和时效意义

互联网、移动设备、短视频、全景、虚拟现实、增强现实等技术本身的信息载体性质决定，较之传统媒介（如纸媒）具有很多的优秀特质，合理利用各类媒介，可以使北京文化建筑的呈现更具有全面性、沉浸感，更容易去精准的交互、推广，这是传统媒介不可比拟的。即："新媒体"时代北京文化建筑的创新性数字化呈现具有"深度"。

2.3　发展"新媒体"时代北京文化建筑创新性数字化呈现，有利于更广泛和有效地在"新媒体"时代传播文化建筑的历史内涵和时效意义

互联网思维、自发性传播、市场迎合度、用户生产数据、文化内容社交化和泛娱乐化进程的发展都是"新媒体"发展的途径。然而，"新媒体"时代的核心在于其传播模式的先进性。北京文化建筑的创新性数字化呈现在继承文化建筑本身意义的同时，应顺应时代潮流，发展适合自己的传播模式。即："新媒体"时代北京文化建筑的创新性数字化呈现具有"广度"。

3　国内外研究现状

3.1　国外文化建筑的数字化呈现

国外的文化建筑数字化呈现开始时间较早，并且较为领先地运用了先进的各类呈现技术，使互联网、移动设备、短视频、全景、虚拟现实、增强现实等技术得以快速地应用和发展。如数字罗浮宫，其展示方式不仅呈现了著名的玻璃金字塔，更是对馆藏珍品进行了数字化呈现。虚拟现实等技术也得以运用。大英博物馆在线（图1），可通过网络平台提前做好游览规划，并对博物馆及其馆藏物品做更深层次的了解，探究其历史故事，以及以离线形式呈现的虚拟现实游览巴拿马。此外，线上平台除可帮助游客了解馆藏外，还提供一系列的服务搜索、相关新闻公布、近期活动通知等。这些功能不仅提升了游客的服务体验，还丰富了文化建筑的呈现形式，有利于文化建筑的推广宣传。

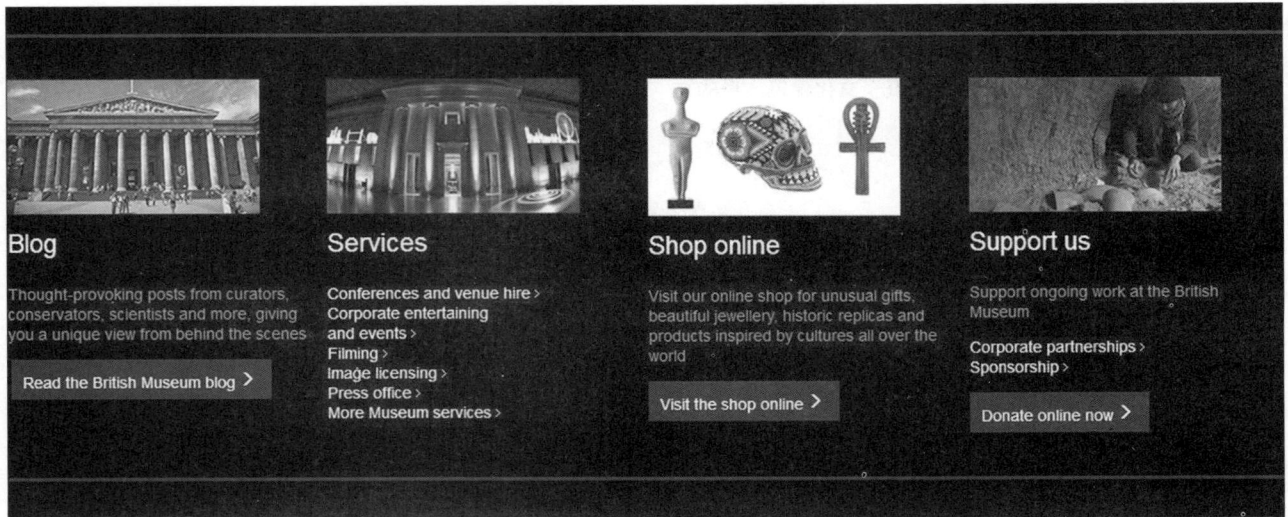

图1 大英博物馆线上平台（图片来源：http://www.britishmuseum.org/）

图2 海上丝绸之路数字文化长廊数字展墙（图片来源：东南网）

3.2 国际纲领性文件

（1）《保护世界文化和自然遗产公约》
（2）《保护历史性城市和城市化地段的宪章》

《保护世界文化和自然遗产公约》主要规定了文化遗产和自然遗产的定义，文化和自然遗产的国家保护和国际保护措施等条款。公约规定了各缔约国可自行确定本国领土内的文化和自然遗产，并向世界遗产委员会递交其遗产清单，由世界遗产大会审核和批准。凡是被列入世界文化和自然遗产的地点，都由其所在国家依法严格予以保护。

3.3 国内文化建筑的数字化呈现研究现状

国内也有很多优秀的文化建筑数字化呈现内容，海上丝绸之路数字文化长廊（福建）（图2、图3）、数字故宫（图4~图6）、北京塞隆国际文化创意园（图7）、腾讯街景展示（图8、图9）、3D打印"恒大童世界模型"（图10）、百度百科数字博物馆（图11~图13）的上线等优秀的项目问世，体现了我国在"新媒体"文化建筑数字化呈现技术已达到国际水准。其中，对

无人机航拍等技术的应用更是走在世界前列。

近几年，航拍技术用于文化建筑全景的呈现较为普遍，通过设备的自动拍摄，或相关人员的控制来获取地理形态俯视图，观看全景图，可以大范围地了解文化建筑的整体概况、区域方位、建筑分布等。通常全景图会与文化建筑的线上呈现结合，对于游客而言，可直观了解其整体特征，帮助认知；对于相关工作人员而言，航拍全景图能够就文化建筑周边规划、发展以及管理提供便利；对于文化建筑本身而言，在其呈现、保护、记录、宣传方面提供了新途径。数字故宫（图4~图6）则是将航拍模式图与线上官网相结合，以作为故宫文化建设的一部分。

北京塞隆国际文化创意园（图7）在改造前为一所建材水泥库，为保留其部分工业风貌，在园区改造时将工厂的46个水泥罐进行创意设计，利用激光投影技术打亮桶罐，夜间成排的水泥罐在灯光的衬托下别具风格，富有都市气息与现代科技感，白天则突出原有的工业气息，成为时代变迁的见证者。

腾讯地图除基本的地图导航功能之外，增加了腾讯街景（图8、图9）功能，可通过此功能观看地图上的众多地点街景，对于了解文化建筑、旅游区、名胜古迹的建筑外围及内部的景象图片更加便利，体验更好。腾讯地图街景功能将大数据与航拍技术、在线平台联合，提供更加新颖的文化建筑的呈现方式，为人们提供便捷的欣赏模式，有利于文化建筑的宣传、记录、管理。

通常文化建筑的体量较大，我们只能步入其中，感受其独有的氛围，领略其深藏的文化底蕴。对于观看全貌则可借

图3 海上丝绸之路数字文化长廊虚拟技术（图片来源：东南网）

图4 数字故宫——全景图一（图片来源：故宫博物院官网http：//www．dpm．org．cn/Home．html）

图5 数字故宫——全景图二（图片来源：故宫博物院官网http：//www．dpm．org．cn/Home．html）

图6 故宫航拍图（图片来源：百度图片）

助航拍技术，而这也仅限于在交互界面或图纸上观看，而3D打印技术则填补了这一缺陷，通过数字化模型的建立，运用3D打印技术，将文化建筑呈现为微缩的实体模型，用于参观展示、研究等。3D打印技术还可用于建筑的修缮、保护等，通过对待修缮部位的测量，选择合适的材料来进行打印。此外，由于3D打印的数字化控制，许多限制于当前施工技术水平而不可实施的建造方案却可以通过3D打印技术呈现效果，

图7 北京塞隆国际文化创意园（图片来源：百度图片）

图8 腾讯街景图——故宫一（图片来源：腾讯地图https://map.qq.com/）

图9 腾讯街景图——故宫二（图片来源：腾讯地图https://map.qq.com/）

图10 3D打印"恒大童世界"沙盘（图片来源：3D虎网http://www.3dhoo.com/）

可促进文化建筑的发展，并且能在一定程度上支撑建筑施工技术的研究。恒大集团就在建造"恒大童世界"（图10）前，利用3D打印的沙盘来为人们展示该乐园形态，运用三维数据化设备驱动智能化制造的方式解决了传统工艺在应对复杂结构时的困难。

百度百科数字博物馆（图11~图13）的上线为游客了解文化建筑，走进文化历史提供了新的方式。它并非单一博物馆，而是一个集合大量文化建筑的线上数字平台，此平台不仅能够满足游客对各种文化建筑的详细了解，还通过提供文化建筑分布、分类情况来解析当今文化建筑的大环境情况。此外，百科数字博物馆还提供虚拟体验，利用计算机生成虚拟环境，并通过传感设备令使用者置身于文化建筑中，突破了时空条件对游客的限制，使游客可以随心地享受文化的浸透与熏陶。既提升了用户体验，满足用户需求，又有利于文化建筑的研究、推广与保护。

3.4 目前国内相关法律及纲领性文件

（1）2002年12月颁布《中华人民共和国文物保护法》

（2）2003年5月颁布《中华人民共和国文物保护法实施条例》

（3）2003年11月建设部颁布《城市紫线管理办法》

图11 百度百科数字博物馆一 （图片来源：数字博物馆官网）

图12 百度百科数字博物馆二 （图片来源：数字博物馆官网）

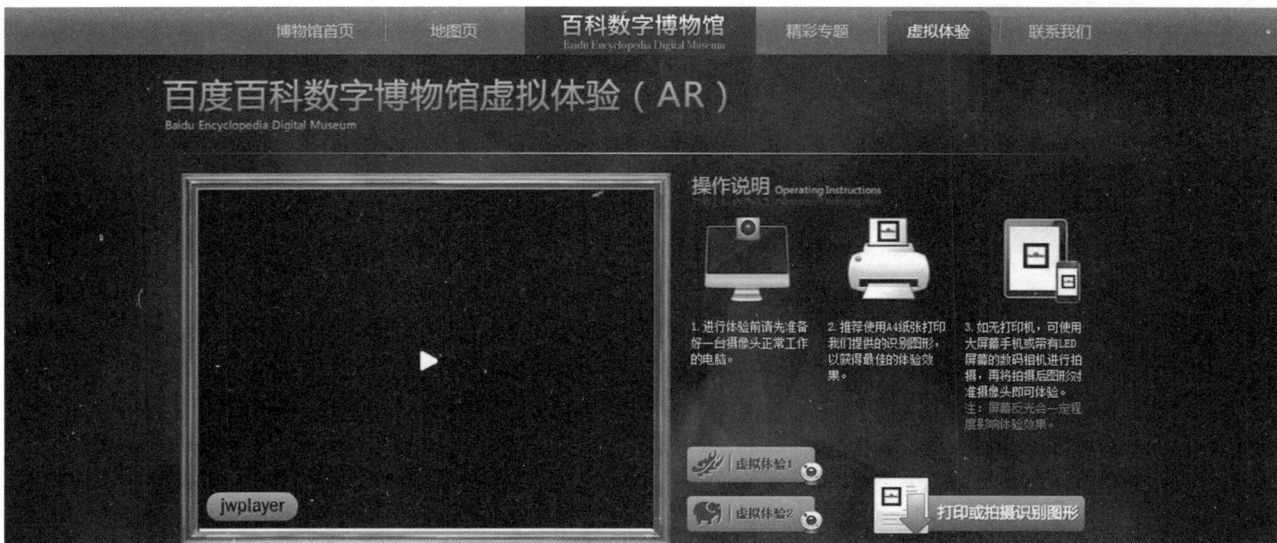

图13 百度百科数字博物馆虚拟体验 （图片来源：数字博物馆官网）

（4）2004年3月建设部颁布《关于加强对城市优秀近现代建筑规划保护工作的指导意见》

（5）2005年3月25日北京市第十二届人民代表大会常务委员会第十九次会议通过《北京历史文化名城保护条例》

条例指出：北京历史文化名城的保护内容包括旧城的整体保护、历史文化街区的保护、文物保护单位的保护以及具有保护价值的建筑的保护。此次对《条例》条款的修改，将"具有保护价值的历史建筑"统一修改为"具有保护价值的建筑"，去掉"历史"二字，扩大了保护的范围，而且在其中增加了代表不同历史时期的工业建筑将受到保护的明确规定。

4 "新媒体"时代北京文化建筑创新性数字化呈现的策略

4.1 策略的核心是创新

任何一种新的信息载体的出现，必然有与之对应的文化形式出现。从甲骨文、石刻，到纸张、活字印刷，再到激光照排、数字光盘，再到互联网时代，中华文明以自己的包容和博大，不断地吸取和转化，并得以源远流长。"与时俱进、推陈出新，推动中华文明创造性转化、创新性发展"是习总书记在全国宣传思想工作会议上的指导讲话。"新媒体"时代，互联网、移动设备、短视频、全景、虚拟现实、增强现实等技术，带来了新的机遇与挑战。全新的技术特性意味着全新的内容与之符合，全新的制作形式和思路来迎合全新的传播模式。创新，是"新媒体"时代北京文化建筑创新性数字化呈现的策略的核心。

4.2 策略的实施原则是理论联系实际

并不是新的信息载体形式出现，旧的就会被淘汰，而是新旧载体可以更好地发挥各自的优点并"融合"地存在下去。相互排斥，不作变通的新旧淘汰，不是理论联系实际的方法。故宫博物院的胡锤先生在总结数字故宫的建设工作时说："作为新技术执行人的信息工作人员往往都是新入行的人，对博物馆工作的认识与长期在文博一线工作的同志是有差距的。任何信息化应用项目的开展，只能采取循序渐进的办法，在项目建设的过程中不断吸取传统管理中的成功经验，对传统的工作程序尽可能少作改动，使文博一线的工作人员确实感觉到信息化给他们的工作带来的方便，使他们的工作效率有了明显的提高。只有这样，博物馆的信息化建设工作才有可能得到文博一线工作同志的支持，所有的信息化建设项目才会有它实际的意义。同时，我们也深刻地认识到：各个信息系统的最终使用者和管理者应该是博物馆各项管理工作的责任部门和责任人。信息人员绝不应该越俎代庖，以为自己提出、采用了先进的科学技术，承担了先期的开发工作，就可以反客为主，就可以替代博物馆的各项基本工作。完全采用行政手段去强制推行主观臆定的信息系统，结果肯定是事倍功半。"这很明确地体现了新技术在面对传统行业的过程中我们应采取的正确态度，理论联系实际，找到正确的结合方式方法，实现新旧的统一"融合"。

4.3 策略的目标是影响力

本文中已经提出，"新媒体"的含义不只在于新的技术呈现形式，其核心的思想是互联网时代的传播模式，包含了互联网思维、自发性传播、市场迎合度、用户生产数据、文化内容社交化和泛娱乐化进程，符合这些条件的基本思想是明确的，就是要提升"新媒体"时代北京文化建筑的影响力广度和深度。用户数量大、自发传播性强，这些"新媒体"时代的基本特点决定了要推广北京文化建筑内容的本质就是影响力获取。

获取影响力的创新性数字呈现形式应该满足：

4.3.1 内容优异

优秀的内容是传播正能量、弘扬社会主义核心价值观的基本要求，是作为"新媒体"时代优秀内容匮乏的一剂良药，是将造成的社会影响力转化为精神文明建设动力的保证。

4.3.2 自发传播性

互联网传播已经完全颠覆了大众传播的线性模式，成为典型的动态、开放、非线性传播的混沌系统。较之传统的被动推送模式（如：广播电视），互联网的自发传播性使其在"新媒体"时代有不可替代的地位。

4.3.3 精准的交互定位

"新媒体"时代的各类数字呈现技术使得交互方式方法得以极大丰富，交互的自由度得到前所未有的提高。但并不是每个内容都是交互自由度越高越好，过高的交互自由度意味着较难的用户接受度、更多可能的在设计目的之外的用户操作和更高软硬件带宽负载。合理的交互设计，明确的交互定位是"新媒体"时代北京文化建筑创新性数字化呈现的用户接受度的必要条件。

4.3.4 适量的娱乐化

"新媒体"时代也是泛娱乐化时代，内容的娱乐性是互联网用户主动接受的必要条件。趣味性的优异内容配合精准的交互设计，可以使"新媒体"时代北京文化建筑创新性数字化呈现的用户接受度大大提升。

新科技、新媒体的不断涌现，对于北京文化建筑的呈现而言既是机遇又是挑战，一方面，文化建筑的创新性数字化呈现，有利于文化建筑的宣传与保护，工作人员利用"新媒体"可以更好地研究管理建筑，游客则可利用"新媒体"辅助游览，深入了解更多的文化历史与知识，充实自身的文化底蕴，做一名合格的中华优秀传统文化的宣传者；另一方面，新技术、新媒体对于文化建筑工作者原有的研究与管理方式有一定的冲击，因此，应将传统与"新媒体"相结合，用技术辅助管理，用媒体推广宣传，充分发挥数字化呈现方式的重要作用。

作为北京文化建筑创新性数字化呈现，具有实在的科学普及和教育意义，面向全社会受众，也是将中国传统文化向外宣传的重要窗口。其受众因不同国籍、年龄、文化程度等差异，有不同的用户画像。在其中分清受众的差异性，找到受众的共同性，是保证"新媒体"时代北京文化建筑创新性数字化呈现内容"普及性"的基本要求。利用"新媒体"时代的创新性数字化呈现方式，可以令人们忽略时空因素，得到高质量的服务体验与便捷的文化参观。最大限度地文化宣传，可以让人们体验到新式的视觉效果，感受文化与技术碰撞带来的视觉冲击，最重要的是能够使工作人员获得更规整完善的管理方式，进行符合时代需求的北京文化建筑的研究、宣传与保护，为北京文化建筑，甚至为中国建筑行业的发展增添新的活力。

参考文献

[1] 吕彬. 可变与交互："互联网+"时代的建筑空间初探 [D]. 东南大学，2017.

[2] 冯乃恩. 博物馆数字化建设理念与实践综述——以数字故宫社区为例 [J]. 故宫博物院院刊，2017（01）：108-123，162.

[3] 靳悠，冯博. 参数化建筑设计方法研究：潜力与途径——以北京世东国际中心设计为例 [J]. 中外建筑，2016（10）：107-109.

[4] 苏光子. 新媒体艺术介入下的商业建筑公共空间使用调查分析——以北京世贸天阶为例 [J]. 建筑学报，2015（12）：98-102.

[5] 梁昌勇，马银超，路彩红. 大数据挖掘：智慧旅游的核心 [J]. 开发研究，2015（05）：134-139.

[6] 王志海，顾进. 互联网+与建筑智能化 [J]. 江苏建材，2015（04）：51-53.

[7] 叶飞，井敏飞. 互联网·虚拟现实技术·建筑设计——在线虚拟现实设计平台的研究与实践 [J]. 西部人居环境学刊，2014，29（06）：22-26.

[8] 刘馨. 寒山寺钟楼建筑场的数字化实现与传播研究 [D]. 哈尔滨工业大学，2013.

[9] 高路. 未来建筑师的两只手：数字化技术+低碳理念——以北京万通新新家园联排别墅建筑设计为例 [A]. 中国城市科学研究会，中国绿色建筑与节能专业委员会，中国生态城市研究专业委员会，中城科绿色建材研究院. 第九届国际绿色建筑与建筑节能大会论文集——S01：绿色建筑设计理论、技术和实践 [C]，2013：17.

[10] 禹航. 巴黎卢浮宫博物馆扩建工程玻璃金字塔再解读 [J]. 华中建筑，2013，2（31）：65-68.

[11] 冷天翔. 复杂性理论视角下的建筑数字化设计 [D]. 华南理工大学，2011.

[12] 张才勇. 当代多媒体装置与建筑空间环境塑造的设计研究 [D]. 重庆大学，2008.

[13] 贾巍杨. 信息时代建筑设计的互动性 [D]. 天津大学，2008.

[14] 贾巍杨. 多媒体与建筑设计 [D]. 天津大学，2004.

[15] 俞传飞. 界限的消融——试论数字化时代建筑设计及其表现关系的嬗变 [J]. 武汉大学学报（工学版），2003（03）：16-20.

[16] 钟暎. 卢浮宫的玻璃金字塔 [J]. 国外城市规划，1996（04）：52.

丝路情境中的空间艺术语言

——以古丝路和田地区博物馆展陈空间创作为例

曾 煜

中央美术学院城市设计学院

摘 要： 本文是以古代丝路南道上的和田地区博物馆展陈空间创作实践为例，从构思策展到创意设计，都在探寻丝路情境中如何生动地展现当地历史人文信息和当地居民生产生活的美好场景。文章通过对地域人文背景的分析、展陈策划主旨的构思、空间艺术语言的营造三个方面，展开论述古丝路上文博空间中的情境语言。该案为北京市政府对口援疆项目。

关键词： 古丝路　博物馆　空间　情境　语言

引言

2014年3月27日，国家主席习近平在法国巴黎联合国教科文组织总部的发言中指出："弘扬丝路精神就是要促进文明互鉴……让文物说话，让历史说话，让文化说话，一带一路上，文明因交流而多彩，因互鉴而丰富……"

古代丝路文明延续了千年，成就了东西方文明交流的宏大史诗，是人类文明发展史上的重要历程。当下国家的"一带一路"全球发展战略，以"五通"为指导方向，促进丝路沿线地区人文经济发展，通过建立新丝绸之路，来传承古丝路文明的精神。这一国家顶层设计，为古丝路沿线地区的人文交流提供了强有力的支撑。

在新时代背景下，丝路上的文博空间应该发挥更重要的展示与传播作用，展陈空间的重点除了展现历代文物藏品外，更应该强调历史遗存中的人文信息，传达文化遗存背后的故事，通过空间艺术化的提炼与转译，来营造文博空间中的历史人文情境。让收藏在博物馆里的文物陈列在大地上的遗产，书写在古籍里的文字都活起来。

作为西域古丝路沿线的地区博物馆，所在辖区内历史遗迹众多，人文语境丰富多样，情境演绎更具有非凡的意义。如何将古丝路地区不同时期的人文情境演绎成系统的艺术语言，决定着古丝路地区博物馆展陈空间的地域性、艺术性、逻辑性、

传播性是否成熟，是否能有效集中展现不同时期文明在同一物理性空间中的协调呈现。这最终取决于几个基本原则。

1 丝路情境中的地域属性

地域属性是做古丝路沿线地区博物馆空间首先要考虑的问题，不同地域存在着不同的差异，特别是在古丝路中的西域诸国，各国间的人文历史背景复杂且各有不同，若只是单凭情感上的印象，是不足以支撑这一区域文博类空间设计的。只有深入地去体会所在地域人群的生产生活场景和人文历史遗迹，才是作为古丝路地区博物馆空间设计的开始。

张骞出使西域，史称"丝路元年"。在古代丝绸之路的版图中古丝路南道的中心，就是"和田"古称"于阗"，而"古丝路南道"也被称为"于阗道"（图1）。位于新疆南部，北临塔克拉玛干大沙漠，南面喀拉昆仑山，区域内分流着玉龙喀什河、喀拉喀什河等三十六条大小河流，有"沙漠绿洲"之美誉[1]。《大唐西域记》记载："瞿萨旦那国。周四千余里。沙碛太半壤土隘狭。宜谷稼多众果……"[6]。敦煌壁画中也有"大宝于阗国"的题记与于阗国国都的城郭壁画[3]。（图2、图3）

和田是多民族居住的地区，经过上千年的历史变迁，从原来13个世居民族发展到现在的维吾尔族、汉族、回族、塔吉克族、柯尔克孜族、锡伯族等24个民族共同居住，可见和田

图1 丝路南道示意图

图2 敦煌壁画大宝于阗国王李圣天

图3 敦煌壁画于阗国

图4 吐尔迪·阿吉庄园

图5 玉雕猴

图6 手工桑皮纸

图7 五星出东方利中国

图8 西域都护府所辖图

图9 东国传丝公主

地区的民族大家庭的包容性与多样性，书中记载当地居民"俗知礼义人性温恭。好学典艺博达技能。众庶富乐编户安业。国尚乐音人好歌舞……"[6]。不仅如此，这一地区内文化遗产特色鲜明且传承有序，有如现今存世完好的民族文保建筑"吐尔迪·阿吉庄园"（图4），有镇馆典藏的国家一级文物和田"玉雕猴"（图5），有造纸活化石之称的和田"桑皮纸"（图6），以及大型乐舞组曲的"麦西莱甫"，更有见证古丝路文明交融的"艾特莱斯绸"等民俗文化遗产。

和田地区在历史的长河中历经千年，古代历史遗址分布众多，如"克尼雅河"、"圆沙古城"、"尼雅"、"达玛沟"、"丹丹乌里克"、"喀拉墩"、"约特干"等遗址。整个区域各类遗址数量之多，历史跨度之长，信息分布之广，实所少有[3]。特别是"五星出东方利中国"（图7）的出土文物，见证着汉统一于阗后，为西域都护府所辖（图8），以及作为古丝路文明交流的重要历史物证，丹丹乌里克遗址出土的"东国传丝公主"木版画（图9），描述着古代中国丝绸是如何传至西域的历史故事。不仅如此，和田出土文物与馆藏文物品类繁多，以于阗画派为代表的于阗艺术，展现出的是隋唐时期艺术审美的高峰，为博物馆的历史展陈空间设计提供了丰富的陈列内容。

2 丝路情境中的空间构思

空间构思是依据博物馆展陈大纲来策划的，好的空间构思能促进并优化展陈空间中的展示内容，同时逻辑严谨、内涵深刻的展线与主旨是生成整篇叙事语境的关键，并且能从多维度去架构展陈空间。但在较多的博物馆中，展陈大纲只是艺术设计的基础依据，多是指导性、介绍性、陈述性、数据化的结构性文本，对于展陈的空间演绎与情境节奏支撑不够，同时在叙事性结构上过于单一，因此需要对整个展陈大纲进行再策划、再构思。

在和田地区博物馆民俗和历史展层中，两者展陈的题材内容与侧重不同，叙述方式各有差异，民俗展层，强调的是以生产生活为主体，围绕世俗民情，突出饮食起居、非遗传承、婚殇嫁娶等方面，而历史展层，则是以历史时间轴线为脉络，依据不同时期的历史情境，突出各阶段的历史信息与重点文物。

（1）民俗展的展陈所展示的内容繁杂，涵盖了和田地区居民生产生活的方方面面。因此，构思中以生活环境为铺垫，以民俗风情为线索，以故事情节为节点的主旨思想，通过对和田居民生活环境的梳理，重点突出和田地区最具代表性的历史传承与习俗，来表达和田地区特有的风土人情，集中展现和田民众幸福生活的场景。

在展陈内容结构上，对文本大纲的再创意，将平铺直叙的展陈内容单元重新归纳并提炼成三大篇章五大部分（图10）。开篇以围绕"大美和田"的主题画卷展开，通过在"衣食住行"的环境中展现"幸福家园"，在"手工艺与维医药"的参与中"传承历史"，在"乐舞礼仪"的体验中感受"和谐乐章"的三大篇章，来反映和田居民历史人文风情与当下人们的美好生活，最后在"欢乐的民族大家庭"中结束。因而也形成了以"了解—明白—参与—体验—感受"的展线逻辑内涵来构建全篇情绪节奏（图11）。

（2）在和田地区历史展层中，时间跨度大，从史前文明一直延续到民国时期，跨度数千年，并且古代遗址类展项较多，为历史展层的创意构思增加了难度。因此，通过对文本内容的分析与梳理，构成了以历史时间为情境线索，以历史文物为表现对象，以遗迹现象为创作素材的主旨思想。并透过对特定时期背景下历史信息的提炼，真实而生动地勾勒出古代和田历史人文社会经济发展的重要历程。

在历史展陈叙事逻辑中（图12），通过对不同历史时期的主题提炼，摘取不同历史时期的重要章节，来营造不同情境的历史场景。从而构成了六大主题情境逻辑结构：在史前文明中寻觅"文明曙光"，在汉晋南北中演绎古代丝路南道中的"丝路于阗"，在隋唐五代中感受人文艺术交融的"隋唐盛境"，在宋元篇章中了知社会历史变革中的"宋元变迁"，在明清时期中讲述经济文化繁荣的"明清振兴"，在民国时期中纪念全民支援抗日的"民国援战"（图13）。

民俗展与历史展的创意构思，两者既有差异性更有相同

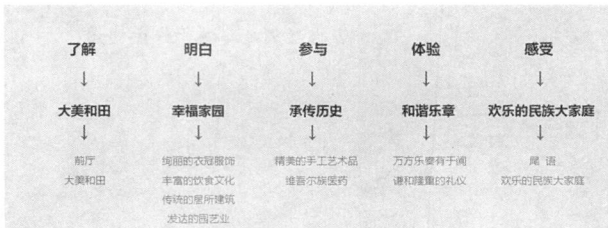
图10　大美和田民俗主题策展内容结构图

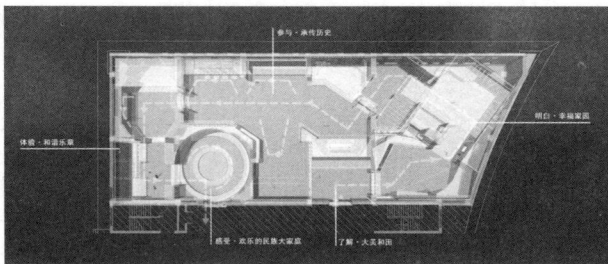
图11　大美和田民俗展区平面布局

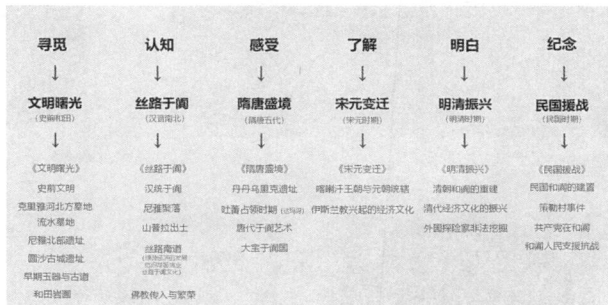
图12　丝路于阗历史主题策展内容结构图

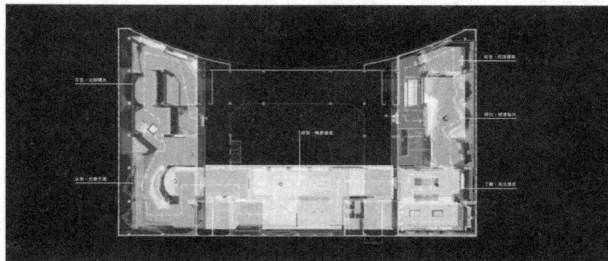
图13　丝路于阗历史展区平面布局

性，放在古丝路人文地理的背景下，两者都以空间演绎作为情境媒介，来展现具有和田地区特征的人文丝路情境。

3　丝路情境中的空间语言

古丝路中博物馆展陈空间的视觉信息提炼，决定着展陈空间的设计语言，是空间形式的依据，更决定着空间展示是否能营造出独特的丝路情境语言。而古丝路情境的空间演绎结构，

是在透过主题策划后的展线逻辑中生成的展陈物理性空间结构，是空间演绎的基础性框架，是构成古丝路文明空间语境的前提。因此，空间中的视觉语言与逻辑结构的交融生成，最终会在情境化故事性的物理性空间中演绎开来。

在和田地区博物馆空间中，通过对当地历史文化和风土人情的考察与调研，对历史资料的整理与信息内容的萃取，结合展陈主题策划对人文古迹的视觉信息进行提炼，能有效地转译出古丝路中特定的空间情境艺术语境。

（1）在博物馆的民俗展层空间中，对当地人文风情的感官体验能直接影响到展陈语言的信息采集，从吐尔迪·阿吉庄园的阿已旺传统民居建筑，到库麦琪特色餐饮，再到桑皮纸、艾特莱斯绸等非物质文化遗产无处不展现出和田地区民俗文化特征。这些视觉信息都是古丝路文明中人文风貌的重要组成部分，即民俗空间情境语言的基本素材。

作为民俗展的重要展区"幸福家园"，其空间形式转换始终围绕着"幸福家园"这一主题展开空间设计，入口处以舞动的绚丽服饰来营造空间氛围，将实物陈列与多媒体影像相结合，展现衣冠服饰中的特色民俗纹样。远处廊架下影像墙展示着和田夜市，并通过造型窗框内的多媒体影像，来演绎和田饮食的历史、节庆与特色，反映和田饮食文化的演变（图14）。

而该展区的核心是展示和田木骨泥墙的特色民居建筑，并以阿吉庄园中的阿以旺为蓝本，呈现和田民众生活起居的核心场所，来营造和田民众热情好客的客厅氛围。同时，为了展现"阿以旺"顶部的侧面采光窗的特别意义，借用多媒体艺术的手法，将月夜星空的虚拟景致引入室内，传达建筑与自然环境的关系（图15）。最后，透过营造葡萄廊架与特色水果场景，表达和田为改善生存环境所创造千里葡萄长廊的城市文化特征，来构成古丝路上的"幸福家园"（图16）。

（2）在和田地区博物馆历史展层中，历史的线性发展给展陈空间的情境结构奠定了一定的基础，在不同时期的历史进程的节点上，都会有不同的历史故事出现。通过沉浸式的空间营造，来穿越历史的情境片段，感受千年的人文场域，历史中的重要阶段将在该展层中重现。

在"丝路于阗——汉晋南北"展区中，重点营造的是"丝路南道"部分。"丝路南道"，古称"于阗道"，作为丝路文明上的重要位置，空间布局中将"五星出东方·利中国"[1]的国家一级文物作为汉晋时期的核心展项（图17）。不仅如此，空间展示设计中选取当地牛头山作为历史地理情境，通过艺术化的处理，呈现汉晋时期和田在人文经济、纺织服饰等方面的交流与繁荣，展现丝路南道上的西域名城（图18）。牛头山不仅具有人文地貌特征，还为丝路中的文明传播及早期佛教传入铺垫了历史氛围（图19）。艺术造型展墙上，通过实物展柜与艺术造型相结合的方式，情境化地展示了丝路于阗中的历史文物与遗存信息，使参观者在宏大的历史氛围中感受千年的丝路情境。

在"隋唐盛境——隋唐五代"展区中，选取了"达玛沟"、"于阗艺术"、"大宝于阗国"部分，作为核心展项。"达玛沟"作为隋唐盛境艺术场景的重要组成部分（图20），区域中以小佛寺为表现对象，采用木骨泥墙的建造方式，以原址大小进行

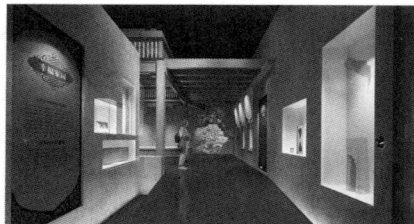

图14 丰富的饮食文化

图15 传统的居所建筑

图16 发达的园艺业

图17 五星出东方利中国——
核心展项

图18 丝路南道——牛头山场景

图19 佛教传入与繁荣

图20 达玛沟小佛寺场景

图21 隋唐时期的于阗艺术

图22 大宝于阗国的多元宗教

场景复原，并通过精美壁画的描绘，来营造和田唐代时期的建筑壁画语言，再现和田人文艺术的交流与繁盛。而在"于阗艺术"展项部分（图21），主要是陈列隋唐五代时期文物遗存，通过提取木骨泥墙材料语言来设计展墙柜，营造隋唐五代时期特别的视觉语境，来陈列文物遗存。内容上将选取以尉迟乙僧为代表的于阗画派，展现曲铁盘丝等乐舞图，并重点呈现玉雕猴、铜狮子、铜壶以及约特干出土的陶塑艺术。"大宝于阗国"（图22）作为隋唐五代时期的核心展项，将运用多媒体艺术来演绎李圣天与敦煌公主的故事及鼠王的传奇，并借用人脸识别系统使观者在参与中发现自己，感受时空的穿越。在多元宗教单元中以棺椁展示为重点，通过实物陈列与图文解析相结合方式展现，呈现出当时东西方多元宗教文化的交融盛况。

4 结语

推动丝路区域的人文经济交流，彰显千年古丝路文明的智慧成果，首先是要梳理古代丝绸之路上的人文经济社会历史的演变背景，掌握不同丝路沿线地区的文化差异与文明共性，然后以创意策划设计为手段，来重点发挥丝路沿线地区博物馆的传播与交流的导向作用。营造具有不同人文背景的丝路情境展陈空间，建构出特定性地域特征的空间艺术语言系统，展现当地物质与非物质文化遗产和民情风俗。同时要提炼出在丝路沿线地区社会发展进程中文明交流的经典故事与历史场景，让文明互鉴的历史成果，能够在"一带一路"的国家人文发展战略中起到真正的支撑作用。

5 致谢

本文的写作中感谢中共和田地委宣传部、北京市援疆和田指挥部、和田地区博物馆给予的支持，以及首都博物馆专家团队、新疆维吾尔自治区博物馆贾应逸老先生等领导专家的指正。

参考文献

[1] 新疆维吾尔自治区文物局. 新疆维吾尔自治区第三次全国文物普查成果集成：和田地区卷 [M]. 北京：科学出版社，2011，11.

[2] 贾应逸. 新疆佛教壁画的历史学研究 [M]. 北京：中国人民大学出版社，2010，7.

[3] 和田地区文管所. 新疆历史文化丛书：于阗 [M]. 乌鲁木齐：新疆美术摄影出版社，2004，3.

[4] 上海博物馆. 丝路梵相：新疆和田达玛沟佛教遗址出土壁画艺术 [M]. 上海：上海书画出版社，2014，11.

[5] （唐）玄奘，辩机. 大唐西域记 [M]. 董志翘译. 北京：中华书局，2014，10.

[6] 世界玉都 丝路名城：中国·和田 [M]. 文明，2013特刊，CN：11—4789/D.

注：作者负责主持该博物馆展陈空间总设计，效果图由北京永一格集团深化制作。

基于黎曼曲面的参数化设计与建造研究

蒲 阳

华中师范大学

摘 要： 黎曼曲面作为数学界一种特殊的几何曲面，其自身的科学规律受到数学界极大的关注。由于现代数字技术的发展，黎曼曲面也逐渐受到设计师的青睐。设计师使用参数平台和数字化建筑技术，以其独特的自然规律和复杂的艺术节奏形式，将黎曼曲面引入设计艺术领域。本文在理论研究的基础上，以黎曼曲面为研究对象，对它的基本原理和算法进行了阐述；并以黎曼曲面设计和建造为主题，从现场分析、概念确定、形态生产、图解分析、实体建造和成果表达等方面进行设计实践。

关键词： 黎曼曲面　参数化设计　设计与建造

1　黎曼曲面的原理与算法

黎曼空间（Riemannian Spaces）就是黎曼几何（Riemannian Geometry）能够成立的空间。德国数学家格奥尔格·弗雷德里希·波恩哈德·黎曼（G. F. B. Riemann）是黎曼几何学创始人，1854年他初次登台作了题为"论作为几何基础的假设"的演讲，开创了黎曼几何学（图1）。

在数学中，特别是在复分析中，黎曼曲面是黎曼为了给多值解析函数构想一个单值的定义域问题提出来的一种曲面。换句话说，一个黎曼曲面是一个一维复流形。在每一点局部看来，他们就像一片复平面，但整体的拓扑几何有所不同。因

此，他们可以看起来像球或是环，或者两个面粘在一起。在Wolfram Alpha中，我们可以很容易地观察任意函数的黎曼曲面，同时我们可以也通过Mathematica这种数学应用软件来对任意函数的黎曼曲面进行绘制，并使用更好的颜色方案来绘制这些曲线图，以便读者可以看到分支的连接（图2）。黎曼还设想所有自然存在的光滑二维曲面都可以描述为黎曼曲面。这定理对当今社会多维空间的发展产生了极大的影响。本文主要以曲面的空间呈现形态为主要研究方面。而在测地学中，黎曼曲面从狭义来看，就是两点间的最短线——是平直空间的直线段概念的推广。有一个简单的类比，就是不管怎么变换坐标，一个函数f（x）的图像极值点都是确定的，它就像是一个实体的存在。

黎曼曲面又与极小曲面存在相关性。极小曲面是指平均曲率为零的曲面。在一条封闭曲线上的具有最小面积的曲面就是极小曲面。如物理学中，用肥皂液吹出的肥皂泡就可以由最小化面积得到极小曲面。极小曲面与黎曼曲面最大的相同之处就是它们的空间形态都具有连续性，设计师们会将此种特性运用到设计中去，但在使用此类型曲面时也会遇到一些问题，那就是尽管曲面是相互连续的，但是在没有辅助工具的连接下，人很难从一个点到达与曲面空间相邻的另一个点。在极小曲面中，我们这样可将它们这种空间形态用一种可抵达的方式连接起来，达到一种重复连续性，通过叠加原理的方式来实现任何形态的螺旋面，并把它们组合成一个连续的曲面。

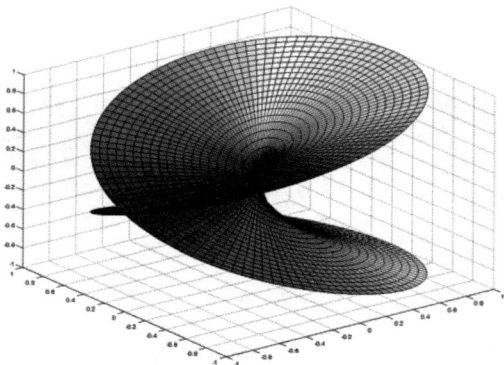

图1　黎曼曲面

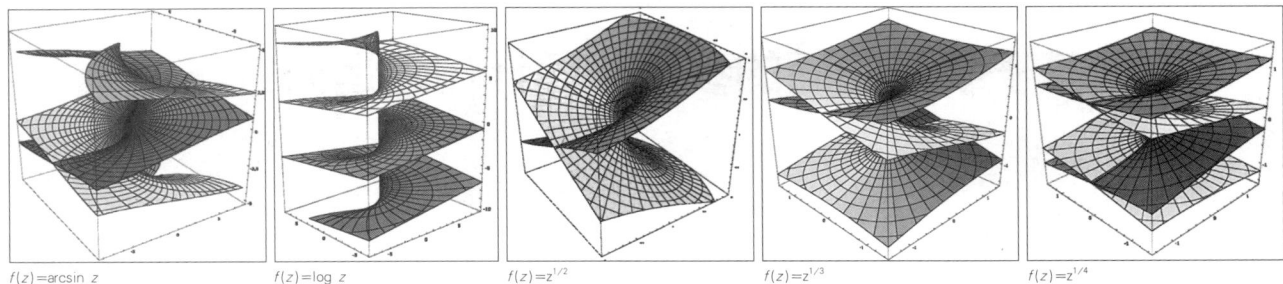

| $f(z)=\arcsin z$ | $f(z)=\log z$ | $f(z)=z^{1/2}$ | $f(z)=z^{1/3}$ | $f(z)=z^{1/4}$ |

图2 Mathematica中黎曼曲面

2 黎曼曲面在设计领域中的应用与分析

2.1 黎曼曲面在建筑设计领域的应用

在当今科技快速发展的社会，受部分先锋设计师的影响，建筑的设计形态发生了巨大的改变，而这些超前的设计大部分都是基于参数化设计而完成的，从理念到实践，从设计到实体建造，都打破了传统的建筑几何形态的局限，出现了大量的特殊存在形式的建筑造型，他们对流动、连续、一体化、空洞、光滑、复杂、重复、动态、不定性、漂浮等意识形态进行探讨与设计。在未来的建筑设计领域中，各个学科的知识和技术将会与之相结合，像物理学、几何学以及复杂性科学，以此作为灵感来试图解决设计方面的问题。黎曼曲面就是在这种背景下应运而生的。但是黎曼曲面是作为一种特殊的几何形体而存在，它的运用还并未受到大众的关注，与之相关的应用主要体现在与它相关的几何形体上，也就是极小曲面。德国建筑设计师弗雷·奥托（Frei Otto）就是膜结构技术的先驱者，肥皂膜是极小曲面的物理模型，弗雷·奥托采用了力学实验法，用肥皂膜比拟膜结构。水立方的结构也是根据细胞排列的形式和肥皂泡天然的结构设计而成的，也从多方面体现了极小曲面。

台中大剧院是由日本著名建筑师伊东丰雄以人类最原始的"树屋"、"洞窟"为概念进行的设计（图3）。剧院采用的是类似于螺旋面也就是极小曲面进行的造型。屋面采用的是一种调和曲面，这种曲面有许多优点与极小曲面相同。伊东以声音涵洞的基本设计概念，用有机形状的格子组成涵洞，从涵洞筑构出的流畅的过道、会场、剧院、工作坊空间来。在这样有机的空间里光线、声音与空气都能自由地进行穿透，而这些涵洞空间又是人流穿行的通道，因此这个建筑内部有独特的流动的活力。台中歌剧院完全抛弃了传统梁板柱的建筑体系，呈现出一种多孔的海绵状，这种海绵的多孔结构，完全消除了传统建筑体系，模糊了墙，地板，天花板的界限，使得空间划分变得模糊，这种三维空间曲面形成了一种迷宫般的连续空间。

2.2 黎曼曲面在装置设计领域的应用

参数化设计在装置设计领域中的应用是最为广泛的，装置设计的灵活性和艺术性给目前参数化设计带来了无限的发展空间。从设计、建造、选材、实施等方面而言，装置设计也更能体现参数化设计在空间中特色的存在性，并提供给体验者全新的视觉感受和空间体验。最具代表性的则是扎哈·哈迪德以及她的团队所呈现出来的设计作品。

伊拉克裔英国著名女建筑师扎哈·哈迪德（Zaha Hadid）的数学展廊在科学博物馆拉开帷幕（图4）。她应伦敦科学博物馆之邀完成了"世界上最伟大最重要"的数学画廊任务。画廊展出的是从十七世纪至今的著名数学家们传奇的一生以及他们为人类科学与社会发展所做出的伟大贡献。设计师从Handley

图3 伊东丰雄，台中大剧院

图4 扎哈·哈迪德，伦敦科学数字博物馆

Page飞机中汲取灵感，根据航空工程中的气流公式画出了这架
历史飞机飞行时机身周围的空气流线，以形成的旋涡流线形式
来设计此数学画廊的内部结构。该项目的建造标准十分苛刻，
它的墙体通过石膏精细铸模制造，空中悬浮的豆荚结构经过精
确的设计，预制的混凝土长凳和新的地板也都做了精心的打磨。

2.3 黎曼曲面在艺术领域的应用与分析

摩里茨·科奈里斯·埃舍尔（Maurits Cornelis Escher）
是世界最著名的视错觉画家。埃舍尔的画展示了一种动态平
衡。他一生进行了大量的探究及创作，为绘画开辟了新的发展
道路——使得艺术步入数学领域。尽管埃舍尔没有经过系统的
数学训练，他对数学的理解几乎都是凭视觉和直觉的，但埃舍
尔的作品中却有强烈的数学元素，并利用这种元素为我们带来
了前所未有的艺术美感。

图5 埃舍尔，《画廊》

埃舍尔的《画廊》是最能体现黎曼曲面空间存在形式的独
特性的画作（图5）。在《画廊》的右下角，可以看到入口，
进入画廊之后然后左转，会遇到了一个青年站在那看墙面上的
画；在这幅画中，可以看到一艘船；再往上还能看到沿着码头
的一些房子；再往右移动，一直延伸到画面的最右侧，就能看
到一位妇人站在窗口眺望；随着她的视线下移，就会发现角落

里有一所房子，房子的底部有一个画廊的入口，画廊里正在举
办一场画展……那位年轻人其实正站在他所观看的那幅作品之
中。此时此刻观赏者会感到幻想与现实、逻辑与混乱、愉悦和
惊讶在这一刻同时从脑海里迸发出来。视觉矛盾在空间中的体
现也正是黎曼曲面数学奥义的表达。

3　基于黎曼曲面的参数化设计与建造

3.1　课题与主题设定

设计主题结合黎曼曲面理论的研究与实践，制作一个以"黎曼曲面"衍生曲面的设计方案。在这个设计主题中，黎曼曲面的应用是针对本装置设计而言的，而主题的含义不仅是在装置艺术的层面上，同时也包含了整个空间的氛围营造，以突出本装置设计作品。

3.2　概念确定

设计概念的来源是基于算法本身的性质。就黎曼表面的表现和策略而言，它具有多样性和可扩展性，其表现形式可以从二维到三维到N维。还可与其他算法或设计技术相结合，以产生更多元化的空间组织形式，并为设计带来新的创新。如今随着参数化软件的普及，参数化设计在形体的产生、变化、修改大部分是通过参数的变化而实现，以形成不同的设计来表达空间。数字化建设方式也随着时代的变化而变化。数控切割CNC和3D打印等数字切割方法以及机器人手臂和飞行机器人已经日益多样化。这种设计手法和建造技术为黎曼曲面的设计生产提供了有效的操作平台。

3.3　形态生成

3.3.1　形态产生

根据黎曼曲面的原理和性质，从参数化设计与数字化建造的角度为出发点，借助Rhino及其插件Grasshopper的软件，通过rhino和Grasshopper中参数的变化实现黎曼曲面的形态生成，在过程中就应对下一步数字建造进行思考，来维持下一步的形态衍化（图6）。

3.3.2　形态衍化

基于黎曼曲面的Mathematica绘制的五个曲面原型为依据的形态衍化。在Rhinoceros软件中借助T-Splines和Grasshopper插件写程序来实现其曲面造型；运用手工建模出基本形，然后运用Grasshopper插件拉杆来优化达到想要的效果。之后再对形态进行T-Splines中的变形、混接的调整等形体衍化过程（图7）。

3.3.3　形态确定

该装置的参数化形态确定是经过前期调研、概念确定、

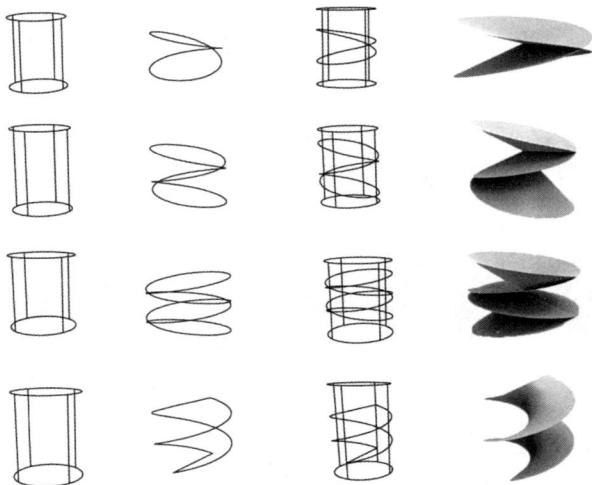

图6　四种原型，从上至下：$f(x)=z1/2$、$f(x)=z1/3$、$f(x)=z1/4$、$f(x)=\log z$

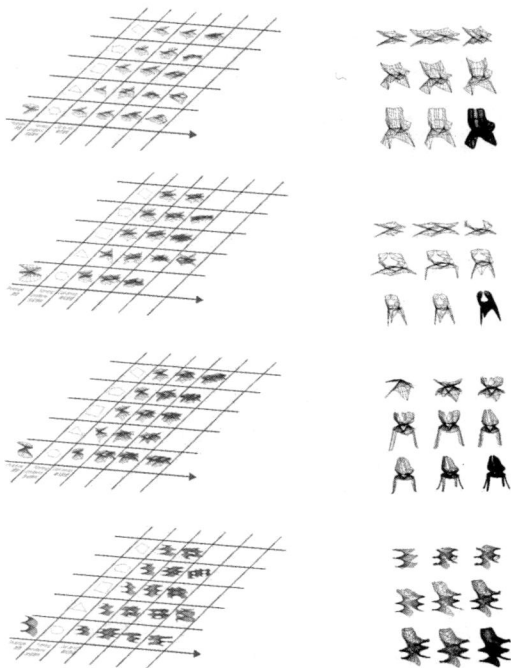

图7　形态衍化

图解过程、软件操作、系列参数调整，最终形成该装置的基本形，最后通过形态衍化图纸中的各种比较，确定最后的效果图。该形态是基于Rhino软件及其插件T-Splines和Grasshopper生成的（图8）。

3.4　图解分析

3.4.1　概念图解

概念图解主要是对很多信息通过一种快捷的生成方式来提

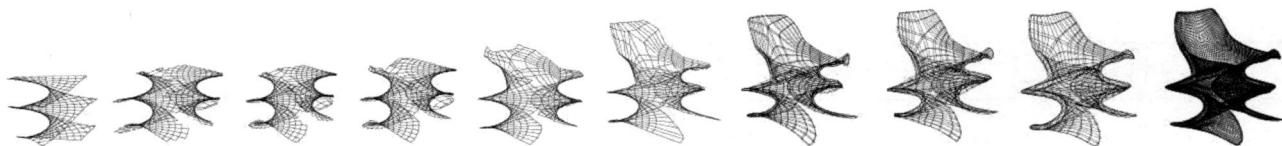

图8　形态确立

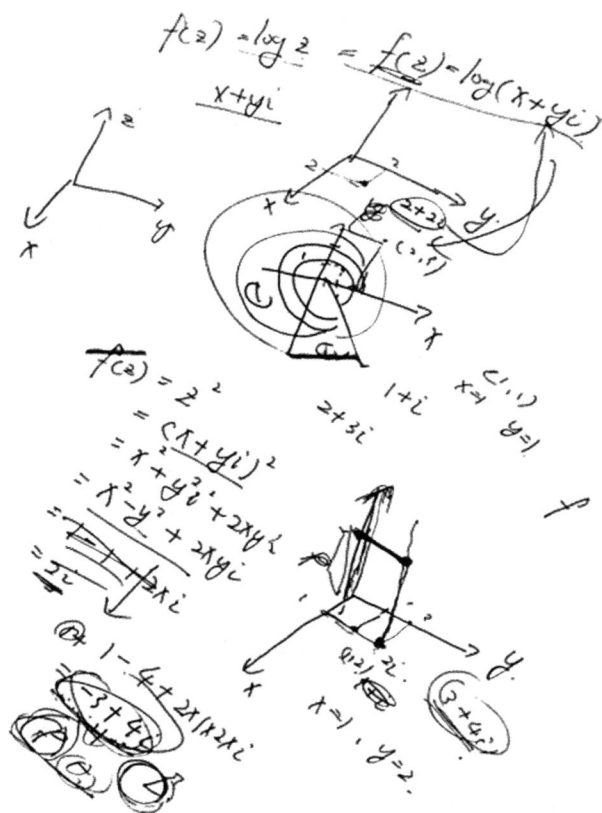

图9　概念图解

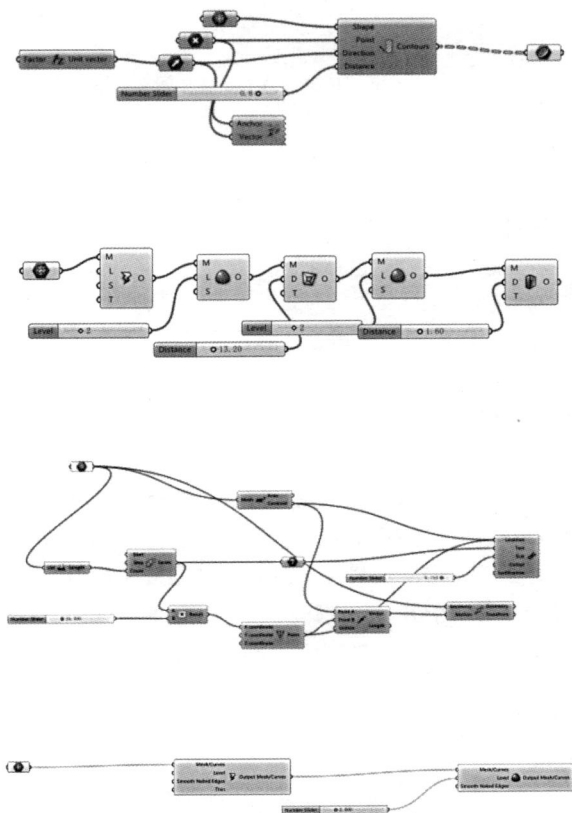

图10　数据图解

炼精确的信息，并产出可视化的图形。它不仅是个图解思考的过程，还是一个设计思维的过程。在该装置生成的初期阶段，根据黎曼曲面所找到的一些前期查找资料，对此进行分析，并用不同的平面几何体进行"TRIM"或"对称"，以此得到不同的四大类空间立体原型（图9）。

3.4.2　数据图解

数据图解是在本次设计过程中主要用到的后期模型制作方法。比如优化模型的形状、将模型"切片"、编号、模型形式变化以及数据图解的分析和实验（图10）。

3.5　实体建造

3.5.1　材料选用

设计者从建造角度进行综合考虑，符合该装置的材料必须要有一定的强度，硬度，且能承重。通过这几点考虑，初步选定密度板和有机片（表1）。

3.5.2　结构配置

结构配置是合理地组织、整合材料。在Rhino软件和插件Grasshopper中对三维模型进行拍平、编号；根据编号将数控切割下的切片层层叠加成型。

二维切割材料对比　　　　　　　　　　　　　　　　　　表1

材料	密度板	有机片
样品		
属性	以木质纤维或其他植物纤维为原料，经纤维制备，施加合成树脂，在加热加压的条件下，压制成的板材	热塑性非结晶的树脂，也称有机板
优势	物理性能较强，材质分布均匀，价格低廉	透光性好，可数控加工
劣势	不防潮，遇水膨胀率大，变形大，长时间承重变形比均质实木颗粒板大	属于易碎物品，硬度不够，易刮花，不耐高温，价格相较于密度板昂贵
价格	1200*2400mm/60元	1200*2400/280元

3.5.3　数控加工

数控机床是计算机数字控制机床（Computer Numerical Control，CNC）的简称，它是一个配备程序控制系统的自动化机床。控制系统可以对具有控制代码或其他指令符号规格的程序进行逻辑处理，并将它们解码以移动机床或相关设备和机器部件。数控机床的操作和监控均在CNC单元中完成（图11、图12）。

3.5.4　实体组装

在组装实体之前设计者预先用3D打印和数控切割进行了小模型的实验，然后对模型进一步修改调整。然后在正式组装之前将其组装步骤列出：（1）列出各个局部的拼装顺序；（2）将数控切割的切片分组，进行局部安装。基于结构问题，最终模型不能完全承重，但也成为黎曼曲面参数化实践探索的第一步。

3.6　成果表达

3.6.1　设计图

设计图是用来呈现设计方案的图纸。该方案图纸主要是基于参数化设计理念和数字化建造手段的设计。从前一章的理论研究出发，转向具体操作上的设计与建造过程（图13）。

3.6.2　建造图

建造图是指施工过程和完工图。在施工过程中，通过拍摄的方式记录了装置的材料，数控加工的过程和装配过程，最后给出最终的模型效果（图14）。

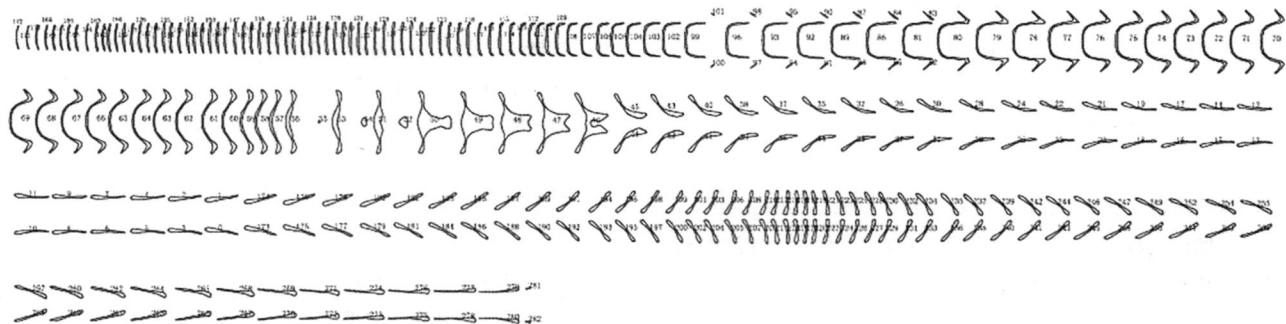

图11　二维切割文件形成过程

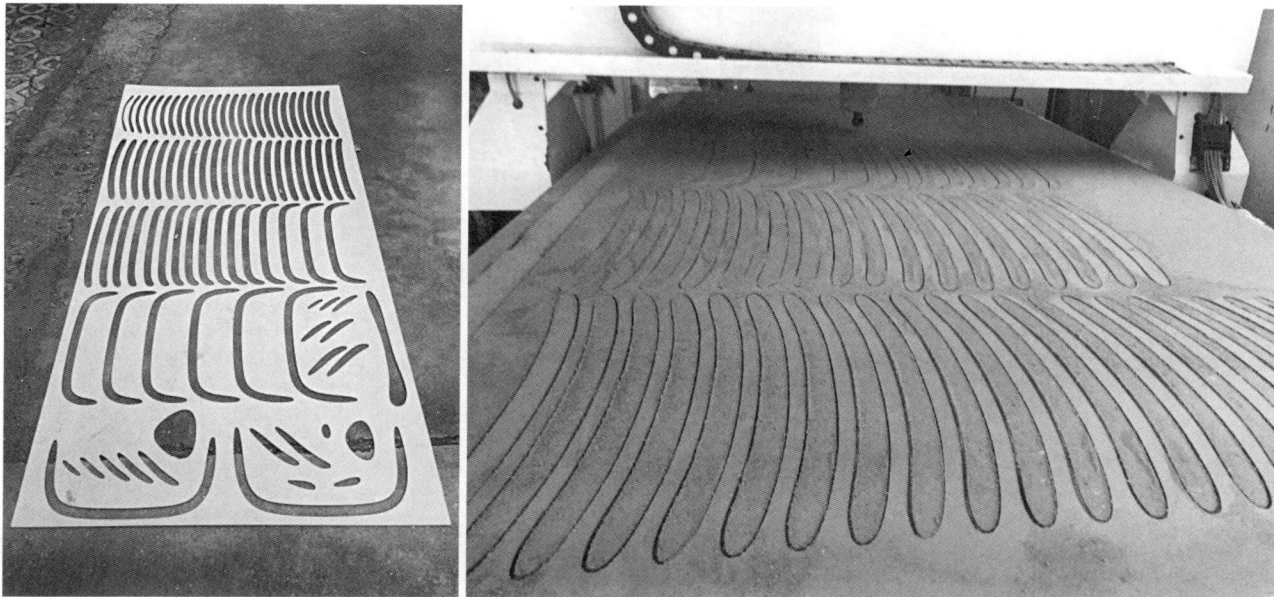

图12 数控切割

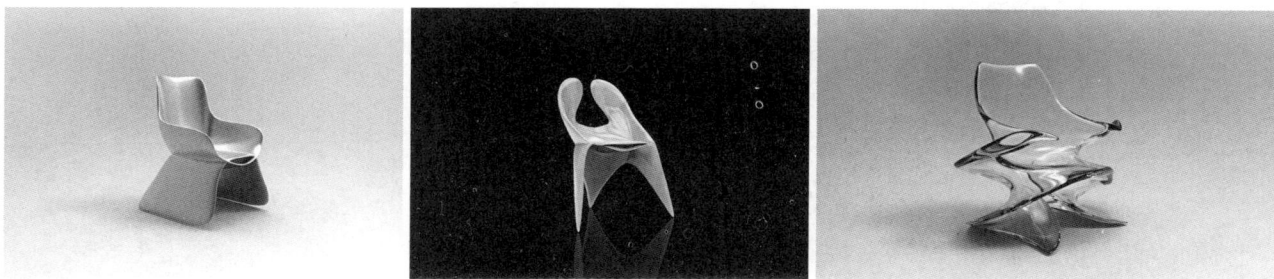

图13 设计图

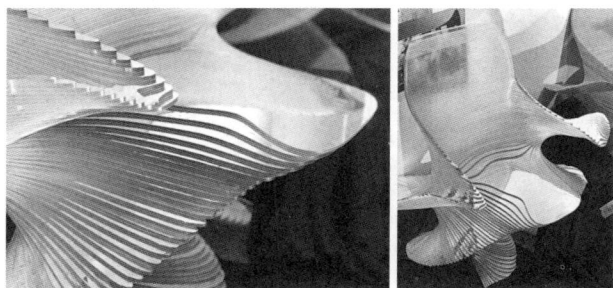

图14 建造完成图

参考文献

[1] 尼尔·里奇，袁烽.《建筑数字化建造》[M].上海：同济大学出版社，2012：43.

[2] 尼尔·里奇，袁烽.《建筑数字化编程》[M].上海：同济大学出版社，2012：145.

[3] 任军.《当代建筑的科学之维.新科学观下的建筑形态研究》[M].南京：东南大学出版社，2009：13.

[4] 帕特里克·舒马赫，徐丰：《作为建筑风格的参数化主义——参数化主义者的宣言》[J].《世界建筑》，2009（8）：18—19.

4 总结

黎曼曲面最初只在数学界应用，而设计因素的介入使自然科学与艺术设计有了沟通的开放性。综合数理科学、设计逻辑、材料建造等设计与建造手段，对传统建造方式进行反思，并对未来这类新技术，新材料的广泛推行做出了前瞻性的实验探索。

环境艺术
设计教育

室内设计专题的实验课程

——从"折叠"手法开始的形态探索

丁 俊

苏州工艺美术职业技术学院

内容摘要：本文通过一个课程案例，从"折叠"手法开始探讨室内设计中的形态设计。课程设计上借鉴了国外建筑设计课程中流行的"折叠"课程。具体操作上以"折叠"手法为核心，从服装肌理开始引导学生进行探究，通过四个任务完成三次转换：材料的转换、维度的转换和空间的转换，探索形成适合室内设计的空间形态。

关键词：课程设计　任务控制　身体覆层　材料转换　空间转换

1　课程背景和理论基础

室内设计专题是许多学校本科二三年级室内设计专业的主干课程。这门课程属于室内设计专业方向的进阶课程，沟通本科一年级基础课和四年级的设计实践及毕业设计课程，处于承上启下的地位。以往室内设计专题往往选取一个具体的室内空间，按照从前期调研到设计分析、功能梳理和效果表现的基本流程设计课程。但是学生在设计手法方面的欠缺导致后续课程难以推进，因此在室内设计专题课程中设置一些特定的设计手法的训练，进而形成学生从设计基础课向专业课的过渡。

折叠手法是服装设计领域常用的手法，对于室内设计领域可以形成借鉴。服装和建筑以及室内设计的关系是十分紧密的，它们在本质上都具有表皮的特征。早在19世纪，德国著名的建筑师戈特弗里德·森佩尔（Gottifried Semper）就提出这样的观点，建筑最初就是纺织品[1]。森佩尔认为，纺织原理可以为建成环境带来更广泛的、组织的、建造的以及美学的系统。[2]一些学者由此定义了室内空间的表皮特质。美国休斯敦大学的助理教授梅格·杰克逊（Meg Jackson）将森佩尔的相关理论作为其指导的主题课程《第二皮肤——身体及其包裹》的理论基础。该课程描述中提出，围绕在我们周围的表层（layer）定义了室内空间的含义。而这个表层可以从覆盖身体的衣服延伸到围绕我们周围的建筑围合体系。

2　课程设计

2.1　相关课程

折叠手法目前在建筑设计课程方面有一定的探索。希腊塞萨利大学建筑系的助理教授索菲亚·维佐维蒂（Sophia Vyzoviti）[3]在其教学中做了大量的以折叠手法生成建筑形态的探索。在其《超级表皮：折叠作为建筑、产品以及服装形式生成的手段》一书中，借鉴了吉尔·德勒兹（Gilles Deleuze）[4]的折叠理论，以教学案例的方式探讨了纸张折叠生成形态的方式：以一张平整的纸张表皮开始，然后按照一定的方式，如剪切、弯曲、起皱、折叠、扭曲、盘绕、旋转、打褶、推拉、包裹、穿透、铰链、打结、编织、压缩、展开等手法，分步骤的将平面纸张转换成三维的表皮。[5]索菲亚·维佐维蒂教授在其随后出版的《软性壳体：具有透气性、多孔性外观的造型结构》一书中进一步集中探讨了四种主要的手法：剪切、打褶、拼贴、编织，展现了二维折叠这种低技术、高概念方式的良好适用性。[6]

折叠对于创造建筑形态具有很好的效果，但是对于室内空间而言，探索不多，并且较多的关注于服装及其形态的分析。这其中，加拿大瑞尔森设计学院的室内设计项目主任洛伊斯·温斯尔[7]（Lois Weinthal）从服装中进行借鉴，重点探讨了服装表皮和室内空间表皮的关系以及运用。虽然其编著和论文中并没有对折叠手法进行具体阐述，但是其针对纺织品的折叠手法的运用是显而易见的。另外，相关探索不重视进一步的扩展，即在折叠的基础上，研究通过不同的转换从而产生新的可能性，而这也是本课程将探讨的核心议题。

2.2 课程分析

从二维形态开始，以布和纸张作为媒介，容易操作，方便教学，对操作规则做出改变则会诞生多种效果。首先，布和纸张的初始状态都是平整的二维平面，在转换成二维半以及三维形态的过程中，其工具和手法都十分简单方便。其次，将褶子这层意义单独提取出来，研究折叠的一系列手法可能产生的效果，从而突破纸张、布匹材料的限制，以折叠手法为核心，结合不同的片材可以很容易地产生多种不同的形态效果。

课程的第一个重点在于研究折叠手法，而非关于折纸、布艺的分析和调查。英国著名的纸艺艺术家和设计师保罗·杰克逊（Paul Jackson）在其出版的《从平面到立体——设计师必备的折叠技巧》一书中指出，“在把诸如织物、纸板、塑料、金属等二维片材制作成三维形态时，许多设计师都会采用折叠这一技巧，可以被广泛运用在建筑、陶瓷、时装、平面设计、室内设计、珠宝设计、产品设计和纺织品设计等领域”。[⑧]因此，课程的导向并不是运用纸张或布匹制作一个具象的艺术造型，不是大家所熟知的折纸（Origami）和布艺，而是形态上由二维过渡到二维半以及三维形态，材料上从纸张、布匹到综合材料以及浇筑材料。折叠手法可以方便地将二维形态转换成三维形体。

除了折叠，转换是课程的另一个重点，每一个阶段的转换都需要教师在其中进行把控，启发和引导学生进行设计思维上的转换，避免漫无目的的、逻辑混乱的形态探索。整个过程包含三种转换，即材料转换、维度转换和空间转换，其中维度的转换贯穿在材料转换和空间转换的过程之中。因为维度是基本的转换，材料的变化和空间的变化都不可避免的涉及维度的变化。

3 课程的任务控制

课程根据“折叠”和“转换”设计了四个任务阶段，以此对学生的设计路径进行宏观的控制。每个任务阶段都要求学生制作一个图版，然后进行公开的评图，对学生形成反馈意见。“三种转换”被穿插进四个任务阶段。设计思维上重点让学生通过对“折叠”手法开始的研究，将形态通过不同的转换灵活运用在具体项目中（表1、表2）。

折叠手法探索及其扩展　　表1

序号	步骤	手法	工具	场所
1	布的形态	熨烫、打褶、卷曲、切割、勾线、抓取、缝纫、勾线	针线、缝纫机、刀片	服饰、窗帘、家居饰品
2	综合材料	镶嵌、切片、拼接、咬合	木工工具、激光切割机、数控机床	灯具、陈设、装置
3	模块翻制	上浆、拧搅、翻模、铸模、拼接	模子、真空压缩机、石膏塑形	空间表皮、装置

“三种转换”的图示　　表2

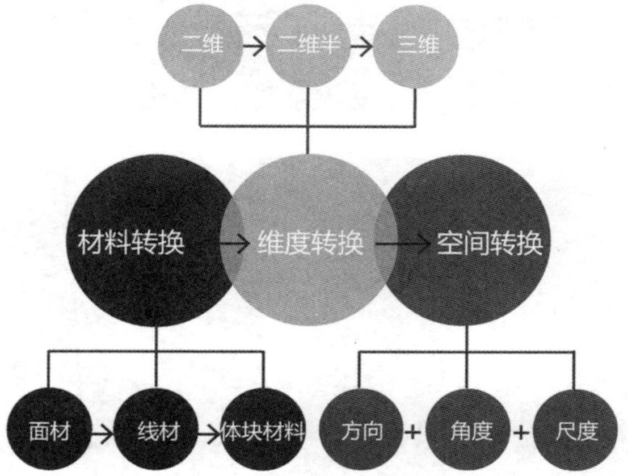

3.1 前期调研与形态分析

第一个阶段主要训练学生调研查找资料和基本的形态推演的能力。为了避免学生漫无目的的查找资料，浪费时间，可以适当地对任务进行明确规定：前期调研需要对调研的主要方面进行详细说明；形态分析则可以罗列出一些成熟的、常见的手法对学生的设计思维进行引导。具体而言，首先寻找此次课题的设计来源，即选取自己所感兴趣的服装图片，要求寻找具有一定视觉秩序的女士服装。从款式、肌理、面料等几大方面进行分析（图1）。同时要求对其装饰图形进行提取，分析其基本的构成关系，进而按照图案设计的一些基本手法进行变形处理。这些手法包括：轮廓、描图、抽象化、图底关系、图底反转、结构类型、线性关系、图形边界、几何图形、表皮处理、简化提炼、旋转、尺度转换（放大缩小、镜头推进）、色彩提炼（三种色彩以内，罗列RGB数值）、转换（偏移、旋转、叠加）等（图2）。

3.2 项目一：身体的覆层

项目一需要制作一个可以覆盖在身体上的表层，研究布料这种材质制作肌理，即面料立体化的可能性。在设计思维上，需要引导学生超越前一阶段单纯的形态研究，而是借助于布料媒介将前一阶段的形态反映出来，并且最终形成适合身体尺度的、可以覆盖在身体上的表层。而由于布料这种材质的介入，

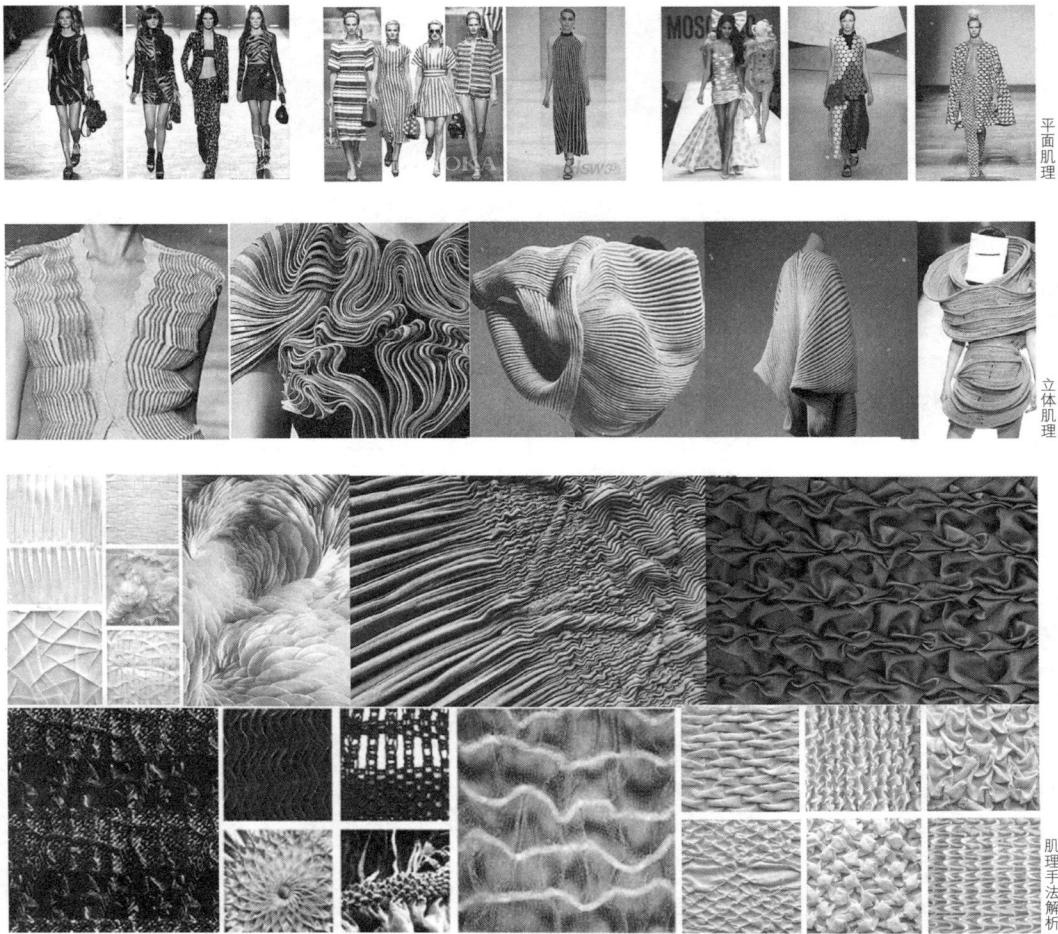

平面肌理

立体肌理

肌理手法解析

图1 服装肌理调研/学生：陈颖/指导教师：丁俊

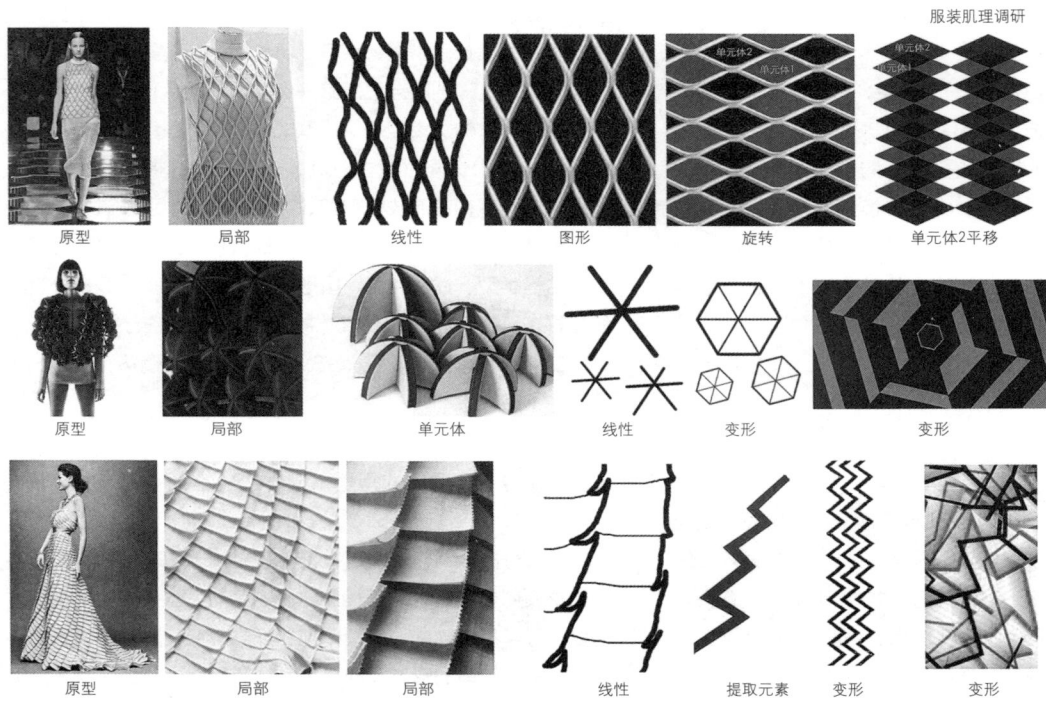

服装肌理调研

原型　局部　线性　图形　旋转　单元体2平移

原型　局部　单元体　线性　变形　变形

原型　局部　局部　线性　提取元素　变形　变形

图2 形态分析/学生：王雅静/指导教师：丁俊

实际上也迫使学生开始新的思考。在这一阶段，需要引导学生以折叠手法为核心，并且突破关于折叠的常规思维。其实"折叠是一种有效的设计手法，设计师可以通过折缝、打褶、弯折、扭曲等多种折叠手法将二维片材转换成三维物体。世界上几乎所有的物体都是由片材制作而成（例如面料、塑料、金属板材、纸板），或是用组件制造出来的板材形式（例如，用砖块砌成的砖墙就是一个平面形），因此，折叠被视为所有设计技巧中最常见的方法之一。"⑨面料首先是一种二维的状态，要制作立体化的效果，需要学生以面料的折叠为基础进一步研究布料和服装加工的一些基本工艺和手法。面料立体化制作是这种材质的一个重构过程，通过各种不同的工艺手法改变面料原有的形态或在原来面料固有的形态上增加变化从而形成立体效果。不同工艺会产生不同的效果，因此学生们需要查阅一些服装面料加工的实际案例，甚至去服装工作室进行实地考察，从而选择一个适合自己前期推导出来的图形纹样（图3）。

具体制作上，首先需要明确面料的选择。面料是服装表皮形态的基本载体，进行面料立体化设计之前，需要根据设定的造型效果选择合适的面料进行制作，比如皮革、呢绒、棉布、混纺、化纤、丝绸等。不同的面料有着各自不同的质感，所制成的结果也有所差异，例如：软、硬、厚、薄、垂、挺。此外各种面料的特性也应考虑，例如强韧性、抗皱性、伸缩性等。其次，需要考虑制作工具的选择。不同的制作工具导致不同的制作方式，所产生的效果也不尽相同。工具有：针线、缝纫机、熨烫机、切割机等。目前从操作性上而言，提倡采用手工缝制。然后是具体的制作。一般需要打格画点连线进行控制，先在面料的反面按比例打围棋格，而后根据不同效果肌理的针

点位置画点，并将其连线。随后，挑针抽线打结、挤、压、拧。根据点的不同位置，用针从正或反面挑针，而后根据连线的不同、距离的长短、不同形状、不同位置、不同先后走针，并将勾完的一个形状抽线打结，则完成了一个立体肌理的制作。图案可大可小、可断可连。用相同的手法将其排列有序的连线图案逐一挑针抽线打结，最后将面料翻面，完成立体肌理的制作（图4）。

3.3 项目二：材料的转换

项目二建立在项目一，即"身体的覆层"的基础之上，在"身体的覆层"这个项目中发现的空间形态，将会被采用另一种材料对其进行再造。对于设计思维而言，需要学生明白，在保证基本形态延续的基础之上，项目一所采用的布料是可以被其他的材料替换的，而由于不同材料的介入则产生新的效果。材料的感知和研究对于室内设计而言也是一项基本技能。

具体操作上，要求学生完成两次材料转换：第一次转换要求学生将形态从一种弹性的材料（布料）转换成一种坚硬的材料（面材）；第二次转换要求学生将形态从一种坚硬的材料（面材）转换成流体塑造的材料（块材）。

针对第一次材料转换的任务，首先需要拍摄项目一的形态，并将这个文档作为后续深入研究的记录（图5）。以此为基础重构身体覆层所产生的形态，它应该是有维度的，而不应该是平的。在转换的过程中，由于选择不同的材料进而会碰到新的问题和产生新的形态的可能性（图6）。其次，以该形态为基础

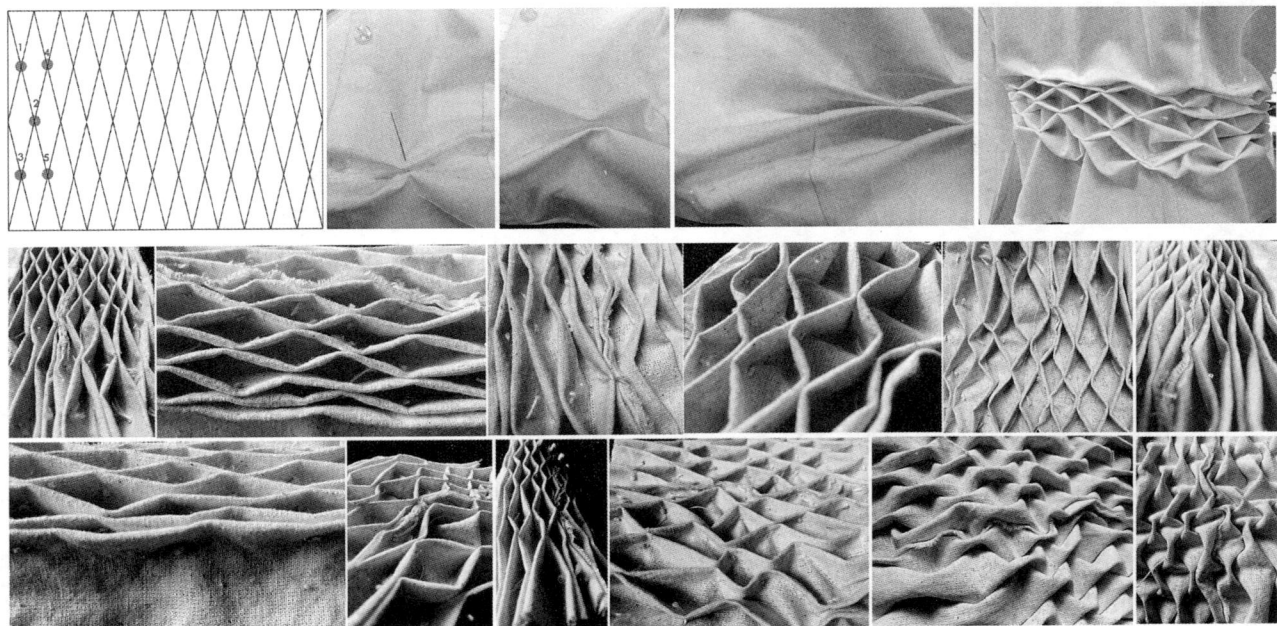

图3　布的折叠/学生：范玲玲/指导教师：丁俊

前期推理

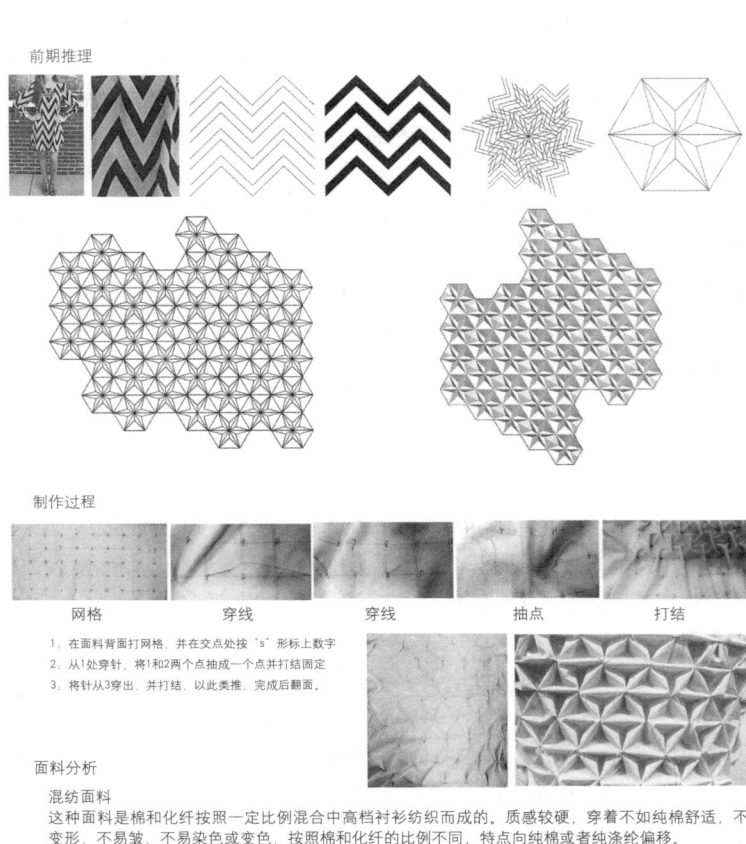

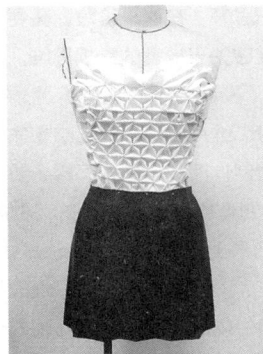

服装肌理
调研制作

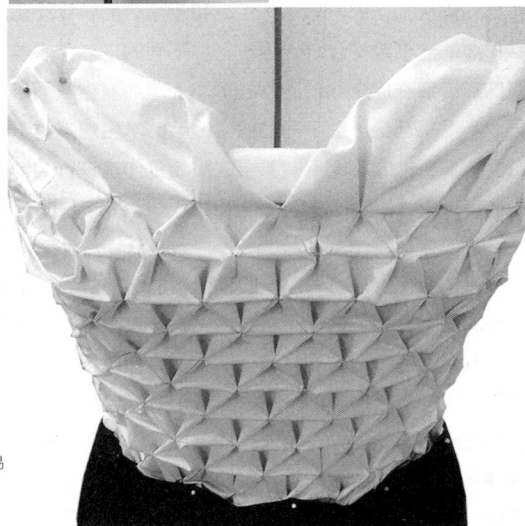

制作过程

| 网格 | 穿线 | 穿线 | 抽点 | 打结 |

1、在面料背面打网格，并在交点处按"s"形标上数字。
2、从1处穿针，将1和2两个点抽成一个点打结固定。
3、将针从3穿出，并打结，以此类推，完成后翻面。

面料分析

混纺面料
这种面料是棉和化纤按照一定比例混合中高档衬衫纺织而成的。质感较硬，穿着不如纯棉舒适，不易
变形，不易皱，不易染色或变色。按照棉和化纤的比例不同，特点向纯棉或者纯涤纶偏移。

图4 身体的覆层/学生：陈颖/指导教师：丁俊

图5 面材的转换/学生：范玲玲/指导教师：丁俊

进行材料替换。为了延续项目一的形态特征，可以先采用板材进行探索。研究模型可以采用硬纸板，最终确定的结果模型可以采用模型板。为了控制准确度，鼓励学生使用激光切割机进行操作。

第二个任务需要综合前面的探索，选取一个适合于翻模处理的形态进行制作。基于课程操作的方便性，可以选择石膏作为流体塑造的材料。石膏是一种可以很好记录下细节的材料，比如纺织物的编织纹理。将这个石膏模型看成制作室内表皮肌理的基本单元。另外，需要考虑光线（自然的或人工的）是如何穿过它并投下阴影。每一个模块的尺寸不小于30厘米×30厘米×X，无论是水平方向还是垂直方向，X代表厚度。这两个铸件必须保留前一个步骤的痕迹，就像前一次的材料转换保留了"身体覆层"的痕迹一样（图7）。制作工艺上需要注意：先通过模型板、泡沫板等将所需翻制的模子制作出来，接着用按

比例调和的石膏粉灌入做好的模子内，等待石膏干好，拆掉模型板即可。至此完成从面料到综合材料再到流体塑造材料转换的立体肌理制作工艺。

3.4 项目三：空间的转换

这个过程要求完成从身体的尺度转换到室内的尺度。对此Jesse Reiser和Nanako Umemoto在他们的一本书《Atalas of Novel Tectonics》的一个章节《Diagram Deployment》中呈现了一个很好的例子。文章首先呈现出一幅被布帘包裹的人物图像。在一系列的图示演变中，布帘被提取出来，旋转九十度、放大尺度、拼贴成为装饰图案。在最小的尺度上，它被穿插进一个房间，然后被放在一个靠近建筑物的场地上，最后与山体并列，布帘的褶皱和山地景观融为一体。这一系列图示显示出，当布帘覆盖在人体上时是缺乏趣味的，因为这个尺度所获得的期待感是有限的，但是当放大尺度并将其放在室内或者建筑旁边，人们失去熟悉的语境，则会产生更多的形态趣味（图8）。

这个案例说明：基于空间环境的不同而进行的空间转换，

手工制作过程

综合材料
深化元素

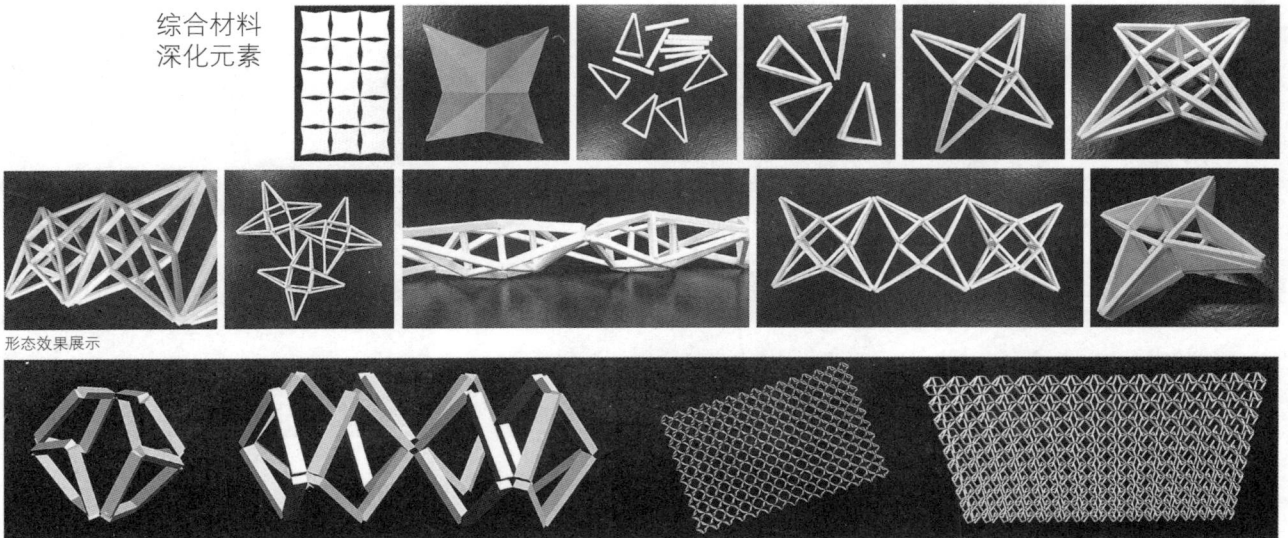

形态效果展示

图6 面材的转换/学生：刘欢欢/指导教师：丁俊

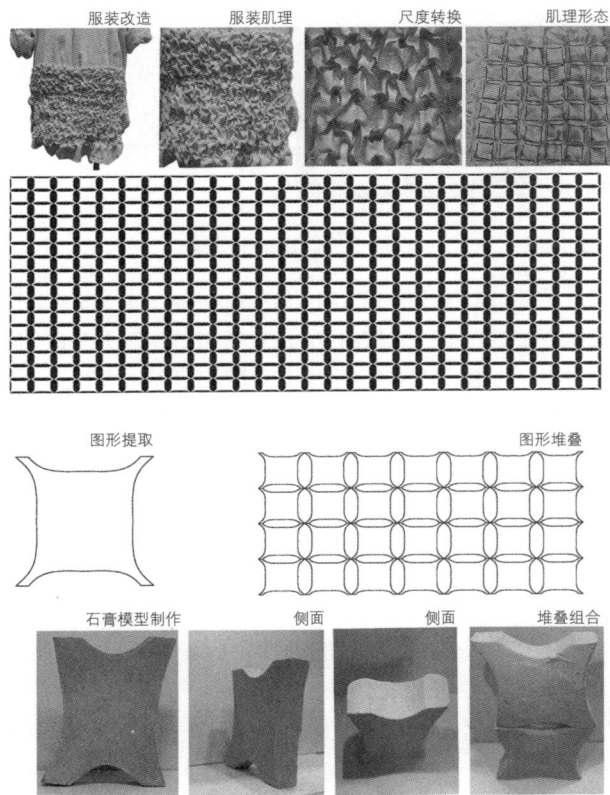

服装改造　服装肌理　尺度转换　肌理形态

图形提取　　　　　　　图形堆叠

石膏模型制作　　侧面　　侧面　　堆叠组合

图7 体块材料的转换—石膏翻模/学生：李源清/指导教师：丁俊

At the scale of clothing and furniture, the form appears natural.

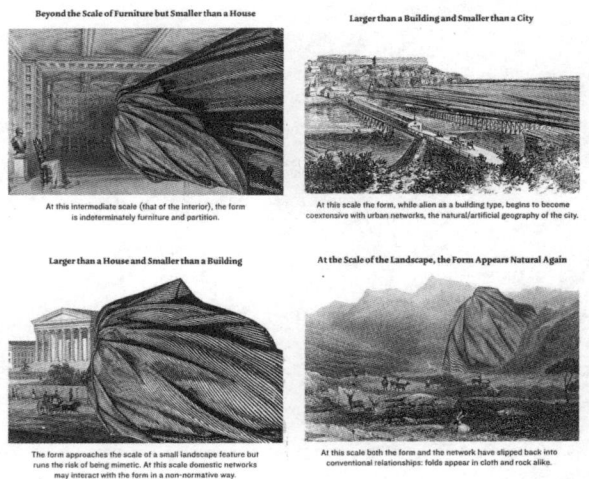

Beyond the Scale of Furniture but Smaller than a House　　　**Larger than a Building and Smaller than a City**

At this intermediate scale (that of the interior), the form is indeterminately furniture and partition.

At this scale the form, while alien as a building type, begins to become coextensive with urban networks, the natural/artificial geography of the city.

Larger than a House and Smaller than a Building　　　**At the Scale of the Landscape, the Form Appears Natural Again**

The form approaches the scale of a small landscape feature but runs the risk of being mimetic. At this scale domestic networks may interact with the form in a non-normative way.

At this scale both the form and the network have slipped back into conventional relationships: folds appear in cloth and rock alike.

图8 空间转换

即方向、角度、尺度等转换可以为人们带来全新的体验和观感，而欲对同一设计元素运用在室内空间环境，则需要注意空间的转换。因此，这个阶段需要学生将前期探索的同一形态通过空间处理手法完成转换，从适合身体的尺度过渡到适应室内空间的尺度（图9、图10）。

4　结语

课程从简单易行的二维状态的面料的折叠开始，通过四个任务，即前期调研和形态分析、身体的覆层、材料的转换、空间的转换，探索形态在不同阶段面对不同需求所产生的多种可

服装调研制作（二）
步骤一

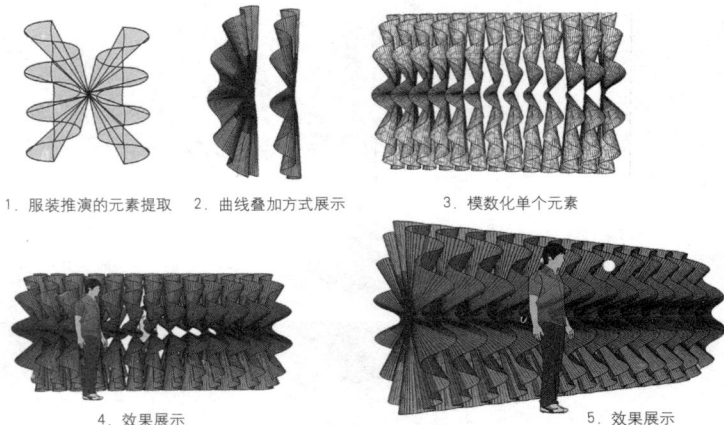

1. 服装推演的元素提取　2. 曲线叠加方式展示　　3. 模数化单个元素

4. 效果展示　　　　　　　　5. 效果展示

步骤二
1. 根据元素
的曲线进行
模型的曲线
实验

2. 曲线扭曲
实验灯光效
果测试

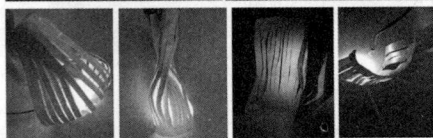

3. 灯光测试

步骤三
　　从面料到模型，并将这种曲
线延伸到室内空间中进行一些应
用。这种曲线在源于中国汉代服
饰的层层叠加的美感，运用到室
内它的透明感与叠加感增加了趣
味与实用的结合。

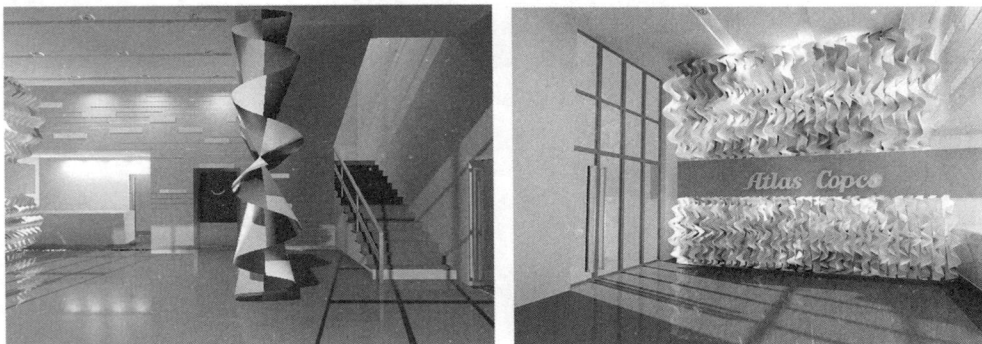

图9　空间转换/学生：卫国静/指导教师：丁俊

图10　空间转换/学生：范玲玲/指导教师：丁俊

能性。每一个阶段都试图解决不同的问题，比如项目一，利用
各种服装工艺和布艺材料做出一个富于肌理，可以覆盖在身体
上的表皮；项目二，用材料的转换延续第一步的形态做一些新
的探索，而这些形态是可以用在室内空间的；项目三，完成空

间尺度的转换，比如项目二结合材料转换探索出来的形态如何
具体的融合在一个室内空间中。这其中的侧重点不是在各个阶
段功能的考量，而是在每个阶段的肌理以及形态的探索上。这
个课程其实也试图告诉学生，室内设计总是试图从诸如服装设
计的很多领域寻找形态灵感，但是更应该学习如何完成不同的
转换，而非简单直白的照搬。

注释
①[德] 森佩尔. 建筑四要素 [M]. 罗德胤，赵雯雯，包志禹译.
北京：中国建筑工业出版社，2009：225.
② Greg Marinic，Jason Logan. Fashion Forward：From Foundation
to the Future. Journal of Interior Architecture + Spatial Design，
2014，2：81.
③索菲亚·维佐维蒂结合其在荷兰代尔伏特理工大学和希腊
塞萨利大学的教学探索，出版了三本比较畅销的关于建筑设计
形态生成实验的书籍，即2003年出版的《折叠建筑：空间、结
构及组织的架构》(Folding Architecture：Spatial，Structural and
Organizational Diagrams)、2006年出版的《超级表皮：折叠作
为建筑、产品以及服装形式生成的手段》(Supersurfaces：Folding
as a method of generating forms for architecture，products and

fashion）、2011年出版的《软性壳体：具有透气性、多孔性外观的造型结构》(Soft Shells：Porous and Deployable Architectural Screens)。

④ 法国著名哲学家德勒兹写作了《褶子》一书，将折叠提高到哲学的范畴，并认为处处有折叠。

⑤ Sophia Vyzoviti．Supersurfaces：Generating Forms for Architecture，Products and Fashion，4th print．Amsterdam，BIS Publishers，2007：6—10．

⑥ Sophia Vyzoviti．Soft Shells：porous and deployable architectural screens．Amsterdam，BIS Publishers，2011．

⑦ 洛伊斯·温斯尔教授曾经在包括德州大学奥斯汀分校，帕森斯设计学院等美国高校担任室内设计相关教职。

⑧ （英）杰克逊．《从平面到立体——设计师必备的折叠技巧》．朱海辰译．上海：上海人民美术出版社，2012：前言．

⑨ 同⑧。

注：本文隶属江苏高校哲学社会科学研究项目资助（立项编号：2015SJB587）；苏州工艺美术职业技术学院2014年度教育教学研究招标课题（立项编号：zblx 201405）。本文已发表。丁俊．室内设计专题的实验课程一从"折叠"手法开始的形态探索．装饰．2016.9（CSSCI核心）。

基于岭南地域性的毕业教学研究

陈鸿雁

广州美术学院建筑艺术设计学院

摘　要： 文章首先介绍可持续设计、低碳环保设计相关的探索现状；其次，介绍广州美术学院建筑学院低碳空间与环境教学、研究的方向，即是基于岭南地域性的教学研究与设计探索，并在本科毕业设计与论文中进行贯彻体现；强调基于地域性设计教学的动态推进及扩展。

关键词： 岭南地域性　毕业教学研究　动态扩展

1　低碳空间与环境的教学及研究

1.1　相关研究的发展现状

在国际上，对于生态设计、可持续设计、地域性文化与设计等研究已经从19世纪30～40年代开始，它们是人类解决工业设计发展、经济社会发展与生态环境对立的多种探索实践，对于未来而言，这依然是必须认真面对的一个重要议题，也是人类对环境的一种负责。

而在国内，这些方向已经在设计领域开展研究和实践，最受瞩目的是2010年上海世博会的多个展馆设计，都在力求实践和表达生态设计、可持续设计、低碳设计。这些目标更是受到政府的重视，在国家及多个省市的发展规划中明确提出建设低碳社会和低碳经济、和谐社会的目标，十八大会议上更提出建设生态文明的目标，在政策方面给以指导和支持。创新、协调、绿色、开放、共享五大发展理念是"十三五"时期乃至更长远的发展思路、发展方向、发展着力点的集中体现。

国内的高等院校也纷纷成立相关的研究机构，组织相关的论坛和教学。清华大学成立艺术与科学研究中心"可持续设计研究所"，并与芬兰阿尔托大学艺术与设计学院共同举办"全球化背景下可持续艺术设计战略"论坛，产生重要的影响；广州美术学院的多个设计学科开设低碳设计研究项目，建筑艺术设计学院的生态与文化教研室虽然成立才六年多，但在以往的本科专业教学中就有不少课程涉及生态与文化的研究内容，例如广东省绿道功能研究与设计优化、广州

低碳建筑整体设计研究等。众多国内外著名的设计大赛，专门设置与低碳、可持续及环保设计有关的主题比赛。其中，2012年"为中国而设计——第五届全国环境艺术设计大展"中提出"环保低碳室内设计专题"；2012年博朗国际工业设计大赛增设"可持续发展奖（Sustainability Awards）"，获奖作品得到国际评委的认可。2015年6月，第三届深圳国际低碳城国际学术会议与系列活动中，也从不同层面与深度探讨未来低碳城市、住宅以及生活等方面的整体价值，相关国内外专家学者提出宝贵建议：哥伦比亚大学+深圳大学团队开展"低碳城——投资者手册"，辛辛那提大学团队开展"低碳城——开发者手册"，香港大学团队开展"低碳城——设计者手册"，雪城大学团队开展"低碳城——居民手册"，哈佛大学设计研究生院Harvard GSD+普集建筑PAO团队开展"低碳城——环保工作者手册"，比较全面地探讨未来低碳城的整体价值，也反映了相互之间的良性关系。

1.2　基于地域性的教学与研究方向

广州美术学院建筑学院整合教师学科知识背景和科研力量，实现科教融合，着重开展以下方向的设计研究和教学活动。

（1）基于岭南地域的设计研究

根植于岭南，围绕地域的自然因素（气候、地理）、文化因素（广府文化）和经济因素进行研究，并在设计中得到本质的体现。当下的国际化影响非常迅速，国家的城市化建设也出现趋同的景象，这使得地域性的研究和设计成为紧迫的

和重要的课题。生态与文化教研室积极开展基于岭南地域主义的设计研究，在课程及毕业设计中落实相关的课题。例如开展岭南古建筑群落的研究与保育策略、广府文化与公共景观设计的融合研究、具有岭南地域文化的城市公共空间及广场设计探索、体现地域城市文脉的公共设施设计及实施指导等。这些教学与设计主题，已经连续开展六年，取得了比较可观的业绩。

（2）低技术的可持续设计研究

詹姆斯·沃尔本克（James Wallbank）在其低技术宣言中提倡："低技术是群众的技术"。低技术的可持续设计研究，将适合地域的技术、便于人们掌握的技术在设计中进行适当地运用，并体现当下的设计观念。开展低碳住宅空间设计的教学研究，考察岭南著名的低碳建筑，考察万科住宅产业化研究基地，逐步积累适合岭南地域的低碳住宅设计方法，获得宝贵的教学研究第一手资料。另外，开展基于地域性的低技术设计与优化建造，让地方使用者参与进来，这也是一种可行的教学模式。例如在广州大学城的南亭广场公共空间，教师、学生与村民成为一个整体团队，鼓励市民参与，实现共同设计、共同优化建造、共同管理与维护。而搭建过程实现的方式，就是强调基于地域性的低技术与材料的整体运用（图1）。

（3）风景园林设计教学

开展地域性风景园林的教学研究，注重适应地域的植物种类、气候、地理规律和人们的生活习惯研究；注重地域文化的综合表达，利用地域景观元素营造空间；注重景观的实际功能和人性化需求研究，避免只追求形式和视觉审美的景观设计。在教学中，广东绿道景观的功能与美学评价体系研究就是一个突出的地域风景园林教学与科研，它也是广东省自然科学基金课题，该毕业设计方向实现了将科研与教学结合，做到科教融合、相互促进。广东绿道的功能与评价研究课题及教学产生持续的和更广泛的影响，研究团队与广东省住建厅合作，进行珠三角绿道系统提升计划导则制定，完善未来的广东绿道建设等（图2）。

（4）城中村的研究

城市的发展过于追求"新"，城市中的村落也受到破坏、改造或拆迁。研究广州以及珠三角的城中村，提出更温和的改造方式，用艺术介入的策略引发人们对城中村的保护和改造思考。

图1　基于低技术的可持续建筑

图2　广东绿道景观的功能与美学评价体系研究成果

综合来看，这些都是基于地域性所进行的设计价值研究，也是生态与文化教研室本科毕业设计和论文研究的主要方向。在建筑学院的整体规划下，生态与文化教研室在2012～2016年开展针对具有地域特征和价值的城中村教学课题，例如对广州石牌村的研究、对广州隔山村的工作坊教学、对小洲村的工作坊教学以及对珠三角典型村落的教学等，这积累了重要的成果，为城中村的改造和优化提出适应地域需求的策略方案。

（5）关爱中心的研究

关爱中心研究方向是一个具有国际视野但带有强烈地域特性的教学研究方向。关爱中心已经开展适应地域性的主题：灾后救助中心（地震、水灾、雪灾等）、老年人关爱中心（旧建筑的再利用和激活）、留守儿童关爱中心、村落学校等。研究依据于岭南地域的地理及气候特点、文脉，进行基于工业化、模数化、便捷化的建筑设计，提出空间激活手段（图3）。

下面，就选取其中一届毕业设计教学进行解读与分享。

图3　关爱中心——抗水灾的住宅建筑

2　毕业设计教学案例——中山大学（南校区）模范村的整体设计改造

2.1　选题

中山大学被称为中国最美的大学之一，其南校区又叫康乐园，其中有82栋红砖楼和亭子，均建于1905～1949年之间。模范村正是处在这样的环境之下。模范村建筑群建于1915～1930年间，共落成14栋村屋，现余13栋，它们代表了教师住宅的小洋楼模式，即"屋有两层，上为宿所及露台，下则课堂、膳室、浴房、厨所、储藏室皆具。屋外留地数弓，花圃菜畦，随意开辟。"①但随着时代的发展，模范村已经没有人居住或办公，现在处于荒废的状态。学校也面临着一些困难：模范村应该怎么保护，模范村要采用什么样的开发模式，模范村是否可以成为学校与社会连接沟通的重要窗口？这些难题，正是生态与文化教研室的毕业设计与论文思考的重点所在（图4）。

2.2　组织田野调查并归纳整理结果

毕业设计教学，强调设计的过程：田野调查、设计推理、概念生产和综合表达。在本选题中，由于模范村历史已经约有

图4　基地整体轴测图

60～100年之久，且时间跨度较大，建筑的图纸和其他详细资料已经不能找到，于是，团队开展详细的田野调查，获得宝贵的第一手现场资料。田野调查从以下方面进行：第一，场地和建筑的测量。组织团队进行场地和建筑的详细测量，获得具体的尺寸和构造细节资料。第二，拍摄大量的照片和视频，建立图像的对比分析资料。第三，采用定量访问、调查问卷的方式，获得人们对模范村的整体看法。

在这些基础上，进行归纳整理，得到以下的认识：首先，建筑虽然是砖混结构，14栋旧建筑均为山形屋顶的两层小楼房，除了较大的524号（马应彪屋）面积为355平方米，523号面积为293平方米以外，其他面积均在250平方米以下；但在居住过程中已经有一些加建、改建、修缮和破坏。对于建筑的再利用，应该是慎重态度。其次，模范村的景观资源非常丰富且宝贵，常见的植物有32种。这些植物资源应该是重点保护的对象，它们形成独特的微气候，具有魅力的光影效果和封闭的内环境。再次，基地位于学校教工居住区与教学区的中间，东西方向是从高至低的走向，高差约有10多米（图5）。

2.3　提出设计改造的整体策略

针对基地问题以及整体认识，提出设计改造的整体策略：原则是保护场地的肌理、建筑文化以及景观资源，进行保护式的改造发展；目的是建立学校面向社会的一个交流窗口，权威的象牙塔学术研究与社会公众建立一种良性的沟通；功能是院系研究所、对外交流与研讨中心、模范村历史博物馆与展览厅、图书馆、商业服务中心、公共沟通平台等。基于以上的研究，学生们从不同的角度切入设计改造：微公共空间的塑造——在校园中塑造微小尺度的公共空间，并具有场所的精神；游园——置换功能并形成新的导线，加建连接廊道，创造一种难忘的游园体验；下凹景观——基于保护的角度，将行走路线下凹，避免影响建筑及基地特质；静谧公共空间的营造——研究原有建筑的构造秩序，结合室内功能与室外景观资源，营造一个静谧的交流空间（图6）。

2.4　表达方式

强调清晰、有效的传达手段和方式，包括专业的概念陈述部分、调研部分、图纸部分、模型部分。概念陈述部分主要是解释对场地的判断和设计改造的观点；调研部分主要是田野调查的资料、数据整理和得到的结论；图纸部分是平面图、立面图、剖面图、效果图、图表和相关的示意图；模型部分包括四个尺度的模型表达，分别是区域尺度的模型——说明所在区域的位置和整体关系、场地尺度的模型——说明场地的现状、设

图5 模范村绿化资源丰富

图6 游园——模范村的整体设计改造

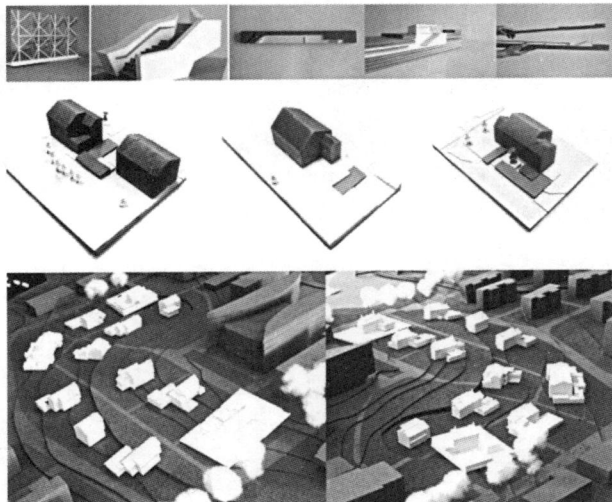

图7 模型的不同尺度表达

图8 模范村设计改造方案

计方案的模型——说明设计的整体概念和重点、细节尺度的模型——说明重要的构造或具体设计手法。在有可能情况下，鼓励学生利用动画或其他能让观众参与的方式表达设计，让观众成为一个主动的参与者。

毕业设计成果参加2012年中国环艺学年奖，获得不俗的成绩，得到专家的认可。其中，何苑诗同学的方案"游园——中山大学模范村整体设计改造策略"获得本次环艺学年奖的景观设计类的金奖；许诺同学的方案"凹——中山大学模范村整体设计改造"获得本次环艺学年奖景观类的银奖（图7）。

3 毕业论文教学案例——紧扣毕业设计内容展开论述

开展毕业论文教学，紧密结合毕业设计内容，围绕毕业设计的选题、田野调查、初步设计改造方向等进行论述。围绕"中山大学模范村整体设计改造"进行历史资料的整理归纳，对基地基本情况进行详尽的调研与归纳，对国内外的设计改造案例进行研究与归纳，并提出设计改造的概念和主张。论文的论述主题有：中山大学模范村微公共空间的研究、中山大学模范村的功能需求性研究、中山大学模范村光环境设计研究、中山大学模范村户外交流空间的研究、校园公共空间

归属感的研究等。论文都是紧扣专业，抓住一个重点进行落到实处的研究。毫无疑问，论文对毕业设计起到了重要的指导作用（图8）。

4 总结

毕业设计与论文的选题，可以是教师团队正在研究的主要方向，这利于教师与学生的共同研究和探索；可以是课题的其中一个方向，这为学生创造一个较好的学术平台和基础；也可以是以往课程的再深化，这使得学生能有的放矢，把一个问题深入地研究透彻。当然，更可以是学生自行选定的题目，但必须紧扣教研室的教学和研究方向。

基于地域性的生态与文化研究才开始六年时间，还需要一定量化的积累，并将成果在设计实践中得到充分体现，这是一个重要的目标。基于地域性的相关教学研究与探索，也是一种动态的过程和深化推进，需要在教学、科研、课题、实践及展览交流中结合起来，实现多层次的扩展。

注释

① 《岭南大观》1917年11月刊，模范村的描述。

参考文献

[1]（美）克莱尔·库珀·马库斯. 人性场所——城市开放空间设计导则 [M]. 俞孔坚，孙鹏，王志芳，等译. 北京：中国建筑工业出版社，2001.

[2]（日本）隈研吾. 负建筑 [M]. 计丽屏，译. 济南：山东人民出版社，2008.

注：本文是2012年度国家社会科学基金艺术学项目"节约型社会住宅空间的低碳设计创新与实践"成果（项目编号：12CG094，项目负责人：陈鸿雁）。

从客体图录到主观认知

——乡土民居测绘课程的教学指向与当代思考

胡青宇

河北北方学院

摘　要： 本文以环境设计专业的乡土民居测绘课程为对象，从教学指向、范畴界定、过程教学、样本案例及成果控制的做了尝试，试图从完全讲求客观测绘技巧的局限中解放出来，转向为以乡土民居客体图录为基础的主观认知维度的教学路径。

关键词： 乡土民居　图录　文化认知　类型　样本案例

乡土民居是生活在一定区域内的广大民众利用当地自然资源营建的具有一定社会文化特质的建筑类型，相较官式建筑，具有类型丰富、差异具足的营建体系和独特的研究价值。近年来，随着我国民居遗产保护事业的发展与实践的逐步深入，必然指向相关人才的培养。关于乡土民居的测绘也开始成为部分院校环境设计专业本科重要的综合性实践教学环节，其虽然指向传统，但却是一种有效学习经典和先师的路径。

我国关于乡土民居的系统测绘与调研开始于20世纪30年代的中国营造学社。这时期的调研范畴和测绘方法为新中国成立后的高校教育提供了宝贵的经验。教学中注重对建筑形制的理解以及尺度的掌控，运用科学测量的采集方式对其呈现，更多的是将民居遗产等同于"文物标本"来看待，重视对测绘技巧方法"术"的教学，主要解决"是什么"的问题。然而，与失去实际使用功能的文物建筑不同，乡土民居仍被使用着，作为直观、活态的空间场所与人的日常行为密不可分。因此，关于乡土民居的测绘和调查绝不能只局限在"是什么"的表征记录上，而且要关注"为什么"、"解决什么"，它包括对民居遗产在科学与人文、技术与艺术方面的体验认知、探究甄别，包含对其实体、空间及其精神意蕴的再理解和表达，并需要观察者重新审视民居文化的当代命题。

1　教学指向

1.1　教学出发点

乡土民居测绘教学的前导课程为建筑速写、建筑史、专业制图与计算机辅助设计，接续室内设计、建筑设计等专业设计课程，强调以地域乡土资源为出发点对已学知识技能以及专业课程群间关系的理解与融合。不过，关于乡土民居的学习和我们今天的建筑学相对不同，除了关注物态，更为重要的是关于今天国人的乡村家园景象，以及重建文化自信与本土价值判断，由此引发的一系列关于观测、认知方法的探讨成为我们的乡土民居测绘教学活动的理论基础。对于环境设计专业学生来说，乡土民居测绘作为建筑设计史理论教学的实践延伸，既增强了民居遗产的重要性认知和经验素养的积累，同时又能够有意识地培养其关于专业设计中的历史向度分析，最终达到独立思考当代设计如何延续文脉和更新传统。针对于此，我们自2014年开始对乡土民居测绘教学体系进行了调整和修正，重视和寻求来自地域乡土建筑资源自身的力量，选择笔者单位地处的冀西北地区为测绘范围。

1.2　对象选择

乡土民居测绘强调一种基于反向思维的民居认知与阅读，除涉及建筑尺度、空间逻辑、结构构造、风格语言以外，也包含映射在民居中的宗法制度、家庭观念、习俗信仰和生活方式。从教学角度来看，更为讲究与民居对话过程中的反思与体味，传统与本土文化对教学的渗透成为今天教学反思的重要课题。以往的教学中，测绘对象多为知名宅院或官宦府邸，虽然具有非常典型的历史规制个特定时空的建筑风格，但也极易陷入孤立与缺失，因为它远不能反映乡土民居类型所具有的多样性[1]，甚至可以被视为是游离于环境和生活之外的"标本"。因此，我们选择了能够代表乡村传统价值和文化的地方乡土民居和聚落为调研对象，只不过对记录和认知提出了附加设定，希望学生将其视作一种仍然活着的生命体来思考，在如实记录的同时，透过现象思考民居本体背后的社会意义、文化内涵，完成教学对象从物理空间到精神场所的转变，建立体现专业特色和地域文化特点的住宅设计课程教学体系。

2 教学范畴

2.1 "测"与"绘"

测绘，"测"与"绘"，主要通过运用量画结合的工作方式去认识与表现，既是一种方法，也是研习的一个过程和成果，强调以"在场"性去关照和认知前人留存的遗产，讲究的是以直接的方式运用测量和绘图技艺来记录和表达，形成了从单纯间接文献研究转向实物直接测绘调研的工作程序和"标准范式"。现场教学是其课堂重点，以便及时校验、发现问题，确保测量数据准确地以图纸形式整理出来。此间，传统手工测绘便于操作、简单实用，适于对丰富的建筑细节、内部空间、构造材料等精细测量；建筑高度等难以测量的部位由电子全站仪完成；三维航拍测绘更是具有高效、高精度、大空间范围、低成本的优势，特别在村落全景总图绘制中具有无可替代的优势。当然，不能简单认为传统测绘方式比不上现代数字化手段，两者对不同的测绘内容各有优势、互为配合和支撑。数字时代的技术和仪器最终也无法完全替代我们的双眼和双手去认知和感受，特别是对于初学者来说，手工测绘无疑是让他们更加深刻地去认识民居的最佳途径。

2.2 图录与认知

图录报告：图录包括图纸、影像，主要着重对物体的真实客观呈现，从而建立一种有助于分析的综合"描述式"勘查解读。而调研报告则更多倾向于分析阶段，观察者的主观性应被最大限度地强化，亦即测绘对象并非不重要，但追求以此引发的思考和创造性契机显得更为实际。在现场教学过程中，学生对物质空间和物态进行常规测绘仅是我们的基本要求，而且也要调查和分析场所中人的生活方式以及互动关系。甚至暂且搁置单一的视觉审美判断，而对乡土民居的资源材料、构件形态进行采集，并尽可能地按照本体构造方式实施多媒介的重现。

同时，注重关照建筑文脉与营建意向反映的文化嬗变与生长演化，最终展示出丰富多样的乡土民居图景。

文化认知：认知代表了我们对待观察客体的一种主观态度，而且具有递进的多层次性。一是现场工作前让学生查阅对象的相关背景与资料信息，如自然生态环境、历史文化传统、经济发展状况、人居分布特点等；二是在现场工作中继续进行文化资料搜集和乡民口述访谈的发掘整理，掌握第一手资料。在此过程中一些不易被常人留意的民居建筑细节，恰恰有助于探索、认知物质文化形态背后所蕴涵的东西，如生活伦理方式、居住特点以及风土民情等。三是后期的总结反思，主要指向运用当代视点来分析乡土民居并诠释再设计概念。总而言之，一种兼具封闭测绘学习和宽泛田野考察的教学过程递进式的课程教学体系成为了导向，选取典型乡土民居进行分类型测绘，建立横向比较和纵向演变序列，揭示其异同以及时空演化过程中的系统机制。

3 教学过程

前期准备的理论性：测绘实习之前主要强调理论知识的学习，多方收集测绘对象的相关背景资料与典型文献。在专题讲座中，教师通过相关的一手调研资料和经验积累，讲授测绘的基本知识和方法，帮助学生熟悉测绘工作的相关流程和注意要点。同时，可借用、可拆卸的实物模型或数字模拟演示建筑构造和具体构件的做法，从而使学生将建筑历史典籍上的形制认识从视觉扩大到触觉。此外，在授课过程中邀请地方文化学者讲授与测绘对象相关的民间文化与习俗典故，既能提高课堂的趣味性，同时还能强化学生的人文关怀，以期达到多维度的理论认知而促进理论知识的主动吸收。

测绘指导的现场性：测绘作为认知民居建筑的手段，需要保持直接面对的感觉、判断和理解，身临其境地去认识和体验民间工匠系统中产生的语言文化的丰富的差异性。测绘教学中，无论草图整理或正式测图的绘制，都直接面对现场，当场发现问题、当场解决，理论知识融会于实际的操作实践中。白天学生分组户外测量作业，晚上集中进行数据整理汇编，并就各自取得的进展和遇到的问题，全班一起互通有无、相互借鉴，指导老师及时总结问题，接受学生提出的质疑，并根据情况把握教学重点和解决方案。高年级的优秀学生进行助教，更是重复"在场"的体现，除了提升自身的业务素质以外，甚至成为了测绘对象演变过程的实际见证者，强化社会责任的同时，更能直接有效地影响低年级学生。

当代乡土的转换性：研习乡土不能将之永远视为"过去

式"，而应看作是动态的、与时俱进的活化命题而服务于当代。作为地方性的教学机构，应尝试打破静态观测的教学束缚，将课程教学与地方建筑遗产保护实践项目相结合，教学成果除了填补区域传统民居档案与研究的断层，也为后续的修缮保护设计与施工提供了翔实、完整的基础资料，实现了教学、研究、文化传承和社会服务的有机结合，具有良好的社会效应或经济效应。在这样的背景下进行的建筑测绘，使学生的责任感、使命感更加强烈，社会参与感更加真实，测绘环节的意义也更加放大，从而释放专业的潜在生产力来转化到当代乡土民居重生设计创作中来。

遗产保护的研究性：每一次的教学过程对教师来说都是一次补充抑或积累，除了总结反思教学以外，也为教师团队或个体的科研工作取得了第一手资料。以课题研究的关注角度来看，使课题的孵化具备了充分的前期成果和适宜环境，促成了以乡土测绘调研成果转化为高水平的科研成果的研究目标。本课程中，关于冀西北地区乡土民居的测绘项目拓展了地方建筑文化与相关区域建筑比较研究，乡土民居的测绘实践活动在传承地域传统文化、探索既符合时代要求又有中国特色民居建筑文化的过程中，不仅有利于为建筑遗产的保护、发掘、整理和利用，而且使课程本身更具理论研究性和价值示范性。

4 样本案例

4.1 自组织

课程教学以冀西北地区若干传统村镇为考察系列样本，以期对乡土民居管中窥豹。乡土民居事实上是一种"自组织"的受控建造现象，是一种"自下而上"和"自上而下"的有机结合，它们在"原型"的限制下，根据自身条件、主观需求进行能动性适应和调节，带有非常大的随机性和偶发性，是一种"由简入繁"的过程，大量的系统单元在遵循规则的基础上不断"微组织"，极具多样性和差异性。加上教学时间要求紧迫，测绘地点分散，必然增加测绘实践教学的现场工作量。此外，由于传统手工测绘的局限性，一些建筑立面的目标点由于绝对高度较高，目标点坐标与点间高差并不能直接取得，需要利用全站仪通过交会、悬高等测量功能等间接方法直接获得测绘数据，在提高测绘效率的同时，相较传统方式，又发挥出了测绘准确性和完整性的优势。适当增加测量控制点量出控制尺寸，从而形成关系丰富、虚实相间的建筑组群立面图像（图1）。而图案、纹样则可基于控制尺寸拍摄照片后参照绘制。

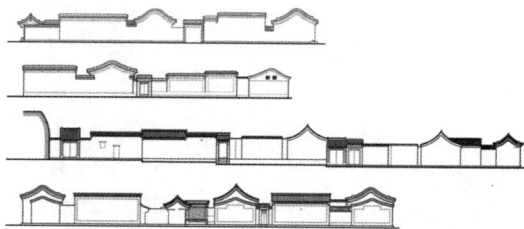

图1 蔚县村堡典型街巷民居侧立面图

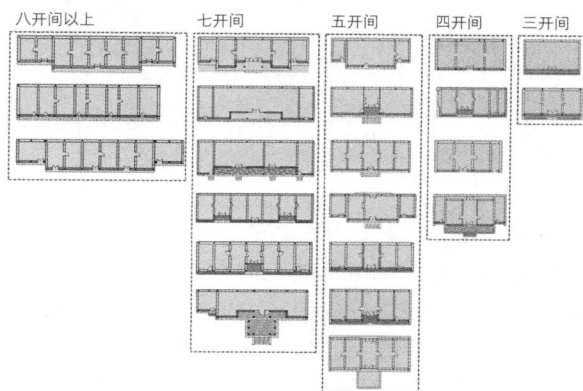

图2 冀西北乡土民居正房平面测绘选取样本

4.2 类型与反类型

将建筑类型学的方法纳入乡土民居测绘调研课是本教学主要探索的方向，不同于历史学者和文物保护者的视角，因此我们在民居测绘课程教学中除了坚持对表象的客观记录外，还特别强调引入主观性的因素，即希望学生带着自己的"意识"去观察、认知现象。为了尽量客观而全面地甄别民居式样间的差异及共同点，我们从纷繁冗杂的现实建筑形式中清晰地得到两大类型——原型与转化型，尝试从形制上对样本进行分类与描述。比如对24处测绘样本的逐个阅读并归纳，发现样本正房大多遵循封建社会庶民等级制度的"三开间"基本类型，但又不拘泥于此，抑或转化型的逾制变体，不同样本进行汇总排列可以使其清晰化和图式化，厘清民居样式脉络和逻辑关系的同时，展现出乡土民居更重现实适应性并由此生发出具体特殊类型的特征（图2）。因此，我们可以对具有一定"原型"特征的"变体"构成进行对比分析，它可以更加趋近建筑微观视角的真实属性与状态描述，而有利于认知民居建筑的差异性与多元化，本质强调的是一种"辨证式"的教学思维。

4.3 碎片到系统化

乡土民居历经自然和人为的破坏，荒废残损或翻新改建，甚至成为一种不可逆转的现实，呈现出碎片式的表征，给勘察测绘和调研工作带来了极大的困难。同时，限于人力的不足，课程教学的根本没有可能选择平行推进的选题。但是，乡土民居作为学

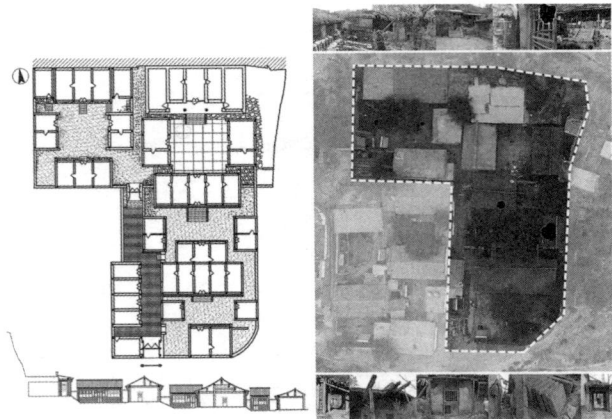

图3　涿鹿县溪源支家四连环套院（复原性测绘）

习形体和空间表达的现实教材，类型逻辑非常清楚，建造方式直接可读，保持着一种本能且和自己传统有关的营建语言，倾向于用最简单、最直接的方法来回应复杂的需求。因此，测绘调研教学中需要基于碎片语言的记录完成系统化的提炼，然后再积累全面信息补充整理，最终延伸出一种指向预设的"原创性"，从而进行对象的重构（图3）。测绘调研本身除了提供一种综合分析的视角，而且对建筑细部特点进行放大镜式的研究，在"再呈现"的客体认知过程中，主观性的选择和对客体的"变形"，成为对物象的一种认知方式，而且可能是最接近民居与生活本真。

5　成果控制

5.1　成果记录与呈现

测绘成果的记录主要包括视觉性、描述性、分析性与综合性记录。视觉性记录适用于特色分析也即价值意义所在，主要提供民居形象、位置和类型等基础性数据，多以影像或草图方式表达。而描述性记录主要包括对于民居空间与物态采集数据而形成的测绘图纸，以及关于测绘对象的历史现状、空间布局、造型结构、尺度比例、装饰装修等方面的实测数据和文字报告。而分析性则基于描述性记录进行深化，能够清晰表达出民居的形制、结构以及重要构造细节，适用于典型民居或文保单位的系统研究、保护工程基础依据等要求。综合性记录主要针对价值巨大或是即将消失的民居建筑遗产，建立从整体到细部，从现状到设计，从本体到环境的各类详实资料档案。

5.2　成果深度与广度

测绘深度并非越高越好，而是"以能够揭示事物内部的规律为原则，因为过高的测量精度掩盖了规律性，只会给测量数据处理过程带来复杂性和难度。测量精度太低，不能反映现象内部的

规律"[2]。深度与广度的增加也会导致数据采集量的加大，会耗费巨大的人力、物力与时间。因此，应根据不同需求设定数据的获取内容和全面程度。大比例深度适用于微观性的分析用记录图纸，清晰的结构形态、构造做法的细节表达是其基准点。民居的平、立、剖图一般用中等比例深度绘制，以能够准确反映梁架构造规律为标准。小比例深度则多用于总平面图或简图的绘制，主要基于宏观角度表达聚落形态、街坊组群的形式特征，获取建筑控制性和关键性的尺寸进行简略测绘，一些局部细节皆可忽略不绘，甚至不过约略尺寸，不拘法式，全重主观[3]。

5.3　成果表达与转化

当前，课程教学成果早已突破测绘图纸的范畴，而向多媒介形式发展，拓宽了表示方式和表达范围。在教学过程中，要求学生对研究对象进行尺寸实测、照相、速写记录，在此基础上绘制测绘图纸，是用理性"还原"对象的建构过程达到了解建筑的方式，指向传统营建技艺的本体认知。而三维空间扫描则体现了在数字化背景下讲求非验证表面的传统文化建构的可能性。而根据测绘物像形式和结构按比例运用适当材料制作的模型能够直观地再现空间关系和构造做法，但并不是简单模仿，而是强化尊重传统民居的建构逻辑，实现从图解转换为实体建造。同时，我们还要求学生进行带有主观性的"表现"，"表现"不是结果，而是再发现的过程，测绘成果可直接尝试用于高年级及研究生相关设计课程、毕业设计中，用来充实并丰富教学内容。

乡土民居测绘课程教学在一定程度上加深了学生对于传统建筑遗产的认知，增强了自身的传统心像经验和当代文化感识，虽然其并不直接指向设计创新，但也并非仅是单纯的教学活动，从务实的角度来看，可以为地方文化延续做出系统性归纳，也可为今天的乡村振兴战略提供了建筑与环境设计方面的创作依据。

参考文献

[1] 帕特里克·舒马赫，郑蕾. 从类型学到拓扑学：社会、空间及结构 [J]. 建筑学报，2017（11）：9–13.

[2] 狄雅静，吴葱. 中国建筑遗产测绘成果评价指标体系研究 [J]. 建筑学报，2011（10）：62–65.

[3] 童寯. 江南园林志 [M]. 北京：中国建筑工业出版社，2014.

注：本文为河北省高校百名优秀创新人才支持计划（项目编号：SLRC2017001）；河北省社会科学基金项目（项目编号：HB15YS074）资助成果。

地域家具文化导入家具与陈设艺术课程的方式研究

——以维吾尔族木雕家具为例

郭文礼

新疆师范大学

摘　要： 本文以环境艺术设计专业中的家具与陈设艺术教学体系为研究对象，结合家具与陈设艺术实践教学，用以论述新疆师范大学家具与陈设艺术课程的教学模式。依据我校所处的地域位置，将地域家具与陈设艺术资源导入到该课程的教学当中，为我校今后环境艺术设计培养方案的制定提供可行性建议，并用以探索家具与陈设艺术教学的可持续性发展的教学模式。

关键词： 家具　陈设艺术　艺术设计

家具与陈设艺术是我校环境艺术设计专业中的基础性课程，其教学目的是对环境艺术设计专业做基础性教学，教学任务是让学生了解家具的特性、发展、风格以及在室内组织空间形态的作用。该课程贯穿于我校环境艺术设计专业核心课程的教学体系中并具有穿针引线的教学作用。其课程性质是理论与实践相结合，更深层次的要求是能够彰显文化内涵的特性，将新疆维吾尔族木雕家具艺术引入到该课程教学当中，不仅推动了地域家具文化的发展，并能凸显我院局部与整体相互结合的教学模式。

1　维吾尔族木雕家具导入需求因子

1.1　本土市场需求

依据环境艺术专业招生要求，该专业本土生源比重较大，且大部分生源毕业后留在新疆工作，因此要为本土环境艺术设计岗位培养专业方向的设计师；其次新疆环境艺术设计专业人才紧缺，市场一直处于专业人员匮乏阶段，属于供不应求，尤其是对本土文化的设计师的需求更加缺乏。我校环境艺术专业教学仍是以往的传统教学模式，而该教学模式忽略了地域文化与民族文化设计的欠缺。

1.2　文化需求

家具作为该民族民俗文化的一个载体，反映着该民族的生活习性，不仅是一个载人工具，更多的是反映了该民族长期生产生活中的智慧结晶，是该民族木的史记。2012年中国工艺美术协会公示公告《中国工艺美术全集》的编撰中，新疆卷就包含了新疆维吾尔族木雕家具艺术的研究，可见新疆维吾尔族木雕家具是我国工艺美术中不可缺少的一因子。将维吾尔家具与陈设艺术引入到家具与陈设艺术课程当中，不仅扩充了学生视野，也使学生对该民族的民俗禁忌文化有所了解，更能设计出贴近地域性生活、实用于生活的载体工具。另一层面也能促进新疆不同民族文化之间的相互认同与尊重，促进新疆的和谐稳定。

1.3　实践性教学需求

家具与陈设艺术课程是强调家具实践能力设计的课程，同时也是我校学生设计与市场接轨的第一步，让学生在实践中能体会到该专业的就业前景，体会与自己息息相关的专业特性，有利于激发学生的学生情趣，以及专业自豪感，激发学生主动学习的能动性。利用实践性，解决了传统教学中的填鸭式教学方式。由于地处边疆地带，同时也处于少数民族自治区域，因此在教学实践过程中，主要是以当地生活文化为设计主题，要求学生必须了解维吾尔族民俗及生产生活文化。家具是室内中最基本的最实用的陈设物，它的形式、风格、装饰，都是某一元素、某一种文化的象征。维吾尔族人民对树木有着特殊的情感，故在家具选材中，首选木制家具，尤其侧重木雕家具，将这一民族喜好家具导入到该课堂中具有实践性的教学意义。

2　课堂教学设计

2.1　教学目标的保障

该课程的教学目标不同于工业设计以及专业家具教学课程的教学内容与教学体系，重点是家具在空间中划分及室内陈设中的作用。该课程的教学方式是"先理论后实践"，而在教学的过程中却发现，理论的抽象性、概括性，使学生理解模糊，并缺乏感染力，从而最终的教学目标就会降低，使学生的实践无从下手。而以国内外家具与艺术陈设课程的变化沿革为理论依据，以新疆维吾尔族木雕家具艺术作为贴切生活实践的案例解析，能促使学生从感知上升到认知，从中体会家具与陈设艺术的内涵，加深学生对该课程的理解度。

基于以上分析，我院具备着完善教学目标的软件与硬件条件。首先教师资源，我院环境艺术设计教师基本上从事的是新疆本土工艺美术理论与创作研究，并具有与新疆工艺美术研究项目相关的教育部、国家、自然科学课题等，且都毕业于艺术设计学专业，具有一定前沿设计理论依据。其次环境资源，新疆主体民族是维吾尔族，该民族的民俗文化是我国少数民族文化的一部分，有着自身的特点、特色，作为教学中的典型案例，方便学生进行实地调研、资料收集等一系列主动学习方式的开展。

2.2　教学任务的制定

维吾尔木雕家具导入到该课程中的优劣与否主要符合以下依据。首先要依据课时制定合理的教学段落。我校家具与陈设艺术设计总课时56课时，共四周。在教学时间段落中，分为课前准备、理论与实践相结合、交流总结；其次，依据学生实际的接收能力、课堂完成度等课程中实际教学情况进行有效的调节。将维吾尔木雕家具导入课程中的主要目的是促进学生从被动学习进入到主动学习的状态，是我校该课程教学需要解决的问题，同时也是该教学的主要教学任务。

1. 课前准备

在教学设计中，不仅教师要将问题带入课堂，还要引导学生善于发现问题，建立教师与学生共同解决问题的一个学习过程，这样才能有效达到教学相长以及互动式的学习效果。

首先教师依据学生对家具的认知做快题测试的准备，一方面测试学生对家具的理解认知，在教学过程中促使学生发现自己的不足，提升学习的主动性。另一方面通过教师对学生家具认知概念的测试，可以有的放矢地进行课程调节；其次，依据功能对相关维吾尔族住宅家具、办公家具、餐饮家具、室内外公共环境家具等分类进行议题。在课堂中，先从快题测试开始，用以拓展学生对家具的认知概念，再用维吾尔族木雕家具的功能分类进行相关场所概念的讨论，强化学生自身脑海中发现的问题与有利的方向，从而延伸出更多的问题与认知。最后进行概念、风格特征、原理的讲解，依次让学生从中佐证自己的不足，加深对理论的深刻认知。学生课后带着疑问进行现场的实地调研，以及相关资料的整理，进行问题的再次提出，为后期解决问题提供实际解决方案。

2. 第一课堂与第二课堂的交叉式学习

教师在以往课堂中进行授课时，是以国内外家具与陈设理论及原理做理论基础教学，以国内外典型案例进行实例解析，并通过临摹该案例，作为基础系列的实践掌握，只有图片与文字的讲解，没有自我对家具与陈设的亲身感，那么就出现一个现实

图1　新疆传统家具（图片来源：斯坦因《古代和田—中国新疆考古发掘的详细报告》）

问题——学生对实物的家具精神内涵无法理解，对家具在室内空间的运用更是望名揣意，理解方面处于被动的状态，这就需要第一课堂与第二课堂的相互交叉。首先学生在理论体系学完之后，适当导入新疆传统家具的案例（图1），解析其由来以及文化内涵，再布置有关新疆传统木雕家具的实地调研（图2），并与当地人交流，找到家具设计依据以及精神内涵，再对案例

图2　新疆传统木雕家具（图片来源：作者自摄）

进行简单描绘，促使学生自己发现解决问题的方法，再进行融会变通、举一反三的思维训练方式，由被动学习方式转化为主动学习方式。

带入问题进课堂：教师先进行家具风格分类，以民族家具、传统家具、现代家具、概念家具为选题，教学前先让学生以小组制形式进行选题，每个小组2～3人，选题过后，再对教师课前准备的功能家具分类中的选题进行探讨及研究，并将选择的家具带入到特定的场所，例如住宅中的客厅还是餐厅、商业空间中的大堂还是接待处、办公空间的休息区或工作区、景观中的公共空间还是私密性空间，带着一系列的疑问进入课堂，有利于提高学生的积极性，并能促成小组成员之间相互主动的探讨，整个选题过程中一个人是很难完成的，只有经历团队合作后才能完成，这样无形中使课堂的单一性转化为多样性。

3. 交流汇报

交流汇报分为三个阶段，第一阶段主要是发现问题拟解决问题，以国内外案例的解决方法，对典型案例进行自选题借鉴。按照小组选择的命题，进行小组汇报设计方案以及现场调研分析进行综合讲解，得出设计思路，拟解决问题。而此过程中因小组选择命题不同，就丰富了不同成功案例的临摹阶段，同时学生成为了"小老师"，增加了学生的学习主动性，也促使学生碰到问题进行自主实践解决，小组与小组之间相互提出疑问，组员与组员之间提出解决方案，增加了学生之间的团队协作能力，促进了学生的学习情趣。第二阶段，对所发现的问题、解决方法进行汇报，选择的命题不同，针对性人群所遇到的问题就不同。如何解决，是否满意，得到的社会认可度又如何？这样有助于学生在对实际性问题的解决上，比模拟与假设的方案更具有真实性，有利于学生对现场的便利调研，随时了解现场空间概念。方案得到社会的认可，促进学生的学习自由度，提高学生学习自信心。第三阶段模型制作，效果图渲染（三视图），材料、家具尺寸的选择，空间陈设的缘由，对方案进行系统的汇报，同学之间相互探讨。而在这三个阶段中，教师一直处于指导角色，对学生的方案中缺少的原理、方法、技巧进行补充，以及在讲解过程中对不足的地方进行校正，加深学生对基础理论的巩固。

2.3 教学成果

学生最后进行完整的成果展示包含以下三方面。①设计报告，该报告有自己案例的分析说明，也有对自己喜欢案例的分析，进行对比性分析报告，发现优缺点，不以小组为单位，以个人为篇幅，这样有利于学生加深家具与陈设艺

理论以及原理的巩固。小组集体报告选择命题目前存在的问题，以及在此过程中小组设计解决的问题。②电脑快图表现（开设有计算机辅助设计2进行表现），进行三视图的表现以及设计说明和依据。③模型展示，自己动手做家具模型，按照比例缩放建立实体模型，增加学生对尺度以及造型能力训练。最终做该课程的评价，评价包含小组与小组之间的评价，组员之间的相互评价，教师做最终的评价（解决问题的难易程度，以及欠缺的知识点）。评价体系的比例为自评30%、互评20%、教师点评35%。成果展示评价体系的建立，能促进学生的团队合作，并能进行相互指导，而全程的教学课堂中，学生处于主动学习的状态，教师只是贯穿其中，拓展了学生学习的能动性与互动性。

3 维吾尔木雕家具研究的意义

3.1 利用当地有利的工艺美术资源

一方面改变了以往传统的国内外文字与图片式样的教学，可以实践于当地的市场资源；另一方面，课堂与实践的相互结合，将似懂非懂的家具临摹中转化为对具有文化内涵的家具的深度理解。

3.2 传承与保护民间工艺美术

作为设计人员，只有了解到该家具的文化内涵时，才能充分体会到该家具的艺术价值；另一方面，学生进行实践维吾尔族家具文化的过程中，会在无意识形态下吸收维吾尔族的民族文化，形成相互的感知文化，引起共鸣，最终达成文化认同、文化尊重。

3.3 培养创新能力

在提倡文化艺术品、设计来源于生活的设计理念下，只有理解文化，方能运用文化，只有体验生活，才能将设计带到生活中去。以维吾尔族家具与艺术陈设为限定命题，使学生学会学习方法，寻找设计创作依据，为以后贴切文化、贴切生活的设计服务。激发学生的感知度与灵敏度，使学生在今后的学习道路上摸索出一条有效的学习方法。

4 结语

家具与陈设艺术是一门理论与实践相结合的学科，理论提供设计依据，而实践作品是设计的结果，一件艺术作品怎样才

能赋予灵魂，这就需要给予这件作品以文化内涵。而在设计的过程中是在普遍性中寻找针对性，对于具有针对性的问题进行消化解决，而将维吾尔族木雕家具导入家具与陈设课程中，就是以此过程解决传统的文字式、图片式的课堂讲学方式。入选第十二届美展中的《盘腿椅》（图3）是以维吾尔族民俗文化进行设计的，该设计不仅传承了维吾尔族人民的盘腿饮食习惯，其造型以及结构也更贴近现代生活，与现代生活方式接轨，并

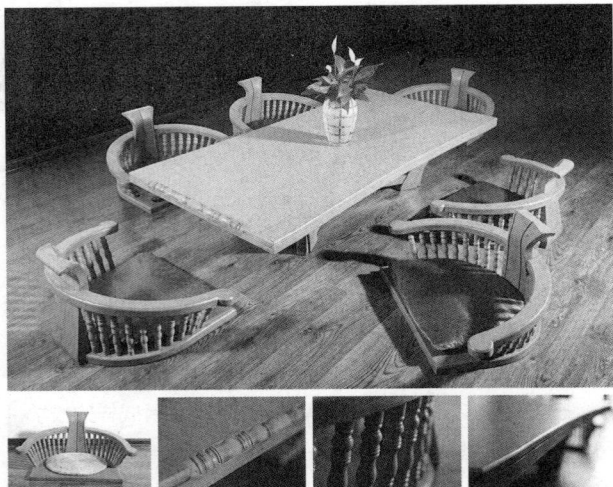

图3　盘腿椅（设计者：闫飞、张弘逸）

能用于民俗生活中。这也充分说明将具有新疆地域文化特色的维吾尔族家具导入到该课程当中具有一定的特殊价值与意义。

参考文献

[1]钟敬文．中国民俗史·汉魏卷 [M]．北京：人民出版社，2008．

[2]乌丙安．中国民俗学 [M]．沈阳：辽宁大学出版社，1999．

[3]张绮缦，郑曙旸．室内设计资料集 [M]．北京：中国建筑出版社，2004．

[4]仲高．丝绸之路艺术研究 [M]．乌鲁木齐：新疆人民出版社，2009．

[5]中国新疆文物考古研究所，日本佛教大学尼雅遗址学术研究机构．中日共同考察研究报告 [M]．北京：文物出版社，2009．

注：本文为新疆师范大学自治区普通高校人文社科重点研究基地新疆民族民间美术研究中心资助（项目编号：040813B04）；教育部人文社会科学研究项目阶段性成果（项目编号：14XJJC760001）。